专用于国家职业技能鉴定

国家职业技能鉴定考核指导

核反应堆核级机械设备检修工

（技　师）

中核核电运行管理有限公司　组织编写

中国原子能出版社

图书在版编目（CIP）数据

核反应堆核级机械设备检修工:技师 / 中核核电运行管理有限公司组织编写. —北京:中国原子能出版社，2020.10

国家职业技能鉴定考核指导

ISBN 978-7-5022-9041-2

Ⅰ. ①核… Ⅱ. ①中… Ⅲ. ①反应堆-设备检修-职业技能-鉴定-教材 Ⅳ. ①TL38

中国版本图书馆 CIP 数据核字（2020）第 176993 号

核反应堆核级机械设备检修工（技师）

出版发行 中国原子能出版社（北京市海淀区阜成路 43 号 100048）

责任编辑 刘东鹏

装帧设计 赵 杰

责任校对 冯莲凤

责任印制 潘玉玲

印 刷 北京九州迅驰传媒文化有限公司

经 销 全国新华书店

开 本 787 mm×1092 mm 1/16

印 张 8.125

字 数 203 千字

版 次 2020 年 10 月第 1 版 2020 年 10 月第 1 次印刷

书 号 ISBN 978-7-5022-9041-2 **定 价** **216.00 元（全套四册）**

网址：http://www.aep.com.cn **E-mail：atomep123@126.com**

发行电话：010-68452845

国家职业技能鉴定考核指导

核反应堆核级机械设备检修工（技　师）

编审委员会

（以姓氏笔画排名）

主　编　何少华

编　者　马少亮　王成林　王燕良　王　聪
付　勇　邢琎娟　刘　强　严　肃
李攀攀　吴志杰　邹远波　张云华
张　民　张连生　张利东　陈志高
陈宝成　陈继芳　陈　章　邵　震
卓　伦　罗飞华　姚建元　黄慧敏
戚宏昶　景战云　傅仁浦

主　审　刘崇都

审　者　孙国忠　陈　梁　胡四光　姜向平
彭小蓟　韩光辉

前　言

为推动核反应堆核级机械设备检修工职业培训和职业技能鉴定工作的开展，在核反应堆核级机械设备检修工从业人员中推行国家职业资格证书制度。在国家人力资源和社会保障部的指导下，中国核工业集团有限公司职业技能鉴定指导中心在完成《国家职业标准——核反应堆核级机械设备检修工》《职业培训计划　职业培训大纲——核反应堆核级机械设备检修工》和《国家职业资格培训教程——核反应堆核级机械设备检修工》编制工作的基础上，继续推动了《核反应堆核级机械设备检修工国家题库》的统一命题工作。

《核反应堆核级机械设备检修工国家题库》自2016年建立并投入运行以来，已在《核反应堆核级机械设备检修工》的职业技能鉴定工作中起到了“保证鉴定工作质量、提高鉴定工作水平、加强鉴定工作力度”的作用。为了更好发挥国家题库的作用，配合职业技能鉴定工作的顺利有序开展，便于培训机构有效地组织培训，正确引导学员通过培训、学习提高自身素质和能力并顺利通过鉴定，中国核工业集团有限公司职业技能鉴定指导中心组织参与国家题库开发的命题专家编写了与国家题库相配套的《国家职业技能鉴定考核指导——核反应堆核级机械设备检修工》(以下简称《考核指导》)丛书。

《考核指导》内容紧扣国家题库命题依据——鉴定要素细目表，通过考情观察详解鉴定考核相关要求，通过考点导航剖析重点难点，通过仿真训练强化知识掌握，通过模拟试卷熟悉考试场景。这些内容的设置使得考生能够对《核反应堆核级机械设备检修工国家题库》的命题依据、考核内容结构以及理论知识和操作技能要求有一个全面的认识和了解。仿真题的设置与国家题库中的试题类型相同、内容相近、难度相当并符合当前生产实际，能够满足考生职业技能鉴定的基本需要。

本《考核指导》针对核反应堆核级机械设备检修工职业活动领域，内容涉及压水堆、重水堆核电站相关知识和技能。《考核指导》丛书按照中级工、高级工、技师、高级技师不同等级共分为四册，由何少华统编。其中中级工分册由卓伦、何少华负责编写，高级工分册由邹远波、马少亮负责编写，技师分册由李攀攀、陈宝成负责编写，高级技师分册由吴志杰、王成林负责编写，其他人员参与题库编写。《考核指导》各分册理论部分的考核内容均涵盖核反应堆本体检修、核安全级阀门检修、核安全级水泵检修、核安全级容器检修、重水堆燃料操作系统机械检修五个工种模块的鉴定要素。《考核指导》中级工、高级工分册的操作技能考核内容不分工种模块编写，技师、高级技师分册的操作技能考核内容分为核反应堆本体检修、核安全级阀门检修、核安全级水泵检修、核安全级容器检修、重水堆燃料操作系统机械检修五个工种模块编写，以符合国家职业标准规定的考核鉴定要求。

《考核指导》丛书的编制出版，凝聚着编、审、校、排、印及组织管理人员的大量辛勤劳动和心血，同时得到了中核核电运行管理有限公司等相关单位的大力支持和热情帮助，在此表示深深地谢意！

《考核指导》丛书中如有不妥之处，恳请批评指正。

目　录

第一部分　理论知识

第二部分　操作技能

第一部分　理论知识

第一章　考情观察

一、考核思路

核反应堆核级机械设备检修工(技师)应当掌握本岗位必须具备的理论及操作技能,能够分析、评价设备运行状态,分析设备疑难问题,能组织分析处理设备运行异常或故障如判断设备的泄漏,能实施设备检修后的功能鉴定和验收,能指导初、中、高级人员进行现场操作,能判断设备故障,分析原因,提出纠正措施等。

核反应堆核级机械设备检修工(技师)应当成为生产、技术指导和管理型复合人才,应具备故障判断与处理的能力,能进行分析、评价设备运行状况,优化设备运行的能力,具有一定的组织管理能力。

根据《国家职业标准——核反应堆核级机械设备检修工》的要求,核反应堆核级机械设备检修工(技师)的理论知识考核范围,除了以下各模块外,还包括职业道德、基础知识部分内容。

1. 核反应堆本体检修模块相关知识

(1) 考核范围

反应堆本体检修技师需要掌握的相关知识包括:改进或修复堆本体专用工器具;实施反应堆本体构件缺陷的处理;组织执行反应堆本体检修;组织执行反应堆装卸料操作;优化堆本体维修工艺;分析和处理设备检修过程中或操作过程中的故障和缺陷;判断和排除维修、试验工器具的重大缺陷;分析处理设备的异音、振动等故障;编写中、高级人员培训教材;指导中、高级人员进行操作;讲授本专业技术理论知识和技能经验;组织跨专业协同作业;撰写技术工作总结等。

(2) 考核深度

重点掌握以下内容:反应堆压力容器维修;压力容器顶部放气阀解体检查;反应堆本体及装卸料系统相关设备故障分析和处理方法;装卸料系统设备故障分析和处理方法。

2. 核安全级阀门检修模块相关知识

(1) 考核范围

核级阀门检修技师需要掌握的相关知识包括:核反应堆主回路安全阀的维修;复杂的核级阀门的维修;对核级阀门重大缺陷提出检修方案;组织实施复杂的核级阀门维修工艺;优

化核级阀门维修工艺；编写中、高级人员培训教材；指导中、高级人员进行操作；讲授本专业技术理论知识和技能经验；组织跨专业协同作业；撰写技术工作总结等。

(2) 考核深度

重点掌握以下内容：核反应堆主回路安全阀维修和校验；主系统压力与装量调节阀检修；稳压器先导式安全阀检修；主蒸汽安全阀检修分析、判断和处理；核级阀门检修过程中或操作过程中的故障和缺陷(例如异音、振动、泄漏等故障)；判断和排除维修、试验工器具的重大缺陷等。

3. 核安全级水泵检修模块相关知识

(1) 考核范围

核级水泵检修技师需要掌握的相关知识包括：复杂的核安全一级泵的维修；复杂的核安全二级泵的维修；转子部件的配重调整工作；对核级水泵重大缺陷提出检修方案；组织实施复杂的核级水泵维修工艺；编写中、高级人员培训教材；指导中、高级人员进行操作；讲授本专业技术理论知识和技能经验；组织跨专业协同作业；撰写技术工作总结等。

(2) 考核深度

重点掌握以下内容：动平衡试验方法；关键核级水泵解体检查维修技能；分析、判断和处理核级水泵检修过程中或操作过程中的故障和缺陷(例如异音、振动、泄漏等故障)。

4. 核安全级容器检修模块相关知识

(1) 考核范围

核级容器检修技师需要掌握的相关知识包括：组织实施传热管换管工艺；对核级容器重大缺陷提出检修方案；组织实施复杂的核级容器维修工艺；组织实施核级容器的变更改造；优化核级容器维修工艺；编写中、高级人员培训教材；指导中、高级人员进行操作；讲授本专业技术理论知识和技能经验；组织跨专业协同作业；撰写技术工作总结等。

(2) 考核深度

重点掌握以下内容：传热管换管技术；蒸汽发生器堵管工艺及堵管工具的使用方法；蒸汽发生器二次侧眼孔密封面腐蚀缺陷的分析和处理；一回路海水过滤器旋转滤网启动故障的分析及处理；蒸汽发生器手孔咬死螺栓处理机螺孔修复等。

5. 重水堆燃料操作系统机械检修模块相关知识

(1) 考核范围

重水堆燃料操作系统机械检修技师需要掌握的相关知识包括：组织实施重水堆燃料操作系统的变更改造；进行重水堆燃料装卸料机料仓组件的维修；组织完成重水堆燃料装卸料机维修后的试验；分析重水堆设备组装过程中的超差原因；处理重水堆设备组装过程中的超差；编写中、高级人员培训教材；指导中、高级人员进行操作；讲授本专业技术理论知识和技能经验；组织跨专业协同作业；撰写技术工作总结等。

(2) 考核深度

重点掌握以下内容：重水堆装卸料机管嘴组件的维修；重水堆装卸料机推杆组件的维修；重水堆装卸料机料仓组件的维修；重水堆燃料操作系统料仓主轴密封更换；重水堆燃料操作系统高压疏水阀检修；重水堆燃料操作系统装卸料系统设备故障分析和处理方法。

二、组卷方式

核反应堆核级机械设备检修工(技师)理论知识国家题库采用计算机自动生成试卷,即计算机按照本职业技师等级《理论知识鉴定要素细目表》的结构特征,使用统一的组卷模型,从题库中随机抽取相应试题,组成试卷。具体电厂本岗位增设本厂相关特点的试题,可以按规定比例和国家题库一起组卷。试卷组成后,应经专家审核,并修订或替换部分试题。

核反应堆核级机械设备检修工(技师)理论知识国家题库不区分模块。

三、试卷结构

核反应堆核级机械设备检修工(技师)理论考试实行百分制,采用闭卷笔试方式,成绩达到 60 分以上为合格。试卷结构以《国家职业标准——核反应堆核级机械设备检修工》为依据,试题以中等难度为主,约占 70%;难度低的试题约占 20%;难度高的试题约占 10%。

1. 题型题量分配

理论知识考试满分 100 分;题型单项选择题、多项选择题、简答题、计算/绘图题和论述题;具体题型、题量与分配方案见表 1-1。

表 1-1 核反应堆核级机械设备检修工(技师)理论知识试卷题型、题量

题型	题量(分值)	分数
单项选择题	30 题(1 分/题)	30
多项选择题	20 题(2 分/题)	40
简答题	2 题(5 分/题)	10
计算/绘图题	1 题(10 分/题)	10
论述/综合题	1 题(10 分/题)	10
总分	100 分(54 题)	

2. 鉴定比重和鉴定点

内容包括“职业道德”“基础知识”“维修准备”“维修实施”“判断和排除故障”“培训与指导”“管理”7 个部分,各部分所占鉴定比重和鉴定点配置情况分别见表 1-2。

表 1-2 核反应堆核级机械设备检修工(技师)

<table>
<tr><th>鉴定范围
(一级)</th><th>鉴定范围
(二级)</th><th>鉴定范围
(三级)</th><th>鉴定比重
(%)</th><th>鉴定点数量</th></tr>
<tr><td rowspan="5">基本要求</td><td>职业道德</td><td>职业道德的基本知识</td><td>5</td><td>5</td></tr>
<tr><td rowspan="4">基础知识</td><td>专业基础知识</td><td>8</td><td>32</td></tr>
<tr><td>安全文明生产与环境保护</td><td>3</td><td>21</td></tr>
<tr><td>质量管理知识</td><td>2</td><td>5</td></tr>
<tr><td>相关法律、法规知识</td><td>2</td><td>14</td></tr>
</table>

续表

鉴定范围（一级）	鉴定范围（二级）	鉴定范围（三级）	鉴定比重（%）	鉴定点数量
相关知识	维修准备	反应堆本体检修	4	3
		核安全级阀门检修	4	3
		核安全级水泵检修	4	5
		核安全级容器检修	4	2
		重水堆燃料操作系统机械维修	4	4
	维修实施	反应堆本体检修	6	3
		核安全级阀门检修	6	4
		核安全级水泵检修	6	2
		核级安全容器检修	6	3
		重水堆燃料操作系统机械检修	6	5
	判断和排除故障	反应堆本体检修	2	2
		核安全级阀门检修	2	3
		核安全级水泵检修	2	1
		核级安全容器检修	10	3
		重水堆燃料操作系统机械检修	4	2
	培训与指导	培训教材编写方法	3	2
		计算机辅助教学方法	2	2
	管理	生产管理知识	3	3
		技术报告撰写方法	2	1
合　　计			100	130

四、考核时间与要求

1. 考核时间

按照《国家职业标准——核反应堆核级机械设备检修工》的要求，本职业理论知识考试时间为 120 分钟。

2. 考核要求

核反应堆核级机械设备检修工(技师)理论知识考试采用标准化试卷，考生应根据试卷要求具体作答。

五、应试技巧及复习方法

考生要想取得理想的成绩，通过认真的学习和复习来掌握考试要求的知识是必要条件，但是掌握适当的应试技巧和复习方法也是必不可少的。下面介绍的应试技巧，如命题视角、答题要求和答题技巧等，考生在复习、考试时应高度重视。

(1) 命题视角。在答题时首先要审题，判断该题所属的知识单元，判断题目考核哪一个知识点，回忆知识点，然后做出判断。

(2) 答题要求。理论考试采取的是标准化、客观考题，即答案唯一，在回答时要按照试卷题型后的答题说明，把正确的答案填写在规定的地方，做到书写工整、清晰，切忌反复涂改，造成无法判断答案正确与否的情形。

(3) 答题技巧。答题时应先易后难，对没有复习到的知识点、模棱两可的题目可以暂时放一放，在回答把握不准的题目时，可采取排除法、对比法、访问法等思考方式判断和确定正确的答案。

考生在考前要认真复习。系统掌握职业标准和本书所列出的鉴定范围，掌握鉴定点和考试内容。要注重理解，加强记忆，提高效率，按照命题的视角与答题要求，有针对性地掌握考试内容，安排好全面复习、重点复习和模拟训练三个阶段，进一步掌握好考核内容。

第二章　知识架构

根据《国家职业标准——核反应堆核级机械设备检修工》和《核反应堆核级机械设备检修工(技师)理论知识鉴定要素细目表》,该职业应掌握的理论知识点不区分模块,理论知识点含七部分内容,分别是“职业道德”“基础知识”“维修准备”“维修实施”“判断和排除故障”“培训与指导”“管理”,根据各单元理论知识点搭建的知识网络架构图如下所示。

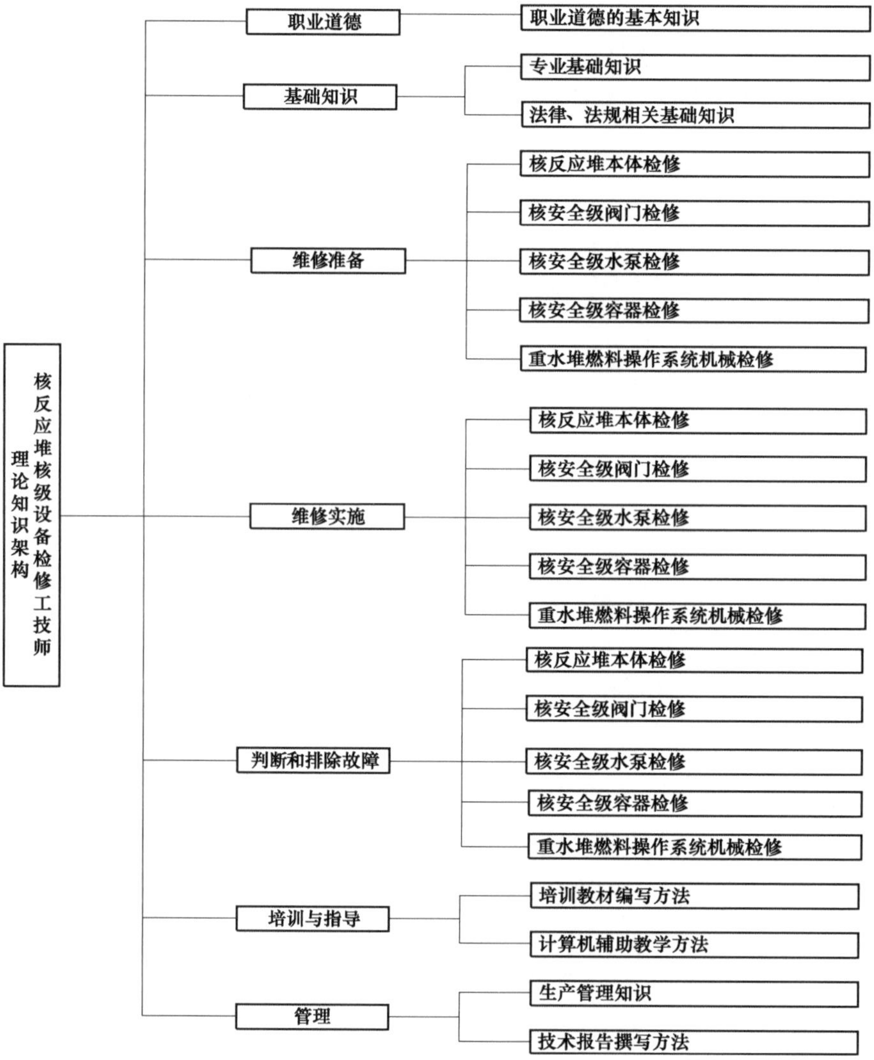

第三章　考核解析

第一单元　职业道德、基础知识、培训与指导、管理

一、学习目标

1. 掌握职业道德基本知识；
2. 掌握核反应堆核级机械设备检修工基础知识；
3. 掌握培训与指导知识；
4. 掌握管理知识。

二、考核要点

考核类别	考核范围	考核点	重要程度
职业道德	职业道德的基本知识	职业道德的意义	Z
		职业道德的特点	X
		职业道德基本规范	X
		职业道德基本概念	X
		反应堆核级设备检修工职业守则	Y
基础知识	专业基础知识	核电厂发电原理	X
		核电厂堆型	X
		核电厂核岛工艺系统知识	X
		核级设备分级管理	X
		辐射防护基础知识	X
		辐射防护的目的	X
		辐射防护的基本要求	X
		辐射防护的剂量限值	X
		辐射危害及防护	X
		辐射工作场所的管理	X
		放射性废物与放射源的管理	X
		压水堆核电厂的辐射来源及危险	X

续表

考核类别	考核范围	考核点	重要程度
基础知识	专业基础知识	高辐射风险作业	X
		水泵维修基础知识	X
		阀门维修基础知识	X
		容器维修基础知识	X
		常用机械设备的缺陷类型	X
		安全管理的法规和标准	X
		工业安全知识	X
		职业健康安全管理知识	X
		现场急救	Y
		机械制图基础知识	Y
		机械制图三视图的表示方法	Y
		图样画法	X
		钳工知识概述	X
		钳工基本知识	X
		常用钳工工具的使用方法	X
		常用钳工量具的使用方法	X
		机械加工的基本知识	X
		机械加工设备及刀具基础知识	Y
		各种加工方法的加工精度	Z
		起重基础知识	X
	安全文明生产与环境保护	核安全文化的背景	X
		核安全文化的起源	X
		核安全文化的定义	X
		核安全文化的特征	X
		核安全的基本知识	X
		核设施相关核安全文化的管理	X
		个人对核安全文化的理解与应用	X
		核安全文化评估	Y
		防人因失误工具的应用	X
		设备检修现场管理相关知识	X

续表

考核类别	考核范围	考核点	重要程度
基础知识	安全文明生产与环境保护	检修人员行为规范	Z
		检修工前会及工后会总结实施	X
		安全生产相关知识	Y
		正确使用劳动保护用品	X
		环境保护的重要性	X
		三废排放管理制度	X
		消防安全的基本知识	X
		有关的消防法规制度	X
		火灾的危害	X
		防火	X
		灭火	X
	质量管理知识	质量管理八项原则	Y
		质量保证的重要性	X
		质量保证要求	X
		质量控制的重要性	X
		质量控制的规定	X
	相关法律、法规知识	《中华人民共和国劳动法》适用范围	Y
		《中华人民共和国劳动法》立法目的	X
		《中华人民共和国劳动法》基本内容	X
		《中华人民共和国安全生产法》适用范围	Y
		《中华人民共和国安全生产法》立法目的	X
		《中华人民共和国安全生产法》基本内容	X
		《中华人民共和国环境保护法》适用范围	Y
		《中华人民共和国环境保护法》立法目的	X
		《中华人民共和国环境保护法》基本内容	X
		《中华人民共和国放射性污染防治法》适用范围	X
		《中华人民共和国放射性污染防治法》立法目的	Y
		《中华人民共和国放射性污染防治法》基本内容	Z
		核安全相关法规的重要性	X
		核安全相关法规的体系构成	X

续表

考核类别	考核范围	考核点	重要程度
培训与指导	培训教材编写方法	培训教材编写方法	X
		培训教材的相关要求	X
	计算机辅助教学方法	计算机辅助教学方法	X
		PPT 教材的相关要求	X
管理	生产管理知识	班组管理知识	Y
		技术改造项目管理知识	X
		设备维修管理知识	X
	技术报告撰写方法	技术报告撰写方法	X

说明:"重要程度"反映了每个考核点与其他考核点的相互关系和相对地位。在描述时,一般用"X、Y、Z"表示,"X"代表重要程度高的核心要素,"Y"代表重要程度一般的要素,"Z"代表重要程度偏低的辅助要素。

三、考点导航

1. 职业道德的基本知识

(1) 职业道德基本概念;(2) 职业道德基本规范;(3) 核反应堆核级机械设备检修工职业守则。

2. 专业基础知识

主要考核核反应堆核级机械设备检修工专业基础知识,主要包括以下方面的内容:

(1) 核电厂发电原理

(2) 核电厂堆型

(3) 核电厂核岛工艺系统知识

(4) 核级设备分级管理

(5) 辐射防护基础知识

(6) 辐射防护的目的

(7) 辐射防护的基本要求

(8) 辐射防护的剂量限值

(9) 辐射危害及防护

(10) 辐射工作场所的管理

(11) 放射性废物与放射源的管理

(12) 压水堆核电厂的辐射来源及危险

(13) 高辐射风险作业

(14) 水泵维修基础知识

(15) 阀门维修基础知识

(16) 容器维修基础知识

(17) 常用机械设备的缺陷类型

(18) 安全管理的法规和标准
(19) 工业安全知识
(20) 职业健康安全管理知识
(21) 现场急救
(22) 机械制图基础知识
(23) 机械制图三视图的表示方法
(24) 图样画法
(25) 钳工知识概述
(26) 钳工基本知识
(27) 常用钳工工具的使用方法
(28) 常用钳工量具的使用方法
(29) 机械加工的基本知识
(30) 机械加工设备及刀具基础知识
(31) 各种加工方法的加工精度
(32) 起重基础知识

3. 安全文明生产与环境保护

主要包括以下方面的内容：
(1) 核安全文化的背景
(2) 核安全文化的起源
(3) 核安全文化的定义
(4) 核安全文化的特征
(5) 核安全的基本知识
(6) 核设施相关核安全文化的管理
(7) 个人对核安全文化的理解与应用
(8) 核安全文化评估
(9) 防人因失误工具的应用
(10) 设备检修现场管理相关知识
(11) 检修人员行为规范
(12) 检修工前会及工后会总结实施
(13) 安全生产相关知识
(14) 正确使用劳动保护用品
(15) 环境保护的重要性
(16) 三废排放管理制度
(17) 消防安全的基本知识
(18) 有关的消防法规制度
(19) 火灾的危害
(20) 防火
(21) 灭火

4. 质量管理知识

主要包括以下方面的内容:

(1) 质量管理八项原则

(2) 质量保证的重要性

(3) 质量保证要求

(4) 质量控制的重要性

(5) 质量控制的规定

5. 法律法规相关基础知识

主要考核以下基本法律法规的适用范围、立法目的、主体内容等,相关法律法规包括:《中华人民共和国劳动法》《中华人民共和国安全生产法》《中华人民共和国环境保护法》《中华人民共和国放射性污染防治法》。

对核安全相关法规的基础知识需要重点理解与掌握。

6. 培训与指导

主要考核培训的基本知识,以及计算机辅助教学工具的使用。

7. 管理

主要考核班组管理知识、技术改造项目管理知识、设备维修管理知识、技术报告撰写方法。

四、仿真训练

1. 单项选择题

(1) 职业道德的"五个要求"既包含基础性的要求也有较高的要求。其中最基本要求是(　　)

(A) 爱岗敬业　　(B) 诚实守信　　(C) 服务群众　　(D) 办事公道

(2) 生产经营单位应当为从业人员提供(　　)的作业场所和安全防护措施。

(A) 一定　　(B) 指定

(C) 符合安全生产要求　　(D) 优良

(3) 我国的环境保护法规定,在环境民事责任方面适用(　　)

(A) 因果关系推定原则　　(B) 举证责任转移原则

(C) 无过错责任原则　　(D) 特殊责任原则

(4) (　　)以上人民政府应当将放射性污染防治工作纳入环境保护规划。

(A) 乡级　　(B) 县级　　(C) 市级　　(D) 省级

(5) 在核级设备的分级管理中,安全注入系统及安全壳喷淋系统所属设备对应的安全分级是(　　)。

(A) 非核安全级　　(B) 安全一级　　(C) 安全二级　　(D) 安全三级

(6) 核电厂常见的几种辐射,就其相对危害性而言,(　　)的潜在危害主要在外照射。

(A) γ辐射和中子辐射　　(B) α辐射和β辐射

(C) γ辐射和α辐射　　(D) γ辐射和β辐射

(7) 在压水堆核电厂中,监督区不包括(　　)。

(A) 汽轮机厂房　　(B) 核辅助厂房　　(C) 主蒸汽管廊　　(D) 主控楼

(8) 下列关于流体黏性的说法中,不准确的说法是(　　)。

(A) 黏性是实际流体的物性之一

(B) 构成流体黏性的因素是流体分子间的吸引力

(C) 流体黏性具有阻碍流体流动的能力

(D) 流体运动黏度的国际单位制单位是 m^2/s

(9) 重水与普通水看起来没有任何特别之处,但其冰点与沸点也与轻水有一些小的差别,在常压下相差约(　　)

(A) 1.4 ℃　　(B) 2.0 ℃　　(C) 2.5 ℃　　(D) 0.5 ℃

(10) 往复泵是一种容积式泵,关于往复泵,以下说法错误的是(　　)。

(A) 泵主要部件包括泵缸、活塞、活塞杆、吸入阀和排出阀

(B) 吸入阀和排出阀是双向阀

(C) 活塞和阀门的空间是工作室

(D) 活塞的往复运动不是等速运动

(11) 离心泵传输流体中各部分压强是不同的,压强最低的是(　　)。

(A) 离心泵吸入口　　(B) 离心泵叶轮入口

(C) 离心泵叶片入口　　(D) 离心泵出口

(12) 对于管径较小的仪表管道,通常采用哪种冰塞方式(　　)。

(A) 药剂法　　(B) 电冷却器法　　(C) 干冰法　　(D) 液氮法

(13) 机械维修是对设备运行发生故障后的一种(　　)。

(A) 响应行为　　(B) 创造行为　　(C) 制造行为　　(D) 本性行为

(14) 编制培训教材的依据主要是(　　)。

(A) 电厂的生产管理要求

(B) 电厂培训管理要求

(C) 国家职业标准——核反应堆核级机械设备检修工

(D) 电厂生产人员的岗位需求

(15) 在幻灯片放映时,用户可以利用绘图笔在幻灯片上写字或画画,这些内容(　　)。

(A) 自动保存在演示文稿中　　(B) 可以保存在演示文稿中

(C) 在本次演示中不可擦除　　(D) 在本次演示中可以擦除

(16) 晶体三极管最基本的作用是(　　)作用。

(A) 开关　　(B) 放大　　(C) 单向导通　　(D) 稳压

(17) 核承压设备活动的各类资格许可证的有效期为(　　)年。

(A) 3 年　　(B) 4 年　　(C) 5 年　　(D) 6 年

(18) 操作转动的设备时,不应该佩戴(　　)。

(A) 戒指　　(B) 手套　　(C) 手表　　(D) 眼镜

(19) 营运单位制定的建造阶段质量保证大纲,须由(　　)审查认可。

(A) 核安全部门　　(B) 环境部门　　(C) 卫生部门　　(D) 国家安监总局

2. 多项选择题

(1) 劳动合同终止的条件是(　　)。

(A) 当事人约定的终止条件出现

(B) 经当事人协商达成一致

(C) 劳动合同期限届满

(D) 劳动合同订立时所依据的客观情况发生变化,致使原合同无法履行

(2) 下列哪些特征是中子所具有的(　　)。

(A) 不带电荷　　(B) 能量损失较慢

(C) 穿透力强　　(D) 电离通过间接方式进行

(3) 天然铀为燃料的重水堆电厂用重水作为反应堆的冷却剂和慢化剂,是因为(　　)。

(A) 重水的吸收截面比轻水大很多　　(B) 重水的吸收截面比轻水小很多

(C) 重水慢化比高于轻水 30 倍　　(D) 重水慢化比低于轻水 30 倍

(4) 下列哪些措施属于重水防护中的集体防护措施?(　　)。

(A) 局部通风　　(B) 建立临时负压棚

(C) 保持房门关闭,维持正确的通风流向　　(D) 供气式气衣

(5) 离心泵的主要过流部件有(　　)。

(A) 吸水室　　(B) 叶轮　　(C) 压水室　　(D) 密封室

(6) 热交换器按照传送热量的方法来分,可分为(　　)。

(A) 间壁式　　(B) 混合式　　(C) 板式　　(D) 蓄热式

(7) 培训的一般流程包括(　　)。

(A) 岗位任务分析　　(B) 设计相应的培训大纲

(C) 制定培训计划　　(D) 准备培训教材

(8) 根据误差产生的原因将误差分为(　　)。

(A) 系统误差　　(B) 随机误差　　(C) 粗大误差　　(D) 累积误差

(9) 在核级设备的分级管理中,属于安全二级的系统设备有(　　)。

(A) 余热排出系统

(B) 安全壳内氢气控制监测系统及堆芯测量系统的设备和部件

(C) 安全壳及隔离贯穿反应堆厂房的流体系统的阀门和部件

(D) 反应堆压力容器

(E) 稳压器

(10) ABC 核安全文化发挥作用主要有赖于哪几个方面的执行责任制(　　)。

(A) 工作能力的管理　　(B) 定期考核

(C) 奖励与惩罚　　(D) 监控与监查

3. 简答题

(1) 请描述《中华人民共和国放射性污染防治法》的立法目的。

(2) 使用焊接方式进行蒸汽发生器堵管作业,如果焊缝 PT 检查不合格需要如何处理。

(3) 在现有蒸汽发生器二次侧眼孔密封面材料条件下,其腐蚀直接原因是什么?

(4) 核电厂状态报告制度中,对于重要事件需进行根本原因分析。请问事件根本原因

分析的主要目的是什么?

(5) 状态报告的开发编写包含哪些步骤?

(6) 请简述离心式风机的工作原理。

五、参考答案

1. 单项选择题

(1) A;(2) C;(2) C;(3) C;(4) B;(5) C;(6) A;(7) B;(8) B;(9) A;(10) B;(11) C;(12) B;(13) A;(14) C;(15) D;(16) B;(17) C;(18) B;(19) A

2. 多项选择题

(1) ABCD;(2) ABCD;(3) BC;(4) ABC;(5) ABC;(6) ABD;(7) ABCD;(8) ABC;(9) ABC;(10)ABCD

3. 简答题

(1) 答案:

《中华人民共和国放射性污染防治法》的立法目的是:防治放射性污染,保护环境,保障人体健康。

(2) 答案:

1) 如果PT检查不合格,则对缺陷部分进行打磨,并重新进行PT检查;

2) 如果为了消除缺陷而打磨掉大量焊接金属时,则需要对打磨处补焊,补焊后焊缝应与原焊缝平滑过渡,避免出现尖角、缝隙等;

3) 如果焊接过程中堵头端部被电弧击穿,则需使用打磨工具将焊缝打磨掉,取出堵头,更换新的堵头重新实施堵管操作。

(3) 答案:

1) 使用杂质离子超标的石棉缠绕600合金密封垫

2) 由于眼孔密封面清洗不够彻底,在眼孔密封面残留并积累腐蚀性杂质离子

3) 蒸汽发生器二次侧眼孔密封面发生腐蚀后,检查及反馈不够及时,使得相关的腐蚀进一步发展

(4) 答案:

事件根本原因分析是指针对事件发生过程中表现出来的问题,通过系统化的分析方法和步骤,找出并确定人员的失效行为、诱发原因以及大纲、组织方面的缺陷或设备问题,并通过针对性地制定纠正行动,消除根本原因,提高人员绩效和设备可靠性,预防并减少事件的重复发生,从而提高电厂的安全水平。(简言之:针对根本原因制定纠正行动,避免事件的重发,回答此意思即可。)

(5) 答案:

弄清事件的发展过程、事件发生前后的机组状况;弄清事件实际后果和潜在后果;确定事件的直接原因和根本原因;提出纠正行动及纠正行动实施方案。

(6) 答案

1) 离心式通风机主要靠离心力的作用,将外部气体吸入旋转叶轮的中心处,在离开叶轮叶片时,气体流速增大,使气体在流动中把动能转换为静压能,然后随着流体的增压,使静

态能又转换为速度能,从而把输送的气体送入管道或容器内。

2）离心式通风机是依靠机壳内高速旋转的叶轮,使离心式通风机内气体受到叶片的作用而产生离心力,来增加离心式通风机内气体的动能和压力的。

第二单元　维修准备、维修实施、判断和排除故障

一、学习目标

培训学习目标:核反应堆核级机械设备检修工技师需要掌握相应的维修准备、维修实施、故障判断和排除等三个方面的主要工作技能,并掌握本职业技能等级相应的培训与指导、管理两部分的知识。在相关知识和技能的基础上,通过培训,使培训对象能够对各模块本体设备及检修专用工器具的重要维修工作进行准备和操作,并掌握其故障的判断和处理等工作技能。

依据《国家职业标准——核反应堆核级机械设备检修工》中对技师的理论知识要求,通过培训,使培训对象能够掌握核反应堆核级机械设备检修工技师的技术理论知识。

二、维修准备、维修实施、判断和排除故障

(一) 考核要点

考核类别	考核范围	考点编码	考核点	重要程度
维修准备	核反应堆本体检修	1	操作规程、维修规程等编写规定	Y
		2	风险管理知识	Y
		3	反应堆本体相关系统及设备知识	X
	核安全级阀门检修	1	精度超差处理方法	X
		2	特种维修技术	X
		3	机械维修工艺	X
	核安全级水泵检修	1	泵运转时的工况点	X
		2	泵的串联运转	X
		3	泵的并联运转	X
		4	泵运行工况的调节	X
		5	离心泵的运行	X
	核安全级容器检修	1	核级容器关键维修规程编写	X
		2	机械设计知识	X
	重水堆燃料操作系统机械检修	1	专用设备预防性维修大纲要求	X
		2	重水堆燃料装卸料机料仓组件的结构和零部件功能	X
		3	重水堆燃料装卸料机零部件技术要求	X
		4	重水堆新燃料装载机零部件技术要求	X

续表

考核类别	考核范围	考点编码	考核点	重要程度
维修实施	核反应堆本体检修	1	反应堆压力容器维修	X
		2	压力容器顶部放气阀解体检查	X
		3	系统设计手册	X
	核安全级阀门检修	1	核反应堆主回路安全阀维修和校验知识	X
		2	主系统压力与装量调节阀检修	X
		3	稳压器先导式安全阀检修	X
		4	主蒸汽安全阀检修	X
	核安全级水泵检修	1	动平衡试验方法	X
		2	关键核级水泵解体检查维修技能	X
	核级安全容器检修	1	传热管换管技术	Y
		2	蒸汽发生器堵管工艺及堵管工具的使用方法	X
		3	关键容器设备解体检查维修技能	X
	重水堆燃料操作系统机械检修	1	重水堆装卸料机管嘴组件的维修	X
		2	重水堆装卸料机推杆组件的维修	X
		3	重水堆装卸料机料仓组件的维修	X
		4	重水堆燃料操作系统料仓主轴密封更换	X
		5	重水堆燃料操作系统高压疏水阀检修	X
判断和排除故障	核反应堆本体检修	1	反应堆本体及装卸料系统相关设备故障分析和处理方法	X
		2	装卸料系统设备故障分析和处理方法	X
	核安全级阀门检修	1	状态报告提出问题	X
		2	状态报告原因分析	X
		3	开发纠正行动计划	X
	核安全级水泵检修	1	振动基础知识	X
	核级安全容器检修	1	蒸汽发生器二次侧眼孔密封面腐蚀缺陷的分析和处理	X
		2	一回路海水过滤器旋转滤网启动故障的分析及处理	X
		3	蒸汽发生器手孔咬死螺栓处理机螺孔修复	X
	重水堆燃料操作系统机械检修	1	重水堆燃料操作系统装卸料系统设备故障分析和处理方法	X
		2	重水堆燃料操作系统的经验反馈	X

说明："重要程度"反映了每个考核点与其他考核点的相互关系和相对地位。在描述时，一般用"X、Y、Z"表示，"X"代表重要程度高的核心要素，"Y"代表重要程度一般的要素，"Z"代表重要程度偏低的辅助要素。

(二) 考点导航

1. 核反应堆本体检修

核反应堆本体检修模块技师需要掌握相应的维修准备、维修实施、故障判断和排除等三个方面的主要工作技能,并掌握本职业技能等级相应的培训与指导、管理两部分的知识。在相关知识和技能的基础上,通过培训,使培训对象能够对反应堆本体设备及检修专用工器具的重要维修工作进行准备和操作,并掌握其故障的判断和处理等工作技能。

(1) 维修准备

1) 关键维修程序编制

堆本体维修相关工作的规程主要包括操作规程、解体检修规程和检查维护规程。作为一名反应堆本体检修技师,应该具备编制和修订关键设备维修规程和操作规程的能力。

2) 风险管理方法

反应堆本体及装换料系统设备的检修工作通常存在着较大的风险,这些风险点与相应的工作内容及特点有着直接的关系,主要包括机械伤害、强电离辐射、体表沾污、内照射、高空作业等。对于一些典型的重要维修及操作项目,其存在的主要风险点及控制措施应该熟悉和明确。

3) 反应堆本体相关系统及设备知识

压水堆是动力堆发展最早的堆型,已建成的核电厂中有 60%以上是以压水堆为动力。由于堆功率的不同,其反应堆本体的设计结构和系统布置存在一定差异性,但其结构及功能基本相似,都有一些相同的基本系统。例如必须有发生链式裂变反应的区域,裂变反应的速率应能按预定的要求进行控制,生成的热量必须能被带出并转换成有用功,同时在整个寿期内应保证反应堆安全可靠地运行,即使发生事故,也必须有一定措施使后果影响最小。

核电厂的反应堆本体由堆芯、堆内构件、控制棒驱动机构和压力容器组成。堆内构件包括上部堆内构件(压紧部件)和下部堆内构件(吊篮),压力容器装载着活性区及堆内所有构件,对堆芯具有辐射屏蔽作用;在顶盖上安装着控制棒管座及其驱动机构;密封一回路冷却剂并维持其压力,是冷却剂压力边界的重要部分;压力容器还有防止燃料元件破损后裂变产物外逸的功能。

(2) 维修实施

压水堆核电厂反应堆本体的维修过程中都有相对应维修规程作为指导。作为核反应堆核级设备技师,应该具备相应的关键设备工作的维修技能。下面以国内某压水堆核电厂为例,对核反应堆核级设备技师应达到的维修技能要求,以反应堆本体与装卸料系统的部分设备解体维修规程中的主要工作步骤和技能要求为例进行介绍,具体的内容如下表所示。

核反应堆本体检修技师维修技能要求

序号	维修项目	主要工作步骤	技能要求
1	反应堆压力容器维修	1. 反应堆压力容器维修准备	1. 掌握反应堆压力容器维修的先决条件 2. 懂得对工作组成员的管理和分工

续表

序号	维修项目	主要工作步骤	技能要求
1	反应堆压力容器维修	2. 反应堆压力容器顶盖的开盖	3. 掌握主螺栓拉伸机调试步骤、方法和注意事项 4. 掌握主螺栓卸载拉伸工作的步骤、方法和注意事项 5. 掌握主螺栓拧出操作的步骤、方法和注意事项 6. 掌握主螺栓螺孔塞安装的步骤、方法和注意事项 7. 掌握起吊顶盖的条件、操作步骤、方法和注意事项
		3. 反应堆热电偶拆卸和安装	8. 掌握热电偶拆装的步骤、方法和注意事项 9. 掌握热电偶装置零部件及备件的保护方法
		4. 主螺栓孔螺孔塞拆装	10. 掌握螺孔塞的拆装、检查、更换密封圈的操作方法
		5. 主螺栓孔的清洗和检查	11. 懂得选用合适的化学品清洗主螺栓孔 12. 掌握清洗主螺栓孔的步骤、方法和注意事项 13. 懂得利用合适的工器具或设备检查主螺栓孔的螺纹情况 14. 懂得修复主螺栓孔的螺纹缺陷的方法
		6. 主螺栓的清洗和检查	15. 懂得选用合适的化学品清洗主螺栓 16. 掌握清洗主螺栓的步骤、方法和注意事项 17. 懂得利用合适的工器具或设备检查主螺栓孔的螺纹情况 18. 懂得修复主螺栓的螺纹缺陷的方法
		7. 反应堆压力容器密封面清理	19. 懂得压力容器密封面的清理和检查方法和注意事项 20. 懂得如何保护压力容器密封面
		8. 反应堆压力容器密封面修补	21. 懂得压力容器密封面缺陷的处理流程，但不要求掌握修补密封面技术 22. 懂得利用外部技术力量修补压力容器密封面的流程
		9. “O”形密封环更换	23. 掌握顶盖旧“O”形圈的拆除步骤、方法和注意事项 24. 掌握顶盖密封面清洗的步骤、方法和注意事项 25. 掌握顶盖新“O”形圈安装的步骤、方法和注意事项
		10. 压力容器相关部件在役检查	26. 懂得联系在役检查专业人员协助此项工作进行的流程
		11. 反应堆压力容器合盖	27. 掌握主螺栓拉伸机调试步骤、方法和注意事项 28. 掌握主螺栓加载拉伸工作的步骤、方法和注意事项 29. 掌握主螺栓拧入操作的步骤、方法和注意事项 30. 掌握回装顶盖的条件、操作步骤、方法和注意事项
		12. 工作现场清理	31. 做到“工完料尽场地清”
2	压力壳顶部放气阀解体检查	1. 压力壳顶部放气阀解体前的准备	1. 掌握阀门结构和工作原理，能读懂阀门图纸 2. 要求工器具、备件、材料等准备齐全 3. 掌握阀门解体前必要的数据测量和记录方法 **注意：顶盖放气阀为核安全一级阀门，安装于顶盖吊具平台上方，阀门周围检修空间狭小，检修时须注意避免与驱动机构电缆、堆芯热电偶电缆等顶盖关键部件产生干涉**

续表

序号	维修项目	主要工作步骤	技能要求
2	压力壳顶部放气阀解体检查	2. 压力壳顶部放气阀的解体	4. 掌握阀门的解体具体步骤和方法 5. 懂得如何保护拆下的零部件密封面
		3. 压力壳顶部放气阀部件清洗	6. 懂得选用合适的化学品清洁各个零部件
		4. 压力壳顶部放气阀部件检查	7. 掌握零部件的检查方法 8. 掌握有缺陷零部件的处理流程和方法 9. 掌握零部件合格的标准
		5. 压力壳顶部放气阀部件更换	10. 掌握零部件更换的步骤和方法
		6. 压力壳顶部放气阀回装	11. 掌握零部件的回装的步骤和方法 12. 懂得如何检查异物的方法 13. 掌握回装后阀门螺栓力矩的校验方法
		7. 工作现场清理	14. 做到“工完料尽场地清” 15. 掌握报废或没有用到的材料、备件的处理流程和方法

(3) 故障判断和排除

目前在运行期间的压水堆核电厂,有一些是早期设计的,由于受当时系统设备的设计、制造、安装、检修工艺等方面的限制,系统和设备在运行中难免有故障发生。核电厂通过不断的运行反馈和经验积累,对不合理和不完善的设计进行改进、对已发生的问题或可能发生问题的设备进行改造更新、不断改进检修工艺,从而保证反应堆长期、安全、可靠的运行。

了解核电厂反应堆本体相关设备曾发生的故障情况,并提出处理方法。

1) 堆芯热电偶密封装置故障分析和处理方法;

2) 顶盖贯穿件缺陷分析和处理;

3) 驱动机构 OMEGA 焊缝缺陷分析及处理;

4) 反应堆顶盖更换。

2. 核安全级阀门检修

核安全级阀门检修技师需要掌握相应的维修准备、维修实施、故障判断和排除等三个方面的主要工作技能,并掌握本职业技能等级相应的培训与指导、管理两部分的知识。在完成高级工课程的基础上,学习了核电厂重要阀门检修的风险控制方法,了解关键阀门的维修规程,通过培训,使培训对象能够掌握核安全级关键阀门的故障判断和故障排除技能,掌握利用经验反馈手段来进行阀门问题的根本原因分析方法。

(1) 维修准备

1) 关键维修程序编制

核反应堆核级阀门设备维修相关工作的规程主要包括解体检修规程和检查维护规程。作为一名核反应堆核级阀门设备检修的技师,应该掌握关键核级阀门设备的解体检查的知识和技能,具备编写和修订部分典型的关键核级阀门维修规程的能力。

2）风险管理方法

核反应堆核级阀门设备的关键检修工作通常具有较大的风险，这些风险点与相应的工作内容及特点有着直接的关系，主要包括机械伤害、强电离辐射、体表沾污、内照射、高空作业、防异物控制、密封面损伤、设备组装精度控制等。

a. 典型关键阀门设备维修风险分析

对于部分典型的关键维修及操作项目，其存在的主要风险点及控制措施如下表所述。

部分核级关键阀门设备维修风险分析样例

序号	维修项目	风险点	控制措施
1	主系统电动闸阀检修	风险 1:主系统压力边界泄漏	1. 核安全风险评估，开口时间限制； 2. 应急封堵预案； 3. 应急计划与应急演练。
		风险 2:辐射风险	4. 获得区域辐射水平数据，采取相应等级的辐射防护措施； 5. 工作准备充分，不在工作现场长时间讨论不确定的问题。
		风险 3:场地与体表污染	6. 建立辐射防护区域的现场工作区和建立松散污染控制工作区； 7. 拆卸过程中进行部件、工具表面擦拭，包装好，不直接接触场地，材料指定地点存放； 8. 穿戴专用工作服，劳保用品； 9. 不要用接触阀门内部部件的手随意接触身体。
2	主系统压力与装量控制阀检修	风险 1:重水及氚蒸汽污染	1. 辐射防护区域的现场工作区和建立松散污染控制工作区； 2. 穿戴防氚气衣或通风头罩； 3. 戴塑胶手套，不接触重水； 4. 辐射防护人员现场监测氚水平，现场监视。
		风险 2:高空作业爬梯坠落	5. 系安全带开展工作； 6. 爬竖梯过程中佩戴防坠器； 7. 物品传递使用轻便吊装滑轮。
3	慢化剂系统隔离阀检修	风险 1:场地污染(氚)	1. 制定专项安全工作计划； 2. 现场建立负压棚，防止污染周围环境； 3. 及时恢复密封盲板。
		风险 2:人员辐射污染(氚)	4. 采用气衣防护，气衣通讯； 5. 穿戴外罩专用纸工作服； 6. 建立辐射和松散污染隔离区，禁止通行； 7. 辐射防护人员现场监测，监督指导。

b. 典型关键阀门设备维修风险分析

核电厂关键阀门设备常位于核岛的重要区域，检修作业过程中与一般区域阀门设备相比除具有工业安全风险外，还存在辐射风险，此外因为处在核岛系统的重要位置，很可能涉及核安全，因此属于高风险工作。在核电厂高风险工作主要通过专项安全工作计划(SWP)

来对风险进行专门分析并制定应对措施。涉及核安全风险工作是核电厂风险等级最高的工作,有时设备检修可能会导致某一安全系统不可用,而在某些特定情况下系统必须及时恢复其功能时,必须编制用以恢复系统功能的应急作业计划(EWP)。

(2) 维修实施

掌握核反应堆主回路安全阀维修和校验知识、关键维修技能等,在相关知识和技能的基础上,具备开展核安全级阀门检修技师相关维修实施工作的基本能力。

1) 核反应堆主回路安全阀维修和校验知识;

2) 主系统压力与装量调节阀检修;

3) 稳压器先导式安全阀检修;

4) 主蒸汽安全阀检修。

(3) 故障判断和排除

状态报告与经验反馈是核电厂广泛采用的管理手段,通过状态报告分析与经验反馈学习,及时了解各个核电厂以往发生的事件,为避免类似问题再次出现提供了经验借鉴。作为核电厂阀门检修技师,除了需要具有较高的检修技能外,还要掌握经验反馈分析的基本能力。核电厂经验反馈的流程可大致分为提出问题、分析问题和解决问题三个部分,提出问题通过发书面的状态报告的方式来实现,分析问题通过对状态报告进行原因分析,最后根据原因分析结果开发纠正行动来解决问题。

3. 核安全级水泵检修

核安全级水泵检修技师需要掌握相应的维修准备、维修实施、故障判断和排除三个方面的主要工作技能,并掌握本职业技能等级相应的培训与指导、管理两部分的知识。维修准备部分应掌握关键维修程序编制,学习并掌握泵的运转特性和参数分析,熟悉关键检修工作风险管理;维修实施部分应学习转动设备动平衡方法,并掌握关键维修工作相关技能;故障判断和排除部分学会利用内、外部经验反馈,掌握振动基础知识及转动设备的常见振动故障诊断。培训对象在相关知识和技能的基础上,通过培训,能够编写重要缺陷规程、质量计划、工器具设计,对重大缺陷提出检修方案;能组织实施核安全二级泵和一级泵的复杂维修工作;并掌握转子部件的动平衡试验方法、振动故障分析和处理等工作技能。

(1) 维修准备

1) 关键维修程序编制

核反应堆核级水泵维修相关工作的规程主要包括解体检修规程和检查维护规程。作为一名核反应堆核级水泵检修的技师,应该掌握关键核级水泵的解体检查的知识和技能,具备编写和修订部分典型的关键核级水泵维修规程的能力。

2) 风险管理方法

核反应堆核级水泵设备的关键检修工作通常具有较大的风险,这些风险点与相应的工作内容及特点有着直接的关系,主要包括机械伤害、强电离辐射、体表沾污、内照射、高空作业、防异物控制、密封面损伤、设备组装精度控制等。

(2) 维修实施

掌握动平衡试验方法和关键维修技能等,在相关知识和技能的基础上,具备开展核安全级水泵检修技师相关维修实施工作的基本能力。

1）动平衡试验方法；

2）关键维修技能。

作为核反应堆核级水泵设备检修技师，应该具备关键设备解体检查的知识和技能，不仅需要具备较高的动手能力，还需要具有一定的水泵专业理论基础和分析判断能力。

（3）故障判断和排除

掌握关键水泵设备检修经验反馈信息和振动基础知识等，具备利用相关经验反馈信息进行故障判断和排除的能力。

4. 核安全级容器检修

核安全级容器检修技师需要掌握相应的维修准备、维修实施、故障判断和排除等三个方面的主要工作技能，并掌握本职业技能等级相应的培训与指导、管理两部分的知识。在相关知识和技能的基础上，通过培训，使培训对象能够对核安全级容器设备及检修专用工器具的重要维修工作进行准备和操作，并掌握其故障的判断和处理等工作技能。

（1）维修准备

1）关键维修程序编制

核反应堆核级容器维修相关工作的规程主要包括解体检修规程和检查维护规程。作为一名核反应堆核级容器检修的技师，应该掌握关键核级容器的解体检查的知识和技能，具备编写和修订部分典型的关键核级容器维修规程的能力。

2）风险管理方法

核反应堆核级容器设备的关键检修工作通常具有较大的风险，这些风险点与相应的工作内容及特点有着直接的关系，主要包括机械伤害、强电离辐射、体表沾污、内照射、高空作业、防异物控制等。对于部分典型的关键维修及操作项目，其存在的主要风险点及控制措施如下表所列。

部分核级关键容器设备维修风险分析

序号	维修项目	风险点	控制措施
1	蒸汽发生器眼孔密封面修复	风险 1:辐射风险	获得区域辐射水平数据，采取相应等级的辐射防护措施； 工作准备充分，不在工作现场长时间讨论不确定的问题； 作业房间外设置低剂量等待区，并挂警示牌； 附近热点使用铅屏蔽，降低作业人员所受剂量。
		风险 2:异物控制	在眼孔开口处设计专用防异物堵板，防止切削过程中产生的铁屑进入蒸汽发生器内部； 眼孔下方手孔设置防异物堵板，防止切削过程中切削液流入蒸汽发生器内部。
		风险 3:现场环境	增设照明设置，确保现场照明充分； 在格栅上铺设胶皮，防止工器具等物件坠落。
2	蒸汽发生器螺栓咬死处理	风险 1:异物控制	在容器开口处加装防异物堵板，防止取断丝过程中碎屑进入容器内部。
		风险 2:人身伤害	作业人员佩戴护目镜，防止作业过程中碎屑飞溅伤害； 作业人员禁止戴手套。
		风险 3:底孔螺纹损坏	咬死螺栓上加工定位孔，并在钻机上安装定位套。

(2) 维修实施

掌握传热管换管技术和蒸汽发生器堵管工艺及方法等,在相关知识和技能的基础上,具备开展核安全级容器检修技师相关维修实施工作的基本能力。

1) 传热管换管技术;

2) 蒸汽发生器堵管工艺及堵管工具的使用方法;

3) 关键维修技能。

核电厂核级关键容器设备主要有蒸汽发生器和稳压器。作为核反应堆核级容器设备检修技师,应该具备关键设备解体检查的维修技能,不仅需要具备较高的动手能力,还需要具有一定的专业理论基础和分析判断能力。

(3) 故障判断和排除

状态报告与经验反馈是核电厂广泛采用的管理手段,通过状态报告分析与经验反馈学习,及时了解各个核电厂以往发生的事件,为避免类似问题再次出现提供了经验借鉴。作为核电厂容器维修技师,除了需要具有较高的检修技能外,还要掌握经验反馈分析的基本能力。

5. 重水堆燃料操作系统机械检修

重水堆燃料操作系统机械检修技师需要掌握专用设备预防性维修大纲要求,风险管理方法,关键维修规程编制,装卸料机料仓组件的结构,装卸料机和新燃料装载机的零部件技术要求,并掌握本职业技能等级相应的关键设备维修技能,经验反馈信息的知识,能够对重水堆燃料操作系统关键机械设备进行检修,并掌握其故障的判断和处理等工作技能。

(1) 维修准备

1) 掌握专用设备预防性维修大纲要求

设备预防性维修大纲是用于对设备进行预防性检修要求的纲领性文件。检修活动都应遵从于预防性维修大纲,不允许偏离标准实施预防性维修。对于重水堆燃料操作系统机械检修工作,预防性维修大纲主要包括以下内容:

a. 预防性维修的开展方式;

b. 预防性维修的周期;

c. 燃料操作系统预防性维修。

2) 熟悉重水堆燃料操作系统机械设备的维修技术要求

重水堆燃料操作系统机械设备是由多个子系统共同构成,技师应熟悉相关设备的维修技术,主要包括:

a. 重水堆燃料装卸料机组零部件技术要求

b. 重水堆燃料装卸料机料仓组件的结构和零部件功能

c. 重水堆新燃料装载机零部件技术要求

2) 风险管理方法

重水堆燃料操作系统机械设备的关键检修工作通常具有较大的风险,这些风险点与相应的工作内容及特点有着直接的关系,主要包括机械伤害、强电离辐射、体表沾污、内照射、高空作业、防异物控制、密封面损伤、设备组装精度控制等。

(2) 维修实施

掌握重水堆燃料操作系统的关键设备检修工艺和方法,具备开展重水堆燃料操作系统机械设备技师相关维修实施工作的基本能力，主要包括：

1）重水堆装卸料机管嘴组件的维修

2）重水堆装卸料机推杆组件维修

3）重水堆燃料装卸料机料仓组件的维修

4）料仓主轴密封更换

5）高压疏水阀检修

（3）故障判断和排除

状态报告与经验反馈是核电厂广泛采用的管理手段，通过状态报告分析与经验反馈学习，及时了解各个核电厂以往发生的事件，为避免类似问题再次出现提供了经验借鉴。作为核电厂重水堆燃料操作系统机械检修技师，除了需要具有较高的检修技能外，还要掌握经验反馈分析的基本能力。

三、仿真训练

1. 单项选择题

（1）为缩短操作时间，减少工作人员受照辐射剂量，保证堵管质量，蒸汽发生器国际上多采用（　　）技术。

（A）焊接堵管　　（B）胀接堵管

（C）焊胀并用堵管　　（D）机械式可拆卸堵管

（2）蒸汽发生器堵管设备的辊胀装置的力矩是（　　）。

（A）18～55 N·m　（B）26～48 N·m　（C）34～56 N·m　（D）42～64 N·m

（3）关于蒸汽发生器二次侧眼孔密封面腐蚀说法错误的是（　　）。

（A）密封面腐蚀有可能会引起放射性介质泄漏

（B）密封面腐蚀后可以通过研磨、在线加工等工艺修复

（C）长时间使用石棉金属缠绕垫片会引起密封面腐蚀

（D）检修时使用的清洗剂应该严格执行化学品成分相关管理规定

（4）所有与工作有关的主要人员都应该参与工前会；在工前会上，（　　）学习此项工作的相关经验反馈。

（A）不需要　　（B）需要

（C）无所谓　　（D）根据工作负责人喜好

（5）蒸汽发生器是核电厂最重要的热交换器，属于（　　）。

（A）核安全一级设备　　（B）核安全二级设备

（C）核安全三级设备　　（D）非核级设备

（6）对于磨损严重的键槽，如果轴的强度允许，可以采用将轴旋转（　　）后重新加工键槽。

（A）45°　（B）90°　（C）120°　（D）180°

（7）主回路安全阀阀体内的上、下调节环作用是（　　）。

（A）消除背压变动时安全阀全启压力、回座压力的影响

（B）减少阀瓣关闭时产生的冲击负荷引起的阀座损伤

（C）调节阀瓣动作时灵敏度

（D）调节阀瓣动作时的起跳高度

(8) 主系统压力与装量调节阀解体过程中发现阀芯等部件需要更换时,需经(　　)确认。

(A) 工作人员　(B) 工作负责人　(C) QC人员　(D) 部门领导

(9) 在压水堆核电厂,SEBIM 阀门解体前,需要从系统管道上拆除阀组,打开阀头针形阀后,控制柜 R_1 与 R_2 的状态为(　　),才可以排除设备控制管线内部水。

(A) R_1 关闭,R_2 关闭　(B) R_1 开启,R_2 关闭

(C) R_1 关闭,R_2 开启　(D) R_1 开启,R_2 开启

(10) 两台同性能水泵串联运行,串联工作点参数为 Q(流量)串、P(压力)串,改为其中一台单独运行时(管路特性曲线不变),工作点参数为 Q(流量)单、P(压力)单。则串联与单台工作点间的关系为(　　)。

(A) $P_{串}=2P_{单}, Q_{串}=Q_{单}$　(B) $P_{串}<2P_{单}, Q_{串}>Q_{单}$

(C) $P_{串}<2P_{单}, Q_{串}=Q_{单}$　(D) $P_{串}=2P_{单}, Q_{串}\geqslant Q_{单}$

(11) 重水堆装卸料机管嘴抱卡机构的抱卡螺栓采用(　　)线 ACME 螺纹。

(A) 1　(B) 2　(C) 3　(D) 4

(12) 重水堆装卸料机料仓 30 英寸抱卡密封泄漏的原因是(　　)。

(A) 密封环材料老化　(B) 密封面化学和应力腐蚀

(C) 密封环变形　(D) 抱卡力降低

(13) 重水堆装卸料机料仓主轴密封检修准备工作主要是(　　)。

(A) 拆除管嘴塞　(B) 测量料仓驱动力矩

(C) 转动料仓管到 C 管　(D) 安装料仓转子对中工具

(14) 关键容器设备解体检查的维修技能不包括(　　)。

(A) 蒸汽发生器开关人孔　(B) 稳压器内部异物取出

(C) 蒸汽发生器堵管　(D) 压缩空气储罐内部焊缝打磨

(15) 关于蒸汽发生器二次侧眼孔密封面腐蚀说法错误的是(　　)。

(A) 密封面腐蚀有可能会引起放射性介质泄漏

(B) 密封面腐蚀后可以通过研磨、在线加工等工艺修复

(C) 长时间使用石棉金属缠绕垫片会引起密封面腐蚀

(D) 检修时使用的清洗剂应该严格执行化学品成分相关管理规定

2. 多项选择题

(1) 堆本体技师应具备(　　)维修实施方案的能力,在工作中应通过实际的维修案例进行体验和学习提高和原则的总和。

(A) 编写　(B) 修订　(C) 审查　(D) 批准

(E) 生效

(2) 在压水堆核电厂,通过螺纹连接堆内构件吊具的反应堆压力容器吊篮部件(下部部件)通过(　　)等方法来确认吊钩与吊杆的联接。

(A) 需要确认三根保护环吊杆已退回至上限位

(B) 堆内构件吊具的三个吊杆由一人操作,分别拧入,确保拧入时的速度和手感基本一致

(C) 在起吊前再次对吊杆与保护环之间的脱离状态进行确认,以防在吊具起吊时螺纹

未全部脱开

(D) 三名维修人员在操作时应注意动作一致，以保证吊杆联接螺纹部分旋入深度相同

(E) 旋拧到位后统一回拧半圈，以防吊装时螺纹受力咬伤

(3) 传热管换管穿管前的准备工作包括(　　)。

(A) 切管　(B) 退火　(C) 磨管　(D) 焊接

(E) 钻孔

(4) 在传热管换管过程中，换热管与管板的连接主要包括(　　)。

(A) 胀接　(B) 焊接　(C) 胀焊并用　(D) 胶黏

(5) 关键容器设备解体检查维修的工前会内容包括(　　)。

(A) 明确工作成员责任分工　(B) 讨论了解主要工作风险，明确关键步骤

(C) 检查工作准备情况　(D) 编写工作报告

(E) 质量计划关闭

(6) 在压水堆核电厂，蒸汽发生器密封面和密封垫及人孔、手孔、眼孔盖清洗要求为(　　)。

(A) 用脱脂无毛头的织物或白布、绸布等蘸纯丙酮擦拭

(B) 擦拭面上不应有擦拭物上遗留下的肉眼可见的绒毛

(C) 用脱脂无毛头的织物或白布、绸布等蘸无水酒精擦拭

(D) 擦拭物上应无锈迹、污物等脏物存在，应无明显的变色

(E) 擦干净就可以了

(7) 在现有蒸汽发生器二次侧眼孔密封面材料条件下，其腐蚀根本原因可能有以下几方面(　　)。

(A) 眼孔盖板打开过于频繁

(B) 蒸汽发生器设计者没有考虑到二次侧眼孔密封垫中杂质离子的腐蚀作用，使用了含石棉材料的密封垫

(C) 蒸汽发生器二次侧检修程序不完善：蒸汽发生器二次侧眼孔盖拆装程序中没有明确的眼孔密封面清洗及清洗验收标准

(D) 蒸汽发生器设备管理没有严格执行化学品成分相关管理规定，对密封材料及填料有害成分没有具体的要求

(E) 眼孔密封面发生泄漏

(8) 设备发生了故障，能被观察到的只是故障症状，还必须研究引起故障的物理、化学变化等内在原因，这就是故障机理研究。一台设备发生故障，其故障机理可能是下列(　　)故障机理类别中的一个或几个。

(A) 过载、破裂、脆化　(B) 振动

(C) 疲劳破裂(包括腐蚀疲劳)　(D) 腐蚀或磨蚀

(E) 水锤

(9) 主蒸汽安全阀解体前，需要对阀门的原始位置进行标记，需要标记位置的零部件为(　　)。

(A) 调整螺母　(B) 喷嘴环　(C) 调节环　(D) 中法兰

(E) 阀杆

(10) 主蒸汽安全阀解体时，拆除中法兰螺母，需要将(　　)作为整体从阀体吊出，放在

支架上,对喷嘴和阀体开口进行封堵保护。

(A) 阀盖组件　(B) 弹簧组件　(C) 阀杆组件　(D) 排放器

(E) 内部零件

(11) 泵的工作状态是通过(　　)来表示的。

(A) 转速　(B) 流量　(C) 扬程　(D) 效率

(E) 汽蚀余量

(12) 泵装置是指泵、(　　)的总称。

(A) 泵的附件　(B) 吸入管路　(C) 压出管路　(D) 吸入池

(E) 压出池

(13) 重水堆装卸料机分离器燃料分离功能的实现是依靠以下(　　)机械部件完成。

(A) 燃料挡块　(B) 回退器　(C) 探杆　(D) 电位计

(E) 安全锁

(14) 重水堆装卸料机料仓在正常换料期间,料仓管中有(　　)存放燃料。

(A) L 管　(B) B 管　(C) D 管　(D) N 管

(E) E 管

(15) 重水堆装卸料机在正常运行期间料仓内的压力状态有(　　)。

(A) 高压　(B) 中压　(C) PARK 压力　(D) 低压

(E) 常压

3. 简答题

(1) 简述传热管橡胶胀管器的系统组成。

(2) 简述典型的关键核级容器缺陷维修的主要工作步骤。

(3) 简述压水堆核电厂 SEBIM 稳压器先导式安全阀的结构。

(4) 离心泵有三条特性曲线,各说明什么问题?

4. 计算/绘图题

(1) 图示是泵的串联运转时的流量/扬程关系,请说明图中Ⅰ、Ⅱ、Ⅲ及 A_{I}、A_{II} 的含义。

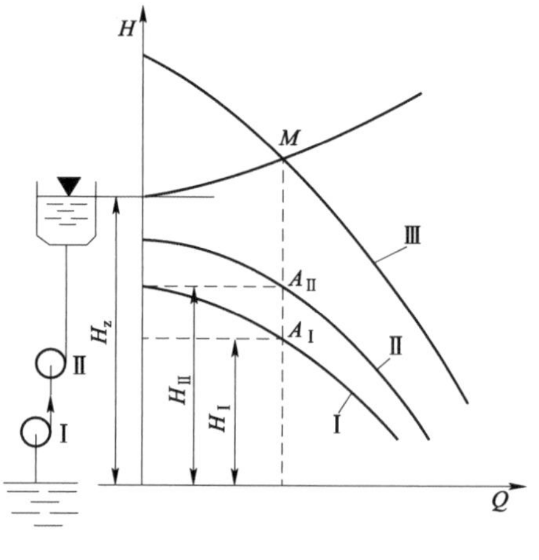

(2) 用图解法如何确定两台同型号泵并联运行的工作点?

(3) 绘制重水堆装卸料机 B、L 杆驱动原理图。

5. 综合题

（1）请描述机械滚胀的工作原理。

（2）如下图所示，在发现蒸汽发生器眼孔密封面发生腐蚀后应采取哪些行动？

四、参考答案

1. 单项选择题

（1）D；（2）A；（3）A；（4）B；（5）A；（6）D；（7）A；（8）C；（9）D；（10）B；（11）D；（12）B；（13）D；（14）D；（15）A

2. 多项选择题

（1）ABC；（2）ACDE；（3）ABC；（4）ABC；（5）ABC；（6）ABCD；（7）BCD；（8）ABCDE；（9）ABCD；（10）ABCDE；（11）ABCDE；（12）ABCDE；（13）ABC；（14）ABCD；（15）ABCD

3. 简答题

（1）答案：

1）橡胶胀管器系统由液压装置、加压段和橡胶胀头组成（4/10）。

2）液压装置包括柱塞泵、液压回路、各种阀门和液压介质储箱等，介质可以用油或水，其压力为 22 MPa 左右（3/10）。

3）加压段包括液压罐和背压环。活塞杆的拉力完全由背压环承受，由内部进行力平衡，完全不需要外部支承力（3/10）。

（2）答案：

工前会、现场确认先决条件、确认注意事项、工前检修现场准备、维修步骤、清理及异物检查、工作后场地清洁、工后总结。

（3）答案：

1）SEBIM 稳压器安全阀安装于稳压器顶部，分为三组，开启压力递增，为核电厂关键设备之一（2.5/10）。SEBIM 稳压器安全阀由保护阀和隔离阀组成，单台阀门又分为先导箱（控制柜）和阀体两部分（2.5/10）。

2）SEBIM 阀体主要部件包括阀体 A、鳍形筒 CA、阀头 E、活塞 V、阀杆 T、波纹管 D、阀芯 C、阀座 B 等（2.5/10）。

3）控制柜主要部件包括过滤筒、整定组件、控制组件、电磁阀和辅助部件（2.5/10）。

（4）答案：

1）*H*–*Q* 曲线：表示了泵的压头与流量的关系，离心泵的压头普遍是随流量的增大而下

降(3/10);

2) N–Q 曲线:表示泵的轴功率与流量的关系,离心泵的轴功率随流量的上升而增大,流量为 0 则轴功率最小,所以在启动离心泵时,应关闭泵出口阀,减少起动电流,保护电机(3/10);

3) η–Q 曲线:当 $Q=0$ 时,$\eta=0$,随着流量增大,泵的效率随之上升,并达到最大值,以后流量再增加效率反而下降,说明离心泵在一定转速下有一个最高效率点(4/10)。

4. 计算/绘图题

(1) 答案:

1) 图中Ⅰ、Ⅱ分别为不同的两台泵单独运转特性曲线,将两泵在相同流量下的扬程相加,即可得总扬程曲线Ⅲ;

2) 总扬程曲线Ⅲ装置特性曲线交于 M 点,自 M 点作垂线,交泵特性曲线于 $A_{Ⅰ}$ 和 $A_{Ⅱ}$,即分别为两泵的运转工况点。

(2) 答案:

把单泵的扬程性能曲线 $Q_1\sim H_1$ 横向放大一倍得到两台同型号泵并联运行的扬程性能曲线 $Q\sim H$,与抽水装置特性曲线 R 的交点 A 就是两台同型号泵并联运行的工作点,过该点作水平线,与单泵扬程性能曲线的交点 A_1 就是两台同型号泵并联运行单泵的工作点(5/10)。

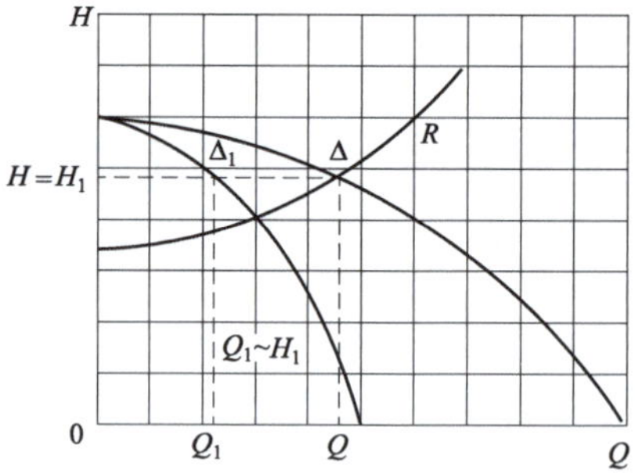

(3) 答案:

原理图如下:

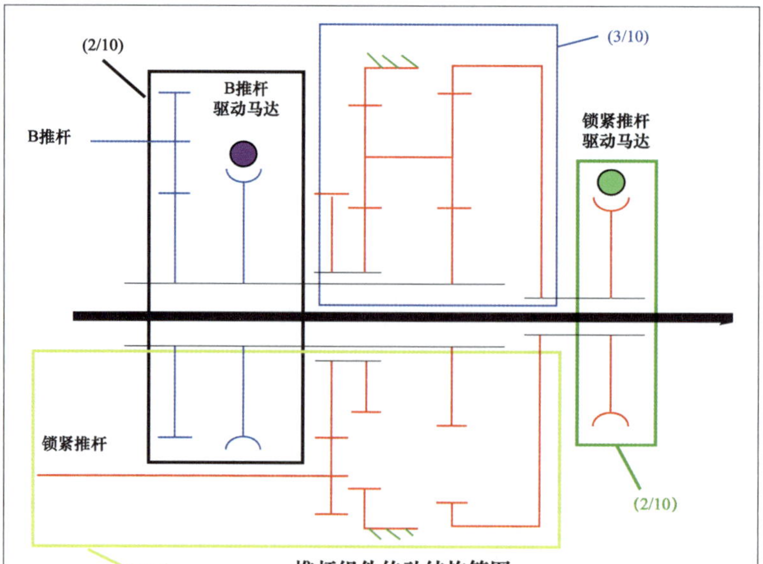

推杆组件传动结构简图

5. 综合题

(1) 答案：

利用胀管器滚柱的压力，使换热管端部的金属壁受到内挤压被胀大，当换热管外壁与管板孔壁的金属产生变形时，由于换热管的变形量要远远大于孔壁的变形量，从而使换热管产生流动塑性变形。当撤去胀管器以后，孔壁马上发生弹性收缩。将换热管胀大部分紧紧抱住，使换热管与管板紧密相连(10/10)。

(2) 答案：

1) 分析产生腐蚀的根本原因；

2) 评估缺陷可能产生的影响和后果，并制定应急预案；

3) 完成蒸汽发生器眼孔密封面修复技术方案及设备的开发及评估，在大修期间完成眼孔密封面修复；

4) 针对根本原因制定其他纠正行动。

第四章　模拟试卷

职业技能鉴定国家题库

核反应堆核级机械设备检修工
国家职业资格二级
理论知识试卷 B

注意事项

1. 考试时间：120 分钟。
2. 请首先按要求在试卷的标封处填写您的姓名、准考证号和所在单位的名称。
3. 请仔细阅读各种题目的回答要求，在规定的位置填写您的答案。
4. 不要在试卷上乱写乱画，不要在标封区填写无关的内容。

题号	一	二	三	四	五		总 分
得　分							

得　分	
评分人	

一、单项选择题（第 1 题～第 30 题。选择一个正确的答案，将相应的字母填入题内的括号中。每题 1 分，满分 30 分。）

1. 汽轮机回路主要设备不包括(　　)。

A. 汽轮机　　B. 汽水分离再热器
C. 冷凝器　　D. 循环水泵

2. 在核级设备的分级管理中，安全注入系统及安全壳喷淋系统所属设备对应的安全分级是(　　)。

A. 非核安全级　　B. 安全一级　　C. 安全二级　　D. 安全三级

3. 高速湿蒸汽气流中的构件如低压汽轮机叶片，低温蒸汽管系和冷凝器及换热气管容易产生(　　)。

A. 疲劳失效　　B. 应力腐蚀开裂失效

C. 液体冲蚀失效　　D. 脆化引起的失效

4. 事故现场的急救步骤包括判断情况、确保安全、提供急救和(　　)。

A. 撤离　　B. 求助　　C. 输送　　D. 疏散

5. 在钻孔时,关于钻头的说法,以下说法错误的是(　　)。

A. 钻孔时,钻头装夹在钻床主轴上,依靠钻头与工件之间的相对运动来完成钻削加工

B. 钻头绕本身轴线的旋转运动为主运动

C. 钻头沿轴线方向的直线移动为进给运动

D. 钻头是按照直线运动来钻孔的

6. 能源是人类社会的(　　)。

A. 部分　　B. 生命线　　C. 残次品　　D. 奢侈品

7. 燃烧三要素包括可燃物、助燃物、(　　)。

A. 温度　　B. 湿度　　C. 材料　　D. 地区

8. 质保大纲对所有影响质量的活动提出要求和(　　)。

A. 规范　　B. 规则　　C. 前提　　D. 结构

9. 核电厂每项维修活动都必须按相应的(　　)进行。

A. 维修规程　　B. 维修计划　　C. 技术要求　　D. 技术方案

10. 环境保护法适用于中华人民共和国领域和中华人民共和国管辖的其他(　　)。

A. 流域　　B. 领域　　C. 海域　　D. 太空

11. 核安全的方针是(　　)。

A. 安全第一,质量第一　　B. 安全生产

C. 安全保密　　D. 安全研发

12. 以下哪一项不属于机加工件精度超差矫正的分类(　　)。

A. 延展矫正　　B. 手工矫正　　C. 机械矫正　　D. 火焰矫正

13. 对于管径较小的仪表管道,通常采用哪种冰塞方式(　　)。

A. 药剂法　　B. 电冷却器法　　C. 干冰法　　D. 液氮法

14. 针对核级容器关键维修规程,作为核反应堆核级容器检修技师应(　　)能力。

A. 无需具备编写维修规程　　B. 只需具备能够阅读维修规程

C. 具备编写和修订维修规程　　D. 具备审核和批准维修规程

15. 塑性材料在拉伸试验中存在应力变化不大而应变显著增加的现象,该应力称为材料的(　　)。

A. 屈服极限　　B. 强度极限　　C. 断面收缩率　　D. 伸长率

16. 重水堆燃料操作系统装卸料机料仓转子组件是由(　　)驱动。

A. 电机　　B. 液压马达　　C. 重水液压系统　　D. 气动马达

17. 压水堆核电厂反应堆温度测量热电偶常见的一种结构是从贯穿反应堆顶盖的热电偶集束管导管中引出(根据不堆型设计不同,引出点从两点到四点不等)。热电偶密封结构TC 杯座上法兰套泄漏的原因不包括(　　)。

A. 顶紧法兰的顶紧螺栓安装力矩值偏小

B. 碟形垫片安装时大口面朝下

C. 热电偶杯座贯穿件 Ω 焊缝有缺陷

D. 热电偶导柱与碟形垫片之间的密封面有缺陷

18. 系统手册(或系统设计手册)是核电厂机械、电气及控制等系统设计的基本文件,包括系统的作用和设计、设备的主要特性、系统的控制以及(　　)等所有必要的信息。

A. 操作原理　　B. 维修依据　　C. 独立管线　　D. 维修准则

19. 以下关于刚性转子动平衡说法不正确的是(　　)。

A. 动平衡原理是根据振动的频率大小与引起振动的力成正比的关系,通过测试来求得不平衡量的

B. 经过大修的转子,在不了解其平衡的情况时,只需要在高速下找动平衡即可

C. 水泵在长时间的超常振动工况下运行,不会引起轴的弯曲

D. 在现代工业中,常对水泵转子进行动平衡试验,消除转子的不平衡量,降低振动

20. 以下哪项不是核反应堆核级水泵检修技师应具备的能力(　　)。

A. 掌握一定的水泵专业理论基　　B. 掌握一定的水泵故障分析判断能力

C. 具有较高的操作技能　　D. 具有丰富的水泵设计经验

21. 关键容器设备解体检查的维修技能不包括(　　)。

A. 蒸汽发生器开关人孔　　B. 稳压器内部异物取出

C. 蒸汽发生器堵管　　D. 压缩空气储罐内部焊缝打磨

22. 反应堆压力容器顶盖驱动机构下部 Ω 焊缝泄漏,会导致顶盖(　　),由于下部 Ω 焊缝不易检查,很容易忽略此缺陷的存在,如长期泄漏会造成运行风险。

A. 运行期间,高压状态下驱动机构弹出

B. 运行期间不能保证主系统真空,必须启动顶盖放气阀排气

C. 驱动机构失效,控制棒跌落造成停堆

D. 球冠部堆积硼结晶

23. 在百万千瓦机组压水堆装卸料机设备中(　　)用于防止燃料组件的扭转,以及装卸料机在运行时燃料组件产生的摆动。

A. 燃料组件导向板　　B. 伸缩套筒导向轮

C. 大、小车防翻钩　　D. 防松绳平衡块

24. 已超过正常运转时的振级,但对机器的工作量尚无显著的影响,此种运行状态是“容许”的。该定义对应振动等级为(　　)级。

A. A　　B. B　　C. C　　D. D

25. 所谓科学性,就是教学内容的编排要(　　)。

A. 由简单到复杂　　B. 由复杂到简单

C. 由少到多　　D. 由多到少

26. 知识、(　　)和态度是培训的三大要素。

A. 理论　　B. 技能　　C. 品德　　D. 技术

27. 硬件能力通常包括:硬件的数据处理能力、存储能力和(　　)。

A. 运算能力　　B. 人机会话能力　　C. 数据接收能力　　D. 数据表达能力

28. 通常班组(　　)召开一次班组安全会。

A. 每周　　B. 每日　　C. 每月　　D. 每年

29. 我们要以班组与各科队签订的(　　)为基准,实现安全责任书中的管理目标。

A. 培训协议　　　　B. 安全生产责任书
C. 劳动合同　　　　D. 工作计划

30. 技术报告中引言的内容不包括(　　)。
A. 课题的提出背景、性质范围、研究目的及其重要性
B. 前人研究经过、成果、问题及其评价
C. 概述达到理想答案的方法
D. 研究或实验的主要原理或概念

得　分	
评分人	

二、多项选择题(第31题～第50题,请选择两个或以上正确答案,将相应字母填入括号内。错选或多选、少选均不得分,也不倒扣分。每题2分,满分40分。)

31. 放射性废物的管理主要包括废物的(　　)等活动。
A. 收集　　B. 转移　　C. 减容　　D. 贮存
E. 清洗

32. 核设施职业健康安全管理的基本方式包括(　　)。
A. 定期监测　　　　B. 日常管理
C. 健康体检　　　　D. 将职业危害及时告知员工
E. 其他

33. 核设施的防火主要有(　　)。
A. 厂房防火屏障　　　　B. 厂房防火门管理
C. 消防设施管理　　　　D. 造成的间接经济损失
E. 造成不良的社会影响

34. 反应堆本体及装换料系统设备的检修工作通常存在着较大的风险,这些风险点与相应的工作内容及特点有着直接的关系,主要包括(　　)等风险。
A. 机械伤害　　B. 高空作业　　C. 强电离辐射　　D. 体表沾污
E. 内照射

35. 在压水堆核电厂,辐照监督管用于监测水冷反应堆束带区(即压力容器最大注量率辐照区)的铁素体材料筒体及焊缝受中子辐照和热环境所造成的材质性能的变化。辐照监督管内装有与反应堆压力容器筒体母材和焊缝同材料、同炉号、同工艺的辐照监督试样以及中子注量率测量片、测温合金等。辐照监督管由(　　)等组成。
A. 母材样品管　　　　B. 吊篮部件热屏蔽层
C. 焊缝及热影响区样品管　　　　D. 连接管
E. 抓头

36. 机械维修活动中,属于常见零部件修复的是(　　)。
A. 轴类零件的修复　　　　B. 轴承类部件修复
C. 轮盘类部件修复　　　　D. 阀门类故障修复

E. 液压故障修复

37. 两台不同型号的离心泵串联工作时,流量大的泵必须放第一级,向流量小的水泵供水,以下就其原因错误的是(　　)。

A. 超负荷　B. 气蚀　C. 转速太快　D. 安装高度不够

E. 提高出口扬程

38. 离心泵并联运行比单独运行时,其参数具有如下特点(　　)。

A. 流量增大　B. 流量不变　C. 扬程增大　D. 扬程不变

E. 流量扬程均不变

39. 重水堆燃料操作系统的一些预防性维修项目,周期为9年的有(　　)。

A. 重水供应泵做解体大修　B. 屏蔽门导向轮做定期更换

C. 屏蔽门电机做解体大修　D. 乏燃料气动盘台压力释放阀标定

E. 标定乏燃料气动阀供气管线压力释放阀

40. 重水堆燃料操作系统装卸料机包括很多零部件,下列(　　)部件在制造加工过程中会要求水压试验。

A. 装卸料机料仓壳体　B. 装卸料机推杆壳体

C. 装卸料机管嘴中心支撑　D. 装卸料机推杆适配器

E. 装卸料机料仓30英寸抱卡夹子

41. 反应堆压力容器整体式主螺栓拉伸机相比较单体式拉伸机存在的优势包括(　　)。

A. 拉伸量均匀程度好

B. 拉伸机对中要求精度低

C. 纯螺栓拉伸过程时间短

D. 拉伸机运输便捷,一般普通货车即可满足运输要求

E. 操作人员需求少,接受的放射性剂量低

42. 换热管常用的焊接方法包括(　　)。

A. 手工电弧焊　B. 气体保护焊　C. 钎焊　D. 氩弧焊

43. 蒸汽发生器辊胀系统使用的前后不同的标定类型包括(　　)。

A. 初始标定　B. 中间标定　C. 过程标定　D. 结束标定

E. 间隙标定

44. 纠正行动变更类型包括(　　)。

A. 替换　B. 延期　C. 转移　D. 取消

E. 回退

45. 蒸汽发生器二次侧眼孔密封面腐蚀缺陷的纠正措施包括(　　)。

A. 在大修期间完成蒸汽发生器180°眼孔密封面修复

B. 一回路关键设备使用的石棉金属密封缠绕垫更换为石墨金属缠绕垫片

C. 蒸汽发生器石墨600合金缠绕垫的订货技术要求应明确有害离子最大允许含量

D. 在役检查中增加蒸汽发生器二次侧手孔、眼孔密封面检查频度、检查方法、缺陷测量等要求

E. 改进《蒸汽发生器二次侧手孔、眼孔拆装程序》《蒸汽发生器二次侧人孔盖拆装程序》《蒸汽发生器一次侧人孔盖堵板拆装程序》的人孔、手孔、眼孔密封面、密封垫以及人孔、手

孔、眼孔盖清洗验收标准

46. 核电厂经验反馈产生的背景和意义，说法正确的是（ ）

A. 切尔诺贝利核事故表明，分享运行经验的过程中既要使用同行的经验，又要向同行提供有价值的运行信息。

B. 切尔诺贝利核电厂事故后，全世界核电行业成立了 WANO 组织，其主要目的是致力于行业运行经验的共享。这是核电行业的共同进步。

C. 经验反馈不是一个新事物，可以说自从有了人类，便存在着朴素的经验反馈思想。但是明确提出“经验反馈”这一概念，并将其作为从事核能利用的基本原则和行为基础，则是在切尔诺贝利事故之后。

D. 和核安全文化、人因管理一样，运行经验反馈是核电行业业绩提升的有力工具之一。

E. 作为一名核电从业者，只需要关注所在核电厂发生过的事件，无需关注其他核电厂的相关经验反馈。

47. 重水堆装卸料机料仓在正常换料期间，料仓管中有（ ）存放燃料。

A. L 管　　B. B 管　　C. D 管　　D. N 管

E. E 管

48. 当重水堆装卸料机在正常运行期间，油水混合收集箱突然出现高报时的最可能原因（ ）。

A. 推杆机械密封泄漏量突然增加

B. 料仓主轴密封泄漏量突然偏大

C. 装卸料机管嘴中心支撑管和料仓之间的 O 形圈失效

D. 油封损坏

E. 机封静环后端 O 形圈跑位

49. 以下有关 PPT 的说法，正确的是（ ）。

A. 可以动态显示文本和对象　　B. 可以更改动画对象的出现顺序

C. 图表不可以设置动画效果　　D. 可以设置幻灯片切换效果

E. 图标中无法插入数据

50. 设备管理的状态直接影响核电厂生产计划的制定及落实，并对核电厂的（ ）产生重大影响。

A. 安全运行　　B. 经济运行　　C. 稳定运行　　D. 人员分工

E. 设备分级

得　分	
评分人	

三、简答题（第 51 题～第 52 题，每题 5 分，满分 10 分。）

51. 描述职业道德有利于社会主义物质文明和精神文明建设的原因。

52. 结合事件发生机理图，简述事件发生的机理。

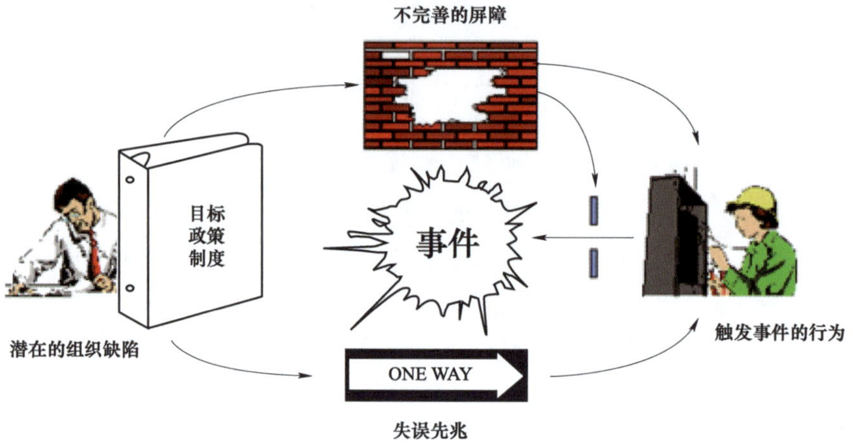

得　分	
评分人	

四、计算题(第 53 题～第 53 题,每题 10 分,满分 10 分。)

53. 主蒸汽安全阀在线进行压力整定,系统压力为 6.7 MPa,整定标准值为 8.7 MPa,弹簧压缩为 20 mm,调整螺母的螺距为 5 mm,安全阀等效面积为单位面积,现试验结果为 8.4 MPa,调整螺母需要调整多少度?

得　分	
评分人	

五、综合题(第 54 题～第 54 题,每题 10 分,满分 10 分。)

54. 请描述重水堆装卸料机料仓主轴机械密封的组装过程。

职业技能鉴定国家题库

核反应堆核级机械设备检修工
国家职业资格二级
理论知识试卷 B 参考答案

一、单项选择题(第 1 题～第 30 题。选择一个正确的答案,将相应的字母填入题内的括号中。每题 1 分,满分 30 分。)

1. D	2. C	3. C	4. B	5. D	6. B
7. A	8. A	9. A	10. C	11. A	12. A
13. B	14. C	15. A	16. B	17. C	18. A
19. C	20. D	21. D	22. D	23. A	24. B
25. A	26. B	27. B	28. A	29. B	30. A

二、多项选择题(第 31 题～第 50 题,请选择两个或以上正确答案,将相应字母填入括号内。错选或多选、少选均不得分,也不倒扣分。每题 2 分,满分 40 分。)

31. A,B,C,D	32. A,B,C,D	33. A,B,C	34. A,B,C,D,E
35. A,C,D,E	36. A,B,C	37. A,C,D,E	38. A,C
39. A,B,C,D,E	40. A,B,C,E	41. A,C,E	42. A,B,C
43. A,B,D	44. A,B,C,D	45. A,B,C,D,E	46. A,B,C,D
47. A,B,C,D	48. A,B,C	49. A,B,D	50. A,B,C

三、简答题(第 51 题～第 52 题,每题 5 分,满分 10 分。)

51. 从事职业活动的人们自觉遵守职业道德,将规范人们的职业活动和行为,可以极大程度地推动整个社会的物质创造活动(5/10)。

同时,良好的职业道德创造良好的社会秩序,提高人们的思想境界,为树立社会良好的道德风尚奠定了坚实的基础,促进了社会主义精神文明建设(5/10)。

52. 组织制定的政策、制度、流程为成功实现组织目标规定了渠道,为避免意外事件的发生组织设立了各种屏障(实体屏障、个人屏障、管理屏障和组织屏障)。于是,也就存在了屏障的不完善性和各种容易诱发人因失误情形,这些情形产生了失误先兆,这些失误先兆包括:工作环境、工作任务、个人能力和人的本性。当工作人员面对设备即将开始工作时,不完善的屏障、失误先兆以及潜在的组织缺陷这三个环节的不足会综合体现在工作的实施过程中。由于失误先兆造成了工作人员的一个不规范的行为,而屏障的不完善,最终造成了事件的发生。

四、计算题(第 53 题～第 53 题,每题 10 分,满分 10 分。)

53. 单位面积为 $S=1$,系统压力 $P_1=6.7$ MPa,标准压力 $P_2=8.7$ MPa,

$$P_1\times S+K\times x_1=P_2\times S \qquad (3/10)$$

得出 $K=(P_2\times S-P_1\times S)/x_1=(8.7\times1-6.7\times1)/20=0.1$ MPa/mm (2/10)

现测量压力 $P=8.4$

$$P\times S+K\times x_2=P_2\times S \qquad (3/10)$$

得出 $x_2=(P_2\times S-P\times S)/K=(8.7\times1-8.4\times1)/0.1=3$ mm

角度 $\alpha=3/5\times360°=216°$ (2/10)

五、综合题(第 54 题,满分 10 分。)

54. 1) 用少量的凡士林润滑油封,并将其安装在密封组件压盖上(1/10)。

2) 用润滑脂润滑新的 O 形圈,并将料仓主轴密封静环和 O 形圈安装在密封组件压盖上(1/10)。

3) 料仓主轴密封静环密封面上必须清洁无划痕等,静环表面只能用清水清洗,不能用尖锐物品和手触摸密封面(1/10)。

4) 静环下面的孔底有一个定位销,安装时将定位销的位置用记号笔引出标记,以有利于安装(1/10)。

5) 用润滑脂润滑新的 O 形圈,并将该 O 形圈安装在衬套内径的固定槽里。将键和固定架安装在衬套上(1/10)。

6) 将弹簧、密封盘、新的 O 形圈、支撑环和料仓主轴密封动环按照图纸上的顺序安装在固定架上,并且用止动环将其固定。支撑环的安装方向应该与图纸上的方向一致(1/10)。

7) 料仓主轴密封动环密封面上必须清洁、干燥、无油脂和无划痕等(1/10)。

8) 将衬套连同与之相连接在一起的料仓主轴密封动环一起装入密封组件压盖上,调整其配合位置,使得料仓主轴密封动环、静环刚好接触。注意确认料仓主轴密封动环、静环安装正确,而且其密封面在安装前、安装后均清洁、干燥、无油脂,再次确认所有零部件均满足安装要求,与图纸安装顺序一致(1/10)。

9) 将半环形的垫片和固定衬套安装在衬套上,并且用定位螺钉将其固定在衬套上(1/10)。

10) 注意避免将定位螺钉拧紧到端头穿过衬套,妨碍将密封组件安装在料仓主轴上(1/10)。

第二部分　操作技能

第一章　考情观察

一、考核思路

依据《国家职业标准——核反应堆核级机械设备检修工》中的对核反应堆核级机械设备检修工技师的操作技能要求，通过培训，使培训对象能够处理核反应堆运行过程中相关系统设备的运行异常或疑难缺陷，能组织分析系统设备运行异常并能及时有效地处理（如能够对系统泄漏分析判断和组织查漏等）。核反应堆核级机械设备检修工技师资质的操作技能具体需要达到以下要求。

1. 核反应堆本体检修模块

能编写反应堆本体检修的专用工器具操作规程和检修规程，能编写反应堆本体检修规程和质量计划，能编写装卸料系统设备、专用工器具操作规程和检修规程，能编写装卸料系统维修规程和质量计划，能制定反应堆本体检修及装卸料操作的进度计划，能分析反应堆本体检修及装卸料操作中的风险，并制定风险控制措施，能设计专用工器具并绘制加工图纸，能提出备件的改进建议，能对专用工器具进行改进，能实施反应堆本体构件缺陷的处理，能组织执行反应堆本体检修和装卸料操作，能分析和处理反应堆本体检修过程中或装卸料操作过程中的故障，能编写初、中、高级人员培训教材，能指导初、中、高级人员进行现场实际操作，能讲授本专业技术理论知识和技能经验，能组织相关人员协同作业，能撰写生产、技术工作总结。

考核范围：

(1) 依据维修实施对象完成所需工器具准备

(2) 依据维修实施对象完成所需备品备件准备

(3) 依据维修实施对象完成所需专用工器具准备

(4) 依据维修实施对象选用合适的测量工具

(5) 依据维修实施对象完成隔离区建立

(6) 依据维修实施对象选用辐射防护用品

(7) 依据维修实施对象完成方案或规程编制

(8) 依据维修实施对象完成工作包准备

(9) 分析维修过程中可能出现的风险

(10) 改进或修复堆本体专用工器具
(11) 实施反应堆本体构件缺陷的处理
(12) 组织执行反应堆本体检修
(13) 组织执行反应堆装卸料操作
(14) 优化堆本体维修工艺。
(15) 分析和处理设备检修过程中或操作过程中的故障和缺陷
(16) 判断和排除维修、试验工器具的重大缺陷
(17) 分析处理设备的异音、振动等故障

2. 核安全级阀门检修模块

能编写维修规程,能编写重要缺陷的技术处理方案,能设计专用工器具并绘制加工图纸,能分析检修过程中的风险,并制定风险控制措施,能提出备件性能的改进建议,能维修核反应堆主回路安全阀,能对重大缺陷提出检修方案,能组织实施复杂的维修工艺,能提出设备的变更与改造方案,能优化维修工艺,能分析处理设备重大缺陷,能判断和排除维修、试验工器具的重大缺陷,能编写初、中、高级人员培训教材,能指导初、中、高级人员进行现场实际操作,能讲授本专业技术理论知识和技能经验,能组织相关人员协同作业,能撰写生产、技术工作总结。

考核范围:
(1) 依据维修实施对象完成所需工器具准备
(2) 依据维修实施对象完成所需备品备件准备
(3) 依据维修实施对象完成所需专用工器具准备
(4) 依据维修实施对象选用合适的测量工具
(5) 依据维修实施对象完成隔离区建立
(6) 依据维修实施对象选用辐射防护用品
(7) 依据维修实施对象完成方案或规程编制
(8) 依据维修实施对象完成工作包准备
(9) 分析维修过程中可能出现的风险
(10) 维修核反应堆主回路安全阀
(11) 维修复杂的核级阀门
(12) 对核级阀门重大缺陷提出检修方案
(13) 组织实施复杂的核级阀门维修工艺
(14) 优化核级阀门维修工艺
(15) 分析和处理设备检修过程中或操作过程中的故障和缺陷
(16) 判断和排除维修、试验工器具的重大缺陷
(17) 分析处理设备的异音、振动等故障

3. 核安全级水泵检修模块

能编写维修规程,能编写重要缺陷的技术处理方案,能设计专用工器具并绘制加工图纸,能分析检修过程中的风险,并制定风险控制措施,能提出备件的改进建议,能维修复杂的核安全二级泵和核安全一级泵,能对重大缺陷提出检修方案,能组织实施复杂的维修工艺,

能提出设备的变更与改造方案，能优化维修工艺，能进行转子部件的配重调整工作，能分析处理设备重大缺陷，能判断和排除维修、试验工器具的重大缺陷，能分析处理泵的异音、振动故障，能编写初、中、高级人员培训教材，能指导初、中、高级人员进行现场实际操作，能讲授本专业技术理论知识和技能经验，能组织相关人员协同作业，能撰写生产、技术工作总结。

考核范围：

(1) 依据维修实施对象完成所需工器具准备
(2) 依据维修实施对象完成所需备品备件准备
(3) 依据维修实施对象完成所需专用工器具准备
(4) 依据维修实施对象选用合适的测量工具
(5) 依据维修实施对象完成隔离区建立
(6) 依据维修实施对象选用辐射防护用品
(7) 依据维修实施对象完成方案或规程编制
(8) 依据维修实施对象完成工作包准备
(9) 分析维修过程中可能出现的风险
(10) 维修复杂的核安全一级泵
(11) 维修复杂的核安全二级泵
(12) 进行转子部件的配重调整工作
(13) 对核级水泵重大缺陷提出检修方案
(14) 组织实施复杂的核级水泵维修工艺
(15) 分析和处理设备检修过程中或操作过程中的故障和缺陷
(16) 判断和排除维修、试验工器具的重大缺陷
(17) 分析处理设备的异音、振动等故障

4. 核安全级容器检修模块

能编写维修规程，能编写重要缺陷的技术处理方案，能设计专用工器具并绘制加工图纸，能分析检修过程中的风险，并制定风险控制措施，能提出备件的改进建议，能编写传热管换管工艺并组织实施，能对重大缺陷提出检修方案，能组织实施复杂的维修工艺，能提出容器设备的变更与改造方案，能分析处理设备重大缺陷，能判断和排除维修、试验工器具的重大缺陷，能编写初、中、高级人员培训教材，能指导初、中、高级人员进行现场实际操作，能讲授本专业技术理论知识和技能经验，能组织相关人员协同作业，能撰写生产、技术工作总结。

考核范围：

(1) 依据维修实施对象完成所需工器具准备
(2) 依据维修实施对象完成所需备品备件准备
(3) 依据维修实施对象完成所需专用工器具准备
(4) 依据维修实施对象选用合适的测量工具
(5) 依据维修实施对象完成隔离区建立
(6) 依据维修实施对象选用辐射防护用品
(7) 依据维修实施对象完成方案或规程编制
(8) 依据维修实施对象完成工作包准备

(9) 分析维修过程中可能出现的风险
(10) 组织实施传热管换管工艺
(11) 对核级容器重大缺陷提出检修方案
(12) 组织实施复杂的核级容器维修工艺
(13) 组织实施核级容器的变更改造
(14) 优化核级容器维修工艺
(15) 分析和处理设备检修过程中或操作过程中的故障和缺陷
(16) 判断和排除维修、试验工器具的重大缺陷
(17) 分析处理设备的异音、振动等故障

5. 重水堆燃料操作系统机械检修模块

能编写重水堆燃料装卸料机维修规程,能编写重水堆新燃料装载机维修规程,能编写重水堆燃料装卸料机临时试验规程,能编写重水堆新燃料装载机临时试验规程,能设计复杂的专用工具,能对检修项目制定风险控制措施,能编写检修项目进度计划,能组织实施重水堆燃料操作系统的变更与改造,能进行重水堆燃料装卸料机料仓组件的维修,能组织完成重水堆燃料装卸料机维修后的试验,能分析设备组装过程中的超差原因,并进行处理,能分析处理重水堆燃料装卸料机故障,能分析处理设备的振动故障,能编写初、中、高级人员培训教材,能指导初、中、高级人员进行现场实际操作,能讲授本专业技术理论知识和技能经验,能组织相关人员协同作业,能撰写生产、技术工作总结。

考核范围:

(1) 依据维修实施对象完成所需工器具准备
(2) 依据维修实施对象完成所需备品备件准备
(3) 依据维修实施对象完成所需专用工器具准备
(4) 依据维修实施对象选用合适的测量工具
(5) 依据维修实施对象完成隔离区建立
(6) 依据维修实施对象选用辐射防护用品
(7) 依据维修实施对象完成方案或规程编制
(8) 依据维修实施对象完成工作包准备
(9) 分析维修过程中可能出现的风险
(10) 组织实施重水堆燃料操作系统的变更改造
(11) 进行重水堆燃料装卸料机料仓组件的维修
(12) 组织完成重水堆燃料装卸料机维修后的试验
(13) 分析重水堆设备组装过程中的超差原因
(14) 处理重水堆设备组装过程中的超差
(15) 分析和处理设备检修过程中或操作过程中的故障和缺陷
(16) 判断和排除维修、试验工器具的重大缺陷
(17) 分析处理设备的异音、振动等故障

二、组卷方式

核反应堆核级机械设备检修工(技师)操作技能考核试卷采用计算机自动组卷,即计算机按照本职业高级《操作技能考核内容结构表》的结构特征,使用统一的组卷模型,从题库中按具体要求随机抽取相应试题,组成试卷。试卷组成后,应经专家审核,更换不适用的试题。

核反应堆核级机械设备检修工(技师)操作技能考核试卷按照模块不同分别组卷:反应堆本体检修、核级阀门检修、核级水泵检修、核级容器检修、重水堆燃料操作系统机械检修。

三、试卷结构

职业技能鉴定国家题库核反应堆核级机械设备检修工(技师)操作技能考核试卷一般由以下三部分内容组成。

操作技能考核准备通知单。分为考场准备通知单和考生准备通知单,在考核前分别发给考核现场和考生。内容为考核所需场地、设备、材料、工具及其他准备要求。

操作技能考核试卷正文。内容为操作技能考核试题,包括试题名称、试题分值、考核时间、考核形式、具体考核要求等。

操作技能考核评分记录表。内容为操作技能考核试题配分与评分标准,用于考评员评分记录。主要包括各项考核内容、考核要点、配分与评分标准、否定项及说明、考核分数加权汇总方法等。

四、考核时间与要求

1. 考核时间

按照《国家职业标准——核反应堆核级机械设备检修工》的要求,本职业操作技能考核时间不少于 180 分钟。

2. 考核要求

考生应根据试卷具体要求进行操作;考生在操作技能考核过程中要遵守考场纪律,执行操作规程,防止出现人身和设备安全事故。

第二章　考核结构与鉴定要素表

一、考核内容结构表

考核内容结构表是操作技能题库的主体基本框架，它是在深入分析了职业特点的基础上，按照技能题库理论模型，结合职业技能鉴定工作的要求开发设计的，它充分体现了试题库的总体结构和设计思路。

考核内容结构表采取模块化的结构形式，既可以保证考核内容的完整性、统一性，又能够满足各技术等级之间在考核内容和考核形式上的不同要求，同时它又是组成试卷的重要依据。操作技能考核的鉴定范围、鉴定比重、考核时间和考核形式在考核内容结构表中都作了明确的规定。

核反应堆核级机械设备检修工(技师)操作技能考核内容结构表见下表。根据《国家职业标准——核反应堆核级机械设备检修工》的要求，将核反应堆核级机械设备检修工(技师)的全部考核内容划分为“维修准备”“维修实施”“判断和排除故障”“培训与指导”“管理”五个部分，并在每一部分下标有选考方式、鉴定比重、考核时间和考核形式，考核时根据结构表组成考核试卷。

表 2-1　核反应堆核级机械设备检修工（技师）操作技能考核内容结构表

考核要求＼考核范围	维修准备	维修实施	判断和排除故障	培训与指导	管理	合计
选考方式	必考	必考	必考	必考	必考	2 项
鉴定比重(%)	10	50	20	10	10	100
考试时间(分钟)	30	80	50	20		180
考核形式	实操或模拟操作	实操或模拟操作	实操或模拟操作	实操或模拟操作	实操或模拟操作	—

二、鉴定要素细目表

鉴定要素细目表是试题库总体结构和考核内容结构表的具体表现形式，该表按照技术等级分别列出，共分为两级模块。两级模块下的“鉴定点”即为操作技能考核试题的考核内容。

国家题库核反应堆核级机械设备检修工(技师)技能操作考核按照模块和运行机组的不同分别组卷；各模块操作技能鉴定要素细目表见下表 2-2～表 2-6。

表 2-2　核反应堆核级机械设备检修工——核反应堆本体检修（技师）操作技能鉴定要素细目表

鉴定范围					鉴定点		
一级		二级			代码	名称	重要程度
名称	鉴定比重	代码	名称	鉴定比重			
核反应堆本体检修	100%	A	维修准备	10%	1	依据维修实施对象完成所需工器具准备	X
					2	依据维修实施对象完成所需备品备件准备	Y
					3	依据维修实施对象完成所需专用工器具准备	X
					4	依据维修实施对象选用合适的测量工具	X
					5	依据维修实施对象完成隔离区建立	X
					6	依据维修实施对象选用辐射防护用品	X
					7	依据维修实施对象完成方案或规程编制	X
					8	依据维修实施对象完成工作包准备	X
					9	分析维修过程中可能出现的风险	X
		B	维修实施	50%	1	改进或修复堆本体专用工器具	X
					2	实施反应堆本体构件缺陷的处理	X
					3	组织执行反应堆本体检修	X
					4	组织执行反应堆装卸料操作	X
					5	优化堆本体维修工艺	X
		C	判断和排除故障	20%	1	分析和处理设备检修过程中或操作过程中的故障和缺陷	X
					2	判断和排除维修、试验工器具的重大缺陷	X
					3	分析处理设备的异音、振动等故障	X
		D	培训与指导	10%	1	编写中、高级人员培训教材	X
					2	指导中、高级人员进行操作	Y
					3	讲授本专业技术理论知识和技能经验	X
		E	管理	10%	1	组织跨专业协同作业	X
					2	撰写技术工作总结	X

说明：“重要程度”反映了每个考核点与其他考核点的相互关系和相对地位。在描述时，一般用“X、Y、Z”表示，“X”代表重要程度高的核心要素，“Y”代表重要程度一般的要素，“Z”代表重要程度偏低的辅助要素。

表 2-3 核反应堆核级机械设备检修工——核安全级阀门检修（技师）操作技能鉴定要素细目表

鉴定范围					鉴定点		
一级		二级			代码	名称	重要程度
名称	鉴定比重	代码	名称	鉴定比重			
核反应堆核安全级阀门检修	100%	A	维修准备	10%	1	依据维修实施对象完成所需工器具准备	X
					2	依据维修实施对象完成所需备品备件准备	Y
					3	依据维修实施对象完成所需专用工器具准备	X
					4	依据维修实施对象选用合适的测量工具	X
					5	依据维修实施对象完成隔离区建立	X
					6	依据维修实施对象选用辐射防护用品	X
					7	依据维修实施对象完成方案或规程编制	X
					8	依据维修实施对象完成工作包准备	X
					9	分析维修过程中可能出现的风险	X
		B	维修实施	50%	1	维修核反应堆主回路安全阀	X
					2	维修复杂的核级阀门	X
					3	对核级阀门重大缺陷提出检修方案	X
					4	组织实施复杂的核级阀门维修工艺	X
					5	优化核级阀门维修工艺	X
		C	判断和排除故障	20%	1	分析和处理设备检修过程中或操作过程中的故障和缺陷	X
					2	判断和排除维修、试验工器具的重大缺陷	X
					3	分析处理设备的异音、振动等故障	X
		D	培训与指导	10%	1	编写中、高级人员培训教材	X
					2	指导中、高级人员进行操作	Y
					3	讲授本专业技术理论知识和技能经验	X
		E	管理	10%	1	组织跨专业协同作业	X
					2	撰写技术工作总结	X

说明:“重要程度”反映了每个考核点与其他考核点的相互关系和相对地位。在描述时,一般用“X、Y、Z”表示,“X”代表重要程度高的核心要素,“Y”代表重要程度一般的要素,“Z”代表重要程度偏低的辅助要素。

表 2-4 核反应堆核级机械设备检修工——核安全级水泵检修（技师）操作技能鉴定要素细目表

鉴定范围					鉴定点		
一级		二级					
名称	鉴定比重	代码	名称	鉴定比重	代码	名称	重要程度
核反应堆核安全级水泵检修	100%	A	维修准备	10%	1	依据维修实施对象完成所需工器具准备	X
					2	依据维修实施对象完成所需备品备件准备	Y
					3	依据维修实施对象完成所需专用工器具准备	X
					4	依据维修实施对象选用合适的测量工具	X
					5	依据维修实施对象完成隔离区建立	X
					6	依据维修实施对象选用辐射防护用品	X
					7	依据维修实施对象完成方案或规程编制	X
					8	依据维修实施对象完成工作包准备	X
					9	分析维修过程中可能出现的风险	X
		B	维修实施	50%	1	维修复杂的核安全一级泵	X
					2	维修复杂的核安全二级泵	X
					3	进行转子部件的配重调整工作	X
					4	对核级水泵重大缺陷提出检修方案	X
					5	组织实施复杂的核级水泵维修工艺	X
		C	判断和排除故障	20%	1	分析和处理设备检修过程中或操作过程中的故障和缺陷	X
					2	判断和排除维修、试验工器具的重大缺陷	X
					3	分析处理设备的异音、振动等故障	X
		D	培训与指导	10%	1	编写中、高级人员培训教材	X
					2	指导中、高级人员进行操作	Y
					3	讲授本专业技术理论知识和技能经验	X
		E	管理	10%	1	组织跨专业协同作业	X
					2	撰写技术工作总结	X

说明:“重要程度”反映了每个考核点与其他考核点的相互关系和相对地位。在描述时,一般用“X、Y、Z”表示,“X”代表重要程度高的核心要素,“Y”代表重要程度一般的要素,“Z”代表重要程度偏低的辅助要素。

表 2-5 核反应堆核级机械设备检修工——核安全级容器检修（技师）操作技能鉴定要素细目表

鉴定范围					鉴定点		
一级		二级			代码	名称	重要程度
名称	鉴定比重	代码	名称	鉴定比重			
核反应堆核安全级容器检修	100%	A	维修准备	10%	1	依据维修实施对象完成所需工器具准备	X
					2	依据维修实施对象完成所需备品备件准备	Y
					3	依据维修实施对象完成所需专用工器具准备	X
					4	依据维修实施对象选用合适的测量工具	X
					5	依据维修实施对象完成隔离区建立	X
					6	依据维修实施对象选用辐射防护用品	X
					7	依据维修实施对象完成方案或规程编制	X
					8	依据维修实施对象完成工作包准备	X
					9	分析维修过程中可能出现的风险	X
		B	维修实施	50%	1	组织实施传热管换管工艺	X
					2	对核级容器重大缺陷提出检修方案	X
					3	组织实施复杂的核级容器维修工艺	X
					4	组织实施核级容器的变更改造	X
					5	优化核级容器维修工艺	X
		C	判断和排除故障	20%	1	分析和处理设备检修过程中或操作过程中的故障和缺陷	X
					2	判断和排除维修、试验工器具的重大缺陷	X
					3	分析处理设备的异音、振动等故障	X
		D	培训与指导	10%	1	编写中、高级人员培训教材	X
					2	指导中、高级人员进行操作	Y
					3	讲授本专业技术理论知识和技能经验	X
		E	管理	10%	1	组织跨专业协同作业	X
					2	撰写技术工作总结	X

说明:“重要程度”反映了每个考核点与其他考核点的相互关系和相对地位。在描述时,一般用“X、Y、Z”表示,“X”代表重要程度高的核心要素,“Y”代表重要程度一般的要素,“Z”代表重要程度偏低的辅助要素。

表 2-6　重水堆燃料操作系统机械检修（技师）操作技能鉴定要素细目表

鉴定范围					鉴定点		
一级		二级			代码	名称	重要程度
名称	鉴定比重	代码	名称	鉴定比重			
重水堆燃料操作系统机械检修	100%	A	维修准备	10%	1	依据维修实施对象完成所需工器具准备	X
					2	依据维修实施对象完成所需备品备件准备	Y
					3	依据维修实施对象完成所需专用工器具准备	X
					4	依据维修实施对象选用合适的测量工具	X
					5	依据维修实施对象完成隔离区建立	X
					6	依据维修实施对象选用辐射防护用品	X
					7	依据维修实施对象完成方案或规程编制	X
					8	依据维修实施对象完成工作包准备	X
					9	分析维修过程中可能出现的风险	X
		B	维修实施	50%	1	组织实施重水堆燃料操作系统的变更改造	X
					2	进行重水堆燃料装卸料机料仓组件的维修	X
					3	组织完成重水堆燃料装卸料机维修后的试验	X
					4	分析重水堆设备组装过程中的超差原因	X
					5	处理重水堆设备组装过程中的超差	X
		C	判断和排除故障	20%	1	分析和处理设备检修过程中或操作过程中的故障和缺陷	X
					2	判断和排除维修、试验工器具的重大缺陷	X
					3	分析处理设备的异音、振动等故障	X
		D	培训与指导	10%	1	编写中、高级人员培训教材	X
					2	指导中、高级人员进行操作	Y
					3	讲授本专业技术理论知识和技能经验	X
		E	管理	10%	1	组织跨专业协同作业	X
					2	撰写技术工作总结	X

说明："重要程度"反映了每个考核点与其他考核点的相互关系和相对地位。在描述时，一般用"X、Y、Z"表示，"X"代表重要程度高的核心要素，"Y"代表重要程度一般的要素，"Z"代表重要程度偏低的辅助要素。

三、考点导航

1. 核反应堆本体检修

(1) 维修准备

1) 能编写反应堆本体检修的专用工器具操作规程和检修规程

2) 能编写反应堆本体检修规程和质量计划

3) 能编写装卸料系统设备、专用工器具操作规程和检修规程

4) 能编写装卸料系统维修规程和质量计划

5) 能制定反应堆本体检修及装卸料操作的进度计划

6) 能分析反应堆本体检修及装卸料操作中的风险,并制定风险控制措施

7) 能设计专用工器具并绘制加工图纸

8) 能提出备件的改进建议

(2) 维修实施

1) 能对专用工器具进行改进

2) 能实施反应堆本体构件缺陷的处理

3) 能组织执行反应堆本体检修和装卸料操作

(3) 故障判断和排除

能分析和处理反应堆本体检修过程中或装卸料操作过程中的故障。

(4) 培训与指导

能够指导中、高级人员现场操作,能够编写培训计划、培训材料、考试试题。

(5) 管理

能组织相关人员协同作业,能撰写生产、技术工作总结。

2. 核安全级阀门检修

(1) 维修准备

1) 能编写维修规程

2) 能编写重要缺陷的技术处理方案

3) 能设计专用工器具并绘制加工图纸

4) 能分析检修过程中的风险,并制定风险控制措施

5) 能提出备件性能的改进建议

(2) 维修实施

1) 能维修核反应堆主回路安全阀

2) 能对重大缺陷提出检修方案

3) 能组织实施复杂的维修工艺

4) 能提出设备的变更与改造方案

5) 能优化维修工艺

(3) 故障判断和排除

1) 能分析处理设备重大缺陷

2) 能判断和排除维修、试验工器具的重大缺陷。

(4) 培训与指导

能够指导中、高级人员现场操作,能够编写培训计划、培训材料、考试试题。

(5) 管理

能组织相关人员协同作业,能撰写生产、技术工作总结。

3. 核安全级水泵检修

(1) 维修准备

1) 能编写维修规程

2) 能编写重要缺陷的技术处理方案

3) 能设计专用工器具并绘制加工图纸。

4) 能分析检修过程中的风险,并制定风险控制措施

5) 能提出备件的改进建议。

(2) 维修实施

1) 能维修复杂的核安全二级泵和核安全一级泵

2) 能对重大缺陷提出检修方案

3) 能组织实施复杂的维修工艺

4) 能提出设备的变更与改造方案

5) 能优化维修工艺

6) 能进行转子部件的配重调整工作。

(3) 故障判断和排除

1) 能分析处理设备重大缺陷

2) 能判断和排除维修、试验工器具的重大缺陷

3) 能分析处理泵的异音、振动故障。

(4) 培训与指导

能够指导中、高级人员现场操作,能够编写培训计划、培训材料、考试试题。

(5) 管理

能组织相关人员协同作业,能撰写生产、技术工作总结。

4. 核安全级容器检修

(1) 维修准备

1) 能编写维修规程

2) 能编写重要缺陷的技术处理方案

3) 能设计专用工器具并绘制加工图纸。

4) 能分析检修过程中的风险,并制定风险控制措施

5) 能提出备件的改进建议。

(2) 维修实施

1) 能编写传热管换管工艺并组织实施

2) 能对重大缺陷提出检修方案

3) 能组织实施复杂的维修工艺

4) 能提出容器设备的变更与改造方案

(3) 故障判断和排除

1) 能分析处理设备重大缺陷

2) 能判断和排除维修、试验工器具的重大缺陷。

(4) 培训与指导

能够指导中、高级人员现场操作,能够编写培训计划、培训材料、考试试题。

(5) 管理

能组织相关人员协同作业,能撰写生产、技术工作总结。

5. 重水堆燃料操作系统机械检修

(1) 维修准备

1) 能编写重水堆燃料装卸料机维修规程

2) 能编写重水堆新燃料装载机维修规程

3) 能编写重水堆燃料装卸料机临时试验规程

4) 能编写重水堆新燃料装载机临时试验规程

5) 能设计复杂的专用工具

6) 能对检修项目制定风险控制措施

7) 能编写检修项目进度计划

(2) 维修实施

1) 能组织实施重水堆燃料操作系统的变更与改造

2) 能进行重水堆燃料装卸料机料仓组件的维修

3) 能组织完成重水堆燃料装卸料机维修后的试验

4) 能分析设备组装过程中的超差原因,并进行处理

(3) 故障判断和排除

1) 能分析处理重水堆燃料装卸料机故障

2) 能分析处理设备的振动故障。

(4) 培训与指导

能够指导中、高级人员现场操作,能够编写培训计划、培训材料、考试试题。

(5) 管理

能组织相关人员协同作业,能撰写生产、技术工作总结。

第三章　模拟试卷

第一单元　核反应堆本体检修

职业技能鉴定国家题库

核反应堆核级机械设备检修工（核反应堆本体检修）
国家职业资格二级
操作技能考核试卷

注意事项

1. 本试卷依据2001年颁布的《国家职业标准——核反应堆核级机械设备检修工》命制。
2. 请根据试题考核要求，完成考试内容。
3. 请服从考评人员指挥，保证考核安全顺利进行。

试题1　某核电厂《堆芯热电偶密封装置泄漏处理方案》编写的组成及编写要求

考核要求

(1) 本题分值:10

(2) 考核时间:30 min

(3) 考核形式:模拟

(4) 具体考核要求:考生根据要求在规定的时间内写出某核电厂《堆芯热电偶密封装置泄漏处理方案》的组成部分及编写要求并回答考评员提问。

(5) 否定项说明:无

试题情景

某核电厂在某次大修期间，检查发现堆芯热电偶密封装置外存在大量的硼结晶。请考生结合上述场景写出《堆芯热电偶密封装置泄漏处理方案》的主要组成部分及编写要求。

试题2　反应堆热电偶密封结构泄漏处理

考核要求

(1) 本题分值:100

(2) 考核时间:150 min

(3) 考核场地要求:模拟核岛内检修环境。

(4) 考核内容:考核前考生的工作准备;考生在规定时间内完成设备缺陷的检查、判断及处理的全部操作过程;考生操作完毕后接受并回答考官的相关问答;考生在操作结束后对现场的整理、恢复等。

(5) 否定项说明:

若考生发生下列情况之一,则应及时终止其考试,考生该试题成绩记为零分

1) 考生违反考试纪律;

2) 未提交笔答记录。

试题情景

故障现象描述

在场景设置时人为的将防松螺栓的锁紧钢丝进行反向安装,或者将蝶形垫片反向安装,或者将上部三角法兰间隙偏差调整至 1 mm 以上。考生进入考场后,由考官指出运行期间在热电偶密封结构三角法兰及杯座外部均发现大量泄漏后的硼结晶痕迹,请考生分析并处理完成缺陷处理。

试题 3　某压水堆核电厂驱动机构耐压壳顶部压紧顶帽咬死缺陷分析,给出处理

考核要求

(1) 本题分值:100

(2) 考核时间:90 min

(3) 考核形式:模拟

(4) 具体考核要求:请考生认真阅读试题情景,并详细分析压紧螺母咬死的原因,给出处理的方法。

(5) 否定项说明:无

试题情景

(1) 故障现象描述:

某压水堆核电机组驱动机构耐压壳部件顶部有一个不锈钢材质的 M42×1.5 的压紧顶帽(零件 14),该部件压住封头盖(零件 13),封头盖再通过压紧密封垫(零件 12)实现驱动机构的密封,结构见图 1 与图 2。压紧顶帽外侧有 4 条深度约 7.5 mm 的贯穿性沟槽,在正常拆装情况下,使用勾头扳手勾住压紧顶帽外侧的沟槽,进行拆装及旋拧。在某次大修低低水位期间,

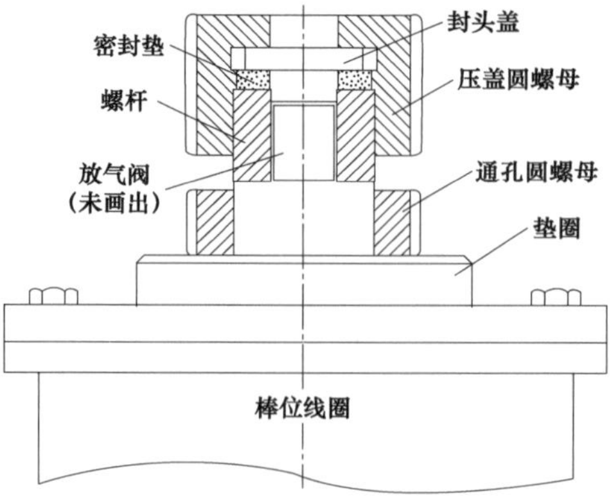

图 1　安装完成后的启动机构

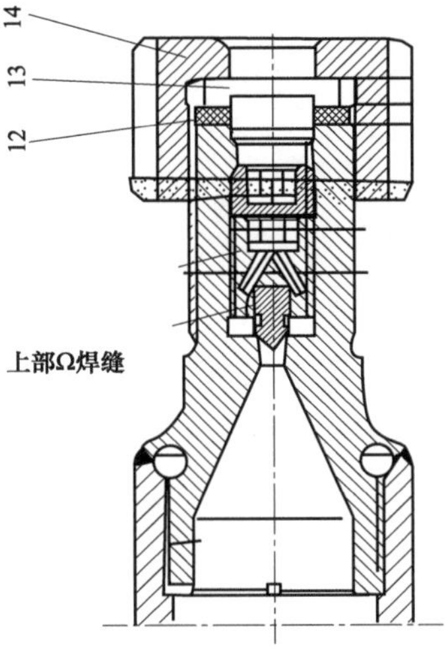

图 2 驱动机构堆顶放气阀结构示意图

拆除压紧顶帽时发现所有压紧顶帽均未安装防咬死石墨垫片，拆除过程中有两组压紧顶帽咬死，无法旋入也无法旋出，而之前并没有研发相关咬死情况下拆除的专用设备。经过现场对设备结构的分析，维修人员加工了一些辅助定位、限位工具，使用手枪钻、扁铲等常用维修工具对压紧顶帽进行了破坏性的拆除，并对驱动机构本体上的受损螺纹进行了修复。

(2) 请考生：

结合现场缺陷情况，分析驱动机构放气阀压紧顶帽咬死的原因，并根据现场使用的工具，描述所需加工的定位、限位工装的设计考虑点，简述缺陷处理过程，缺陷消除后压紧顶帽后续检查、回装处理建议。

试题 4 中、高级人员培训教材编制的主要要求

考核要求

(1) 本题分值：10

(2) 考核时间：30 min

(3) 考核形式：模拟

(4) 具体考核要求：考生根据要求在规定的时间内写出中、高级人员培训教材编制的规范和要求并回答考评员提问。

(5) 否定项说明：无

试题情景

培训教材(Training Courseware)又称学员手册，是教学计划等的补充，它包括学员需要实现的培训目标的信息，有助于学员更好地完成培训和考试。请考生结合上述定义写出中、高级人员培训教材编制的规范和要求。

试题 5 核电厂工作负责人协同作业的主要技能要求

考核要求

(1) 本题分值：10

(2) 考核时间:30 min

(3) 考核形式:模拟

(4) 具体考核要求:考生根据要求在规定的时间内写出核电厂工作负责人协同作业的主要技能要求并回答考评员提问。

(5) 否定项说明:无

试题情景

核电厂的重大设备的维修工作常会涉及多个专业或工种、单位共同参与实施的情况,这样就需要各参与人员协同作业,因此,一项工作应有一位工作负责人负责整项工作的协调,组织协同作业对工作负责人来说是一项重要技能。请考生结合上述原则写出核电厂工作负责人协同作业的要点。

职业技能鉴定国家题库

核反应堆核级机械设备检修工（核反应堆本体检修）国家职业资格二级操作技能考核准备通知单（考场）

试题 1

考场准备

(1) 试题名称:某核电厂《堆芯热电偶密封装置泄漏处理方案》编写的组成及编写要求

(2) 本题分值:10

(3) 考核时间:30 min

(4) 考核形式:模拟

(5) 设备设施准备

序号	名称	规格	单位	数量	备注
1	签字笔	0.5 mm	支	1	
2	空白纸	A4	张	若干	

试题 2

考场准备

(1) 试题名称:反应堆热电偶密封结构泄漏处理

(2) 本题分值:100

(3) 考核时间:150 min

(4) 考核形式:实际操作/模拟

(5) 设备设施准备

序号	名称	规格	单位	数量	备注
1	反应堆热电偶密封结构模拟体				
2	蝶形垫片				
3	杯座密封环				
4	签字笔	0.5 mm	支	1	
5	空白纸	A4	张	若干	

试题 3

考场准备

(1) 试题名称:某压水堆核电厂驱动机构耐压壳顶部压紧顶帽咬死缺陷分析及处理
(2) 本题分值:100
(3) 考核时间:90 min
(4) 考核形式:模拟
(5) 设备设施准备

序号	名称	规格	单位	数量	备注
1	签字笔	0.5 mm	支	1	
2	空白纸	A4	张	若干	

试题 4

考场准备

(1) 试题名称:中、高级人员培训教材编制的主要要求
(2) 本题分值:10
(3) 考核时间:30 min
(4) 考核形式:模拟
(5) 设备设施准备

序号	名称	规格	单位	数量	备注
1	签字笔	0.5 mm	支	1	
2	空白纸	A4	张	若干	

试题 5

考场准备

(1) 试题名称:核电厂工作负责人协同作业的主要技能要求
(2) 本题分值:10
(3) 考核时间:30 min
(4) 考核形式:模拟
(5) 设备设施准备

序号	名称	规格	单位	数量	备注
1	签字笔	0.5 mm	支	1	
2	空白纸	A4	张	若干	

职业技能鉴定国家题库
核反应堆核级机械设备检修工（核反应堆本体检修）
国家职业资格二级
操作技能考核准备通知单（考生）

姓名:______________ 准考证号: ________________ 单位: ________________

试题 1

考生准备

(1) 试题名称:某核电厂《堆芯热电偶密封装置泄漏处理方案》编写的组成及编写要求
(2) 本题分值:10
(3) 考核时间:30 min
(4) 考核形式:模拟
(5) 工具及其他准备:无

试题 2

考生准备

(1) 试题名称:反应堆热电偶密封结构泄漏处理
(2) 本题分值:100
(3) 考核时间:90 min
(4) 考核形式:实操/模拟
(5) 工具及其他准备:

1) 工器具
- 力矩扳手两把(10～100 N·m;10～50 N·m)
- 内六角扳手头(SW32 mm,SW16 mm)
- 锁紧钢丝若干
- 钢丝钳
- 清洗剂、防咬剂
- 游标卡尺一把
- 手电一把
- 擦拭纸两张
- 维修现场布置用塑料布若干

2) 文件
- 泄漏检查参考方案

- 泄漏检查记录表
- 工前工后会记录表

3）工业安全和辐射防护准备

- 安全帽
- 防砸鞋
- 辐射防护用品准备

试题 3

考生准备

(1) 试题名称:某核电厂驱动机构耐压壳顶部压紧顶帽咬死缺陷分析及处理
(2) 本题分值:100
(3) 考核时间:90 min
(4) 考核形式:模拟
(5) 工具及其他准备:无

试题 4

考生准备

(1) 试题名称:中、高级人员培训教材编制的主要要求
(2) 本题分值:10
(3) 考核时间:30 min
(4) 考核形式:模拟
(5) 工具及其他准备:无

试题 5

考生准备

(1) 试题名称:核电厂工作负责人协同作业的主要技能要求
(2) 本题分值:10
(3) 考核时间:30 min
(4) 考核形式:模拟
(5) 工具及其他准备:无

职业技能鉴定国家题库

核反应堆核级机械设备检修工（核反应堆本体检修）
国家职业资格二级
操作技能考核评分记录表

姓名：______________ 准考证号：________________ 单位：________________

总成绩表

序号	试题名称	配分	得分	权重	最后得分	备注
1	某核电厂《堆芯热电偶密封装置泄漏处理方案》编写的组成及编写要求	10		0.1		
2	反应堆热电偶密封结构泄漏处理	100		0.35		
3	某压水堆核电厂驱动机构耐压壳顶部压紧顶帽咬死缺陷分析及处理	100		0.35		
4	中、高级人员培训教材编制的主要要求	10		0.1		
5	核电厂工作负责人协同作业的主要技能要求	10		0.1		
合 计		230		1		

统分人： 年 月 日

试题 1 某核电厂《堆芯热电偶密封装置泄漏处理方案》编写的组成及编写要求

配分与评分标准：

序号	考核内容	考核要点	配分	评分标准	扣分	得分
1	概述	简明扼要地进行客观描述，同时给出编制检修方案的目的；	1	1. 考核要点中每项 1 分，提及每项中的相关内容得1分； 2. 满分 1 分；		
2	分析	主要内容包括事件发生原因分析、检修方案要点分析及检修风险分析等三个方面的内容；	1	1. 考核要点中每项 1 分，提及每项中的相关内容得1分； 2. 满分 1 分；		
3	准备	准备阶段就是缺陷处理软、硬件准备落实，主要包括文件准备、人员准备、工器具准备、备件和材料准备；	1	1. 考核要点中每项 1 分，提及每项中的相关内容得1分； 2. 满分 1 分；		

续表

序号	考核内容	考核要点	配分	评分标准	扣分	得分
4	先决条件	1. 检修方案编制中对于实施前提条件的分析制定是维修风险分析及控制的重要方式,开工前对前提条件的检查确认是控制风险的重要措施; 2. 在编制检修方案时,必须针对维修项目进行详细的风险分析和识别,并根据情况制定相应的处理措施;	2	1. 考核要点中每项 1 分,提及每项中的相关内容得1分; 2. 满分 2 分;		
5	检修步骤	1. 检修步骤中应该有关键点提示; 2. 检修步骤的编写应该根据事件的原因、事件的实际工况、最终要达到的目的等方面进行编制;	2	1. 考核要点中每项 1 分,提及每项中的相关内容得1分; 2. 满分 2 分;		
6	现场恢复	1. 在检修方案执行完成之后,维修人员应做到“工完料尽场地清”,将设备和维修工作现场恢复至原来状态; 2. 除了设备标牌、保温等须恢复原工作状态之外,还应包括维修现场水源、电源、气源等临时措施以及脚手架、场地清洁等恢复工作;	2	1. 考核要点中每项 1 分,提及每项中的相关内容得1分; 2. 满分 2 分;		
7	检修记录表	在检修方案执行完成之后,维修人员应根据维修工作的实际情况,编制相应的维修报告,将维修数据记录完整并提交存档,以作为设备维修档案备查。	1	1. 考核要点中每项 1 分,提及每项中的相关内容得1分; 2. 满分 1 分。		
合计			10			

否定项:无

评分人:　　　年　　月　　日　　　　　　　　　　　　核分人:　　　年　　月　　日

试题 2　反应堆热电偶密封结构泄漏处理

配分与评分标准:

序号	考核内容	考核要点	配分	评分标准	扣分	得分
1	维修准备	工器具材料准备	8	维修隔离区建立(未建立扣 1 分)		
				工器具及零部件临时存放区域建立(未建立扣 1 分)		
				工作区域辐射剂量水平检查(未检查扣 1 分),可模拟口述		
				设备表面污染去污情况检查(未检查扣 1 分),可模拟口述		
				维修记录表编制(未编制扣 2 分)		

续表

序号	考核内容	考核要点	配分	评分标准	扣分	得分
2	故障判断	根据硼结晶位置判断失效零部件	27	检查设备表面硼结晶情况(未检查扣 2 分)		
				初步清理设备表面硼结晶情况(未清洁扣 2 分)		
				检查紧固夹具(HALF)螺栓防松钢丝缠绕方向(未检查扣 5 分)		
				检查紧固夹具(HALF)两边间隙是否相同(未检查扣 5 分)		
				剪断防松钢丝,检查螺栓螺母是否松动(未检查扣 3 分)		
				根据检查结果判断出 GRAYLOC 密封失效的原因是由于防松钢丝缠绕错误,导致运行期间螺栓松动,紧固夹具(HALF)两侧间隙不等,造成密封失效(未分析出原因扣 8 分)		
3	维修实施	拆除热电偶密封结构	20	拆除上下三角法兰(未执行此步扣 1 分)		
				拆除杯座紧固夹具(HALF)(未执行此步扣 1 分)		
				拆除上部 TC 密封杯座(未执行此步扣 1 分)		
				拆除 GRAYLOC 密封环(拆除时导致密封环破损扣 5 分)		
				拆除 CONOSEA 垫片(未执行此步扣 5 分)		
		清洗零部件并检查密封件	5	清洗检查 GRAYLOC 密封环,如有必要可更换,并涂抹防咬剂(未执行此步扣 1 分)		
				清洗检查上下 TC 杯座密封面并涂抹防咬剂(未执行此步扣 1 分)		
				清洗检查螺栓等零部件并涂抹防咬剂(未执行此步扣 1 分)		
				更换新的 CONOSEA 垫片并涂抹防咬剂(未执行此步扣 1 分)		
				检查杯座紧固夹具(HALF)螺栓安装间隙是否满足 3.0～3.5 mm 要求(未检查扣 1 分)		
		回装热电偶密封结构	25	安装 GRAYLOC 密封环(未执行此步扣 2 分)		
				安装 CONOSEA 垫片,并确认垫片方向是否大口朝上(未执行此步扣 2 分,开口方向装错扣 3 分)		
				安装上部 TC 密封杯座(未执行此步扣 1 分)		

续表

序号	考核内容	考核要点	配分	评分标准	扣分	得分
3	维修实施	回装热电偶密封结构	25	安装杯座紧固夹具(HALF),并分步拧紧螺栓、检查夹具间隙(未执行此步扣5分,未分步拧紧扣3分,未检查间隙扣2分)		
				安装上下三角法兰,并分步拧紧螺栓、检查上下三角法兰间隙(未执行此步扣5分,未分步拧紧扣3分,未检查间隙扣2分)		
				进行冷态运行工况下的力矩校验和间隙检查(未校验力矩2分,未检查间隙扣2分),此步可由提问环节回答		
				杯座紧固夹具(HALF)螺栓防松钢丝安装(安装方向错误为否定项)		
				热态检查后三角法兰顶紧螺栓防松(未执行此步扣2分)		
4	安全文明生产	文明检修、安全作业	15	维修过程中的防人因工具的使用(未使用防人因失误工具扣3分)		
				维修过程中防异物工作的实施(未做防异物措施扣2分)		
				现场工器具、材料零部件摆放整齐,作业区划分清楚(物品摆放凌乱,作业区不清楚扣2分)		
				工器具使用方法正确(工器具使用错误扣1分,工器具及量具不在检验有效期内扣1分)		
				在维修过程中没有违章作业、没有人员受伤(如有违反每条扣0.5分,直至扣满3分)		
				在维修过场中没有设备损伤(如设备因维修过程损伤扣2分)		
				作业后维修现场恢复得干净整洁(作业后未恢复扣2分)		
合计			100			

否定项:杯座紧固夹具(HALF)螺栓防松钢丝安装方向错误(应该为"Z"字型,不可为"S"字型)

评分人:　　　年　月　日　　　　　　　　　　核分人:　　　年　月　日

试题3　某压水堆核电厂驱动机构耐压壳顶部压紧顶帽咬死缺陷分析及处理

配分与评分标准：

序号	考核内容	考核要点	配分	评分标准	扣分	得分
1	故障判断	故障产生原因的分析及排查	30	该压紧顶帽为不锈钢材质的 M42×1.5 的细牙螺纹，而驱动机构耐压壳部件材质也为不锈钢，两种几乎相同材质的细牙螺纹容易发生咬死的情况(6分)		
				压紧顶帽下面没有安装石墨防咬死垫片，经过加力拧紧后这种大直径细牙螺纹容易产生咬死现象(6分)		
				系统运行期间驱动机构顶部相关零部件的温度很高，而停堆顶盖吊出以后，主系统温度明显下降再次热胀冷缩的工况下，很容易造成这种材质相近的细牙螺纹咬死(6分)		
				如果压紧顶帽螺纹表面或者驱动机构，螺纹加工质量不好也会造成压紧顶帽咬死缺陷(6分)		
				如果压紧顶帽螺纹在安装过程中夹入异物也会造成压紧顶帽咬死缺陷(6分)		
2	维修实施	专用工装的设计考虑	24	定位、限位工装可以比较紧的套在压紧顶帽外侧，在顶帽的上平面有一定厚度的金属层(3分)		
				定位、限位工装同时可以针对压紧顶帽外侧的沟槽进行定位(3分)		
				定位、限位工装在上平面有两个在同一直径方向两端的圆形通孔，通孔的轴心与压紧顶帽沟槽的中心线平行(4分)		
				小孔的直径比选取的钻头的直径略大 0.1 mm 左右(4分)		
				小孔靠近压紧顶帽圆心的地方距离压紧顶帽 M42×1.5 内螺纹的最大直径处 0.5 mm 左右(3分)		
				小圆孔里已经可以看见压紧顶帽沟槽的外壁(3分)		
				定位、限位工装顶部的金属层厚度需要进行计算，确保电钻钻头不会误伤驱动机构耐压壳顶部的“Ω”焊缝和其他部位(4分)		
		螺母拆除	25	在顶盖上方搭建工作平台，确保人员能方便对压紧顶帽部位进行工作(2分)		

续表

序号	考核内容	考核要点	配分	评分标准	扣分	得分
2	维修实施	螺母拆除	25	实施防异物措施,铺设防异物保护挡板和塑料布(2分)		
				将定位、限位工装套在压紧顶帽外部,检查工装上的通孔是否与压紧钉帽沟槽位置对中(3分)		
				确认后,用手枪钻沿着通孔的导向将压紧顶帽钻两个通孔(4分)		
				完成后取下电钻及定位、限位工装,此时压紧顶帽有两条沟槽已经被钻削至将近内壁螺纹底径处(5分)		
				用榔头和扁铲沿着被钻削过的沟槽对压紧顶帽进行胀开操作(5分)		
				由于直径方向另一条沟槽也仅只剩不到 0.5 mm 的厚度,此时可以破坏性剖开压紧顶帽(4分)		
		驱动机构螺纹修复处理	9	检查驱动机构耐压壳部件上的螺纹受损情况(3分)		
				用 M42×1.5 的板牙对螺纹进行修复(3分)		
				修复过程中需要注意板牙的对中和调整,避免出现乱牙情况(3分)		
		后续处理建议	12	检查所有驱动机构和压紧顶帽螺纹质量情况(3分)		
				安装防咬死石墨垫片检查所有驱动机构和压紧顶帽螺纹质量情况(3分)		
				涂抹防咬剂检查所有驱动机构和压紧顶帽螺纹质量情况(3分)		
				安装前确认压紧顶母和耐压壳部件表面螺纹之间不存在异物,检查所有驱动机构和压紧顶帽螺纹质量情况(3分)		
合计			100			

否定项:无

评分人:　　　年　　月　　日　　　　　　　　　　　　核分人:　　　年　　月　　日

试题 4　中、高级人员培训教材编制的主要要求

配分与评分标准：

序号	考核内容	考核要点	配分	评分标准	扣分	得分
1	教材编制的主要要求	1. 教材的组成主要包括：封面、签署页、前言、出版说明、内容介绍、目录、正文、后记、封底等部分； 2. 教材的编写应美观、整齐、统一并与公司标识系统保持一致，同时便于电装查阅、存档及他人引用； 3. 根据系统化培训方法(SAT)的要求，培训教材具体内容的编制要以培训目标为基础； 4. 教材内容需涵盖所有的培训目标，并保证教材本身的完整性和逻辑性； 5. 教材的培训目标包括最终培训目标和分解培训目标； 6. 教材页码、字体、段落的要求需满足相关程序及规范要求。	10	1. 考核要点中每项 2 分，提及每项中的相关内容得 2 分； 2. 满分 10 分。		
合计			10			

否定项：无

评分人：　　　年　　月　　日　　　　　　　　　　核分人：　　　年　　月　　日

试题 5　核电厂工作负责人协同作业的主要技能要求

配分与评分标准：

序号	考核内容	考核要点	配分	评分标准	扣分	得分
1	协同作业的要点	1. 工作准备之前通知相关协作单位人员，了解工作项目； 2. 编制工作计划书，包括进度计划、协作人员工作时间、内容； 3. 召集协作人员开工前会，明确工作进度计划、协作人员工作时间、内容等，要求全体人员提前做好准备； 4. 自己工作组按平常工作流程准备； 5. 工作开始后，负责协调整项工作； 6. 工作完成后，召集所有人开工会后，进行工作总结。	10	1. 考核要点中每项 2 分，提及每项中的相关内容得 2 分； 2. 满分 10 分。		
合计			10			

否定项：无

评分人：　　　年　　月　　日　　　　　　　　　　核分人：　　　年　　月　　日

第二单元　核安全级阀门检修

职业技能鉴定国家题库

核反应堆核级机械设备检修工（核安全级阀门检修）
国家职业资格二级
操作技能考核试卷

注意事项

1. 本试卷依据2001年颁布的《国家职业标准——核反应堆核级机械设备检修工》命制。
2. 请根据试题考核要求,完成考试内容。
3. 请服从考评人员指挥,保证考核安全顺利进行。

试题1　某核电厂比例喷雾阀解体及组装工作的工器具准备

考核要求

(1) 本题分值:10

(2) 考核时间:30 min

(3) 考核形式:模拟

(4) 具体考核要求:考生根据要求在规定的时间内写出某核电厂比例喷雾阀解体及组装工作的工器具准备要求并回答考评员提问。

(5) 否定项说明:无

试题情景

某核电厂在某次大修期间,根据维修计划需要执行比例喷雾阀的解体工作。请考生结合上述场景写出比例喷雾阀解体及组装工作的相关工器具准备要求。

试题2　稳压器安全阀(CNP300型机组)内漏的解体及组装

考核要求

(1) 本题分值:100

(2) 考核时间:240 min

(3) 考核形式:实操/模拟

(4) 具体考核要求:

1) 考生实操解体安全阀模拟体;

2) 考生认真阅读试题情景,编写安全阀解体检修方案,内容包括故障原因分析、维修前准备、维修实施过程、维修后总结的全过程。

(5) 否定项说明:

若考生发生下列情况之一，则应及时终止其考试，考生该试题成绩记为零分：

1）考生未分析安全阀内漏的原因；

2）考生操作实操中野蛮操作，损坏设备及工器具。

试题情景

故障现象描述

某核电厂在某次大修中发现稳压器安全阀阀体内有少量硼结晶，可能存在内漏。

请根据以上场景分析此缺陷可能存在的故障并分析其原因，并针对性编写检修方案，内容包括维修前准备（包括工器具、耗材、备件清单）、维修实施过程、维修后总结的全过程。

请考生：

1）写出所有可能的故障原因；

2）针对故障原因提出处理措施；

3）解体安全阀；

4）编制检修方案。

试题3　核安全级阀门填料泄漏故障判断及处理

考核要求

（1）本题分值：100

（2）考核时间：90 min

（3）考核形式：实操/模拟

（4）具体考核要求：

1）考生实操更换核安全级阀门填料；

2）考生认真阅读试题情景，编写核安全级阀门填料更换检修方案，内容包括故障原因分析及对策、维修前准备、维修实施。

（5）否定项说明：无

试题情景

某核电厂核安全级阀门阀杆处出现泄漏，对填料压盖螺栓进行紧固后，泄漏现象仍旧存在。目前阀门已从系统中隔离出来。

请根据以上场景分析此缺陷的原因及对策，并针对性编写检修方案，内容包括故障原因分析及对策、维修前准备（包括工器具、耗材、备件清单）、维修实施过程的全过程。

请考生：

1）编制检修方案：内容包括故障原因分析及对策、维修前准备、维修实施；

2）解体阀门，更换填料；

试题4　技能培训教案操作实施章节的主要内容及要求

考核要求

（1）本题分值：10

（2）考核时间：30 min

（3）考核形式：模拟

（4）具体考核要求：考生根据要求在规定的时间内写出编制技能培训教材中操作实施章节的主要内容及要求并回答考评员提问。

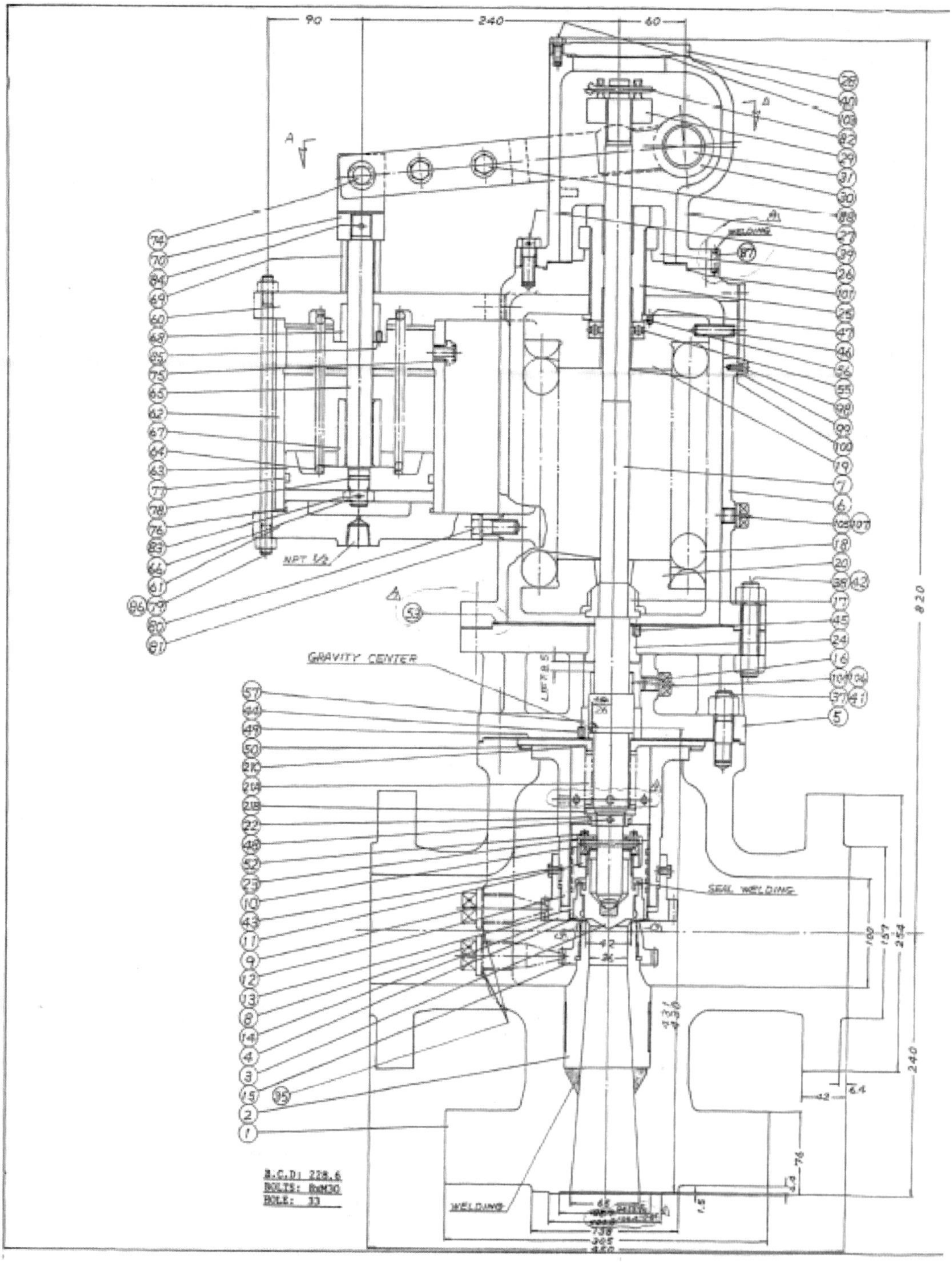
90
240
60
GRAVITY CENTER
SEAL WELDING
WELDING
NPT 1/2
B.C.D: 228.6
BOLTS: 8xM30
HOLE: 33
820
240

阀门装配图

(5) 否定项说明:无

试题情景

技能培训教材是指导人员培训、操作的支持文件,而技能培训教材中的操作实施章节是教材的核心部分,技能培训材料的质量主要就在操作实施章节的质量中得以体现,操作实施过程编写得简明易懂是技能培训教材编写的最终目标。请考生结合上述原则写出编制技能培训教材时操作实施章节的主要内容及要求。

试题 5 核电厂技术报告的选题要求

考核要求

(1) 本题分值:10

(2) 考核时间:30 min

(3) 考核形式:模拟

(4) 具体考核要求:考生根据要求在规定的时间内写出核电厂技术报告的选题要求并回答考评员提问。

(5) 否定项说明:无

试题情景

核电厂技术报告选题是确定专攻方向,明确解决的主要问题。选题不能单凭个人兴趣,或者一时热情,而要从实际出发,选择那些有价值的,能促进科学技术发展,或在生产和建设上、人民生活中,需要迫切解决的有重大效益的课题。请考生结合上述原则写出核电厂技术报告的选题要求。

职业技能鉴定国家题库

核反应堆核级机械设备检修工（核安全级阀门检修）国家职业资格二级操作技能考核准备通知单（考场）

试题 1

考场准备

(1) 试题名称:某核电厂比例喷雾阀解体及组装工作的工器具准备

(2) 本题分值:10

(3) 考核时间:30 min

(4) 考核形式:模拟

(5) 设备设施准备

序号	名称	规格	单位	数量	备注
1	签字笔	0.5 mm	支	1	
2	空白纸	A4	张	若干	

试题 2

考场准备

(1) 试题名称:稳压器安全阀(CNP300 型机组)内漏的解体及组装

(2) 本题分值:100

(3) 考核时间:240 min

(4) 考核形式:实操/模拟

(5) 设备设施准备

序号	名称	规格	单位	数量	备注
1	签字笔	0.5 mm	支	1	
2	空白纸	A4	张	若干	

试题 3

考场准备

(1) 试题名称:核安全级阀门填料泄漏故障判断及处理

(2) 本题分值:100
(3) 考核时间:90 min
(4) 考核形式:实操/模拟
(5) 设备设施准备

序号	名称	规格	单位	数量	备注
1	闸阀	Z41H—25 DN150	台	1	
2	中法兰垫片		个	1	与闸阀模拟体配套
3	填料		套	1	与闸阀模拟体配套
4	橙色塑料布		米	5	
5	防咬剂	N—5000	罐	1	
6	清洗剂	500 mL	瓶	1	HD—2006
7	签字笔	0.5 mm	支	1	
8	空白纸	A4	张	若干	
9	细纱手套		双	1	参加考试者每人一双

试题 4

考场准备

(1) 试题名称:技能培训教案操作实施章节的主要内容及要求
(2) 本题分值:10
(3) 考核时间:30 min
(4) 考核形式:模拟
(5) 设备设施准备

序号	名称	规格	单位	数量	备注
1	签字笔	0.5 mm	支	1	
2	空白纸	A4	张	若干	

试题 5

考场准备

(1) 试题名称:核电厂技术报告的选题要求
(2) 本题分值:10
(3) 考核时间:30 min
(4) 考核形式:模拟

(5) 设备设施准备

序号	名称	规格	单位	数量	备注
1	签字笔	0.5 mm	支	1	
2	空白纸	A4	张	若干	

职业技能鉴定国家题库

核反应堆核级机械设备检修工（核安全级阀门检修）国家职业资格二级操作技能考核准备通知单（考生）

姓名:______________　准考证号:________________　单位:________________

试题 1

考生准备

(1) 试题名称:某核电厂比例喷雾阀解体及组装工作的工器具准备

(2) 本题分值:10

(3) 考核时间:30 min

(4) 考核形式:模拟

(5) 工具及其他准备:无

试题 2

考生准备

(1) 试题名称:稳压器安全阀(CNP300 型机组)内漏的解体及组装

(2) 本题分值:100

(3) 考核时间:240 min

(4) 考核形式:实操

(5) 工具及其他准备:考生需要准备闸阀解体的所需工器具、劳保用品和材料

试题 3

考生准备

(1) 试题名称:核安全级阀门填料泄漏故障判断及处理

(2) 本题分值:100

(3) 考核时间:90 min

(4) 考核形式:实操/模拟

(5) 工具及其他准备:检修所用工器具由考生提前准备好。

试题 4

考生准备

(1) 试题名称:技能培训教案操作实施章节的主要内容及要求

(2) 本题分值:10
(3) 考核时间:30 min
(4) 考核形式:模拟
(5) 工具及其他准备:无

试题 5

考生准备

(1) 试题名称:核电厂技术报告的选题要求
(2) 本题分值:10
(3) 考核时间:30 min
(4) 考核形式:模拟
(5) 工具及其他准备:无

职业技能鉴定国家题库

核反应堆核级机械设备检修工（核安全级阀门检修）国家职业资格二级操作技能考核评分记录表

姓名:＿＿＿＿＿＿　准考证号:＿＿＿＿＿＿　单位:＿＿＿＿＿＿

总成绩表

序号	试题名称	配分	得分	权重	最后得分	备注
1	某核电厂比例喷雾阀解体及组装工作的工器具准备	10		0.1		
2	稳压器安全阀(CNP300 型机组)内漏的解体及组装	100		0.35		
3	核安全级阀门填料泄漏故障判断及处理	100		0.35		
4	技能培训教案操作实施章节的主要内容及要求	10		0.1		
5	撰写技术工作总结	10		0.1		
合　计		230		1		

统分人:　　年　月　日

试题 1　某核电厂比例喷雾阀解体及组装工作的工器具准备

配分与评分标准:

序号	考核内容	考核要点	配分	评分标准	扣分	得分
1	工器具的准备要求	1. 工器具的准备可按专用工器具及通用工器具二类分别准备; 2. 通用工器具又可按 A 和 B 两类工器具准备,A 类通用工器具指作业必需的工器具;B 类通用工器具指作业时备用的工器具; 3. 根据检修项目提出所需要的工器具名称及需求数量,工器具清单需填写准确、全面; 4. 所有准备用于维修的计量器具都必须在检定/校准有效期内; 5. 所有准备用于维修的安全工器具都必须在检定有效期内,且在领用时还必须仔细检查其状态是否合格; 6. 对于复杂的低频度使用的工器具,特别是专用工器具,工作负责人必须在工作前进行熟悉或操作培训。	10	1. 考核要点中每项 2 分,提及每项中的相关内容得 2 分; 2. 满分 10 分。		
合计			10			

否定项:无

评分人:　　年　月　日　　　　核分人:　　年　月　日

试题 2 稳压器安全阀(CNP300 型机组)内漏的解体及组装

配分与评分标准：

序号	考核内容	考核要点	配分	评分标准	扣分	得分
1	维修准备	1. 工作包准备 2. 工器具准备 3. 材料准备 4. 备品备件确认 5. 工作许可证领取	10	1. 涉及一项得 2 分； 2. 条理不清酌情扣 1～2 分； 3. 未涉及不得分。 满分 10 分		
2	解体前准备(此部分口述)	1. 召开工前会(工作事项、工作内容、工作风险、工作步骤、经验反馈等) 2. 验证隔离边界 3. 检查标牌 4. 做好标记管道法兰位置,松开阀门与管道(支架)的法兰连接螺栓,将阀门拆除运输至检修场地(注意辐射防护)	10	1. 涉及一项得 2.5 分； 2. 条理不清酌情扣 1～2 分； 3. 未涉及不得分。 满分 10 分		
3	安全阀解体(参考安全阀装配图)	1. 安全阀上下阀体分离 (1) 拆卸阀杆螺母的锁紧螺母,取下阀杆螺母,拆除罩壳及连在上面的分叉杆 (2) 将弹簧固定夹紧装置插入阀杆端部,重新装上阀杆螺母拧紧后再放松半圈约 1 mm (3) 在冷却短管和阀体间做好记号,拆卸阀体中法兰螺母,拆卸时注意弹簧的作用 (4) 用手拉葫芦垂直吊起阀门上部组件,时刻注意起吊过程中不能出现卡死 (5) 在阀芯导向套和阀体之间做好记号,可以拆下阀芯导向套,如要拆下阀芯,可以拆下定位螺钉上的锁定钢丝,取下保持架,拔除销定螺母的销子即可分离阀芯 (6) 取下上调节环的锁紧螺母,可以将上调节环从阀芯导向套上逆时针旋出。在取下上调节环前必须记录好上调节环的初始位置 (7) 拆下阀体上的下调节环定位螺栓,可以将下调节环从阀座上旋下。旋下前必须测量并记录好下调节环的初始位置 2. 上阀体解体 (1) 拆除弹簧装置顶端的锁紧螺母,在弹簧调节螺母和弹簧腔壳体上做好记号并记录弹簧调节螺母顶端到壳体顶端的距离在记录表中 (2) 拆卸弹簧腔壳体法兰时先对角拆下 4 根螺栓,在清理润滑完成之后再装回 2 根并拧紧,另外 2 根螺母同螺杆端部齐平,再拆下其余的螺栓,只剩 4 根清理过的螺栓 (3) 缓慢均匀地同时放松 2 根螺栓,使法兰平行地上升,直至弹簧完全放松不受力为止,再拆去螺栓 (4) 依次分解阶梯形环套、下弹簧座,取出弹簧 (5) 拆下弹簧腔顶部的弹簧调节螺母,分解上弹簧座的推力轴承,并取下阀杆	20	1. 检修步骤 1 项未实施,扣 1.5 分,扣完为止； 2. 步骤顺序错误,扣 5 分； 满分 20 分		

续表

序号	考核内容	考核要点	配分	评分标准	扣分	得分
4	密封面研磨	1. 对阀芯、阀座密封面进行目视检查，必要进更换零部件 2. 根据密封面状况对密封面进行研磨 3. 蓝油检查密封面，要求密封面接触印痕线连续、均匀、宽度不小于 1 mm(90%)	10	1. 涉及一项得 3 分； 2. 条理不清酌情扣 1～2 分； 3. 未涉及不得分。 满分 10 分		
5	清洗检查零部件	1. 用清洗剂清洗所有零部件，目视检查所有螺纹，并反映到检修记录中 2. 目视检查弹簧及其他的零部件，如有裂痕或腐蚀严重的，则填写 QDR 报告并更换	10	1. 涉及一项得 5 分； 2. 未实施酌情扣 2～4 分； 满分 10 分		
6	组装阀门	1. 参照解体时的记录和标记，按照与拆卸时相反的顺序组装阀杆和阀芯 2. 参照解体时的记录和标记，按照与拆卸时相反的顺序组装上阀体，恢复原弹簧的压缩量。中法兰螺栓拧紧力矩：120～140 N·m 3. 恢复上调节环的初始位置，锁紧上调节环的锁紧螺母 4. 组装下阀体，恢复下调节环的初始位置，锁紧下调节环的锁紧螺母 5. 连接上阀体、下阀体、冷却短管，上紧连接螺栓 6. 气动执行机构更换易损件并组装，在阀门完成试验后再装配到阀体上，注意：分叉杆和阀杆螺母保持 1 mm 的间隙 7. 校验阀门的开启压力和密封性能 8. 回装阀门至系统上(此步骤略)	20	1. 涉及一项得 2.5 分； 2. 条理不清酌情扣 2～4 分； 3. 未涉及不得分。 满分 20 分		
7	故障判断	1. 密封面间有异物 2. 密封面有缺陷 3. 弹簧疲劳，导致密封力小 4. 阀杆弯曲 5. 调节螺杆位置不合适 6. 安全阀起跳后卡涩无法回座 7. 调节圈位置不合适	10	1. 每分析 1 项考核要点中提及的原因，得 1.5 分； 2. 分析到考核要点中未提及的其他相关原因，1 项得 0～2 分 3. 未分析故障原因不得分。 满分 10 分		
8	故障排除	1. 清除密封面异物 2. 研磨修复密封面 3. 校验、更换弹簧 4. 检查修复阀杆 5. 调整调节螺杆位置 6. 检查修复导向套等部件 7. 调整调节圈	10	1. 每分析 1 项考核要点中提及的原因，得 1.5 分； 2. 分析到考核要点中未提及的其他相关原因，1 项得 0～2 分 3. 未分析故障原因不得分。 满分 10 分		
合计			100			

否定项：

评分人：　　　年　　月　　日　　　　　　　　　　核分人：　　　年　　月　　日

试题 3 核安全级阀门填料泄漏故障判断及处理

配分与评分标准：

序号	考核内容	考核要点	配分	评分标准	扣分	得分
1	故障判断	1. 填料压盖螺栓松动； 2. 填料老化； 3. 填料破损； 4. 填料选型不合适； 5. 填料安装方法不对； 6. 阀杆弯曲； 7. 阀杆表面受损； 8. 操作不当。	15	1. 每分析 1 项考核要点中提及的原因，得 3 分； 2. 分析到考核要点中未提及的其他相关原因，1 项得 0～2 分； 3. 未分析故障原因不得分。 满分 15 分		
2	故障排除	1. 紧固填料压盖螺栓； 2. 更换新填料； 3. 正确选用填料； 4. 重装填料； 5. 校直或更换阀杆； 6. 操作时应平稳、缓慢开关。	15	1. 每答出 1 项考核要点中提及的方法，得 3 分； 2. 答出考核要点中未提及的其他方法，1 项得 0～2 分。 满分 15 分		
3	维修准备	1. 工器具清单； 2. 检修耗材清单； 3. 备品备件清单； 4. 检修场地布置。	15	1. 工器具、耗材、备件清单，每项 3 分； 2. 完成场地布置，得 6 分。 满分 15 分		
4	取出旧填料	1. 在阀体阀盖做好联接标识； 2. 旋松填料压盖螺栓； 3. 拆除阀芯/阀杆/阀杆组件并妥善放置； 4. 阀门开口进行防异物封堵； 5. 拆除手轮组件； 6. 将阀杆从阀盖内抽出，同时取出填料压盖组件； 7. 从填料函内取出旧填料。	20	1. 检修步骤 1 项未实施，扣 1.5 分，扣完为止； 2. 未进行防异物封堵，扣 5 分。 满分 20 分		
5	清洗检查零部件	1. 清洗填料函内壁、阀杆、填料压盖组件； 2. 检查填料函内壁有无磨损及严重锈蚀现象； 3. 检查阀杆有无弯曲及严重锈蚀现象； 4. 检查填料压盖组件有无磨损及严重锈蚀现象。	15	清洗检查步骤 1 项未实施，扣 1.5 分，扣完为止。 满分 15 分		
6	更换新填料	1. 回装阀杆、填料、填料压盖、手轮组件； 2. 将阀芯回装到阀杆上，将阀芯/阀杆/阀杆组件回装到阀体上； 3. 回装阀体阀盖联接螺栓； 4. 回装填料压盖螺栓并紧固； 5. 回装手轮组件； 6. 阀门开关动作试验； 7. 清理场地。	20	1. 检修步骤 1 项未实施，扣 2 分，扣完为止； 2. 步骤顺序错误，扣 5 分； 3. 零部件遗失或未回装，扣 5 分。 满分 20 分		
合计			100			

否定项：1. 考生未分析填料泄漏的原因；
2. 野蛮操作，损坏设备及工器具。

评分人： 年 月 日 核分人： 年 月 日

试题 4 技能培训教案操作实施章节的主要内容及要求

配分与评分标准：

序号	考核内容	考核要点	配分	评分标准	扣分	得分
1	操作实施章节编制的主要要求	1. 解释培训过程，包括：任务绩效评定标准、执行哪些操作、任务的重要性、任务的相关操作、电厂/行业与培训相关操作存在的问题、规程先决条件、注意事项、限值和行动响应。与最终目标和分解目标相互对应； 2. 在操作要求中将安全提醒结合防人因工具对培训目标进行标注和阐述； 3. 对操作进行演示，标识出在培训过程中对学员指导内容部分； 4. 演示或指导过程中解释，包括：操作实施中的关键点。预期响应及如何、在哪里确认；良好实践；不合适的操作的后果，以及容易误操作部分；培训设备与电厂实际设备的差别；并在讲解过程中的提问部分； 5. 测评标准必须符合国家相关行业标准和公司相关技术文件中的作业标准。	10	1. 考核要点中每项2分，提及每项中的相关内容得2分； 2. 满分10分。		
合计			10			

否定项：无

评分人： 年 月 日 核分人： 年 月 日

试题 5 核电厂技术报告的选题要求

配分与评分标准：

序号	考核内容	考核要点	配分	评分标准	扣分	得分
1	技术报告选题要求	1. 选择本学科亟待解决的问题； 2. 选择本学科处于前沿位置的课题； 3. 选择预想获得理想效果的课题； 4. 选择课题应注意可行性，包含如下三个方面： a) 科学原理上是可行的，绝不能违反自然规律和科学原理； b) 考虑研究者本身的知识水平，科研能力，不可贪大、甚至超过个人实际能力； c) 考虑研究经费、实验场所(地)、仪器、设备、检测手段等条件上的可行性。	10	1. 考核要点中1、2、3项各2分，提及每项中的相关内容得2分； 2. 第4项共4分，提及其中每一小节相关内容得2分。满分10分。		
合计						

否定项：无

评分人： 年 月 日 核分人： 年 月 日

第三单元　核反应堆核安全级水泵检修

职业技能鉴定国家题库

核反应堆核级机械设备检修工（核安全级水泵检修）
国家职业资格二级
操作技能考核试卷

注意事项

1. 本试卷依据2001年颁布的《国家职业标准——核反应堆核级机械设备检修工》命制。
2. 请根据试题考核要求，完成考试内容。
3. 请服从考评人员指挥，保证考核安全顺利进行。

试题1　某核电厂离心上充泵解体与组装检修工作的维修隔离区建立

考核要求

(1) 本题分值：10

(2) 考核时间：30 min

(3) 考核形式：模拟

(4) 具体考核要求：考生根据要求在规定的时间内写出某核电厂离心上充泵解体与组装检修工作维修隔离区建立的要求并回答考评员提问。

(5) 否定项说明：无

试题情景

某核电厂在某次大修期间，维修人员需进行离心上充泵解体与组装检修工作，请考生结合上述场景写出离心上充泵解体与组装检修工作前相关维修隔离区建立的要求。

试题2　某核电厂停堆冷却泵解体维修

考核要求

(1) 本题分值：100

(2) 考核时间：90 min

(3) 考核形式：模拟实操

(4) 具体考核要求：

1) 考生模拟实操停堆冷却泵解体维修工作过程和工作要点；

2) 考生笔答停堆冷却泵解体维修的维修前准备、维修实施过程并笔答问题。

(5) 否定项说明：

若考生发生下列情况之一，则应及时终止其考试，考生该试题成绩记为零分
1）考生违反考试纪律；
2）未提交笔答记录。

试题情景

故障现象描述

某核电厂进行停堆冷却泵解体维修。

请根据以上场景针对性编写检修方案，内容包括维修前准备（包括工器具、检修材料、备件清单）、维修实施过程、维修后总结的全过程。

请考生：
1）影响检修质量的原因；
2）针对原因提出处理措施；
3）答述检修准备及实施过程；
4）答述问题：停堆冷却泵解体维修过程应如何做好质量保证工作？

试题3　某核电厂一回路主泵机械密封的更换

考核要求

（1）本题分值：100
（2）考核时间：90 min
（3）考核形式：模拟实操
（4）具体考核要求：
1）考生模拟实操一回路主泵机械密封的更换流程和工作要点；
2）考生笔答一回路主泵机械密封的更换的维修前准备、维修实施过程并笔答问题。
（5）否定项说明：
1）考生违反考试纪律；
2）未提交笔答记录。

试题情景

某核电厂一回路主泵机械密封泄漏超标，进行机械密封更换。

请根据以上场景分析此缺陷可能存在的故障并分析其原因，并针对性编写检修方案，内容包括维修前准备（包括工器具、检修材料、备件清单）、维修实施过程、维修后总结的全过程。

请考生：
1）写出可能的故障原因；
2）针对故障原因提出处理措施；
3）答述机封更换实施过程；
4）答述问题：主泵机封更换工作中的异物控制是如何进行的？

试题4　编制核安全级单级离心式悬臂泵解体检修知识培训教材

考核要求

（1）本题分值：10
（2）考核时间：30 min

(3) 考核形式:模拟

(4) 具体考核要求:考生根据要求在规定的时间内写出核安全级单级离心式悬臂泵解体检修知识培训教材编制的规范和要求并回答考评员提问。

(5) 否定项说明:无

试题情景

培训教材(Training Courseware):又称学员手册,是教学计划等的补充,它包括了学员需要实现的培训目标的信息,有助于学员更好地完成培训和考试。请考生结合上述定义写出核安全级单级离心式悬臂泵解体检修知识培训教材编制的规范和要求。

试题5 核电厂核级设备检修工作的风险管理

考核要求

(1) 本题分值:10

(2) 考核时间:30 min

(3) 考核形式:模拟

(4) 具体考核要求:考生根据要求在规定的时间内写出核电厂核级设备检修工作中的风险评价的主要内容以及编制风险应急预案的条件并回答考评员提问。

(5) 否定项说明:无

试题情景

核电厂设备维修活动中伴随着各类风险,通过对工作任务进行分析,可以识别其中存在的风险。当现场工作导致某一安全系统不可用,而在某特定情况下系统必须及时恢复其功能时,必须编制用以恢复系统功能的应急方案。请考生结合上述原则写出核电厂核级设备检修工作中的风险评价的主要内容以及编制风险应急预案的条件。

职业技能鉴定国家题库

核反应堆核级机械设备检修工（核安全级水泵检修）
国家职业资格二级
操作技能考核准备通知单（考场）

试题 1

考场准备

(1) 试题名称:某核电厂离心上充泵解体与组装检修工作的维修隔离区建立

(2) 本题分值:10

(3) 考核时间:30 min

(4) 考核形式:模拟

(5) 设备设施准备

序号	名称	规格	单位	数量	备注
1	签字笔	0.5 mm	支	1	
2	空白纸	A4	张	若干	

试题 2

考场准备

(1) 试题名称:某核电厂停堆冷却泵解体维修

(2) 本题分值:100

(3) 考核时间:90 min

(4) 考核形式:模拟实操

(5) 设备设施准备

序号	名称	规格	单位	数量	备注
1	签字笔	黑色	支	2	
2	空白纸	A4	支	1	

试题 3

考场准备

(1) 试题名称:某核电厂一回路主泵机械密封的更换

(2) 本题分值:100
(3) 考核时间:90 min
(4) 考核形式:模拟实操
(5) 设备设施准备

序号	名称	规格	单位	数量	备注
1	签字笔	黑色	支	2	
2	空白纸	A4	支	1	

试题 4

考场准备

(1) 试题名称:编制核安全级单级离心式悬臂泵解体检修知识培训教材
(2) 本题分值:10
(3) 考核时间:30 min
(4) 考核形式:模拟
(5) 设备设施准备

序号	名称	规格	单位	数量	备注
1	签字笔	0.5 mm	支	1	
2	空白纸	A4	张	若干	

试题 5

考场准备

(1) 试题名称:核电厂核级设备检修工作的风险管理
(2) 本题分值:10
(3) 考核时间:30 min
(4) 考核形式:模拟
(5) 设备设施准备

序号	名称	规格	单位	数量	备注
1	签字笔	0.5 mm	支	1	
2	空白纸	A4	张	若干	

职业技能鉴定国家题库

核反应堆核级机械设备检修工（核安全级水泵检修）国家职业资格二级 操作技能考核准备通知单（考生）

姓名:______________ 准考证号: ________________ 单位: ________________

试题 1

考生准备

(1) 试题名称:某核电厂离心上充泵解体与组装检修工作的维修隔离区建立

(2) 本题分值:10

(3) 考核时间:30 min

(4) 考核形式:模拟

(5) 工具及其他准备:无

试题 2

考生准备

(1) 试题名称:某核电厂停堆冷却泵解体维修

(2) 本题分值:100

(3) 考核时间:90 min

(4) 考核形式:模拟实操

(5) 工具及其他准备:考生需要准备笔答所需文具

试题 3

考生准备

(1) 试题名称:某核电厂一回路主泵机械密封的更换

(2) 本题分值:100

(3) 考核时间:90 min

(4) 考核形式:模拟

(5) 工具及其他准备:无

试题 4

考生准备

(1) 试题名称:编制核安全级单级离心式悬臂泵解体检修知识培训教材

(2) 本题分值:10
(3) 考核时间:30 min
(4) 考核形式:模拟
(5) 工具及其他准备:无

试题 5

考生准备

(1) 试题名称:核电厂核级设备检修工作的风险管理
(2) 本题分值:10
(3) 考核时间:30 min
(4) 考核形式:模拟
(5) 工具及其他准备:无

职业技能鉴定国家题库

核反应堆核级机械设备检修工（核安全级水泵检修）国家职业资格二级操作技能考核评分记录表

姓名:＿＿＿＿＿＿　准考证号:＿＿＿＿＿＿＿　单位:＿＿＿＿＿＿＿

总成绩表

序号	试题名称	配分	得分	权重	最后得分	备注
1	某核电厂离心上充泵解体与组装检修工作的维修隔离区建立	10		0.1		
2	某核电厂停堆冷却泵解体维修	100		0.35		
3	某核电厂一回路主泵机械密封的更换	100		0.35		
4	编制核安全级单级离心式悬臂泵解体检修知识培训教材	10		0.1		
5	核电厂核级设备检修工作的风险管理	10		0.1		
合　　计		230		1		

统分人:　　　　　　　　　　年　月　日

试题1　某核电厂离心上充泵解体与组装检修工作的维修隔离区建立

配分与评分标准:

序号	考核内容	考核要点	配分	评分标准	扣分	得分
1	维修隔离区建立的要求	1. 准备检修隔离区建立所需的材料,包括地面保护材料、检修区域隔离材料以及作业信息标识三类; 2. 根据检修活动的作业区域、作业时间、工业安全风险及异物控制风险等因素建立检修隔离区,进行实体隔离或警示带隔离; 3. 根据检修工作涉及放射性开口作业及存在松散污染扩散的风险,建立污染隔离区; 4. 隔离区内地面保护材料根据工作内容合理选择,如存在较大的损坏地面风险,应铺设胶皮或木板等材料进行保护; 5. 隔离区外在醒目位置需张贴相关作业信息牌,如现场建立了异物控制区,需在醒目位置张贴防异物区域标识牌; 6. 隔离区范围仅限于正在维修的设备,避免盲目扩大隔离区范围,影响其他设备检修或操作; 7. 公共区域建立隔离区,必须预留公共通道。	10	1. 考核要点中每项2分,提及每项中的相关内容得2分; 2. 满分10分。		
合计						

否定项:无

评分人:　　　年　月　日　　　　　　　　核分人:　　　年　月　日

试题2 某核电厂停堆冷却泵解体维修

配分与评分标准：

序号	考核内容	考核要点	配分	评分标准	扣分	得分
1	影响检修质量的原因	1. 检修文件不全或不适用； 2. 人员资质不足； 3. 检修工具不适用； 4. 现场控制失效； 5. 质量保证措施失效； 6. 文件执行不严格； 7. 检修人员操作失误。	15	1. 每分析1项考核要点中提及的原因,得2分； 2. 分析到考核要点中未提及的其他相关原因,1项得0～1分； 3. 未分析故障原因不得分。 满分15分		
2	处理措施	1. 编制需要的文件或修订文件； 2. 人员资质控制； 3. 工器具效能提升； 4. 加强现场控制； 5. 加强质保控制； 6. 严格执行程序、文件； 7. 提高操作人员技能或增加监护。	15	1. 每制定1项考核要点中提及的优化措施,得2分； 2. 制定考核要点中未提及的其他优化措施,1项得1分。 满分15分		
3	维修准备	1. 工器具准备； 2. 检修材料准备； 3. 备品备件清单； 4. 维修文件准备。	15	1. 工器具列出专用工具、计量器具满分3分,未列出扣2分； 2. 检修材料中有受限材料扣2分,满分3分； 3. 备件满分3分,未列出必换备件(O形圈、机械密封、密封垫)扣2分； 4. 维修文件满分6分,未列出规程、质量计划、异物控制方案,每项扣2分。 满分15分		
4	检修实施	1. 召开工前会(工作事项、工作内容、工作风险、工作步骤、经验反馈等)； 2. 现场核对设备编码及安措； 3. 检修过程。	45	1. 未做工前会描述,扣2分； 2. 未做核对设备编码及安措描述扣2分； 3. 检修过程视答题详细程度得分。 满分45分		
5	问题回答	1. 停堆冷却泵解体维修过程应如何做好质量保证工作?	10	答出要点:编制质量计划(QP)、严格遵守见证点要求、异物控制文件、建立异物控制区、重要测量或操作有专人复核;缺少一项扣2分;满分10分。		
合计			100			

否定项:1. 考生违反考试纪律；

2. 未提交笔答记录。

评分人：　　年　月　日　　　　　　核分人：　　年　月　日

试题3　某核电厂一回路主泵机械密封的更换

配分与评分标准：

序号	考核内容	考核要点	配分	评分标准	扣分	得分
1	故障判断	1. 动静密封面磨损 2. O形圈损坏 3. 弹簧失效 4. 压缩量设定不正确 5. 密封水流量过低 6. 泵振动高 7. 系统杂质颗粒	15	1. 每分析1项考核要点中提及的原因，得2分； 2. 分析到考核要点中未提及的其他相关原因，1项得0～1分； 3. 未分析故障原因不得分。 满分15分		
2	处理措施	1. 更换机封动静密封环 2. 更换O形圈 3. 更换弹簧 4. 调整机封压缩量 5. 增大机封密封水流量 6. 消除泵异常振动 7. 更换过滤器及系统水质控制	15	1. 每制定1项考核要点中提及的优化措施，得2分； 2. 制定考核要点中未提及的其他优化措施，1项得1分。 满分15分		
3	维修准备	1. 工器具准备 2. 检修材料准备 3. 备品备件清单 4. 维修文件准备	15	1. 工器具列出专用工具、计量器具满分3分，未列出扣2分； 2. 检修材料中有受限材料扣2分，满分3分； 3. 备品备件满分3分，未列出必换备件(O形圈、密封环、弹簧)扣2分； 4. 维修文件满分6分，未列出规程、质量计划、异物控制方案，每项扣2分； 满分15分		
4	检修实施	1. 召开工前会(工作事项、工作内容、工作风险、工作步骤、经验反馈等)； 2. 现场核对设备编码及安措； 3. 更换机封过程；	45	1. 未做工前会描述，扣2分； 2. 未做核对设备编码及安措描述扣2分； 3. 机封更换过程视答题详细程度得分； 满分45分		
5	问题回答	1. 主泵机封更换工作中的异物控制是如何进行的	10	答出要点：编制异物控制文件、建立异物控制区、进出物项登记，得10分，缺少一项扣3分。		
合计			100			

否定项：1. 考生违反考试纪律；
2. 未提交笔答记录。

评分人：　　年　月　日　　　　核分人：　　年　月　日

试题4 编制核安全级单级离心式悬臂泵解体检修知识

配分与评分标准:

序号	考核内容	考核要点	配分	评分标准	扣分	得分
1	教材编制的主要要求	1. 教材的组成主要包括:封面、签署页、前言、出版说明、内容介绍、目录、正文、后记、封底等部分; 2. 教材的编写应美观、整齐、统一并与公司标识系统保持一致,同时便于电装查阅、存档及他人引用; 3. 根据系统化培训方法(SAT)的要求,培训教材具体内容的编制要以培训目标为基础; 4. 教材内容需涵盖所有的培训目标,并保证教材本身的完整性和逻辑性; 5. 教材的培训目标包括最终培训目标和分解培训目标; 6. 教材页码、字体、段落的要求需满足相关程序及规范要求。	10	1. 考核要点中每项2分,提及每项中的相关内容得2分; 2. 满分10分。		
合计						

否定项:无

评分人: 年 月 日 核分人: 年 月 日

试题5 核电厂核级设备检修工作的风险管理

配分与评分标准:

序号	考核内容	考核要点	配分	评分标准	扣分	得分
1	风险评价的主要内容	1. 识别风险转化为事件的条件,如人员失误、设备异常等; 2. 制订措施消除或防止风险转化为事件的条件; 3. 通过现有的流程和方法实施预防措施。	10	1. 考核要点中每项2分,提及每项中的相关内容得2分; 2. 满分5分。		
2	编制风险应急预案的条件	1. 当生产活动影响安全屏障的完整性,在某一事件情况下需要及时恢复时。如维修活动导致主热传输系统及其相关系统、安全壳隔离系统不完整,发生某一特定事件情况下需要在规定的时间内进行恢复; 2. 当生产活动影响到最终热阱或其相关系统完整性,生产活动进行中某一意外事件发生需要在要求的时间内进行恢复时; 3. 其它生产活动中预期可能发生的事件会对工作人员、环境造成危害时。		1. 考核要点中每项2分,提及每项中的相关内容得2分; 2. 满分5分。		
合计						

否定项:无

评分人: 年 月 日 核分人: 年 月 日

第四单元　核反应堆核安全级容器检修

职业技能鉴定国家题库

核反应堆核级机械设备检修工（核安全级容器检修）
国家职业资格二级
操作技能考核试卷

注意事项

1. 本试卷依据 2001 年颁布的《国家职业标准——核反应堆核级机械设备检修工》命制。
2. 请根据试题考核要求，完成考试内容。
3. 请服从考评人员指挥，保证考核安全顺利进行。

试题 1　某核电厂设冷水热交换器解体检修工作包的准备

考核要求

(1) 本题分值：10

(2) 考核时间：30 min

(3) 考核形式：模拟

(4) 具体考核要求：考生根据要求在规定的时间内写出某核电厂设冷水热交换器解体检修工作包准备的主要内容并回答考评员提问。

(5) 否定项说明：无

试题情景

某核电厂在日常运行期间，根据维修计划需对设备冷却水热交换器进行解体检修工作，请考生结合上述场景写出该设冷水热交换器解体检修工作包应包含哪几方面的准备内容。

试题 2　管板式热交换器换管工艺分析

考核要求

(1) 本题分值：100

(2) 考核时间：180 min

(3) 考核形式：模拟

(4) 具体考核要求：考生认真阅读设备装配图，写出固定管板式直管更换传热管的工艺过程。

(5) 否定项说明：无

试题情景

(1) 设备缺项描述

某电厂工业水冷却器属于固定管板式直管热交换器，大修水压试验时发现其中一根传热管泄漏,要求进行更换处理(两端水室部分已拆除,两侧均可抽出传热管)。

请根据以上工作内容,描述现场换管的工艺过程。

(2) 设备图纸或资料

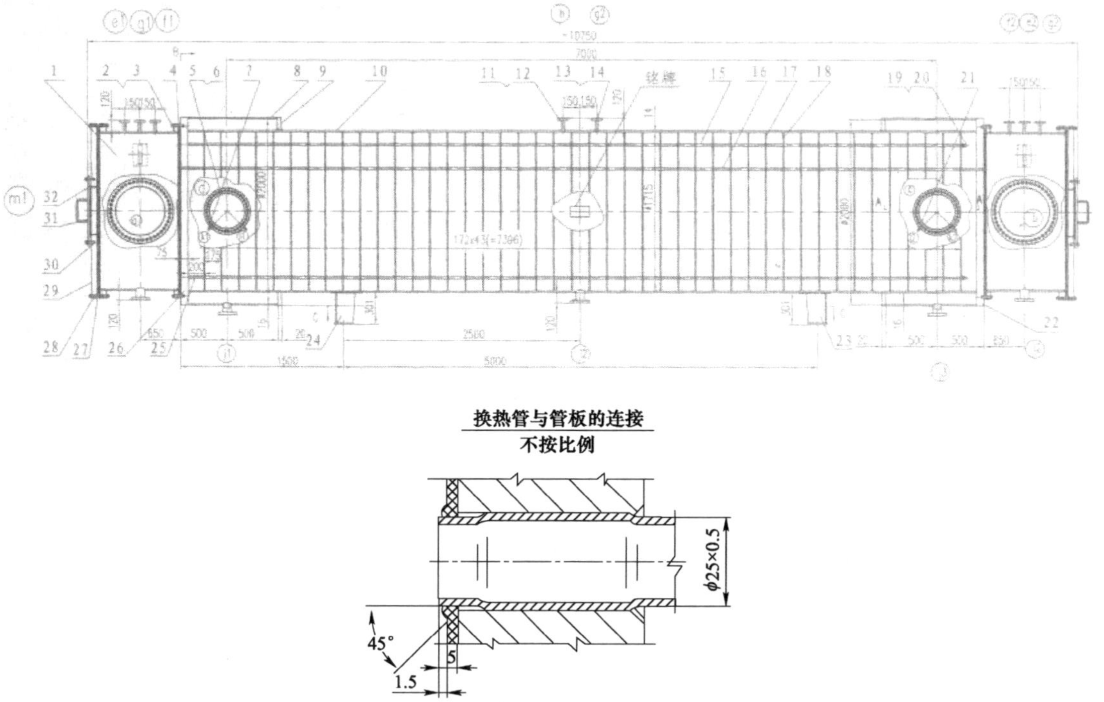

设备装配图

(3) 考核形式:模拟

试题 3　某核电厂蒸汽发生器手孔螺栓咬死缺陷处理

考核要求

(1) 本题分值:100

(2) 考核时间:90 min

(3) 考核形式:模拟

(4) 具体考核要求:考生认真阅读试题情景,并依据试题情景分析导致蒸汽发生器手孔螺栓咬死的原因,并制定处理螺栓咬死的处理方案。处理方案应包括风险分析、先决条件、缺陷处理主要步骤、防螺栓咬死注意事项等。

(5) 否定项说明:无

试题情景

蒸汽发生器是核电厂最重要的热交换器,也是核安全一级设备。蒸汽发生器手孔是对蒸汽发生器二次侧进行在役检查的通道。某核电厂在某次大修中对手孔法兰螺栓进行改造的过程中出现了意外情况。现场在拆除原有六角头螺栓时,某手孔有一颗螺栓咬死、拆卸困难,无法通过正常手段取出。该蒸汽发生器投运已有十余年,因该部位一直无检查项目,一直未曾打开过。手孔螺栓为六角头螺栓结构，紧固时采用力矩扳手逐个拧紧。同时从已经拆卸的其他螺栓可以看到，螺纹上的防咬剂较多且已干涩。

为避免对螺孔螺纹造成损坏，需要破坏性地去除螺栓，并尽量保护螺孔。拟采用在现场使用便携式磁力钻对螺栓中心进行钻孔的方法取出咬死螺栓。其工作示意图如下图所示。

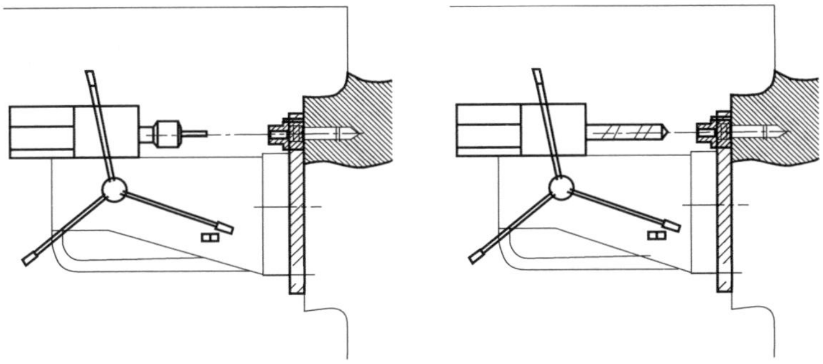

对螺栓中心钻孔示意图

请考生：

根据以上场景，分析导致蒸汽发生器手孔螺栓咬死的原因，并制定处理螺栓咬死的处理方案。处理方案包括风险分析、先决条件、缺陷处理主要步骤、防螺栓咬死注意事项等。

试题4 组织专题讲座时应把握的重要特点

考核要求

(1) 本题分值：10

(2) 考核时间：30 min

(3) 考核形式：模拟

(4) 具体考核要求：考生根据要求在规定的时间内写出高级技师在组织专题讲座时应把握的重要特点并回答考评员提问

(5) 否定项说明：无

试题情景

专题讲座具有一定的特殊性，不单纯是一般的知识讲授，而是为生产实际服务的。请考生结合上述原则写出高级技师在组织专题讲座时应重点把握的几个重要特点。

试题5 质保工程师进行检修质量监督控制的常用手段

考核要求

(1) 本题分值：10

(2) 考核时间：30 min

(3) 考核形式：模拟

(4) 具体考核要求：考生根据要求在规定的时间内简要写出质保工程师进行检修质量监督控制的常用手段及检查内容，并回答考评员提问

(5) 否定项说明：无

试题情景

检修过程中的质量控制是核电厂设备维修活动的重要组成部分,质保工程师在检修项目检修过程中进行质量监控的任务与内容主要包括对检修工作人员的质量控制工作进行监督、在检修过程中进行质量跟踪监控等。考生结合核电厂检修质量管理的要求简要写出质保工程师进行检修质量监督控制的常用手段及检查内容。

职业技能鉴定国家题库
核反应堆核级机械设备检修工（核安全级容器检修）国家职业资格二级操作技能考核准备通知单（考场）

试题 1

考场准备

(1) 试题名称:某核电厂设冷水热交换器解体检修工作包的准备

(2) 本题分值:10

(3) 考核时间:30 min

(4) 考核形式:模拟

(5) 设备设施准备

序号	名称	规格	单位	数量	备注
1	签字笔	0.5 mm	支	1	
2	空白纸	A4	张	若干	

试题 2

考场准备

(1) 试题名称:管板式热交换器换管工艺过程

(2) 本题分值:100

(3) 考核时间:180 min

(4) 考核形式:模拟

(5) 设备设施准备

序号	名称	规格	单位	数量	备注
1	签字笔	0.5 mm	支	1	
2	空白纸	A4	张	若干	
3	绘图工具		套	1	三角尺
4	设备装配图		张	1	

试题 3

考场准备

(1) 试题名称:某核电厂蒸汽发生器手孔螺栓咬死缺陷处理

(2) 本题分值:100

(3) 考核时间:90 min

(4) 考核形式:模拟

(5) 设备设施准备

序号	名称	规格	单位	数量	备注
1	签字笔	0.5 mm	支	1	
2	空白纸	A4	张	若干	

试题 4

考场准备

(1) 试题名称:组织专题讲座时应把握的重要特点

(2) 本题分值:10

(3) 考核时间:30 min

(4) 考核形式:模拟

(5) 设备设施准备

序号	名称	规格	单位	数量	备注
1	签字笔	0.5 mm	支	1	
2	空白纸	A4	张	若干	

试题 5

考场准备

(1) 试题名称:质保工程师进行检修质量监督控制的常用手段

(2) 本题分值:10

(3) 考核时间:30 min

(4) 考核形式:模拟

(5) 设备设施准备

序号	名称	规格	单位	数量	备注
1	签字笔	0.5 mm	支	1	
2	空白纸	A4	张	若干	

职业技能鉴定国家题库

核反应堆核级机械设备检修工（核安全级容器检修）
国家职业资格二级
操作技能考核准备通知单（考生）

姓名:______________　准考证号：________________　单位：________________

试题 1

考生准备

(1) 试题名称:某核电厂设冷水热交换器解体检修工作包的准备

(2) 本题分值:10

(3) 考核时间:30 min

(4) 考核形式:模拟

(5) 工具及其他准备:无

试题 2

考生准备

(1) 试题名称:管板式热交换器换管工艺分析

(2) 本题分值:100

(3) 考核时间:180 min

(4) 考核形式:模拟

(5) 工具及其他准备:无

试题 3

考生准备

(1) 试题名称:某核电厂蒸汽发生器手孔螺栓咬死缺陷处理

(2) 本题分值:100

(3) 考核时间:90 min

(4) 考核形式:模拟

(5) 工具及其他准备:无

试题 4

考生准备

(1) 试题名称:组织专题讲座时应把握的重要特点

(2) 本题分值:10

(3) 考核时间:30 min

(4) 考核形式:模拟

(5) 工具及其他准备:无

试题 5

考生准备

(1) 试题名称:质保工程师进行检修质量监督控制的常用手段

(2) 本题分值:10

(3) 考核时间:30 min

(4) 考核形式:模拟

(5) 工具及其他准备:无

职业技能鉴定国家题库
核反应堆核级机械设备检修工（核安全级容器检修）
国家职业资格二级
操作技能考核评分记录表

姓名：________　准考证号：________　单位：________

总成绩表

序号	试题名称	配分	得分	权重	最后得分	备注
1	某核电厂设冷水热交换器解体检修工作包的准备	10		0.1		
2	管板式热交换器换管工艺分析	100		0.35		
3	某核电厂蒸汽发生器手孔螺栓咬死缺陷处理	100		0.35		
4	组织专题讲座时应把握的重要特点	10		0.1		
5	质保工程师进行检修质量监督控制的常用手段	10		0.1		
合　计		230		1		

统分人：　　　　　　　　　　　　年　月　日

试题 1　某核电厂设冷水热交换器解体检修工作包的准备

配分与评分标准：

序号	考核内容	考核要点	配分	评分标准	扣分	得分
1	工作指令	1. 工作内容概述； 2. 工作要点说明，一般需要包括三部分内容：内容描述、配合部门、工作步骤等。	1	1. 提及相关内容得 1 分； 2. 满分 1 分。		
2	风险分析	从维修方式、维修行为、安措实施、维修地点/环境等方面分析对人身安全、设备可靠性或设备运行方式等方面将带来的可预见或潜在的风险，对可能出现的风险进行分析，并提出预防措施。	1	1. 提及相关内容得 1 分； 2. 满分 1 分。		
3	工作许可证申请	1. 工作许可证申请的内容主要包括工作任务和设备隔离要求。 2. 其他许可证申请包括高风险作业许可证、辐射工作许可证、消防相关许可证的申请。	1	1. 提及相关内容得 1 分； 2. 满分 1 分。		

续表

序号	考核内容	考核要点	配分	评分标准	扣分	得分
4	工前会准备	准备维修工前会所需学习与交流的素材,包括但不限于:维修中的关键步骤、维修中存在的风险及预防措施、维修中的防人因工具使用、应急预案、工种间的配合内容、经验反馈等。	1	1. 提及相关内容得 1 分; 2. 满分 1 分。		
5	人员及配合工种要求	准备维修活动所需要的工种(包括配合工种)、人数、资格要求、各工种预计作业时间。	1	1. 提及相关内容得 1 分; 2. 满分 1 分。		
6	质量计划的准备	根据维修任务进行质量计划内容的编写。	1	1. 提及相关内容得 1 分; 2. 满分 1 分。		
7	备品备件/材料清单的准备	根据维修任务提出相应的备品备件及材料的使用清单。	1	1. 提及相关内容得 1 分; 2. 满分 1 分。		
8	工器具清单的准备	根据维修任务提出通用及专用工器具清单。	1	1. 提及相关内容得 1 分; 2. 满分 1 分。		
9	应急预案的准备	根据维修任务判断维修的结果是否存在一定的不可预知性,根据可能产生的结果准备相应的应急预案。	1	1. 提及相关内容得 1 分; 2. 满分 1 分。		
10	维修支持文件的准备	包括 ALARA 方案、维修规程、检修方案、维修图册等的准备。	1	1. 提及相关内容得 1 分; 2. 满分 1 分。		
合计			10			

否定项:无

评分人:　　　年　月　日　　　　　　　　　　核分人:　　　年　月　日

试题 2　管板式热交换器换管工艺分析

配分与评分标准:

序号	考核内容	考核要点	配分	评分标准	扣分	得分
1	泄漏传热管定位	1. 壳侧充水试验,找出泄漏的传热管; 2. 对漏管两端做好标记。	10	每写出 1 条得 5 分,共 10 分		
2	传热管的取出	1. 将管板孔内的管头部分钻掉,但不能伤害管板孔; 2. 将传热管从一侧抽出。	10	每写出 1 条得 5 分,共 10 分		
3	管板孔的清理、修磨、检查	1. 将管板孔周围的毛刺去除,原焊缝位置进行打磨; 2. 管孔内如有介质结晶物或结垢,应用磨孔机或钢丝刷清理干净,有油污要用丙酮清洗,避免焊接换热管时产生气孔; 3. 测量管板孔直径,利用旧管板时,管孔可能偏大,但不能超过管孔最大允许偏差的 1.5 倍; 4. 管孔内不得有穿通的纵向或螺旋形的刀痕; 5. 管孔轴线应垂直于管板平面。	35	每写出 1 条得 7 分,共 35 分		

续表

序号	考核内容	考核要点	配分	评分标准	扣分	得分
4	穿管前的准备工作	1. 切管,切取合适长度的传热管; 2. 退火,如果换热管的硬度不能满足低于管板硬度HB30左右时,将管端150～200 mm进行退火处理; 3. 磨管,换热管两端120～150 mm处要磨光,去掉铁锈和污物,露出金属光泽,清洁管内壁。	15	每写出1条得5分,共15分		
5	传热管组装	1. 将预制好的传热管穿入两侧管板中。	5	每写出1条得5分,共5分		
6	传热管与管板的连接	1. 按照焊接要求对两侧的传热管与管板进行焊接; 2. 使用胀管器对两侧管板孔内传热管进行胀管处理。	10	每写出1条得5分,共10分		
7	检查试验	1. 目视检查胀管位置有无破裂、鼓包等异常现象; 2. 对焊接位置进行探伤检查; 3. 设备回装以后,壳侧充水打压试验,检查是否有泄漏。	15	每写出1条得5分,共15分		
合计			10			

否定项:无

评分人: 年 月 日 核分人: 年 月 日

试题3 某核电厂蒸汽发生器手孔螺栓咬死缺陷处理

配分与评分标准:

序号	考核内容	考核要点	配分	评分标准	扣分	得分
1	分析故障原因	1. 投运时间长,长期高温膨胀和交变应力; 2. 力矩扳手手动拧紧螺栓容易导致受力不均; 3. 防咬剂过多,长期高温运行造成干涩。	18分	1. 每分析1项考核要点中提及的原因,得6分; 2. 分析到考核要点中未提及的其他合理原因,1项得0.5～4分; 3. 未分析故障原因不得分。 满分18分。		
2	处理过程中存在的风险	1. 设备损坏风险; 2. 设备断电风险; 3. 异物落入设备风险; 4. 辐射风险; 5. 使用专用工器具导致的风险; 6. 孔洞坠落风险; 7. 设备运输过程产生的风险。	14分	1. 每考虑到1项考核要点中提及的风险,得2分; 2. 考虑到考核要点中未提及的其他风险,1项得0.5～1分; 3. 未考虑到风险不得分。 满分14分。		
3	处理前确认先决条件	1. 机组冷停堆; 2. 设备已隔离; 3. 设备已卸压,介质已排空; 4. 现场照明和通风良好; 5. 现场防护措施到位; 6. 工器具材料备件准备齐全; 7. 办理相应的工作手续(如工作票、辐射票和动火证等)。	14分	1. 每1项考核要点中提及的,得2分; 2. 考核要点中未提及的其他条件,1项得0.5～1分; 3. 未写不得分。 满分12分。		

续表

序号	考核内容	考核要点	配分	评分标准	扣分	得分
4	处理缺陷的主要步骤	1. 采用钢锯,将螺栓的六角头端部锯掉; 2. 取下法兰盖及密封垫片; 3. 清理密封面后,用胶布对手孔临时封堵及密封面保护; 4. 使用手持角向砂轮机切割去除部分螺栓光杆,留下高于法兰面长度10～15 mm光杆; 5. 将连接工装安装到手孔座上,确认安装牢固; 6. 安装钻孔导向套; 7. 使用磁力钻,分两次钻穿待拆除螺栓; 8. 目视检查孔内情况,剔除残余螺牙,必要时使用气铣进行局部打磨; 9. 清理铁屑,使用丝锥进行理牙; 10. 目视检查修复后螺孔螺纹,并使用通止规进行检验,确认是否有螺纹损伤。	30分	1. 每列举1项考核要点中提及的步骤,得4分; 2. 列举考核要点中未提及的其他相近步骤,1项得0.5～2分; 3. 步骤顺序有误,扣4分。 满分40分。		
5	预防螺栓咬死注意事项	1. 每次螺栓拆卸后对螺栓和本体上螺栓孔进行清理,必要时使用丝锥和板牙; 2. 螺栓回装前,用毛刷在需润滑部位均匀涂抹一薄层防咬剂; 3. 双头螺栓拧入本体孔洞后至紧固状态后,回半圈防止机组运行后高温咬死; 4. 螺栓手动拧紧后,通过四周间隙测量,对称使用力矩扳手进行紧固。	24分	1. 每分析1项考核要点中提及的方法,得4分; 2. 分析考核要点中未提及的其他合理方法,1项得1～3分; 3. 未列举方法不得分。 满分16分。		
合计			10			

否定项:无

评分人:　　　　年　　月　　日　　　　　　　　　　　　　　　　　核分人:　　　　年　　月　　日

试题4　组织专题讲座时应把握的重要特点

配分与评分标准:

序号	考核内容	考核要点	配分	评分标准	扣分	得分
1	专题讲座的重要特点	1. 注重针对性。专题讲座要联系生产实际进行设置,如工艺学讲座可结合实际试验项目进行讲授,可起到对实际操作的指导作用; 2. 注重知识性。专题讲座首先是学术性,能提高培训对象应用知识解决实际问题的能力。综合操作技能的提高是通过技术理论知识培训与生产实践培训逐步培养的,是通过综合应用才能初步形成的,所以注重知识性是关键;	10	1. 考核要点中每项2分,提及每项中的相关内容得2分; 2. 满分10分。		

续表

序号	考核内容	考核要点	配分	评分标准	扣分	得分
1	专题讲座的重要特点	3. 注重前瞻性。当今技术日新月异、层出不穷。特别是核聚变研究工作,随着许多试验记录被快速刷新,大量的新工艺、新材料、新设备投入使用,知识更新很快。所以要通过专题讲座形式将新技术传授给培训对象,使他们获得书本上没有的最新知识,掌握新本领,承担新任务; 4. 注重实用性。专题讲座不是一般意义上的课堂讲学,而应是充满学术讨论气氛,结合试验中碰到的问题进行技术理论知识传授的专题讨论,促使培训对象产生探索某些原理的需要,从而提高他们对学习专业技能的积极性。充满活泼的氛围,既有心理上的沟通,又有感情上的交融,力争使讲座能成为答疑解惑的课堂; 5. 注重新颖性。首先内容上要新颖,讲座要选择一些新颖的课题,大家关注的课题,具有现代理论和观点的课题,只有内容新颖大家才乐于接受。其次是手段上要新颖,可利用多媒体手段提高讲授效果,只有新颖的内容配合现代化的教学手段,才能更好地发挥专题讲座的作用。	10	1. 考核要点中每项 2 分,提及每项中的相关内容得 2 分; 2. 满分 10 分。		
合计						

否定项:无

评分人：　　年　月　日　　　　核分人：　　年　月　日

试题 5　质保工程师进行检修质量监督控制的常用手段

配分与评分标准：

序号	考核内容	考核要点	配分	评分标准	扣分	得分
1	检修阶段质量监督控制的常用手段	1. 旁站监督:质保工程师经常采用的一种主要的现场检查形式,即现场观察、监督检修过程,及时发现潜在的质量隐患以及出现的质量问题等; 2. 测量:质保工程师独立测量检修对象的几何尺寸、间隙配合等关键数据,发现偏差,及时纠正,使检修数据符合验收要求; 3. 试验:质保工程师在检修过程中通过试验手段取得试验数据,以此判断检修质量; 4. 指令文件:质保工程师对检修工作人员或者承包商单位提出指示和要求的书面文件,用以向检修单位指出检修中存在的问题; 5. 合同支付控制:赋予质保工程师开具支付证书的权力,如果检修项目质量达不到要求的标准,质保工程师有权拒绝开具支付证书,停止对检修单位支付部分或全部检修项目款。	10	1. 考核要点中每项 2 分,提及每项中的相关内容得 2 分; 2. 满分 10 分。		
合计						

否定项:无

评分人：　　年　月　日　　　　核分人：　　年　月　日

第五单元　重水堆燃料操作系统机械检修

职业技能鉴定国家题库
核反应堆核级机械设备检修工
(重水堆燃料操作系统机械检修)
国家职业资格二级
操作技能考核试卷

注意事项

1. 本试卷依据2001年颁布的《国家职业标准——核反应堆核级机械设备检修工》命制。
2. 请根据试题考核要求,完成考试内容。
3. 请服从考评人员指挥,保证考核安全顺利进行。

试题1　某核电厂稳压器先导式安全阀解体检修工作的工器具准备

考核要求

(1) 本题分值:10

(2) 考核时间:30 min

(3) 考核形式:模拟

(4) 具体考核要求:考生根据要求在规定的时间内写出某核电厂稳压器先导式安全阀解体检修工作的工器具准备要求并回答考评员提问。

(5) 否定项说明:无

试题情景

某核电厂在某次大修期间,维修人员需进行稳压器先导式安全阀解体检修工作,请考生结合上述场景写出稳压器先导式安全阀解体检修前相关工器具的准备要求。

试题2　某核电厂装卸料机料仓主轴密封解体检修的过程

考核要求

(1) 本题分值:100

(2) 考核时间:90 min

(3) 考核形式:实操

(4) 具体考核要求:

1) 考生认真阅读试题情景,并依据试题情景分析料仓动作的原理及主轴密封的原理;

2) 考生编写装卸料机料仓主轴密封检修的方案,主要内容包括风险分析、维修前准备、维修实施过程、维修后总结的全过程。

(5) 否定项说明：

若考生发生下列情况之一，则应及时终止其考试，考生该试题成绩记为零分

1) 考生未按顺序组装动静环及动环卡簧安装不到位；

2) 考生未按标记的顺序和力矩要求完成12个顶丝的紧固。

试题情景

装有十二根管子的料仓处于管嘴和分离器的后面，十二根管子直径不同，用于燃料临时储存和各种工具储存。料仓组件全部包容在料仓外壳和端盖之中，由位于料仓后端的齿轮箱中的分度机构驱动。分度机构通过减速齿轮由液压马达和料仓侧边的应急驱动装置驱动。料仓外壳和端盖之间用一个直径为762毫米两片30英寸抱卡和密封环进行连接和密封。

请考生：

1) 写出所有可能的风险和难点；

2) 针对风险和难点提出处理措施；

3) 主轴密封解体检修；

4) 编制检修方案；

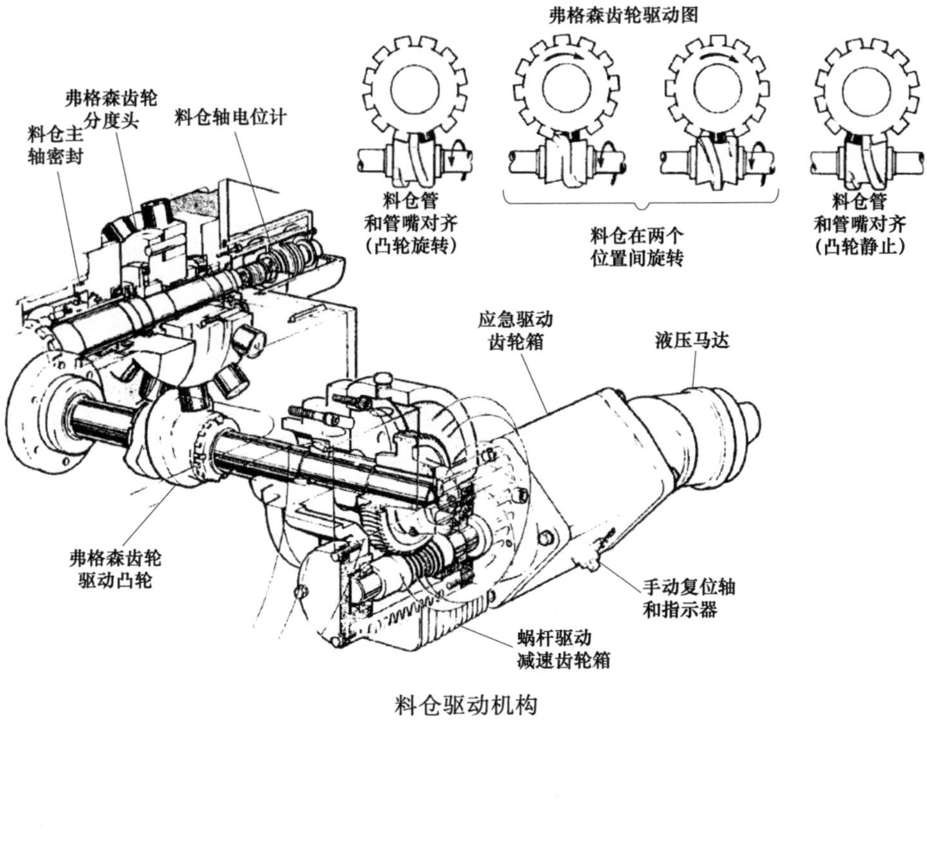

料仓驱动机构

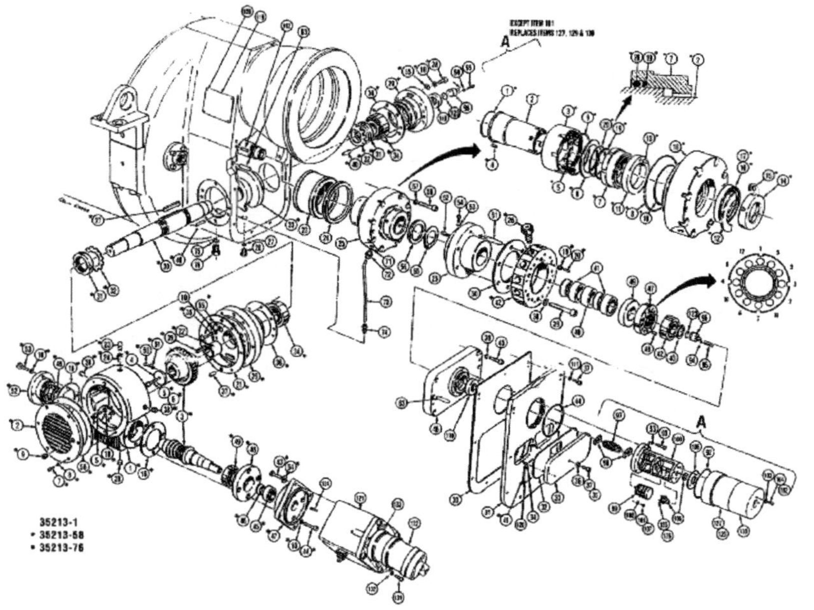

料仓主轴分解图

试题 3　某核电厂导向套筒及插入工具凸耳尺寸不合格的原因分析及处理过程

考核要求

(1) 本题分值:100

(2) 考核时间:90 min

(3) 考核形式:实操

(4) 具体考核要求:

1) 考生认真阅读试题情景,并依据试题情景分析哪些问题会导致凸耳间隙不符合要求的,并提出有效的解决方案;

2) 考生编写凸耳间隙不符合要求的处理方案,主要内容包括故障原因分析、维修前准备、维修实施过程、维修后总结的全过程。

(5) 否定项说明:

若考生发生下列情况之一,则应及时终止其考试,考生该试题成绩记为零分

1) 考生未正确分析问题的原因;

2) 考生未先检查测量滑套和挡圈之间的间隙是否符合要求,而直接采用加工键的方式进行问题处理。

试题情景

由于燃料通道端部件密封面在通道内部形成了一个台阶,使反应堆燃料通道的口径比燃料通道端部件的口径小,使得燃料棒束和屏蔽塞的移动带来了困难。导向套筒端就是专门用于弥补这个口径差异的工具。不使用时,导向套筒及其插入工具存放在料仓管 E 中,

把推力环向前推直到滑套(件 9)与弹簧挡圈(件 6)相接触,同时用手以 30 lbs(14 kg)的推力顺时针方向推动凸耳。分别测量两个凸耳的边缘与固定键的外缘之间的间隙 A,要求

两个测量结果中较小的值在 0.002 in～0.006 in(0.05～0.15 mm)。测量位置请参考下面凸耳尺寸示意图。若间隙都大于 0.15 mm,则分析原因及处理过程。

请考生:

1）写出所有可能的故障原因;

2）针对故障原因提出处理措施;

3）解体导向套筒及插入工具;

4）编制检修方案。

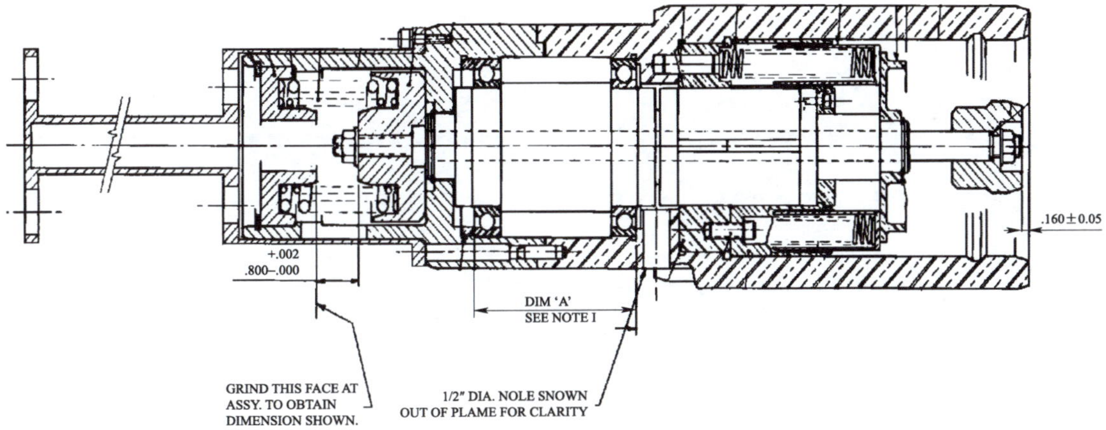

导向套筒及插入工具图

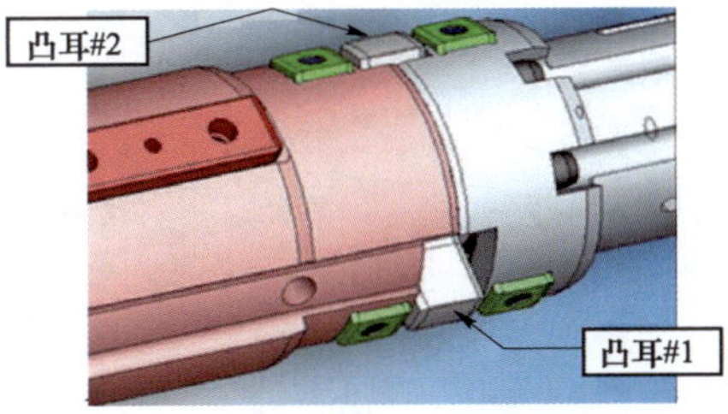

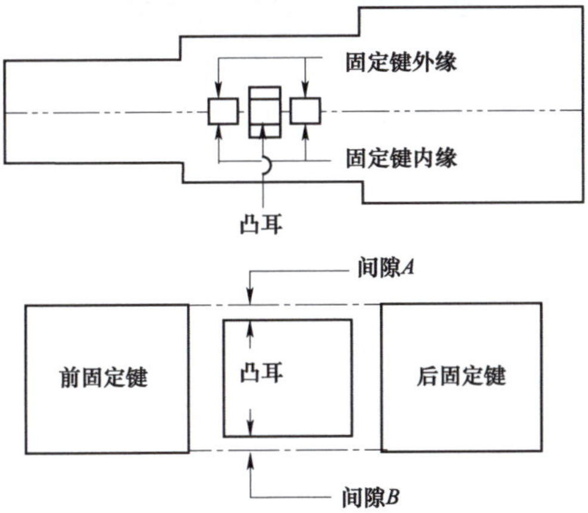

凸耳尺寸示意图

试题 4　组织专题讲座课堂讨论的主要要求

考核要求

(1) 本题分值:10

(2) 考核时间:30 min

(3) 考核形式:模拟

(4) 具体考核要求:考生根据要求在规定的时间内写出高级技师在组织专题讲座课堂讨论时的主要内容及要求并回答考评员提问

(5) 否定项说明:无

试题情景

在专题讲座上安排课堂讨论是比较复杂和困难的,主要凭讲授者的经验和能力来把握。请考生结合上述原则写出高级技师在组织专题讲座讨论时应重点做好哪几方面的工作。

试题 5　核电厂设备维修活动中 PDCA 循环的主要实施步骤

考核要求

(1) 本题分值:10

(2) 考核时间:30 min

(3) 考核形式:模拟

(4) 具体考核要求:考生根据要求在规定的时间内写出核电厂设备维修活动中 PDCA 循环的主要实施步骤并回答考评员提问

(5) 否定项说明:无

试题情景

PDCA 循环在核电厂设备维修中应用广泛。在 ISO 体系中质量控制的通用方法是通过 PDCA 大小循环来进行控制,PDCA 循环又叫“戴明循环”。熟练掌握和灵活运用 PDCA 循环方法,对于提高质量管理体系运行的效果和效率十分重要。请考生结合上述原则写出核电厂设备维修活动中 PDCA 循环的主要实施步骤。

职业技能鉴定国家题库
核反应堆核级机械设备检修工（重水堆燃料操作系统机械检修）国家职业资格二级操作技能考核准备通知单（考场）

试题 1

考场准备

(1) 试题名称:某核电厂稳压器先导式安全阀解体检修工作的工器具准备

(2) 本题分值:10

(3) 考核时间:30 min

(4) 考核形式:模拟

(5) 设备设施准备

序号	名称	规格	单位	数量	备注
1	签字笔	0.5 mm	支	1	
2	空白纸	A4	张	若干	

试题 2

考场准备

(1) 试题名称:某核电厂装卸料机料仓主轴密封解体检修的过程

(2) 本题分值:100

(3) 考核时间:90 min

(4) 考核形式:实操

(5) 设备设施准备

序号	名称	规格	单位	数量	备注
1	签字笔	0.5 mm	支	1	
2	空白纸	A4	张	若干	
3	绘图工具		套	1	三角尺

试题 3

考场准备

(1) 试题名称:某核电厂导向套筒及插入工具凸耳尺寸不合格的原因分析及处理过程
(2) 本题分值:100
(3) 考核时间:90 min
(4) 考核形式:实操
(5) 设备设施准备

序号	名称	规格	单位	数量	备注
1	签字笔	0.5 mm	支	1	
2	空白纸	A4	张	若干	
3	绘图工具		套	1	三角尺

试题 4

考场准备

(1) 试题名称:组织专题讲座课堂讨论的主要要求
(2) 本题分值:10
(3) 考核时间:30 min
(4) 考核形式:模拟
(5) 设备设施准备

序号	名称	规格	单位	数量	备注
1	签字笔	0.5 mm	支	1	
2	空白纸	A4	张	若干	

试题 5

考场准备

(1) 试题名称:核电厂设备维修活动中 PDCA 循环的主要实施步骤
(2) 本题分值:10
(3) 考核时间:30 min
(4) 考核形式:模拟
(5) 设备设施准备

序号	名称	规格	单位	数量	备注
1	签字笔	0.5 mm	支	1	
2	空白纸	A4	张	若干	

职业技能鉴定国家题库
核反应堆核级机械设备检修工
（重水堆燃料操作系统机械检修）
国家职业资格二级
操作技能考核准备通知单（考生）

姓名：______________　准考证号：________________　单位：________________

试题 1

考生准备

(1) 试题名称：某核电厂稳压器先导式安全阀解体检修工作的工器具准备

(2) 本题分值：10

(3) 考核时间：30 min

(4) 考核形式：模拟

(5) 工具及其他准备：无

试题 2

考生准备

(1) 试题名称：某核电厂装卸料机料仓主轴密封解体检修的过程

(2) 本题分值：100

(3) 考核时间：90 min

(4) 考核形式：实操

(5) 工具及其他准备：考生需要准备闸阀解体的所需工器具、劳保用品和材料

试题 3

考生准备

(1) 试题名称：某核电厂导向套筒及插入工具凸耳尺寸不合格的原因分析及处理过程

(2) 本题分值：100

(3) 考核时间：90 min

(4) 考核形式：实操

(5) 工具及其他准备：考生需要准备闸阀解体的所需工器具、劳保用品和材料

试题 4

考生准备

(1) 试题名称:组织专题讲座课堂讨论的主要要求

(2) 本题分值:10

(3) 考核时间:30 min

(4) 考核形式:模拟

(5) 工具及其他准备:无

试题 5

考生准备

(1) 试题名称:核电厂设备维修活动中 PDCA 循环的主要实施步骤

(2) 本题分值:10

(3) 考核时间:30 min

(4) 考核形式:模拟

(5) 工具及其他准备:无

职业技能鉴定国家题库

核反应堆核级机械设备检修工（重水堆燃料操作系统机械检修）国家职业资格二级操作技能考核评分记录表

姓名：____________ 准考证号：______________ 单位：______________

总成绩表

序号	试题名称	配分	得分	权重	最后得分	备注
1	某核电厂稳压器先导式安全阀解体检修工作的工器具准备	10		0.1		
2	某核电厂装卸料机料仓主轴密封解体检修的过程	100		0.35		
3	某核电厂导向套筒及插入工具凸耳尺寸不合格的原因分析及处理过程	100		0.35		
4	组织专题讲座课堂讨论的主要要求	10		0.1		
5	核电厂设备维修活动中 PDCA 循环的主要实施步骤	10		0.1		
合　　计		230		1		

统分人：　　　　　　　　　　　　　　　　年　月　日

试题 1　某核电厂稳压器先导式安全阀解体检修工作的工器具准备

配分与评分标准：

序号	考核内容	考核要点	配分	评分标准	扣分	得分
1	工器具的准备要求	1. 工器具的准备可按专用工器具及通用工器具二类分别准备； 2. 通用工器具又可按 A 和 B 两类工器具准备，A 类通用工器具指作业必需的工器具；B 类通用工器具指作业时备用的工器具； 3. 根据检修项目提出所需要的工器具名称及需求数量，工器具清单需填写准确、全面； 4. 所有准备用于维修的计量器具都必须在检定/校准有效期内；	10	1. 考核要点中每项 2 分，提及每项中的相关内容得 2 分； 2. 满分 10 分。		

续表

序号	考核内容	考核要点	配分	评分标准	扣分	得分
1	工器具的准备要求	5. 所有准备用于维修的安全工器具都必须在检定有效期内,且在领用时还必须仔细检查其状态是否合格; 6. 对于复杂的低频度使用的工器具,特别是专用工器具,工作负责人必须在工作前进行熟悉或操作培训。	10	1. 考核要点中每项2分,提及每项中的相关内容得2分; 2. 满分10分。		
合计			10			

否定项:无

评分人:　　年　月　日　　　　核分人:　　年　月　日

试题2　某核电厂装卸料机料仓主轴密封解体检修的过程

配分与评分标准:

序号	考核内容	考核要点	配分	评分标准	扣分	得分
1	风险分析	1. 风险分析	15	以下主轴密封检修的风险分析,分析不到位,酌情扣1~15分; 1. 在将料仓转子对中工具放入或移出管嘴中心支撑管前,一定要确认分离器触杆处于“完全回撤”状态; 2. 整个操作过程一定要防止异物进入料仓; 3. 在料仓疏水、充水、主轴密封拆装、高压泄漏试验过程中注意氚的防护; 4. 动静环上存在一定的松散污染,人员需穿戴纸衣。		
2	设备检修(准备)	1. 松散污染控制区建立; 2. 常用及专用工器具准备; 3. 备件和材料准备; 4. 防氚和重水收集物品准备。	15	1. 松散污染控制区未建立,扣1~3分; 2. 常用工器具未准备齐全,扣1~3分; 3. 专用工具未准备齐全,扣1~3分; 4. 备件材料(动静环、O形圈、润滑油、清洗剂、白布等)未准备齐全扣1~3分; 5. 个人防氚用品未准备(气衣、乳胶手套)扣1~3分; 6. 重水收集工具材料未准备扣1~3分。		
3	设备检修(解体)	1. 解体步骤正确; 2. 关键尺寸测量和记录; 3. 表面污染测量; 4. 其他关键点。	15	1. 未对定位工具进行检查而直接安装,扣1~5分; 2. 横梁拆除未做标记,扣1~5分; 3. 未对排出的润滑油进行状态检查,扣1~5分; 4. 未记录止推环(47)与滚子齿轮端之间的距离,扣1~5分。		

续表

序号	考核内容	考核要点	配分	评分标准	扣分	得分
4	设备检修（检查）	1. 零部件外观检查； 2. 零部件性能检查。	15	1. 未对动静环检查，扣 1～3 分； 2. 未对料仓主轴检查，扣 1～3 分； 3. 未检查弗格森齿轮的顶丝，扣 1～3 分； 4. 未检查齿轮箱（减速器），扣 1～3 分； 5. 未检查 12 个弹簧，扣 1～3 分。		
5	设备检修（组装）	1. 组装步骤正确； 2. 动静环安装正确； 3. 12 个调节顶丝的紧固顺序正确； 4. 更换润滑油； 5. 其他关键点。	15	1. 未按顺序组装动静环，扣 1～2 分 2. 未确认动环卡簧安装到位，扣 1～2 分； 3. 未正确紧固 12 个调节顶丝，扣 1～2 分； 4. 未确认料仓主轴壳体内无异物扣 1～2 分； 5. 未确认润滑油到规定液位，扣 1～2 分； 6. 未进行维修后试验扣 1～2 分。		
6	培训与指导	1. 编写总结报告。	10	1. 未写清主要检修结果和更换的零部件，酌情扣 1～10 分。		
7	管理	1. 操作过程的质量控制； 2. 控制现场工作中的风险。	15	1. 未遵守质保要求，扣 5～10 分； 2. 未遵守工业安全和辐射防护规定，扣 5～10 分； 3. 发生设备损坏和人员伤害，扣 5～10 分。		
合计			100			

否定项：

1. 考生未按顺序组装动静环，动环卡簧安装不到位；
2. 考生未按标记的顺序和力矩要求完成 12 个顶丝的紧固。

评分人：　　年　月　日　　　　　　　　　　核分人：　　年　月　日

试题 3　某核电厂导向套筒及插入工具凸耳尺寸不合格的原因分析及处理过程

配分与评分标准：

序号	考核内容	考核要点	配分	评分标准	扣分	得分
1	故障分析	1. 故障原因分析。	15	1. 分析故障的原因，原因分析不到位，酌情扣 1～15 分； 2. 滑套（件 9）与弹簧挡圈（件 6）间隙不符合要求； 3. 键（件 9）不符合。		
2	设备检修（准备）	1. 松散污染控制区建立； 2. 设备去污； 3. 常用及专用工器具准备； 4. 备件和材料准备。	15	1. 松散污染控制区未建立，扣 1～3 分； 2. 未对导向套筒及插入工具进行去污，扣 1～3 分； 3. 常用工器具未准备齐全，扣 1～3 分； 4. 量具是否合格，扣 1～3 分； 5. 专用工具（滚珠花键拆装工具）未准备齐全，扣 1～3 分。		

续表

序号	考核内容	考核要点	配分	评分标准	扣分	得分
3	设备检修(解体)	1. 解体步骤正确; 2. 关键尺寸测量和记录; 3. 其他关键点。	30	1. 滑套(件 9)与弹簧挡圈(件 6)间隙测量; 2. 推动滑套(件 9),向后紧靠腔体端环,测量滑套前端面与腔体端环前端面之间的距离 L_1; 3. 向前推动推力环(件 5)直到滑套(件 9)与弹簧挡圈(件 6)相接触并紧靠挡圈(件 2),测量滑套前端面与腔体端环前端面之间的距离 L_2,计算滑套和弹簧挡圈之间的距离 $L=L_1-L_2$,要求:20.32～20.37 mm,若间隙进行过大,则更换弹簧挡圈(件 6);若间隙偏小,则研磨弹簧挡圈(件 6)直至间隙符合要求。再测量凸耳间隙 A 是否符合要求,若符合要求,则问题得到解决;不符合要求则执行下一步;		
3	设备检修(解体)	1. 解体步骤正确; 2. 关键尺寸测量和记录; 3. 其他关键点。	30	4. 滑套(件 9)与弹簧挡圈(件 6)间隙测量符合要求后,若凸耳间隙 A 不符合要求,则需解体插入工具,拆除键(件 22),制作一个合适的阶梯键直至凸耳间隙 A 符合要求为止。		
4	设备检修(组装)	1. 消除故障; 2. 组装步骤正确; 3. 滚珠花键拆装正确 4. 凸耳间隙 A 测量正确; 5. 尺寸测量正确; 6. 其他关键点。	15	1. 未消除故障,扣 1～2 分; 2. 未按顺序组装导向套筒及插入工具,扣 1～2 分; 3. 未使用专用工具拆装滚珠花键,扣 1～2 分; 4. 未正确区分凸耳间隙 A 和 B,扣 1～2 分; 5. 未正确测量滑套(件 9)与弹簧挡圈(件 6)的间隙,扣 1～2 分。		
5	培训与指导	1. 编写总结报告。	10	1. 未写清故障原因和主要检修结果,酌情扣 1～10 分。		
6	管理	1. 操作过程的质量控制; 2. 控制现场工作中的风险。	15	1. 未遵守质保要求,扣 5～10 分; 2. 未遵守工业安全和辐射防护规定,扣 5～10 分; 3. 发生设备损坏和人员伤害,扣 5～10 分。		
合计			100			

否定项:

1. 考生未正确分析问题的原因;
2. 考生未先检查测量滑套和挡圈之间的间隙是否符合要求,而直接采用加工键的方式进行问题处理。

评分人:　　　年　　月　　日　　　　　　　　　　核分人:　　　年　　月　　日

试题 4 组织专题讲座课堂讨论的主要要求

配分与评分标准：

序号	考核内容	考核要点	配分	评分标准	扣分	得分
1	专题讲座课堂讨论的主要要求	1. 公布讨论要求。为使讨论顺利进行，讲授者应首先公布讨论的内容，然后强调基本原则和要求，确定讨论形式； 2. 引导讨论进程。讲授者在讨论过程中，应针对情况随时加以引导。当讨论不起来时，讲授者应提出一些引导性的小问题，循循善诱，引导学员思考、辩论；当讨论偏离主题时，讲授者应及时纠正；当讨论双方争执不下时，讲授者要及时指明论点上有什么实质性的区别，把讨论引向深入； 3. 营造讨论气氛。讲授者应努力创造一种气氛，使参与者畅所欲言。对有胆怯心理的学员，要及时鼓励，打消其不必要的顾虑；对理解程度比较好的学员，可指定其作比较完整的发言； 4. 总结正确结论。讨论的最后，讲授者要做好总结。应画龙点睛，采取全面总结和重点阐述相结合的方法，既要纠正讨论中出现的错误观点，又要充分肯定正确意见；既要对内容本身做出说明，同时要对推理步骤、引证论据，形成结论做出说明； 5. 评价讨论效果。讨论结束后，讲授者应对讨论内容做出评价。一方面要根据讲座目标检查是否达到预期的要求，另一方面要关心学员的进步，对每个学员发言的情况做出分析，帮助学员提高，也为评定成绩提供依据。	10	1. 核要点中每项2分，提及每项中的相关内容得2分； 2. 满分10分。		
合计						

否定项：无

评分人：　　年　月　日　　　　　　　　核分人：　　年　月　日

试题 5 核电厂设备维修活动中 PDCA 循环的主要实施步骤

配分与评分标准：

序号	考核内容	考核要点	配分	评分标准	扣分	得分
1	PDCA 循环的主要步骤	1. 分析和评价现状，以识别改进的区域； 2. 确定改进的目标； 3. 寻找可能的解决办法，以实现这些目标； 4. 评价这些解决办法并做出选择； 5. 实施选定的解决办法； 6. 测量、验证、分析和评价实施的结果，以确定这些目标已经实现； 7. 正式采纳更改； 8. 必要时，对结果进行评审，以确定进一步改进的机会。	10	1. 考核要点中每项2分，提及每项中的相关内容得2分； 2. 满分10分。		
合计						

否定项：无

评分人：　　年　月　日　　　　　　　　核分人：　　年　月　日

参考文献

[1] 陈梁,李涛. 国家职业资格培训教程:核反应堆核级设备检修工(基础知识)[M]. 北京:中国原子能出版社,2014.

[2] 陈梁,李涛. 国家职业资格培训教程:核反应堆核级设备检修工(初级技能 中级技能 高级技能)[M]. 北京:中国原子能出版社,2014.

[3] 陈梁,李涛. 国家职业资格培训教程:核反应堆核级设备检修工(技师技能 高级技师技能)[M]. 北京:中国原子能出版社,2014.

专用于国家职业技能鉴定

国家职业技能鉴定考核指导

核反应堆核级机械设备检修工

（高级技师）

中核核电运行管理有限公司　组织编写

中国原子能出版社

图书在版编目（CIP）数据

核反应堆核级机械设备检修工:高级技师 / 中核核电运行管理有限公司组织编写. —北京:中国原子能出版社，2020.10

国家职业技能鉴定考核指导

ISBN 978-7-5022-9041-2

Ⅰ. ①核… Ⅱ. ①中… Ⅲ. ①反应堆–设备检修–职业技能–鉴定–教材 Ⅳ. ①TL38

中国版本图书馆 CIP 数据核字（2020）第 180158 号

核反应堆核级机械设备检修工（高级技师）

出版发行	中国原子能出版社（北京市海淀区阜成路 43 号 100048）
责任编辑	刘东鹏
装帧设计	赵 杰
责任校对	冯莲凤
责任印制	潘玉玲
印　　刷	北京九州迅驰传媒文化有限公司
经　　销	全国新华书店
开　　本	787 mm×1092 mm 1/16
印　　张	8.5
字　　数	213 千字
版　　次	2020 年 10 月第 1 版 2020 年 10 月第 1 次印刷
书　　号	ISBN 978-7-5022-9041-2　　**定 价 216.00 元（全套四册）**

网址：http://www.aep.com.cn　　**E-mail：atomep123@126.com**

发行电话：010-68452845

国家职业技能鉴定考核指导

核反应堆核级机械设备检修工（高级技师）

编审委员会

（以姓氏笔画排名）

前　言

为推动核反应堆核级机械设备检修工职业培训和职业技能鉴定工作的开展，在核反应堆核级机械设备检修工从业人员中推行国家职业资格证书制度。在国家人力资源和社会保障部的指导下，中国核工业集团有限公司职业技能鉴定指导中心在完成《国家职业标准——核反应堆核级机械设备检修工》《职业培训计划　职业培训大纲——核反应堆核级机械设备检修工》和《国家职业资格培训教程——核反应堆核级机械设备检修工》编制工作的基础上，继续推动了《核反应堆核级机械设备检修工国家题库》的统一命题工作。

《核反应堆核级机械设备检修工国家题库》自2016年建立并投入运行以来，已在《核反应堆核级机械设备检修工》的职业技能鉴定工作中起到了“保证鉴定工作质量、提高鉴定工作水平、加强鉴定工作力度”的作用。为了更好发挥国家题库的作用，配合职业技能鉴定工作的顺利有序开展，便于培训机构有效地组织培训，正确引导学员通过培训、学习提高自身素质和能力并顺利通过鉴定，中国核工业集团有限公司职业技能鉴定指导中心组织参与国家题库开发的命题专家编写了与国家题库相配套的《国家职业技能鉴定考核指导——核反应堆核级机械设备检修工》(以下简称《考核指导》)。

《考核指导》内容紧扣国家题库命题依据——鉴定要素细目表，通过考情观察详解鉴定考核相关要求，通过考点导航剖析重点难点，通过仿真训练强化知识掌握，通过模拟试卷熟悉考试场景。这些内容的设置使得考生能够对《核反应堆核级机械设备检修工国家题库》的命题依据、考核内容结构以及理论知识和操作技能要求有一个全面的认识和了解。仿真题的设置与国家题库中的试题类型相同、内容相近、难度相当并符合当前生产实际，能够满足考生职业技能鉴定的基本需要。

本《考核指导》针对核反应堆核级机械设备检修工职业活动领域，内容涉及压水堆、重水堆核电站相关知识和技能。《考核指导》丛书按照中级工、高级工、技师、高级技师不同等级共分为四册，由何少华统编。其中中级工分册由卓伦、何少华负责编写，高级工分册由邹远波、马少亮负责编写，技师分册由李攀攀、陈宝成负责编写，高级技师分册由吴志杰、王成林负责编写，其他人员参与题库编写。《考试指导》各分册理论部分的考核内容均涵盖核反应堆本体检修、核安全级阀门检修、核安全级水泵检修、核安全级容器检修、重水堆燃料操作系统机械检修五个工种模块的鉴定要素。《考试指导》中级工、高级工分册的操作技能考核内容不分工种模块编写，技师、高级技师分册的操作技能考核内容分为核反应堆本体检修、核安全级阀门检修、核安全级水泵检修、核安全级容器检修、重水堆燃料操作系统机械检修五个工种模块编写，以符合国家职业标准规定的考核鉴定要求。

《考核指导》丛书的编制出版，凝聚着编、审、校、排、印及组织管理人员的大量辛勤劳动和心血，同时得到了中核核电运行管理有限公司等相关单位的大力支持和热情帮助，在此表示深深地谢意！

《考核指导》丛书中如有不妥之处，恳请批评指正。

目　　录

第一部分　理论知识

第二部分　操作技能

第一部分　理论知识

第一章　考情观察

一、考核思路

根据《国家职业标准——核反应堆核级机械设备检修工》的要求，核反应堆核级机械设备检修工（高级技师）理论知识考核范围和考核深度，除了职业道德、基础知识、培训与指导、管理等四部分基本考核要求外，还包括核反应堆本体检修、核安全级阀门检修、核安全级水泵检修、核安全级容器检修、重水堆燃料操作系统机械检修等五个工种相关专业知识的考核要求。

理论知识考核共分为职业道德、基础知识、维修准备、维修实施、判断和排除故障、培训与指导、管理等七个模块，各模块的考核范围及考核深度如下：

1. 职业道德、基础知识模块相关知识

(1) 考核范围

职业道德的基本知识；职业道德的基本规范；核反应堆核级机械设备检修工职业守则；专业基础知识，包括核电站基础知识、辐射防护基础知识、机械设备基础知识、工业安全知识、机械制图、钳工基础知识、机加工基础知识、起重基础知识等；安全文明生产与环境保护知识；质量保证基础知识；相关法律、法规知识。

(2) 考核深度

掌握职业道德的基本概念；掌握核反应堆核级机械设备检修工相关专业基础知识；掌握核电厂核安全管理、工业安全管理、消防管理、质量保证相关知识；熟悉和掌握我国核安全相关的主要法律、法规要求。

2. 维修实施模块相关知识

(1) 考核范围

核反应堆本体设计制造、运行技术规范（规格书）、项目管理知识，核安全级阀门设计、制造、安装的要求，核安全级阀门维修技能可靠性控制，核安全一级泵及其附属设施的设计标准及制造要求，核安全级水泵维修技能可靠性控制，核安全级容器及其附属设施的设计标准、制造要求，核安全级容器维修技能可靠性控制，重水堆燃料操作系统和设备重大缺陷分析和处理、系统改进方案、重大维修项目的实施方案，重水堆燃料操作系统的设备和部件制造要求。

(2) 考核深度

重点掌握反应堆本体设计制造、运行技术规范（规格书），核安全级阀门维修技能可靠性控制,核安全级水泵维修技能可靠性控制,核安全级容器维修技能可靠性控制,重水堆燃料操作系统和设备重大缺陷分析和处理、重大维修项目的实施方案。

3. 判断和排除故障模块相关知识

(1) 考核范围

反应堆本体堆芯异物处理、驱动机构下部 OMEGA 焊缝缺陷处理,核安全级阀门检修事件根本原因分析方法的应用、阀门疑难问题的故障预诊断技术,主泵电机下导轴轴承温度高缺陷分析及处理,主泵电机油位快速下降问题分析和处理,主泵顶油泵出口压力不一致问题分析和处理,主泵密封壳固定螺栓处渗水,蒸汽发生器眼孔密封面缺陷分析和处理,蒸汽发生器二次侧水压试验分析和处理,重水堆燃料操作检修零部件机械图册。

(2) 考核深度

重点掌握反应堆本体堆芯异物处理,驱动机构下部 OMEGA 焊缝缺陷处理,阀门疑难问题的故障预诊断技术,主泵相关疑难问题分析处理,蒸汽发生器眼孔密封面缺陷分析和处理。

4. 培训与指导模块相关知识

(1) 考核范围

培训教学方法概述,培训教学方法的分类,培训教学方法的选择,培训效果评估。

(2) 考核深度

重点掌握培训教学方法概述。

5. 管理模块相关知识

(1) 考核范围

质量分析,控制方法,质量保证大纲,质量手册,维修项目风险分析,维修项目风险管理,核电厂纵深防御原则,核事故应急管理法规,核事故应急管理机构,核电厂应急计划区,应急等级的划分,核电厂场内应急实施程序,核应急的干预原则,核应急的干预水平,核事故应急演习。

(2) 考核深度

重点掌握质量控制方法,维修项目风险分析,维修项目风险管理。

二、组卷方式

核反应堆核级机械设备检修工(高级技师)理论知识考核试卷采用计算机自动生成试卷,即计算机按照本职业高级技师《理论知识鉴定要素细目表》的结构特征,使用统一的组卷模型,从职业技能鉴定国家题库中随机抽取相应试题,组成试卷。有的地方还有地方特色题库,可以按规定比例和国家题库一起组卷。试卷组成后,应经专家审核,更换不适用的试题。

三、试卷结构

核反应堆核级机械设备检修工(高级技师)理论考试实行百分制,采用闭卷笔试方式,成绩达到60分以上为合格。试卷结构以《国家职业标准——核反应堆核级机械设备检修工》为依据,试题以中等难度为主,中等难度的试题约占 70%,难度低的试题约占 20%,难度高的试题约占 10%。

1. 题型题量分配

理论知识考试满分 100 分,题型包括单项选择题、判断题、多项选择题、简答题、计算/绘图题和综合题。具体题型、题量与分配方案见表 1-1。

表 1-1　核反应堆核级机械设备检修工（高级技师）理论知识试卷题型、题量

题型	题量(分值)	分数
单项选择题	25 题(1 分/题)	25
判断题	5 题(1 分/题)	5
多项选择题	15 题(2 分/题)	30
简答题	4 题(5 分/题)	20
计算/绘图题	1 题(10 分/题)	10
综合题	1 题(10 分/题)	10
总分	100 分(51 题)	

2. 鉴定比重和鉴定点

内容分为职业道德、基础知识、维修准备、维修实施等多个模块，各部分所占鉴定比重和鉴定点配置情况分别见表 1-2。

表 1-2　核反应堆核级机械设备检修工（高级技师）

<table>
<tr><th rowspan="2">鉴定范围(一级)</th><th rowspan="2">鉴定范围(二级)</th><th>鉴定范围</th><th rowspan="2">鉴定比重%</th><th rowspan="2">鉴定点数量</th></tr>
<tr><th>(三级)</th></tr>
<tr><td rowspan="5">基本要求</td><td>职业道德</td><td>职业道德的基本知识</td><td>5</td><td>4</td></tr>
<tr><td rowspan="4">基础知识</td><td>专业基础知识</td><td>8</td><td>32</td></tr>
<tr><td>安全文明生产与环境保护</td><td>3</td><td>21</td></tr>
<tr><td>质量管理知识</td><td>2</td><td>5</td></tr>
<tr><td>相关法律、法规知识</td><td>2</td><td>14</td></tr>
<tr><td rowspan="12">相关知识</td><td rowspan="5">维修准备</td><td>核反应堆本体检修</td><td>7</td><td>4</td></tr>
<tr><td>核安全级阀门检修</td><td>2</td><td>1</td></tr>
<tr><td>核安全级水泵检修</td><td>2</td><td>1</td></tr>
<tr><td>核安全级容器检修</td><td>2</td><td>1</td></tr>
<tr><td>重水堆燃料操作系统机械检修准备</td><td>2</td><td>3</td></tr>
<tr><td rowspan="5">维修实施</td><td>核反应堆本体检修</td><td>8</td><td>3</td></tr>
<tr><td>核安全级阀门检修</td><td>6</td><td>2</td></tr>
<tr><td>核安全级水泵检修</td><td>6</td><td>2</td></tr>
<tr><td>核安全级容器检修</td><td>6</td><td>2</td></tr>
<tr><td>重水堆燃料操作系统机械检修</td><td>4</td><td>4</td></tr>
<tr><td rowspan="2">判断和排除故障</td><td>核反应堆本体检修</td><td>5</td><td>2</td></tr>
<tr><td>核安全级阀门检修</td><td>8</td><td>2</td></tr>
</table>

续表

鉴定范围(一级)	鉴定范围(二级)	鉴定范围(三级)	鉴定比重%	鉴定点数量
相关知识	判断和排除故障	核安全级水泵检修	5	4
		核安全级容器检修	5	2
		重水堆燃料操作系统机械检修	2	1
	培训与指导	培训教学方法	5	4
	管理	质量分析与控制方法	1	2
		质量保证大纲与质量手册	1	2
		风险控制和风险管理	1	2
		核应急管理相关知识	2	9
合　计			100	177

四、考核时间与要求

1. 考核时间

按照《国家职业标准——核反应堆核级机械设备检修工》的要求,本职业高级技师理论知识考试时间为120分钟。

2. 考核要求

核反应堆核级机械设备检修工(高级技师)理论知识考试采用标准化试卷,考生应根据试卷要求具体作答。

五、应试技巧及复习方法

考生要想取得理想的成绩,通过认真的学习和复习来掌握考试要求的知识是必要条件,但是掌握适当的应试技巧和复习方法也是必不可少的。下面介绍的应试技巧,如命题视角、答题要求和答题技巧等,考生在复习、考试时应高度重视。

(1) 命题视角。在答题时首先要审题,判断该题所属的知识单元,判断题目考核哪一个知识点,回忆知识点,然后做出判断。

(2) 答题要求。理论考试采取的是标准化、客观考题,即答案唯一,在回答时要按照试卷题型后的答题说明,把正确的答案填写在规定的地方,做到书写工整、清晰,切忌反复涂改,造成无法判断答案正确与否的情形。

(3) 答题技巧。答题时应先易后难,对没有复习到的知识点、模棱两可的题目可以暂时放一放。在回答把握不准的题目时,可采取排除法、对比法、访问法等思考方式判断和确定正确的答案。

考生在考前要认真复习。系统掌握职业标准和本书所列出的鉴定范围,掌握鉴定点和考试内容。要注重理解,加强记忆,提高效率,按照命题的视角与答题要求,有针对性地掌握考试内容。做好全面复习、重点复习和模拟训练三个阶段的学习安排,进一步掌握好各项考核内容。

第二章　知识架构

根据《国家职业标准——核反应堆核级机械设备检修工》和《核反应堆核级机械设备检修工(高级技师)理论知识鉴定要素细目表》,该职业等级应掌握的理论知识点分为七个模块,分别是:职业道德、基础知识、维修准备、维修实施、判断和排除故障、培训与指导以及管理,根据各模块中各单元理论知识点搭建的知识网络架构图如下所示。

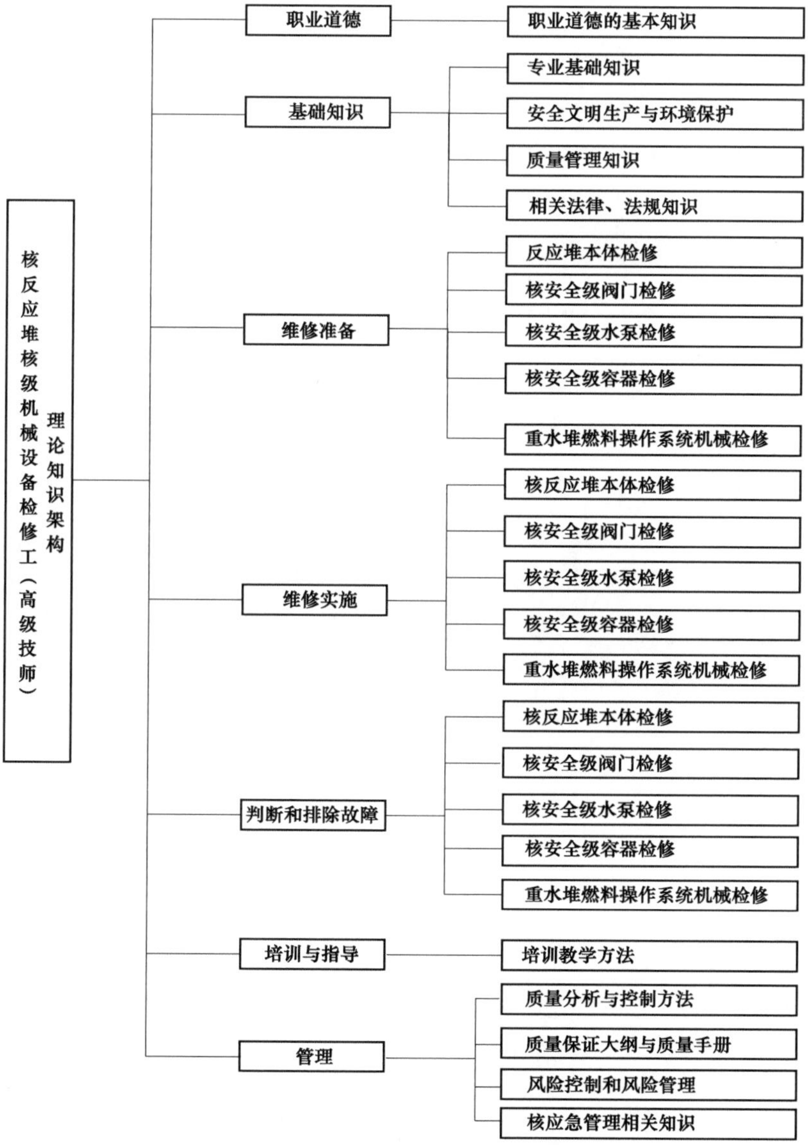

第三章　考核解析

第一单元　职业道德、基础知识

一、学习目标

1. 掌握职业道德基本知识；
2. 掌握安全文明生产与环境保护相关知识；
3. 掌握相关法律法规知识；
4. 掌握质量管理知识；
5. 掌握专业基础知识。

二、考核要点

考核类别	考核范围	考核点	重要程度
职业道德	职业道德的基本知识	职业道德基本概念	X
		职业道德的意义	Z
		职业道德的特点	X
		职业道德基本规范	X
		反应堆核级设备检修工职业守则	Y
基础知识	专业基础知识	核电厂发电原理	X
		核电厂堆型	X
		核电厂核岛工艺系统知识	Y
		核级设备分级管理	X
		辐射防护基础知识	X
		辐射防护的目的	X
		辐射防护的基本要求	X
		辐射防护的剂量限值	Y
		辐射危害及防护	X
		辐射工作场所的管理	X
		放射性废物与放射源的管理	X

续表

考核类别	考核范围	考核点	重要程度
基础知识	专业基础知识	压水堆核电厂的辐射来源及危险	X
		高辐射风险作业	X
		水泵维修基础知识	X
		阀门维修基础知识	X
		容器维修基础知识	X
		常用机械设备的缺陷类型	X
		安全管理的法规和标准	X
		工业安全知识	X
		职业健康安全管理知识	Y
		现场急救	X
		机械制图基础知识	Y
		机械制图三视图的表示方法	Y
		图样画法	Y
		钳工知识概述	X
		钳工基本知识	X
		常用钳工工具的使用方法	X
		常用钳工量具的使用方法	X
		机械加工的基本知识	X
		机械加工设备及刀具基础知识	X
		各种加工方法的加工精度	Y
		起重基础知识	Y
	安全文明生产与环境保护	核安全文化的背景	X
		核安全文化的起源	X
		核安全文化的定义	X
		核安全文化的特征	X
		核安全的基本知识	X
		核设施相关核安全文化的管理	X
		个人对核安全文化的理解与应用	X
		核安全文化评估	X
		防人因失误工具的应用	X

续表

考核类别	考核范围	考核点	重要程度
基础知识	安全文明生产与环境保护	设备检修现场管理相关知识	Y
		检修人员行为规范	X
		检修工前会及工后会总结实施	X
		安全生产相关知识	Z
		正确使用劳动保护用品	X
		环境保护的重要性	Y
		三废排放管理制度	X
		消防安全的基本知识	X
		有关的消防法规制度	X
		火灾的危害	Y
		防火	X
		灭火	Y
	质量管理知识	质量保证的重要性	X
		质量保证要求	Y
		质量控制的重要性	X
		质量控制的规定	X
	相关法律、法规知识	《中华人民共和国劳动法》适用范围	Y
		《中华人民共和国劳动法》立法目的	X
		《中华人民共和国劳动法》基本内容	X
		《中华人民共和国安全生产法》适用范围	Y
		《中华人民共和国安全生产法》立法目的	X
		《中华人民共和国安全生产法》基本内容	X
		《中华人民共和国环境保护法》适用范围	Y
		《中华人民共和国环境保护法》立法目的	X
		《中华人民共和国环境保护法》基本内容	X
		《中华人民共和国放射性污染防治法》适用范围	X
		《中华人民共和国放射性污染防治法》立法目的	Y
		《中华人民共和国放射性污染防治法》基本内容	Z
		核安全相关法规的重要性	X
		核安全相关法规的体系构成	X

说明:“重要程度”反映了每个考核点与其他考核点的相互关系和相对地位。在描述时,一般用“X、Y、Z”表示,“X”代表重要程度高的核心要素,“Y”代表重要程度一般的要素,“Z”代表重要程度偏低的辅助要素。

三、考点导航

1. 职业道德的基本知识

(1) 职业道德基本概念

(2) 职业道德基本规范

(3) 核反应堆核级机械设备检修工职业守则

2. 安全文明生产与环境保护相关知识

主要考核核安全文化相关知识,对核安全文化的理解和应用,防人因失误工具的理解和使用,检修现场管理和文明检修,工业安全相关知识和应用等。

3. 法律法规相关基础知识

主要考核以下基本法律法规的适用范围、立法目的、主体内容等,相关法律法规包括:《中华人民共和国劳动法》《中华人民共和国安全生产法》《中华人民共和国环境保护法》《中华人民共和国放射性污染防治法》,对核安全相关法规的基础知识需要重点理解与掌握。

4. 质量管理知识

主要考核质保相关知识以及质量控制的方法和相关规定。

5. 专业基础知识

主要考核核反应堆核级机械设备检修工基础知识,主要包括以下方面的内容。

(1) 核电厂发电原理

(2) 核电厂核岛工艺系统知识

(3) 核级设备分级管理

(4) 辐射防护基础知识

(5) 水泵维修基础知识

(6) 阀门维修基础知识

(7) 泵的原理、结构,以及泵的气蚀等知识

(8) 容器维修基础知识

(9) 常用机械设备的缺陷类型

(10) 工业安全知识

(11) 机械制图基础知识

(12) 钳工基本知识

(13) 起重基础知识等

四、仿真训练

1. 单项选择题

(1) 良好的职业道德创造良好的社会秩序,提高人们的思想境界,为树立社会良好的道德风尚奠定了坚实的基础,促进了(   )。

(A) 经济建设　　(B) 社会主义精神文明建设

(C) 基础建设　　(D) 城市建设

(2) (　　)强调的是要求从业人员公私分明,不损害国家和集体的利益,不在自己的工作岗位上谋取私利。

(A) 廉洁奉公　(B) 遵纪守法　(C) 办事公道　(D) 爱岗敬业

(3) 反应堆核级设备检修工职业道德是指从事反应堆核级设备检修职业的人员在完成与反应堆核级设备检修相关的各项劳动过程中,从思想到工作行为所必须遵守的(　　)。

(A) 道德规范和行为准则　(B) 制度

(C) 法规　(D) 纪律

(4) 按照辐射工作场所的管理规定,热检修车间属于(　　)。

(A) 保卫区　(B) 防护区　(C) 监护区　(D) 控制区

(5) 轴类零件多数是承受交变载荷,因此失效形式以(　　)为主。

(A) 疲劳断裂失效　(B) 应力腐蚀开裂失效

(C) 液体冲蚀失效　(D) 电化学腐蚀失效

(6) 安全是生产活动的(　　)。

(A) 核心　(B) 基础　(C) 方针　(D) 指导

(7) 心肺复苏术的三步骤为:畅通气道,(　　),维持血液循环。

(A) 补充营养　(B) 维持呼吸　(C) 胸部按压　(D) 按压人中

(8) 纵深防御原理以及质量控制基本原则,均体现着核安全文化的(　　)作用。

(A) 积极　(B) 直接　(C) 间接　(D) 主要

(9) 核电厂三废处理遵循(　　)的原则。

(A) 随意排放　(B) 可合理达到尽量低

(C) 合理排放　(D) 按需排放

(10) 各级(　　)应当加强对安全生产工作的领导。

(A) 政府　(B) 机关　(C) 领导　(D) 企业

(11)《中华人民共和国环境保护法》确立了“(　　)为主、防治结合、综合治理”的原则。

(A) 预防　(B) 学习　(C) 干预　(D) 生产

(12) 核安全部门编制的部门规章主要分强制性和(　　)两大类。

(A) 指导性　(B) 计划性　(C) 合伙性　(D) 独立性

2. 多项选择题

(1) 办事公道是指在利益关系中正确处理好(　　)的利益关系。

(A) 国家　(B) 企业　(C) 职工个人　(D) 他人(消费者)

(E) 自己

(2) 强化核安全文化学习,提升核职业素养包含(　　)。

(A) 充分认识核安全重要性　(B) 坚持核安全人人有责

(C) 遵守核安全标准　(D) 提升核职业素养和核专业能力

(E) 安全知识无需学习

(3) 在压水堆核电厂核级设备的分级管理中,属于核安全二级的设备有(　　)。

(A) 余热排出泵　(B) 氢复合器

(C) 安全壳通风隔离阀　(D) 反应堆压力容器

(E) 稳压器

(4) 按照辐射工作场所的管理规定,以下关于监督区说法正确的是(　　)。

(A) 通常不需要采取专门防护手段和安全措施但要不断检查其职业照射条件的区域

(B) 工作人员在其中工作一年接受的剂量一般不超过年限值的十分之三,但可能超过年限值的十分之一

(C) 一般没有放射性源项,包括放射性设备和系统

(D) 正常情况下存在一定的潜在的辐射和放射性污染风险

(E) 监督区的范围包括核电厂的汽机厂房、主控楼、主蒸汽管廊、控制区出入口以及控制区外周边区域等

(5) 对于功率运行工况下进入反应堆厂房作业需注意的事项,以下说法错误的是(　　)。

(A) 如果条件允许,尽可能选择低功率工况,如在电厂主汽门试验时安排进入反应堆厂房巡检

(B) 对主设备间内的设备进行检修,考虑超剂量限值的因素,应降低功率甚至停堆

(C) 正常的巡检作业时如反应堆厂房已进行扫气排风,工作人员必须佩戴活性炭过滤面罩

(D) 检修作业时反应堆厂房一般不进行扫气排风,工作人员佩戴自背式呼吸器

(E) 反应堆厂房运行时一般不会有放射性的水漏出,表面污染的防护不需要特别考虑

(6) 节流阀有哪些常见故障(　　)。

(A) 节流不准　(B) 密封件老化　(C) 填料泄漏　(D) 关不严

(E) 阀体裂纹

(7) 核设施的安全风险主要由系统或设备的(　　)产生的危害。

(A) 压力　(B) 放射性　(C) 用电　(D) 温度

(E) 系统内部的危险品

(8) 关于塞尺的使用,以下说法正确的是(　　)。

(A) 使用时,用适当厚度的塞尺插进被测定工件的缝隙里作测定。若没有适当厚度的,可组成数片进行测定(一般不超过3片)

(B) 塞尺插入间隙时用力不要太大,以免折弯尺片

(C) 使用塞尺时必须先尺面后工件,组合成某一厚度时选用的片数越少越好

(D) 塞尺使用时,应使钢片在缝隙内被牢牢卡紧,钢片两面有较大的摩擦为宜

(E) 当被测缝隙较大,一套塞尺不够用时,可以把几套塞尺叠在一起使用

(9) 碳化物系砂轮主要用于磨削(　　)等。

(A) 硬质合金　(B) 宝石　(C) 陶瓷　(D) 玻璃

(E) 钢

(10) 核电厂中,下列哪些区域需要设置防火屏障(　　)。

(A) 电缆贯穿口　(B) 穿墙管道　(C) 墙体孔洞　(D) 取水涵洞

(E) 贯穿区(间)

(11) 质量对企业的意义(　　)。

(A) 质量是企业的生命

(B) 质量是企业的信誉的标志

(C) 质量是企业开拓市场的武器

(D) 质量是提高企业经济效益的最佳途径

(E) 质量的好坏对企业没有影响

(12)《中华人民共和国放射性污染防治法》的基本内容包括(　　)。

(A) 防治放射性污染,保护环境,保障人体健康

(B) 结合我国实际情况分析

(C) 国家对放射性污染的防治,实行预防为主、防治结合、严格管理、安全第一的方针

(D) 放射性污染防治的科学研究和技术开发利用,推广先进的放射性污染防治技术

(E) 放射性污染防治工作依法实施统一监督管理

3. 简答题

(1) 简述怎样强化核安全文化学习,提升核职业素养?

(2) 简述核安全思想发展的三个阶段?

(3) 简述核设施安全管理的含义?

(4)《中华人民共和国劳动法》的立法目的是什么?

(5)《中华人民共和国放射性污染防治法》的立法目的是什么?

4. 论述题

(1) 论述核电厂质量保证大纲的作用及主要内容。

(2) 为什么职业道德是社会主义道德体系的重要组成部分?

五、参考答案

1. 单项选择题

(1) B;(2) A;(3) A;(4) D;(5) A;(6) B;(7) B;(8) B;(9) B;(10) A;(11) A;(12) A

2. 多项选择题

(1) ABCD;(2) ABCD;(3) ABC;(4) ABCE;(5) CD;(6) ABC;(7) ABCDE;(8) ABC;(9) ABCD;(10) ABCE;(11) ABCD;(12) ABCDE

3. 简答题

(1) 答案:充分认识核安全重要性,坚持核安全人人有责,遵守核安全标准,提升核职业素养和核专业能力(5/10)。工作中强化保守决策、经验反馈的应用,坚持质疑的工作态度,谨慎的工作方法,清晰的交流沟通(5/10)。

(2) 答案:70 年代——设备与程序:70 年代重点考虑的是设计的、设备的以及程序的质量(3/10)。

80 年代——人因(三哩岛事故):有效的管理可以减少人为失误(3/10);

90 年代——核安全文化(切尔诺贝利核事故):管理层所采取的措施及人员对核安全的参与,完善和加强了设备及其管理方面的安全措施,这一新的对核安全的理解,就形成了“核安全文化”的概念(4/10)。

(3) 答案:核设施的安全管理是为实现生产过程中的人员和财产的安全而组织和使用

人力、物力、财力等各种资源的过程(5/10)。它利用计划、组织、协调、指挥等管理职能,控制来自生产过程中机械的、物质的以及自然界的不安全因素和人的不安全行为,避免发生事故,保障职工的安全健康和核设施财产的安全(5/10)。

(4) 答案:保护劳动者的合法权益(2/10),调整劳动关系(2/10),建立和维护适应社会主义市场经济的劳动制度(3/10),促进经济发展和社会进步(3/10)。

(5) 答案:《中华人民共和国放射性污染防治法》的立法目的是:防治放射性污染(4/10),保护环境(3/10),保障人体健康(3/10)。

4. 论述题

(1) 答案:制定质量保证大纲是核电厂工程不可分割的一部分(1/10),质量保证大纲须对各种工作的控制作出规定(1/10),每种工作的控制须符合质量保证大纲的要求(1/10)。

质量保证大纲的主要内容包括:确定质量保证大纲所适用的物项、服务和工艺,并对这些物项、服务和工艺规定控制和验证的方法或水平(3/10)。对影响质量的活动规定控制条件,大纲须规定对从事影响质量活动的人员的培训(4/10)。

(2) 答案:由于每个人的职业与人民、国家、社会的利益密切相关(4/10);每个工作岗位、每一次职业行为,都包含着如何处理个人与国家、个人与集体关系的问题,因此,职业道德是社会主义道德体系的重要组成部分(6/10)。

第二单元　维修准备、实施、判断和故障排除

一、学习目标

1. 掌握核反应堆本体检修、核安全级阀门检修、核安全级水泵检修、核安全级容器检修和重水堆燃料操作系统机械检修的维修准备相关知识；

2. 掌握核反应堆本体检修、核安全级阀门检修、核安全级水泵检修、核安全级容器检修和重水堆燃料操作系统维修实施相关知识；

3. 掌握核反应堆本体检修、核安全级阀门检修、核安全级水泵检修、核安全级容器检修和重水堆燃料操作系统机械检修中关键、疑难缺陷故障原因分析和排除方法。

二、考核要点

考核类别	考核范围	考核点	重要程度
维修准备	核反应堆本体检修	维修大纲有关要求	X
		设备老化管理知识	X
		进度计划编写要求	X
		反应堆本体典型关键维修技术方案的准备	X
	核安全级阀门检修	核安全级阀门典型关键维修技术方案的准备	X
	核安全级水泵检修	核安全级水泵典型关键维修技术方案的准备	X
	核安全级容器检修	核安全级容器典型关键维修技术方案的准备	X
	重水堆燃料操作系统机械检修	重水堆燃料操作系统设计手册	X
		重水堆燃料操作系统的设备和部件制造要求	X
		预防性维修大纲要求	X
维修实施	核反应堆本体检修	反应堆本体设计制造	X
		运行技术规范(规格书)	
		项目管理知识	
	核安全级阀门检修	核安全级阀门设计、制造、安装的要求	X
		核安全级阀门维修技能可靠性控制	X
	核安全级水泵检修	核安全一级泵及其附属设施的设计标准及制造要求	X
		核安全级水泵维修技能可靠性控制	X
	核安全级容器检修	核安全级容器及其附属设施的设计标准、制造要求	X
		核安全级容器维修技能可靠性控制	X

续表

考核类别	考核范围	考核点	重要程度
维修实施	重水堆燃料操作系统检修	系统和设备重大缺陷分析和处理	X
		重水堆燃料操作系统的设备和部件制造要求	X
		系统改进方案	X
		重大维修项目的实施方案	X
判断和排除故障	核反应堆本体检修	堆芯异物处理	X
		驱动机构下部 OMEGA 焊缝缺陷处理	X
	核安全级阀门检修	事件根本原因分析方法的应用	X
		阀门疑难问题的故障预诊断技术	X
	核安全级水泵检修	主泵电机下导轴轴承温度高缺陷分析及处理	X
		主泵电机油位快速下降问题分析和处理	X
		主泵顶油泵出口压力不一致问题分析和处理	X
		主泵密封壳固定螺栓处渗水	X
	核安全级容器检修	蒸汽发生器眼孔密封面缺陷分析和处理	X
		蒸汽发生器二次侧水压试验分析和处理	X
	重水堆燃料操作检修	零部件机械图册	X

说明："重要程度"反映了每个考核点与其他考核点的相互关系和相对地位。在描述时，一般用"X、Y、Z"表示，"X"代表重要程度高的核心要素，"Y"代表重要程度一般的要素，"Z"代表重要程度偏低的辅助要素。

三、考点导航

（1）维修准备

主要考核核反应堆本体检修、核安全级阀门检修、核安全级水泵检修、核安全级容器检修和重水堆燃料操作系统机械检修各专业的关键重要维修方案的制定，考核编写和审查典型缺陷的维修方案水平。

（2）维修实施

主要考核核反应堆本体检修、核安全级阀门检修、核安全级水泵检修、核安全级容器检修和重水堆燃料操作系统机械检修各专业核一级设备的制造和设计安装要求，考核各专业核一级设备典型工作中的维修工艺和维修过程中质量可靠性控制要求、方法。

（3）判断和排除故障

主要考核事件根本原因分析方法的应用，反应堆本体检修、核安全级阀门检修、核安全级水泵检修、核安全级容器检修和重水堆燃料操作系统机械检修各专业典型故障的判断和排除过程和方法。

四、仿真训练

1. 单项选择题

(1) 核电厂维修活动的类型分为以下四种:状态监测、定期维护、定期更换、(　　)。

(A) 操作验证　(B) 外送检定　(C) 解体检查　(D) 定期排空

(2) 老化是指随着核电厂的运行,核电厂重要物项(SSCs)由于一个或几个老化机理的综合影响,其(　　)或其构成物质的结构,或者成分在时间及环境的影响下会逐步发生一定的变化,本质上是材料性能的劣化。

(A) 发电负荷　(B) 物理特性　(C) 修后质量　(D) WANO指标

(3) 核反应堆核级设备检修高级技师应具备(　　)的能力,能对关键设备的维修质量风险进行全局把控。

(A) 编制、修订和审查关键设备技术方案　(B) 编写设计手册

(C) 出版技术书籍　(D) 修订运行手册

(4) 核电厂大修期间蒸汽发生器一次侧传热管减薄量的无损检查方法是用(　　)。

(A) 目视检查　(B) 射线探伤　(C) 涡流检查　(D) 水压试验检查

(5) 压水堆核电厂的反应堆本体由(　　)、堆内构件、压力容器、控制棒驱动机构和堆内测量装置组成。

(A) 上部构件　(B) 下部构件　(C) 堆芯　(D) 辐照监督管

(6) (　　)是核电机组正常运行期间必须遵守的技术规则,用以保证运行期间公众和运行人员安全。它规定了机组相关系统正常运行限制条件,或机组投入运行、保持功率运行、停止运行的正常运行限制条件。

(A) 运行技术规范(规格书)　(B) 维修规程

(C) 操作手册　(D) 试验规程

(7) 为了保证项目实施的结果与项目设计与计划的要求与目标相一致,项目执行过程需要进行项目控制,项目控制在(　　)阶段进行。

(A) 项目实施　(B) 项目计划　(C) 项目收尾　(D) 项目全过程

(8) 核安全级压力容器的焊接和材料补焊,必须由持有(　　)颁发的民用核安全设备焊工焊接操作工资格证的焊工担任。

(A) 核电厂　(B) 核电集团公司

(C) 国防科工局　(D) 国家核安全局

(9) 压力容器受压部分的焊缝属于D类焊缝的有(　　)

(A) 受压部分的环形焊缝　(B) 内封头与圆筒的搭接填角焊缝

(C) 法兰与壳体连接的焊缝　(D) 凸缘与壳体连接的焊缝

(10) 核电厂维修规程使用过程中,如果使用者发现规程中有需要修改更正的地方,且建议修改的内容对维修规程的执行有实质性的影响、必须立即修订时,则由(　　)在现场使用的版本上手改签名。修改人必须尽快发出状态报告,提出对规程的升版要求。

(A) 工作组成员

(B) 工作负责人

(C) QC 人员

(D) 规程责任人(或规程所有者指定的合格人员)

(11) CN300 核电机组在反应堆卸料后低水位期间,压力容器假顶盖要安装到压力容器筒体上。假顶盖主要作用是(　　)。

(A) 密封压力容器　　(B) 堆芯防异物

(C) 抽真空　　(D) 防止人员误入

(12) 控制棒驱动机构的电磁线圈不包括(　　)。

(A) 传递线圈　　(B) 夹持线圈　　(C) 提升线圈　　(D) 棒位线圈

(13) 所有与工作有关的人员都应该参与工前会。在工前会上,(　　)学习此项工作的相关经验反馈。

(A) 不需要　　(B) 需要

(C) 无所谓　　(D) 根据工作负责人喜好

(14) 核电行业业绩提升的有力工具不包括(　　)。

(A) 核安全文化　　(B) 人因管理

(C) 经验反馈　　(D) 舆论宣传

(15) 根据核安全级阀门制造基本要求,氮化处理适用于静态组件和定位销等。母材为固溶处理的(　　),一般不使用氮化处理。

(A) 碳钢　　(B) 奥氏体不锈钢

(C) 铬不锈钢　　(D) 低合金钢

(E) 镍基合金

(16) 根据核电厂主系统及核辅助系统的功能要求及实际布置情况,死管段问题目前存在较多,死管段现象多发生在高压安注、停堆冷却、(　　)、波动管等与一回路相接的系统管道上。

(A) 过剩下泄　　(B) 稳压器喷淋　　(C) 正常下泄　　(D) 设备冷却

(17) 根据事件的复杂程度不同,一个事件可能有(　　)的根本原因。

(A) 仅有一个　　(B) 一个以上　　(C) 至少两个　　(D) 最多三个

(18) FlowScanner 阀门诊断系统是一种便携式的设备,有着无须拆卸阀门即可实现故障诊断的优点。以下不属于通过 FlowScanner 阀门诊断系统可以分析测得的阀门参数的项目是(　　)

(A) 弹簧压缩量的设定值　　(B) 阀座的载荷

(C) 阀门处于关闭状态时的泄漏率　　(D) 阀门的行程

(19) 重水堆装卸料机分离器回推器是由哪个活塞驱动的(　　)。

(A) A 活塞　　(B) B 活塞　　(C) C 活塞　　(D) D 活塞

(20) 以下关于反应堆冷却剂泵设计制造过程中需要遵循的法规和导则表述错误的是(　　)。

(A) HAF003　核电厂质量保证安全规定

(B) HAD003/01　核电厂质量保证大纲的制定

(C) ASME 第Ⅲ卷　核设施部件建造规则

(D) HAD/102/01　核电厂设计中总的安全原则

(21) 以下关于以可靠性为中心的维修中“主动维修”表述错误的是(　　)。

(A) 是指设备在发生影响正常使用的关键故障之前的一种主动预测、预防性行为

(B) 主动维修的着眼点,是通过对设备故障的可能原因进行预先的系统化识别、判断、排除

(C) 主动维修的落脚点,是减小设备整体维修需求,使设备的寿命增至最长

(D) 主动维修分为预防工作和预测工作两种

(22) 执行重水堆燃料操作系统桥架上升指令失效,下列哪一项与其无关(　　)。

(A) 桥架倾斜仪报警　　(B) 桥架已完全升起

(C) 桥架丝杆已顶起　　(D) 桥架 100 位置设定不合格

(23) 关于重水堆燃料操作系统重水供应泵下列说法错误的是(　　)。

(A) 三缸、立式布置　　(B) 正排泵

(C) 属于柱塞泵　　(D) 提供的流量为 4.54 m^3/min

(24) 核电厂主泵电机运转过程的润滑油正常损耗,通常是指(　　)。

(A) 油气损耗　　(B) 轴瓦磨损损耗

(C) 润滑油变质损耗　　(D) 泄漏损耗

(25) 离心泵的机械密封与填料密封相比,机械密封具有泄漏量小的优点,消耗功率相当于填料密封的(　　)。

(A) 50%　　(B) 120%～150%

(C) 10%～15%　　(D) 几乎相等

2. 多项选择题

(1) 预防性维修大纲规定了核电厂在日常运行和换料大修期间对系统或设备进行的各类预防性维修活动,这些预防性维修活动主要基于设备的状态监测结果,并与基于时间的定期预防性维修相结合。包括它们的(　　)适用的维修规程、时机安排、执行部门以及其他必要的说明。

(A) 编码　　(B) 维修类型

(C) 维修内容　　(D) 运行监测状态

(E) 周期

(2) 在核电厂老化管理研究、分析、评估设备时,遵循(　　)的原则,所选择的设备重点着眼于核电厂安全重要设备,这些设备对核电厂安全性有着重要影响,不可更换或更换代价巨大。

(A) 最高品质　　(B) 最低价格

(C) 安全性　　(D) 经济性

(E) 可更换性

(3) 核电厂维修相关的项目管理工作主要包括有(　　)等方面的内容。

(A) 技术改造项目　　(B) 科研项目

(C) 建设项目　　(D) 维修项目

(E) 化学分析项目

(4) 核电厂蒸汽发生器传热管涡流检查实施前要做的准备工作包含(　　)。

(A) 拆除一次侧人孔盖板

(B) 拆除二次侧人孔盖板

(C) 对主管道接管嘴进行封堵

(D) 安装一次侧人孔密封面保护环

(E) 拆除二次侧手孔盖板

(5) 压水堆核电厂控制棒驱动机构的作用顾名思义就是驱动控制棒,使其在正常运行时能上下移动,一般每秒行程 10～19 mm,在紧急或事故情况下 2 s 时间内全部插入堆芯,以保证反应堆安全。它一般有(　　)工作状态。

(A) 自动　　(B) 手动　　(C) 试验　　(D) 半自动

(E) G 棒

(6) 为了保护公众及工作人员免受放射性侵害并控制放射性产物的排放,必须在放射源(燃料)与环境之间设置屏障,核电机组应配置相应的设备或系统,防止上述屏障的损坏或限制其可能损坏的后果,这些设备或系统所完成的功能称为"安全功能"。"安全功能"包括(　　)。

(A) 反应性安全功能　　(B) 冷却安全功能

(C) 屏障安全功能　　(D) 三层防护功能

(E) 应急功能

(7) 按照美国项目管理协会提出的现代项目管理知识体系的划分方法,现代项目管理知识体系除了包括项目范围管理、项目成本管理、项目信息管理、项目风险管理、项目采购管理外,还包括下列哪些内容?(　　)

(A) 项目集成管理　　(B) 项目资金管理

(C) 项目质量管理　　(D) 项目人力资源管理

(E) 项目时间管理

(8) 下列有关压力容器壳体加工成型后的最小壁厚(不包括腐蚀裕量)的具体要求,说法正确的是(　　)。

(A) 对碳素钢、低合金钢制容器,不小于 0.3 mm

(B) 对碳素钢、低合金钢制容器,不小于 3 mm

(C) 对碳素钢、低合金钢制容器,不小于 30 mm

(D) 对高合金钢制容器,不大于 2 mm

(E) 对高合金钢制容器,不小于 20 mm

(9) 以下关于"使用规程"在防止维修过程中人因失误中所起作用的说法,正确的是(　　)。

(A) 在核电厂凭经验和技能开展维修工作即可,无需严格执行规程

(B) 规程的使用可以保障人员安全和核安全;规程是在特定活动方面富有经验的个人思考所得出的结论,因此可以引导工作人员按照合适顺序、合适的方式有效完成工作,从而避开潜在人因失误陷阱,降低失误可能性

(C) 规程是由富有经验的个人和集体在没有时间压力的情况下编制并通过严格的审批

且结合了使用者的经验和技能,可以减少由于人员知识经验和技能不足导致的人因失误,尤其是在时间紧迫时

(D) 规程使用的过程中可以将使用过程中的心得、发现的问题进行总结和纠正,使规程更加完善

(E) 规程是防止人因失误的最基本的一道屏障

(10) 压水堆核电站燃料操作,需要采取下列哪些防异物的措施?( )

(A) 维修操作工具必须系上手绳

(B) 带入装卸料机的工具需要做登记

(C) 口袋和剂量计需要用胶布封口

(D) 人员进入登记

(E) 操作人员的安全帽放置在换料水池存放处

(11) 压水堆反应堆压力容器顶盖贯穿件与驱动机构之间较为常见的是采用密封焊的结构,这一道焊缝通常称之为下部 Ω 焊缝,下部 Ω 焊缝需要定期做无损检测,如发现缺陷或者疑似缺陷还需要采用更多的检测手段进行缺陷状况的确认,常用的下部 Ω 焊缝检测方法有:VT(目视检测)、( )等

(A) UT(超声波检测)

(B) RT(射线检测)

(C) ET(涡流检测)

(D) PT(渗透检测)

(E) MT(磁粉检测)

(12) 设备发生了故障,能被观察到的只是故障症状,还必须研究引起故障的物理、化学变化等内在原因,这就是故障机理研究。以下哪些属于机械设备发生故障的故障机理( )。

(A) 过载、破裂、脆化

(B) 振动

(C) 疲劳破裂(包括腐蚀疲劳)

(D) 腐蚀或磨蚀

(E) 水锤

(13) 核电厂一回路流体系统中存在的杂质微粒可能引起哪些危害( )。

(A) 堵塞堆芯引起堆功率下降

(B) 反应堆堆芯沉淀物的活化

(C) 沉淀物对运动部件运行的有害影响

(D) 不锈钢合金的局都或整体腐蚀

(E) 沉淀物造成热交换性能的下降

(14) 根据死管段的系统工况和止回阀结构特点,止回阀容易发生内漏的缺陷,其原因是( )。

(A) 死管段内汽空间随着系统压力波动会发生变化,汽泡会随着汽液界面移动发生爆破,爆破产生的应力可能会加剧汽液界面处管壁及阀门密封面的腐蚀

(B) 死管段内有残留的汽空间,当内部压力达到流体的饱和压力时,管道内的流体将达到饱和,产生汽-水两相,导致化学腐蚀

(C) 死管段内介质中的添加物质(如硼)、杂质等会在汽-水界面发生富集,导致局部环境恶化而产生局部腐蚀

(D) 死管段现象所产生的密封比压波动易造成系统介质和杂质等对密封面的侵蚀,从

而导致阀门产生内漏缺陷

(E) 死管段止回阀阀瓣两侧温差很大，通过传热，阀门入口侧不稳定的热分层将会导致湍流渗入和阀门泄漏

(15) 事件根本原因分析的方法包括以下哪些(　　)

(A) 任务分析法　　(B) 变化分析法

(C) 屏障分析法　　(D) 因果分析法

(E) 故障树分析法

(16) CANDU6 重水堆装卸料机油压传动装置包括(　　)。

(A) B 推杆驱动　　(B) 锁紧推杆驱动

(C) 料仓驱动　　(D) 管嘴抱卡传动回路

(E) C 推杆驱动

(17) 以下关于 M00D 型主泵电机飞轮表述正确的有(　　)。

(A) M00D 型主泵电机飞轮安装在电机转子下部，重约 6 t，总转动惯量为 3 800 $kg \cdot m^2$

(B) 飞轮用来增加泵的转动惯量，以便提供充分的惯性运动的时间，在断电事故时能促进堆芯自然循环的建立，保证反应堆堆芯的冷却

(C) 电动机飞轮上部附有一个防倒转装置，是为了当一台泵不运行而另一台泵仍在运行时，停转泵的转子不会由于冷却剂的回流而发生倒转

(D) 当飞轮超过某转速极限时，飞轮的过盈量能确保飞轮与电机转子轴脱开，并坠落在下面的环形承转面上，保证设备安全

(E) 主泵飞轮在电厂发生停电事故时，产生的转动惯量可使主泵延续转动 3 min

(18) 以下关于以可靠性为中心的维修表述正确的有(　　)。

(A) 是对系统进行功能与故障分析，明确系统内各故障的后果

(B) 用规范化的逻辑决断方法，确定出各故障后果的预防性对策

(C) 是定量地对库存进行统计分析，优化库存，实现设备可靠性维修的方法

(D) 通过现场故障数据统计、专家评估、定量化建模等手段在保证安全性和完好性的前提下，以维修停机损失最小为目标优化系统的维修策略

(E) 是目前国际上通用的、用以确定资产预防性维修需求、优化维修制度的一种系统工程方法

(19) 下列哪些关于 CANDU6 重水堆燃料操作系统设备的说法是正确的(　　)。

(A) 滑车精 Y 千斤顶由 2 个液压马达和 3 个千斤顶驱动

(B) 滑车精 X 靠离合器控制滑车精 X 方向的运动

(C) 反应堆端面混凝土屏蔽门，打开时靠缓冲器停止，关闭时靠限位开关停止

(D) 桥架刹车有两个故障时，必须进入技术规格书限制

(E) 新燃料装载杆用油驱动

(20) 润滑油的品质、液位、温度可能对 CNP300 核电机组主泵电机下导轴承温度造成影响，以下分析正确的是(　　)。

(A) 润滑油品质变差，无法在轴瓦间建立正常油膜，导致轴瓦温度升高

(B) 润滑油油位过低，轴瓦润滑及冷却面积减小，轴瓦热量无法完全带走，导致温度升高

(C) 润滑油温度过高,油与轴瓦换热不充分导致轴瓦温度升高

(D) 润滑油温度过低,油黏度增大,流动性变差,润滑油与轴瓦换热效率降低,导致轴瓦温度升高

(E) 下油箱排气不畅,热气不能被排出,导致轴瓦温度升高

(21) 属于容积式泵的有(　　)。

(A) 齿轮泵　　(B) 离心泵

(C) 螺杆泵　　(D) 轴流泵

(E) 往复泵

(22) 下列哪些是机械密封常用的摩擦副(动环——静环)的材料组合?(　　)

(A) 碳化硅——碳石墨　　(B) 碳化硅——碳化硅

(C) 碳石墨——碳石墨　　(D) 硬质合金——陶瓷

(E) 硬质合金——碳化硅

(23) 导致 CANDU6 重水堆装卸料机管嘴抱卡泄漏率为负值的原因(　　)。

(A) 管嘴泄漏检测阀 3523-MV33 内漏　　(B) 管嘴塞泄漏

(C) 静态密封泄漏　　(D) 密封塞泄漏

(E) 充压管线 O 形圈泄漏

(24) CANDU6 重水堆装卸料机料仓弗克森齿轮箱油位异常升高的可能原因(　　)。

(A) 料仓主轴密封泄漏率高　　(B) 料仓主轴密封件失效

(C) 料仓主轴密封接头泄漏　　(D) 弗克森齿轮箱密封件失效

(E) 润滑油乳化

3. 简答题

(1) 核电厂的预防性维修大纲的编写依据是什么?

(2) 什么是金属材料的脆性转变温度?

(3) 简述项目总进度计划的主要内容。

(4) 国内两个以上的压水堆机组发生过反应堆压力容器顶盖驱动机构焊缝(Ω 焊缝或 CANOPY 焊缝)出现裂纹的缺陷,请简述该缺陷会给核电厂带来什么影响?

(5) 核安全级阀门的分级原则有哪些?

(6) 简述核电厂对事件的根本原因分析的原则?

(7) 简述核安全级水泵维修高级技师应具备哪些能力?

(8) 请简要说明力矩限制器的作用,并列举重水堆燃料操作系统有哪些设备使用了力矩限制器来保护设备。

(9) 简述齿轮泵的优点。

(10) 重水堆装卸料机管嘴安全锁无法正常上锁,请简述可能的故障原因。

4. 论述题

(1) 已知某重水堆装卸料机换料前在燃料通道测量出的管嘴抱卡泄漏率为−13.5 mL/min,请回答换料是否可以继续。如需要处理该问题,请阐述可能的故障原因和处理方法。

(2) 根据下图,分析 CANDU6 重水堆装卸料机推杆组件机械密封力矩超标和泄漏率超标的原因和处理措施。

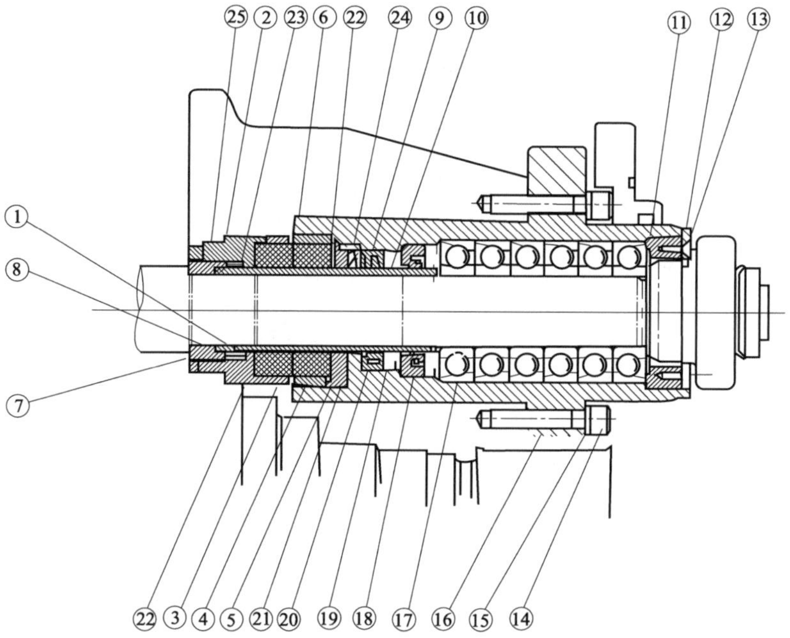

1	O形圈	13	螺钉
2	动密封锁环	14	螺栓
3	动密封	15	垫片
4	静密封	16	外壳
5	静密封锁环	17	轴承
6	堵头	18	油封
7	保持架	19	挡圈
8	O形圈	20	CLEVITE密封
9	O形圈	21	O形圈
10	套管	22	O形圈
11	固定螺母	23	弹簧
12	锁片	24	弹簧销

5. 计算/绘图题

(1) 核电厂蒸汽发生器螺栓孔修复使用的钢丝螺套是采用因科镍 750,经过拉丝、轧丝工艺,最后绕制而成的,其硬度及抗拉强度均有所提高。钢丝螺套的存在,相当于增加了螺栓的直径。根据公式:

$$D_1=D_2+1.229P$$

式中:D_1为钢丝螺套底孔螺纹中径;

D_2为标准螺纹中径;

P为螺距。

我们可以计算安装钢丝螺套之后,螺纹连接副的受力面积增加百分比

请计算螺栓尺寸为 M48×3,中径 D_2=46.051 mm 的一次侧人孔螺栓孔嵌套修复后的螺纹受力面积增加百分比 δ。

(2) 当某一油缸截面直径为 100 mm 时,介质为轻油,在实际工况中,需要用该油缸活塞杆出力刚刚能够驱动承压 3 MPa 且有效承压截面直径 50 mm 的阀门时,则需要对该油缸施加多大的压力?

(3) 压力容器受压部分的焊接接头类型按其所在位置分为 A、B、C、D 四类。请简述每类焊缝的主要接头形式,并在下图分别标出四类焊缝的具体位置(每类焊缝标注一个位置即可)。

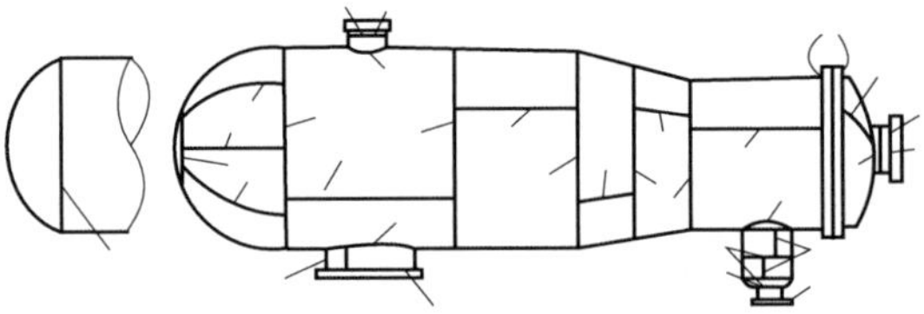

五、参考答案

1. 单项选择题

(1) C;(2) B;(3) A;(4) C;(5) C;(6) A;(7) D;(8) D;(9) D;(10) D;(11) B;(12) D;(13) B;(14) D;(15) B;(16) A;(17) B;(18) C;(19) A;(20) C;(21) B;(22) A;(23) D;(24) A;(25) C。

2. 多项选择题

(1) ABCE;(2) CDE;(3) ABD;(4) ACD;(5) ABCE;(6) ABC;(7) ACDE;(8) BD;(9) BCDE;(10) ABCE;(11) ACDE;(12) ABCDE;(13) BCDE;(14) BCDE;(15) ABCDE;(16) ABCD;(17) BC;(18) ABDE;(19) ABDE;(20) ABCD;(21) ACE;(22) ABDE;(23) ACD;(24) ABC。

3. 简答题

(1) 答案:核电厂的预防性维修大纲的编写依据是:① 核安全法规、导则;② 核电厂运行质量保证大纲、维修大纲;③ 国家或相关行业的标准、管理条例;④ 核电厂最终安全分析报告及其技术规格书;⑤ 核电厂设计文件;⑥ 设备供货商的文件(设备运行、维修手册、系统设计手册等);⑦ 外部经验反馈(如:WANO、IAEA 的经验反馈,国际和国内其他核电厂的运行经验;⑧ 核电厂内部经验反馈;⑨ 工程人员的经验;⑩ 设备维修的历史记录(每条2/10,答对 5 条以上可得满分)。

(2) 答案:脆性转变温度(N.D.T.T.)是指某一金属材料在一定应力作用下(3/10)由韧性材料变为脆性材料的温度(4/10),此温度也称为零塑性转变温度(3/10)。

(3) 答案:项目总进度计划的内容包括:编制说明(3/10)、项目总进度计划表(3/10)、资源需求及供应平衡表(4/10)等。

(4) 答案:Ω 焊缝或 CANOPY 焊缝出现裂纹的缺陷,会导致主系统冷却剂的微量渗漏,

如及时发现并进行修复，修复工作量会比较大，会增加电厂的停运或大修时间，会增加作业量人员接受的剂量照射(5/10)；如果没有及时发现或者修复，随着泄漏量的增大以及事件的延长，则可能会发生控制棒位置指示线圈以及提升磁轭线圈的腐蚀，严重的会导致反应堆压力容器顶盖腐蚀，引发核安全事故(5/10)。

(5) 答案：① 按核安全等级划分为核安全 1 级（SC-1）、核安全 2 级（SC-2）、核安全 3 级（SC-3）、非核安全级（NC）（3/10）。 ② 按阀门的抗震类别包括抗震 I 类、抗震 II 类和非核抗震类（2/10）。 ③ 按核规范等级划分为：核规范 1 级、核规范 2 级、核规范 3 级和非核规范级（2/10）。 ④ 按核级阀门的质量保证等级划分为质保 1 级（QA1）、质保 2 级（QA2）、质保 3 级（QA3）以及非核质保级（NQA）（2/10）。

(6) 答案：核电厂对事件的根本原因分析界定在核电厂控制范围内并且可以纠正的(4/10)，不提倡无限制地扩大范围而导致最终无法纠正(4/10)，而且根据事件的复杂程度不同，一个事件可能有一个以上的根本原因(2/10)。

(7) 答案：① 应具备核安全级关键水泵设备维修的知识和技能(3/10)；② 能够对核安全级关键水泵设备的维修实施方案进行编写、修订和审查(3/10)；③ 具备核安全级关键水泵设备重大及复杂维修项目方案制定和组织实施的能力(4/10)。

(8) 答案：力矩限制器的作用：通过设定一定的打滑力矩，当遇到阻力或负载超过设定打滑力矩值时，通过力矩限制器打滑来保护电机和设备(2/10)。

燃料操作系统使用力矩限制器来保护的设备有：悬链小车、乏燃料升降斗、屏蔽门、2 号链、1 号链、新燃料传输杆(每项 2/10，答对 4 项得 8/10)。

(9) 答案：① 齿轮泵具有自吸能力，且流量与排出压力无关(3/10)；② 泵壳上无吸入阀和排出阀，具有结构简单紧凑、体积小、质量轻、工艺性好、价格便宜、自吸力强、对油液污染不敏感、转速范围大、能耐冲击性负载，维护方便、工作可靠的特点(7/10)。

(10) 答案：① 管嘴安全锁 Y 尺寸减小(2.5/10)；② 管嘴抱卡力减小(2.5/10)；③ 管嘴抱卡油压减小(2.5/10)；④ 管嘴抱卡机构故障(2.5/10)。

4. 论述题

(1) 答案：管嘴抱卡泄漏率的最大绝对值不允许超过 11.8 mL/min(1/10)，该泄漏率不符合要求，不能继续换料(1/10)。

可能的故障原因及处理方法如下：

① 管嘴塞 O 形圈压缩时的尺寸偏小(1/10)。

处理方法：适当调大 O 型圈压缩时的尺寸(1/10)。

② 管嘴塞 O 形圈损坏(1/10)。

处理方法：更换管嘴塞或 O 形圈(1/10)。

③ 中心支撑筒内圆周面损伤(1/10)。

处理方法：需要打磨磨损部位(1/10)。

④ 管嘴泄漏检测阀 3523–MV33 内漏

处理方法：调整阀杆行程或更换可用的备件阀门(1/10)。

⑤ 管嘴腔室压力传感器 3523–PT33 故障

处理方法：重新标定或更换 PT33(1/10)。

(2) 答案:力矩超标的原因及处理方式:

① 轴承卡涩,处理方式:对轴承进行检查,更换转动阻力大的轴承(1/10)。

② 动静密封转动阻力大(1/10)。

③ 弹簧#23 弹力不一致,导致动静密封压偏。处理方式:对弹簧长度进行检查,更换长度不合格的弹簧(1/10)。

④ 动静密封(#3、#4)表面不平。处理方式:用光栅检查动静密封(#3、#4)密封面,光栅大于0.01 mm 则更换,同时检查动静密封的密封面接触宽度,宽度达到或大于 9.5 mm 则更换(2/10)。

⑤ CLEVITE SEAL 密封#20 与套管#10 接触阻力大。处理方式:更换 CLEVITE SEAL 密封

⑥ 装配问题。处理方式:重新组装机械密封(1/10)。

泄漏率超标原因及处理方式

1. 动静密封(#3、#4)缺陷。 处理方式:对动静密封(#3、#4)重新配对试验(1/10)。

2. CLEVITE SEAL 密封#20 缺陷。 处理方式:更换(1/10)。

3. O 型圈(#1、#8、#9、#21、#22)安装不到位或损坏。 处理方式:重新安装或更换(2/10)。

5. 计算/绘图题

(1) 答案:

$$\delta = \frac{\frac{1}{4}\Pi(D_1^2 - D_2^2)}{\frac{1}{4}\Pi D_2^2} = \frac{D_1^2 - D_2^2}{D_2^2} = \frac{2.458D_2 \cdot P + 1.510P^2}{D_2^2} \times 100\%$$

解得,δ=16.69

(2) 答案:

阀门在 3 MPa 压力下作用在该压力下的承压截面直径为 50 mm 的承压件,其产生的压力为:$F_1=P_1\times S_1$=3×1 000 000×3.14×0.05×0.05/4=5 887.5 N(4/10);

由 $F_1=P_2\times S_2$ 可知

$P_2=F_1/S_2$

=5 887.5/3.14×0.1×0.1/4(4/10)

=750 000 Pa=0.75 MPa(1/10)

故,需要对该油缸施加 0.75 MPa 的压力。(1/10)

(3) 答案:

① 受压部分的纵向焊缝、各种凸形封头的所有拼接焊缝、球形封头与圆筒连接的环向焊缝以及嵌入式接管与圆筒或封头对接连接的焊缝,均属于 A 类焊缝(1.5/10)。② 受压部分的环形焊缝、锥形封头小端与接管连接的焊缝,均属于 B 类焊缝,但已规定为 A、C、D 类的焊缝除外(1.5/10)。③ 法兰、平封头、管板等与壳体、接管连接的焊缝,内封头与圆筒的搭接填角焊缝,均属于 C 类焊缝(1.5/10)。④ 接管、人孔、凸缘等与壳体连接的焊缝,均属于 D 类焊缝,但已规定为 A、B 类的焊缝除外(1.5/10)。

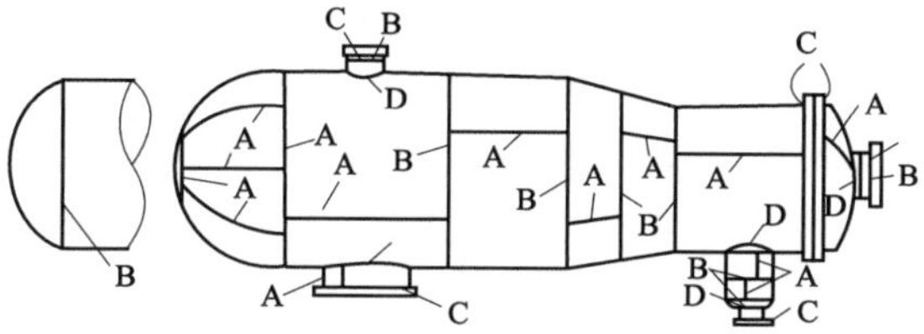

（图上标注正确一项得 1 分，共 4 分）

第三单元　培训与指导、管理

一、学习目标

1. 掌握培训教学方法的知识，从而具备开展技术、技能专题讲座的能力，具备对本职业技师、高级工、中级工及初级工进行培训的能力，并能指导他们开展工作；

2. 熟悉质量保证大纲与质量手册的知识，掌握核级设备维修工作质量保证方面的管理技能，掌握核级设备维修工作质量控制方面的管理技能；

3. 掌握维修风险控制和风险管理方法；

4. 熟悉核应急管理相关知识，掌握核级设备维修工作核应急管理方面的工作技能。

二、考核要点

考核类别	考核范围	考核点	重要程度
培训与指导	培训教学方法	培训教学方法概述	Z
		培训教学方法的分类	X
		培训教学方法的选择	X
		培训效果评估	Y
管理	质量分析与控制方法	质量分析	X
		质量控制方法	X
	质量保证大纲与质量手册	质量保证大纲	X
		质量手册	X
	风险控制和风险管理	维修项目风险分析	X
		维修项目风险管理	X
	核应急管理相关知识	核电厂纵深防御原则	X
		核事故应急管理法规	Y

续表

考核类别	考核范围	考核点	重要程度
		核事故应急管理机构	X
		核电厂应急计划区	X
		应急等级的划分	X
		核电厂场内应急实施程序	X
		核应急的干预原则	X
		核应急的干预水平	X
		核事故应急演习	X

说明:"重要程度"反映了每个考核点与其他考核点的相互关系和相对地位。在描述时,一般用"X、Y、Z"表示,"X"代表重要程度高的核心要素,"Y"代表重要程度一般的要素,"Z"代表重要程度偏低的辅助要素。

三、考点导航

(1) 培训教学方法

学员应了解核电培训的原则、常用的教学方法和教学方法的运用,掌握专业论文的编写方法。

(2) 质量分析与控制方法

学员应重点了解 PDCA 循环的内涵及步骤,检修过程中进行质量跟踪监控的要求和方法。

(3) 质量保证大纲与质量手册

学员应重点了解质保大纲的使用范围、质保文件的构成,核电厂对物项和服务进行质量分级的原则。

(4) 风险控制和风险管理

学员应了解风险评价和风险控制的内容和方法,掌握核级设备维修工作风险管理方面的工作技能。

(5) 核应急管理相关知识

学员应重点了解核动力厂营运单位的核事故场内应急计划,包括应急组织及其职责,应急状态、干预水平和应急行动水平,应急设施和设备等。

四、仿真训练

1. 单项选择题

(1) (　　)是在教学过程中,教师和学生为实现教学目的完成教学任务而采取的教与学相互作用的活动方式的总称。

(A) 观察指导　　(B) 管理巡视　　(C) 教学方法　　(D) 生产培训

(2) 以下哪些不属于核电厂应严格遵循的培训原则(　　)。

(A) 授权上岗制　(B) 全员培训制　(C) 终身培训制　(D) 末位淘汰制

(3) 教师指导学生通过阅读教科书或参考书,以获得知识、巩固知识、培养学生自学能力的教学方法称为(　　)。

(A) 讲授法　(B) 读书指导法　(C) 谈话法　(D) 讨论法

(4) 核电厂的岗位培训一般可分为知识培训、技能培训和(　　)。

(A) 管理培训　(B) 外语培训　(C) 心理培训　(D) 信息培训

(5) 检修前准备阶段的质量控制包括两个方面:一是对检修工作人员或者承包商的控制,二是(　　)的事前质量保证工作。

(A) 大修经理　(B) 维修班长　(C) 当班值长　(D) 质保工程师

(6) 核电厂运行质量保证大纲文件体系包括质量保证大纲概述、大纲程序、(　　)等内容。

(A) 设备说明书　(B) 产品合格证明

(C) 设备检验证明　(D) 技术性的程序和细则

(7) 质量保证大纲所形成的文件类型包括(　　)和技术性文件。

(A) 规章制度　(B) 产品质量证明书

(C) 企业财务报表　(D) 管理方针和程序

(8) 当核电厂现场工作导致某一安全系统不可用,而在某些特定情况下该系统必须及时恢复其功能时,必须编制用以恢复系统功能的(　　)。

(A) 管理程序　(B) 维修规程　(C) 应急方案　(D) 运行规程

(9) 营运单位对核动力厂的安全运行承担(　　)。

(A) 部分责任　(B) 次要责任　(C) 主要责任　(D) 全面责任

(10) 营运单位编制的场内应急计划必须满足相关核安全法规及有关管理部门行政法规的要求。在经过其主管部门的预审后,正式报(　　)审查,经批准后才正式生效。

(A) 国际原子能机构　(B) 环评机构

(C) 公安消防部门　(D) 国家核安全局

(11) (　　)是制定场外应急计划及国家核应急计划的技术基础。

(A) 场外应急方案　(B) 场内应急计划

(C) 场内应急草案　(D) 场外应急规划

(12) 在应急的初期,对核动力厂的控制转移到应急控制中心前,(　　)是指挥应急响应的主要中心。

(A) 主控室　(B) 技术支持中心

(C) 运行支持中心　(D) 公众信息中心

(13) (　　)是应急期间应急指挥部举行会议及进行指挥的场所。

(A) 应急控制中心　(B) 技术支持中心

(C) 运行支持中心　(D) 公众信息中心

(14) (　　)是在应急响应期间供设备检修、系统或设备损坏探查、堆芯损伤取样分析和其他执行纠正行动任务的人员及其配合人员(指运行操作、辐射防护人员)在那里集合和等待指令的场所。

(A) 应急控制中心 (B) 技术支持中心
(C) 运行支持中心 (D) 公众信息中心

(15) (　　)是在应急期间向新闻传媒和公众提供有关应急态势和公众防护行动信息的场所。

(A) 应急控制中心 (B) 技术支持中心
(C) 运行支持中心 (D) 公众信息中心

2. 多项选择题

(1) 教学方法的内涵包括(　　)。

(A) 教学方法必须为实现教学目的、完成教学任务服务,即方法要服务于目的
(B) 教学方法最主要的本质是师生相互作用的活动方式
(C) 教学方法以老师单方面灌输、传授知识为主
(D) 教学方法一定要采取先进的多媒体影音工具作为教学手段
(E) 教学方法是师生活动的方式、步骤、手段和技术

(2) 核电厂应严格遵循的培训原则包括(　　)。

(A) 授权上岗制 (B) 全员培训制
(C) 末位淘汰制 (D) 终身培训制
(E) 通岗培训制

(3) 核电厂常见的培训包括(　　)

(A) 岗位培训 (B) 授权培训
(C) 计算机培训 (D) 特有工种取证培训
(E) 专项培训

(4) 影响检修项目质量的因素主要包括(　　)。

(A) 人 (B) 机 (C) 料 (D) 法
(E) 环

(5) 质量保证大纲所形成的文件类型包括(　　)。

(A) 管理方针和程序 (B) 设备说明书
(C) 技术性文件 (D) 设备检验证明
(E) 产品合格证明

(6) 风险分析工作主要包括(　　)等方面的内容。

(A) 灾害拯救 (B) 风险控制 (C) 风险评价 (D) 损失评估
(E) 群众疏散

(7) 风险评价主要包括以下几个方面(　　)。

(A) 识别风险转化为事件的条件,如人员失误、设备异常等
(B) 制订措施消除或防止风险转化为事件的条件
(C) 通过现有的流程和方法实施预防措施
(D) 根据灾害的实际严重程度,启动相应的应急方案
(E) 组建专业化的灾害救援组织

(8) 核动力厂营运单位在核事故应急管理方面的主要职责包括(　　)。

(A) 执行国家核应急工作的法规和政策

(B) 制定场内核事故应急计划，做好核事故应急准备工作

(C) 确定核事故应急状态等级，统一指挥本单位的核事故应急响应行动

(D) 向核动力厂主管部门、国务院核安全部门和省级人民政府指定的部门报告事故情况，提出进入场外应急状态和采取应急防护措施的建议

(E) 协助和配合省级人民政府指定的部门做好核事故应急管理工作

(9) 场内应急计划要包括营运单位为做好应急准备、实施应急响应的各个方面。其主要内容如下(　　)。

(A) 应急组织及其职责　　(B) 应急状态

(C) 干预水平　　(D) 应急行动水平

(E) 应急草案

(10) 根据核应急管理要求，场内主要应急设施包括(　　)等。

(A) 主控制室　　(B) 辅助控制点

(C) 应急指挥中心　　(D) 应急技术支援中心

(E) 监测和评价设施

3. 判断题

(1) 教学方法必须为实现教学目的、完成教学任务服务，即方法要服务于目的。(　　)

(2) 教学方法最主要的本质是教师与家长相互作用的活动方式。(　　)

(3) 教学方法以老师单方面灌输、传授知识为主，学生单方面接受为辅。(　　)

(4) 为确保核电厂安全和经济运行，核电厂每个员工在执行各种任务之前，必须进行适当的培训并获得本单位领导的认可。(　　)

(5) 由于核电行业的特殊性，核电厂培训不仅要让员工掌握技能和熟悉工作程序，而且还要使他们了解其岗位职责的重要性，以及因理解不当或缺乏警惕性可能造成失误的后果。(　　)

(6) 讲授法是教师通过简明、生动的口头语言向学生传授知识、发展学生智力的方法。它包括讨论、示范、讲读、参观等方式。(　　)

(7) 谈话法也叫问答法，是教师根据学生已有的知识和经验提出问题，要求学生回答，通过师生间的对话交谈，引导学生独立思考，获得知识和巩固知识的方法。(　　)

(8) 演示法是教师在课堂上通过展示各种实物、直观教具，或进行示范性实验，让学生通过观察获得感性认识的教学方法。(　　)

(9) 核电厂的岗位培训一般可分为知识培训、技能培训和心理培训。(　　)

(10) 练习法是在教师的指导下进行巩固知识、运用知识、形成技能技巧的方法。练习法的种类一般分为:语言的练习，解答问题的练习，实际操作的练习等。(　　)

(11) 运行质量保证大纲文件体系包括质量保证大纲概述、管理要求、技术性的程序和细则等。(　　)

(12) 核动力厂营运单位具有制定场内核事故应急计划，做好核事故应急准备工作的核事故应急管理职责。(　　)

五、参考答案

1. 单项选择题

(1) C;(2) D;(3) B;(4) A;(5) D;(6) D;(7) D;(8) C;(9) D;(10) D;(11) B;(12) A;(13) A;(14) C;(15) D。

2. 多项选择题

(1) ABE;(2) ABD;(3) ABDE;(4) ABCDE;(5) AC;(6) BC;(7) ABC;(8) ABCDE;(9) ABCD;(10) ABCDE。

3. 判断题

(1) √;(2) ×;(3) ×;(4) √;(5) √;(6) ×;(7) √;(8) √;(9) ×;(10) √;(11) ×;(12) √。

第四章 模拟试卷

职业技能鉴定国家题库

核反应堆核级机械设备检修工
国家职业资格一级理论知识试卷 B

注意事项

1. 考试时间:120 分钟。
2. 请首先按要求在试卷的标封处填写您的姓名、准考证号和所在单位的名称。
3. 请仔细阅读各种题目的回答要求,在规定的位置填写您的答案。
4. 不要在试卷上乱写乱画,不要在标封区填写无关的内容。

题目	一	二	三	四	五	六	总 分
得 分							

得 分	
评分人	

一、单项选择题(第 1 题~第 25 题。选择一个正确的答案,将相应的字母填入题内的括号中。每题 1 分,满分 25 分。)

1. 从业人员应该树立良好的职业道德,遵守职业守则,安心本职工作,勤奋钻研本职业务,才能提高自身的(　　)。

A. 收入　　B. 职业能力和素质

C. 地位　　D. 职务

2. (　　)强调的是要求从业人员公私分明,不损害国家和集体的利益,不在自己的工作岗位上谋取私利。

A. 廉洁奉公　　B. 遵纪守法

C. 办事公道　　D. 爱岗敬业

3. 轴类零件多数是承受交变载荷,因此失效形式以(　　)为主。

A. 疲劳断裂失效　　B. 应力腐蚀开裂失效

C. 液体冲蚀失效　　　　D. 电化学腐蚀失效

4. 心肺复苏术的三步骤为:畅通气道,(　　),维持血液循环。

A. 补充营养　　　　B. 维持呼吸

C. 胸部按压　　　　D. 按压人中

5. 在我国机械制图中(包括技术要求和其他说明文件中)的尺寸,以(　　)为单位时,不需标注计量单位的代号或名称。

A. 毫米　　B. 厘米　　C. 分米　　D. 微米

6. 从前向后投影,在V面得到正面投影图,叫(　　)。

A. 主视图　　B. 俯视图　　C. 前视图　　D. 左视图

7. 钳工是以手工操作切削加工为主的方法,其基本操作技能不包括(　　)。

A. 研磨　　B. 简单热处理　　C. 焊接　　D. 铆接

8. 以下哪项不属于卓越核安全文化的原则(　　)。

A. 核安全人人有责　　　　B. 领导做安全的表率

C. 建立组织内部的高度信任　　　　D. 决策体现效益第一

9. 核电厂三废处理遵循(　　)的原则。

A. 随意排放　　　　B. 可合理达到尽量低

C. 合理排放　　　　D. 按需排放

10. 燃烧三要素包括可燃物、氧化剂、(　　)。

A. 温度　　B. 湿度　　C. 材料　　D. 地区

11. 以下哪项不属于核电厂质量保证要求应用分级应考虑的具体原则(　　)。

A. 物项或服务在经济效益上的重要性

B. 工艺、方法和设备是否需要特殊的控制、管理和检查

C. 能用检查和试验对其功能合格性进行验证的程度

D. 物项的质量史和标准化程度

12. (　　)包括为满意地执行维修活动所必需的管理方面和技术方面的所有预防性措施和补救性措施。

A. 维修大纲　　B. 操作规程　　C. 定期试验　　D. 试验大纲

13. 核反应堆核级设备检修高级技师应具备编写、修订和审查此类维修实施方案的能力,以下不属于核级阀门设备典型维修实施工作方案的是(　　)。

A. 主蒸汽安全阀解体检修及压空管道泄漏率试验

B. 主给水泵出口隔离阀解体检修

C. 高压安注气动阀解体检修

D. 安全壳隔离阀解体更换气动执行机构

14. 核电厂大修期间蒸汽发生器一次侧传热管减薄量的无损检查方法是用(　　)。

A. 目视检查　　B. 射线探伤　　C. 涡流检查　　D. 水压试验检查

15. 压水堆核电厂的反应堆本体由(　　)、堆内构件、压力容器、控制棒驱动机构和堆

内测量装置组成。

A. 上部构件　　B. 下部构件　　C. 堆芯　　D. 辐照监督管

16. 核电厂最终《安全分析报告》与《运行技术规格书》是(　　)关系。

A. 两者没有关系

B.《技术规格书》涵盖《安全分析报告》

C.《技术规格书》是《安全分析报告》的一个章节

D.《技术规格书》是《安全分析报告》的上游文件

17. 根据核电厂主系统及核辅助系统的功能要求及实际布置情况,死管段问题目前存在较多,死管段现象多发生在高压安注、停堆冷却、(　　)、波动管等与一回路相接的系统管道上。

A. 过剩下泄　　B. 稳压器喷淋

C. 正常下泄　　D. 设备冷却

18. 下列哪些设备不属于 CANDU6 重水堆装卸料机压力边界(　　)。

A. 料仓疏水阀 3523−V3　　B. 分离器安全锁应急解锁机械波纹管

C. 高压疏水阀 3523−MV37　　D. 疏排站疏水阀 3523−MV48

19. 控制棒驱动机构的电磁线圈不包括(　　)。

A. 传递线圈　　B. 夹持线圈　　C. 提升线圈　　D. 棒位线圈

20. 所有与工作有关的人员都应该参与工前会。在工前会上,(　　)学习此项工作的相关经验反馈。

A. 不需要　　B. 需要

C. 无所谓　　D. 根据工作负责人喜好

21. CANDU6 重水堆装卸料机管嘴塞 O 型圈尺寸调整要求,描述正确的是(　　)。

A. O 形圈胀紧尺寸应在 121.70～122 mm 之间,收缩尺寸在 120.20 mm 左右,但不能超过 120.50 mm

B. O 形圈胀紧尺寸应在 121.60～121.80 mm 之间,收缩尺寸在 120.20 mm 左右,但不能超过 120.50 mm

C. O 形圈胀紧尺寸应大于 121.14 mm,收缩尺寸小于 120.14 mm

D. O 形圈胀紧尺寸应大于 121.60 mm,收缩尺寸小于 120.20 mm

22. (　　)是在教学过程中,教师和学生为实现教学目的完成教学任务而采取的教与学相互作用的活动方式的总称。

A. 观察指导　　B. 管理巡视　　C. 教学方法　　D. 生产培训

23. 检修前准备阶段的质量控制包括两个方面:一是对检修工作人员或者承包商的控制,二是(　　)的事前质量保证工作。

A. 大修经理　　B. 维修班长　　C. 当班值长　　D. 质保工程师

24. 当核电厂现场工作导致某一安全系统不可用,而在某些特定情况下该系统必须及时恢复其功能时,必须编制用以恢复系统功能的(　　)。

A. 管理程序　　B. 维修规程　　C. 应急方案　　D. 运行规程

25.（　　）是在应急期间向新闻传媒和公众提供有关应急态势和公众防护行动信息的场所。

A. 应急控制中心　　B. 技术支持中心
C. 运行支持中心　　D. 公众信息中心

得　分	
评分人	

二、判断题(第 26 题～第 30 题。将判断结果填入括号中。正确的填“√”,错误的填“×”。每题 1 分,满分 5 分。)

26.（　　）谈话法也叫问答法,是教师根据学生已有的知识和经验提出问题,要求学生回答,通过师生间的对话交谈,引导学生独立思考,获得知识和巩固知识的方法。

27.（　　）练习法是在教师的指导下进行巩固知识、运用知识、形成技能技巧的方法。练习法的种类一般分为:语言的练习,解答问题的练习,实际操作的练习等。

28.（　　）运行质量保证大纲文件体系包括质量保证大纲概述、管理要求、技术性的程序和细则等。

29.（　　）核动力厂营运单位具有制定场内核事故应急计划,做好核事故应急准备工作的核事故应急管理职责。

30.（　　）根据核电厂厂址及系统等各方面特性制定了场内应急计划,作为确定应急状态等级的基础和执行相应应急响应行动的启动条件。

得　分	
评分人	

三、多项选择题(第 31 题～第 45 题,请选择两个或以上正确答案,将相应字母填入括号内。错选或多选、少选均不得分,也不倒扣分。每题 2 分,满分 30 分。)

31. 每个工作岗位、每一次职业行为,都包含着如何处理（　　）关系的问题,因此,职业道德是社会主义道德体系的重要组成部分。

A. 个人与国家　　B. 个人与集体
C. 国家与国家　　D. 集团与集体
E. 个人与家庭

32. 办事公道是指在利益关系中正确处理好（　　）的利益关系。

A. 国家　　B. 企业　　C. 职工个人　　D. 他人(消费者)
E. 自己

33. 以下属于压水堆核电厂常规岛汽轮机回路的主要设备是（　　）。

A. 汽轮机　　B. 汽水分离再热器
C. 凝汽器　　D. 辅助给水泵
E. 凝结水泵

34. 在压水堆核电厂中,以下哪些泵属于核安全二级泵(　　)。
A. 喷淋泵　　B. 离心上充泵
C. 余热排出泵(停堆冷却泵)　　D. 设备冷却水泵;
E. 高压安注泵

35.《中华人民共和国劳动法》的基本内容有(　　)等。
A. 适用范围　　B. 基本权利和义务
C. 促进劳动就业　　D. 工资
E. 劳动安全卫生

36. 核电厂老化管理的对象重点是(　　)和不能更换的构筑物、系统和部件(SSCs),如压力容器、安全壳等。以及限制事故释放。
A. 非核安全级别的　　B. 核安全相关的
C. 非能动的　　D. 发电相关的
E. 不易更换的

37. 核电厂检修方案一般由概述与风险分析、(　　)等部分组成。
A. 维修准备　　B. 先决条件
C. 检修步骤　　D. 现场恢复
E. 检修记录

38. 以下几种文件属于核安全级水泵典型关键维修技术方案的是(　　)。
A. 工作计划　　B. 技术方案
C. 维修规程　　D. 质量计划
E. 特殊工器具设计

39. 下列设备属于 CANDU6 重水供给系统的是(　　)。
A. 压力调节阀 3526–PCV1　　B. 压力调节阀 3526–PCV11
C. 压力调节阀 3523–PCV1　　D. 压力调节阀 3523–PCV4
E. 压力调节阀 3524–PRV1

40. 设计受核辐射作用的压力容器,常借用外国的有关设计规范,如(　　)。
A. 美国机械工程师协会的《ASME 锅炉及压力容器规范》
B. 法国核岛设备设计建造规则协会编制的《压水堆核岛机械设备设计和建造规则》(RCC–M 规范)
C. 国家标准 GB–150《钢制压力容器》
D. 能源局标准
E. 核电厂内部标准

41. 以下关于“使用规程”在防止维修过程中人因失误中所起作用的说法,正确的是(　　)。

A. 在核电厂凭经验和技能开展维修工作即可,无需严格执行规程。

B. 规程的使用可以保障人员安全和核安全;规程是在特定活动方面富有经验的个人思考所得出的结论,因此可以引导工作人员按照合适顺序、合适的方式有效完成工作,从而避开潜在人因失误陷阱,降低失误可能性。

C. 规程是由富有经验的个人和集体在没有时间压力的情况下编制并通过严格的审批且结合了使用者的经验和技能,可以减少由于人员知识经验和技能不足导致的人因失误,尤其是在时间紧迫时。

D. 规程使用的过程中可以将使用过程中的心得、发现的问题进行总结和纠正,使规程更加完善。

E. 规程是防止人因失误的最基本的一道屏障。

42. 重水堆装卸料机分离器探杆有哪几种模式(　　)。

A. 悬浮　　B. 下插　　C. 前进　　D. 回撤

E. 上提

43. CANDU6 重水堆装卸料机重水收集罐 3523−TK103 出现满液位报警,可能的原因包括(　　)。

A. 重水收集罐 3523−TK103 液位浮子故障

B. 低压疏水阀 3523−MV45 盘根渗漏大

C. 重水收集罐 3523−TK103 内部堵塞

D. 重水收集罐 3523−TK103 进水管线堵塞

E. 推杆 CLEVITE 密封严重失效

44. 下列关于核电厂经验反馈产生的背景和意义,说法正确的是(　　):

A. 切尔诺贝利核事故表明,分享运行经验的过程中使用同行的经验和向同行提供有价值的运行信息同样重要。

B. 切尔诺贝利核电厂事故后,全世界核电行业成立了 WANO 组织,其主要目的是致力于行业运行经验的共享。这是核电行业的共同进步。

C. 经验反馈不是一个新事物,可以说自从有了人类,便存在着朴素的经验反馈思想。但是明确提出“经验反馈”这一概念,并将其作为从事核能利用的基本原则和行为基础,则是在切尔诺贝利事故之后。

D. 和核安全文化、人因管理一样,运行经验反馈作为核电行业业绩提升的有力工具之一。

E. 作为一名核电从业者,只需要关注所在核电厂发生过的事件,无需关注其他核电厂的相关经验反馈。

45. 核电厂应严格遵循的培训原则包括(　　)。

A. 授权上岗制　　B. 全员培训制

C. 末位淘汰制　　D. 终身培训制

E. 通岗培训制

得　分	
评分人	

四、简答题(第 46 题～第 49 题,每题 5 分,满分 20 分。)

46. 项目总进度计划编制的依据有哪些?

47. 核安全级阀门安装时,阀门启闭状态应满足哪些要求?

48. 请简述堆芯异物打捞过程中除打捞工具外经常需要使用的辅助设备或者工器具

49. 简述引起 CNP300 核电机组主泵电机下导轴承温度高缺陷的原因。

得　分	
评分人	

五、计算题(第 50 题～第 50 题,每题 10 分,满分 10 分。)

50. 有一台电动多级调节阀为等百分比调节阀,其最大流量为 50 m^3/h,最小流量为 2 m^3/h。若全行程为 30 mm,那么在 10 mm 开度时的理论流量是多少?

得　分	
评分人	

六、综合题(第 51 题～第 51 题,每题 10 分,满分 10 分。)

51. 请写出核电厂核安全一级泵的设计准则。

职业技能鉴定国家题库

核反应堆核级机械设备检修工
国家职业资格一级理论知识试卷 B 参考答案

一、单项选择题(第 1 题～第 25 题。选择一个正确的答案,将相应的字母填入题内的括号中。每题 1 分,满分 25 分。)

1. B	2. A	3. A	4. B	5. A
6. A	7. C	8. D	9. B	10. A
11. A	12. A	13. B	14. C	15. C
16. C	17. A	18. D	19. D	20. B
21. A	22. C	23. D	24. C	25. D

二、判断题(第 26 题～第 30 题。将判断结果填入括号中。正确的填"√",错误的填"×"。每题 1 分,满分 5 分。)

26. √	27. √	28. ×	29. √	30. ×

三、多项选择题(第 31 题～第 45 题,请选择两个或以上正确答案,将相应字母填入括号内。错选或多选、少选均不得分,也不倒扣分。每题 2 分,满分 30 分。)

31. AB	32. ABCD	33. ABCE
34. ABCE	35. ABCDE	36. BCE
37. ABCDE	38. ABCDE	39. AB
40. AB	41. BCDE	42. ABE
43. ACE	44. ABCD	45. ABD

四、简答题(第 46 题～第 49 题,每题 5 分,满分 20 分。)

46. 项目总进度计划编制的依据包括:项目合同进度目标(3/10),工期定额有关技术经济资料(3/10),项目部署与主要工程项目方案(4/10)。

47. 安装时,阀门启闭状态应满足下列要求:与管道焊接连接的阀门,在焊接安装时,阀门应处于开启状态(2.5/10);与管道用法兰或螺纹连接的阀门,在安装时阀门应处于微启状态(2.5/10);与管道焊接连接的带有非金属阀瓣的阀门,在焊接安装时,若使用说明书中无特殊规定时,一般应先卸下非金属阀瓣后,方能施焊(2.5/10);与管道焊接连接的带有非金属密封垫的阀门,在安装时其密封垫不宜卸下者,应严格按此阀门安装焊接技术要求施焊

(2.5/10)。

48. 经常需要使用的辅助设备或者工器具有:(1) 水下照明设备(水下灯)(2/10);(2) 水下视频监视设备(水下电视)(2/10);(3) 防异物漂移或掉落的防护器具(防异物漂移堵塞、防异物漂移围筒)(2/10);(4) 异物水下暂存容器(2/10);(5) 异物水下转运容器等(2/10)。

49. 可能引起主泵电机下导轴承温度高的原因包括:(1) 轴承间隙不在标准范围内(2.5/10);(2) 下油箱排气不畅(2.5/10);(3) 设备冷却水流量、温度的影响(2.5/10);(4) 润滑油品质、液位、温度的影响等(2.5/10)。

五、计算题(第 50 题～第 50 题,每题 10 分,满分 10 分。)

50. 解:可调比为 $R=Q_{\max}/Q_{\min}=50/2=25$ (3/10)

于是在 10 mm 开度下的流量为

$$Q=Q_{\min}R^{1/3} \quad (5/10)$$

$$=2\times25^{1/3}$$

$$=5.85\ \mathrm{m^3/h} \quad (2/10)$$

六、综合题(第 51 题～第 51 题,每题 10 分,满分 10 分。)

51. 根据核安全导则 HAD102/03,反应堆冷却剂泵安全等级为 1 级,质量等级为 Q1 级,抗震类别为 I 类,清洁度要求为 A1 类,设计寿命 40 a。

1. 反应堆冷却剂泵应能确保堆芯传热所需的冷却剂流量(2/10)。

2. 反应堆冷却剂泵机组应能长期连续地运转。这要求易损件的寿命大于换料周期,承压件的寿命大于电厂寿命(2/10)。

3. 机组转动部件应有足够的转动惯量,在失去工作电源时,能供给堆芯冷却所需的惰走流量(2/10)。

4. 反应堆冷却剂泵机组临界转速应不低于正常转速的 125%(2/10)。

5. 正常运行或超速时,飞轮应保持完整性,防止产生内部飞射物(2/10)。

第二部分　操作技能

第一章　考情观察

一、考核思路

根据《国家职业标准——核反应堆核级机械设备检修工》的要求，核反应堆核级机械设备检修工(高级技师)的操作技能应达到以下水平。

1. 核反应堆本体检修模块

能制定针对重大缺陷的检修技术方案；能对系统、设备状态进行趋势分析，并提出预防性维修计划；能提出系统改进方案；能设计反应堆检修施工工艺；能优化维修工艺；能组织完成大修期间反应堆本体检修及装卸料操作的全部工作；能组织执行重大的检修项目；能分析和处理反应堆本体或装卸料操作系统维修中的疑难技术问题；能进行新技术、新知识和新工艺的专题讲座；能对初、中、高级工人员及技师进行培训；能应用质量管理知识，实现操作过程的质量分析控制；能进行现场核安全管理；能控制现场工作中的风险。

考核范围：核反应堆本体维修准备、维修实施、判断和排除故障、培训与指导、管理相关知识和操作。

2. 核安全级阀门检修模块

能审核重大缺陷或复杂的检修技术方案、维修规程、质量计划；能审核专用工具设计加工图；能优化备件和零部件设计；能对系统、设备状态进行趋势分析，并提出预防性维修计划；能编写重大检修项目的实施计划能提出系统改进方案；能主持实施重大检修项目；能主持完成各类核安全级阀门检修工作；能处理各类核安全级阀门的技术问题；能组织实施复杂的维修工艺；能分析和处理设备疑难技术问题；能组织解决阀门电气和仪控部分的复杂问题；能进行新技术、新知识和新工艺的专题讲座；能对初、中、高级工人员及技师进行培训；能应用质量管理知识，实现操作过程的质量分析控制；能进行现场核安全管理；能控制现场工作中的风险。

考核范围：核安全级阀门维修准备、维修实施、判断和排除故障、培训与指导、管理相关知识和操作。

3. 核安全级水泵检修模块

能审核重大缺陷或复杂的检修技术方案、维修规程、质量计划；能审核专用工具设计加工图；能优化备件和零部件设计；能对系统、设备状态进行趋势分析，并提出预防性维修计划；能对预防性维修大纲提出优化建议；能编写重大检修项目的实施计划；能提出系统改进方案；能优化维修工艺；能组织完成主泵的全部检修工作；能组织执行重大的检修项目；能分析和处理泵的重大技术问题；能分析和处理设备疑难问题；能组织解决泵的电气和仪控部分的复杂问题；能进行新技术、新知识和新工艺的专题讲座；能对初、中、高级工人员及技师进行培训；能应用质量管理知识，实现操作过程的质量分析控制；能进行现场核安全管理；能控制现场工作中的风险。

考核范围：核安全级水泵维修准备、维修实施、判断和排除故障、培训与指导、管理相关知识和操作。

4. 核安全级容器检修模块

能审核重大缺陷或复杂的检修技术方案、维修规程、质量计划；能审核专用工具设计加工图；能优化备件和零部件设计；能对系统、设备状态进行趋势分析，并提出预防性维修计划；能对预防性维修大纲提出优化建议；能编写重大检修项目的实施计划；能提出系统改进方案能优化维修工艺；能组织完成核级容器的全部检修工作；能组织执行重大的检修项目；能分析和处理核级容器的重大技术问题；能分析设备疑难问题并制定处理方案；能进行新技术、新知识和新工艺的专题讲座；能对初、中、高级工人员及技师进行培训；能应用质量管理知识，实现操作过程的质量分析控制；能进行现场核安全管理；能控制现场工作中的风险。

考核范围：核安全级容器维修准备、维修实施、判断和排除故障、培训与指导、管理相关知识和操作。

5. 重水堆燃料操作系统机械检修模块

能编写疑难缺陷检修技术方案；能对系统设备状态进行趋势分析，并提出预防性维修优化建议；能提出系统改进方案；能优化零部件设计；能对重水堆燃料操作系统设备重大质量问题进行分析、攻关和论证；能处理重水堆燃料操作系统设备维修中的重大技术问题；能分析处理重水堆燃料装卸料机在偏离运行程序工况下的重大故障；能分析处理重水堆燃料操作系统疑难问题；能进行新技术、新知识和新工艺的专题讲座；能对初、中、高级工人员及技师进行培训；能应用质量管理知识，实现操作过程的质量分析控制；能进行现场核安全管理；能控制现场工作中的风险。

考核范围：重水堆燃料操作系统机械检修的维修准备、维修实施、判断和排除故障、培训与指导、管理相关知识和操作。

二、组卷方式

核反应堆核级机械设备检修工（高级技师）操作技能考核试卷采用计算机自动组卷，即计算机按照本职业高级《操作技能考核内容结构表》的结构特征，使用统一的组卷模型，从职业技能鉴定国家题库中按具体要求随机抽取相应试题，组成试卷。试卷组成后，应经专家审核，更换不适用的试题。

核反应堆核级机械设备检修工（高级技师）操作技能考核试卷按照反应堆本体检修、核安全级阀门检修、核安全级水泵检修、核安全级容器检修、重水堆燃料操作系统机械检修等五个模块分别组卷。

三、试卷结构

核反应堆核级机械设备检修工(高级技师)操作技能考核试卷一般由以下三部分内容组成。

操作技能考核准备通知单。分为考场准备通知单和考生准备通知单,在考核前分别发给考核现场和考生。内容为考核所需场地、设备、材料、工具及其他准备要求。

操作技能考核试卷正文。内容为操作技能考核试题,包括试题名称、试题分值、考核时间、考核形式、具体考核要求等。

操作技能考核评分记录表。内容为操作技能考核试题配分与评分标准,用于考评员评分记录。主要包括各项考核内容、考核要点、配分与评分标准、否定项及说明、考核分数加权汇总方法等。

四、考核时间与要求

1. 考核时间

按照《国家职业标准——核反应堆核级机械设备检修工》的要求,本职业高级技师操作技能考核时间不少于210分钟。

2. 考核要求

考生应根据试卷具体要求进行操作;考生在操作技能考核过程中要遵守考场纪律,执行操作规程,防止出现人身和设备安全事故。

第二章　考核结构与鉴定要素表

一、考核内容结构表

考核内容结构表是操作技能题库的主体基本框架，它是在深入分析了职业特点的基础上，按照技能题库理论模型，结合职业技能鉴定工作的要求开发设计的，它充分体现了试题库的总体结构和设计思路。

考核内容结构表采取模块化的结构形式，既可以保证考核内容的完整性、统一性，又能够满足各技术等级之间在考核内容和考核形式上的不同要求，同时它又是组成试卷的重要依据。操作技能考核的鉴定范围、鉴定比重、考核时间和考核形式在考核内容结构表中都做了明确的规定。

核反应堆核级机械设备检修工（高级技师）操作技能考核内容结构表见表 2-1。根据《国家职业标准——核反应堆核级机械设备检修工》的要求，将核反应堆核级机械设备检修工（高级技师）的全部考核内容划分为“维修准备”“维修实施”“判断和排除故障”“培训与指导”“管理”五个部分，并在每一部分下标有选考方式、鉴定比重、考核时间和考核形式，考核时根据结构表组成考核试卷。

表 2-1　核反应堆核级机械设备检修工（高级技师）操作技能考核内容结构表

考核范围 考核要求	维修准备	维修实施	判断和排除故障	培训与指导	管理	合计
选考方式	必考	必考	必考	必考	必考	
鉴定比重(%)	15	35	25	10	15	100
考试时间(min)	30	90	90	30	30	270
考核形式	实操或模拟操作	实操或模拟操作	实操或模拟操作	实操或模拟操作	实操或模拟操作	—

二、鉴定要素细目表

鉴定要素细目表是试题库总体结构和考核内容结构表的具体表现形式，该表按照技术等级分别列出，共分为两级模块。两级模块下的“鉴定点”即为操作技能考核试题的考核内容。

核反应堆核级机械设备检修工（高级技师）技能操作考核按照模块的不同分别组卷；核反应堆本体检修（高级技师）操作技能鉴定要素细目表见表 2-2、核安全级阀门检修（高级技师）操作技能鉴定要素细目表见表 2-3、核安全级水泵检修（高级技师）操作技能鉴定要素细目表见表 2-4、核安全级容器检修（高级技师）操作技能鉴定要素细目表见表 2-5、重水堆燃料操作系统机械检修（高级技师）操作技能鉴定要素细目表见表 2-6。

表 2-2 核反应堆核级机械设备检修工——核反应堆本体检修(高级技师)
操作技能鉴定要素细目表

鉴定范围				鉴定点		
一级		二级		代码	名　称	重要程度
名称	鉴定比重	名称	鉴定比重			
核反应堆本体检修	100%	维修准备	15%	1	依据维修实施对象完成所需工器具准备	X
				2	依据维修实施对象完成所需备品备件准备	X
				3	依据维修实施对象完成所需专用工器具准备	X
				4	依据维修实施对象选用合适的测量工具	X
				5	依据维修实施对象完成隔离区建立	X
				6	依据维修实施对象选用辐射防护用品	X
				7	依据维修实施对象完成方案或规程编制	X
				8	依据维修实施对象完成工作包准备	X
				9	分析维修过程中可能出现的风险	X
				10	编制风险控制措施	X
		维修实施	35%	1	改进或修复堆本体专用工器具	X
				2	实施反应堆本体构件缺陷的处理	X
				3	组织执行反应堆本体检修	X
				4	组织执行反应堆装卸料操作	X
				5	优化堆本体维修工艺	X
		判断和排除故障	25%	1	分析和处理设备检修过程中或操作过程中的故障和缺陷	X
				2	判断和排除维修、试验工器具的重大缺陷	X
				3	分析处理设备的异音、振动等故障	X
		培训与指导	10%	1	编写中、高级人员及技师培训教材	X
				2	指导中、高级人员及技师进行操作	X
				3	讲授本专业技术理论知识和技能经验	X
				4	进行新技术、新知识、新工艺的专题讲座	Y
		管理	15%	1	组织跨专业协同作业	X
				2	撰写技术工作总结	X
				3	应用质量管理知识,实现操作过程的质量分析控制	X
				4	进行现场核安全管理	X
				5	控制现场工作中的风险	X

说明:“重要程度”反映了每个考核点与其他考核点的相互关系和相对地位。在描述时,一般用“X、Y、Z”表示,“X”代表重要程度高的核心要素,“Y”代表重要程度一般的要素,“Z”代表重要程度偏低的辅助要素。

表 2-3　核反应堆核级机械设备检修工——核安全级阀门检修（高级技师）操作技能鉴定要素细目表

鉴定范围				鉴定点		
一级		二级		代码	名　　称	重要程度
名称	鉴定比重	名称	鉴定比重			
核反应堆核安全级阀门检修	100%	维修准备	15%	1	依据维修实施对象完成所需工器具准备	X
				2	依据维修实施对象完成所需备品备件准备	X
				3	依据维修实施对象完成所需专用工器具准备	X
				4	依据维修实施对象选用合适的测量工具	X
				5	依据维修实施对象完成隔离区建立	X
				6	依据维修实施对象选用辐射防护用品	X
				7	依据维修实施对象完成方案或规程编制	X
				8	依据维修实施对象完成工作包准备	X
				9	分析维修过程中可能出现的风险	X
				10	编制风险控制措施	X
		维修实施	35%	1	维修核反应堆主回路安全阀	X
				2	维修复杂的核级阀门	X
				3	对核级阀门重大缺陷提出检修方案	X
				4	组织实施复杂的核级阀门维修工艺	X
				5	优化核级阀门维修工艺	X
		判断和排除故障	25%	1	分析和处理设备检修过程中或操作过程中的故障和缺陷	X
				2	判断和排除维修、试验工器具的重大缺陷	X
				3	分析处理设备的异音、振动等故障	X
		培训与指导	10%	1	编写中、高级人员及技师培训教材	X
				2	指导中、高级人员及技师进行操作	X
				3	讲授本专业技术理论知识和技能经验	X
				4	进行新技术、新知识、新工艺的专题讲座	Y
		管理	15%	1	组织跨专业协同作业	X
				2	撰写技术工作总结	X
				3	应用质量管理知识，实现操作过程的质量分析控制	X
				4	进行现场核安全管理	X
				5	控制现场工作中的风险	X

说明："重要程度"反映了每个考核点与其他考核点的相互关系和相对地位。在描述时，一般用"X、Y、Z"表示，"X"代表重要程度高的核心要素，"Y"代表重要程度一般的要素，"Z"代表重要程度偏低的辅助要素。

表 2-4 核反应堆核级机械设备检修工——核安全级水泵检修（高级技师）操作技能鉴定要素细目表

鉴定范围				鉴定点		
一级		二级		代码	名称	重要程度
名称	鉴定比重	名称	鉴定比重			
核反应堆核安全级水泵检修	100%	维修准备	15%	1	依据维修实施对象完成所需工器具准备	X
				2	依据维修实施对象完成所需备品备件准备	X
				3	依据维修实施对象完成所需专用工器具准备	X
				4	依据维修实施对象选用合适的测量工具	X
				5	依据维修实施对象完成隔离区建立	X
				6	依据维修实施对象选用辐射防护用品	X
				7	依据维修实施对象完成方案或规程编制	X
				8	依据维修实施对象完成工作包准备	X
				9	分析维修过程中可能出现的风险	X
				10	编制风险控制措施	X
		维修实施	35%	1	维修复杂的核安全一级泵	X
				2	维修复杂的核安全二级泵	X
				3	进行转子部件的配重调整工作	X
				4	对核级水泵重大缺陷提出检修方案	X
				5	组织实施复杂的核级水泵维修工艺	X
		判断和排除故障	25%	1	分析和处理设备检修过程中或操作过程中的故障和缺陷	X
				2	判断和排除维修、试验工器具的重大缺陷	X
				3	分析处理设备的异音、振动等故障	X
		培训与指导	10%	1	编写中、高级人员及技师培训教材	X
				2	指导中、高级人员及技师进行操作	X
				3	讲授本专业技术理论知识和技能经验	X
				4	进行新技术、新知识、新工艺的专题讲座	Y
		管理	15%	1	组织跨专业协同作业	X
				2	撰写技术工作总结	X
				3	应用质量管理知识，实现操作过程的质量分析控制	X
				4	进行现场核安全管理	X
				5	控制现场工作中的风险	X

说明：“重要程度”反映了每个考核点与其他考核点的相互关系和相对地位。在描述时，一般用“X、Y、Z”表示，“X”代表重要程度高的核心要素，“Y”代表重要程度一般的要素，“Z”代表重要程度偏低的辅助要素。

表 2-5　核反应堆核级机械设备检修工——核安全级容器检修（高级技师）操作技能鉴定要素细目表

鉴定范围				鉴定点		
一级		二级		代码	名　称	重要程度
名称	鉴定比重	名称	鉴定比重			
核反应堆核安全级容器检修	100%	维修准备	15%	1	依据维修实施对象完成所需工器具准备	X
				2	依据维修实施对象完成所需备品备件准备	X
				3	依据维修实施对象完成所需专用工器具准备	X
				4	依据维修实施对象选用合适的测量工具	X
				5	依据维修实施对象完成隔离区建立	X
				6	依据维修实施对象选用辐射防护用品	X
				7	依据维修实施对象完成方案或规程编制	X
				8	依据维修实施对象完成工作包准备	X
				9	分析维修过程中可能出现的风险	X
				10	编制风险控制措施	X
		维修实施	35%	1	组织实施传热管换管工艺	X
				2	对核级容器重大缺陷提出检修方案	X
				3	组织实施复杂的核级容器维修工艺	X
				4	组织实施核级容器的变更改造	X
				5	优化核级容器维修工艺	X
		判断和排除故障	25%	1	分析和处理设备检修过程中或操作过程中的故障和缺陷	X
				2	判断和排除维修、试验工器具的重大缺陷	X
				3	分析处理设备的异音、振动等故障	X
		培训与指导	10%	1	编写中、高级人员及技师培训教材	X
				2	指导中、高级人员及技师进行操作	X
				3	讲授本专业技术理论知识和技能经验	X
				4	进行新技术、新知识、新工艺的专题讲座	Y
		管理	15%	1	组织跨专业协同作业	X
				2	撰写技术工作总结	X
				3	应用质量管理知识，实现操作过程的质量分析控制	X
				4	进行现场核安全管理	X
				5	控制现场工作中的风险	X

说明：“重要程度”反映了每个考核点与其他考核点的相互关系和相对地位。在描述时，一般用“X、Y、Z”表示，“X”代表重要程度高的核心要素，“Y”代表重要程度一般的要素，“Z”代表重要程度偏低的辅助要素。

表 2-6 重水堆燃料操作系统机械检修（高级技师）操作技能鉴定要素细目表

鉴定范围				鉴定点		
一级		二级		代码	名　称	重要程度
名称	鉴定比重	名称	鉴定比重			
重水堆燃料操作系统机械检修	100%	维修准备	15%	1	依据维修实施对象完成所需工器具准备	X
				2	依据维修实施对象完成所需备品备件准备	X
				3	依据维修实施对象完成所需专用工器具准备	X
				4	依据维修实施对象选用合适的测量工具	X
				5	依据维修实施对象完成隔离区建立	X
				6	依据维修实施对象选用辐射防护用品	X
				7	依据维修实施对象完成方案或规程编制	X
				8	依据维修实施对象完成工作包准备	X
				9	分析维修过程中可能出现的风险	X
				10	编制风险控制措施	X
		维修实施	35%	1	组织实施重水堆燃料操作系统的变更改造	X
				2	进行重水堆燃料装卸料机料仓组件的维修	X
				3	组织完成重水堆燃料装卸料机维修后的试验	X
				4	分析重水堆设备组装过程中的超差原因	X
				5	处理重水堆设备组装过程中的超差	X
		判断和排除故障	25%	1	分析和处理设备检修过程中或操作过程中的故障和缺陷	X
				2	判断和排除维修、试验工器具的重大缺陷	X
				3	分析处理设备的异音、振动等故障	X
		培训与指导	10%	1	编写中、高级人员及技师培训教材	X
				2	指导中、高级人员及技师进行操作	X
				3	讲授本专业技术理论知识和技能经验	X
				4	进行新技术、新知识、新工艺的专题讲座	Y
		管理	15%	1	组织跨专业协同作业	X
				2	撰写技术工作总结	X
				3	应用质量管理知识，实现操作过程的质量分析控制	X
				4	进行现场核安全管理	X
				5	控制现场工作中的风险	X

说明：“重要程度”反映了每个考核点与其他考核点的相互关系和相对地位。在描述时，一般用“X、Y、Z”表示，“X”代表重要程度高的核心要素，“Y”代表重要程度一般的要素，“Z”代表重要程度偏低的辅助要素。

三、考点导航

1. 核反应堆本体检修

(1) 维修准备

主要考核反应堆本体检修典型关键的维修技术方案编写，包括人员、备件、材料、工艺、方案、风险分析、应急预案和辐射防护专项方案等。

(2) 维修实施

主要考核反应堆本体构件缺陷的处理，组织执行反应堆本体检修，组织执行反应堆装卸料操作，了解反应堆本体设计要求和规范，掌握维修技能可靠性控制方法。

(3) 判断和故障处理

主要考核事件根本原因分析方法，典型的重大设备故障根本原因分析案例，分析和处理设备检修过程中或操作过程中的故障和缺陷。

(4) 培训与指导

主要考核能够指导各级人员现场操作，能够编写培训计划、培训材料、培训试题。

(5) 管理

主要考核应用质量管理大纲知识，实现操作过程的质量分析控制，现场核安全管理，控制操作中的风险。

2. 核反应堆核安全级阀门检修

(1) 维修准备

主要考核反应堆核安全级阀门检修典型关键的维修技术方案编写，包括人员、备件、材料、工艺、方案、风险分析、应急预案和辐射防护专项方案等。

(2) 维修实施

主要考核反应堆核安全级阀门缺陷的处理，组织执行复杂核级阀门检修，组织化检修工具和工艺，了解核级阀门设计要求和规范，掌握维修技能可靠性控制方法。

(3) 判断和故障处理

主要考核事件根本原因分析方法，典型的重大阀门设备故障根本原因分析案例，分析和处理阀门设备检修过程中或运行操作过程中的故障和缺陷。

(4) 培训与指导

主要考核能够指导各级人员现场操作，能够编写培训计划、培训材料、培训试题。

(5) 管理

主要考核应用质量管理大纲知识，实现操作过程的质量分析控制，现场核安全管理，控制操作中的风险。

3. 核反应堆核安全级水泵检修

(1) 维修准备

主要考核反应堆核安全级水泵检修典型关键的维修技术方案编写，包括人员、备件、材料、工艺、方案、风险分析、应急预案和辐射防护专项方案等。

(2) 维修实施

主要考核反应堆核安全级水泵缺陷的处理，组织执行核安全一、二级水泵检修，优化检修工具和工艺,了解核级水泵设计要求和规范,掌握维修技能可靠性控制方法。

(3) 判断和故障处理

主要考核事件根本原因分析方法,重大水泵设备故障根本原因分析案例,分析和处理重要水泵振动、异音等故障和缺陷。

(4) 培训与指导

主要考核能够指导各级人员现场操作,能够编写培训计划、培训材料、培训试题。

(5) 管理

主要考核应用质量管理大纲知识,实现操作过程的质量分析控制,现场核安全管理,控制操作中的风险。

4. 核反应堆核安全级容器检修

(1) 维修准备

主要考核反应堆核安全级容器检修典型关键的维修技术方案编写,包括人员、备件、材料、工艺、方案、风险分析、应急预案和辐射防护专项方案等。

(2) 维修实施

主要考核反应堆核安全级容器缺陷的处理,组织执行复杂核级容器检修、变更,优化检修工具和工艺,了解核级容器设计要求和规范,掌握维修技能可靠性控制方法。

(3) 判断和故障处理

主要考核事件根本原因分析方法,重大容器设备故障根本原因分析案例,分析和处理核级容器重大故障和缺陷。

(4) 培训与指导

主要考核能够指导各级人员现场操作,能够编写培训计划、培训材料、培训试题。

(5) 管理

主要考核应用质量管理大纲知识,实现操作过程的质量分析控制,现场核安全管理,控制操作中的风险。

5. 重水堆燃料操作系统机械检修维修准备

(1) 维修准备

主要考核重水堆燃料操作系统机械检修典型关键的维修技术方案编写,包括人员、备件、材料、工艺、方案、风险分析、应急预案和辐射防护专项方案等。

(2) 维修实施

主要考核包括对系统设备重大缺陷分析和处理的能力,分析处理系统设备疑难问题的能力,提出系统设备改造方案的能力和制定重大维修项目实施方案。

(3) 判断和故障处理

主要考核事件根本原因分析方法,重水堆燃料操作系统设备故障根本原因分析案例,分析和处理重水堆燃料操作系统故障和缺陷。

(4) 培训与指导

主要考核能够指导各级人员现场操作,能够编写培训计划、培训材料、培训试题。

(5) 管理

主要考核应用质量管理大纲知识,实现操作过程的质量分析控制,现场核安全管理,控制操作中的风险。

第三章　模拟试卷

第一单元　核反应堆本体检修

职业技能鉴定国家题库

核反应堆核级机械设备检修工国家职业资格一级操作技能考核试卷

注意事项

1. 本试卷依据 2001 年颁布的《国家职业标准——核反应堆核级机械设备检修工》命制。
2. 请根据试题考核要求,完成考试内容。
3. 请服从考评人员指挥,保证考核安全顺利进行。

试题 1　某核电厂应急水箱内部检查作业风险控制措施的编制

考核要求

(1) 本题分值:10

(2) 考核时间:30 min

(3) 考核形式:模拟

(4) 具体考核要求:考生根据要求在规定的时间内写出某核电厂应急水箱内部检查作业的风险控制措施并回答考评员提问

(5) 否定项说明:无

试题情景

某核电厂应急水箱按照预防性维修大纲要求进行内部检查,请考生结合上述场景针对密闭容器内作业风险写出相应的安全措施。

试题 2　某压水堆装卸机无法脱扣的故障分析及处理

考核要求

(1) 本题分值:100

(2) 考核时间:90 min

(3) 考核形式:模拟

(4) 具体考核要求:

请考生认真阅读试题情景,并依据试题情景分析故障原因,描述解决方法。

(5) 否定项说明:无

试题情景

(1) 故障现象描述

某压水堆核电站装卸料机伸缩套筒结构如下图所示,在停堆换料期间一组乏燃料组件从堆芯运至转运装置的倾翻篮内,装卸料机位置坐标、高度显示、重量指示均符合脱扣要求,气源、气压符合要求。脱扣、啮合开关状态良好,在操作装卸料机脱扣开关后,明显感觉到气缸有一段动作行程但行程较短(但可以确认气缸○$_2$ 本体内部没有故障),且脱扣指示灯不亮。将抓具置于啮合状态,升起套筒。拆除手动应急脱扣操作齿盘○$_4$ 的限位装置,组装手

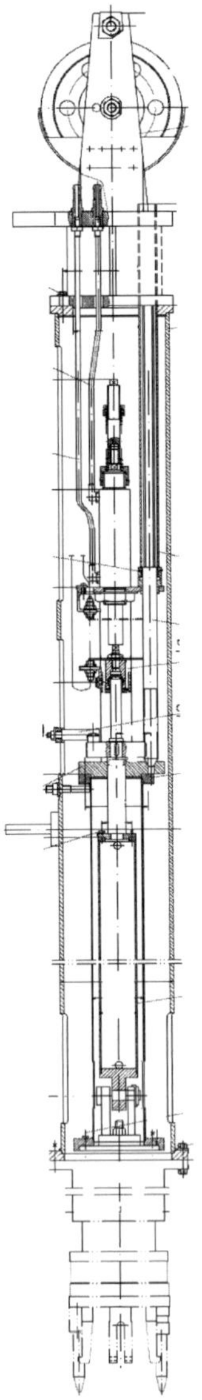

图 1　某压水堆装卸料机伸缩套筒结构简图

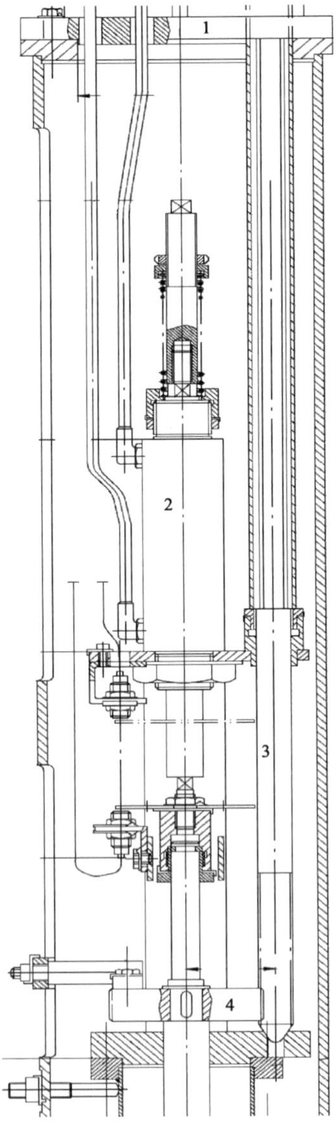

图 2　某压水堆装卸料机伸缩套筒局部剖面图

动应急脱扣操作杆○$_3$ 工具，采用手动应急脱扣操作工具进行脱扣，发现手动应急脱扣操作杆在旋拧了 5～6 圈后，两个方向均无法旋转。此时堆芯处不具备排水条件，但换料水池中间设计有气动式密封水闸门。

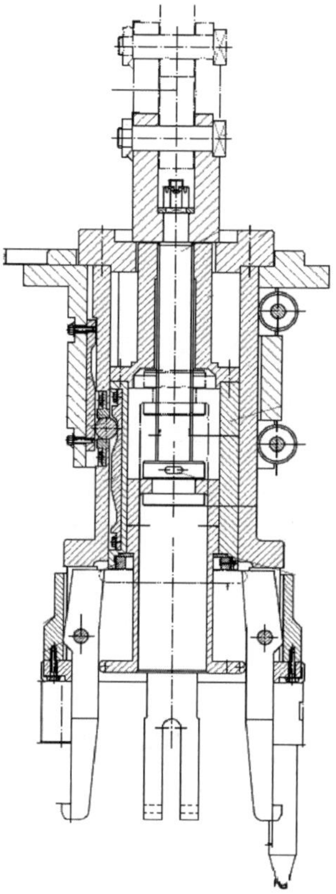

图 3　某压水堆装卸料机抓具结构简图

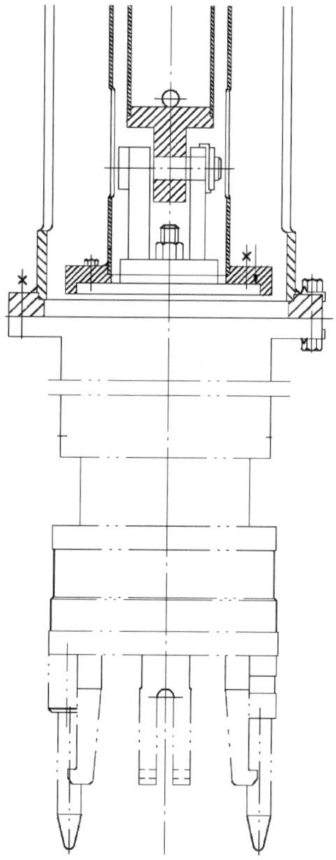

图 4　某压水堆装卸料机抓具局部剖面图

（2）请考生

a）请回答在此类工况下处理缺陷，应遵循何种安全原则；

b）通过上述的故障描述，分析抓具脱扣灯不亮且无法手动应急脱扣的几种原因，并描述相关问题的处理步骤。

试题 3　某压水堆反应堆阻力塞组件无法下插故障分析与处理

考核要求

（1）本题分值：50

（2）考核时间：90 min

（3）考核形式：模拟

（4）具体考核要求：请考生认真阅读试题情景，并详细分析造成故障的原因以及处理方法。

（5）否定项说明：无

试题情景

(1) 故障现象描述

某压水堆反应堆停堆换料过程中,执行大修阻力塞组件倒换操作。操作人员使用阻力塞组件倒换工具将一组阻力塞组件从A燃料组件中抽出后,往B燃料组件里插入时,发现阻力塞组件无法下插进入 B 燃料组件。经过反复多次尝试后,仍无法插入其他燃料组件和格架中的相关组件适配器,此时该变形的阻力塞组件仍抓取在阻力塞组件抓具上无法释放。通过水下电视检查发现该阻力塞组件的一根阻力塞棒发生了较为严重的变形(俯视图如下),需要更换新的阻力塞备件。

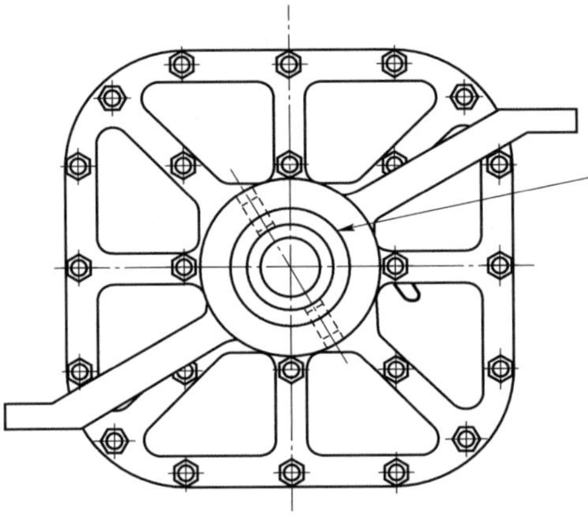

(2) 请考生:根据故障现象,分析导致阻力塞棒变形的可能原因。为保障该组阻力塞组件仍能通过阻力塞倒换工具正常抓取和释放,请简述可行的解决措施。

试题 4　技能培训教材中操作实施章节的主要内容及要求

考核要求

(1) 本题分值:10

(2) 考核时间:30 min

(3) 考核形式:模拟

(4) 具体考核要求:考生根据要求在规定的时间内写出编制技能培训教材中操作实施章节的主要内容及要求并回答考评员提问。

(5) 否定项说明:无

试题情景

技能培训教材中操作实施章节是全文的核心部分,技能培训材料的质量主要就在操作实施章节的质量中得以体现,操作实施过程编写的简明易懂是技能培训教材编写的最终目标。请考生结合上述原则写出编制技能培训教材时操作实施章节的主要内容及要求。

试题 5　核电厂设备维修活动中 PDCA 循环的主要实施步骤

考核要求

(1) 本题分值:10

(2) 考核时间:30 min

(3) 考核形式:模拟

(4) 具体考核要求:考生根据要求在规定的时间内写出核电厂设备维修活动中 PDCA 循环的主要实施步骤并回答考评员提问。

(5) 否定项说明:无

试题情景

PDCA 循环在核电厂设备维修中应用广泛。在 ISO 体系中质量控制的通用方法是通过 PDCA 大小循环来进行控制,PDCA 循环又叫“戴明循环”。熟练掌握和灵活运用 PDCA 循环方法,对于提高质量管理体系运行的效果和效率十分重要。请考生结合上述原则写出核电厂设备维修活动中 PDCA 循环的主要实施步骤。

职业技能鉴定国家题库

核反应堆核级机械设备检修工（核反应堆本体检修）国家职业资格一级操作技能考核准备通知单（考场）

试题 1

考场准备

(1) 试题名称:某核电厂应急水箱内部检查作业风险控制措施的编制

(2) 本题分值:10

(3) 考核时间:30 min

(4) 考核形式:模拟

(5) 设备设施准备

序号	名称	规格	单位	数量	备注
1	签字笔	0.5 mm	支	1	
2	空白纸	A4	张	若干	

试题 2

考场准备

(1) 试题名称:某压水堆装卸机无法脱扣的故障分析及处理

(2) 本题分值:100

(3) 考核时间:90 min

(4) 考核形式:模拟

(5) 设备设施准备

序号	名称	规格	单位	数量	备注
1	签字笔	0.5 mm	支	1	
2	空白纸	A4	张	若干	
3	绘图工具		套	1	三角尺

试题 3

考场准备

(1) 试题名称:某压水堆核反应堆阻力塞组件无法下插故障分析与处理
(2) 本题分值:50
(3) 考核时间:90 min
(4) 考核形式:模拟
(5) 设备设施准备

序号	名称	规格	单位	数量	备注
1	签字笔	0.5 mm	支	1	
2	空白纸	A4	张	若干	

试题 4

考场准备

(1) 试题名称:技能培训教材中操作实施章节的主要内容及要求
(2) 本题分值:10
(3) 考核时间:30 min
(4) 考核形式:模拟
(5) 设备设施准备

序号	名称	规格	单位	数量	备注
1	签字笔	0.5 mm	支	1	
2	空白纸	A4	张	若干	

试题 5

考场准备

(1) 试题名称:核电厂设备维修活动中 PDCA 循环的主要实施步骤
(2) 本题分值:10
(3) 考核时间:30 min
(4) 考核形式:模拟
(5) 设备设施准备

序号	名称	规格	单位	数量	备注
1	签字笔	0.5 mm	支	1	
2	空白纸	A4	张	若干	

职业技能鉴定国家题库
核反应堆核级机械设备检修工(核反应堆本体检修)
国家职业资格一级
操作技能考核准备通知单(考生)

姓名:______________ 准考证号:______________ 单位:______________

试题 1

考生准备

(1) 试题名称:某核电厂应急水箱内部检查作业风险控制措施的编制

(2) 本题分值:10

(3) 考核时间:30 min

(4) 考核形式:模拟

(5) 工具及其他准备:无

试题 2

考生准备

(1) 试题名称:某压水堆装卸料机无法脱扣的故障分析及处理

(2) 本题分值:100

(3) 考核时间:90 min

(4) 考核形式:模拟

(5) 工具及其他准备:无

试题 3

考生准备

(1) 试题名称:某压水堆反应堆阻力塞组件无法下插故障分析与处理

(2) 本题分值:50

(3) 考核时间:90 min

(4) 考核形式:模拟

(5) 工具及其他准备:无

试题 4

考生准备

(1) 试题名称:技能培训教材中操作实施章节的主要内容及要求

(2) 本题分值:10

(3) 考核时间:30 min

(4) 考核形式:模拟

(5) 工具及其他准备:无

试题 5

考生准备

(1) 试题名称:核电厂设备维修活动中 PDCA 循环的主要实施步骤

(2) 本题分值:10

(3) 考核时间:30 min

(4) 考核形式:模拟

(5) 工具及其他准备:无

职业技能鉴定国家题库

核反应堆核级机械设备检修工(核反应堆本体检修)国家职业资格一级操作技能考核评分记录表

考件编号:________ 姓名:________ 准考证号:________ 单位:________

总成绩表

序号	试题名称	配分	得分	权重	最后得分	备注
1	某核电厂应急水箱内部检查作业风险控制措施的编制	15				
2	某压水堆装卸料机无法脱扣的故障分析与处理	35				
3	某压水堆反应堆阻力塞组件无法下插故障分析与处理	25				
4	技能培训教材中操作实施章节的主要内容及要求	10				
5	核电厂设备维修活动中 PDCA 循环的主要实施步骤	15				
合　计		100				

统分人:　　　　　　　　　　　　　　　　　　　　　　　　年　　月　　日

试题 1　某核电厂应急水箱内部检查作业风险控制措施的编制

配分与评分标准:

序号	考核内容	考核要点	配分	评分标准	扣分	得分
1	基本安全措施	1. 涉及的作业区已隔离并设置警示和张挂作业隔离区标志牌; 2. 确认工作许可证隔离措施和安全措施已实施且完整有效; 3. 进入密闭场所作业前,须先测试气体浓度,确保氧含量不低于 19.5%,氢气、氨气等易燃易爆或有毒有害气体含量应在法规的限值之下。	3	1. 考核要点中每项 1 分,提及每项中的相关内容得 1 分; 2. 满分 3 分。		

续表

序号	考核内容	考核要点	配分	评分标准	扣分	得分
2	个人防护用品确认	工作负责人必须确保所有作业实施人员配备了正确的劳动保护用品。	1	1. 考核要点中每项1分，提及每项中的相关内容得1分； 2. 满分1分。		
3	人员准备确认	在作业期间至少安排一名作业人员在密闭空间外承担持续监护工作，有毒有害气体容器相关作业至少有2人在外持续监护。	1	1. 考核要点中每项1分，提及每项中的相关内容得1分； 2. 满分1分。		
4	工器具准备确认	1. 容器内临时照明及电气工器具使用安全电压(一般不超过 36 V，金属容器 24 V、潮湿金属容器内 12 V)或二类电动工器具，行灯变压器应放在密闭空间外； 2. 通讯工具及设备处于可用状态； 3. 使用的安全器具以及相关的设备防护装置安全条件满足要求。	3	1. 考核要点中每项1分，提及每项中的相关内容得1分； 2. 满分3分。		
5	文件准备确认	1. 涉及一级高风险项目，应事先将工作期间所需的作业规程、高风险作业工业安全许可证等文件资料准备妥当； 2. 涉及二级高风险项目，还需制订专项安全技术方案，经批准后方可实施。 3. 现场作业时，工作负责人应随身携带以上文件。	2	1. 考核要点中每项1分，提及每项中的相关内容得1分； 2. 满分2分。		
合计			10			

否定项：无

评分人： 年 月 日 核分人： 年 月 日

试题 2 某压水堆装卸料机无法脱扣的故障分析及处理

配分与评分标准：

序号	考核内容	考核要点	配分	评分标准	扣分	得分
1	问题处理原则	缺陷处理应遵循的安全原则	4	此类问题处理应遵循“确保燃料组件置于安全位置”的处理原则(未回答此条扣4分，也可不完全按照字面描述，但是语意要相同)		
2	故障判断	根据设备结构及运行情况进行失效原因分析	21	气缸动作不到位的原因 1：脱扣动作的时候，气缸活塞杆尾端顶住了下支撑板组件(未回答出此条扣3分)		
				气缸动作不到位的原因 2：抓具解锁板咬死，导致气缸行程不到位(未回答出此条扣3分)		

续表

序号	考核内容	考核要点	配分	评分标准	扣分	得分
2	故障判断	根据设备结构及运行情况进行失效原因分析	21	手动应急脱扣操作无法旋拧的原因 1:气缸处于啮合状态,气源始终保持供气状态(未回答出此条扣 3 分)		
				手动应急脱扣操作无法旋拧的原因 2:伸缩套筒内部支撑套管与连接管之间咬死(未回答出此条扣 3 分)		
				手动应急脱扣操作无法旋拧的原因 3:抓具螺杆与螺母之间咬死(未回答出此条扣 3 分)		
				手动应急脱扣操作无法旋拧的原因 4:抓具螺杆与控制套筒之间咬死(未回答出此条扣 3 分)		
				手动应急脱扣操作无法旋拧的原因 5:控制套筒与滑动套筒之间咬死(未回答出此条扣 3 分)		
3	维修实施	燃料组件在安全位置脱扣	25	确认装卸料机、倾翻装置与燃料篮之间的状态,确认组件处于安全位置后将抓具开关置于脱扣位置(无此描述扣 2 分)		
				关闭装卸料机供气气源,操作机柜内部的排气阀,并将气缸进出气管接头松开,排空气路内所有剩余气体(无此描述扣 2 分)		
				此时操作手动应急脱扣操作杆,如果此时应急脱扣操作正常,则证明之前手动应急脱扣操作杆无法动作的故障是由于气路系统压力造成(无此分析扣 3 分)		
				顺时针旋转手动应急脱扣操作杆,直至无法旋转为止,并记录旋转圈数直至脱扣灯亮起(无此描述扣 2 分)		
				组件脱扣后运至燃料厂房存储,再反方向旋转操作手动应急脱扣操作杆同样的圈数,将抓具恢复至初始位置附近(无此描述扣 3 分)		
				拧紧气缸接头,恢复供气气源,检查气路密封情况,在触碰位置检查抓具开合情况(无此描述扣 2 分)		
				如在组件未脱开时,无法操作手动应急脱扣操作杆,则证明有其他机构咬死,需进行下一步维修操作(无此分析扣 3 分)		
				装卸料机在提升旁路激活的操作状态下,缓慢提升装卸料机伸缩套筒(无此描述扣 2 分)		
				如果重量仅在套筒自身重量范围内变化则继续提升伸缩套筒,直至提升至顶端位置,并移走装卸料机,将辐照后的燃料组件运至燃料厂房乏池内(无此描述扣 3 分)		

续表

序号	考核内容	考核要点	配分	评分标准	扣分	得分
3	维修实施	燃料组件在安全位置脱扣	25	如果重量显示超出套筒重量后仍在线性上升，则立即停止上升，将套筒下降至失重位置（无此描述扣 2 分）		
				采用特种维修手段实现装卸料机抓具与发辐照后的燃料组件脱扣（无此描述扣 1 分）		
		装卸料机抓具故障维修	38	组件运至燃料厂房后关闭燃料运输通道闸阀，换料水池高垮侧排水至高垮钢覆面露出为止（无此描述扣 3 分）		
				辐射防护人员对作业区域进行计量检查及去污（无此描述扣 2 分）		
				将抓具备件、触碰装置及工器具运至换料水池高垮，并在安全位置布置好维修场地（无此描述扣 2 分）		
				缓慢下降装卸料机伸缩套筒，并用移动触碰装置使其与抓具对中，直至下降到失重状态（无此描述扣 2 分）		
				检查抓具与套筒的连接销轴的位置是否在检修拆装孔位置，如果在检修拆装孔位置则可以直接拆除抓具（无此描述扣 3 分）		
				抓具拆除后旋转手动应急脱扣操作杆，如此时旋转动作正常，则证明抓具内部有咬死缺陷，更换抓具备件即可解决该缺陷（无此分析扣 3 分）		
				如此时旋转动作不正常，则证明伸缩套筒内部支撑套管与连接管之间咬死，需要将装卸料机上部提升机构解体后才能将伸缩套筒吊出进行支撑套管与连接管之间咬死故障的维修（无此分析扣 3 分）		
				如果不在检修拆装孔位置，则拆除抓具与套筒的连接螺栓（在图中标注出螺栓位置）后，旋转抓具（无此描述扣 2 分）		
				此时如果销轴跟随抓具转动，则证明是抓具内部螺杆与螺母；或者螺杆与控制套筒，或者控制套筒与伸缩套筒之间咬死（无此分析扣 3 分）		
				在这种缺陷情况下，更换抓具备件即可解决手动应急脱扣机构无法旋转的故障（无此描述扣 2 分）		
				对更换下来的备件进行解体，可以根据损伤情况进行修磨或者更换备件等工艺对抓具进行修复（无此描述扣 2 分）		

续表

序号	考核内容	考核要点	配分	评分标准	扣分	得分
3	维修实施	装卸料机抓具故障维修	38	在旋转抓具的时候如果销轴没有和抓具同步旋转,则证明伸缩套筒内部支撑套管与连接管之间咬死(无此分析扣3分)		
				此时需要将装卸料机上部提升机构解体后才能将伸缩套筒吊出进行支撑套管与连接管之间咬死故障的维修(无此描述扣2分)		
				抓具拆除以后对解锁板组件进行检查,如果解锁板组件有咬死现象,则气缸行程不到位有可能是该缺陷引发,更换新抓具备件后由解锁板导致气缸行程不到位的现象会消除(无此分析扣3分)		
				如果解锁板组件没有咬死现象,则证明气缸活塞杆在解锁过程中顶在了下支撑板上,没有进入导向孔需进行对中调整(无此分析扣3分)		
		功能检验及回装	12	回装抓具备件,回装时需要注意抓具方向,不可错向,抓具备件调整或者更换完成后,在触碰位置进行动作检查(无此描述扣2分,如果没有描述回装时关注抓具方向,扣除2分)		
				在抓具处于啮合状态下,上升伸缩套筒至上限位,调整伸缩套筒定位顶丝,直至气缸活塞杆与下定位板中心孔对中,可以顺利穿过为止(无此描述扣2分)		
				在触碰装置下降伸缩套筒直至失重(无此描述扣2分)		
				动作啮合、脱扣开关,确认: 1) 抓具勾爪开合动作是否顺畅; 2) 抓具开和尺寸是否符合要求; 3) 气缸行程的限位开关位置是否合适; 4) 气缸活塞杆对中是否准确; 5) 手动应急脱扣齿盘位置是否准确; 6) 手动应急脱扣操作杆是否能够灵活旋转动作 直至调整确认达到规定要求(每漏一条扣除1分)		
合计			100			

否定项:无

评分人:　　　　年　　月　　日　　　　　　　　　　核分人:　　　　年　　月　　日

试题 3 某压水堆反应堆阻力塞组件无法下插故障分析与处理

配分与评分标准：

序号	考核内容	考核要点	配分	评分标准	扣分	得分
1	故障原因分析	可能的故障原因	10	1）该阻力塞组件的这一根阻力塞棒在堆芯功率运行期间发生了一定量的变形，阻力塞组件从 A 燃料组件中抽出后，该阻力塞棒的应力释放，发生变形，在向 B 燃料组件中配插时，无法进入 B 燃料组件的导向管中；（5 分）		
				2）该阻力塞组件的这一根阻力塞棒在堆芯功率运行期间发生了微量变形，阻力塞组件从 A 燃料组件中抽出后向 B 燃料组件中配插时，工具对中不好，下放速度过快，导致这根微量变形的单棒未进入组件的导向管内而意外受力，造成比较严重的变形；（5 分）		
2	处理措施	具体操作步骤	40	1）动作抓具开关，听声音并观察压力表，判断是否送气（电磁阀是否动作）；（4 分）		
				2）将该阻力塞组件抓具悬挂至抓具挂架上；（4 分）		
				3）将一个新的相关组件适配器进行加工；（4 分）		
				4）掏空变形阻力塞棒对应导向孔周边的板材（掏空区如下图红色线框内区域），使其可以容纳变形的阻力塞棒；（4 分） 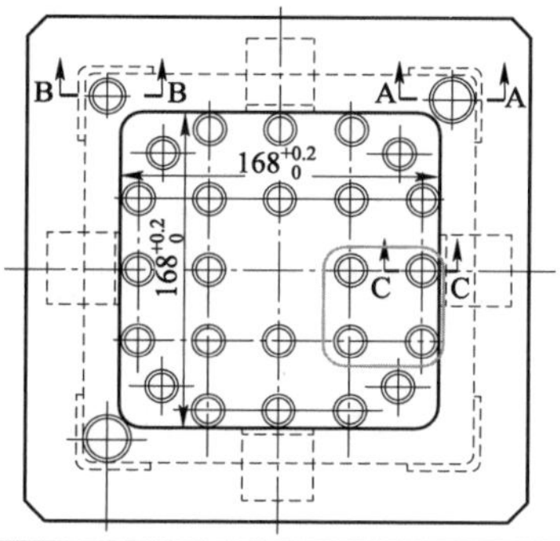		
				5）将加工完成的适配器放入新燃料升降机承载器内，注意核对方向；（4 分）		
				6）将新燃料升降机承载器下降至乏池；（4 分）		
				7）使用人桥吊车挂起乏燃料组件抓具，将该适配器放入一个贮存小室内；（4 分）		
				8）使用人桥吊车挂起阻力塞组件抓具，下落至适配器上，下放阻力塞组件，即可将该变形的阻力塞组件脱扣。（4 分）		
合计			50			

评分人： 年 月 日 核分人： 年 月 日

试题 4 技能培训教材中操作实施章节的主要内容及要求

配分与评分标准：

序号	考核内容	考核要点	配分	评分标准	扣分	得分
1	操作实施章节编制的主要内容及要求	1. 解释培训过程,包括:任务绩效评定标准、执行哪些操作、任务的重要性、任务的相关操作、电厂/行业与培训相关操作存在的问题、规程先决条件、注意事项、限值和行动响应。与最终目标和分解目标相互对应; 2. 在操作要求中结合防人因工具对培训目标进行标注和阐述; 3. 对操作进行演示,标识出在培训过程中对学员指导内容部分; 4. 演示或指导过程中解释,包括:操作实施中的关键点。预期响应及如何、在哪里确认;良好实践;不合适的操作的后果以及容易误操作部分;培训设备与电厂实际设备的差别;讲解过程中的提问部分; 5. 测评标准必须符合国家相关行业标准和公司相关技术文件中的作业标准。	10	1. 考核要点中每项 2 分,提及每项中的相关内容得 2 分; 2. 满分 10 分。		
合计						

否定项:无

评分人： 年 月 日 核分人： 年 月 日

试题 5 核电厂设备维修活动中 PDCA 循环的主要实施步骤

配分与评分标准：

序号	考核内容	考核要点	配分	评分标准	扣分	得分
1	PDCA 循环的主要步骤	1. 分析和评价现状,以识别改进的区域; 2. 确定改进的目标; 3. 寻找可能的解决办法,以实现这些目标; 4. 评价这些解决办法并做出选择; 5. 实施选定的解决办法; 6. 测量、验证、分析和评价实施的结果,以确定这些目标已经实现; 7. 正式采纳更改; 8. 必要时,对结果进行评审,以确定进一步改进的机会。	10	1. 考核要点中每项 2 分,提及每项中的相关内容得 2 分; 2. 满分 10 分。		
合计						

否定项:无

评分人： 年 月 日 核分人： 年 月 日

第二单元　核反应堆核安全级阀门检修

职业技能鉴定国家题库

核反应堆核级机械设备检修工（核安全级阀门检修）
国家职业资格一级
操作技能考核试卷

注意事项

1. 本试卷依据 2001 年颁布的《国家职业标准——核反应堆核级机械设备检修工》命制。

2. 请根据试题考核要求，完成考试内容。

3. 请服从考评人员指挥，保证考核安全顺利进行。

试题 1　一回路Ⅰ环热段至停冷隔离阀内漏检修风险分析

考核要求

（1）本题分值：10

（2）考核时间：30 min

（3）考核形式：模拟

（4）具体考核要求：请考生认真阅读试题情景，根据一回路Ⅰ环热段至停冷隔离阀的结构特点及工作环境分析一回路Ⅰ环热段至停冷隔离阀内漏检修存在的风险，并制定应对措施

（5）否定项说明：无

试题情景

（1）故障现象描述

某核电厂一回路Ⅰ环热段至停冷隔离阀是一回路压力边界，在机组运行期间发现该阀门阀后压力和温度异常升高，怀疑该阀门存在内漏现象，需进行解体检修。

（2）相关背景信息

一回路Ⅰ环热段至停冷隔离阀为核一级电动明杆楔式闸阀，阀板为弹性闸板，在阀板进口侧有平衡孔。该阀门安装于蒸汽发生器底部，离地面垂直距离约为 2.5 m，离蒸汽发生器本体的直线距离仅为 2 m，现场热点剂量率达到 1～2 mSv/h，阀门结构简图如下图所示。

请考生：结合故障现象、一回路Ⅰ环热段至停冷隔离阀的结构特点及作业环境分析一回路Ⅰ环热段至停冷隔离阀内漏检修存在的风险，并制定应对措施。

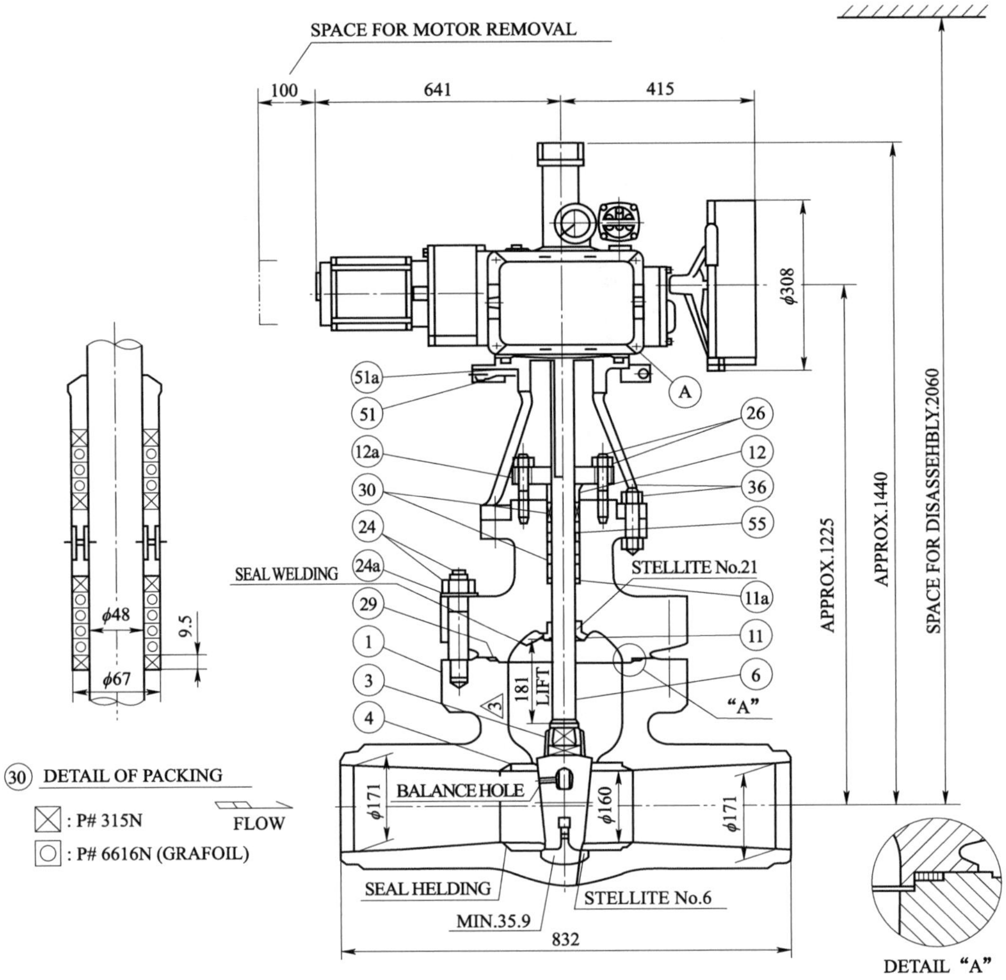

试题 2　组织实施某核电厂主系统安全阀的解体检修

考核要求

(1) 本题分值:45

(2) 考核时间:180 min

(3) 考核形式:实操

(4) 具体考核要求:正确使用工具解体主回路安全阀,组装后进行阀门试验

(5) 否定项说明:若考生发生下列情况之一,则应及时终止其考试,考生该试题成绩记为零分

① 阀门检修过程中未固定,有人员砸伤风险等工业安全风险

② 粗暴或强制使用不合适工器具、量具

③ 上阀盖解体时未先释放弹簧应力

④ 安全阀未垂直存放或受到冲击和撞击

⑤ 安全阀试验时,人与安全阀未保持一定的距离,安全阀的喷射口朝向人站立处

试题情景

(1) 故障现象描述

某压水堆核电厂主系统安全阀是反应堆冷却剂系统超压保护装置。为保证该阀门可靠运行,停堆换料期间需要对该阀门解体检修。

(2) 相关背景信息

该安全阀是带有气动执行机构的组合式安全阀,不仅能发挥安全阀的作用,还可利用气动执行机构在低于整定压力下排放蒸汽。安全阀采用波纹管全密封结构,结构示意图如下图所示。

请考生对照维修规程,选择合适的工器具完成安全阀解体检修及安全阀校验工作。

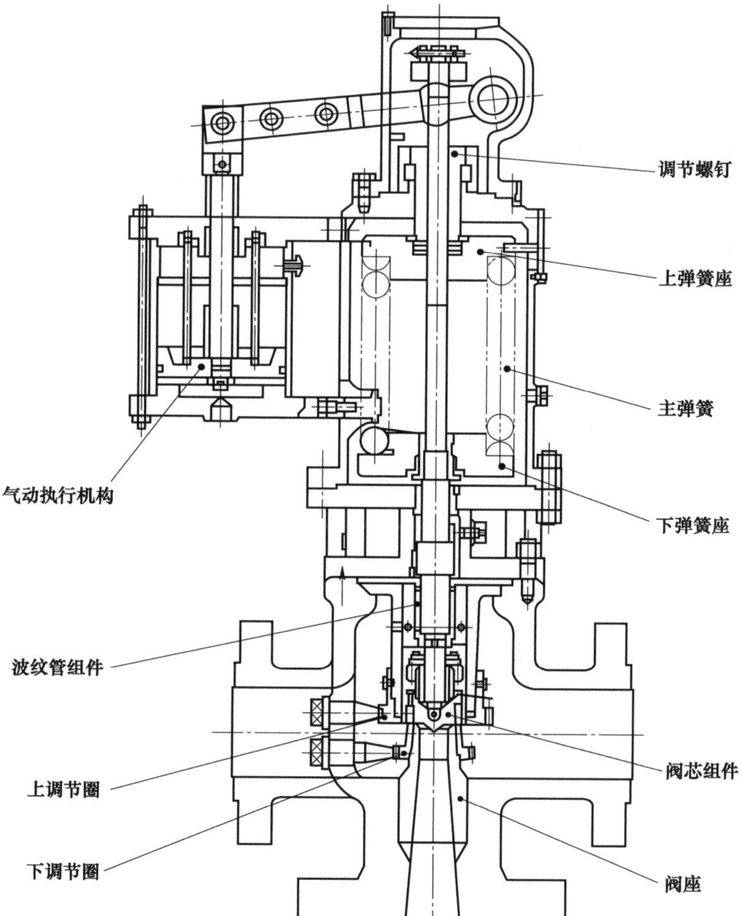

试题 3 某核电厂循环冷却水出口闸阀阀杆传动螺母意外脱落缺陷处理

考核要求

(1) 本题分值:100

(2) 考核时间:90 min

(3) 考核形式:模拟

(4) 具体考核要求

a) 请考生认真阅读试题情景,分析引起阀杆传动螺母骑缝螺钉失效的可能故障原因,并制定相应的故障排除措施

b) 根据故障原因及措施编制维修实施要点

(5) 否定项说明:无

试题情景

(1) 故障现象描述

某核电机组在满功率运行期间,电气人员按照检修方案要求,利用某循环冷却水出口闸阀的电动驱动装置将阀门从全关位置运行至全开位置。当电动驱动装置运行 2 分 10 秒后,闸阀填料函处突然发生呲水现象,大量海水呲出造成阀门坑道内大量积水。

在隔离该阀门后进一步解体检查发现以下事实:

- 电动驱动装置完好,电装本体的驱动螺母无损伤;
- 阀杆传动螺母仍遗留在传动支座内,表面螺纹完好,无异物;
- 阀杆与传动螺母之间的骑缝止动螺钉已松脱,骑缝止动螺钉的螺纹已损伤,变形;
- 阀杆与传动螺母分离后在重力作用下坠落,并从填料函处脱开落入阀体内部。

从上述现象确定造成阀杆意外脱落的直接原因是"骑缝螺钉失效使传动螺母与阀杆发生相对旋转运动,最终使传动螺母从阀杆上脱落。

(2) 相关背景信息

该闸阀为 DN1600 的暗杆式电动闸阀,结构简图如图 1 所示。电动驱动装置与阀杆传动螺母为爪式联接,结构如图 2 所示。阀杆与传动螺母采用左旋螺纹连接,阀杆与传动螺母螺纹处采用骑缝止动螺钉固定防止松脱,安装方式如图 3、图 4 所示。该阀设置有旁通阀,开启主阀前先打开旁通阀,使主阀闸板进出口两侧的压力达到平衡,以减小阀门开启阻力。

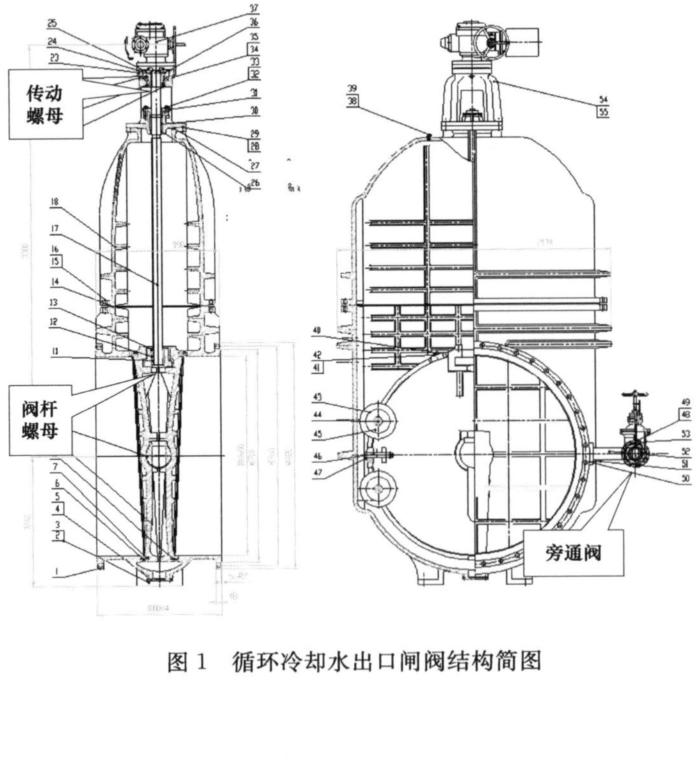

图 1　循环冷却水出口闸阀结构简图

图 2 爪式联接结构

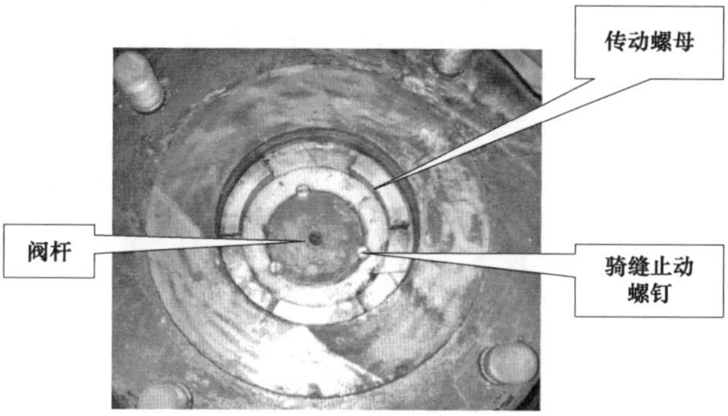

图 3 阀杆与传动螺母安装方式

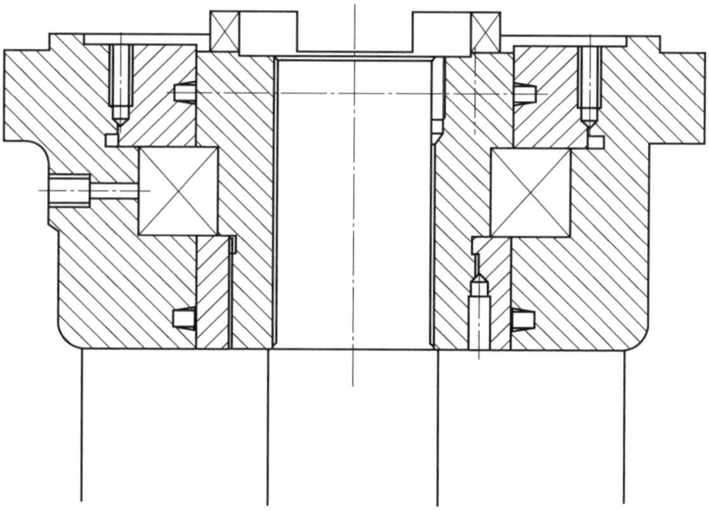

图 4 阀杆与传动螺母安装位置剖面图

该阀工作介质为含泥沙的海水，工作压力约 1 kgf/cm^2，运行期间阀门常开。根据历史检修经验，该阀运行期间经常发生阀门闸板导向槽腐蚀、滋生海生物等现象，导致阀门卡涩、关闭不到位等故障；同时，由于海水压力波动，闸板在阀体内存在轻微摆动，会带动阀杆摆动引起阀杆填料处间歇性渗水。

请考生：结合故障现象及背景信息从设备结构、操作方法、检修质量控制等方面分析引起阀杆传动螺母骑缝螺钉失效的可能故障原因，制定相应的故障排除措施，并根据故障原因及措施编制维修实施要点。

试题 4 组织专题讲座时应把握的重要特点

考核要求

(1) 本题分值：10

(2) 考核时间：30 min

(3) 考核形式：模拟

(4) 具体考核要求：考生根据要求在规定的时间内写出高级技师在组织专题讲座时应把握的重要特点并回答考评员提问。

(5) 否定项说明:无

试题情景

专题讲座具有一定的特殊性,不单纯是一般的知识讲授,而是为生产实际服务的。请考生结合上述原则写出高级技师在组织专题讲座时应重点把握的几个重要特点。

试题 5 核电厂核级设备检修工作的风险管理

考核要求

(1) 本题分值:10

(2) 考核时间:30 min

(3) 考核形式:模拟

(4) 具体考核要求:考生根据要求在规定的时间内写出核电厂核级设备检修工作中的风险评价的主要内容以及编制风险应急预案的条件并回答考评员提问。

(5) 否定项说明:无

试题情景

核电厂设备维修活动中伴随着各类风险,通过对工作任务进行分析,可以识别其中存在的风险。当现场工作导致某一安全系统不可用,而在某些特定情况下系统必须及时恢复其功能时,必须编制用以恢复系统功能的应急方案。请考生结合上述原则写出核电厂核级设备检修工作中的风险评价的主要内容以及编制风险应急预案的条件。

职业技能鉴定国家题库
核反应堆核级机械设备检修工（核安全级阀门检修）
国家职业资格一级
操作技能考核准备通知单（考场）

试题 1

考场准备

（1）试题名称：一回路Ⅰ环热段至停冷隔离阀内漏检修风险分析

（2）本题分值：10

（3）考核时间：30 min

（4）考核形式：模拟

（5）设备设施准备

序号	名称	规格	单位	数量	备注
1	签字笔	0.5 mm	支	1	
2	空白纸	A4	张	若干	

试题 2

考场准备

（1）试题名称：组织实施某核电厂主系统安全阀的解体检修

（2）本题分值：45

（3）考核时间：180 min

（4）考核形式：实操

（5）设备设施准备

序号	名称	规格	单位	数量	备注
1	《安全阀解体检修及校验规程》		份	1	纸质版
2	力矩扳手	0～300 N·m	个	1	
3	安全阀阀芯阀座研磨专用工具	专用工具	套	1	
4	弹簧固定夹紧装置	专用工具	套	1	
5	进出口法兰防导物盲板	聚四氟乙烯	个	各 1	

续表

序号	名称	规格	单位	数量	备注
6	安全阀校验台架	专用	套	1	
7	低压压空机及附件	0～1 MPa	套	1	
8	扳手	SM46、SM36	套	1	
9	铅封钳、铅块、铅封丝		套	1	
10	安全阀泄漏检查装置		套	1	
11	游标卡尺	0～125 mm	把	1	0.02 mm
12	精密压力表	25 MPa	块	2	1 级
13	秒表	30 s/圈	个	1	
14	量杯	100 mL	个	1	
15	塞尺		个	1	0.01 mm

说明:考场在实施考核时,还应准备本道试题所列之外的若干种工器具及量具,由考生根据检修对象,从中选择出正确的工器具及量具进行维修。

试题 3

考场准备

(1) 试题名称:某核电厂循环冷却水出口闸阀阀杆传动螺母意外脱落缺陷处理
(2) 本题分值:100
(3) 考核时间:90 min
(4) 考核形式:模拟
(5) 设备设施准备

序号	名称	规格	单位	数量	备注
1	签字笔	0.5 mm	支	1	
2	空白纸	A4	张	若干	

试题 4

考场准备

(1) 试题名称:组织专题讲座时应把握的重要特点
(2) 本题分值:10
(3) 考核时间:30 min
(4) 考核形式:模拟

(5) 设备设施准备

序号	名称	规格	单位	数量	备注
1	签字笔	0.5 mm	支	1	
2	空白纸	A4	张	若干	

试题 5

考场准备

(1) 试题名称:核电厂核级设备检修工作的风险管理

(2) 本题分值:10

(3) 考核时间:30 min

(4) 考核形式:模拟

(5) 设备设施准备

序号	名称	规格	单位	数量	备注
1	签字笔	0.5 mm	支	1	
2	空白纸	A4	张	若干	

职业技能鉴定国家题库

核反应堆核级机械设备检修工（核安全级阀门检修）
国家职业资格一级
操作技能考核准备通知单（考生）

姓名:______________ 准考证号:________________ 单位:______________

试题 1

考生准备

(1) 试题名称:一回路Ⅰ环热段至停冷隔离阀内漏检修风险分析

(2) 本题分值:10

(3) 考核时间:30 min

(4) 考核形式:模拟

(5) 工具及其他准备:无

试题 2

考生准备

(1) 试题名称:组织实施核电厂主系统安全阀的解体检修

(2) 本题分值:45

(3) 考核时间:180 min

(4) 考核形式:实操

(5) 工具及其他准备:无

试题 3

考生准备

(1) 试题名称:某核电厂循环冷却水出口闸阀阀杆传动螺母意外脱落缺陷处理

(2) 本题分值:100

(3) 考核时间:90 min

(4) 考核形式:模拟

(5) 工具及其他准备:无

试题 4

考生准备

(1) 试题名称:组织专题讲座时应把握的重要特点

(2) 本题分值:10
(3) 考核时间:30 min
(4) 考核形式:模拟
(5) 工具及其他准备:无

试题 5

考生准备

(1) 试题名称:核电厂核级设备检修工作的风险管理
(2) 本题分值:10
(3) 考核时间:30 min
(4) 考核形式:模拟
(5) 工具及其他准备:无

职业技能鉴定国家题库
核反应堆核级机械设备检修工(核安全级阀门检修)
国家职业资格一级
操作技能考核评分记录表

考件编号:________ 姓名:________ 准考证号:________ 单位:________

总成绩表

序号	试题名称	配分	得分	权重	最后得分	备注
1	一回路Ⅰ环热段至停冷隔离阀内漏检修风险分析	10		1		
2	组织实施核电厂主系统安全阀的解体检修	45		1		
3	某核电厂循环冷却水出口闸阀阀杆传动螺母意外脱落缺陷处理	100		0.25		
4	组织专题讲座时应把握的重要特点	10		1		
5	核电厂核级机械设备检修工作的风险管理	10		1		
合计						

统分人: 年 月 日

试题1 一回路Ⅰ环热段至停冷隔离阀内漏检修风险分析

配分与评分标准:

序号	考核内容	考核要点	配分	评分标准	扣分	得分
1	设备安全风险	1. 阀门处于半空中,作业时注意保护好零部件,防止设备高处跌落损伤; 2. 起吊阀板时,用手扶住阀杆头部及阀板T型槽的配合部位防止阀板意外脱落,砸伤密封面; 3. 解体后保护好中法兰密封面、阀板密封面及阀座密封面,防止意外磕伤; 4. 设备开口作业,做好防异物措施,防止异物进入一回路工艺系统。	3	1. 每项得1分; 2. 与阀门检修有关但不在考核要点范围内,每项0.5分; 3. 与阀门检修无关不得分。 满分3分。		

续表

序号	考核内容	考核要点	配分	评分标准	扣分	得分
2	人员安全风险	1. 脚手架搭建可靠,确保起重作业安全; 2. 拆除阀门电动头前,需验电,防止人员触电; 3. 高处作业,人员需佩戴安全带,防止高处坠落; 4. 正确使用工器具,防止人员遭受机械伤害; 5. 关注人员精神状态,防止带病作业、疲劳作业。	3	1. 每项得1分; 2. 与阀门检修有关但不在考核要点范围内,每项0.5分; 3. 与阀门检修无关不得分。 满分3分。		
3	辐射作业风险	1. 作业前建立污染控制区,防止污染扩散; 2. 作业人员穿戴纸衣及橡胶手套,防止体表污染; 3. 作业人员正确佩戴电子剂量计,发现剂量计报警时,立刻撤离到低剂量等待区,并寻求辐射防护人员的帮助; 4. 在现场热点上覆盖铅皮,降低热点剂量率; 5. 部件清理检查、阀门密封面修复等工作安排在低剂量区域开展,减少不必要的剂量照射; 6. 阀芯、阀杆等存在严重的表面污染,拆除后立即用水箱转运到去污间进行超声波去污。去污完成后再进行检修。	4	1. 每项得1分; 2. 与阀门检修有关但不在考核要点范围内,每项0.5分; 3. 与阀门检修无关不得分。 满分4分。		
合计			10			

否定项:无

评分人:　　　　年　　月　　日　　　　　　　　　　　　核分人:　　　　年　　月　　日

试题2　组织实施核电厂主系统安全阀的解体检修

配分与评分标准:

序号	考核内容	考核要点	配分	评分标准	扣分	得分
1	工器具准备	根据检修文件要求,合理选用工器具	5	1. 选用的量具不在有效期内,扣3分。 2. 工器具选用错误,酌情扣1～3分。 3. 工器具摆放杂乱无章,酌情扣1～2分。		
2	安全阀本体解体	根据检修文件要求,对安全阀本体进行解体	5	1. 操作动作不规范或不到位,酌情扣1～2分。 2. 未做好阀门部件间的标识,酌情扣1～2分。 3. 未用弹簧固定夹紧装置固定阀杆,酌情扣1～2分。		
3	上阀体解体	根据检修文件要求,解体上阀盖并对阀门密封面进行研磨	10	1. 操作动作不规范或不到位,酌情扣2～5分。 2. 未按要求标记弹簧调节螺母位置,扣2分。 3. 未按由粗到细的顺序研磨阀门,扣2分。 4. 未进行阀芯和阀座的密封面接触情况检查,扣2分。		

续表

序号	考核内容	考核要点	配分	评分标准	扣分	得分
4	阀门组装	根据检修文件要求,回装阀门	5	1. 操作动作不规范或不到位,酌情扣1～2分。 2. 未按照解体的标记和顺序恢复阀门,酌情扣1～3分。		
5	安全阀校验	根据检修文件要求完成主回路安全阀的压力整定和密封性试验	20	1. 操作动作不规范或不到位,酌情扣2～5分。 2. 开启压力整定试验过程中调整超过3次,酌情扣2～5分。 3. 密封性试验不合格的,扣5分。 4. 未在规定时间内完成阀门校验的,扣5分。		
合计			45			

否定项:若考生发生下列情况之一,则应及时终止其考生,考生该试题成绩计为零分。
1. 阀门检修过程中未固定,有人员砸伤风险等工业安全风险。
2. 粗暴或强制使用不合适工器具、量具。
3. 上阀盖解体时未先释放弹簧应力。
4. 安全阀未垂直存放或受到冲击和撞击。
5. 安全阀试验时,人与安全阀未保持一定的距离,安全阀的喷射口朝向人站立处。

评分人:　　　年　　月　　日　　　　　　　　核分人:　　　年　　月　　日

试题3　某核电厂循环冷却水出口闸阀阀杆传动螺母意外脱落缺陷处理

配分与评分标准:

序号	考核内容	考核要点	配分	评分标准	扣分	得分
1	原因分析和判断	骑缝止动螺钉失效的可能原因主要有: 1. 骑缝止动螺钉安装后未采取防松措施; 2. 骑缝止动螺钉螺纹间隙过大,运行中松脱; 3. 阀门开启行程不到位,阀杆晃动造成骑缝止动螺钉承受交变应力,疲劳失效; 4. 在旁通阀未开启的情况下强行开阀,开启力矩过大使骑缝止动螺钉遭到破坏; 5. 闸板导向槽道存在锈蚀损坏或有异物,造成开启力矩过大损坏骑缝止动螺钉。	30	1. 涉及一项得6分。 2. 与故障有关但不在考核要点范围内,每项酌情给2～4分。 3. 未涉及不得分。 满分30分。		
2	故障排除措施	1. 安装骑缝螺钉后点焊牢固; 2. 安装前检查骑缝螺钉螺纹质量; 3. 阀门全开后手动确认阀杆行程已到位; 4. 改进运行方式,确保每次开启主阀前确认旁通阀处于全开状态; 5. 定期修复闸板导向槽道,清理滋生的海生物。	30	1. 涉及一项得6分。 2. 与故障有关但不在考核要点范围内,每项酌情给2～8分。 3. 未涉及不得分。 满分30分。		

续表

序号	考核内容	考核要点	配分	评分标准	扣分	得分
3	维修实施要点	1. 联系电气人员拆除电动头接线，拆除阀门电动头，放置到检修区域； 2. 拆除阀门中法兰螺栓，将上阀盖吊出，并放置到检修区域； 3. 制作专用工具，吊出闸板，并取出故障阀杆； 4. 清理阀座密封面、闸板导向槽及阀体内的海生物，检查各部位的完整性，如有缺陷则进行修理； 5. 清理并检查阀杆、闸板、上阀盖、阀杆螺母、传动螺母、推力轴承等部件的完整性，如有缺陷则进行修理； 6. 组装阀杆及传动螺母，旋紧后在螺纹接缝处的 0°、120° 及 240°三个方位按照骑缝止动螺钉的长度及螺纹规格钻孔、攻丝，并将骑缝螺钉旋入，安装完成后将骑缝螺钉与传动螺母点焊牢固； 7. 按照拆除阀门的逆顺序组装阀门，并更换中法兰垫片、阀杆填料、推力轴承润滑脂； 8. 安装电动头，并通知电气人员配合调整阀门行程； 9. 清理检修现场的检修垃圾、整理工器具、拆除脚手架，做到工完料净场地清。	40	1. 根据描述内容的完整性、合理性酌情给分。第 4、5 两项每项最高得 6 分，第 6 项最高得 10 分，其余每项最高得 3 分。 2. 未涉及不得分。 满分 40 分。		
合计			100			

否定项：无

评分人：　　　　年　　月　　日　　　　　　　　　　　　核分人：　　　　年　　月　　日

试题 4　组织专题讲座时应把握的重要特点

配分与评分标准：

序号	考核内容	考核要点	配分	评分标准	扣分	得分
1	专题讲座的重要特点	1. 注重针对性。专题讲座要联系生产实际进行设置，如工艺学讲座可结合实际试验项目进行讲授，可起到对实际操作的指导作用； 2. 注重知识性。专题讲座首先是学术性，能提高培训对象应用知识解决实际问题的能力。综合操作技能的提高是通过技术理论知识培训与生产实践培训逐步培养的，是通过综合应用才能初步形成的，所以注重知识性是关键； 3. 注重前瞻性。当今技术日新月异、层出不穷。特别是核聚变研究工作，随着许多试验记录被快速刷新，大量的新工艺、新材料、新设备投入使用，知识更新很快。所以要通过专题讲座形式将新技术传授给培训对象，使他们获得书本上没有的最新知识，掌握新本领，承担新任务；	10	1. 考核要点中每项 2 分，提及每项中的相关内容得 2 分。 2. 满分 10 分。		

续表

序号	考核内容	考核要点	配分	评分标准	扣分	得分
1	专题讲座的重要特点	4. 注重实用性。专题讲座不是一般意义上的课堂讲学,而应是充满学术讨论气氛,结合试验中碰到的问题进行技术理论知识传授的专题讨论,促使培训对象产生探索某些原理的需要,从而提高他们对学习专业技能的积极性。充满活泼的氛围,既有心理上的沟通,又有感情上的交融,力争使讲座能成为答疑解惑的课堂; 5. 注重新颖性。首先内容上要新颖,讲座要选择一些新颖的课题,大家关注的课题,具有现代理论和观点的课题,只有内容新颖大家才乐于接受。其次是手段上要新颖,可利用多媒体手段提高讲授效果,只有新颖的内容配合现代化的教学手段,才能更好地发挥专题讲座的作用。	10	1. 考核要点中每项 2 分,提及每项中的相关内容得 2 分。 2. 满分 10 分。		
合计						

否定项:无

评分人:　　　年　　月　　日　　　　　　　　　　核分人:　　　年　　月　　日

试题 5　核电厂核级设备检修工作的风险管理

配分与评分标准:

序号	考核内容	考核要点	配分	评分标准	扣分	得分
1	风险评价的主要内容	1. 识别风险转化为事件的条件,如人员失误、设备异常等; 2. 制订措施消除或防止风险转化为事件的条件; 3. 通过现有的流程和方法实施预防措施。	5	1. 考核要点中每项 2 分,提及每项中的相关内容得 2 分。 2. 满分 5 分。		
2	编制风险应急预案的条件	1. 当生产活动影响安全屏障的完整性,在某一事件情况下需要及时恢复时。如维修活动导致主热传输系统及其相关系统、安全壳隔离系统不完整,发生某一特定事件情况下需要在规定的时间内进行恢复; 2. 当生产活动影响到最终热阱或其相关系统完整性,生产活动进行中某一意外事件发生需要在要求的时间内进行恢复时; 3. 其他生产活动中预期可能发生的事件会对工作人员、环境造成危害时。	5	1. 考核要点中每项 2 分,提及每项中的相关内容得 2 分。 2. 满分 5 分。		
合计						

否定项:无

评分人:　　　年　　月　　日　　　　　　　　　　核分人:　　　年　　月　　日

第三单元　核反应堆核安全级水泵检修

职业技能鉴定国家题库

核反应堆核级机械设备检修工（核安全级水泵检修）
国家职业资格一级
操作技能考核试卷

考件编号：______________

注意事项

1. 本试卷依据2001年颁布的《国家职业标准——核反应堆核级机械设备检修工》命制。
2. 请根据试题考核要求，完成考试内容。
3. 请服从考评人员指挥，保证考核安全顺利进行。

试题1　某核电厂余热排出泵解体检修工作的辐射防护准备

考核要求

（1）本题分值：10

（2）考核时间：30 min

（3）考核形式：模拟

（4）具体考核要求：考生根据要求在规定的时间内写出某核电厂余热排出泵解体检修工作的辐射防护准备要求并回答考评员提问。

（5）否定项说明：无

试题情景

某核电厂在某次大修期间，维修人员需进行余热排出泵解体检修工作，请考生结合上述场景写出余热排出泵解体检修工作的辐射防护准备的要求。

试题2　某核电厂停堆冷却泵解体维修

考核要求

（1）本题分值：100

（2）考核时间：90 min

（3）考核形式：模拟

（4）具体考核要求：

1）考生模拟实操停堆冷却泵解体维修工作过程和工作要点；

2）考生笔答停堆冷却泵解体维修的维修前准备、维修实施过程、并笔答问题。

(5) 否定项说明:

若考生发生下列情况之一,则应及时终止其考试,考生该试题成绩记为零分

1) 考生违反考试纪律。

2) 未提交笔答记录。

试题情景

故障现象描述:某核电厂将进行停堆冷却泵解体维修,该泵为单级离心悬臂泵,泵轴采用机械密封,结构如下图所示。为保证检修质量,需要编写有针对性的检修方案,内容包括维修前准备(包括工器具、检修材料、备件清单)、维修实施过程、维修后总结的全过程。

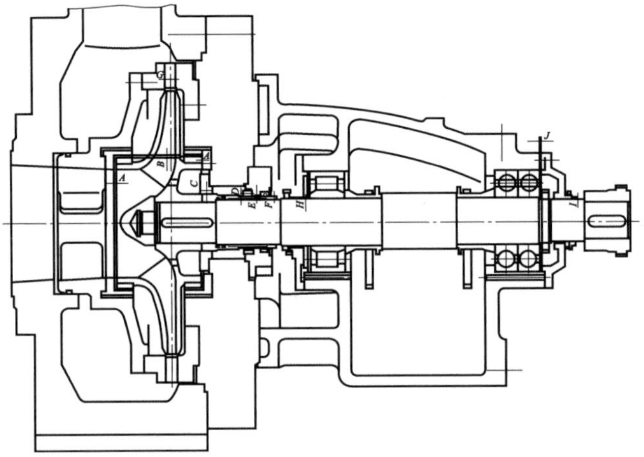

停堆冷却泵结构简图

请考生:

1) 分析检修质量的可能原因;

2) 针对原因提出处理措施;

3) 简述检修准备及实施过程;

4) 简述问题:停堆冷却泵解体维修过程应如何做好质量保证工作。

试题 3 某核电厂水泵电机振动超标原因分析及处理

考核要求

(1) 本题分值:100

(2) 考核时间:90 min

(3) 考核形式:模拟

(4) 具体考核要求:请考生认真阅读试题情景,并详细分析导致水泵电机振动超标的原因以及处理方法

(5) 否定项说明:无

试题情景

(1) 故障现象描述:

某核电厂水泵结构示意图如下,在完成水泵安装后进行带载试验时发现水泵电机顶部振动高,超过 6 mm/s 的验收标准。

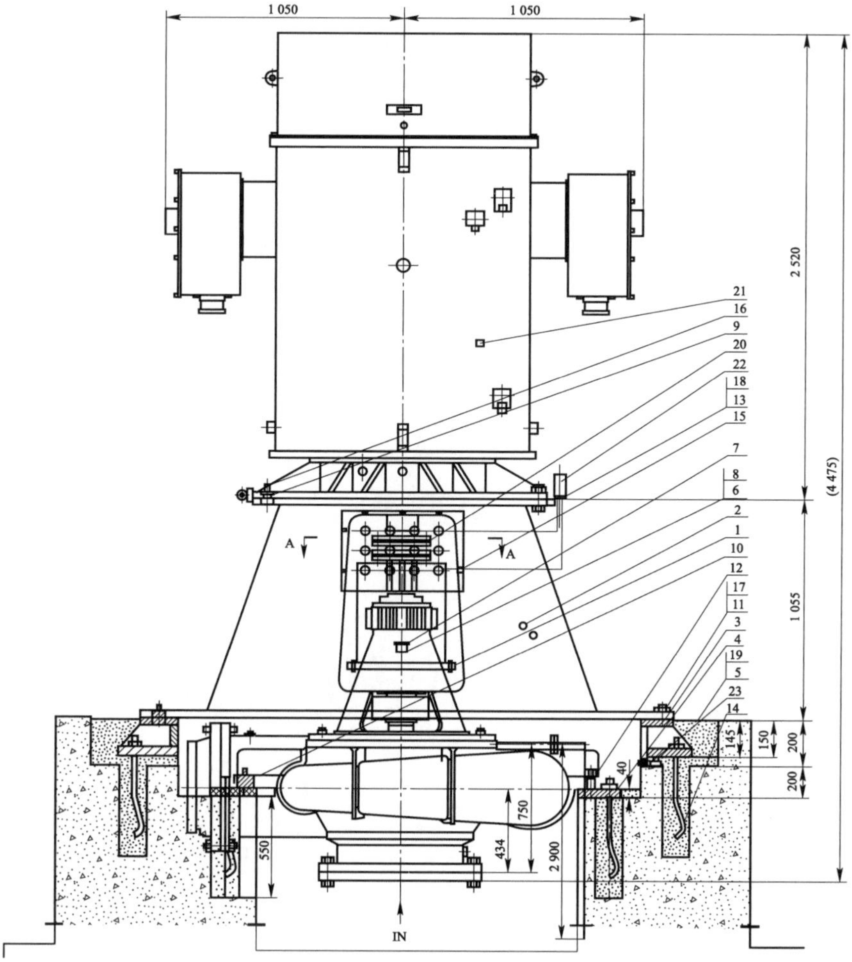

某核电厂水泵结构示意图

(2) 请考生：

根据维修经验及水泵结构型式分析导致水泵电机振动超标的可能原因并给出处理意见。

试题 4　组织专题讲座课堂讨论的主要要求

考核要求

(1) 本题分值：10

(2) 考核时间：30 min

(3) 考核形式：模拟

(4) 具体考核要求：考生根据要求在规定的时间内写出高级技师在组织专题讲座课堂讨论时的主要内容及要求并回答考评员提问。

(5) 否定项说明：无

试题情景

在专题讲座上安排课堂讨论是比较复杂和困难的，主要凭讲授者的经验和能力来把握。请考生结合上述原则写出高级技师在组织专题讲座讨论时应重点做好哪几方面的工作。

试题 5　核电厂工作负责人协同作业的主要技能要求

考核要求

(1) 本题分值:10

(2) 考核时间:30 min

(3) 考核形式:模拟

(4) 具体考核要求:考生根据要求在规定的时间内写出核电厂工作负责人协同作业的主要技能要求并回答考评员提问。

(5) 否定项说明:无

试题情景

核电厂的重大设备的维修工作常会涉及多个专业或工种、单位共同参与实施的情况,这样就需要各参与人员协同作业,因此,一项工作应有一位工作负责人负责整项工作的协调,组织协同作业对工作负责人来说是一项重要技能。请考生结合上述原则写出核电厂工作负责人协同作业的要点。

职业技能鉴定国家题库

核反应堆核级机械设备检修工（核安全级水泵检修）国家职业资格一级操作技能考核准备通知单（考场）

试题 1

考场准备

（1）试题名称：某核电厂余热排出泵解体检修工作的辐射防护准备

（2）本题分值：10

（3）考核时间：30 min

（4）考核形式：模拟

（5）设备设施准备

序号	名称	规格	单位	数量	备注
1	签字笔	0.5 mm	支	1	
2	空白纸	A4	张	若干	

试题 2

考场准备

（1）试题名称：某核电厂停堆冷却泵解体维修

（2）本题分值：100

（3）考核时间：90 min

（4）考核形式：模拟实操

（5）设备设施准备

序号	名称	规格	单位	数量	备注
1	签字笔	黑色	支	2	
2	空白纸	A4	支	1	

试题 3

考场准备

（1）试题名称：某核电厂水泵电机振动超标原因分析及处理

(2) 本题分值:100
(3) 考核时间:90 min
(4) 考核形式:模拟
(5) 设备设施准备

序号	名称	规格	单位	数量	备注
1	签字笔	0.5 mm	支	1	
2	空白纸	A4	张	若干	

试题 4

考场准备

(1) 试题名称:组织专题讲座课堂讨论的主要要求
(2) 本题分值:10
(3) 考核时间:30 min
(4) 考核形式:模拟
(5) 设备设施准备

序号	名称	规格	单位	数量	备注
1	签字笔	0.5 mm	支	1	
2	空白纸	A4	张	若干	

试题 5

考场准备

(1) 试题名称:核电厂工作负责人协同作业的主要技能要求
(2) 本题分值:10
(3) 考核时间:30 min
(4) 考核形式:模拟
(5) 设备设施准备

序号	名称	规格	单位	数量	备注
1	签字笔	0.5 mm	支	1	
2	空白纸	A4	张	若干	

职业技能鉴定国家题库

核反应堆核级机械设备检修工（核安全级水泵检修）国家职业资格一级操作技能考核准备通知单（考生）

姓名:______________　准考证号:________________　单位:______________

试题 1

考生准备

(1) 试题名称:某核电厂余热排出泵解体检修工作的辐射防护准备

(2) 本题分值:10

(3) 考核时间:30 min

(4) 考核形式:模拟

(5) 工具及其他准备:无

试题 2

考生准备

(1) 试题名称:某核电厂停堆冷却泵解体维修

(2) 本题分值:100

(3) 考核时间:90 min

(4) 考核形式:模拟

(5) 工具及其他准备:考生需要准备笔答所需文具

试题 3

考生准备

(1) 试题名称:某核电厂水泵电机振动超标原因分析及处理

(2) 本题分值:100

(3) 考核时间:90 min

(4) 考核形式:模拟

(5) 工具及其他准备:无

试题 4

考生准备

(1) 试题名称:组织专题讲座课堂讨论的主要要求

(2) 本题分值:10
(3) 考核时间:30 min
(4) 考核形式:模拟
(5) 工具及其他准备:无

试题 5

考生准备

(1) 试题名称:核电厂工作负责人协同作业的主要技能要求
(2) 本题分值:10
(3) 考核时间:30 min
(4) 考核形式:模拟
(5) 工具及其他准备:无

职业技能鉴定国家题库

核反应堆核级机械设备检修工（核安全级水泵检修）
国家职业资格一级
操作技能考核评分记录表

考件编号:________ 姓名:________ 准考证号:________ 单位:________

总成绩表

序号	试题名称	配分	得分	权重	最后得分	备注
1	某核电厂余热排出泵解体检修工作的辐射防护准备	15				
2	某核电厂停堆冷却泵解体维修	35				
3	某核电厂水泵电机振动超标原因分析及处理	25				
4	组织专题讲座课堂讨论的主要要求	10				
5	核电厂工作负责人协同作业的主要技能要求	15				
合　计		100				

统分人:　　　　　　　　　　　　　　　　　　　　　　　　年　　月　　日

职业技能鉴定国家题库
核反应堆核级机械设备检修工(核安全级水泵检修)
国家职业资格一级
操作技能考核评分记录表

考件编号:________ 姓名:________ 准考证号:________ 单位:________

试题1 某核电厂余热排出泵解体检修工作的辐射防护准备

配分与评分标准:

序号	考核内容	考核要点	配分	评分标准	扣分	得分
1	辐射防护工作准备的要求	1. 根据作业环境的辐射环境水平,申请办理RWP许可证,协助制定并实施辐射防护措施; 2. 从辐射剂量率、污染风险、工作时间、工作人数、废物产生量等方面进行辐射风险分析,编制ALARA专项方案; 3. 配合辐射防护人员对现场工作活动范围进行确认,以便准备剂量率调查、辐射屏蔽材料布置、放射性物质运输通道布置、人员撤离通道布置等ALARA内容准备; 4. 配合辐射防护人员和运行人员准备现场放射性水、气的疏排方案,或应用水位建立辐射屏蔽等方案; 5. 配合辐射防护人员准备临时污染控制区建立的方案; 6. 配合辐射防护人员准备临时负压棚区建立的方案; 7. 选择准备优化的维修方法,以降低维修人员的剂量,比如:将设备运离高辐射区进行维修、采用部件更换代替现场维修。	10	1. 考核要点中每项2分,提及每项中的相关内容得2分; 2. 满分10分。		
合计						

否定项:无

评分人: 年 月 日 核分人: 年 月 日

试题 2　某核电厂停堆冷却泵解体维修

配分与评分标准：

序号	考核内容	考核要点	配分	评分标准	扣分	得分
1	影响检修质量的原因	1. 检修文件不全或不适用； 2. 人员资质不足； 3. 检修工具不适用； 4. 现场控制失效； 5. 质量保证措施失效； 6. 文件执行不严格； 7. 检修人员操作失误。	15	1. 每分析 1 项考核要点中提及的原因，得 2 分； 2. 分析到考核要点中未提及的其他相关原因，1 项得 0～1 分； 3. 未分析故障原因不得分。满分 15 分。		
2	处理措施	1. 编制需要的文件或修订文件； 2. 人员资质控制； 3. 工器具效能提升； 4. 加强现场控制； 5. 加强质保控制； 6. 严格执行程序、文件； 7. 提高操作人员技能或增加监护。	15	1. 每制定 1 项考核要点中提及的优化措施，得 2 分； 2. 制定考核要点中未提及的其他优化措施，1 项得 1 分。满分 15 分。		
3	维修准备	1. 工器具准备； 2. 检修材料准备； 3. 备品备件清单； 4. 维修文件准备。	15	1. 工器具列出专用工具、计量器具满分 3 分，未列出扣 2 分； 2. 检修材料中有受限材料扣 2 分，满分 3 分； 3. 备件满分 3 分，未列出必换备件(O 型圈、机械密封、密封垫)扣 2 分； 4. 维修文件满分 6 分，未列出规程、质量计划、异物控制方案，每项扣 2 分。满分 15 分。		
4	检修实施	1. 召开工前会(工作事项、工作内容、工作风险、工作步骤、经验反馈等)； 2. 现场核对设备编码及安措； 3. 停堆冷却泵解体检修过程描述。	45	1. 未做工前会描述，扣 2 分； 2. 未做核对设备编码及安措描述扣 2 分； 3. 停堆冷却泵解体过程包括修前测量与检查、部件清理与检修、部件组装及修后测量等内容，视答题详细程度得分。满分 45 分。		
5	问题回答	停堆冷却泵解体维修过程应如何做好质量保证工作?	10	答出要点：编制质量计划(QP)、严格遵守见证点要求、异物控制文件、建立异物控制区、重要测量或操作有专人复核；缺少一项扣 2 分。满分 10 分。		
合计			100			

否定项：1. 考生违反考试纪律。

　　　2. 未提交笔答记录。

评分人：　　　年　　月　　日　　　　　　　　　　核分人：　　　年　　月　　日

试题 3　某核电厂水泵电机振动超标原因分析及处理

配分与评分标准:

序号	考核内容	考核要点	配分	评分标准	得分	备注
1	故障原因分析	主泵电机振动超标的可能原因分析	50	转子体的振动回摆引起振动超标,可能的故障点有:转子动不平衡、轴弯曲、中心错位或拐点、轴承间隙大(明确故障原因得 4 分,明确一个故障点得 2 分,共 12 分);		
				设备共振引起振动超标,可能的故障点有:转子体共振、基础和支座共振(明确故障原因得 4 分,明确一个故障点得 2 分,共 8 分);		
				主泵电机本身缺陷引起振动超标,可能的故障点有:壳体刚性不足、电磁力不平衡、定转子气隙不均匀(明确故障原因得 4 分,明确一个故障点得 2 分,共 10 分);		
				主泵安装质量问题引起振动超标,可能的故障点有:泵基础水平度差、泵底座与混凝土基础接触面积不足、地脚螺栓松动、与泵连接的管道存在较大安装应力(明确故障原因得 4 分,明确一个故障点得 2 分,共 12 分);		
				系统原因引起振动超标,可能的故障点有:管道支吊架松脱或安装不到位、介质流量不在泵运行最佳范围(明确故障原因得 4 分,明确一个故障点得 2 分,共 8 分)。		
2	故障排除方法	针对可能原因的处理建议	50	针对转子体的振动回摆问题,可采取的处理措施: 1) 解体抽转子并校转子平衡或实施现场动平衡; 2) 解体抽转子并检查转子弯曲情况,超标则校直或更换; 3) 复核对中,超标则校正; 4) 检查轴承间隙,超标则更换。 (给出一条处理措施得 3 分,共 12 分)		
				针对设备共振问题,可采取的处理措施: 1) 改变电机固有频率,避开共振区; 2) 改变基础或支座固有频率,避开共振区。 (给出一条处理措施得 3 分,共 6 分)		
				针对主泵电机本身缺陷,可采取的处理措施: 1) 增加电机壳体刚性; 2) 检查电压参数,定子铁芯,转子笼条及端环焊接等情况,消除缺陷; 3) 检查测量定转子气隙,偏差应在设计值的 20%以内。 (给出一条处理措施得 4 分,共 12 分)		

续表

序号	考核内容	考核要点	配分	评分标准	得分	备注
2	故障排除方法	针对可能原因的处理建议	50	针对主泵安装质量问题,可采取的处理措施: 1）检查基础水平度,如不满足要求则重新调整; 2）检查泵底座与混凝土基础接触面积,如不满足要求则重新安装; 3）检查泵地脚螺栓是否有松动,如有松动则重新紧固; 4）松开与泵连接的管道,检查接口是否能够自然对齐,如存在较大错口,则重新安装。 (给出一条处理措施得3分,共12分)		
				针对系统原因引起的振动,可采取的处理措施: 1）检查与泵连接的管道的支吊架是否存在松脱、安装不到位的问题,并调整到位; 2）安排专项试验,验证泵流量与振动的关系,使泵运行在最佳工况。 (给出一条处理措施得4分,共8分)		
合计			100			

否定项:无

评分人:　　　　年　　月　　日　　　　　　　　　　　　核分人:　　　　年　　月　　日

试题4　组织专题讲座课堂讨论的主要要求

配分与评分标准:

序号	考核内容	考核要点	配分	评分标准	扣分	得分
1	专题讲座课堂讨论的主要要求	1. 公布讨论要求;为使讨论顺利进行,讲授者应首先公布讨论的内容,然后强调基本原则和要求,确定讨论形式; 2. 引导讨论进程;讲授者在讨论过程中,应针对情况随时加以引导;当讨论不起来时,讲授者应提出一些引导性的小问题,循循善诱,引导学员思考、辩论;当讨论偏离主题时,讲授者应及时纠正;当讨论双方争执不下时,讲授者要及时指明论点上有什么实质性的区别,把讨论引向深入; 3. 营造讨论气氛;讲授者应努力创造一种气氛,使参与者畅所欲言;对有胆怯心理的学员,要及时鼓励,打消其不必要的顾虑;对理解程度比较好的学员,可指定其作比较完整的发言;	10	1. 考核要点中每项2分,提及每项中的相关内容得2分; 2. 满分10分。		

续表

序号	考核内容	考核要点	配分	评分标准	扣分	得分
1	专题讲座课堂讨论的主要要求	4. 总结正确结论;讨论的最后,讲授者要做好总结;应画龙点睛,采取全面总结和重点阐述相结合的方法,既要纠正讨论中出现的错误观点,又要充分肯定正确意见;既要对内容本身做出说明,同时要对推理步骤、引证论据,形成结论做出说明; 5. 评价讨论效果;讨论结束后,讲授者应对讨论内容做出评价;一方要根据讲座目标检查是否达到预期的要求,另一方面要关心学员的进步,对每个学员发言的情况做出分析,帮助学员提高,也为评定成绩提供依据。	10	1. 考核要点中每项 2 分,提及每项中的相关内容得 2 分; 2. 满分 10 分。		
合计						

否定项:无

评分人:　　　　年　　月　　日　　　　　　　　　　核分人:　　　　年　　月　　日

试题 5　核电厂工作负责人协同作业的主要技能要求

配分与评分标准:

序号	考核内容	考核要点	配分	评分标准	扣分	得分
1	协同作业的要点	1. 工作准备之前通知相关协作单位人员,了解工作项目; 2. 编制工作计划书,包括进度计划,协作人员工作时间,内容; 3. 召集协作人员开工前会,明确工作进度计划,协作人员工作时间,内容等,要求全体人员提前做好准备; 4. 自己工作组按平常工作流程准备; 5. 工作开始后,负责协调整项工作; 6. 工作完成后,召集所有人开工会后,进行工作总结。	10	1. 考核要点中每项 2 分,提及每项中的相关内容得 2 分; 2. 满分 10 分。		
合计						

否定项:无

评分人:　　　　年　　月　　日　　　　　　　　　　核分人:　　　　年　　月　　日

第四单元 核反应堆核安全级容器检修

职业技能鉴定国家题库

核反应堆核级机械设备检修工（核安全级容器检修）
国家职业资格一级
操作技能考核试卷

考件编号:______________

注意事项

1. 本试卷依据2001年颁布的《国家职业标准——核反应堆核级机械设备检修工》命制。
2. 请根据试题考核要求，完成考试内容。
3. 请服从考评人员指挥，保证考核安全顺利进行。

试题1 某核电厂蒸汽发生器二次侧人孔开盖作业的工作包准备

考核要求

(1) 本题分值:15

(2) 考核时间:30 min

(3) 考核形式:模拟

(4) 具体考核要求:请考生认真阅读试题情景,结合工作实际简要阐述蒸汽发生器二次侧人孔开盖作业维修工作包的准备内容及要点

(5) 否定项说明:无

试题情景

(1) 故障现象描述:

某核电厂在大修期间需对蒸汽发生器二次侧管板、流量分配板、汽水分离器、上部支撑板进行水力冲洗及视频检查,因此下达工单任务,要求机械维修人员配合进行蒸汽发生器二次侧人孔开盖作业。

(2) 相关背景信息:

某核电厂的蒸汽发生器的结构简图如下图所示。从反应堆来的反应堆冷却剂由进口管嘴进入下封头,下封头内由水室隔板分成两个相同的水室。反应堆冷却剂由进口水室进入U 形管时将热量传给二回路侧介质,然后经过出口水室和出口管嘴流回反应堆。二回路给水由上筒体处的给水管嘴进入环形分配管,环形管上有30 个J形管,给水由J 形管喷出,与汽水分离器的疏水混合后,经过下降套筒和下筒体之间的环形通道,由下降套筒和管板之间的通道进入管束。蒸汽发生器外壳是两个直径不同的圆筒,中间由锥形筒体连接。上筒体

设有一个人孔,检修人员能进入二次侧检修汽水分离器,下筒体靠近管板处开有四个手孔、靠近流量分配板处开有两个手孔,可检查管束和清除沉积的淤渣。

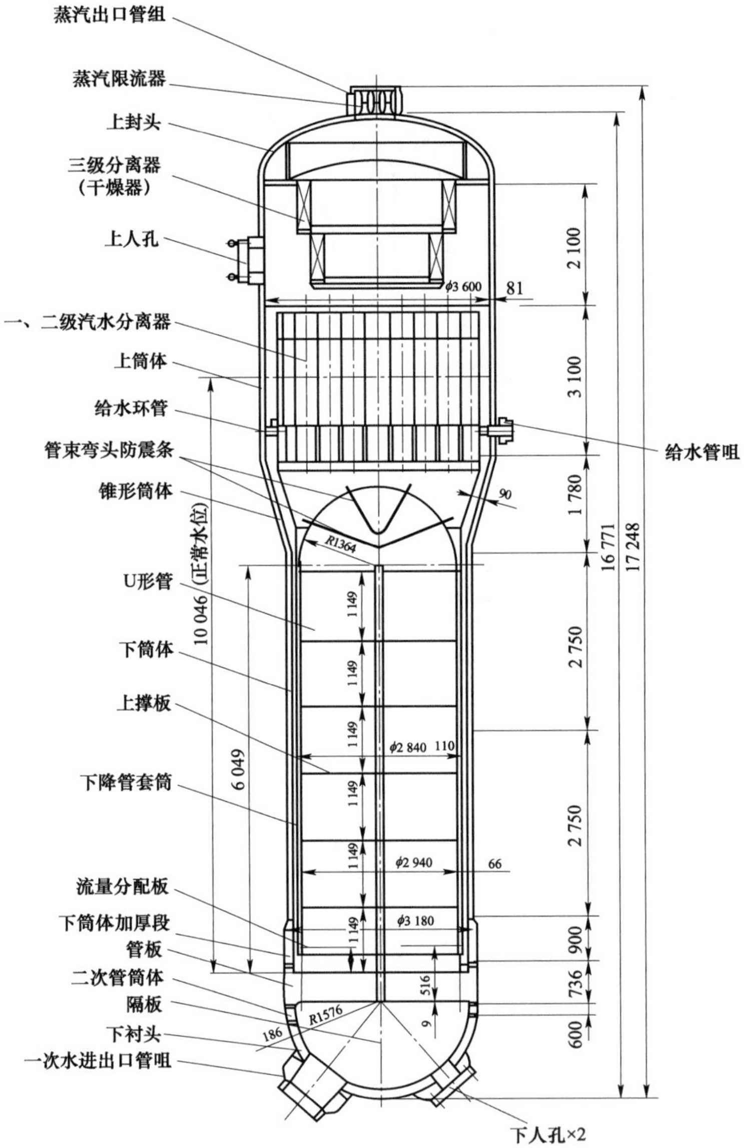

请考生:简要阐述蒸汽发生器二次侧人孔开盖作业维修工作包的准备内容及要点。

试题 2　某核电厂设冷热交换器传热管查漏及堵管检修

考核要求

(1) 本题分值:100

(2) 考核时间:90 min

(3) 考核形式:模拟

(4) 具体考核要求:请考生认真阅读试题情景,根据设冷热交换器的结构特点组织实施

传热管的查漏及堵管检修

(5) 否定项说明:无

试题情景

(1) 故障现象描述:

某核电厂在运行期间发现设冷水波动箱频繁出现补水现象,经排查发现是由于设冷热交换器传热管发生泄漏导致,需对设冷热交换器进行缺陷检修,消除泄漏现象。

(2) 相关背景信息:

该设冷热交换器为卧式、二流程、浮动管板式全钛型换热器。换热管与管板采用不开槽胀接加密封焊焊接连接结构,胀接率为6%～10%。设冷热交换器管侧介质为海水,壳侧为一回路设备冷却水,设备总体结构简图如下图所示。

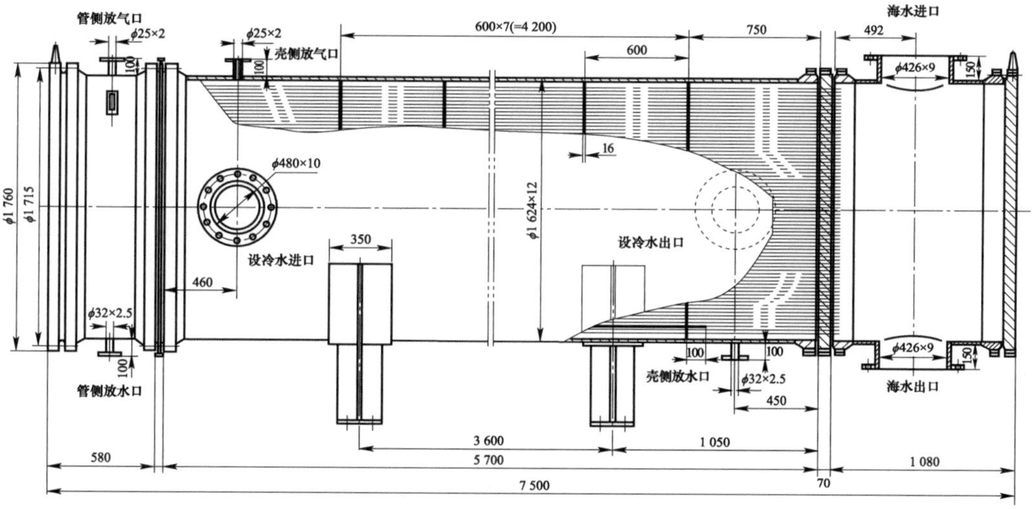

请考生:结合故障现象及背景信息编制设冷热交换器传热管的查漏及堵管检修的维修准备、传热管查漏及堵管检修实施的工作要点。

试题3　某核电厂蒸汽发生器手孔螺栓咬死缺陷处理

考核要求

(1) 本题分值:100

(2) 考核时间:90 min

(3) 考核形式:模拟

(4) 具体考核要求:

考生认真阅读试题情景,并依据试题情景分析导致某核电厂蒸汽发生器手孔螺栓咬死的原因,并制定处理螺栓咬死的处理方案。处理方案应包括风险分析、先决条件、缺陷处理主要步骤、防螺栓咬死注意事项等

(5) 否定项说明:无

试题情景

(1) 故障现象描述:

蒸汽发生器是核电厂最重要的热交换器,也是核安全一级设备。蒸汽发生器手孔是对

蒸汽发生器二次侧进行在役检查的通道。某核电厂在某次大修中对手孔法兰螺栓进行改造的过程中出现了意外情况。现场在拆除原有六角头螺栓时,某手孔有一颗螺栓咬死、拆卸困难,无法通过正常手段取出。该蒸汽发生器投运已有十余年,因该部位一直无检查项目,一直未曾打开过。手孔螺栓为六角头螺栓结构,紧固时采用力矩扳手逐个拧紧。同时从已经拆卸的其他螺栓可以看到,螺纹上的防咬剂较多且已干涩。

为避免对螺孔螺纹造成损坏,需要破坏性的去除螺栓,并尽量保护螺孔。拟采用在现场使用便携式磁力钻对螺栓中心进行钻孔的方法取出咬死螺栓。其工作示意图如下图所示。

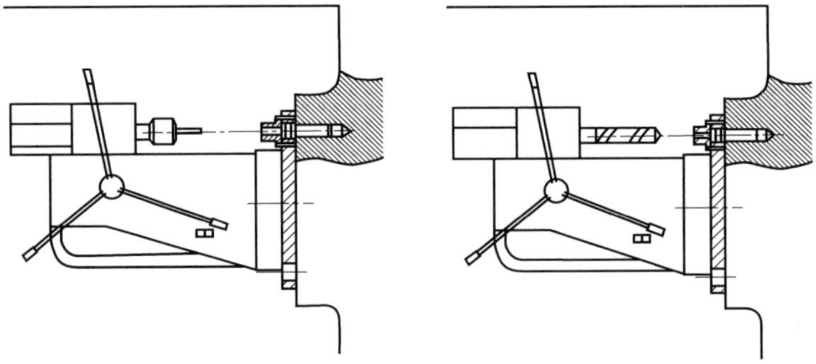

(2) 请考生:根据以上场景,分析导致蒸汽发生器手孔螺栓咬死的原因,并制定处理螺栓咬死的处理方案。处理方案包括风险分析、先决条件、缺陷处理主要步骤、防螺栓咬死注意事项等。

试题 4　高级技师论文的正文撰写一般要求

考核要求

(1) 本题分值:10

(2) 考核时间:30 min

(3) 考核形式:模拟

(4) 具体考核要求:考生根据要求在规定的时间内写出高级技师论文的“正文”撰写一般要求并回答考评员提问

(5) 否定项说明:无

试题情景

高级技师论文一般应由封面、论文标题、目录、内容提要、关键词、正文、参考文献及附录等部分组成。请考生简要描述高级技师论文中“正文”部分的一般格式及撰写要求。

试题 5　核电厂设备维修活动中现场质量监督的主要内容

考核要求

(1) 本题分值:10

(2) 考核时间:30 min

(3) 考核形式:模拟

(4) 具体考核要求:考生根据要求在规定的时间内写出核电厂设备维修活动中现场质量监督的主要内容并回答考评员提问。

(5) 否定项说明:无

试题情景

核电厂设备维修活动中进行质量监控主要是通过审核有关文件、报表以及进行现场检查及试验这两方面的途径和相应的方法实现的。请考生结合上述质量监督原则写出核电厂设备维修活动中现场质量监督的主要内容。

职业技能鉴定国家题库
核反应堆核级机械设备检修工（核安全级容器检修）
国家职业资格一级
操作技能考核准备通知单（考场）

试题 1

考场准备

(1) 试题名称:某核电厂蒸汽发生器二次侧人孔开盖作业的工作包准备

(2) 本题分值:15

(3) 考核时间:30 min

(4) 考核形式:模拟

(5) 设备设施准备

序号	名称	规格	单位	数量	备注
1	签字笔	0.5 mm	支	1	
2	空白纸	A4	张	若干	

试题 2

考场准备

(1) 试题名称:某核电厂设冷热交换器传热管查漏及堵管检修

(2) 本题分值:100

(3) 考核时间:90 min

(4) 考核形式:模拟

(5) 设备设施准备

序号	名称	规格	单位	数量	备注
1	签字笔	0.5 mm	支	1	
2	空白纸	A4	张	若干	

试题 3

考场准备

(1) 试题名称:某核电厂蒸汽发生器手孔螺栓咬死缺陷处理

(2) 本题分值:100
(3) 考核时间:90 min
(4) 考核形式:模拟
(5) 设备设施准备

序号	名称	规格	单位	数量	备注
1	签字笔	0.5 mm	支	1	
2	空白纸	A4	张	若干	

试题 4

考场准备

(1) 试题名称:高级技师论文的正文撰写一般要求
(2) 本题分值:10
(3) 考核时间:30 min
(4) 考核形式:模拟
(5) 设备设施准备

序号	名称	规格	单位	数量	备注
1	签字笔	0.5 mm	支	1	
2	空白纸	A4	张	若干	

试题 5

考场准备

(1) 试题名称:核电厂设备维修活动中现场质量监督的主要内容
(2) 本题分值:10
(3) 考核时间:30 min
(4) 考核形式:模拟
(5) 设备设施准备

序号	名称	规格	单位	数量	备注
1	签字笔	0.5 mm	支	1	
2	空白纸	A4	张	若干	

职业技能鉴定国家题库

核反应堆核级机械设备检修工（核安全级容器检修）国家职业资格一级操作技能考核准备通知单（考生）

姓名:______________ 准考证号:________________ 单位:______________

试题 1

考生准备

(1) 试题名称:某核电厂蒸汽发生器二次侧人孔开盖作业的工作包准备

(2) 本题分值:15

(3) 考核时间:30 min

(4) 考核形式:模拟

(5) 工具及其他准备:无

试题 2

考生准备

(1) 试题名称:某核电厂设冷热交换器传热管查漏及堵管检修

(2) 本题分值:100

(3) 考核时间:90 min

(4) 考核形式:模拟

(5) 工具及其他准备:无

试题 3

考生准备

(1) 试题名称:某核电厂蒸汽发生器手孔螺栓咬死缺陷处理

(2) 本题分值:100

(3) 考核时间:90 min

(4) 考核形式:模拟

(5) 工具及其他准备:无

试题 4

考生准备

(1) 试题名称:高级技师论文的正文撰写一般要求

(2) 本题分值:10
(3) 考核时间:30 min
(4) 考核形式:模拟
(5) 工具及其他准备:无

试题 5

考生准备

(1) 试题名称:核电厂设备维修活动中现场质量监督的主要内容
(2) 本题分值:10
(3) 考核时间:30 min
(4) 考核形式:模拟
(5) 工具及其他准备:无

职业技能鉴定国家题库
核反应堆核级机械设备检修工（容器检修）
国家职业资格一级
操作技能考核评分记录表

考件编号:________ 姓名:________ 准考证号:________ 单位:________

总成绩表

序号	试题名称	配分	得分	权重	最后得分	备注
1	某核电厂蒸汽发生器二次侧人孔开盖作业的工作包准备	15				
2	某核电厂设冷热交换器传热管查漏及堵管检修	25				
3	某核电厂蒸汽发生器手孔螺栓咬死缺陷处理	35				
4	高级技师论文的正文撰写一般要求	10				
5	核电厂设备维修活动中现场质量监督的主要内容	15				
合　　计		100				

统分人:　　　　　　　　　　　　年　　月　　日

试题 1　某核电厂蒸发器二次侧人孔开盖作业的工作包准备

配分与评分标准:

序号	考核内容	考核要点	配分	评分标准	扣分	得分
1	工作包准备	1. 确认工作班组、设备编码、专业等字段正确; 2. 按照工作的复杂性和风险程度等因素确定维修分级; 3. 任务概要:简洁明了的写出本项工作的工作内容; 4. 工作指令:详细描述具体的维修要求及验收标准,如果有完全可执行的工作程序,则只需要写执行程序的具体名称和文件编码; 5. 风险分析:对工单任务所涉及风险进行识别,进行初步风险分析并制定应对措施; 6. 资源要求:选取适合参与本次工作的人数,并估算本次工作的工时; 7. 文件清单:将最新版设备图纸、维修规程、ALARA 计划等关联到工作单任务中;	12	1. 每项得 1.5 分; 2. 与工作包准备有关但不在考核要点范围内,每项 0.5 分; 3. 与工作包准备不得分。 满分 12 分,累计得分超过 12 分的按满分计算。		

续表

序号	考核内容	考核要点	配分	评分标准	扣分	得分
1	工作包准备	8. 工作许可证申请：提出 ISP(高风险作业许可证)、RWP(辐射工作许可证)申请； 9. 安措要求：详细、完整的描述项目实施所需的隔离措施； 10. 备件准备：关联蒸汽发生器二次侧人孔密封垫片备件； 11. 人员及配合工种要求：提出辐射防护、维修支持(保温、脚手架)等配合工种的人员需求及技术要求； 12. 质量计划：根据蒸汽发生器二次侧人孔作业特点编制质量计划并选点； 13. 工器具清单：明确蒸汽发生器二次侧人孔作业所需的螺栓拉伸机、扳手、手拉葫芦及吊带等工具名称及需求数量。	12	1. 每项得 1.5 分； 2. 与工作包准备有关但不在考核要点范围内，每项 0.5 分； 3. 与工作包准备不得分。 满分 12 分，累计得分超过 12 分的按满分计算。		
2	工作包审批	1. 根据工作任务的维修分级选择正确的审批路径，启动审批； 2. 同步推进 ISP(高风险作业许可证)、RWP(辐射工作许可证)的审批、QP(质量计划)审批； 3. 推进工单任务状态至完成准备，打印纸质工作包。	3	1. 每项得 1.5 分； 2. 与工作包审批有关但不在考核要点范围内，每项 0.5 分； 3. 与工作包审批无关不得分。 满分 3 分，累计得分超过 3 分的按满分计算。		
合计			15			

否定项：

评分人：　　　年　　月　　日　　　　　　　　　　　　核分人：　　　年　　月　　日

试题 2　某核电厂设冷热交换器传热管查漏及堵管检修

配分与评分标准：

序号	考核内容	考核要点	配分	评分标准	扣分	得分
1	维修准备	1. 设冷热交换器端盖拆装与冲洗工具准备：2T 手拉葫芦、2T 钢丝绳、2T 卸扣、2T 吊带、气动扳手、敲击扳手、力矩扳手、梅花扳手撬棍、高压清洗机、铲刀、压空枪； 2. 堵管工具准备：涡流探伤装置、手工铰刀、游标卡尺、手锤、焊机(焊枪及电源)； 3. 检修材料准备：松锈剂、清洗剂、防咬剂、塑料布、砂纸、橡皮垫、塑料布、白布、记号笔、TA2 焊丝； 4. 备品备件准备：海水侧进出口端盖密封垫片、传热管金属堵头(TA2 或 TA3)、传热管非金属堵头(尼龙 101)； 5. 维修文件准备：设冷热交换器解体维修规程、设冷热交换器设备图纸、传热管堵头焊接工艺卡、工作许可证、辐射防护许可证、动火证等。	15	1. 根据描述内容的完整性、合理性每项酌情给分，每项最高得 3 分； 2. 与堵管检修有关但不在考核要点范围内，每项酌情给 1～2 分； 3. 与堵管检修无关不得分。 满分 15 分。		

续表

序号	考核内容	考核要点	配分	评分标准	扣分	得分
2	传热管查漏	1. 按照设冷热交换器解体维修规程拆除设冷热交换器海水进出口侧端盖,放置到检修区域; 2. 清理海水侧水室及端盖泥沙、海生物,检查端盖密封面是否完好,必要时修复; 3. 使用高压清洗机(设置压力约 30 bar)对所有传热管逐根清洗,直到露出钛管本色; 4. 使用压空枪对清洗后的钛管逐根吹扫,直到传热管内壁干燥; 5. 使用涡流探伤装置逐根检查传热管,记录缺陷传热管位置; 6. 打开设冷水侧的入口阀及放气阀,关闭出口阀,向壳侧充水,当观察到排气阀有水流出时关闭排气阀,保持入口阀为开状态; 7. 在海水侧两端水室持续观察,如发现传热管持续有水流出,则可判定该传热管泄漏,记录泄漏传热管位置; 8. 使用尼龙堵头在海水侧两端水室逐个标记涡流探伤及充水查漏检查发现的缺陷传热管。	50	1. 根据描述内容的完整性、合理性酌情给分,第 1、2 项每项最高得 4 分,其余每项最高得 7 分; 2. 与传热管查漏有关但不在考核要点范围内,每项酌情给 1～4 分; 3. 与传热管查漏无关不得分。 满分 50 分。		
3	传热管堵管检修	1. 使用手工铰刀对缺陷传热管管口逐个进行铰孔(铰孔不宜一次成形,应分多次逐步铰配),消除管口密封焊的缩孔现象,去除管壁的杂质; 2. 根据铰孔最终尺寸、设冷热交换器堵管结构要求加工堵头;若缺陷换热管已破损断裂或将要断裂,需采用加芯棒(长堵头)焊接堵头(TA2 或 TA3);若缺陷换热管仅有裂纹或砂眼,则采用非金属堵头(尼龙 101); 3. 将堵头装入缺陷传热管两端管口,并用手锤敲击胀紧,堵头露出管板端面的长度约为 1 mm。若为非金属堵头(尼龙 101),则胀紧即可;若为加芯棒(长堵头)焊接堵头(TA2 或 TA3),则按照焊接工艺要求满焊并经 PT 检查无超标缺陷; 4. 堵管完成后,打开设冷水侧的入口阀及放气阀,关闭出口阀,向壳侧充水,当观察到排气阀有水流出时关闭排气阀,保持入口阀为开状态; 5. 持续观察在海水侧两端水室管板,确认无传热管泄漏后更换端盖密封垫片,按照拆除的逆顺序回装两侧水室端盖,并按照力矩要求对称均匀拧紧端盖螺栓。	35	1. 根据描述内容的完整性、合理性酌情给分,每项最高得 7 分; 2. 与传热管堵管有关但不在考核要点范围内,每项酌情给 1～4 分; 3. 与传热管堵管无关不得分。 满分 35 分。		
合计			100			

否定项:无

评分人:　　　　年　　月　　日　　　　　　　　核分人:　　　　年　　月　　日

试题3　某核电厂蒸发器手孔螺栓咬死缺陷处理

配分与评分标准：

序号	考核内容	考核要点	配分	评分标准	扣分	得分
1	分析故障原因	1. 投运时间长，长期高温膨胀和交变应力； 2. 力矩扳手手动拧紧螺栓容易导致受力不均； 3. 防咬剂过多，长期高温运行造成干涩。	18	1. 每分析1项考核要点中提及的原因，得6分； 2. 分析到考核要点中未提及的其他合理原因，1项得0.5～4分； 3. 未分析故障原因不得分 满分18分。		
2	处理过程中存在的风险	1. 设备损坏风险； 2. 设备断电风险； 3. 异物落入设备风险； 4. 辐射风险； 5. 使用专用工器具导致的风险； 6. 孔洞坠落风险； 7. 设备运输过程产生的风险。	14	1. 每考虑到1项考核要点中提及的风险，得2分； 2. 考虑到考核要点中未提及的其他风险，1项得0.5～1分； 3. 未考虑到风险不得分。 满分14分。		
3	处理前确认先决条件	1. 机组冷停堆； 2. 设备已隔离； 3. 设备已泄压，介质排空； 4. 现场照明和通风良好； 5. 现场防护措施到位； 6. 工器具材料备件准备齐全； 7. 办理相应的工作手续(如工作票、辐射票和动火证等)。	14	1. 每1项考核要点中提及的，得2分； 2. 考核要点中未提及的其他条件，1项得0.5～1分； 3. 未写不得分。 满分12分。		
4	处理缺陷的主要步骤	1. 采用钢锯，将螺栓的六角头端部锯掉； 2. 取下法兰盖及密封垫片； 3. 清理密封面后，用胶布对手孔临时封堵及密封面保护； 4. 使用手持角向砂轮机切割去除部分螺栓光杆，留下高于法兰面长度10～15 mm光杆； 5. 将连接工装安装到手孔座上，确认安装牢固； 6. 安装钻孔导向套； 7. 使用磁力钻，分两次钻穿待拆除螺栓； 8. 目视检查孔内情况，剔除残余螺牙，必要时使用气铣进行局部打磨； 9. 清理铁屑，使用丝锥进行理牙； 10. 目视检查修复后螺孔螺纹，并使用通止规进行检验，确认是否有螺纹损伤。	30	1. 每列举1项考核要点中提及的步骤，得4分； 2. 列举考核要点中未提及的其他相近步骤，1项得0.5～2分； 3. 步骤顺序有误，扣4分。 满分40分。		

续表

序号	考核内容	考核要点	配分	评分标准	扣分	得分
5	预防螺栓咬死注意事项	1. 每次螺栓拆卸后对螺栓和本体上螺栓孔进行清理,必要时使用丝锥和板牙; 2. 螺栓回装前,用毛刷在需润滑部位均匀涂抹一薄层防咬剂; 3. 双头螺栓拧入本体孔洞后至紧固状态后,回半圈防止机组运行后高温咬死; 4. 螺栓手动拧紧后,通过四周间隙测量,对称使用力矩扳手进行紧固。	24	1. 每分析 1 项考核要点中提及的方法,得 4 分; 2. 分析考核要点中未提及的其他合理方法,1 项得 1~3 分; 3. 未列举方法不得分。 满分 16 分。		
合计			100			

否定项:无

评分人:　　　年　　月　　日　　　　　　　　　　核分人:　　　年　　月　　日

试题 4　高级技师论文的正文撰写一般要求

配分与评分标准:

序号	考核内容	考核要点	配分	评分标准	扣分	得分
1	高级技师论文的"正文"部分的一般格式及撰写要求	1. 高级技师论文的"正文"部分一般应有:(1)引言;(2)正文;(3)结论。 2. 引言:应说明课题的来源、目的、意义,对本课题已有研究情况的评述,本课题欲解决的主要问题,采用的手段、方法、所需条件、成果及意义等。 3. 正文:对设计或研究做详细表述(计量单位统一用国际标准制,引用的数据或重要论断要注明出处)。 4. 结论:概括说明所进行工作的情况与价值,分析其优点和特色,尤其要指出讨论的中心问题所在,并应指出存在问题和今后改进方向。	10	1. 考核要点中每项 3 分,提及每项中的相关内容得 2 分; 2. 满分 10 分。		
合计						

否定项:无

评分人:　　　年　　月　　日　　　　　　　　　　核分人:　　　年　　月　　日

试题 5　核电厂设备维修活动中现场质量监督的主要内容

配分与评分标准：

序号	考核内容	考核要点	配分	评分标准	扣分	得分
1	现场质量监督的主要内容	1. 开工前的检查。主要是检查开工前准备工作的质量，能否保证正常检修及检修项目检修质量； 2. 工序检修中的跟踪监督、检查与控制；主要是监督、检查在工序检修过程中，人员、检修机械设备、材料、检修方法及工艺或操作以及检修环境条件等是否均处于良好的状态，是否符合保证检修项目质量的要求，若发现有问题应及时纠正和加以控制； 3. 对于重要的和对检修项目质量有重大影响的工序还应在现场进行检修过程的旁站监督与控制，确保使用材料及工艺过程质量； 4. 工序产品的检查、工序交接检查及隐蔽检修项目检查； 5. 复工前的检查。当检修项目因质量问题或其他原因，监理指令停工后，在复工前应经监理人员检查认可后，下达复工指令，方可复工； 6. 对于检修难度大的检修项目结构或容易产生质量通病的检修对象，监理人员还应进行现场的跟踪检查。	10	1. 考核要点中每项 2 分，提及每项中的相关内容得 2 分； 2. 满分 10 分。		
合计						

否定项：无

评分人：　　　　年　　月　　日　　　　　　　　　　　　核分人：　　　　年　　月　　日

第五单元 重水堆燃料操作系统机械检修

职业技能鉴定国家题库

核反应堆核级机械设备检修工
(重水堆燃料操作系统机械检修)
国家职业资格一级
操作技能考核试卷

考件编号:______________

注意事项

1. 本试卷依据 2001 年颁布的《国家职业标准——核反应堆核级机械设备检修工》命制。
2. 请根据试题考核要求,完成考试内容。
3. 请服从考评人员指挥,保证考核安全顺利进行。

试题 1 某核电厂主系统压力与装量调节阀检修工作的备品备件准备

考核要求

(1) 本题分值:10

(2) 考核时间:30 min

(3) 考核形式:模拟

(4) 具体考核要求:考生根据要求在规定的时间内写出某核电厂主系统压力与装量调节阀检修工作的备品备件/材料的准备要求并回答考评员提问。

(5) 否定项说明:无

试题情景

某核电厂在某次大修期间,维修人员需进行主系统压力与装量调节阀解体检修工作,请考生结合上述场景写出主系统压力与装量调节阀解体检修前相关备品备件/材料的准备要求。

试题 2 重水堆装卸料机分离器安全锁气动解锁装置变更后故障原因分析和处理

考核要求

(1) 本题分值:100

(2) 考核时间:90 min

(3) 考核形式:实操或模拟

(4) 具体考核要求:考生根据要求在规定的时间内写出重水堆装卸料机分离器安全锁气动解锁装量变更后故障原因和处理建议,并回答考评员提问。

(5) 否定项说明:若考生发生下列情况之一,则应及时终止其考试,考生该试题成绩记为零分。

1) 未找到故障原因

2) 发生人身伤害或设备损坏

考试情景

(1) 故障现象描述:

重水堆装卸料机分离器安全锁的应急解锁装置如图2所示(云状图内部分),其原理为通过旋转螺杆来解锁安全锁。但是手动操作机构可操作性较差。因此将其变更为可远程操作的气动解锁机构。

重水堆装卸料机分离器安全锁气动解锁装置为电动解锁分离器安全锁故障后的备用解锁装置。该装置可以通过气压动作活塞,然后动作波纹管杆,使安全锁解锁。

该套装置主要组成如下:

气源—截止阀—压力调节阀—3/8 in 管线—快接头—气缸及波纹管组件。

气缸及波纹管组件见附图1,外观图见图3。

在变更实施后出现了分离器安全锁不能气动解锁的情况,请考生分析故障原因并制定检修方案。

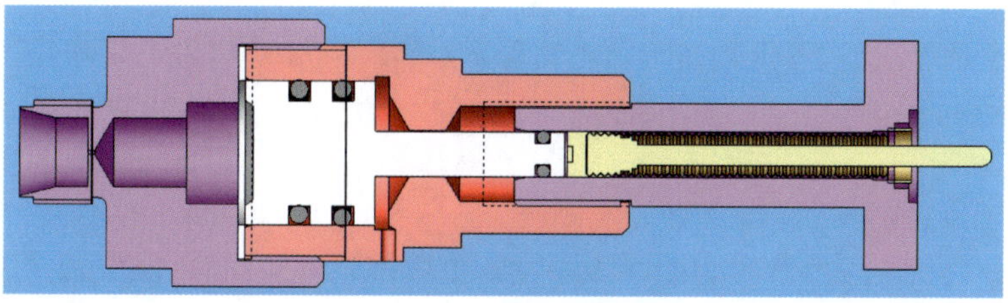

图1 气缸及波纹管组件

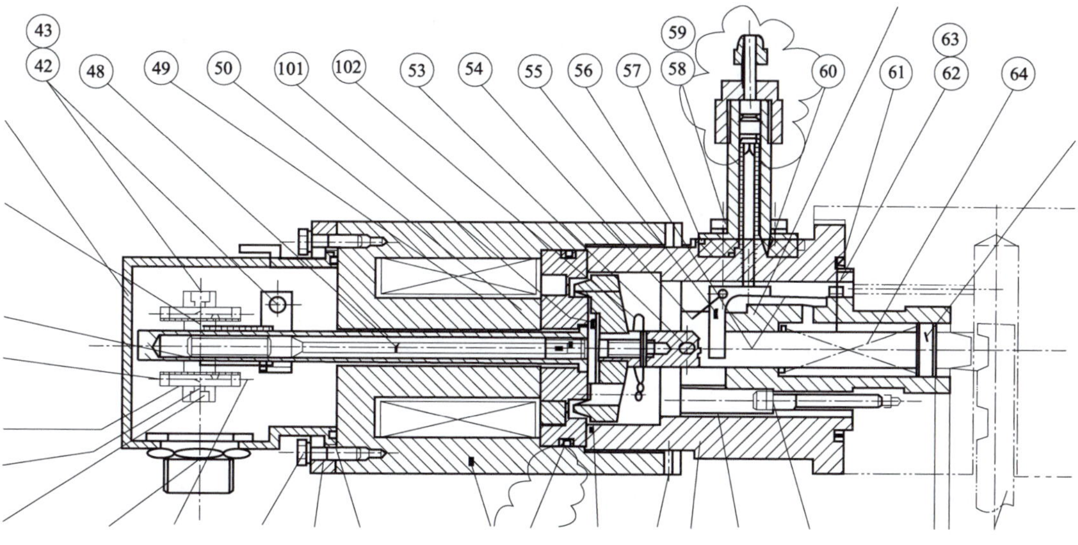

图2 安全锁组件

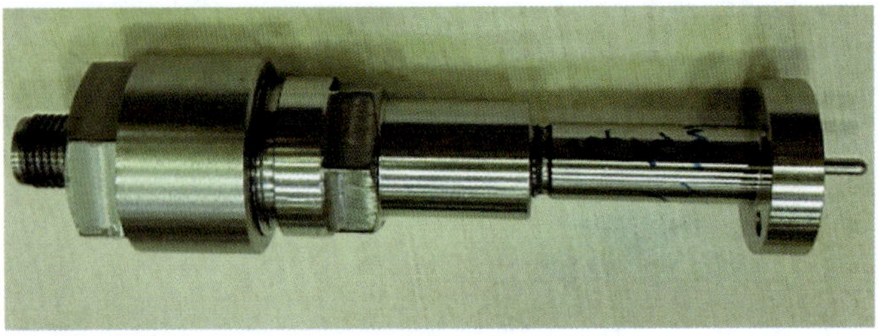

图 3　气缸及波纹管组件外观

(2) 具体考核要求：

1) 考生认真阅读试题情景,并依据试题情景分析重水堆装卸料机分离器安全锁气动解锁装置变更后的可能故障原因;

2) 考生编写重水堆装卸料机分离器安全锁气动解锁装置变更后故障检修方案,内容包括故障原因分析、维修前准备、维修实施过程、维修后总结的全过程。

试题 3　某压水堆核电机组反应堆压力容器驱动机构焊缝缺陷分析处理

考核要求

(1) 本题分值:100

(2) 考核时间:90 min

(3) 考核形式:模拟

(4) 具体考核要求:请考生认真阅读试题情景,并详细分析造成故障的原因以及处理方法。

(5) 否定项说明:无

试题情景

(1) 故障现象描述:

某压水堆核电机组压力容器驱动机构与顶盖贯穿件之间采用的 Omega 焊缝结构(以下简称"Ω"焊缝),在经过几个循环的运行之后,对驱动机构下部"Ω"焊缝进行检查时,发现 3 组驱动机构下部"Ω"焊缝周边出现硼结晶。拆除所有驱动机构线圈,进一步检查后发现另外 16 组也存在缺陷显示,缺陷位置为焊缝热影响区,贯穿件及驱动机构母材上未出现缺陷征兆。

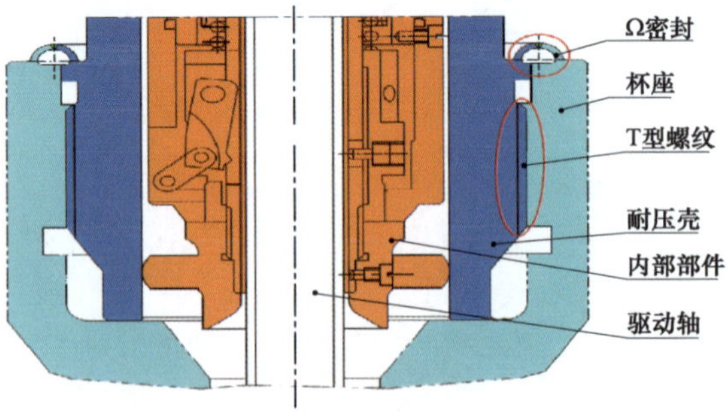

(2) 请考生:

请结合现场的缺陷情况,分析缺陷产生的原因以及"Ω"焊缝泄漏可能造成的影响,列举三种或以上处理此类缺陷的手段,并针对"OVERLAY"堆焊方式修复下部"Ω"焊缝的具体步骤。

试题 4　编制核安全级单级离心式悬臂泵解体检修知识培训教材

考核要求

(1) 本题分值:10

(2) 考核时间:30 min

(3) 考核形式:模拟

(4) 具体考核要求:考生根据要求在规定的时间内写出核安全级单级离心式悬臂泵解体检修知识培训教材编制的规范和要求并回答考评员提问。

(5) 否定项说明:无

试题情景

培训教材(Training Courseware):又称学员手册,是教学计划等的补充,它包括了学员需要实现的培训目标的信息,有助于学员更好地完成培训和考试。请考生结合上述定义写出核安全级单级离心式悬臂泵解体检修知识培训教材编制的规范和要求。

试题 5　核电厂核级机械设备检修工作的风险管理

考核要求

(1) 本题分值:10

(2) 考核时间:30 min

(3) 考核形式:模拟

(4) 具体考核要求:考生根据要求在规定的时间内写出核电厂核级机械设备检修工作中的风险评价的主要内容以及编制风险应急预案的条件并回答考评员提问。

(5) 否定项说明:无

试题情景

核电厂设备维修活动中伴随着各类风险,通过对工作任务进行分析,可以识别其中存在的风险。当现场工作导致某一安全系统不可用,而在某些特定情况下系统必须及时恢复其功能时,必须编制用以恢复系统功能的应急方案。请考生结合上述原则写出核电厂核级机械设备检修工作中的风险评价的主要内容以及编制风险应急预案的条件。

职业技能鉴定国家题库

核反应堆核级机械设备检修工（重水堆机械检修）
国家职业资格一级
操作技能考核准备通知单（考场）

试题 1

考场准备

（1）试题名称：某核电厂余热排出泵解体检修工作的辐射防护准备

（2）本题分值：10

（3）考核时间：30 min

（4）考核形式：模拟

（5）设备设施准备

序号	名称	规格	单位	数量	备注
1	签字笔	0.5 mm	支	1	
2	空白纸	A4	张	若干	

试题 2

考场准备

（1）试题名称：重水堆装卸料机分离器安全锁气动解锁装置变更后故障原因分析和处理

（2）本题分值：100

（3）考核时间：90 min

（4）考核形式：模拟

（5）设备设施准备

序号	名称	规格	单位	数量	备注
1	签字笔	0.5 mm	支	1	
2	空白纸	A4	张	若干	

试题 3

考场准备

（1）试题名称：某压水堆核电机组反应堆压力容器驱动机构焊缝缺陷分析处理。

(2) 本题分值:100
(3) 考核时间:90 min
(4) 考核形式:模拟
(5) 设备设施准备

序号	名称	规格	单位	数量	备注
1	签字笔	0.5 mm	支	1	
2	空白纸	A4	张	若干	

试题 4

考场准备

(1) 试题名称:编制核安全级单级离心式悬臂泵解体检修知识培训教材
(2) 本题分值:10
(3) 考核时间:30 min
(4) 考核形式:模拟
(5) 设备设施准备

序号	名称	规格	单位	数量	备注
1	签字笔	0.5 mm	支	1	
2	空白纸	A4	张	若干	

试题 5

考场准备

(1) 试题名称:核电厂核级机械设备检修工作的风险管理
(2) 本题分值:10
(3) 考核时间:30 min
(4) 考核形式:模拟
(5) 设备设施准备

序号	名称	规格	单位	数量	备注
1	签字笔	0.5 mm	支	1	
2	空白纸	A4	张	若干	

职业技能鉴定国家题库
核反应堆核级机械设备检修工(重水堆机械检修)
国家职业资格一级
操作技能考核准备通知单(考生)

姓名:____________ 准考证号:______________ 单位:____________

试题 1

考生准备

(1) 试题名称:某核电厂余热排出泵解体检修工作的辐射防护准备

(2) 本题分值:10

(3) 考核时间:30 min

(4) 考核形式:模拟

(5) 工具及其他准备:无

试题 2

考生准备

(1) 试题名称:重水堆装卸料机分离器安全锁气动解锁装置变更后故障原因分析和处理

(2) 本题分值:100

(3) 考核时间:90 min

(4) 考核形式:模拟

(5) 工具及其他准备:无

试题 3

考生准备

(1) 试题名称:某压水堆核电机组反应堆压力容器驱动机构焊缝缺陷分析处理。

(2) 本题分值:100

(3) 考核时间:90 min

(4) 考核形式:模拟

(5) 工具及其他准备:无

试题 4

考生准备

(1) 试题名称:编制核安全级单级离心式悬臂泵解体检修知识培训教材

（2）本题分值：10
（3）考核时间：30 min
（4）考核形式：模拟
（5）工具及其他准备：无

试题 5

考生准备

（1）试题名称：核电厂核级机械设备检修工作的风险管理
（2）本题分值：10
（3）考核时间：30 min
（4）考核形式：模拟
（5）工具及其他准备：无

职业技能鉴定国家题库
核反应堆核级机械设备检修工(重水堆机械检修)
国家职业资格一级
操作技能考核评分记录表

考件编号:________ 姓名:________ 准考证号:________ 单位:________

总成绩表

序号	试题名称	配分	得分	权重	最后得分	备注
1	某核电厂余热排出泵解体检修工作的辐射防护准备	15				
2	重水堆装卸料机分离器安全锁气动解锁装置变更后故障原因分析和处理	35				
3	某压水堆核电机组反应堆压力容器驱动机构焊缝缺陷分析处理	25				
4	编制核安全级单级离心式悬臂泵解体检修知识培训教材	10				
5	核电厂核级机械设备检修工作的风险管理	15				
合计		100				

统分人: 年 月 日

试题1 某核电厂余热排出泵解体检修工作的辐射防护准备

配分与评分标准:

序号	考核内容	考核要点	配分	评分标准	扣分	得分
1	辐射防护工作准备的要求	1. 根据作业环境的辐射环境水平,申请办理RWP许可证,协助制定并实施辐射防护措施; 2. 从辐射剂量率、污染风险、工作时间、工作人数、废物产生量等方面进行辐射风险分析,编制ALARA专项方案; 3. 配合辐射防护人员对现场工作活动范围进行确认,以便准备剂量率调查、辐射屏蔽材料布置、放射性物质运输通道布置、人员撤离通道布置等ALARA内容准备;	10	1. 考核要点中每项2分,提及每项中的相关内容得2分; 2. 满分10分。		

续表

序号	考核内容	考核要点	配分	评分标准	扣分	得分
1	辐射防护工作准备的要求	4. 配合辐射防护人员和运行人员准备现场放射性水、气的疏排方案，或应用水位建立辐射屏蔽等方案； 5. 配合辐射防护人员准备临时污染控制区建立的方案； 6. 配合辐射防护人员准备临时负压棚区建立的方案； 7. 选择准备优化的维修方法，以降低维修人员的剂量，比如：将设备运离高辐射区进行维修、采用部件更换代替现场维修。		1. 考核要点中每项 2 分，提及每项中的相关内容得 2 分； 2. 满分 10 分。		
合计						

否定项：无

评分人：　　　年　　月　　日　　　　　　　　　　　核分人：　　　年　　月　　日

试题 2　重水堆装卸料机分离器安全锁气动解锁装置变更后故障原因分析和处理

配分与评分标准：

序号	考核内容	考核要点	配分	评分标准	扣分	得分
1	故障分析	1. 故障原因分析。	15	分析故障的原因，原因分析不到位扣相应分数。 1. 压力调节阀故障导致供气压力不足(压力设定点漂移，压力表指示不准确，)(2 分)； 2. 管线接头漏气，导致供压不足(2 分)； 3. 气缸密封漏气导致供压不足(2 分)； 4. 气缸内部卡涩，动作不灵活(2 分)； 5. 气缸行程不足，无法完全解锁安全锁(2 分)； 6. 波纹管故障不能动作(2 分)； 7. 挡块处于下插位置，安全锁头被挡块锁槽卡住(2 分)。		
2	设备检修(准备)	1. 松散污染控制区建立； 2. 松散污染防护用品的准备； 3. 常用及专用工器具准备； 4. 备件和材料准备； 5. 防氚和重水收集物品准备。	15	1. 松散污染控制区未建立，扣 1～3 分； 2. 个人松散污染防护用品(纸衣、口罩)未准备齐全，扣 1～3 分； 3. 工器具未准备，扣 1～3 分； 4. 备件材料(接头 O 形圈，气缸密封垫，气缸活塞 O 形圈，波纹管)未准备齐全扣 1～3 分； 5. 个人防氚用品未准备(气衣，乳胶手套)扣 1～3 分； 6. 重水收集工具材料(吸水纸、紫色塑料袋)未准备扣 1～3 分。		

续表

序号	考核内容	考核要点	配分	评分标准	扣分	得分
3	设备检修（解体）	1. 解体步骤顺序正确； 2. 关键部件检查； 3. 其他关键点。	15	1. 未隔离压空，扣2分； 2. 未检查减压阀，扣2分； 3. 未检查接头是否漏气，扣2分； 4. 未检查快接头是否导通，扣2分； 5. 未检查气缸本体是否漏气扣2分； 6. 未检查气缸动作情况，扣2分； 7. 未解体气缸扣2分； 8. 未检查解锁头是否有磨损迹象扣2分。		
4	设备检修（检查）	1. 零部件外观、尺寸和性能检查； 2. 确定故障原因。	15	1. 未对气缸活塞检查，扣1～3分； 2. 未对气缸内壁检查，扣1～3分； 3. 未对波纹管检查，扣1～3分； 4. 未对气缸行程检查，扣1～3分； 5. 未检查O形圈状态，扣1～3分。		
5	设备检修（组装）	1. 消除故障； 2. 组装步骤正确； 3. 接头及其他连接件正确紧固； 4. 气缸动作正常； 5. 更换活塞环、密封件； 6. 其他关键点。	15	1. 未更换活塞环密封圈，扣1～2分； 2. 未组装气缸扣1～2分； 3. 未设定气缸行程，扣1～2分； 4. 未检测管线及接头密封性，扣1～2分； 5. 未设定压力调节阀到正确压力1～2分； 6. 未检查波纹管行程，扣1～2分； 7. 未进行安全锁动作试验，扣1～2分。		
6	培训与指导	1. 编写总结报告。	10	1. 未写清故障原因和主要检修结果，酌情扣1～10分。		
7	管理	1. 操作过程的质量控制； 2. 控制现场工作中的风险。	15	1. 未遵守质保要求，扣5分； 2. 未遵守工业安全和辐射防护规定，扣5分； 3. 发生设备损坏和人员伤害，扣5分。		

否定项：
1. 未找到故障原因；
2. 发生人身伤害或设备损坏。

评分人：　　　年　　月　　日　　　　　　　核分人：　　　年　　月　　日

试题 3　某压水堆核电机组反应堆压力容器驱动机构焊缝缺陷分析处理

配分与评分标准：

序号	考核内容	考核要点	配分	评分标准	扣分	得分
1	故障判断	结构分析，缺陷产生原因以及可能造成的危害	45	下部“Ω”焊缝在设计上为非机械结构性承压密封焊缝其设计功能为螺纹结构提供密封作用(5 分)		
				CRDM 下部“Ω”环腔内属不流动区，“Ω”该区域内长期存在从 T 型螺纹结构处渗入的一回路冷却剂(5 分)		
				冷却剂含有饱和溶解氧和低水平的氯离子，尽管每次升温升压前都需要对主系统冷却剂进行除氧，但该区域无法有效除氧(5 分)		
				在高温高压运行环境下容易造成有害离子的浓缩，存在应力腐蚀开裂的条件(5 分)		
				“Ω”焊缝中的拉应力主要来源于主系统产生的内压力和焊缝部位的残余应力(5 分)		
				奥氏体不锈钢对氯离子敏感，低水平的氯离子和溶解氧易导致不锈钢母材和焊缝金属熔合区产生穿晶应力腐蚀开裂(5 分)		
				从外部经验反馈来看压水堆核电厂发生的类似问题其原因为应力腐蚀开裂，或穿晶应力腐蚀开裂(5 分)		
				“Ω”焊缝因其既非结构性承压焊缝，也不是维持一回路系统压力的焊缝，仅在 CRDM 的螺纹连接发生泄漏时起到密封作用，故其失效泄漏不会造成 LOCA 事故，也不会引入弹棒事故(5 分)		
				如果“Ω”焊缝长期泄漏不处理，其硼结晶将会腐蚀反应堆压力容器顶盖造成严重核事故(5 分)		
2	维修实施	缺陷处理手段	20	如果“Ω”焊缝上的缺陷为局部浅表隐性缺陷，则可采用手工打磨补焊的方式修复(5 分)		
				可以用“Ω”焊缝切割机进行切割，再用“Ω”焊缝焊机进行焊接的挖补方式(5 分)		
				采用以石墨为密封材料的“Ω”焊缝专用机械密封装置进行装夹(5 分)		
				采用“OVERLAY”堆焊方式修复，堆焊用 ALLOY 52M 合金优越于其他合金的抗应力腐蚀性能(5 分)		

续表

序号	考核内容	考核要点	配分	评分标准	扣分	得分
2	维修实施	“OVERLAY”堆焊方式修复步骤	27	对“Ω”焊缝 Mock-up(模拟体)在现场进行完整的“OVERLAY”堆焊模拟试验(2分)		
				试验后对 Mock-up(模拟体)进行多段径向剖切,并对剖切面的 OVERLAY 堆焊层进行晶相分析,确保现场环境条件下无焊接缺陷隐患(2分)		
				对原“Ω”焊缝处进行泄漏点确认(2分)		
				用电钻在“Ω”焊缝处钻两个排气/排水孔(2分)		
				对排气/排水后的杂物进行清洁,并用吸尘器及现场压空对切屑进行清理(2分)		
				安装 OVERLAY 自动焊机系统(2分)		
				调整 OVERLAY 自动焊机头部对中(2分)		
				调整 OVERLAY 自动焊机头部焊丝与“Ω”焊缝之间的间隙(2分)		
				先进行第一层堆焊,并且最后覆盖排水/排气孔共 4 分,如果不是先堆焊第一层扣 2 分,如果不是最后覆盖排气/排水孔扣 2 分		
				第一层堆焊完成后做 VT/PT 检查(2分)		
				进行第二层堆焊(3分)		
				下部“Ω”焊缝 OVERLAY 堆焊焊道不得少于 22 道(2分)		
		功能检验及回装	8	堆焊完成后做 VT/PT 检查(2分)		
				进行表面形状及尺寸确认和检查(2分)		
				回装驱动机构线圈,确认是否与堆焊焊缝位置有影响(2分)		
				升温升压时泄漏检查(2分)		
合计			100			

评分人：　　　年　　月　　日　　　　　　　　核分人：　　　年　　月　　日

试题 4　编制核安全级单级离心式悬臂泵解体检修知识培训教材

配分与评分标准：

序号	考核内容	考核要点	配分	评分标准	扣分	得分
1	教材编制的主要要求	1. 教材的组成主要包括：封面、签署页、前言、出版说明、内容介绍、目录、正文、后记、封底等部分； 2. 教材的编写应美观、整齐、统一并与公司标识系统保持一致，同时便于电装查阅、存档及他人引用； 3. 根据系统化培训方法(SAT)的要求，培训教材具体内容的编制要以培训目标为基础； 4. 教材内容需涵盖所有的培训目标，并保证教材本身的完整性和逻辑性； 5. 教材的培训目标包括最终培训目标和分解培训目标； 6. 教材页码、字体、段落的要求需满足相关程序及规范要求。	10	1. 考核要点中每项 2 分，提及每项中的相关内容得 2 分； 2. 满分 10 分。		
合计						

否定项：无

评分人：　　　年　　月　　日　　　　　　　　　　　　核分人：　　　年　　月　　日

试题 5　核电厂核级机械设备检修工作的风险管理

配分与评分标准：

序号	考核内容	考核要点	配分	评分标准	扣分	得分
1	风险评价的主要内容	1. 识别风险转化为事件的条件，如人员失误、设备异常等； 2. 制订措施消除或防止风险转化为事件的条件； 3. 通过现有的流程和方法实施预防措施。	5	1. 考核要点中每项 2 分，提及每项中的相关内容得 2 分； 2. 满分 5 分。		
2	编制风险应急预案的条件	1. 当生产活动影响安全屏障的完整性，在某一事件情况下需要及时恢复时。如维修活动导致主热传输系统及其相关系统、安全壳隔离系统不完整，发生某一特定事件情况下需要在规定的时间内进行恢复； 2. 当生产活动影响到最终热阱或其相关系统完整性，生产活动进行中某一意外事件发生需要在要求的时间内进行恢复时； 3. 其他生产活动中预期可能发生的事件会对工作人员、环境造成危害时。	5	1. 考核要点中每项 2 分，提及每项中的相关内容得 2 分； 2. 满分 5 分。		
合计						

否定项：无

评分人：　　　年　　月　　日　　　　　　　　　　　　核分人：　　　年　　月　　日

参考文献

[1] 陈梁,李涛.国家职业资格培训教程　核反应堆核级设备检修工(基础知识)[M]. 北京:中国原子能出版社,2014.

[2] 陈梁,李涛.国家职业资格培训教程　核反应堆核级设备检修工(初级技能　中级技能　高级技能)[M]. 北京:中国原子能出版社,2014.

[3] 陈梁,李涛.国家职业资格培训教程　核反应堆核级设备检修工(技师技能　高级技师技能)[M]. 北京:中国原子能出版社,2014.

专用于国家职业技能鉴定

国家职业技能鉴定考核指导

核反应堆核级机械设备检修工

（中　级）

中核核电运行管理有限公司　组织编写

中国原子能出版社

图书在版编目（CIP）数据

核反应堆核级机械设备检修工：中级 / 中核核电运行管理有限公司组织编写. —北京：中国原子能出版社，2020.10

国家职业技能鉴定考核指导

ISBN 978-7-5022-9041-2

Ⅰ. ①核… Ⅱ. ①中… Ⅲ. ①反应堆-设备检修-职业技能-鉴定-教材 Ⅳ. ①TL38

中国版本图书馆 CIP 数据核字（2020）第 180162 号

核反应堆核级机械设备检修工（中级）

出版发行 中国原子能出版社（北京市海淀区阜成路 43 号 100048）
责任编辑 刘东鹏
装帧设计 赵 杰
责任校对 冯莲凤
责任印制 潘玉玲
印 刷 北京九州迅驰传媒文化有限公司
经 销 全国新华书店
开 本 787 mm×1092 mm 1/16
印 张 4.25
字 数 107 千字
版 次 2020 年 10 月第 1 版 2020 年 10 月第 1 次印刷
书 号 ISBN 978-7-5022-9041-2 **定 价** **216.00 元（全套四册）**

网址：http://www.aep.com.cn **E-mail：atomep123@126.com**
发行电话：010-68452845

国家职业技能鉴定考核指导

核反应堆核级机械设备检修工
（中　级）

编审委员会

（以姓氏笔画排名）

主　任　邹正宇

副主任　朱晓斌　刘崇都　吴炳泉　董军成

委　员　王孔钊　王晓波　方幼君　卢才华
　　　　叶丹萌　朱　磊　孙国忠　李厚文
　　　　吴小海　吴明亮　邹俊磊　张世敏
　　　　周瑞东　郑建华　费志松　徐宏明
　　　　盛建华　韩光辉　蒲晓彬　樊鹏飞

主　编　何少华

编　者　马少亮　王成林　王燕良　付　勇
　　　　邢琎娟　刘　强　严　肃　李攀攀
　　　　吴志杰　邹远波　张云华　张　民
　　　　张连生　张利东　陈志高　陈宝成
　　　　陈继芳　陈　章　王　聪　邵　震
　　　　卓　伦　罗飞华　姚建元　黄慧敏
　　　　戚宏昶　景战云　傅仁浦

主　审　刘崇都

审　者　孙国忠　陈　梁　胡四光　姜向平
　　　　彭小蓟　韩光辉

前　言

为推动核反应堆核级机械设备检修工职业培训和职业技能鉴定工作的开展，在核反应堆核级机械设备检修工从业人员中推行国家职业资格证书制度。在国家人力资源和社会保障部的指导下，中国核工业集团有限公司职业技能鉴定指导中心在完成《国家职业标准——核反应堆核级机械设备检修工》《职业培训计划　职业培训大纲——核反应堆核级机械设备检修工》和《国家职业资格培训教程——核反应堆核级机械设备检修工》编制工作的基础上，继续推动了《核反应堆核级机械设备检修工国家题库》的统一命题工作。

《核反应堆核级机械设备检修工国家题库》自2016年建立并投入运行以来，已在《核反应堆核级机械设备检修工》的职业技能鉴定工作中起到了“保证鉴定工作质量、提高鉴定工作水平、加强鉴定工作力度”的作用。为了更好发挥国家题库的作用，配合职业技能鉴定工作的顺利有序开展，便于培训机构有效地组织培训，正确引导学员通过培训、学习提高自身素质和能力并顺利通过鉴定，中国核工业集团有限公司职业技能鉴定指导中心组织参与国家题库开发的命题专家编写了与国家题库相配套的《国家职业技能鉴定考核指导——核反应堆核级机械设备检修工》（以下简称《考核指导》）丛书。

《考核指导》内容紧扣国家题库命题依据——鉴定要素细目表，通过考情观察详解鉴定考核相关要求，通过考点导航剖析了重点难点，通过仿真训练强化知识掌握，通过模拟试卷熟悉考试场景。这些内容的设置使得考生能够对《核反应堆核级机械设备检修工国家题库》的命题依据、考核内容结构以及理论知识和操作技能要求有一个全面的认识和了解。仿真题的设置与国家题库中的试题类型相同、内容相近、难度相当并符合当前生产实际，能够满足考生职业技能鉴定的基本需要。

本《考核指导》针对核反应堆核级机械设备检修工职业活动领域，内容涉及压水堆、重水堆核电站相关知识和技能。《考核指导》丛书按照中级工、高级工、技师、高级技师不同等级共分为四册，由何少华统编。其中中级工分册由卓伦、何少华负责编写，高级工分册由邹远波、马少亮负责编写，技师分册由李攀攀、陈宝成负责编写，高级技师分册由吴志杰、王成林负责编写，其他人员参与题库编写。《考试指导》各分册理论部分的考核内容均涵盖核反应堆本体检修、核安全级阀门检修、核安全级水泵检修、核安全级容器检修、重水堆燃料操作系统机械检修五个工种模块的鉴定要素。《考试指导》中级工、高级工分册的操作技能考核内容不分工种模块编写，技师、高级技师分册的操作技能考核内容分为核反应堆本体检修、核安全级阀门检修、核安全级水泵检修、核安全级容器检修、重水堆燃料操作系统机械检修五个工种模块编写，以符合国家职业标准规定的考核鉴定要求。

《考核指导》丛书的编制出版，凝聚着编、审、校、排、印及组织管理人员的大量辛勤劳动和心血，同时得到了中核核电运行管理有限公司等相关单位的大力支持和热情帮助，在此表示深深地谢意！

《考核指导》丛书中如有不妥之处，恳请批评指正。

目　　录

第一部分　理论知识

第二部分　操作技能

第一部分　理论知识

第一章　考情观察

一、考核思路

根据国家职业标准《核反应堆核级机械设备检修工职业标准》的要求，核反应堆核级机械设备检修工（中级工）的理论知识考核范围，除了职业道德、基础知识两部分基本考核要求外，还包括反应堆本体检修、核安全级阀门检修、核安全级水泵检修、核安全级容器检修、重水堆燃料操作系统机械检修等五个工种模块的考核要求。各模块的考核范围及考核深度如下。

1. 职业道德、基础知识

(1) 考核范围

职业道德的基本知识；职业道德的基本规范；核反应堆核级机械设备检修工职业守则；专业基础知识，包括核电站基础知识、辐射防护基础知识、机械设备基础知识、工业安全知识、机械制图、钳工基础知识、机加工基础知识、起重基础知识等；安全文明生产与环境保护知识；质量保证基础知识；相关法律、法规知识。

(2) 考核深度

掌握职业道德的基本概念；掌握核反应堆核级机械设备检修工相关专业基础知识；掌握核电厂核安全管理、工业安全管理、消防管理、质量保证相关知识；熟悉和掌握我国核安全相关的主要法律、法规要求。

2. 反应堆本体检修相关知识

(1) 考核范围

液压传动基础知识；反应堆本体检修工艺流程；装卸料系统操作工艺流程；机械原理；材料应用知识；机械加工工艺基础知识；测量基本知识；公差与配合基础知识；专用测量工器具使用方法；反应堆本体专用工器具维修、操作规程；装卸料系统设备、专用工器具维修、操作规程；设备和专用工器具的日常保养知识；反应堆本体和装卸料系统专用工器具简单故障的分析和排除方法。

(2) 考核深度

重点掌握反应堆本体检修工艺流程；装卸料系统操作工艺流程；机械原理；材料应用知识；机械加工工艺基础知识；测量基本知识；公差与配合基础知识；专用测量工器具使用方

法;反应堆本体专用工器具维修、操作规程;装卸料系统设备、专用工器具维修、操作规程;设备和专用工器具的日常保养知识。

3. 核安全级阀门检修相关知识

(1) 考核范围

工艺系统流程图标识;专用工器具结构及工作原理;液压传动基础知识;风险的预防措施;机械原理;测量基本知识;专用工器具工具使用方法;公差与配合基础知识;材料应用知识;机械加工工艺基础知识;设备和专用工器具的日常保养知识;阀门相关的试验方法和标准常用研磨方法;阀门密封面检查方法;阀门的常见故障和判断处理方法;专用工具的简单故障判断和排除方法。

(2) 考核深度

重点掌握工艺系统流程图标识;专用工器具结构及工作原理;液压传动基础知识;风险的预防措施;专用工器具工具使用方法;设备和专用工器具的日常保养知识;阀门相关的试验方法和标准常用研磨方法;阀门密封面检查方法。

4. 核安全级水泵检修相关知识

(1) 考核范围

泵的附属设施的基本结构;泵的基本性能参数及性能曲线;工艺系统流程图标识;液压传动基础知识;专用工器具结构及原理;风险的预防措施;机械原理;泵与电机(或其他设备)对中知识;润滑油基础知识;设备和专用工器具的日常保养知识;机械密封相关知识;测量基本知识;公差与配合基础知识;材料应用知识;机械加工工艺基础知识;轴承的结构与分类;专用工器具使用方法;泵相关的试验标准;泵的常见故障和判断处理方法;零部件常见故障及处理方法;润滑油变质的判定方法;专用工具的简单故障判断和排除方法。

(2) 考核深度

重点掌握泵的附属设施的基本结构;泵的基本性能参数及性能曲线;泵与电机(或其他设备)对中知识;润滑油基础知识;设备和专用工器具的日常保养知识;机械密封相关知识;轴承的结构与分类;专用工器具使用方法;泵相关的试验标准。

5. 核安全级容器检修相关知识

(1) 考核范围

工艺系统流程图标识;容器附属设施的基本结构;液压传动基础知识;专用工器具结构及原理;风险的预防措施;液压机械相关知识;设备和专用工器具的日常保养知识;测量基本知识;公差与配合基础知识;材料应用知识;机械加工工艺基础知识;专用工器具工具使用方法;容器密封性试验标准;设备的常见故障和判断处理方法;零部件常见故障及处理方法;专用工具的简单故障判断和排除方法。

(2) 考核深度

重点掌握容器附属设施的基本结构;专用工器具结构及原理;设备和专用工器具的日常保养知识;专用工器具工具使用方法;容器密封性试验标准。

6. 重水堆燃料操作系统机械检修相关知识

(1) 考核范围

工艺系统流程图标识;重水堆燃料操作系统的通用设备的结构和工作原理;专用工器具

结构及原理;风险的预防措施;机械原理;机械传动和液压传动相关知识;泵与电机(或其他设备)对中知识;设备和专用工器具的日常保养知识;润滑油基础知识;机械密封相关知识;测量基本知识;公差与配合基础知识;材料应用知识;机械加工工艺基础知识;专用工器具工具使用方法;设备相关的试验标准;润滑油变质的判定方法;设备常见故障的排除方法;零部件常见故障及处理方法;专用工具的简单故障判断和排除方法。

(2) 考核深度

重点掌握重水堆燃料操作系统的通用设备的结构和工作原理;专用工器具结构及原理;机械传动和液压传动相关知识;设备和专用工器具的日常保养知识;润滑油基础知识;专用工器具工具使用方法;设备相关的试验标准。

二、组卷方式

核反应堆核级机械设备检修工(中级工)理论知识国家题库采用计算机自动生成试卷,即计算机按照本职业中级工《理论知识鉴定要素细目表》的结构特征,使用统一的组卷模型,从题库中随机抽取相应试题,组成试卷。有的地方还有地方特色题库,可以按规定比例和国家题库一起组卷。试卷组成后,应经专家审核,更换不适用的试题。

三、试卷结构

核反应堆核级机械设备检修工(中级工)理论考试实行百分制,采用闭卷笔试方式,成绩达到 60 分以上为合格。试卷结构以国家职业标准《核反应堆核级机械设备检修工职业标准》为依据,试题以中等难度为主,约占 70%;难度低的试题约占 20%;难度高的试题约占10%。

1. 题型题量分配

理论知识考试满分100分;题型单项选择题、判断题、多选题;具体题型、题量与分配方案见表 1-1。

表 1-1　核反应核级设备检修工(中级工)理论知识试卷题型、题量

题型	题量(分值)	分数
单项选择题	40 题(1 分/题)	40
判断题	30 题(1 分/题)	30
多选题	15 题(2 分/题)	30
总分	100 分(85 题)	

2. 鉴定比重和鉴定点

核反应堆核级机械设备检修工(中级工)不分模块,内容包括“职业道德”“基础知识”等基本要求及反应堆本体检修、核安全级阀门检修、核安全级水泵检修、核安全级容器检修、重水堆燃料操作系统机械检修“维修准备”“维修实施”“故障判断和排除”等相关工作知识。各部分所占鉴定比重和鉴定点配置情况分别见表 1-2。

表 1-2　核反应堆核级机械设备检修工（中级工）

鉴定范围(一级)	鉴定范围(二级)	鉴定范围(三级)	鉴定比重/%	鉴定点数量
基本要求	职业道德	职业道德的基本知识	5	5
	基础知识	专业基础知识	11	32
		安全文明生产与环境保护	7	21
		质量管理知识	2	4
		相关法律、法规知识	5	14
相关知识	维修准备	反应堆本体检修	2	4
		核级阀门检修	2	3
		核级水泵检修	3	5
		核级容器检修	5	8
		重水堆燃料操作系统机械检修	8	11
	维修实施	反应堆本体检修	13	13
		核级阀门检修	6	6
		核级水泵检修	14	14
		核级容器检修	4	5
		重水堆燃料操作系统机械检修	3	3
	故障判断和排除	反应堆本体检修	2	3
		核级阀门检修	4	6
		核级水泵检修	2	4
		核级容器检修	1	2
		重水堆燃料操作系统机械检修	1	2
合计			100	165

四、考核时间与要求

1. 考核时间

按照国家职业标准《核反应堆核级机械设备检修工职业标准》的要求，本职业中级理论知识考试时间为 120 分钟。

2. 考核要求

核反应堆核级机械设备检修工(中级工)理论知识考试采用标准化试卷，考生应根据试卷要求具体作答。

五、应试技巧及复习方法

考生要想取得理想的成绩，通过认真的学习和复习来掌握考试要求的知识是必要条件，但是掌握适当的应试技巧和复习方法也是必不可少的。下面介绍的应试技巧，如命题视角、答题要求和答题技巧等，考生在复习、考试时应高度重视。

（1）命题视角。在答题时首先要审题，判断该题所属的知识单元，判断题目考核哪一个知识点，回忆知识点，然后做出判断。

（2）答题要求。理论考试采取的是标准化、客观考题，即答案唯一，在回答时要按照试卷题型后的答题说明，把正确的答案填写在规定的地方，做到书写工整、清晰，切忌反复涂改，造成无法判断答案正确与否的情形。

（3）答题技巧。答题时应先易后难，对没有复习到的知识点、模棱两可的题目可以暂时放一放，在回答把握不准的题目时，可采取排除法、对比法、访问法等思考方式判断和确定正确的答案。

考生在考前要认真复习。系统掌握职业标准和本书所列出的鉴定范围，掌握鉴定点和考试内容。要注重理解，加强记忆，提高效率，按照命题的视角与答题要求，有针对性地掌握考试内容，安排好全面复习、重点复习和模拟训练三个阶段，进一步掌握好考核内容。

第二章　知识架构

根据《国家职业标准——核反应堆核级机械设备检修工》和核反应堆核级机械设备检修工(中级工)《理论知识鉴定要素细目表》,该职业应掌握的理论知识点分为五部分内容,分别是:职业道德、基础知识、维修准备、维修实施和故障判断和排除,根据各理论知识点搭建的知识网络架构图如下所示。

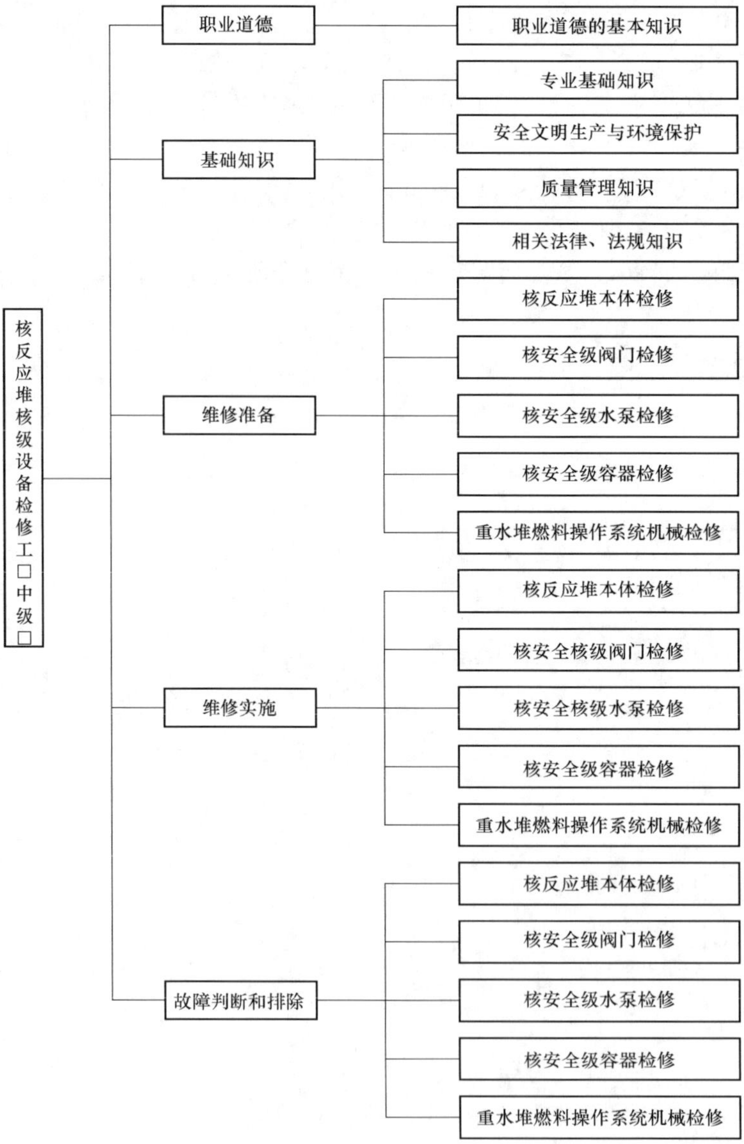

第三章　考核解析

第一单元　职业道德、基础知识

一、学习目标

1. 掌握职业道德的基本知识
2. 掌握专业基础知识
3. 掌握安全文明生产与环境保护知识
4. 掌握质量管理知识
5. 掌握相关法律法规知识

二、考核要点

考核类别	考核范围	考核点	重要程度
职业道德	职业道德的基本知识	职业道德基本概念	X
		职业道德的意义	Z
		职业道德的特点	X
		职业道德基本规范	X
		反应堆核级设备检修工职业守则	Y
基础知识	专业基础知识	核电厂发电原理	X
		核电厂堆型	X
		核电厂核岛工艺系统知识	Y
		核级设备分级管理	X
		辐射防护基础知识	X
		辐射防护的目的	X
		辐射防护的基本要求	X
		辐射防护的剂量限值	Y
		辐射危害及防护	X
		辐射工作场所的管理	X
		放射性废物与放射源的管理	X
		压水堆核电厂的辐射来源及危险	X

续表

考核类别	考核范围	考核点	重要程度
基础知识	专业基础知识	高辐射风险作业	X
		水泵维修基础知识	X
		阀门维修基础知识	X
		容器维修基础知识	X
		常用机械设备的缺陷类型	X
		安全管理的法规和标准	X
		工业安全知识	X
		职业健康安全管理知识	X
		现场急救	X
		机械制图基础知识	Y
		机械制图三视图的表示方法	X
		图样画法	X
		钳工知识概述	X
		钳工基本知识	X
		常用钳工工具的使用方法	X
		常用钳工量具的使用方法	X
		机械加工的基本知识	X
		机械加工设备及刀具基础知识	X
		各种加工方法的加工精度	Y
		起重基础知识	Y
	安全文明生产与环境保护	核安全文化的背景	X
		核安全文化的起源	X
		核安全文化的定义	X
		核安全文化的特征	X
		核安全的基本知识	X
		核设施相关核安全文化的管理	X
		个人对核安全文化的理解与应用	X
		核安全文化评估	X
		防人因失误工具的应用	X
		设备检修现场管理相关知识	Y

续表

考核类别	考核范围	考核点	重要程度
基础知识	安全文明生产与环境保护	检修人员行为规范	X
		检修工前会及工后会总结实施	X
		安全生产相关知识	Z
		正确使用劳动保护用品	X
		环境保护的重要性	X
		三废排放管理制度	X
		消防安全的基本知识	X
		有关的消防法规制度	X
		火灾的危害	X
		防火	X
		灭火	X
	质量管理知识	质量保证的重要性	X
		质量保证要求	Y
		质量控制的重要性	X
		质量控制的规定	X
	相关法律、法规知识	《中华人民共和国劳动法》适用范围	Y
		《中华人民共和国劳动法》立法目的	X
		《中华人民共和国劳动法》基本内容	X
		《中华人民共和国安全生产法》适用范围	Y
		《中华人民共和国安全生产法》立法目的	X
		《中华人民共和国安全生产法》基本内容	X
		《中华人民共和国环境保护法》适用范围	Y
		《中华人民共和国环境保护法》立法目的	X
		《中华人民共和国环境保护法》基本内容	X
		《中华人民共和国放射性污染防治法》适用范围	X
		《中华人民共和国放射性污染防治法》立法目的	Y
		《中华人民共和国放射性污染防治法》基本内容	Z
		核安全相关法规的重要性	X
		核安全相关法规的体系构成	X

说明:“重要程度”反映了每个考核点与其他考核点的相互关系和相对地位。在描述时,一般用“X、Y、Z”表示,“X”代表重要程度高的核心要素,“Y”代表重要程度一般的要素,“Z”代表重要程度偏低的辅助要素。

三、考点导航

1. 职业道德的基本知识

(1) 职业道德基本知识和基本规范

(2) 反应堆核级设备检修工职业守则

2. 专业基础知识

主要考核反应堆核级机械设备检修工基础知识,主要包括以下方面的内容:

(1) 核电厂发电原理、核岛工艺系统知识、核级设备分级管理

(2) 辐射防护基础知识、基本要求、剂量限值

(3) 辐射的危害及防护、辐射工作场所的管理

(4) 放射性废物与放射源的管理、高辐射风险作业管理

(5) 水泵、阀门、容器维修基础知识、常用机械设备缺陷类型

(6) 安全管理的法规和标准、工业安全知识、职业健康安全管理知识

(7) 机械制图、图样画法基础知识

(8) 钳工基础知识、常用钳工工具、量具使用方法

(9) 机械加工、加工设备及刀具、加工方法、加工精度基础知识

3. 安全文明生产与环境保护基础知识

(1) 核安全文化基础知识、核设施相关核安全文化的管理

(2) 防人因失误工具的应用、设备检修现场管理、人员行为规范相关

(3) 安全生产与劳动保护知识

(4) 环境保护知识

(5) 消防安全知识

4. 质量管理知识

(1) 质量保证基础知识

(2) 质量控制基础知识

5. 相关法律、法规知识

(1)《中华人民共和国劳动法》相关知识

(2)《中华人民共和国安全生产法》相关知识

(3)《中华人民共和国环境保护法》相关知识

(4)《中华人民共和国放射性污染防治法》相关知识

(5) 核安全法规相关知识

四、仿真训练

1. 单项选择题

(1) 反应堆核级设备检修工职业道德是指从事反应堆核级设备检修职业的人员在完成与反应堆核级设备检修及有关的各项劳动过程中,从思想到工作行为所必须遵守的道德规范和(　　)

(A) 行为准则 (B) 规章制度 (C) 纪律法规 (D) 工作规程

(2) 职业道德反映着某种职业的特殊要求。它是人们履行本职工作的时候,从思想到行动应该遵守的准则,同时也是各个行业在( )方面对社会应尽的责任和义务。

(A) 道德 (B) 行为 (C) 思想 (D) 意识

(3) 以下不属于压水堆核电厂一回路的热循环过程所包括的阶段是:( )。

(A) 高温高压的水沿主管道进入蒸汽发生器的U形管内,将热量传给U形管外侧的二回路水,使其变为饱和蒸汽

(B) 高温高压的液态的轻水(H_2O)在主冷却剂泵驱动下,进入反应堆堆芯

(C) 蒸汽发生器二次侧的给水受热变成饱和蒸汽进入到汽轮机

(D) 被冷却后的主冷却剂由主冷却剂泵驱动到反应堆内重新加热

(4) 在反应堆发生失水事故时可以自动投入,阻止事故的进一步扩大,保护反应堆的安全,同时防止放射性物质向大气环境扩散的系统是( )。

(A) 化学和容积控制系统 (B) 余热排出系统

(C) 核辅助系统 (D) 专设安全系统

(5) 关于辐射防护的剂量限值,下列说法错误的是( )。

(A) 作为限值,它不适用于医疗照射和天然本底照射

(B) 剂量限值是允许接受的剂量范围的上限

(C) 剂量是指内、外照射产生剂量的总和

(D) 应对个人受到的正常照射加以限制,以保证除特殊情况外由来自各项获准实践的综合照射所致的个人总有效剂量和有关器官或组织的总当量剂量不超过规定的剂量限值

(6) ( )不是换热器的主要清理方法。

(A) 机械清理 (B) 高压水冲洗清理

(C) 化学水除垢处理 (D) 电化学处理

(7) ( )是引发"核安全文化"这一概念的起因,为此,国际原子能机构(IAEA)的国际安全咨询组(INSAG)出版了一份报告:INSAG-4,详尽地阐述了"核安全文化"这一概念。

(A) 三哩岛核事故 (B) 福岛核事故

(C) Davis-Besse反应堆顶盖腐蚀事件 (D) 切尔诺贝利核事故

(8) 为了向所有参与的工作人员明确工作范围,分配任务,定义角色,识别风险,预见任务失败的结果,采取应对措施,分享实施经验教训,减少人因失误,需开( )。

(A) 工前会 (B) 工后会

(C) 经验交流会 (D) 缺陷分析会

(9) 核电厂的物项和服务均需具有按它们对安全的重要性和使用目的而规定的质量,其描述的是( )之间的关系。

(A) 供方和需方 (B) 制造商和采购商

(C) 特性和要求 (D) 产品性能和服务

(10)安全生产法的适用范围只限定在( )领域。

(A) 生产经营 (B) 工作 (C) 营销 (D) 销售

2. 判断题

(1) 在市场经济条件下,高素质的劳动者向高效益的企业流动,是社会发展的必然趋势。(　　)

(2) 效益是企业在市场经济中赖以生存的重要依据。(　　)

(3) 核能发电包括核能、热能、机械能、电能的能量转换全过程。(　　)

(4) 辐射防护剂量限值体系一般分为:基本限值、次级限值、导出限值、管理限值和参考水平五个级别。(　　)

(5) 核电厂在停堆大修工况下,外照射主要由β射线与γ射线引起。(　　)

(6) 在辐射工作场所,监督区正常情况下没有潜在的辐射和放射性污染风险,人员活动原则上没有辐射防护限制。(　　)

(7) 内径百分表一般经一次调整后,能连续测一批公称尺寸相同的零件,而不需要再调整。(　　)

(8) 起重司机必须听从指挥人员的指挥,当指挥信号不明时,司机应发出“紧急停止”信号。(　　)

(9) 核安全文化是所有从事与核安全相关工作的人员参与的结果,它包括核设施员工,核设施管理人员及政府决策层。(　　)

(10) 自我评估和独立的监督相结合是一种综合平衡的方法,这种平衡需定期审查和调整。(　　)

(11) 对于那些作为反应堆备用热阱的设备,只有在必要时并可在规定时间内恢复使用的情况下,才允许停运维修。(　　)

(12) 质保大纲对所有影响质量的活动提出要求和规范。(　　)

3. 多项选择题

(1) 职业道德的基本规范(　　)。

(A) 爱岗敬业,忠于职守　　(B) 诚实守信,办事公道

(C) 服务群众,奉献社会　　(D) 遵纪守法,廉洁奉公

(E) 安全第一,质量第一

(2) 每个工作岗位、每一次职业行为,都包含着如何处理(　　)关系的问题,因此,职业道德是社会主义道德体系的重要组成部分。

(A) 个人与国家　　(B) 个人与集体

(C) 国家与国家　　(D) 集团与集体

(E) 其他

(3) 劳动的双重含义有(　　)。

(A) 为个人谋生　　(B) 为社会服务

(C) 有利于行业、企业建设和发展　　(D) 有利于推动城市建设

(E) 有利于个人的提高和发展

(4) 表面污染按照其去除的难易可分为(　　)。

(A) 固定污染　　(B) 松散污染

(C) 体表污染　　(D) 地面污染

(E) 墙壁污染

(5)《中华人民共和国放射性污染防治法》的基本内容包括(　　)等。

(A) 防治放射性污染,保护环境,保障人体健康

(B) 结合我国实际情况分析

(C) 国家对放射性污染的防治,实行预防为主、防治结合、严格管理、安全第一的方针

(D) 放射性污染防治的科学研究和技术开发利用,推广先进的放射性污染防治技术

(E) 放射性污染防治工作依法实施统一监督管理

五、参考答案

1. 单项选择题

(1) A;(2) A;(3) C;(4) D;(5) C;(6) A;(7) D;(8) A;(9) C;(10) A

2. 判断题

(1) √;(2) ×;(3) √;(4) √;(5) ×;(6) √;(7) √;(8) ×;(9) √;(10) √;(11) √;(12) √

3. 多项选择题

(1) ABCD;(2) AB;(3) AB;(4) AB;(5) ABCDE

第二单元　维修准备

一、学习目标

1. 掌握核反应堆本体检修的维修准备工作相关知识
2. 掌握核安全级阀门检修的维修准备工作相关知识
3. 掌握核安全级水泵检修的维修准备工作相关知识
4. 掌握核安全级容器检修的维修准备工作相关知识
5. 掌握重水堆燃料操作系统机械检修维修准备工作相关知识

二、考核要点

考核类别	考核范围	考核点	重要程度
维修准备	核反应堆本体检修	液压传动和液压机械	X
		工艺系统流程图标识	X
		反应堆本体检修工艺流程	X
		装卸料系统操作工艺流程	X
	核安全级阀门检修	核级阀门检修专用工器具结构	Y
		核级阀门检修专用工器具的工作原理	X
		核级阀门检修风险的预防措施	X
	核安全级水泵检修	泵的附属设施的基本结构	X
		泵的基本性能参数及性能曲线	X
		核级水泵检修专用工器具结构	X
		核级水泵检修专用工器具的原理	X
		核级水泵检修风险的预防措施	X
	核安全级容器检修	可拆式密封装置	X
		接管、开孔及其补强结构	X
		支座	X
		安全装置	X
		容器的其他附件	X
		核级容器检修专用工器具结构	Y
		核级容器检修专用工器具的原理	X
		核级容器检修风险的预防措施	X

续表

考核类别	考核范围	考核点	重要程度
维修准备	重水堆燃料操作系统机械检修	重水堆燃料操作系统的阀门	Z
		重水堆燃料操作系统的泵	Y
		重水堆燃料操作系统机械检修专用工器具结构	X
		重水堆燃料操作系统机械检修专用工器具的原理	X
		重水堆燃料操作系统专用工器具使用方法	X
		重水堆燃料操作系统机械检修风险和应对措施	X
		重水堆燃料操作系统维修规程的使用	X
		中级工应掌握的维修规程	X
		重水堆燃料操作系统维修后试验	X
		重水堆燃料操作系统维修后试验标准	X
		在维修后试验过程中执行辐射防护措施	X

说明:“重要程度”反映了每个考核点与其他考核点的相互关系和相对地位。在描述时,一般用“X、Y、Z”表示,“X”代表重要程度高的核心要素,“Y”代表重要程度一般的要素,“Z”代表重要程度偏低的辅助要素。

三、考点导航

1. 核反应堆本体检修的维修准备相关知识

主要考核反应堆本体检修工艺流程和装卸料系统操作工艺流程相关知识。

2. 核安全级阀门检修的维修准备相关知识

主要考核工艺系统流程图标识;核级阀门检修专用工器具结构、核级阀门检修专用工器具的工作原理、核级阀门检修风险的预防措施等相关知识。

3. 核安全级水泵检修的维修准备相关知识

主要考核泵的附属设施基本结构、泵的基本性能参数及性能曲线、核级水泵检修专用工器具结构、核级水泵检修专用工器具的原理、核级水泵检修风险的预防措施等相关知识。

4. 核安全级容器检修的维修准备相关知识

主要考核核级容器检修专用工器具结构、核级容器检修专用工器具的原理、核级容器检修风险的预防措施、容器结构、容器安全附件及其他附件等相关知识。

5. 重水堆燃料操作系统机械检修的维修准备相关知识

主要考核重水堆燃料操作系统的阀门、泵、重水堆燃料操作系统机械检修专用工器具的原理、重水堆燃料操作系统专用工器具使用方法、重水堆燃料操作系统机械检修风险和应对措施、重水堆燃料操作系统维修规程的使用、重水堆燃料操作系统维修后试验标准等相关知识。

四、仿真训练

1. 单项选择题

(1) 液压传动一般用(　　)作为传递运动和动力的工作介质,而且传动中经过多次能量转换。

(A) 天然水　(B) 矿物油　(C) 空气　(D) 氮气

(2) 在压水堆核电厂工艺系统图中,为了避免常用符号的更改而造成出错的风险及对一台设备使用多个符号而造成运行人员出错的风险,所以制定了(　　)。

(A) 标准设备代码　(B) 标准图形符号

(C) 标准设备符号　(D) 标准设备图片

(3) 在 M310 机组工艺系统图中,例如:管道 1RCP 010 VMB(波动管),其中字母"M"表示(　　)。

(A) 材料为碳钢　(B) 材料为马氏体不锈钢

(C) 材料为珠光体不锈钢　(D) 材料为奥氏体不锈钢

(4) 核电厂压力容器可拆式密封装置按照密封介质的压力大小,可分为(　　)和高压密封。

(A) 强制式密封　(B) 自紧式密封

(C) 半自紧式密封　(D) 中低压密封

(5) 核电厂压力容器常用的接管方式有三种形式,即(　　)、法兰短管与平法兰。

(A) 螺纹短管　(B) 活套　(C) 卡箍　(D) 绑扎带

(6) 核电厂立式容器支座的类型有:悬挂式支座、腿式支座、(　　)、裙式支座。

(A) 圈式支座　(B) 支承式支座　(C) 鞍式支座　(D) 赤道正切支座

(7) 核电厂压力容器上设置的爆破片按外观分为正拱型、反拱型、(　　)。

(A) 剪切型　(B) 爆破型　(C) 脱落型　(D) 平板型

(8) 便携式行星式磨削闸阀研磨机主要结构中不包括(　　)。

(A) 研磨驱动马达、机臂与磨盘　(B) 转接器与基础底板及其固定装置

(C) 控制座与调速器　(D) 液压泵站与油管组件

(9) 液压扳手的主要结构当中不包括(　　)。

(A) 动力单元(液压泵)　(B) 调压及换向组件

(C) 高压油管　(D) 拉伸体

(10) 为了避免水泵传递输送热流体时由于不对中或膨胀而引起任何管线应变,有时在出口和入口管线使用(　　)。

(A) 止回阀　(B) 膨胀节　(C) 过滤器　(D) 润滑油泵

(11)泵在单位时间内对流经泵的液体所做的功称为泵的(　　)。

(A) 轴功率　(B) 有效功率　(C) 配带功率　(D) 效率

(12) 在 CANDU6 重水堆燃料操作系统中,装卸料机和滑车的油压驱动回路中有减压阀的使用,提供出口压力约(　　)。

(A) 0~11 MPa　(B) 0~12 MPa　(C) 0~12.4 MPa　(D) 3~12.4 MPa

(13) CANDU6 重水堆燃料操作系统的泵包括(　　)。

(A) 重水供给泵　　(B) 悬链系统主泵

(C) 油系统重水收集泵　　(D) 乏燃料系统增压泵

(14) 关于 CANDU6 重水堆燃料操作系统重水供给泵描述正确的是(　　)。

(A) 重水供给泵是燃料操作系统的“大脑”

(B) 重水供给泵是三缸式、立式柱塞、正排量泵

(C) 重水供给泵转速为 1 800 r/min,靠一台 200 马力,转速为 1 800 r/min 的电机通过一个减速齿轮箱驱动

(D) 重水供给泵能提供最小流量为 4.54 L/s,出口压力高达 20 MPa

2. 判断题

(1) 叶片式泵是利用叶轮的叶片和液体相互作用来输送液体。根据工作轮形状和通流部分中的液体运动特性,分为离心泵、斜(混)流泵、轴流泵和涡流泵。(　　)

(2) 对于速度稳定性要求较高的系统,常在液压缸的最低处设置专门的排气装置,如排气阀。(　　)

(3) 在使用便携式研磨机同时使用行星磨盘时应避免磨盘的研磨半径与被加工面的中间半径重合。(　　)

(4) 液压扳手基本工作原理是:液压泵输出液压油,通过液压油管到达驱动扳手体上的油缸活塞,推动活塞做往复运动来带动棘轮机构转动,从而驱动螺栓套筒转动,同时产生的反作用力通过反作用力臂抵消。(　　)

(5) 通常在泵出口管线上安装止回阀,以防止泵在意外事故时产生回流或从其他运行的泵回流。(　　)

(6) 允许吸上真空高度表示泵的吸上扬程的最大值,允许吸上真空高度越低,说明泵的吸上扬程性能越好,也就是抗汽蚀性能越好。(　　)

(7) 核电厂压力容器可拆式密封装置的法兰结构包括整体式法兰、松式法兰、任意式法兰等形式。(　　)

(8) 核电厂压力容器开孔补强方法有整体补强和局部补强两种。容器上的开孔补强一般均用局部补强法。(　　)

(9) CANDU6 重水堆燃料操作系统中的装卸料机低压疏水阀和疏排站入口阀均为蝶阀。(　　)

(10) CANDU6 重水堆燃料操作系统重水供给泵电机是全封闭、防水的,在房间被水淹深度达 2.4 m(泵和减速齿轮箱全部浸没的情况下)以下时,电机能够连续运行至少 1 个小时。(　　)

3. 多项选择题

(1) 一个完整的、能够正常工作的液压系统,一般由五个主要部分来组成,分别是动力装置、工作介质、(　　)。

(A) 执行装置(元件)　　(B) 控制调节装置(元件)

(C) 辅助装置(元件)　　(D) 安全装置

(E) 测量装置

(2) 液压缸有多种结构形式,但根据其具体结构特点可分为(　　)形式。

(A) 离心式　(B) 活塞式　(C) 柱塞式　(D) 摆动式

(E) 隔膜式

(3) 液压系统的蓄能器主要功能有(　　)。

(A) 辅助动力源　(B) 系统保压

(C) 提高系统工作压力　(D) 吸收系统脉动、缓和液压冲击

(E) 防止系统超压

(4) 便携式研磨机可用于现场加工闸阀、止回阀和法兰的金属密封面,机具由(　　)组成。

(A) 上传动装置　(B) 机具臂　(C) 下传动装置　(D) 驱动马达

(E) 磨盘

(5) 在处理高温、腐蚀介质阀门的外漏缺陷时,可能产生的作业风险包括(　　)。

(A) 介质高温烫伤　(B) 介质腐蚀

(C) 阀体缺陷扩大　(D) 海水泄漏淹没厂房

(E) 电动与手动功能不协调

(6) 以下关于泵吸入管线描述正确的是(　　)。

(A) 吸入管线应尽可能地直连和尽可能地短

(B) 假如需要一条长的入口管线,那么应加大管子的尺寸以降低摩擦损失

(C) 在泵必须从较低处提升液体的时候,应该以连续地升高方式向泵铺设吸入管线,避免管线上有高点以防止形成气穴

(D) 在可能存在静吸入压头的场合,泵的吸入管线应该连续地向下方的泵倾斜

(E) 一般吸入管线比泵的入口短节大,而且应该使用偏心的渐缩管

(7) 汽蚀余量是用来判断泵是否发生汽蚀的物理量,它表示泵进口处单位重量的液体所具有的超过液体饱和压力的富裕能量,提高泵汽蚀余量的方法有(　　)。

(A) 减小安装高度　(B) 加大吸水管径或减小流量,以减小阻力

(C) 降低液体的温度,从而降低汽化压力　(D) 降低泵的转速,减小阻力

(E) 升高液体温度,从而降低汽化压力

(8) 核电厂压力容器可拆式密封装置常用的法兰密封面型式有(　　)。

(A) 平面型　(B) 凹凸型　(C) 榫槽型　(D) 自紧型

(E) 球面型

(9) 满足(　　)条件时,核电厂压力容器开孔处可以不另行补强。

(A) 开孔较小　(B) 开孔较大　(C) 削弱程度小　(D) 削弱程度大

(E) 孔边应力集中程度在允许范围以内

(10) CANDU6 重水堆燃料操作系统有关乏燃料应急冷却泵描述正确的是(　　)。

(A) 潜水泵,它安装在接收池房间内,为暴露于空气中的乏燃料提供应急冷却流量

(B) 当乏燃料在空气中暴露时间超过规定时间时,应急冷却泵就会启动,向燃料棒束喷淋

(C) 潜水泵,它安装在卸料池房间内,为暴露于空气中的乏燃料提供应急冷却流量

(D) 当乏燃料在空气中时,应急冷却泵就会启动,向系统应急补水

(E) 当乏燃料在空气中时中暴露时间超过规定时间时,应急冷却泵就会启动,向系统应

急补水

(11) CANDU6 重水堆燃料操作系统装卸料机推杆转运车配备了(　　)。

(A) 减速机转向机构,转向灵活可靠

(B) 液压制动结构,在牵引或推动过程中有减速、刹车功能

(C) 电机,可以电机驱动

(D) 方向盘,可用于转向

(E) 6 个轮胎

(12) CANDU6 重水堆燃料操作系统桥架丝杆齿轮箱维修平台可分为(　　)。

(A) 底座　(B) 维修平台(第一级平台)

(C) 滚珠螺母托架(第二级平台)　(D) 液压泵站

(E) 电机及控制部分

五、参考答案

1. 单项选择题

(1) B;(2) B;(3) D;(4) D;(5) A;(6) B;(7) D;(8) D;(9) D;(10) B;(11) B;(12) A;(13) A;(14) B

2. 判断题

(1) √;(2) ×;(3) √;(4) √;(5) √;(6) ×;(7) √;(8) √;(9) √;(10) ×

3. 多项选择题

(1) ABC;(2) BCD;(3) ABD;(4) ABCDE;(5) ABC;(6) ABCDE;(7) ABCD;(8) ABCD;(9) ACE;(10) BC;(11) AB;(12) ABCD

第三单元 维修实施

一、学习目标

1. 掌握核反应堆本体检修的维修实施工作相关知识
2. 掌握核安全级阀门检修的维修实施工作相关知识
3. 掌握核安全级水泵检修的维修实施工作相关知识
4. 掌握核安全级容器检修的维修实施工作相关知识
5. 掌握重水堆燃料操作系统机械检修的维修实施工作相关知识

二、考核要点

考核类别	考核范围	考核点	重要程度
维修实施	核反应堆本体检修	机械原理	X
		材料应用知识	X
		机械加工工艺基础知识	X
		测量基本知识	X
		公差与配合基础知识	X
		机械零部件失效分析及修复方法	X
		设备和专用工器具的日常保养	X
		反应堆本体专用工器具维修规程	X
		反应堆本体专用工器具操作规程	X
		装卸料系统设备、专用工器具维修规程	X
		装卸料系统设备、专用工器具操作规程	X
		专用测量工器具使用方法	X
		反应堆本体检修一般维修技能	X
	核安全级阀门检修	阀门相关的试验方法和标准	X
		阀门密封面检查方法	X
		常用研磨方法	X
		专用工器具使用方法	X
		核级阀门维修程序应用	X
		核级阀门一般维修技能	X
	核安全级水泵检修	转动设备对中知识	X
		润滑油的主要质量指标	X

续表

考核类别	考核范围	考核点	重要程度
维修实施	核安全级水泵检修	常用润滑油的性能及其选用	X
		润滑脂的主要质量指标	X
		润滑脂的主要类型	X
		核电厂水泵润滑的选用	X
		核电厂润滑管理	X
		机械密封相关知识	X
		轴承的结构	X
		轴承的分类	X
		核级水泵专用工器具使用方法	X
		泵相关的试验标准	X
		核级水泵维修规程应用	X
		核级水泵一般维修技能	X
	核安全级容器检修	容器密封性试验标准	X
		核级容器检修专用工器具使用方法	X
		容器设备的日常保养知识	X
		核级容器维修规程应用	X
		核级容器一般维修技能	X
	重水堆燃料操作系统机械检修	燃料操作系统机械传动简介	X
		燃料操作系统液压传动简介	X
		重水堆燃料操作系统设备一般维修技能	X

说明:“重要程度”反映了每个考核点与其他考核点的相互关系和相对地位。在描述时,一般用“X、Y、Z”表示,“X”代表重要程度高的核心要素,“Y”代表重要程度一般的要素,“Z”代表重要程度偏低的辅助要素。

三、考点导航

1. 核反应堆本体检修的维修实施相关知识

主要考核机械原理;材料应用相关知识;机械加工工艺基础知识;测量基本知识;公差与配合基础知识;专用测量工器具使用方法;反应堆本体专用工器具维修、操作规程;装卸料系统设备、专用工器具维修、操作规程;设备和专用工器具的日常保养知识。

2. 核安全级阀门检修的维修实施相关知识

主要考核阀门专用工器具工具使用方法;设备和专用工器具的日常保养知识;阀门相关的试验方法和标准常用研磨方法;阀门密封面检查方法;核级阀门维修程序应用。

3. 核安全级水泵检修的维修实施相关知识

主要考核泵与电机(或其他设备)对中知识;润滑油基础知识;核级泵专用工器具的日常保养知识;机械密封相关知识;轴承的结构与分类;专用工器具使用方法;泵相关的试验标准;核级水泵维修规程应用。

4. 核安全级容器检修的维修实施相关知识

主要考核核级容器专用工器具的日常保养知识;核级容器专用工器具使用方法;容器密封性试验标准;核级容器的日常保养知识;核级容器维修规程应用。

5. 重水堆燃料操作系统机械检修的维修实施相关知识

主要考核重水堆燃料操作系统机械传动和液压传动相关知识;重水堆燃料操作系统设备和专用工器具的日常保养知识;重水堆燃料操作系统专用工器具使用方法;重水堆燃料操作系统相关设备的试验标准。

四、仿真训练

1. 单项选择题

(1) 以下各项描述中,哪一项是对带传动特点的阐述(　　)。

(A) 能缓冲吸振　　(B) 结构紧凑　　(C) 传动比稳定　　(D) 具有自锁性

(2) 如果将运动链中的一个构件固定,并使另一个或几个构件按给定的规律运动,而且其余构件都能随之作确定的相对运动,则这种运动链就称为(　　)。

(A) 自由度　　(B) 运动副　　(C) 运动链　　(D) 机构

(3) (　　)是加工后零件表面的实际尺寸、形状、位置三种几何参数与图纸要求的理想几何参数的符合程度。

(A) 加工余量　　(B) 加工精度　　(C) 表面质量　　(D) 加工误差

(4) 奥氏体不锈钢阀门做水压试验时,水中氯化物含量不得超过(　　)。

(A) 100 mg/L　　(B) 200 mg/L　　(C) 300 mg/L　　(D) 400 mg/L

(5) 阀门液体密封试验时,试验压力至少是阀门在 20 ℃时允许最大工作压力的(　　)倍。

(A) 1.1　　(B) 1.2　　(C) 1.5　　(D) 2

(6) 关于阀门密封面目视检查,说法错误的是(　　)。

(A) 目视检查需要良好的照明和表面清洁度

(B) 目视检查可分为直接目视检查和间接目视检查

(C) 目视检查时眼睛与被检部件表面不超过 600 mm

(D) 目视检查时眼睛与被检部件表面所成的夹角不大于 30°

(7) 百分表是轴中心对中使用非常普遍的一种精密量具,它不仅能用作比较测量,也能用作绝对测量,百分表的分度值为(　　)。

(A) 0.005 mm　　(B) 0.01 mm　　(C) 0.02 mm　　(D) 0.1 mm

(8) 轴承油膜的最小厚度是随轴承负荷的减少而(　　)。

(A) 减少　　(B) 增加　　(C) 保持不变　　(D) 与负荷无关

(9) 下列关于润滑油乳化的描述中错误的是(　　)。

(A) 润滑油中大量进水可导致润滑油乳化

(B) 润滑油乳化后可能导致机器磨损

(C) 乳化后的润滑油不能通过过滤来重返可用指标

(D) 油品乳化后使用寿命可能会缩短

(10) 根据我国核工业标准压力容器密封性试验必须用(　　)个量程相同的并经过校正的压力表。

(A) 1　　(B) 2　　(C) 3　　(D) 4

(11) 根据我国核工业标准压力容器密封性试验,使用的压力表量程宜在最高试验压力的 2 倍左右,但应不低于最高试验压力的(　　)倍和不高于最高试验压力的 4 倍。

(A) 1　　(B) 1.5　　(C) 2　　(D) 2.5

(12) (　　)不是 CNP300 核电机组蒸汽发生器螺栓拉伸机使用前的准备工作。

(A) 检查螺栓拉伸机的所有设备和专用工具是否齐全

(B) 按照拉伸对象选择相应大小的百分表座

(C) 螺栓温度不超过 60 ℃

(D) 具备 380 V 电源条件

(13) CANDU6 重水堆装卸料机推杆丝杆滚珠螺母,导向套筒插入工具和桥架丝杆齿轮箱中包含(　　)方式。

(A) 滚动螺旋传动　(B) 齿轮传动　　(C) 圆柱蜗杆传动　(D) 链式传动

(14) CANDU6 重水堆燃料操作系统中,(　　)设备都包含了链条传动机构。

(A) 悬链系统小车,乏燃料水下链条,混凝土屏蔽门

(B) 悬链系统小车,乏燃料升降斗,钢屏蔽门

(C) 悬链系统小车,乏燃料水下链条,钢屏蔽门

(D) 推杆转运车,乏燃料水下链条,钢屏蔽门

(15) CANDU6 重水堆燃料操作系统中使用液压油驱动的设备有(　　)。

(A) 装卸料机 C 杆　　(B) 滑车精 Y 向驱动马达

(C) 装卸料机分离器　　(D) 装卸料机分离器安全锁

2. 判断题

(1) 闭式齿轮传动的润滑方式是根据速度来决定的,当 $v>25$ m/s时,喷油装置应置于进入啮合一侧,有利于对刚脱离啮合的齿进行及时的冷却。(　　)

(2) 平面连杆机构在核电厂通风系统风阀阀瓣的启闭机构中有一定的应用,平面连杆机构主要包括四杆机构、曲柄滑块机构和导杆机构。(　　)

(3) 非金属材料的强度一般不及金属材料高,其中无机非金属的共同特点是质地脆,不耐冲击;有机非金属材料则耐热性不高,存在老化、尺寸稳定性差等问题。(　　)

(4) 所有阀门在做密封试验时必须做阀座密封试验、上密封试验、填料密封试验。(　　)

(5) 弹性密封阀门在经高压密封试验后,可能会降低其在低压工况时的密封性能。(　　)

(6) 核电厂阀门密封面的研磨工作不一定从粗磨开始,可视密封面的好坏程度来确定。

(　　)

(7) 通常意义上说的泵类设备对中是泵转子与泵壳的中心找正。(　　)

(8) 当靠背轮出现“下张口”时,通常做法是加垫片抬高泵的前脚或减垫片降低泵的后脚,消除靠背轮张口,然后根据轴心高度差,垫加适当垫片消除轴心高度差。(　　)

(9) 润滑油中含有过量水分,会破坏油膜、降低黏度而恶化润滑性能,还会产生腐蚀、乳化等现象,所以泵类设备使用的润滑油需要控制水分含量。(　　)

(10)《ASME 锅炉及压力容器规范》第Ⅲ卷第 1 册 NB 分卷 NB-6000 条款适用于核安全一级容器密封性试验。(　　)

(11) 根据我国核工业标准,奥氏体不锈钢制压力容器在水压试验时,应控制水的氯离子含量不大于 25×10^{-6}。(　　)

(12) 使用 CNP300 核电机组蒸汽发生器螺栓拉伸机前应确认螺栓温度不超过 60 ℃。(　　)

(13) CANDU6 重水堆燃料操作系统滑车系统减速器、悬链系统减速器、屏蔽门系统减速器、乏燃料系统减速器、新燃料机减速器的传动方式都属于齿轮传动。(　　)

(14) CANDU6 重水堆燃料操作系统乏燃料升降斗使用了钢丝绳传动,这能更好的适应升降斗斜向动作并垂直降入水池中的特殊要求。(　　)

(15) 重水堆燃料操作系统中的重水供应系统,一方面的功能是向装卸料机料仓提供高压重水,冷却乏燃料和防止热传输系统重水进入料仓。另一方面重要功能就是提供 C 杆和分离器的驱动力,B 推杆动作的填充流量。(　　)

3. 多项选择题

(1) 蜗杆传动在核电厂部分高放射性、水下传动的系统设备中有一定的作用,蜗杆传动主要由蜗杆和蜗轮组成,那么蜗杆传动的特点是(　　)

(A) 传动平稳　(B) 传动比大　(C) 具有自锁性　(D) 传动效率高

(E) 制造成本高

(2) 金属材料的使用性能主要包括物理性能、化学性能和力学性能,(　　)是用于描述金属材料物理性能。

(A) 比重　(B) 熔点　(C) 导电性　(D) 抗氧化性

(E) 热膨胀性

(3) 碳素钢是指碳含量低于 2%,并有少量硅、锰以及硫磷等杂质的铁碳合金,以下属于碳素钢的为(　　)。

(A) 碳素结构钢　(B) 铸造碳钢　(C) 碳素工具钢　(D) 特殊性能钢

(E) 高速工具钢

(4) 当通径＞DN100、设计压力＞PN100 时,(　　)必须进行液体高压密封试验。

(A) 闸阀　(B) 截止阀　(C) 止回阀　(D) 浮动球阀

(E) 蝶阀

(5) (　　)不适合做上密封试验。

(A) 闸阀　(B) 截止阀　(C) 旋塞阀　(D) 止回阀

(E) 蝶阀

(6) 核级阀门密封面的检查方法主要有(　　)。
(A) 目视检查　(B) 色印检查　(C) 仪器检查　(D) 渗透检查
(E) 射线探伤
(7) 电动机与泵轴中心对中质量差,将会导致联轴器(　　)。
(A) 产生很大的附加力　(B) 产生不正常的振动
(C) 发出噪音　(D) 使联轴器发热
(E) 降低泵扬程
(8) 泵类设备使用的润滑油,在油品质化验中主要检查的质量指标有(　　)。
(A) 黏度　(B) 滴点
(C) 水分　(D) 颗粒度(机械杂质)
(E) 酸值
(9) 对于润滑油中含有过量水分后润滑油品质的影响,以下描述正确的是(　　)。
(A) 有水存在,会使润滑油中微量低分子有机酸产生腐蚀作用
(B) 会破坏油膜,降低黏度而恶化润滑性能
(C) 会提高油品凝固点而恶化低温流动性
(D) 会使某些添加剂分解、沉淀而失效
(E) 易产生泡沫、变成乳化状而加速油品的变质
(10) CNP300 核电机组蒸汽发生器一次侧人孔盖板拆装检修专用工具的使用安装前需进行(　　)准备。
(A) 检查提升装置的所有设备和专用工具是否齐全
(B) 对作业地点进行必要的辐射防护准备,工作人员穿戴好防护用品
(C) 盖板下面装有四条可以移动的支撑腿
(D) 设置隔离栏,无关人员不能进入现场
(E) 附近有 380 V 电源
(11) 板式换热器日常维护的主要工作包括(　　)。
(A) 每天应定时巡回检查,发现跑、冒、滴、漏现象时及时处理
(B) 保证各种机、电、仪设备状态良好,阀门开关灵活
(C) 检查各连接件的紧固螺栓是否齐全、可靠
(D) 检查换热器及管道附件的保温层
(E) 检查珍珠岩总量是否减少,保证保冷层完好,钢壳上无结霜现象
(12) 工前会的内容包括(　　)。
(A) 确认工作内容
(B) 明确工作成员责任分工
(C) 讨论了解主要工作风险,明确关键步骤
(D) 检查工作准备情况
(E) 现场清理
(13) CANDU6 重水堆燃料操作系统的机械传动方式主要有(　　)。
(A) 齿轮传动　(B) 链式和钢丝绳传动
(C) 圆柱蜗杆传动　(D) 滚动螺旋传动

(E) 皮带传动

(14) 重水堆燃料操作系统液压油驱动的设备有(　　)。

(A) B推杆驱动液压马达　　(B) 锁杆驱动液压马达

(C) 装卸料机C杆　　(D) 管嘴抱卡机构活塞缸

(E) 滑车Z向驱动油缸

(15) 重水堆燃料操作系统减震箱用于吸收系统内液体压力的波动,以减少管线和设备的震动和噪音。减震箱用于(　　)。

(A) 重水供给系统　　(B) 重水控制系统

(C) 液压油系统　　(D) 装卸料机滑车系统

(E) 装卸料悬链系统

五、参考答案

1. 单项选择题

(1) A;(2) D;(3) B;(4) A;(5) A;(6) D;(7) B;(8) B;(9) C;(10) B;(11) B;(12) D;(13) A;(14) C;(15) B

2. 判断题

(1) ×;(2) √;(3) √;(4) ×;(5) √;(6) √;(7) ×;(8) ×;(9) √;(10) √;(11) √;(12) √;(13) √;(14) √;(15) √

3. 多项选择题

(1) ABCE;(2) ABCE;(3) ABC;(4) ABCE;(5) CDE;(6) ABCD;(7) ABCD;(8) ACDE;(9) ABCDE;(10) ABCD;(11) ABCDE;(12) ABCD;(13) ABCD;(14) ABDE;(15) ABC

第四单元　故障判断和排除

一、学习目标

1. 掌握核反应堆本体检修中工具及设备的典型故障判断与排除相关知识
2. 掌握核安全级阀门检修中工具及设备的典型故障判断与排除相关知识
3. 掌握核安全级水泵检修中工具及设备的典型故障判断与排除相关知识
4. 掌握核安全级容器检修中工具及设备的典型故障判断与排除相关知识
5. 掌握重水堆燃料操作系统机械检修维修中工具及设备的典型故障判断与排除相关知识

二、考核要点

考核类别	考核范围	考核点	重要程度
故障判断和排除	核反应堆本体检修	控制棒组件抽插换位工具	X
		主螺栓回转装置	X
		反应堆压力容器主螺栓孔螺孔塞	X
	核安全级阀门检修	阀门通用件常见故障及判断处理方法	X
		阀门传动装置常见故障	X
		阀门传动装置常见故障的判断处理方法	X
		核级阀门故障判断实例	X
		研磨机的简单故障及排除方法	X
		液压扭力扳手的简单故障及排除方法	X
	核安全级水泵检修	泵的常见故障和判断处理方法	X
		零部件常见故障及处理方法	X
		润滑油变质的判定方法	X
		核级水泵检修专用工具的简单故障判断和排除方法	Y
	核安全级容器检修	设备的常见故障和判断处理方法	X
		核级容器检修专用工具的简单故障判断和排除方法	X
	重水堆燃料操作系统机械检修	重水堆燃料操作系统设备常见故障的排除方法	X
		重水堆燃料操作系统专用工具的简单故障判断和排除方法	X

说明:“重要程度”反映了每个考核点与其他考核点的相互关系和相对地位。在描述时,一般用“X、Y、Z”表示,“X”代表重要程度高的核心要素,“Y”代表重要程度一般的要素,“Z”代表重要程度偏低的辅助要素。

三、考点导航

1. 核反应堆本体检修故障判断和排除相关知识

主要考核反应堆本体和装卸料系统控制棒组件抽插换位工具、主螺栓回转装置、反应堆压力容器主螺栓孔螺孔塞等专用工器具简单故障的分析和排除方法。

2. 核安全级阀门检修故障判断和排除相关知识

主要考核核级阀门通用件、传动装置等常见故障和判断处理方法;核级阀门研磨机、液压扭力扳手等检修专用工具的简单故障判断和排除方法。

3. 核安全级水泵检修故障判断和排除相关知识

主要考核泵的常见故障和判断处理方法;核级水泵的零部件常见故障及处理方法;润滑油变质的判定方法;核级水泵检修专用工具的简单故障判断和排除方法。

4. 核安全级容器检修故障判断和排除相关知识

主要考核核级容器的常见故障和判断处理方法;核级容器检修专用工具的简单故障判断和排除方法。

5. 重水堆燃料操作系统机械检修故障判断和排除相关知识

主要考核重水堆燃料操作系统设备常见故障的排除方法;重水堆燃料操作系统专用工具的简单故障判断和排除方法。

四、仿真训练

1. 单项选择题

(1) CNP300 核电机组控制棒组件抽插换位工具下部有(　　)定位销。

(A) 2 根　　(B) 3 根　　(C) 4 根　　(D) 5 根

(2) (　　)不影响 CNP300 核电机组控制棒组件抽插换位工具在燃料组件上的精确定位。

(A) 定位销弯曲　　(B) 抓取机坐标不对

(C) 燃料组件变形　　(D) 工具位置高度

(3) 压水堆核电机组反应堆压力容器主螺栓孔的螺孔塞安装时段是(　　)。

(A) 反应堆开盖前　　(B) 反应堆开盖后

(C) 反应堆卸料后　　(D) 反应堆装料前

(4) 核电厂核级阀门阀体和阀盖产生泄漏的原因不包括(　　)。

(A) 铸铁件铸造质量不高,阀体和阀盖体上有砂眼、松散组织、夹渣等缺陷

(B) 焊接不良,存在夹渣、未焊接、应力裂纹等缺陷

(C) 铸铁阀门被重物撞击后损坏

(D) 阀杆缺失润滑或润滑剂失效

(5) 核电厂核级阀门填料泄漏的故障原因不包括(　　)。

(A) 填料与工作介质的腐蚀性、温度、压力不相适应

(B) 填料装填方式不对

(C) 高温阀门内所通过的介质温度变化

(D) 填料使用时间过长或填料内有杂质

(6) 导致核电厂核级阀门的气动和液动执行机构动作不灵或失效的原因不包括(　　)。

(A) 缸体和缸盖因破损和砂眼等缺陷产生外漏,致使缸内压力过低

(B) O形圈等密封件损坏或老化,引起内漏,使活塞产生爬行等故障

(C) 缸体内混入异物,阻止了活塞的上下运动

(D) 气动和液动执行机构表面脏污

(7) 当系统所需的扬程高于泵运行点产生的扬程时,可以通过(　　)或换直径较大的叶轮,或增加级数来解决。

(A) 降低转子转速　　(B) 调节出口压力

(C) 提高转子转速　　(D) 降低出口压力

(8) 当离心泵轴承装配间隙不良导致轴承温度高时,应重新装配,并(　　)。

(A) 更换轴承　　(B) 校轴

(C) 调整间隙　　(D) 对泵进行解体检查

(9) 润滑油简单鉴别的方法不包括(　　)。

(A) 油流观察法　　(B) 转杯法

(C) 光照法　　(D) 油滴痕迹法

(10) 压水堆核电机组中,造成容器设备外漏的主要原因是法兰密封失效或者(　　)。

(A) 铅封失效　　(B) 铭牌掉落

(C) 焊缝失效　　(D) 设备脱漆

(11) 压水堆核电机组中,对于介质压力高和温差应力大的管壳式热交换器,管子与管板连接方式应采用焊接或(　　)的连接方法。

(A) 法兰连接　　(B) 对夹连接　　(C) 螺纹连接　　(D) 胀焊结合

(12) 电动力矩扳手在连续工作的情况下,可能造成齿轮或者马达损坏。为避免发生此类情况,注意不要使工具在超过额定力矩(　　)的情况下工作。

(A) 25%　　(B) 50%　　(C) 75%　　(D) 100%

(13) CANDU6 重水堆燃料操作系统重水泵的常见故障不包括(　　)。

(A) 重水泵压力出口压力不稳　　(B) 重水泵的出口逆止阀有故障

(C) 重水泵出现油泵压力不在范围　　(D) 重水泵倒转

(14) 重水堆燃料操作系统中,因板卡松动导致管嘴抱卡力测量工具单通道显示数值为零时,应采取(　　)处理方式。

(A) 拆开控制模块,紧固板卡　　(B) 更换控制模块电池

(C) 更换控制模块　　(D) 更换板卡

(15) 重水堆燃料操作系统中,因齿轮箱长时间未润滑导致装卸料机转运小车动作不正常时,应采取(　　)处理方式。

(A) 直接加润滑油　　(B) 维修齿轮箱,补充润滑油

(C) 给转向轮加润滑油　　(D) 更换小车轮子

2. 判断题

(1) CNP300核电机组控制棒组件抽插换位工具定位销无法正常插入组件管座中,首先检查工具的吊装与组件上管座是否对正,如果对正后仍然不能进入则对这两根定位销的中心距及垂直状况进行检查。(　　)

(2) CNP300核电机组控制棒组件抽插换位工具芯杆定位装置是安装在外套上,主要由外套、销子和弹簧组成,当提升机构在一定的高度时,插入芯杆定位装置的销子可实现提升机构与外套筒的相对定位。(　　)

(3) 压水堆核电机组主螺栓回转装置供气气源,气压不足或者流量不足都会造成回转装置无法旋拧主螺栓的现象。(　　)

(4) 核电厂核级双闸板闸阀的顶楔材质不好,使用过程中磨损严重或折断时,会导致闸板不能压紧密封面。(　　)

(5) 在操作核电厂核级阀门的手轮、手柄时,为了省力,可以采用长杠杆、管钳和撞击工具。(　　)

(6) 为避免核电厂核级电动阀门的手动与电动转换机构失灵,应定期进行手动与电动转换机构的检查和修理,手动传动应灵活轻便,顺时针方向为关闭,逆时针方向为开启。(　　)

(7) 当吸入管的入口离泵太远或水槽中液面太低时,可通过提高液面高度或减少距离,或增大吸入管直径等方式解决。(　　)

(8) 泵联轴器紧固螺栓松动不会导致联轴器损坏。(　　)

(9) 为保证设备润滑油取样结果的准确性,不得在设备补进大量油液后立即取样。(　　)

(10) 压水堆核电机组中,容器承压元件如因特殊情况需要材料替代时,应经原设计单位或具备相应资格的设计单位同意。(　　)

(11) 电动力矩扳手可以在力矩控制关闭后继续紧固。(　　)

(12) 在使用便携式研磨机同时使用行星磨盘时应避免磨盘的研磨半径与被加工面的中间半径重合。(　　)

(13) 重水堆燃料操作系统管嘴塞的常见故障是 O 形圈老化导致管嘴塞拆装和移动困难。通常是在辅助通道进行管嘴塞O形圈的更换。(　　)

(14) 重水堆燃料操作系统专用工具有推杆标定工具、装卸料机转运小车、管嘴抱卡力测量工具、游标卡尺。(　　)

(15) 复杂的专用工具比如液压扳手、顶升装置等往往由电气部分、液压控制部门、机械执行部分等组成。(　　)

3. 多项选择题

(1) CNP300核电机组控制棒组件抽插换位工具预防性检查主要包括(　　)。

(A) 定位销的垂直度和距离检查　　(B) 工具内套提升功能检查

(C) 工具内套定位销状态及功能检查　　(D) 工具外观和各连接部件的情况检查

(E) 工具表面光洁度检查

(2) 压水堆核电机组主螺栓回转装置打滑、空转、甚至回转装置无法转动等故障的主要原因可能有(　　)。

(A) 供气气源出现供气故障　　(B) 管线接头故障
(C) 装置内部部件磨损　　(D) 人员操作不当
(E) 旋转顺序不对

(3) 压水堆核电机组反应堆压力容器主螺栓孔的螺孔塞泄漏的主要原因有(　　)。
(A) 安装不到位　　(B) 密封圈破损
(C) 螺栓底孔清洁度不够　　(D) 换料水池水位变化
(E) 安装顺序不对

(4) 在进行压水堆核电机组在役压力容器承压元件焊接修补时,由于情况复杂,焊接条件恶劣,需要制定详细的修理方案。修理方案应包括:修理方案的标准依据、缺陷产生的原因分析、(　　)。
(A) 缺陷的尺寸和位置　　(B) 施工工艺流程
(C) 施工工艺质量检验方法　　(D) 修理后容器达到的性能指标及验收标准
(E) 不要求编写工艺流程

(5) 电动力矩扳手常见的故障有(　　)。
(A) 马达转运失常　　(B) 电刷磨损
(C) 齿轮损坏　　(D) 短路
(E) 缺少润滑

(6) 核电厂核级阀门阀杆升降不灵活的原因包括(　　)。
(A) 阀杆弯曲
(B) 阀杆表面粗糙度大
(C) 材料选择不当,阀杆及阀杆衬套选用同一种材料
(D) 阀杆螺纹被介质腐蚀
(E) 阀杆缺乏润滑或润滑剂失效

(7) 核电厂核级阀门的电动执行机构出现过转矩故障的原因包括(　　)。
(A) 因阀门维修不当,部件装配不正确
(B) 填料压得过紧
(C) 阀杆螺母与支架磨损或卡涩
(D) 阀门内有异物抵住关闭件而使转矩急剧上升
(E) 阀杆与阀杆螺母松脱

(8) 关于核电厂核级波纹管截止阀的波纹管组件,下面描述正确的是(　　)。
(A) 波纹管组件在阀体内的受力比较复杂,一方面承受轴向伸缩力,另一方面要承受一定的扭转力
(B) 阀体内存在介质的压力与振动的工况下,波纹管组件长时间使用存在疲劳损坏的可能性
(C) 波纹管组件的主要缺陷是裂纹或破损,出现这些故障时必须要进行更换
(D) 波纹管组件位于阀体中间部分,上部与阀体连接部位有金属垫片密封,下部与阀体之间有导向间隙,波纹管组件在阀体内可以自由伸缩
(E) 波纹管组件的使用寿命与介质压力波动无关

(9) 导致核电厂核级阀门检修常用液压扭力扳手运转过程中力矩未达到指定要求(扳

手自身传动无缺陷)的原因包括(　　)。

(A) 扳手安装运行后,扳手在运行过程中自身也在移动

(B) 扳手安装运行后,扳手内六方旋转但螺母没有动作

(C) 扳手安装运行后,螺母未紧固,反而因扳手运动松开螺母

(D) 扳手安装运行后,工作人员未做好安全监护

(E) 液压扭力扳手力矩值设置错误

(10) 泵启动后不久即中断供液的可能原因有(　　)。

(A) 泵内和吸入管中的气体未排净,吸入端有气泡

(B) 泵内和吸入管路没有完全充满液体

(C) 系统所需的扬程低于泵运行点所产生的扬程,流量偏大

(D) 叶轮或其传动部件损坏

(E) 转子振动偏大

(11) 当离心泵的轴承内进入杂物、脏物时,会导致(　　)。

(A) 轴弯曲　　(B) 轴承温度高　　(C) 轴套磨损　　(D) 振动高

(E) 轴承寿命缩短

(12) 泵机械密封泄漏的可能原因有(　　)。

(A) 密封动、静环面损坏　　(B) 机械密封 O 形圈老化

(C) 机械密封动静环接触压力不足　　(D) 冷却水短缺

(E) 泵内或吸入管内含有空气引起机械密封振动

(13) 重水堆燃料操作系统锥螺纹接头渗水的常见处理方式有(　　)。

(A) 焊接密封　　(B) 密封胶密封　　(C) 镀铅密封　　(D) 卡套密封

(E) 快接头密封

(14) 重水堆燃料操作系统专用工具故障及处理方法正确的有(　　)。

(A) 当出现推杆标定工具探测杆弯曲变形时,应更换探测杆

(B) 当出现桥架维修小车锁紧手轮螺杆变形时,应校正变形的螺杆

(C) 当出现管嘴抱卡力测量工具板卡松动时,应拆开控制模块,紧固板卡

(D) 当出现滤油机滤芯失效时,应更换滤芯

(E) 当出现装卸料机转运小车动作不正常时,应检查接头是否泄漏

(15) 液压控制部分的液压控制元件组成包括(　　)。

(A) 液压泵　　(B) 管件　　(C) 液压油缸　　(D) 平衡机

(E) 多向分配器

五、参考答案

1. 单项选择题

(1) A;(2) D;(3) A;(4) D;(5) C;(6) D;(7) C;(8) C;(9) B;(10) C;(11) D;(12) C;(13) D;(14) A;(15) B

2. 判断题

(1) √;(2) √;(3) √;(4) √;(5) ×;(6) √;(7) √;(8) ×;(9) √;(10) √;

(11) ×;(12) √;(13) ×;(14) ×;(15) √

3. 多项选择题

(1) ABCD;(2) ABCD;(3) ABC;(4) ABCD;(5) ABCDE;(6) ABCDE;(7) ABCD;(8) ABCD;(9) ABCE;(10) ABCD;(11) BDE;(12) ABCDE;(13) ABC;(14) ABCD;(15) ABCE

第四章　模拟试卷

职业技能鉴定国家题库

核反应堆核级机械设备检修工国家职业资格四级理论知识试卷 A

注意事项

1. 考试时间:120 分钟。
2. 请首先按要求在试卷的标封处填写您的姓名、准考证号和所在单位的名称。
3. 请仔细阅读各种题目的回答要求,在规定的位置填写您的答案。
4. 不要在试卷上乱写乱画,不要在标封区填写无关的内容。

题目	一	二	三	四	总　分
得　分					

得　分	
评分人	

一、单项选择题(第 1 题～第 40 题。选择一个正确的答案,将相应的字母填入题内的括号中。每题 1 分,满分 40 分。)

1. 从业人员应该树立良好的职业道德,遵守职业守则,安心本职工作,勤奋钻研本职业务,才能提高自身的(　　)。

A. 收入　　B. 职业能力和素质

C. 地位　　D. 职务

2. 公司的规章制度是职工必须遵守的(　　)。

A. 行为准则　　B. 重要要求　　C. 法律　　D. 条件

3. 在辐射工作场所,(　　)是指未被确定为控制区、通常不需要采取专门防护手段和安全措施但要不断检查其职业照射条件的区域。

A. 保卫区　　B. 工作区　　C. 监督区　　D. 防护区

4. 泵是把(　　)转变为它所输送的流体的压力能和动能的一种动力设备。

A. 机械能　　B. 势能　　C. 电能　　D. 液压能

5. 我国安全工作的指导方针是(　　)。

A. 安全生产,安全管理　　B. 安全第一,预防为主

C. 谁主管,谁负责　　D. 生产第一,利益为主

6. 事故现场的急救步骤为:判断情况,确保安全,提供急救,(　　)。

A. 求助　　B. 逃跑　　C. 撤离　　D. 疏散

7. 对于镗床而言,镗刀旋转为(　　),镗刀或工件的移动为(　　)。

A. 主运动;主运动　　B. 进给运动;进给运动

C. 主运动;进给运动　　D. 进给运动;主运动

8. 目前,全世界所消耗的能源主要来自(　　)的使用。

A. 核能　　B. 风能　　C. 化石燃料　　D. 太阳能

9. 对涉及核安全、工业安全、辐射安全、环境安全以及电厂的稳定运行,可能立即产生不可逆影响的工作任务,需采取的防人因失误工具是:(　　)。

A. 自检　　B. 他检　　C. 监护　　D. 独立验证

10. 所有检修活动在现场开工时必须将办理好的(　　)及维修规程、质量计划等检修文件包带至现场。

A. 工单和工作许可证　　B. 动火许可证

C. 临时用气申请单　　D. 设备图纸

11. 燃烧三要素包括可燃物、氧化剂、(　　)。

A. 温度　　B. 湿度　　C. 材料　　D. 地区

12. 消防工作贯彻预防为主、防消结合的方针,坚持(　　)相结合的原则,实行防火安全责任制。

A. 专门机关与一般机关　　B. 专门机关与群众

C. 专门机关与个人　　D. 一般机关与群众

13. 核设施的防火工作以(　　)防火为主。

A. 办公室　　B. 室外区域　　C. 厂房　　D. 仓库

14.《中华人民共和国劳动法》不适用于(　　)与劳动者建立的劳动合同关系。

A. 国家机关　　B. 境外企业　　C. 事业组织　　D. 社会团体

15.《中华人民共和国环境保护法》适用于中华人民共和国领域和中华人民共和国管辖的其他海域,其中属于“中华人民共和国管辖的其他海域”的是(　　)。

A. 领水　　B. 海岛　　C. 大陆架　　D. 领空

16. 便携式行星式磨削闸阀研磨机主要结构中不包括(　　)。

A. 研磨驱动马达、机臂与磨盘　　B. 转接器与基础底板及其固定装置

C. 控制座与调速器　　D. 液压泵站与油管组件

17. 大型核级水泵吊装风险预防措施不包括(　　)。

A. 检查起吊设备和吊具在检验有效期内

B. 遵守“十不吊”的作业规定,吊物经过区域禁止站人,遵守起重机械安全规程

C. 做好起吊防护措施,大型设备起吊一定高度后及时垫好枕木

D. 穿戴防烫防护用品

18. 核电厂立式容器支座的类型有:悬挂式支座、腿式支座、(　　)、裙式支座。

A. 圈式支座　　B. 支承式支座
C. 鞍式支座　　D. 赤道正切支座

19. CANDU6 重水堆燃料操作系统料仓机械密封静环拆卸工具用于(　　)。
A. 拆除料仓机械密封静环盖　　B. 拆除料仓机械密封动、静环
C. 拆除推杆机械密封静环　　D. 拆除料仓机械密封静环

20. 金属材料的力学性能是指金属材料在外力作用下所表现出来的特性,(　　)属于金属材料力学性能的指标。
A. 密度　　B. 耐酸性　　C. 疲劳强度　　D. 磁性

21. 在单件小批量生产中,当装配精度要求很高且相关零件很多时,各组成环先按经济精度制造,而对其中某一组成环预留一定修配量,在装配时用钳工方法修去修配量,达到装配精度要求,这种方法称为(　　)。
A. 互换法　　B. 选配法　　C. 修配法　　D. 调整法

22. 以下各尺寸配合 H/d 中,属于间隙配合的是(　　)。
A. $H^{+0.024}_{-0.012}/d^{0}_{-0.015}$　　B. $H^{+0.024}_{0}/d^{0}_{-0.015}$
C. $H^{0}_{-0.012}/d^{+0.012}_{0}$　　D. $H^{+0.012}_{0}/d^{+0.03}_{+0.015}$

23. 在 CNP300 核电机组反应堆压力容器开盖期间,需安装(　　),以保证换料水池换料期间压力容器与换料水池之间的密封性。
A. 压力容器密封面保护环　　B. 分段可拆式环板密封装置
C. 屏蔽套　　D. 主螺栓孔塞

24. CNP300 核电机组在新燃料操作工具的解体前,需测量的关键尺寸不包括(　　)。
A. 测量两个定位销的直线度　　B. 测量卡抓张开时的爪距
C. 测量卡抓收拢时的爪距　　D. 测量手柄的行程

25. CNP300 核电机组水下燃料运输小车操作过程中遇到异常情况时,以下做法错误的是(　　)。
A. 当减速信号灯亮后,小车速度仍未减小(观察速度指示仪)则可按"动作紧停 SB15.4"按钮或"紧停 SB14.1"按钮
B. 当操作过程中电子称上失去重量指示,应立即按"紧停"按钮
C. 在遇其他紧急情况时,应立即按"紧停"按钮以让小车停止运行
D. 当蜂鸣器报警时,应立即按"泵站停止 H18.5"按钮

26. (　　)在一般情况下属于自动阀门。
A. 闸阀　　B. 截止阀　　C. 安全阀　　D. 球阀

27. 核电厂某阀门的型号是 50H2J941W-16P,其中 H2 代表什么含义(　　)。
A. 阀体材料为不锈钢　　B. 阀门型式为止回阀
C. 阀门核安全等级为核二级　　D. 密封面材料为不锈钢

28. 轴系对中的目的是要保证两个转子在正常运行状态时的(　　)要求。
A. 同轴度　　B. 平行度　　C. 位置度　　D. 对称度

29. 当压力加大时,润滑油的黏度(　　)。
A. 随之加大　　B. 保持不变
C. 随之减小　　D. 增大、减小还是不变,视润滑油性质而定

30. 三元乙丙橡胶材质的 O 形圈通常不能用于(　　)场合。

A. 热水　　B. 酒精　　C. 酮　　D. 矿物油

31. 在标准条件下加热润滑油后,润滑油蒸气与空气的混合物,在有火种的情况下,开始闪火并立即熄火时的温度,称为油品的(　　)。

A. 黏度　　B. 黏度比　　C. 凝固点　　D. 闪点

32. 机械密封的载荷系数 K 是指密封流体作用的有效面积与密封面面积之比,对于平衡型密封,其载荷系数(　　)。

A. $K<1$　　B. $K=1$　　C. $K>1$　　D. $K=0$

33. 滚动轴承利用光滑的金属滚珠或滚柱以及润滑的内圈和外圈金属面来(　　)。

A. 加速运动　　B. 减速运动　　C. 增大摩擦　　D. 减小摩擦

34. 按滚动轴承所能承受的载荷方向,主要分为向心轴承和(　　)两大类。

A. 推力轴承　　B. 滑动轴承　　C. 球轴承　　D. 滚子轴承

35. 使用光波干涉测量法测量工件平面度时,常采用以下哪种光源(　　)。

A. 白炽灯　　B. 钠光灯　　C. LED 灯　　D. 日光灯

36. 维修实施准备内容不包括(　　)。

A. 大修准备　　B. 备件准备　　C. 工具准备　　D. 文件准备

37. CANDU6 重水堆燃料操作系统检查调节桥架水平时,桥架的水平要求为(　　)。

A. 桥架轨道在长轴方向高差必须小于 0.25 mm,短轴方向高差必须小于 3 mm

B. 桥架轨道在长轴方向高差必须小于 3 mm,短轴方向高差必须小于 0.25 mm

C. 桥架轨道在长轴方向高差必须小于 0.75 mm,短轴方向高差必须小于 0.25 mm

D. 桥架轨道在长轴方向高差必须小于 1.5 mm,短轴方向高差必须小于 0.75 mm

38. CNP300 核电机组控制棒组件抽插换位工具用(　　)的操作方式来控制芯杆相对于整个工具的定位。

A. 旋转螺母　　B. 插拔定位销　　C. 旋转齿轮　　D. 提升吊杆

39. CNP300 核电机组主螺栓回转装置的正常工作气压是(　　)。

A. 7 kg　　B. 10 kg　　C. 12 kg　　D. 15 kg

40. 电动力矩扳手在连续工作的情况下,可能造成齿轮或者马达损坏。为避免发生此类情况,注意不要使工具在超过额定力矩(　　)的情况下工作。

A. 25%　　B. 50%　　C. 75%　　D. 100%

得　分	
评分人	

二、判断题(第 41 题～第 70 题。将判断结果填入括号中。正确的填"√",错误的填"×"。每题 1 分,满分 30 分。)

41. (　　)反应堆核级设备检修工职业道德是指从事反应堆核级设备检修职业的人员在完成与反应堆核级设备检修及有关的各项劳动过程中,从思想到工作行为所必须遵守的意识规范和行为准则。

42. (　　)核反应堆从功能上相当于火电厂的蒸汽动力转换系统。

43. (　　)在核电厂核级设备的分级管理中,安全注入系统及安全壳喷淋系统所属设备对应的安全分级是安全二级。

44. (　　)目前主要用机械清理的方法对U形管换热器进行处理。

45. (　　)机件的真实大小,应以图样上所注的尺寸数值为依据,与图形的大小(即所采用的比例)和绘图的准确度无关。

46. (　　)质量控制开始于工作人员的工作总结阶段。

47. (　　)核电厂的物项和服务均需具有按它们对安全的重要性和使用目的而规定的质量,其描述的是特性和要求之间的关系。

48. (　　)只要过往的质量好,就可以大幅度减少企业在质量控制方面的投入。

49. (　　)核安全部门编制的部门规章主要分强制性和指导性两大类。

50. (　　)液压扳手基本工作原理是:液压泵输出液压油,通过液压油管到达驱动扳手体上的油缸活塞,推动活塞作往复运动来带动棘轮机构转动,从而驱动螺栓套筒转动,同时产生的反作用力通过反作用力臂抵消。

51. (　　)核电厂压力容器上使用的一般爆破片的爆破压力应高于设备正常工作时的压力,也可以高于容器的设计压力。

52. (　　)使用电动力矩扳手时,为了使扳手能获得设定力矩输出,每一个螺栓在拧紧时至少还留有30%工作余量。

53. (　　)CANDU6重水堆燃料操作系统重水供给泵电机是全封闭、防水的,在房间被水淹深度达2.4 m(泵和减速齿轮箱全部浸没的情况下)以下时,电机能够连续运行至少1个小时。

54. (　　)CANDU6重水堆燃料操作系统卷尺机构弹簧缠绕专用工具的目的是在碟形弹簧力量作用下将钢带收回,在钢带长度一定时设定弹簧力量。

55. (　　)重水堆燃料操作系统减震箱气囊更换工作有高压气体伤人风险,应对措施是减震箱卸压过程中,注意慢慢放掉减震箱内部的压力,防止高压气体喷出,对人造成伤害。

56. (　　)CANDU6重水堆燃料操作系统的设备相关试验是在设备维修后进行的。燃料操作系统的试验标准都编制在维修后试验程序和工单中。

57. (　　)重水堆燃料操作系统机械维修人员在维修后试验过程中会涉及外照射、内照射两方面辐射防护内容。

58. (　　)主动测量只能发现和挑出不合格产品;而被动测量可以通过其测量值的反馈,控制设备的加工过程,预防和杜绝不合格产品的产生。

59. (　　)零件从高温冷却下来的过程中,由于零件内部相连部分体积变化不均匀,互相牵制,会产生内应力。根据内应力产生的原因,可将其分为热应力和相变应力。

60. (　　)设备点检是指为了准确掌握设备所规定的机能,按预先规定的标准,通过人的五官和运用检测手段,对设备规定的部位进行有无异常的检查,使设备的异常和劣化能够早期发现、早期预防、早期“治疗”。

61. (　　)在CNP300核电机组压力容器顶盖热电偶导管密封装置解体之前,需要测量上、下三角法兰三个方位处之间的距离,TC杯座密封法兰处的两个HALF卡箍的间隙。

62.（ ）安装在CNP300核电机组装卸料系统设备上的电子称是重量测量元件，用于防止系统或设备过载事故发生。

63.（ ）核电厂阀门密封面的研磨工作不一定从粗磨开始，可视密封面的好坏程度来确定。

64.（ ）核电厂核级旋启式止回阀在密封性色印试验时，色印压痕只要是连续的即可。

65.（ ）针入度小的润滑脂，其摩擦阻力较大，因此，对于速度较高的润滑部位不宜采用。

66.（ ）一般离心泵上的滑动轴承属于高速，中负荷轴承，其正常工作温度不超过60 ℃，一般都采用润滑油(机械油、汽轮机油)润滑。

67.（ ）为保证安装后不泄漏，机械密封安装时应尽量增大弹簧压缩量。

68.（ ）泵联轴器紧固螺栓松动不会导致联轴器损坏。

69.（ ）复杂的专用工具比如液压扳手、顶升装置等往往由电气部分、液压控制部门、机械执行部分等组成。

70.（ ）重水堆燃料操作系统专用工具有推杆标定工具、装卸料机转运小车、管嘴抱卡力测量工具、游标卡尺。

得　分	
评分人	

三、多项选择题(第71题～第85题，请选择两个或以上正确答案，将相应字母填入括号内。错选或多选、少选均不得分，也不倒扣分。每题 2 分，满分 30 分。)

71. 职业道德的基本规范（ ）。

A. 爱岗敬业，忠于职守　　B. 诚实守信，办事公道

C. 服务群众，奉献社会　　D. 遵纪守法，廉洁奉公

E. 安全第一，质量第一

72. 表面污染按照其去除的难易可分为（ ）。

A. 固定污染　　B. 松散污染　　C. 体表污染　　D. 地面污染

E. 墙壁污染

73.《中华人民共和国放射性污染防治法》的基本内容包括（ ）等。

A. 防治放射性污染，保护环境，保障人体健康

B. 结合我国实际情况分析

C. 国家对放射性污染的防治，实行预防为主、防治结合、严格管理、安全第一的方针

D. 放射性污染防治的科学研究和技术开发利用，推广先进的放射性污染防治技术

E. 放射性污染防治工作依法实施统一监督管理

74. 压水堆核电厂的反应堆本体维修有其一套完整的工艺流程，反应堆本体维修工艺

主要由以下三个阶段组成,分别是(　　)。

A. 反应堆开盖前准备　　B. 反应堆拆卸

C. 压紧部件拆卸　　D. 反应堆组装

E. 热电偶的安装

75. 核电厂核级泵检修液压螺栓拉伸机的组成包括(　　)。

A. 液压缸　　B. 拉伸头　　C. 支撑桥　　D. 力矩扳手

E. 液压泵站

76. 核电厂压力容器可拆式密封装置常用的法兰密封面型式有(　　)。

A. 平面型　　B. 凹凸型　　C. 榫槽型　　D. 自紧型

E. 球面型

77. 重水堆燃料操作系统主要或重要的设备上进行维修后,重新投入运行之前,应进行试验验证。验证试验应在(　　)状况下进行。

A. 脱离反应堆　　B. 机头不带屏蔽塞

C. 机头不带乏燃料　　D. 不操作安全壳压力边界设备

E. 机头不带密封塞

78. 在CNP300核电机组乏燃料操作工具在解体维修后,需要进行操作试验以验证工具的功能完好性,主要包括(　　)。

A. 操作杆上下动作灵活,不得有任何卡阻现象

B. 抓头卡爪动作灵活

C. 设备动作平稳,无冲击

D. 定位销插入孔内时不得自行脱落

E. 各紧固件无松脱情况

79. 核电厂常用的研磨机的驱动方式有(　　)。

A. 电动　　B. 气动　　C. 液压传动　　D. 蜗杆传动

E. 手动

80. 通过泵的性能试验得出的主要参数是(　　)。

A. 流量　　B. 扬程　　C. 效率　　D. 轴功率

E. 间隙

81. (　　)是可以用作试验介质的不可燃气体。

A. 惰性气体　　B. 空气　　C. 氮气　　D. 氧气

E. 氢气

82. 工前会的内容包括(　　)。

A. 确认工作内容　　B. 明确工作成员责任分工

C. 讨论了解主要工作风险,明确关键步骤　　D. 检查工作准备情况

E. 现场清理

83. 重水堆燃料操作系统液压油驱动的设备有(　　)。

A. B推杆驱动液压马达　　B. 锁杆驱动液压马达

C. 装卸料机C杆　　D. 管嘴抱卡机构活塞缸

E. 滑车Z向驱动油缸

84. 核电厂核级阀门的电动执行机构出现过转矩故障的原因包括(　　)。

A. 因阀门维修不当,部件装配不正确

B. 填料压得过紧

C. 阀杆螺母与支架磨损或卡涩

D. 阀门内有异物抵住关闭件而使转矩急剧上升

E. 阀杆与阀杆螺母松脱

85. 导致核电厂核级阀门检修常用液压扭力扳手运转过程中力矩未达到指定要求(扳手自身传动无缺陷)的原因包括(　　)。

A. 扳手安装运行后,扳手在运行过程中自身也在移动

B. 扳手安装运行后,扳手内六方旋转但螺母没有动作

C. 扳手安装运行后,螺母未紧固,反而因扳手运动松开螺母

D. 扳手安装运行后,工作人员未做好安全监护

E. 液压扭力扳手力矩值设置错误

职业技能鉴定国家题库

核反应堆核级机械设备检修工国家职业资格四级理论知识试卷答案A

一、单项选择题(第1题~第40题。选择一个正确的答案,将相应的字母填入题内的括号中。每题1分,满分40分。)

1. B	2. A	3. C	4. A	5. B
6. A	7. C	8. C	9. C	10. A
11. A	12. B	13. C	14. B	15. C
16. D	17. D	18. B	19. D	20. C
21. C	22. B	23. B	24. A	25. D
26. C	27. C	28. A	29. A	30. D
31. D	32. A	33. D	34. A	35. B
36. A	37. B	38. B	39. A	40. C

二、判断题(第41题~第70题。将判断结果填入括号中。正确的填"√",错误的填"×"。每题1分,满分30分。)

41. √	42. ×	43. √	44. ×	45. √
46. ×	47. √	48. ×	49. √	50. √
51. ×	52. √	53. ×	54. √	55. √
56. ×	57. √	58. ×	59. √	60. √
61. √	62. ×	63. √	64. ×	65. √
66. √	67. ×	68. ×	69. √	70. ×

三、多项选择题(第71题~第85题,请选择两个或以上正确答案,将相应字母填入括号内。错选或多选、少选均不得分,也不倒扣分。每题 2 分,满分 30 分。)

71. A,B,C,D	72. A,B	73. A,B,C,D,E	74. A,B,D
75. A,B,C	76. A,B,C,D	77. A,C,D	78. A,B,C,D
79. A,B	80. A,B,C,D	81. A,B,C	82. A,B,C,D
83. A,B,D,E	84. A,B,C,D	85. A,B,C,E	

第二部分　操作技能

第一章　考情观察

一、考核思路

根据国家职业标准《核反应堆核级机械设备检修工职业标准》的要求，核反应堆核级机械设备检修工（中级工）的操作技能需同时满足核反应堆本体检修、核安全级阀门检修、核安全级水泵检修、核安全级容器检修、重水堆燃料操作系统机械检修的相关技能要求，具体技能要求和考核范围如下。

1. 维修准备

（1）技能要求

能读懂反应堆本体专用工器具操作规程；能读懂装卸料系统设备和专用工器具操作规程；能读懂阀门维修规程；能读懂泵类设备维修规程；能读懂容器类设备维修规程；能读懂重水堆核燃料操作系统机械设备维修规程；能读懂工艺系统流程图；能读懂设备装配图；能选用合适的测量工具；能准备备品备件、材料和专用检修工具，并完成现场准备；能判断备件和材料质量和适用性；能知道维修过程中可能出现的风险。

（2）考核范围

1）依据维修实施对象完成所需工器具、材料、备品备件的准备；

2）依据维修实施对象完成现场布置；

3）识读设备零件图和装配图；

4）识读设备维修规程；

5）依据维修实施对象合理选用辐射防护用品；

6）识别维修过程中可能出现的风险。

2. 维修实施

（1）技能要求

能检查、操作反应堆本体专用工器具；能检查、操作装卸料系统设备和专用工器具；能维修核安全二级阀门；能研磨修复核安全二级阀门密封面；能维修结构简单的核安全三级泵；能刮研简单的核安全三级泵轴瓦；能使用专用工器具进行泵的维修；能维修核安全二级容器；能使用专用工器具进行容器的维修；能进行传热管查漏；能进行传热管铰孔和堵管操作；能进行设备和专用工器具的日常保养；能测量并绘制简单零部件；能执行辐射防护措施；能使用专用工器具进行阀门维修;能进行维修后试验;能执行泵和电机的润滑;能维修重水堆燃料操作系统的通用设备;能执行重水堆燃料装卸料机密封塞、管嘴塞、导向套筒维修;能执行重水堆燃料装卸料机控制、调节阀门的维修;能执行重水堆燃料通道 E 面的研磨;能够执行通用设备润滑作业;

(2) 考核范围

1)主螺栓拉伸机的使用及操作;

2) 主螺栓拉伸测量杆、深度千分尺的使用;

3) 螺孔塞拆装操作;

4) 闸阀、截止阀、止回阀密封面的检查及研磨;

5) 便携式磨削研磨机的使用及操作;

6) 液压扳手的使用及操作;

7) 闸阀、截止阀的填料更换;

8) 激光对中仪的使用及操作;

9) 平面度检测仪的使用及操作;

10) 单级悬臂式离心泵与电机对中;

11) 单级悬臂式离心泵、多级离心泵、柱塞泵的轴封检查及更换;

12) 单级悬臂式离心泵、多级离心泵的轴承检查及更换;

13) 管板式热交换器的密封性试验;

14) 管板式热交换器的堵管操作;

15) 蒸汽发生器一次侧堵板操作;

16) 核级冷却剂疏水泵的解体、检查及回装。

3. 故障判断与排除

(1) 技能要求

能排除反应堆本体检修和装卸料操作中专用工器具的简单故障;能发现并排除阀门简单故障;能发现并排除泵类设备简单故障;能目视检查设备润滑油品质;能发现并排除容器类设备简单故障;能发现并排除重水堆燃料操作系统通用机械设备简单故障;能发现并排除工器具的简单故障;能判断并处理重水堆燃料装卸料机密封塞和管嘴塞的一般故障;

(2)考核范围

1) 判断维修实施对象的异常故障;

2) 判断维修实施对象所需更换的零部件;

3) 依据维修实施对象回答提问。

二、组卷方式

核反应堆核级机械设备检修工(中级工)操作技能考核试卷采用计算机自动组卷,即计算机按照本职业中级工《操作技能考核内容结构表》的结构特征,使用统一的组卷模型,从题库中按具体要求随机抽取相应试题,组成试卷。试卷组成后,应经专家审核,更换不适用的试题。

三、试卷结构

职业技能鉴定国家题库核反应堆核级机械设备检修工(中级)操作技能考核试卷一般由以下三部分内容组成。

操作技能考核准备通知单。分为考场准备通知单和考生准备通知单,在考核前分别发给考核现场和考生。内容为考核所需场地、设备、材料、工具及其他准备要求。

操作技能考核试卷正文。内容为操作技能考核试题,包括试题名称、试题分值、考核时间、考核形式、具体考核要求等。

操作技能考核评分记录表。内容为操作技能考核试题配分与评分标准,用于考评员评分记录。主要包括各项考核内容、考核要点、配分与评分标准、否定项及说明、考核分数加权汇总方法等。

四、考核时间与要求

1. 考核时间

按照国家职业标准《核反应堆核级机械设备检修工职业标准》的要求,本职业中级工操作技能考核时间为150分钟。

2. 考核要求

考生应根据试卷具体要求进行操作;考生在操作技能考核过程中要遵守考场纪律,执行操作规程,防止出现人身和设备安全事故。

第二章　考核结构与鉴定要素表

一、考核内容结构表

考核内容结构表是操作技能题库的主体基本框架，它是在深入分析了职业特点的基础上，按照技能题库理论模型，结合职业技能鉴定工作的要求开发设计的，它充分体现了试题库的总体结构和设计思路。

考核内容结构表采取模块化的结构形式，既可以保证考核内容的完整性、统一性，又能够满足各技术等级之间在考核内容和考核形式上的不同要求，同时它又是组成试卷的重要依据。操作技能考核的鉴定范围、鉴定比重、考核时间和考核形式在考核内容结构表中都做了明确的规定。

核反应堆核级机械设备检修工(中级工)操作技能考核内容结构表见表 2-1。根据《核反应堆核级机械设备检修工国家职业标准》的要求，将核反应堆核级机械设备检修工(中级工)的全部考核内容划分为“维修准备”“维修实施”和“故障判断和排除”三个部分，并在每一部分下标有选考方式、鉴定比重、考核时间和考核形式，考核时根据结构表组成考核试卷。

表 2-1　核反应堆核级机械设备检修工（中级工）操作技能考核内容结构表

项目		维修准备	维修实施					判断和排除故障	合计
		维修准备	核反应堆本体检修	核安全级阀门检修	核安全级水泵检修	核安全级容器检修	重水堆燃料操作系统机械检修	判断和排除故障	
中级工	选考方式	必考	必考					必考	3 项
	鉴定比重(%)	30	60					10	100
	考试时间(分钟)	30	90					30	150
	考核形式	实操	实操					实操	—

二、鉴定要素细目表

鉴定要素细目表是试题库总体结构和考核内容结构表的具体表现形式，该表按照技术等级分别列出，共分为两级模块。两级模块下的“鉴定点”即为操作技能考核试题的考核内容。国家题库核反应堆核级机械设备检修工(中级工)技能鉴定要素细目表见表 2-2。

表 2-2　核反应堆核级机械设备检修工（中级工）技能鉴定要素细目表

鉴定范围				鉴定点		
一级		二级		代码	名称	重要程度
名称	鉴定比重	名称	鉴定比重			
核反应堆核级机械设备检修	100%	维修准备	30%	1	依据维修实施对象完成所需工器具准备	X
				2	依据维修实施对象选用材料	X
				3	依据维修实施对象完成所需备品备件准备	X
				4	依据维修实施对象完成所需专用工器具准备	X
				5	依据维修实施对象完成现场布置	X
				6	依据维修实施对象选用合适的测量工具	X
				7	识读设备零件图和装配图	X
				8	识读设备维修规程	X
				9	依据维修实施对象选用辐射防护用品	Y
				10	识别维修过程中可能出现的风险	Y
		维修实施	60%	1	主螺栓拉伸机的使用及操作	X
				2	主螺栓拉伸测量杆、深度千分尺的使用	Y
				3	闸阀的密封面检查	X
				4	截止阀的密封面检查	X
				5	止回阀的密封面检查	X
				6	闸阀的密封面研磨	X
				7	截止阀的密封面研磨	X
				8	止回阀的密封面研磨	X
				9	便携式磨削研磨机的使用及操作	X
				10	液压扳手的使用及操作	X
				11	闸阀的填料更换	X
				12	截止阀的填料更换	X
				13	激光对中仪的使用及操作	X
				14	平面度检测仪的使用及操作	X
				15	单级悬臂式离心泵与电机对中	X
				16	单级悬臂式离心泵轴封的检查及更换	X
				17	多级离心泵轴封的检查及更换	X
				18	柱塞泵轴封的检查及更换	X

续表

鉴定范围				鉴定点		
一级		二级		代码	名称	重要程度
名称	鉴定比重	名称	鉴定比重			
核反应堆核级机械设备检修	100%	维修实施	60%	19	单级悬臂式离心泵轴承的检查及更换	X
				20	多级离心泵轴承的检查及更换	X
				21	管板式热交换器的密封性试验	X
				22	管板式热交换器的堵管操作	X
				23	蒸汽发生器一次侧堵板操作	X
				24	螺孔塞拆装操作	X
				25	核级冷却剂疏水泵的解体、检查及回装	X
		判断和排除故障	10%	1	判断维修实施对象的异常故障	X
				2	判断维修实施对象所需更换的零部件	X
				3	依据维修实施对象回答提问	X

说明:“重要程度”反映了每个考核点与其他考核点的相互关系和相对地位。在描述时,一般用“X、Y、Z”表示,“X”代表重要程度高的核心要素,“Y”代表重要程度一般的要素,“Z”代表重要程度偏低的辅助要素。

三、考点导航

1. 维修准备考核要点

主要考核核反应堆核级机械设备检修的维修相关准备工作,内容包括依据维修实施对象完成所需工器具准备、选用材料、完成所需备品备件和专用工器具准备、现场布置、选用合适的测量工具、辐射防护用品、完成方案或规程编制、识别维修过程中可能出现的风险。

2. 维修实施考核要点

主要考核反应堆本体维修专用工具操作及使用,核级泵、阀门、容器等实际设备的简单维修工作和专用工具的使用及操作,主要包括以下内容:主螺栓拉伸机、主螺栓拉伸测量杆、液压扳手、便携式研磨机、激光对中仪、平面度检测仪等专用工具的使用和操作;闸阀、截止阀、止回阀等常见阀门的填料更换、密封面检查和研磨;单级悬臂式离心泵、多级离心泵、柱塞泵的轴承、轴封检查及更换;单级悬臂式离心泵与电机的对中;管板式热交换器的密封性试验和堵管操作;蒸汽发生器一次侧堵板操作。

3. 故障判断和排除考核要点

主要考核核反应堆核级机械设备检修工作中维修实施对象的异常故障,所需更换的零部件并依据维修实施对象回答提问。

第三章　模拟试卷

职业技能鉴定国家题库

核反应堆核级机械设备检修工国家职业资格四级
操作技能考核试卷

注意事项

1. 本试卷依据2001年颁布的《核反应堆核级机械设备检修工》国家职业标准命制。
2. 请根据试题考核要求，完成考试内容。
3. 请服从考评人员指挥，保证考核安全顺利进行。

试题1　核电厂多级离心泵HMCA 50-4轴承检查及更换的维修准备工作

考核要求

(1) 本题分值：30

(2) 考核时间：30分钟

(3) 考核形式：模拟

(4) 具体考核要求：考生根据要求在规定的时间内写出多级离心泵HMCA 50-4轴承检查及更换前所需要进行的维修准备工作并回答考评员提问。

(5) 否定项说明：无

试题情景

多级离心泵HMCA 50-4安装在辐照检测系统中，拟通过正常的生产计划流程安排该项检修工作。请考生结合上述场景从维修技术准备和维修实施准备两方面写出多级离心泵在轴承检查及更换前需进行的相关维修准备工作。同时请详细描述相关技术文件的准备要求。

试题2　型号为H44H-25-DN200的止回阀内漏解体检修

考核要求

(1) 本题分值：100

(2) 考核时间：120分钟

(3) 考核形式：实操

(4) 具体考核要求：

1) 考生实操解体止回阀；

2) 考生认真阅读试题情景，编写止回阀解体检修方案，内容包括故障原因分析、维修前准备、维修实施过程、维修后总结的全过程。

(5) 否定项说明:

若考生发生下列情况之一,则应及时终止其考试,考生该试题成绩记为零分

1) 考生未分析止回阀内漏的原因;

2) 考生操作实操中野蛮操作,损坏设备及工器具。

试题情景

某核电厂乏燃料水池冷却系统的流体输送有两台并列布置的泵,泵出口均有止回阀,放止介质倒流,其中 1#泵停用,2#泵运行,但 1#泵与其后的止回阀之间管道上得压力表显示有数值,检查压力表完好。

请根据以上场景分析此缺陷可能存在的故障并分析其原因,并针对性编写检修方案,内容包括维修前准备、维修实施过程、维修后总结的全过程。

请考生:

1) 写出所有可能的故障原因;

2) 针对故障原因提出处理措施;

3) 解体止回阀;

4) 编制检修方案。

试题 3 离心式水泵无出力故障原因分析及处理

考核要求

(1) 本题分值:100

(2) 考核时间:60 分钟

(3) 考核形式:笔答

(4) 具体考核要求:考生笔答离心式水泵启动后出口压力不正常,甚至打不出水,可能的原因及处理措施有哪些?

(5) 否定项说明:

若考生发生下列情况之一,则应及时终止其考试,考生该试题成绩记为零分

1) 考生违反考试纪律;

2) 未提交笔答记录。

试题情景

某核电厂离心式水泵启动后出口压力不正常,甚至打不出水。

请考生:根据以上场景分析回答可能的原因及处理方法。

职业技能鉴定国家题库

核反应堆核级机械设备检修工国家职业资格四级操作技能考核准备通知单（考场）

试题 1

考场准备

（1）试题名称：核电厂多级离心泵 HMCA 50-4 轴承检查及更换的维修准备工作

（2）本题分值：30

（3）考核时间：30 分钟

（4）考核形式：模拟

（5）设备设施准备

序号	名称	规格	单位	数量	备注
1	多级离心泵		台	1	模拟体型号 HMCA 50-4
2	签字笔	0.5 mm	支	1	
3	空白纸	A4	张	若干	

试题 2

考场准备

（1）试题名称：型号为 H44H-25-DN200 的止回阀内漏解体检修

（2）本题分值：100

（3）考核时间：120 分钟

（4）考核形式：实操

（5）设备设施准备

序号	名称	规格	单位	数量	备注
1	止回阀	H44H-25 DN200	台	1	模拟体
2	签字笔	0.5 mm	支	1	
3	空白纸	A4	张	若干	
4	绘图工具		套	1	三角尺

试题 3

考场准备

(1) 试题名称:离心式水泵无出力故障原因分析及处理。

(2) 本题分值:100

(3) 考核时间:60 分钟

(4) 考核形式:笔答

(5) 设备设施准备

序号	名称	规格	单位	数量	备注
1	签字笔	黑色	支	2	
2	空白纸	A4	支	1	

职业技能鉴定国家题库

核反应堆核级机械设备检修工国家职业资格四级
操作技能考核准备通知单（考生）

姓名：______________ 准考证号：________________ 单位：______________

试题 1

考生准备

(1) 试题名称：核电厂多级离心泵 HMCA 50-4 轴承检查及更换的维修准备工作
(2) 本题分值：30
(3) 考核时间：30 分钟
(4) 考核形式：模拟
(5) 工具及其他准备：无

试题 2

考生准备

(1) 试题名称：型号为 H44H-25-DN200 的止回阀内漏解体检修
(2) 本题分值：100
(3) 考核时间：120 分钟
(4) 考核形式：实操
(5) 工具及其他准备：考生需要准备止回阀解体的通用工器具、劳保用品和材料

试题 3

考生准备

(1) 试题名称：离心式水泵无出力故障原因分析及处理。
(2) 本题分值：100
(3) 考核时间：60 分钟
(4) 考核形式：笔答
(5) 工具及其他准备：考生需要准备笔答所需文具

职业技能鉴定国家题库

核反应堆核级机械设备检修工国家职业资格四级操作技能考核评分记录表

姓名：______________ 准考证号：________________ 单位：______________

总成绩表

序号	试题名称	配分	得分	权重	最后得分	备注
1	核电厂多级离心泵 HMCA 50-4 轴承检查及更换的维修准备工作	30		1		
2	型号为 H44H-25-DN200 的止回阀内漏解体检修	100		0.6		
3	离心式水泵无出力故障原因分析及处理	100		0.1		
合计						

统分人： 年 月 日

职业技能鉴定国家题库

核反应堆核级机械设备检修工国家职业资格四级操作技能考核评分记录表

姓名:______________ 准考证号:________________ 单位:______________

试题1 核电厂多级离心泵 HMCA 50-4 轴承检查及更换的维修准备工作

配分与评分标准:

序号	考核内容	考核要点	配分	评分标准	扣分	得分
1	维修技术准备	1. 提前熟悉现场设备的位置和状况; 2. 现场勘查了解缺陷情况,制定相应的维修工作计划和维修技术方案; 3. 准备完成维修任务所需的维修方法、维修工艺; 4. 组织各专业技术人员对制定维修方法、维修工艺、风险预防措施、应急预案进行讨论、审核; 5. 组织进行技术交底,使维修人员了解维修工作采用的技术方法、风险及预防措施、验收标准、质量控制、应急预案、资源配备。 6. 识别维修活动中存在的风险,编制风险应对措施; 7. 了解设备的维修历史,确认是否有和工作有关的、且未处理或未关闭的 NCR 和 QDR。 8. 了解设备的经验反馈,确认是否有和工作相关的状态报告和经验反馈。 9. 完成相应的维修工作包的准备,包括维修工单、维修工作指令、维修质量计划、技术方案及其他支持性文件的准备。	18	1. 考核要点中每项 2 分,提及每项中的相关内容得 2 分; 2. 满分 18 分。		
2	维修实施准备	1. 准备维修活动所需要的工种(包括配合工种)、人数、资格要求、各工种预计的作业时间。 2. 准备维修活动中所需的维修材料并确保符合要求。 3. 准备维修活动中所需的备品备件并检查备品备件的可用性。 4. 准备维修活动中所需的工器具,包括通用、专业工器具和计量、安全工器具。 5. 完成维修场地的布置及准备。 6. 安全防护用品及辐射防护用品的准备,包括安全帽、工作服、防砸鞋、辐射防护服、乳胶手套等的准备。 7. 维修支持工作的准备,包括脚手架、保温、防腐、起重、机加工等方面的准备。	12	1. 考核要点中每项 2 分,提及每项中的相关内容得 2 分; 2. 满分 12 分。		
合计						

否定项:无

评分人: 年 月 日 核分人: 年 月 日

职业技能鉴定国家题库

核反应堆核级机械设备检修工国家职业资格
四级操作技能考核评分记录表

姓名:____________ 准考证号:______________ 单位:____________

试题 2 型号为 H44H-25-DN200 的止回阀内漏解体检修

配分与评分标准:

序号	考核内容	考核要点	配分	评分标准	扣分	得分
1	故障判断	1. 阀座密封面损坏 2. 阀芯密封面损坏 3. 阀芯与阀座之间有异物导致卡涩 4. 阀芯固定摇臂定位销脱落导致阀芯下沉,无法密封	12	1. 每分析 1 项考核要点中提及的原因,得 3 分; 2. 分析到考核要点中未提及的其他相关原因,1 项得 0~2 分 3. 未分析故障原因不得分。 满分 12 分		
2	故障排除	1. 阀座密封面进行研磨修复(必要时更换) 2. 闸板密封面进行研磨修复(必要时更换) 3. 清理密封面间的异物 4. 重新对摇臂轴进行固定(必要时可以点焊)	12	1. 每制定 1 项考核要点中提及的优化措施,得 3 分; 2. 制定考核要点中未提及的其他优化措施,1 项得 0~2 分 3. 未制定优化措施不得分。 满分 12 分		
3	维修准备	1. 工器具清单 2. 检修耗材清单 3. 备品备件清单 4. 检修场地布置	15	1. 工器具、耗材、备件清单,每项 3 分; 2. 完成场地布置,得 6 分; 3. 未制定清单不得分。 满分 15 分		
4	止回阀解体	1. 召开工前会(工作事项、工作内容、工作风险、工作步骤、经验反馈等) 2. 检查标牌 3. 在阀体和盖板作标记,以便回装时复位 4. 拧松并取下螺母,取掉盖板	24	1. 检修步骤 1 项未实施,扣 1.5 分,扣完为止; 2. 步骤顺序错误,扣 5 分。 满分 24 分		

续表

序号	考核内容	考核要点	配分	评分标准	扣分	得分
4	止回阀解体	5. 做好阀盖、阀体、四开环之间的位置标记 6. 用铜棒轻敲阀盖，使阀盖下落 7. 取出四开环、垫圈、密封圈 8. 取出阀盖 9. 拧出螺钉，取出固定开环 10. 将摇杆座带摇杆、阀瓣一起从阀腔内取出 11. 敲出销轴，将摇杆和阀瓣从摇杆座取出 12. 卸下钢丝，旋下螺母取下垫圈 13. 取下阀瓣，并做好保护 14. 用白布和塑料布包扎阀体中法兰口 15. 以上部件拆下后依次放在保护垫上，小心损伤	24	1. 检修步骤 1 项未实施，扣 1.5 分，扣完为止； 2. 步骤顺序错误，扣 5 分。 满分 24 分		
5	清洗检查零部件	1. 用清洗剂清洗阀瓣和阀体的内腔，特别是阀座，清理检查阀体与阀盖的内壁是否有污垢堆积 2. 检查阀体阀座密封面质量状况，其表面应平整、光滑，不得出现贯穿密封面的擦伤或划痕 3. 检查阀瓣的质量状况，其密封面应平整、光滑，不得出现贯穿密封面的擦伤或划痕 4. 阀瓣和阀座密封面若有轻微的划痕或小针眼之类的损伤，则需根据 6.3 对密封面进行研磨即可；若损伤较严重(如腐蚀、深度划痕等)，则需对阀瓣或阀体进行更换 5. 用清洗剂清洗摇杆销轴螺栓等零部件并进行检查，不得有锈蚀、磨损、划痕、吹损、等现象 6. 清理打磨各接合面，不得有损坏现象 7. 将检查结果记入检修报告	15	清洗检查步骤 1 项未实施，扣 1.5 分，扣完为止。 满分 15 分		
6	回装阀门	1. 将阀瓣放入摇杆孔内，装上垫圈旋紧螺母，穿入钢丝定位 2. 将摇杆和摇杆座上的孔对齐，穿入销轴 3. 以销对准阀腔内壁的导向槽，将摇杆座(带摇杆、阀瓣)放入阀腔。注意：摇杆座一定要安装到位 4. 将固定开环压在摇杆座上，用螺钉将固定开环和摇杆座进行固定 5. 手动拉动摇杆，确认摇杆带阀瓣转动灵活，对中良好	22	1. 检修步骤 1 项未实施，扣 1.5 分，扣完为止； 2. 步骤顺序错误，扣 5 分； 3. 零部件遗失未回装，扣 5 分。 满分 22 分		

续表

序号	考核内容	考核要点	配分	评分标准	扣分	得分
6	回装阀门	6. 将垫片放入阀体的中法兰结合面上 7. 将螺栓拧入阀盖中,并将阀盖按照标记放入阀腔 8. 依次放入密封圈,垫圈、四开环,注意按照标记放好 9. 按照位置放好盖板,在螺栓上涂防咬剂剂并拧上螺母 10. 手动逐渐拧紧螺母,拉起阀盖直到开始吃力。拧紧时几颗螺母要求轮流拧紧,上升均匀 11. 对称均匀拧紧螺母,预紧力矩 190～240 N·m 12. 中法兰最终间隙为零 13. 清理现场,工完料尽场地清 14. 工后会	22	1. 检修步骤 1 项未实施,扣 1.5 分,扣完为止; 2. 步骤顺序错误,扣 5 分; 3. 零部件遗失未回装,扣 5 分。 满分 22 分		
合计						

否定项:1. 考生未分析止回阀内漏的原因;

2. 考生操作实操中野蛮操作,损坏设备及工器具。

评分人:　　　　年　　月　　日　　　　　　　　　　核分人:　　　　年　　月　　日

职业技能鉴定国家题库

核反应堆核级机械设备检修工国家职业资格四级操作技能考核评分记录表

姓名:________ 准考证号:________ 单位:________

试题3 离心式水泵无出力故障原因分析及处理

配分与评分标准:

序号	考核内容	考核要点	配分	评分标准	扣分	得分
1	原因分析	1. 泵腔室空水; 2. 系统流量不足; 3. 叶轮堵塞; 4. 入口阀未全开; 5. 入口滤网堵塞; 6. 叶轮损坏或装反; 7. 泵转向反了; 8. 吸水管道漏气,或者吸入压头不够。	50	1. 每分析1项考核要点中提及的原因,得10分; 2. 分析到考核要点中未提及的部件,酌情1项得0~5分。 满分50分		
2	处理方法	1. 注水或泵体排气; 2. 调节系统水量; 3. 清理叶轮杂物; 4. 消除入口阀缺陷,保持入口阀全开; 5. 清理入口滤网; 6. 更换叶轮或重新装配; 7. 调整电机转向; 8. 消除吸水管漏点或增加吸入压头。	50	1. 每制定1项考核要点中提及的处理措施,得10分; 2. 制定考核要点中未提及的其他优化措施,酌情1项得0~5分。 满分50分		
合计						

否定项:1. 考生违反考试纪律。
　　2. 未提交笔答记录。

评分人: 年 月 日　　　　核分人: 年 月 日

参考文献

[1] 陈梁,李涛. 国家职业资格培训教程　核反应堆核级设备检修工(基础知识)[M]. 北京:中国原子能出版社,2014.

[2] 陈梁,李涛. 国家职业资格培训教程　核反应堆核级设备检修工(初级技能　中级技能　高级技能)[M]. 北京:中国原子能出版社,2014.

[3] 陈梁,李涛. 国家职业资格培训教程　核反应堆核级设备检修工(技师技能　高级技师技能)[M]. 北京:中国原子能出版社,2014.

专用于国家职业技能鉴定

国家职业技能鉴定考核指导

核反应堆核级机械设备检修工

（高　级）

中核核电运行管理有限公司　组织编写

中国原子能出版社

图书在版编目（CIP）数据

核反应堆核级机械设备检修工：高级 / 中核核电运行管理有限公司组织编写. —北京：中国原子能出版社，2020.10

国家职业技能鉴定考核指导

ISBN 978-7-5022-9041-2

Ⅰ. ①核… Ⅱ. ①中… Ⅲ. ①反应堆－设备检修－职业技能－鉴定－教材 Ⅳ. ①TL38

中国版本图书馆 CIP 数据核字（2020）第 180161 号

核反应堆核级机械设备检修工（高级）

出版发行	中国原子能出版社（北京市海淀区阜成路 43 号 100048）
责任编辑	刘东鹏
装帧设计	赵 杰
责任校对	冯莲凤
责任印制	潘玉玲
印 刷	北京九州迅驰传媒文化有限公司
经 销	全国新华书店
开 本	787 mm×1092 mm 1/16
印 张	5.25
字 数	132 千字
版 次	2020 年 10 月第 1 版 2020 年 10 月第 1 次印刷
书 号	ISBN 978-7-5022-9041-2 **定 价** **216.00 元（全套四册）**

网址：http://www.aep.com.cn **E-mail：atomep123@126.com**

发行电话：010-68452845

国家职业技能鉴定考核指导

核反应堆核级机械设备检修工
（高　级）

编审委员会

（以姓氏笔画排名）

主　任　邹正宇

副主任　朱晓斌　刘崇都　吴炳泉　董军成

委　员　王孔钊　王晓波　方幼君　卢才华
叶丹萌　朱　磊　孙国忠　李厚文
吴小海　吴明亮　邹俊磊　张世敏
周瑞东　郑建华　费志松　徐宏明
盛建华　韩光辉　蒲晓彬　樊鹏飞

主　编　何少华

编　者　马少亮　王成林　王燕良　付　勇
邢琎娟　刘　强　严　肃　李攀攀
吴志杰　邹远波　张云华　张　民
张连生　张利东　陈志高　陈宝成
陈继芳　陈　章　王　聪　邵　震
卓　伦　罗飞华　姚建元　黄慧敏
戚宏昶　景战云　傅仁浦

主　审　刘崇都

审　者　孙国忠　陈　梁　胡四光　姜向平
彭小蓟　韩光辉

前　　言

为推动核反应堆核级机械设备检修工职业培训和职业技能鉴定工作的开展，在核反应堆核级机械设备检修工从业人员中推行国家职业资格证书制度。在国家人力资源和社会保障部的指导下，中国核工业集团有限公司职业技能鉴定指导中心在完成《国家职业标准——核反应堆核级机械设备检修工》《职业培训计划　职业培训大纲——核反应堆核级机械设备检修工》和《国家职业资格培训教程——核反应堆核级机械设备检修工》编制工作的基础上，继续推动了《核反应堆核级机械设备检修工国家题库》的统一命题工作。

《核反应堆核级机械设备检修工国家题库》自2016年建立并投入运行以来，已在《核反应堆核级机械设备检修工》的职业技能鉴定工作中起到了“保证鉴定工作质量、提高鉴定工作水平、加强鉴定工作力度”的作用。为了更好发挥国家题库的作用，配合职业技能鉴定工作的顺利有序开展，便于培训机构有效地组织培训，正确引导学员通过培训、学习提高自身素质和能力并顺利通过鉴定，中国核工业集团有限公司职业技能鉴定指导中心组织参与国家题库开发的命题专家编写了与国家题库相配套的《国家职业技能鉴定考核指导——核反应堆核级机械设备检修工》(以下简称《考核指导》)。

《考核指导》内容紧扣国家题库命题依据——鉴定要素细目表，通过考情观察详解鉴定考核相关要求，通过考点导航剖析了重点难点，通过仿真训练强化知识掌握，通过模拟试卷熟悉考试场景。这些内容的设置使得考生能够对《核反应堆核级机械设备检修工国家题库》的命题依据、考核内容结构以及理论知识和操作技能要求有一个全面的认识和了解。仿真题的设置与国家题库中的试题类型相同、内容相近、难度相当并符合当前生产实际，能够满足考生职业技能鉴定的基本需要。

本《考核指导》针对核反应堆核级机械设备检修工职业活动领域，内容涉及压水堆、重水堆核电站相关知识和技能。《考核指导》丛书按照中级工、高级工、技师、高级技师不同等级共分为四册，由何少华统编。其中中级工分册由卓伦、何少华负责编写，高级工分册由邹远波、马少亮负责编写，技师分册由李攀攀、陈宝成负责编写，高级技师分册由吴志杰、王成林负责编写，其他人员参与题库编写。《考试指导》各分册理论部分的考核内容均涵盖核反应堆本体检修、核安全级阀门检修、核安全级水泵检修、核安全级容器检修、重水堆燃料操作系统机械检修五个工种模块的鉴定要素。《考试指导》中级工、高级工分册的操作技能考核内容不分工种模块编写，技师、高级技师分册的操作技能考核内容分为核反应堆本体检修、核安全级阀门检修、核安全级水泵检修、核安全级容器检修、重水堆燃料操作系统机械检修五个工种模块编写，以符合国家职业标准规定的考核鉴定要求。

《考核指导》丛书的编制出版，凝聚着编、审、校、排、印及组织管理人员的大量辛勤劳动和心血，同时得到了中核核电运行管理有限公司等相关单位的大力支持和热情帮助，在此表示深深地谢意！

《考核指导》丛书中如有不妥之处，恳请批评指正。

目　　录

第一部分　理论知识

第二部分　操作技能

第一部分 理论知识

第一章 考情观察

一、考核思路

根据国家职业标准《核反应堆核级机械设备检修工职业标准》的要求,核反应堆核级机械设备检修工(高级工)的理论知识考核范围,除了包括职业道德、基础知识两部分基本考核要求外,还包括核反应堆本体检修、核安全级阀门检修、核安全级水泵检修、核安全级容器检修、重水堆燃料操作系统机械检修等五个专业模块的考核要求。各模块的考核范围及考核深度如下。

1. 职业道德、基础知识

(1) 考核范围

职业道德的基本知识;职业道德的基本规范;核反应堆核级机械设备检修工职业守则;专业基础知识,包括核电站基础知识、辐射防护基础知识、机械设备基础知识、工业安全知识、机械制图、钳工基础知识、机加工基础知识、起重基础知识等;安全文明生产与环境保护知识;质量保证基础知识;相关法律、法规知识。

(2) 考核深度

掌握职业道德的基本概念;掌握核反应堆核级机械设备检修工相关专业基础知识;掌握核电厂核安全管理、工业安全管理、消防管理、质量保证相关知识;熟悉和掌握我国核安全相关的主要法律、法规要求。

2. 反应堆本体检修模块相关知识

(1) 考核范围

起重指挥及热处理基础知识;核电厂检修管理基本要求;反应堆本体维修及装卸料系统专用工器具的结构及工作原理;反应堆本体维修规程、装卸料操作规程、重要维修技能;反应堆本体及装卸料系统相关设备、工器具故障判断与排除方法。

(2) 考核深度

重点掌握反应堆本体及装卸料系统相关设备、专用工器具的操作方法,故障判断及排除方法。

3. 核安全级阀门检修模块相关知识

(1) 考核范围

核电厂重要阀门设备维修风险分析和评价方法;核级阀门维修规程的编写及修订要求;

核级阀门密封面研磨及密封性试验基础知识;安全阀试验方法;核电厂典型阀门设备的解体维修技能;核级阀门维修手册及检修专用工具维修手册的应用。

(2) 考核深度

重点掌握核级阀门维修规程的编写及修订要求、核电厂典型阀门设备的解体维修技能、核级阀门及其检修专用工具的常见故障判断与排除方法。

4. 核安全级水泵检修模块相关知识

(1) 考核范围

典型核安全二级泵的结构;核电厂水泵设备维修风险分析和评价方法;核级水泵维修规程的编写及修订要求;测量转子跳动方法;核安全二级泵清洁度要求和清洗工艺技术条件;典型核安全二级泵的解体维修技能;核级水泵维修手册及检修专用工具维修手册的应用。

(2) 考核深度

重点掌握核级水泵维修规程的编写及修订要求、典型核安全二级泵的解体维修技能;核级水泵及检修专用工具的常见故障判断与排除方法。

5. 核安全级容器检修模块相关知识

(1) 考核范围

典型核安全一级容器的结构;核电厂重要容器设备维修风险分析和评价方法;核级容器维修规程的编写及修订要求;蒸汽发生器堵管工艺及其堵管工具的使用方法;蒸汽发生器螺栓拉伸机的使用方法;静密封面的修复方法;典型核安全一级容器的解体维修技能;核级容器维修手册及检修专用工具维修手册的应用。

(2) 考核深度

重点掌握核级容器维修规程的编写及修订要求、蒸汽发生器堵管维修实施方法;典型核安全一级容器的解体维修技能;核级容器及检修专用工具的常见故障判断与排除方法。

6. 重水堆燃料操作系统机械检修模块相关知识

(1) 考核范围

重水堆装卸料机设备结构及各部件功能;重水堆新燃料装载机的结构和部件功能;重水堆装卸料机专用工器具使用方法;重水堆燃料操作系统重要设备检修风险的分析和评价方法;重水堆燃料操作系统机械重要维修规程编写及修订要求;重水堆装卸料机专用设备装配知识、重水堆燃料操作系统重要维修技能及维修后试验方法;重水堆装卸料机系统和新燃料装载机系统设备及其专用工具故障分析与处理。

(2) 考核深度

重点掌握重水堆装卸料机和新燃料装载机系统设备结构及各部件功能、重水堆燃料操作系统重要维修技能、重水堆装卸料机系统和新燃料装载机系统设备及其专用工具的常见故障判断与排除方法。

二、组卷方式

核反应堆核级机械设备检修工(高级工)的理论知识国家题库采用计算机自动生成试卷,即计算机按照本职业高级工《理论知识鉴定要素细目表》的结构特征,使用统一的组卷模型,从题库中对应的等级、模块中随机抽取相应试题,组成试卷。有的地方还有地方特色题库，可以按规定比例和国家题库一起组卷。试卷组成后，应经专家审核，并修正或替换部分不适用的试题。

三、试卷结构

核反应堆核级机械设备检修工（高级工）的理论考试实行百分制，采用闭卷笔试方式，成绩达到 60 分及以上为合格。试卷结构以国家职业标准《核反应堆核级机械设备检修工职业标准》为依据，试题以中等难度为主，约占 70%；难度低的试题约占 20%；难度高的试题约占 10%。

1. 题型题量分配

理论知识考试满分 100 分，题型分为单项选择题、判断题、多项选择题、简答题、计算/绘图题、论述/综合题。具体题型、题量与分配方案见表 1-1。

表 1-1　核反应堆核级机械设备检修工（高级工）理论知识试卷题型、题量

题型	题量(分值)	分数
单项选择题	30 题(1 分/题)	30
判断题	10 题(1 分/题)	10
多项选择题	10 题(2 分/题)	20
简答题	4 题(5 分/题)	20
计算/绘图题	1 题(10 分/题)	10
论述/综合题	1 题(10 分/题)	10
总分	100 分(56 题)	

2. 鉴定比重和鉴定点

鉴定考核内容分为“基本要求”及“相关知识”两个部分。

“基本要求”包括职业道德、基础知识两个模块，主要考核学员的职业道德观念、检修专业基础知识、核电厂安全管理相关知识以及对国家核安全相关法律法规的掌握情况。

“相关知识”包括“核反应堆本体检修”“核安全级阀门检修”“核安全级水泵检修”“核安全级容器检修”“重水堆燃料操作系统机械检修”五个模块，每个模块均包括“维修准备”“维修实施”和“故障判断和排除”等三个部分内容，主要考核学员对核特有设备的维修知识与技能的掌握情况。

各部分所占鉴定比重和鉴定点配置情况见表 1-2。

表 1-2　核反应堆核级机械设备检修工（高级工）理论知识鉴定比重和鉴定点配置

鉴定范围(一级)	鉴定范围(二级)	鉴定范围(三级)	鉴定比重/%	鉴定点数量
基本要求	职业道德	职业道德的基本知识	5	5
	基础知识	专业基础知识	10	32
		安全文明生产与环境保护	5	21

续表

鉴定范围(一级)	鉴定范围(二级)	鉴定范围(三级)	鉴定比重/%	鉴定点数量
基本要求	基础知识	质量管理知识	1	4
		相关法律、法规知识	4	14
相关知识	维修准备	核反应堆本体检修	8	12
		核安全级阀门检修	1	2
		核安全级水泵检修	4	6
		核安全级容器检修	3	3
		重水堆燃料操作系统机械检修	4	6
	维修实施	核反应堆本体检修	12	6
		核安全级阀门检修	8	4
		核安全级水泵检修	6	3
		核安全级容器检修	10	5
		重水堆燃料操作系统机械检修	4	2
	故障判断和排除	核反应堆本体检修	3	2
		核安全级阀门检修	3	2
		核安全级水泵检修	3	2
		核安全级容器检修	3	2
		重水堆燃料操作系统机械检修	3	3
合计			100	136

四、考核时间与要求

1. 考核时间

按照国家职业标准《核反应堆核级机械设备检修工职业标准》的要求,本职业理论知识考试时间为120分钟。

2. 考核要求

核反应堆核级机械设备检修工(高级工)理论知识考试采用标准化试卷,考生应根据试卷要求具体作答。

五、应试技巧及复习方法

考生掌握适当的应试技巧和复习方法也是必不可少的。下面介绍的应试技巧,如命题视角、答题要求和答题技巧等,考生在复习、考试时应高度重视。

(1) 命题视角。在答题时首先要审题,判断该题所属的知识单元,判断题目考核哪一个知识点,回忆知识点,然后做出判断。

(2) 答题要求。理论考试采取的是标准化、客观考题,即答案唯一,在回答时要按照试卷题型后的答题说明，把正确的答案填写在规定的地方，做到书写工整、清晰，切忌反复涂改，造成无法判断答案正确与否的情形。

(3) 答题技巧。答题时应先易后难，对没有复习到的知识点、模棱两可的题目可以暂时放一放，在回答把握不准的题目时，可采取排除法、对比法、访问法等思考方式判断和确定正确的答案。

考生在考前要认真复习。系统掌握职业标准和本书所列出的鉴定范围，掌握鉴定点和考试内容。要注重理解，加强记忆，提高效率，按照命题的视角与答题要求，有针对性地掌握考试内容，安排好全面复习、重点复习和模拟训练三个阶段，进一步掌握好考核内容。

第二章　知识架构

根据《国家职业标准——核反应堆核级机械设备检修工》和《核反应堆核级机械设备检修工(高级工)理论知识鉴定要素细目表》,该职业应掌握的理论知识点分为五个部分,后面三个部分根据维修专业又分为五部分内容,分别是:职业道德、基础知识、维修准备、维修实施、故障判断和排除。其中维修准备、维修实施、故障判断和排除三部分又各自分为:核反应堆本体检修、核安全级阀门检修、核安全级水泵检修、核安全级容器检修、重水堆燃料操作系统机械检修。根据各模块中各单元理论知识点搭建的知识网络架构图如下所示。

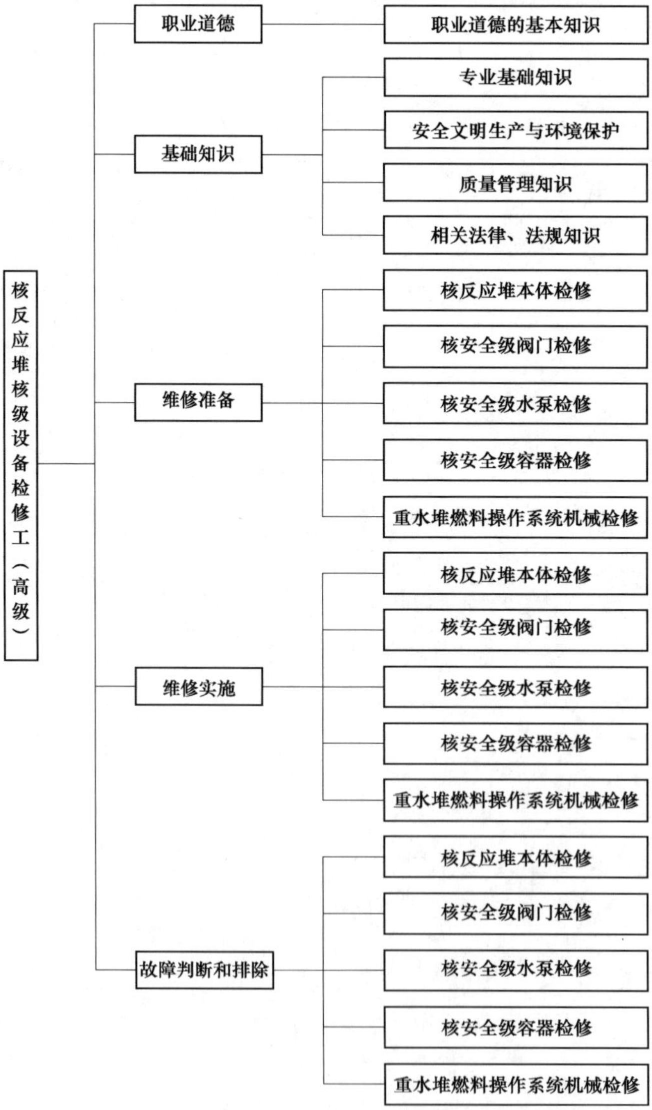

第三章　考核解析

第一单元　职业道德、基础知识

一、学习目标

1. 掌握职业道德基本知识
2. 掌握专业基础知识
3. 掌握安全文明生产与环境保护
4. 掌握质量管理知识
5. 掌握相关法律、法规知识

二、考核要点

考核类别	考核范围	考核点	重要程度
职业道德	职业道德的基本知识	职业道德基本概念	X
		职业道德的意义	Z
		职业道德的特点	X
		职业道德基本规范	X
		反应堆核级机械设备检修工职业守则	Y
基础知识	专业基础知识	核电厂发电原理	X
		核电厂堆型	X
		核电厂核岛工艺系统知识	Y
		核级设备分级管理	X
		辐射防护基础知识	X
		辐射防护的目的	X
		辐射防护的基本要求	X
		辐射防护的剂量限值	Y
		辐射危害及防护	X
		辐射工作场所的管理	X
		放射性废物与放射源的管理	X
		压水堆核电厂的辐射来源及危险	X

续表

考核类别	考核范围	考核点	重要程度
基础知识	专业基础知识	高辐射风险作业	X
		水泵维修基础知识	X
		阀门维修基础知识	X
		容器维修基础知识	X
		常用机械设备的缺陷类型	X
		安全管理的法规和标准	X
		工业安全知识	X
		职业健康安全管理知识	X
		现场急救	X
		机械制图基础知识	Y
		机械制图三视图的表示方法	X
		图样画法	X
		钳工知识概述	X
		钳工基本知识	X
		常用钳工工具的使用方法	X
		常用钳工量具的使用方法	X
		机械加工的基本知识	X
		机械加工设备及刀具基础知识	X
		各种加工方法的加工精度	Y
		起重基础知识	Y
	安全文明生产与环境保护	核安全文化的背景	X
		核安全文化的起源	X
		核安全文化的定义	X
		核安全文化的特征	X
		核安全的基本知识	X
		核设施相关核安全文化的管理	X
		个人对核安全文化的理解与应用	X
		核安全文化评估	X
		防人因失误工具的应用	X
		设备检修现场管理相关知识	Y
		检修人员行为规范	X

续表

考核类别	考核范围	考核点	重要程度
基础知识	安全文明生产与环境保护	检修工前会及工后会总结实施	X
		安全生产相关知识	Z
		正确使用劳动保护用品	X
		环境保护的重要性	X
		三废排放管理制度	X
		消防安全的基本知识	X
		有关的消防法规制度	X
		火灾的危害	X
		防火	X
		灭火	X
	质量管理知识	质量保证的重要性	X
		质量保证要求	Y
		质量控制的重要性	X
		质量控制的规定	X
	相关法律、法规知识	《中华人民共和国劳动法》适用范围	Y
		《中华人民共和国劳动法》立法目的	X
		《中华人民共和国劳动法》基本内容	X
		《中华人民共和国安全生产法》适用范围	Y
		《中华人民共和国安全生产法》立法目的	X
		《中华人民共和国安全生产法》基本内容	X
		《中华人民共和国环境保护法》适用范围	Y
		《中华人民共和国环境保护法》立法目的	X
		《中华人民共和国环境保护法》基本内容	X
		《中华人民共和国放射性污染防治法》适用范围	X
		《中华人民共和国放射性污染防治法》立法目的	Y
		《中华人民共和国放射性污染防治法》基本内容	Z
		核安全相关法规的重要性	X
		核安全相关法规的体系构成	X

说明："重要程度"反映了每个考核点与其他考核点的相互关系和相对地位。在描述时，一般用"X、Y、Z"表示，"X"代表重要程度高的核心要素，"Y"代表重要程度一般的要素，"Z"代表重要程度偏低的辅助要素。

三、考点导航

1. 职业道德的基本知识

(1) 职业道德基本知识

(2) 职业道德基本规范

(3) 核反应堆核级机械设备检修工职业守则

2. 专业基础知识

主要考核核反应堆核级机械设备检修工基础知识,主要包括以下方面的内容:

(1) 核电厂发电原理相关知识

(2) 核电厂堆型基础知识

(3) 核电厂核岛工艺系统知识

(4) 核级设备分级管理

(5) 辐射防护基础知识、目的、基本要求以及防护相关知识

(6) 放射性废物与放射源的管理相关知识

(7) 压水堆核电厂的辐射来源及危险识别

(8) 高辐射风险作业识别

(9) 泵的维修基础知识

(10) 阀门维修基础知识

(11) 容器维修基础知识

(12) 常用机械设备的缺陷类型分类

(13) 安全管理的法规和标准知识

(14) 工业安全知识

(15) 职业健康安全管理知识

(16) 现场急救知识

(17) 机械制图基础知识、三视图、图样画法

(18) 钳工基础知识

(19) 常用钳工工具、量具的使用方法

(20) 机械加工、设备及刀具的基本知识

(21) 各种加工方法的加工精度知识

(22) 起重基础知识

3. 安全文明生产与环境保护知识

主要考核核反应堆核级机械设备检修工关于安全、文化等方面知识,主要包括以下方面的内容:

(1) 核安全文化的背景、起源、定义、特征和基本知识

(2) 核设施相关核安全文化的管理

(3) 个人对核安全文化的理解与应用知识

(4) 核安全文化评估

(5) 防人因失误工具的应用

(6) 设备检修现场管理和检修人员行为规范相关知识

(7) 检修工前会及工后会总结实施

(8) 安全生产相关知识

(9) 正确使用劳动保护用品

(10) 环境保护的重要性

(11) 三废排放管理制度

(12) 消防的基本知识和法规制度

(13) 火灾的危害、防火和灭火

4. 质量管理知识

主要考核质量保证、质量控制的重要性和要求。

5. 相关法律、法规知识

主要考核以下基本法律法规的适用范围、立法目的、主体内容等，相关法律法规包括：《中华人民共和国劳动法》《中华人民共和国安全生产法》《中华人民共和国环境保护法》《中华人民共和国放射性污染防治法》。

对核安全相关法规的基础知识需要重点理解与掌握。

四、仿真训练

1. 单项选择题

(1) 职业道德就是从事一定职业的人们在工作或劳动过程中所应该遵守的、与其职业活动紧密联系的(　　)和原则的总和。

(A) 行为规范　(B) 道德规范　(C) 职业规范　(D) 意识规范

(2) (　　)是企业在市场经济中赖以生存的重要依据。

(A) 制度　(B) 信誉　(C) 利益　(D) 效益

(3) 压水堆核电厂一回路系统主要设备包括(　　)。

(A) 主给水泵　(B) 反应堆冷却剂管道

(C) 凝汽器　(D) 除氧器

(4) 以下关于轻水的说法，错误的是(　　)。

(A) 轻水具有优良的中子慢化性能和热物理特性

(B) 轻水与燃料棒包壳、回路材料具有良好的化学相容性

(C) 轻水有很大的反应性正温度系数

(D) 轻水价格低廉，易于获得

(5) 汽轮机回路主要设备有汽轮机、(　　)、冷凝器、凝结水泵、低压加热器、除氧器、主给水泵和高压加热器等。

(A) 主冷却剂泵　(B) 汽水分离再热器

(C) 蒸汽发生器　(D) 循环水泵

(6) 裂变反应产生的中子，其平均能量为(　　)左右。

(A) 0.2 MeV　(B) 2 MeV　(C) 20 MeV　(D) 200 MeV

(7) 对于温差应力大的厚管板，一般采用(　　)的方式，既保证强度的要求又可减小间

隙腐蚀。

(A) 胀接 (B) 焊接 (C) 焊胀结合 (D) 铆接

(8) 在机械制图中,铅垂方向的尺寸,一般应注写在尺寸线的( )。

(A) 下方 (B) 上方 (C) 右方 (D) 左方

(9) 制定( )是核电厂工程不可分割的一部分。

(A) 质保大纲 (B) 企业规则 (C) 工作手册 (D) 学习手册

(10) 三废处理遵循( )的原则。

(A) 低排 (B) 合理可行且达到尽量低

(C) 直接排放 (D) 不排

2. 判断题

(1) 良好的职业道德创造良好的社会秩序,提高人们的思想境界,为树立社会良好的道德风尚奠定了坚实的基础,促进了城市建设。( )

(2) 所有的决策和行动都要考虑核技术的特殊性。( )

(3) 核电站常见的几种辐射,就其相对危害性而言,γ 辐射和中子辐射的潜在危害主要在外照射。( )

(4) 辐射防护的基本要求有:实践的正当性、剂量限制、防护与安全的最优化。( )

(5) 核电厂的放射源是指反应堆。( )

(6) 当软面齿轮传递载荷过大时,则容易产生齿面弹性变形。( )

(7) 尺寸线必须单独画出,不能用其他图线代替。( )

(8) 百分表回程误差小,精度高,适用于精度很高的测量工作。( )

(9) 刚玉系砂轮主要用于磨削硬质合金、宝石、陶瓷和玻璃等。( )

(10) 质保大纲对所有影响质量的活动提出要求和规范。( )

3. 多项选择题

(1) 职业道德的内容包括( )。

(A) 职业道德意识 (B) 职业道德守则

(C) 职业道德行为规范 (D) 职业道德培养

(E) 职业道德品质

(2) 每个工作岗位、每一次职业行为,都包含着如何处理( )关系的问题,因此,职业道德是社会主义道德体系的重要组成部分。

(A) 个人与国家 (B) 个人与集体 (C) 国家与国家 (D) 集团与集体

(E) 其他

(3) 反应堆核级设备检修工职业守则包括哪些( )。

(A) 爱岗敬业,忠于职守,认真、自觉地履行各项职责

(B) 优质高效,务实创新

(C) 明理守信,诚实劳动

(D) 认识核技术的特殊性和独特性

(E) 干一行爱一行

(4) 在压水堆核电厂核级设备的分级管理中,属于安全一级的系统设备有( )。

(A) 反应堆压力容器
(B) 反应堆冷却剂泵
(C) 稳压器
(D) 蒸汽发生器的一次侧和控制棒驱动机构的壳体
(E) 安全注入系统及安全壳喷淋系统

(5) 辐射防护剂量限值体系的级别包括(　　)。
(A) 基本限值　(B) 次级限值　(C) 导出限值　(D) 管理限值
(E) 参考水平

(6) 核设施职业健康安全管理的基本方式包括(　　)。
(A) 定期监测　(B) 日常管理
(C) 健康体检　(D) 将职业危害及时告知员工
(E) 对员工保密

(7) 检修过程中应严格遵守相关质量控制(QC)管理程序,根据质量计划中的选点情况及时通知相关的(　　)人员到现场见证。
(A) QC　(B) QB　(C) QD　(D) QA
(E) QE

(8) 灭火的基本方法包括(　　)。
(A) 冷却灭火法　(B) 隔离灭火法　(C) 窒息灭火法　(D) 抑制灭火法
(E) 吹风灭火法

(9) 劳动法的基本内容有(　　)等。
(A) 适用范围　(B) 基本权利和义务
(C) 促进劳动就业　(D) 工资
(E) 劳动安全卫生

(10) 核安全文化作用的发挥主要体现在(　　)。
(A) 工作能力的管理　(B) 定期考核
(C) 奖励和惩罚　(D) 监控和监查
(E) 后勤

五、参考答案

1. 单项选择题

(1) D;(2) B;(3) B;(4) C;(5) B;(6) B;(7) C;(8) D;(9) A;(10) B

2. 判断题

(1) ×;(2) √;(3) √;(4) √;(5) ×;(6) ×;(7) √;(8) ×;(9) ×;(10) √

3. 多项选择题

(1) ABCDE;(2) AB;(3) ABCD;(4) ABCD;(5) ABCDE;(6) ABCD;(7) AD;(8) ABCD;(9) ABCDE;(10) ABCD

第二单元 维修准备

一、学习目标

1. 掌握核反应堆本体检修的维修准备工作相关知识
2. 掌握核安全级阀门检修的维修准备工作相关知识
3. 掌握核安全级水泵检修的维修准备工作相关知识
4. 掌握核安全级容器检修的维修准备工作相关知识
5. 掌握重水堆燃料操作系统机械检修的维修准备工作相关知识

二、考核要点

考核类别	考核范围	考核点	重要程度
维修准备	核反应堆本体检修	防异物管理制度	X
		清洁度管理制度	X
		化学品管理制度	X
		备品备件管理制度	X
		风险分析方法	X
		反应堆堆芯燃料装载布置图	X
		反应堆临界安全知识	X
		反应堆本体专用工器具结构	X
		反应堆本体专用工器具工作原理	X
		装卸料系统专用设备、工器具结构及工作原理	X
		反应堆本体重要维修程序编制	X
		反应堆本体检修风险的分析和评价方法	X
	核安全级阀门检修	核级阀门检修风险的分析/评价方法	Y
		核级阀门检修重要维修规程编制	X
	核安全级水泵检修	核级阀门检修风险的分析/评价方法	Y
		核级阀门检修重要维修规程编制	X
		离心上充泵	Y
		安全壳喷淋泵	X
		停堆冷却泵(余热排出泵)	X
		高压安全注射泵	X

续表

考核类别	考核范围	考核点	重要程度
维修准备	核安全级容器检修	核安全一级容器及其附属设备的结构	X
		核级容器检修风险的分析和评价方法	X
		核级容器重要维修规程编制	X
	重水堆燃料操作系统机械检修	设备维修规程和维修手册	X
		重水堆装卸料机各重要部件的功能	X
		重水堆新燃料装载机的结构和部件功能	X
		重水堆装卸料机专用工器具使用方法	X
		重水堆燃料操作系统检修风险的分析和评价方法	X
		重水堆燃料操作系统机械重要维修规程编制	X

说明：
“重要程度”反映了每个考核点与其他考核点的相互关系和相对地位。在描述时，一般用“X、Y、Z”表示，“X”代表重要程度高的核心要素，“Y”代表重要程度一般的要素，“Z”代表重要程度偏低的辅助要素。

三、考点导航

1. 核反应堆本体检修的维修准备相关知识

主要考核防异物、清洁度、化学品、备品备件管理制度，风险分析方法，反应堆芯燃料装载布置图、反应堆临界安全知识、反应堆本体专用工器具结构及工作原理以及装卸料系统专用设备、工器具结构及工作原理相关知识。

2. 核安全级阀门检修的维修准备相关知识

主要考核核级阀门检修风险的分析和评价方法、核级阀门检修重要维修程序编制要求相关知识。

3. 核安全级水泵检修的维修准备相关知识

主要考核核安全二级泵及其附属设备的结构、核级水泵检修风险的分析和评价方法、核级水泵检修重要维修技能相关知识。

4. 核安全级容器检修的维修准备相关知识

主要考核核安全一级容器及其附属设备的结构、核级容器检修风险的分析及评价方法、核级容器检修重要维修程序编制相关知识。

5. 重水堆燃料操作系统机械检修的维修准备相关知识

主要考核重水堆装卸料机管嘴组件、推杆组件和分离器组件的结构及各部件功能、重水堆新燃料装载机的结构和部件功能、风险的分析和评价方法、重要维修程序编制相关知识。

四、仿真训练

1. 单项选择题

(1) 对于需要进入换料水池、反应堆堆芯、乏燃料贮存水池、汽轮发电机机组、蒸汽发生器、稳压器、高压加热器等重要设备内部的各类工具及设备,必须在这些工具或设备处于设计审查阶段时进行专门的(　　)设计审查。

(A) 可靠性　(B) 经济性　(C) 环保性　(D) 防异物

(2) 如果任一工作必须在清洁区域内进行,而这项工作又会引起很大的污染,那么在局部区域内应暂时停止相应的清洁等级。在这种情况下,必须设置(　　)(如隔墙和盖板),以及适当的防护措施(如吸尘器)。

(A) 分隔　(B) 围栏　(C) 房间　(D) 护栏

(3) 核电厂核岛厂房及重要系统维修活动中需要使用到许可清单外的化学品必须经过(　　)。

(A) 使用试验　(B) 清单变更　(C) 技术审定　(D) 化学分析

(4) 核电厂申报备件时,以现场安装的设备为基础进行申报备件;若更换现场整台设备时,申报的整台设备的安全等级不得低于(　　)。

(A) 安装标准　(B) 设计标准　(C) 验收标准　(D) 系统标准

(5) 按照核电厂风险后果进行分类,在生产活动中,有可能造成安全系统意外失效、全部或部分退出运行,如失去热阱、失去安全电源等,其后果特征是对反应性控制、燃料冷却或放射性包容三种安全功能造成影响的风险是(　　)风险。

(A) A类　(B) B类　(C) C类　(D) D类

(6) 国内 CNP300 型核电机组,第五循环的堆芯燃料装载布置图中有次级中子源组件(　　)组。

(A) 2　(B) 3　(C) 4　(D) 1

(7) 持续链式裂变反应是核反应堆的物理基础。当一个原子核俘获一个中子产生裂变后,平均可放出(　　)个中子。

(A) 2　(B) 2.5　(C) 3　(D) 3.5

(8) 国内 CNP300 型核电机组,压力容器顶盖上有 37 个控制棒驱动机构管座和 2 个温度测量管座。控制棒驱动机构是用来升降、快插或保持控制棒在一定位置,不能实现反应堆(　　)。

(A) 安全启动　(B) 增殖　(C) 功率调节　(D) 停止反应堆

(9) CNP300 核电机组,压力容器螺栓拉伸机组油压泵是螺栓拉伸机的配套专用油泵,为螺栓拉伸机(　　)供油,实现对压力容器法兰主螺栓的拉伸。

(A) 底座　(B) 头部　(C) 拉套　(D) 油缸

(10) (　　)负责对永久性变更施工方案进行风险分析,并组织变更实施人员对实施过程中存在的风险进行分析。

(A) 工作负责人　(B) 维修工程师　(C) 运行工程师　(D) 变更工程师

(11) 核级电动楔形闸阀检修工作中,具有体内和体表污染风险的是(　　)。

(A) 阀瓣研磨 (B) 在线诊断 (C) 填料紧固 (D) 外观检查

(12) 核反应堆核级机械设备检修高级工应该掌握重要核级阀门的( )的知识和技能。

(A) 外观检查 (B) 行程调整 (C) 在线诊断 (D) 解体检查

(13) 核电厂多级离心式上充泵叶轮呈反向布置作用是( )。

(A) 提高了泵的效率 (B) 提供密封水

(C) 平衡轴向力 (D) 平衡径向力

(14) 核电厂多级离心式上充泵首级和中段设置水润滑导轴承作用是( )。

(A) 起止推作用承受轴向力 (B) 起导向作用承受径向力

(C) 产生介质循环所需的压头 (D) 起导向作用承受轴向力

(15) 核电厂安全壳喷淋泵轴封水系统设置旋风分离器作用是( )。

(A) 润滑轴封水 (B) 增加轴封水压力

(C) 冷却轴封水 (D) 除去轴封水杂质

(16) 核电厂 RP1E50 型余热排出泵为卧式单级离心泵描述错误的是( )。

(A) 具有进口悬臂式叶轮与导叶配套

(B) 蜗壳型泵壳由单侧吸入管出口管和泵的安装底座组成

(C) 具有多个叶轮串联

(D) 泵轴由两端滚动轴承支撑

(17) 核电厂型号为 250TD−80 停堆冷却泵使用的 QJ320N2MPA 四点接触球轴承，描述正确的是( )。

(A) 对转子起支撑作用，并承受剩余轴向力

(B) 轴承采用水润滑

(C) 保护叶轮不受磨损

(D) 轴承采用三点点焊

(18) 核电厂高压安全注射泵平衡鼓和平衡座套组成的作用是( )。

(A) 利用压差的原理来平衡轴向力 (B) 自带叶轮进行循环冷却

(C) 自动调整来承受各种径向力 (D) 对密封腔轴封水进行冷却

(19) 核反应堆核级水泵设备检修起重作业及设备搬运风险不包括( )。

(A) 检查起吊设备和吊具在检验有效期内

(B) 设施在运输车辆上布置应合理，重心不能偏移

(C) 任何人都可以做起重机械指挥

(D) 吊物经过区域禁止站人

(20) 压水堆核电厂重要核级水泵设备不包括( )。

(A) 安全喷淋泵 (B) 除氧水泵 (C) 余热排出泵 (D) 上充泵

(21) 蒸汽发生器作为核电厂最为关键的核安全一级容器之一，是连接一回路和二回路系统的纽带，下列部件中不属于蒸汽发生器部件的是( )。

(A) 传热管 (B) 电加热器 (C) 管束支撑组件 (D) 汽水分离器

(22) 安全注入箱检修作业过程中，存在人员窒息风险，不属于防止人员窒息风险措施的是( )。

(A) 所有带入容器内的工器具、物品必须登记,结束后要清点、核实
(B) 进入容器前进行含氧量和有害气体含量检测,合格后方可允许进入
(C) 容器外有人监护
(D) 作业过程中,要定期对容器内含氧量和有害气体含量进行测试,并记录

(23) NaOH 溶液贮存箱检修工作存在高碱液腐蚀伤害风险,以下属于对应风险的防护措施的是(　　)。
(A) 作业过程中严格控制作业时间
(B) 容器外有人监护
(C) 作业过程中进行部件、工具表面擦拭,包装好,不直接接触场地,材料指定地点存放
(D) 佩戴防酸碱面罩,必要时穿戴气面罩

(24) 在 CNP300 机组中,蒸汽发生器一次侧人孔盖开关工作描述错误的是(　　)。
(A) 安装沉头螺钉必须要拧到位,参考密封盖板平面沉下去深度不小于 1.4 mm
(B) 开孔前需用红外测温仪测量螺栓的温度不大于 60 ℃,必要时用风扇降温
(C) 拨杆松开压盖螺帽,每个螺帽往回拨 3~4 下,行程约 2 mm,中间若有遗漏要及时处理
(D) 安装电子百分表,并将百分表调零,百分表读数应为−0.00,通过 Rev 键调整+、−号

(25) 重水堆燃料操作系统各个重要设备都有(　　)描述维修方法和步骤。
(A) 维修规程(MP)　　(B) 安全措施票
(C) 运行操作票　　(D) 维修后试验程序

(26) 重水堆燃料操作系统每个装卸料机有(　　)。
(A) 一个分离器,安装在料仓和管嘴之间的料仓端盖上
(B) 两个分离器,安装在料仓和管嘴之间的料仓端盖上
(C) 一个分离器,安装在管嘴上
(D) 两个分离器,安装在料仓端盖上

(27) 重水堆燃料操作系统推杆组件,可移动的是(　　)。
(A) 锁紧推杆、C 推杆和 1 号管　　(B) 锁紧推杆、C 推杆和 2 号管
(C) 锁紧推杆、C 推杆和 B 推杆　　(D) B 推杆、C 推杆和 1 号管

(28) 重水堆燃料操作系统新燃料料仓转子组件包括(　　)。
(A) 6 个燃料料仓管和一个密封塞管
(B) 6 个燃料料仓管和一个管嘴塞管
(C) 6 个燃料料仓管和一个料仓适配器管
(D) 6 个燃料料仓管和一个屏蔽塞管

(29) 重水堆燃料操作系统除了燃料传输期间外,屏蔽塞总是装在(　　)。
(A) 新燃料料仓　　(B) 新燃料装载槽中
(C) 装卸料机料仓中　　(D) 新燃料通道中

(30) 重水堆燃料操作系统管嘴检修半圆片安装工具使用后,拆除以前要检查两个半圆片在(　　)是否移动。
(A) 径向方向　　(B) 周向方向　　(C) 轴向方向　　(D) 左右

(31) 重水堆燃料操作系统更换乏燃料升降斗滚轮时卸料间房间通风差,环境潮湿闷

热，出汗过多可能导致(　　)。

(A) 异物落入水池　　(B) 人员脱水风险

(C) 外照射风险+　　(D) 松散污染风险

2. 判断题

(1) 核电厂关键维修工作现场应划分区域来建立异物控制区，当设备或系统开始进行开口工作时，应当建立控制区边界。其目的是限制无关人员和物品进入异物控制区域；如有必要，设立现场保卫值班，仅允许授权的人员进入；在开口点张贴或悬挂醒目的警告标志。(　　)

(2) 在易引起灰尘的工作结束后(如从事混凝土、磨削、检查和清洗等)，需要进行附加检查。如果检查中发现不符合项，应再次检查以消除不足之处。(　　)

(3) 阀门研磨完成以及做完蓝油试验后，必须利用清洗剂对密封面以及阀体清洗，防止阀体内有残留物。(　　)

(4) 预防性维修备件需求计划的申报应与现场季度滚动生产计划相结合，即在预防性维修项目产生的同时，也将产生备件需求计划。(　　)

(5) 风险评估定性方法可采用问卷调查、集体讨论、专家咨询、情景分析、政策分析、行业标杆比较、流程分析法、头脑风暴法、管理层访谈、由专人主持的工作访谈和调查研究等。(　　)

(6) 核电厂各燃料循环期间的堆芯燃料装载布置图信息是相同的。(　　)

(7) 为增大堆芯的初始燃料装载量，通常在堆芯内装入中子吸收截面较大的物质，把它作为固定不动的控制棒装入堆芯，用以补偿堆芯寿命初期的剩余反应性，这种物质称为可燃毒物。(　　)

(8) 压水堆反应堆压力容器顶盖吊具安装在压力容器顶盖上，是进行压力容器顶盖开盖、扣盖等吊装工作的专用吊具。(　　)

(9) CNP300 核电机组，空气平衡器平衡重量的大小由调节阀进行调节，当活塞杆(即平衡轴)距极限位置 30 mm 时，通过超行程报警器使蜂鸣器鸣叫。(　　)

(10) 为了减少人因失误，降低事件发生率，提高电厂运行的安全性和经济性，电厂所有生产活动都必须进行风险分析。(　　)

(11) 核反应堆核级阀门设备的重要检修工作通常都具有一定的风险，这些风险点与相应的工作内容及特点有着直接的关系，主要包括机械伤害、强电离辐射、体表污染、内照射、高空作业、防异物控制、密封面损伤、设备组装精度控制等。(　　)

(12) 编写规程时要根据阀门的结构编写阀门检修的详细程序，包括检查、解体、清理，检测、记录等，程序章节是维修规程的主体部分。(　　)

(13) 离心上充泵为反应堆主冷却剂泵提供轴密封注入水。(　　)

(14) 安全喷淋是降低安全壳内气体的压力和温度，并消除安全壳大气中部分放射性碘。(　　)

(15) 工作准备充分的前提下需要在工作现场长时间讨论不确定的问题。(　　)

(16) 不执行程序将可能导致安全或质量上的风险。(　　)

(17) 当装有乏燃料的重水堆燃料操作系统装卸料机通过在装卸料机维修区的新燃料

孔道时,屏蔽塞起到减少进入新燃料室的辐射剂量的作用。(　　)

(18) 重水堆燃料操作系统使用管嘴抱卡力设定工具测量抱卡力,抱卡力总的显示值稳定后,测试三次,三次结果的最大差值应该小于 1 000 磅才可接受。(　　)

(19) 重水堆燃料操作系统在工单系统中已经设置“是否需要风险分析单”选项,由工作申请校核人在校核定级时选择。(　　)

(20) 重水堆燃料操作系统在线更换装卸料机料仓驱动阀组 O 形圈必须确认装卸料机料仓管内无 FARE 工具、使用过的屏蔽塞和乏燃料棒束。(　　)

3. 多项选择题

(1) 下面哪些情况不符合重点防异物控制区的管理要求(　　)。

(A) 工器具出入无需登记　　(B) 人员出入无需登记
(C) 备件材料出入无需登记　　(D) 设置专人管理
(E) 设置异物控制区

(2) 容易产生清洁度不符合要求的维修活动有(　　)。

(A) 切割打磨　　(B) 土建维修作业
(C) 设备测量　　(D) 设备清洗
(E) 尺寸测量

(3) 为了各类化学品的安全使用,需要检查化学品(　　)信息。

(A) 名称　　(B) 有效期　　(C) 入库时间　　(D) 采购信息码
(E) 化学性质

(4) 核电厂正常生产滚动计划引起的备件需求计划,申报时必须以计划中的项目为依据,包括(　　)等。

(A) 缺陷维修　　(B) 预防性维修　　(C) 变更改造　　(D) 定期试验
(E) 临时变更

(5) 风险评估是指对未来可能影响实现经营目标的不确定因素进行评价和综合专业判断的过程,主要包括以下几个步骤(　　)。

(A) 风险控制　　(B) 风险辨识　　(C) 风险分析　　(D) 风险评价
(E) 风险报告

(6) 压水堆堆芯燃料装载布置图中包含了哪几种相关组件(　　)。

(A) 控制棒组件　　(B) 阻力塞组件　　(C) 中子源组件　　(D) 可燃毒物组件
(E) 新燃料组件

(7) 在压水堆中,根据反应堆运行工况不同可把反应性控制分为(　　)。

(A) 紧急停堆控制　　(B) 功率控制　　(C) 事故控制　　(D) 补偿控制
(E) 调节控制

(8) 芯杆式可拆接头拆装工具主要由(　　)等部件组成。

(A) 大气缸　　(B) 小气缸　　(C) 钩抓　　(D) 气源控制部件
(E) 芯杆

(9) 堆内构件吊具是压水堆核电站反应堆压力容器堆内构件的专用吊具,主要用于吊装(　　)。

(A) 下部构件 (B) 上部构件 (C) 密封面保护环 (D) 顶盖
(E) 水闸门

(10) 堆本体与装卸料相关维修程序的修订的原因包括( )。
(A) 经验反馈(CR)纠正行动 (B) 外部经验反馈
(C) 现场问题反馈 (D) 程序定期升版
(E) 外部技术信息

(11) 针对焊接电弧灼伤眼睛风险,以下控制措施正确是( )。
(A) 焊工必须穿戴防护面罩
(B) 调低焊接电流
(C) 配合人员也需要佩戴防护眼镜
(D) 其他工作人员撤离焊接现场,避开电弧光线
(E) 佩戴有近视眼镜的可不戴防护眼镜

(12) 编写规程时需要充分评估阀门维修工作所需要的人力与物资准备,包括( )等。
(A) 人力需求 (B) 备品备件准备
(C) 工器具准备 (D) 材料准备
(E) 安全措施分析

(13) 核电厂安全壳喷淋泵设有导流体、导叶作用包括( )。
(A) 轴心线的一致性 (B) 自由膨胀
(C) 受力更佳 (D) 泵进出口流态均匀
(E) 减少能量损失

(14) 压水堆核电厂停堆冷却泵也叫余热排出泵的功用包括( )。

(A) 将反应冷却剂环路冷端的冷却剂经停堆冷却热交换器降温后送回环路热端使堆芯温度逐步降低

(B) 当一回路主系统发生大破口失水事故时,发出安注信号,停堆冷却泵将换料水箱中含硼水注入堆芯

(C) 在换料水箱发出低—低水位信号时,改由安全壳地坑内吸水将地坑水注入堆芯
(D) 在换料工况,该泵将换料水箱水输入换料水池
(E) 换料完毕后,再将换料水池内水送回换料水箱

(15) 核电厂高压安全注射泵的水力过流部件包括( )。
(A) 平衡鼓 (B) 平衡衬套 (C) 轴承 (D) 叶轮
(E) 导叶

(16) 核级泵检修避免使用失效备品备件风险控制措施包括( )。
(A) 备件领出就可使用 (B) 备件的规格型号是否正确
(C) 备件是否在有效期内 (D) 备件的尺寸精度是否满足使用要求
(E) 备件不需要和规程进行核对

(17) 核电机组一回路使用的电加热式稳压器主要由( )组成。
(A) 上封头组件及喷雾器 (B) 下封头组件及电加热器
(C) U形传热管 (D) 三节筒体及隔板
(E) 裙式支座

(18) 蒸汽发生器一次侧堵板需要的准备工作有(　　)。

(A) 确认人孔盖板已拆除

(B) 对水室内进行通风,测量水室内的含氧量以及放射剂量达到安全水平

(C) 召开工前会

(D) 由辐射防护人员测量水室内部各部位的剂量水平,决定是否去污或屏蔽,并计算出人员进出水室的最长时间

(E) 所有工作人员已在辐射防护和培训责任部门的监督下通过了在模拟体上的培训

(19) 重水堆燃料操作系统维修规程(MP)中除设备的具体检修步骤外,也包括(　　)。

(A) 运行步骤　(B) 先决条件　(C) 工器具材料　(D) 人力需求

(E) 备件清单

(20) 重水堆燃料操作系统使用L推杆标定工具可以标定的位置包括(　　)。

(A) L杆LY位置　(B) L杆LW位置

(C) L杆LX位置　(D) C杆的位置

(E) L杆前机械挡块的位置

(21) 重水堆燃料操作系统每个新燃料装载机构的组成包括(　　)。

(A) 一个新燃料料仓　(B) 一根传输杆及驱动机构

(C) 一根装载杆和装载槽　(D) 一新燃料通道

(E) 一个将料仓和新燃料通道连接起来的适配器

五、参考答案

1. 单项选择题

(1) D;(2) A;(3) C;(4) B;(5) A;(6) A;(7) B;(8) B;(9) D;(10) B;(11) A;(12) D;(13) C;(14) B;(15) D;(16) C;(17) A;(18) A;(19) C;(20) B;(21) B;(22) A;(23) D;(24) C;(25) A;(26) B;(27) C;(28) D;(29) D;(30) A;(31) B

2. 判断题

(1) √;(2) √;(3) √;(4) √;(5) √;(6) ×;(7) √;(8) √;(9) ×;(10) √;(11) √;(12) √;(13) √;(14) √;(15) ×;(16) √;(17) √;(18) ×;(19) √;(20) √

3. 多项选择题

(1) ABC;(2) ABD;(3) ABD;(4) ABCE;(5) BCD;(6) ABCD;(7) ABD;(8) ABCD;(9) ABC;(10) ABCD;(11) ACD;(12) ABCD;(13) DE;(14) BCDE;(15) ABDE;(16) BCD;(17) ABDE;(18) ABCDE;(19) ABCDE;(20) ABCE;(21) ABCDE

第三单元 维修实施

一、学习目标

1. 掌握核反应堆本体检修的维修实施工作相关知识
2. 掌握核安全级阀门检修的维修实施工作相关知识
3. 掌握核安全级水泵检修的维修实施工作相关知识
4. 掌握核安全级容器检修的维修实施工作相关知识
5. 掌握重水堆燃料操作系统机械检修的维修实施工作相关知识

二、考核要点

考核类别	考核范围	考核点	重要程度
维修实施	核反应堆本体检修	起重指挥相关知识	X
		热处理基础知识	X
		辐射防护最优化措施	X
		反应堆本体维修规程	X
		装卸料操作规程	X
		反应堆本体重要维修技能	X
	核安全级阀门检修	研磨材料的选用知识	X
		安全阀试验方法和标准	X
		阀门密封性试验方法	X
		核级阀门重要维修技能	X
	核安全级水泵检修	测量转子跳动方法	X
		核安全二级泵清洁度要求和清洗工艺技术条件	X
		核级水泵重要维修技能	X
	核安全级容器检修	蒸汽发生器堵管工艺	X
		蒸汽发生器堵管工具的使用方法	X
		蒸汽发生器螺栓拉伸机的使用方法	X
		密封面修复方法	X
		核级容器重要维修技能	X
	重水堆燃料操作系统机械检修	重水堆燃料操作系统专用设备装配知识	X
		重水堆燃料操作系统重要维修技能	X

说明：
“重要程度”反映了每个考核点与其他考核点的相互关系和相对地位。在描述时，一般用“X、Y、Z”表示，“X”代表重要程度高的核心要素，“Y”代表重要程度一般的要素，“Z”代表重要程度偏低的辅助要素。

三、考点导航

1. 核反应堆本体检修的维修实施相关知识

主要考核起重指挥、热处理基础、辐射防护最优化措施,反应堆本体维修规程、装卸料操作规程、重要维修技能知识。

2. 核安全级阀门检修的维修实施相关知识

主要考核研磨材料的选用知识、安全阀试验方法和标准、阀门密封性试验方法、核级阀门重要设备维修技能。

3. 核安全级水泵检修的维修实施相关知识

主要考核测量转子跳动方法、核安全二级泵清洁度要求和清洗工艺技术条件、核级水泵重要设备维修技能。

4. 核安全级容器检修的维修实施相关知识

主要考核容器密封性试验标准、蒸汽发生器堵管工艺及堵管工具的使用方法、蒸汽发生器螺栓拉伸机的使用方法、密封面修复方法、核级容器重要维修技能。

5. 重水堆燃料操作系统机械检修的维修实施相关知识

主要考核重水堆燃料操作系统专用设备装配知识、重水堆燃料操作系统重要维修技能。

四、仿真训练

1. 单项选择题

(1) 直接从事指挥起重机械将物体进行起重、吊运全过程的作业称为(　　)。

(A) 起重指挥　　(B) 起重司索　　(C) 起重司机　　(D) 起重负责人

(2) 各项维修工作的辐射防护最优化的实施,应由(　　)负责。(　　)应给予支持和协助,但这种支持和协助不能取代(　　)的辐射防护和辐射安全责任。

(A) 工作负责人;辐射防护人员;工作负责人

(B) 辐射防护人员;工作负责人;辐射防护人员

(C) 工作负责人;工作负责人;辐射防护人员

(D) 辐射防护人员;辐射防护人员;工作负责人

(3) 压水堆核电厂辐照监督管的拆卸工作过程中,工作要点是需要(　　)。

(A) 控制起吊的重量和高度　　(B) 控制起吊的速度

(C) 控制大车运行的速度　　(D) 监督管进入容器时的对孔

(4) 根据核电厂装卸料系统设计和配置的情况,有的核电厂还设有燃料修复装置,用以对(　　)进行修复。

(A) 新燃料组件　　(B) 控制棒组件

(C) 破损燃料组件　　(D) 阻力塞组件

(5) 压水堆核电厂燃料运输通道闸阀解体后的零部件检查工作,其主要检查内容不包括(　　)。

(A) 阀座密封面状况　　(B) 阀板密封面状况

(C) 阀杆滑动表面质量及是否弯曲　　　　(D) 外表面油漆是否完整

(6) 一般的研磨工序分为(　　)四个步骤。

(A) 粗研、精研、细研、抛光　　　　(B) 粗研、细研、精研、抛光

(C) 精研、细研、粗研、抛光　　　　(D) 粗研、细研、抛光、精研

(7) 对于安全阀密封试验压力:当整定压力大于或等于 0.3 MPa 时,密封压力为(　　)整定压力值。

(A) 95%　　(B) 90%　　(C) 85%　　(D) 80%

(8) 关于阀门密封性试验要求,下列说法错误的是(　　)。

(A) 如无特殊规定,试验介质的温度可在 5～80 ℃之间选取

(B) 用液体作试验时,应排除阀门腔体内的气体

(C) 试验介质可选用液体或气体,液体可采用水、煤油或黏度不大于煤油的其他适宜液体

(D) 在做阀门密封试验之前,应除去密封面上的油渍,但允许涂一薄层黏度不大于煤油的防护剂

(9) 高温阀杆经过渗氮处理是为了(　　)。

(A) 提高冲击韧性　　　　(B) 提高强度

(C) 提高耐磨性和耐腐蚀性　　　　(D) 提高硬度

(10) 主蒸汽快关隔离阀(平行式闸阀)的解体检修过程中,当回装工作完成后需要进行整机试验,整机试验项目不包括(　　)。

(A) 阀门旁路阀开启/关闭试验　　　　(B) 阀门双通道快关试验

(C) 阀门单通道快关试验　　　　(D) 阀门密封试验

(11) 稳压器喷淋阀的解体检修过程中,品质再鉴定内容不包括(　　)。

(A) 机械人员检查阀门机械部分有无损坏和松动(包括没检修的部分)

(B) 仪表人员检查仪表的开关、信号等

(C) 主控操作电磁阀使阀门开关,即而测量取得阀门的开/关时间和行程

(D) 比较运行的在线要求,若结果可接受,编写工作报告

(12) 测量轴弯曲时,应该保证支架本身的水平度,要求在(　　)。

(A) <0.02/1000 mm　　　　(B) <0.05/1000 mm

(C) <0.10/1000 mm　　　　(D) <0.15/1000 mm

(13) 测量轴瓢偏时,安装的 2 只百分表分别装在(　　)。

(A) 同一直径相对的两个方向上　　　　(B) 互成 30°两个方向上

(C) 互成 45°两个方向上　　　　(D) 互成 90°两个方向上

(14) 核二级泵清洗 C 级清洁度要求中对清洗水安装的滤网,其要求规格是小于(　　)。

(A) 200 μm　　(B) 300 μm　　(C) 400 μm　　(D) 500 μm

(15) 给水泵在解体拆卸螺栓前,工作负责人必须先检查(　　),这样可防止拆卸螺栓后有压力水喷出伤人。

(A) 润滑油管阀门　　　　(B) 密封水阀门

(C) 进出口阀门　　　　(D) 泵隔离安措

(16)(　　)是蒸汽发生器的核心部件,蒸汽发生器的寿命很大程度上取决于它的可靠性。

(A) 人孔　　(B) 传热管　　(C) 手孔　　(D) 隔板

(17) 蒸汽发生器堵管根据传热管缺陷的具体情况,一般分为焊接堵管和(　　)。

(A) 铆接堵管　　(B) 可拆卸式堵管方式

(C) 粘接堵管　　(D) 锥形塑料棒敲击堵管

(18) 使用螺栓拉伸机拆卸螺栓时,当螺栓被拉伸以后,可以保证螺栓螺母拆除过程属于(　　)载荷的旋动。

(A) 超高　　(B) 高　　(C) 中　　(D) 低

(19) 密封面的研磨一般适用于不平整超差和缺陷深度在(　　)以内的划伤、擦伤、蚀点、压痕的修复。

(A) 0.3 mm　　(B) 0.6 mm　　(C) 0.9 mm　　(D) 1.2 mm

(20) 以下关于核级容器内密闭空间作业安全注意事项,错误的是(　　)。

(A) 注意加强通风防止窒息

(B) 必须定期测氧、确认氧气含量正常

(C) 容器内照明必须使用安全电压

(D) 内部人员注意安全、无需安排监护

(21) 重水堆燃料操作系统装卸料机的 B 杆、L 杆和 C 杆需要结合在一起使用,通过它们之间的相互动作,拆装各种工具,装载燃料棒束。B 杆头、L 杆头和 C 杆头的相对位置就显得非常重要。L 杆头、C 杆头、B 杆头中作为为基准的是(　　)。

(A) L 杆头　　(B) C 杆头　　(C) B 杆头　　(D) 推杆头

(22) 重水堆燃料操作系统分离器一般是在装卸料机更换时进行检修,它的检修周期为(　　)。

(A) 2 年　　(B) 1 年　　(C) 3 年　　(D) 2 个周期

2. 判断题

(1) 在各重要物项的吊运前各专业小组都应依据规程对各专业领域的吊运先决条件进行检查确认。(　　)

(2) 辐射防护的最优化实质上就是在辐射危害和防护代价之间寻求一种平衡,使电厂付出的总代价最低。(　　)

(3) 压水堆核电厂装卸料机试验是验证装卸料机的各项功能正常,装卸料机负载及超载试验是验证装卸料机超载和失重保护功能正常。(　　)

(4) 安全阀校验有现场校验(在线校验)和校验台校验两种手段,条件允许下应该尽量采用校验台校验。(　　)

(5) 低压阀门中的法兰连接主要采用无石棉垫片或聚四氟乙烯垫片进行密封。在高压阀门中的法兰连接常采用由软钢或镍制成的齿形垫片。(　　)

(6) 泵轴的弯曲度检查一般取轴承、叶轮、机械密封等重要部位进行,用百分表测量每个截面上的跳动值来计算弯曲度。(　　)

(7) 整体式螺栓拉伸机是对称分组地进行部分螺栓的同时拉伸,每一根螺栓对应一个

拉伸头,需要分步多次拉伸完成法兰的拆装。( )

(8) 重水堆燃料操作系统装卸料机推杆与料仓的连接需要调整两个法兰面的对中度,保证两个法兰的平行度和同心度在要求范围内。( )

3. 多项选择题

(1) 压水堆核电机组反应堆堆内构件等部件的吊装均是在水下进行吊装作业,水环境下存在由于水折射而产生的视觉误差,为此起重过程中一般采取以下措施,其中正确的是( )。

(A) 架置水下电视工具辅助观察

(B) 换料水池水质监测,要求清晰度高

(C) 借助望远镜等设备观察水下情况

(D) 各个角度安排人员监察设备水下运行轨迹及对孔情况

(E) 召开工前会,强调水下吊装作业风险

(2) 焊后热处理的作用包括松弛焊接残余应力、改善组织、提高综合性能、除氢及稳定成分,而其工作类型包括( )。

(A) 消氢热处理

(B) 消除应力热处理—高温回火

(C) 改善组织提高综合性能热处理

(D) 淬火加高温回火(调质处理)

(E) 正火加淬火热处理

(3) 压水堆核电厂驱动轴与控制棒组件脱扣工作中,需注意的事项包括( )。

(A) 脱扣前确认换料水池水位

(B) 脱扣和复验的操作工具要使用正确

(C) 操作过程中的数据记录要完整、准确

(D) 驱动轴回落前吊钩要慢速下降

(E) 脱扣复验过程中要对高度和重量进行严格复核,如有异常要重新复核或脱扣操作

(4) CNP300 机组装卸料机检查、调试工作过程中,其操作要点及风险控制点包括( )。

(A) 装卸料机桥架、小车、提升机构行走功能正常

(B) 装卸料机提升机构抓取功能正常

(C) 各项保护功能正常

(D) 主提升减速箱油位是否正常

(E) 制动器闸片磨损是否正常

(5) CNP300 核电机组设备闸门密封面与密封槽的检查工作中包括( )。

(A) 清洗掉密封槽与闸板密封面

(B) 有咬合、拉毛的螺栓、螺母,应拆下螺栓的转动销,取下螺栓

(C) 肉眼检查两道密封槽和闸板密封面

(D) 密封面上有较大面积的锈蚀,用砂布及研磨砂纸进行打磨修复

(E) 密封面上有较大、深度超过 0.5 mm 的锈蚀点,或有异物碰撞的痕迹,应采用氩弧补焊的方法,对锈蚀点或碰撞点进行修补

(6) 研磨作业中,被研磨平面变成凸形,主要原因是( )。

(A) 研磨时压力过大

(B) 研磨剂涂得太厚,工作边缘挤出的研磨剂未及时擦去仍继续研磨
(C) 运动轨迹没有错开
(D) 研磨时忽视清洁工作,研磨剂中混入杂质
(E) 研磨平板选用不当
(7) 安全阀在性能上应满足(　　)。
(A) 设计合理　(B) 准确开启　(C) 适时全开　(D) 稳定的排放
(E) 良好的回座与密封
(8) 管道系统支吊架的主要作用包含(　　)。
(A) 承受管道本身及流过介质的重量
(B) 承受管子所有的作用力、力矩
(C) 消除管道应力,确保管道不出现应力疲劳导致出现裂纹
(D) 合理引导管道的位移方向,满足管道热补偿及位移的要求
(E) 保证管道的稳定性,减少振动
(9) 球阀在管路中一般用来(　　)。
(A) 切断流动　(B) 分配流量　(C) 改变介质流向　(D) 调节流量
(E) 调节压力
(10) 阀门的主要技术性能包括(　　)。
(A) 强度性能　(B) 密封性能　(C) 阀门参数　(D) 使用寿命
(E) 启闭速度
(11) 造成泵轴弯曲的常见原因包括(　　)。
(A) 转子不平衡　(B) 安装时没有找正
(C) 装与卸的时候强力旋转轴　(D) 冷热不均
(E) 轴在保管时没有正确悬挂安置
(12) 核电站泵类设备检修中,一般要对(　　)进行晃动检查。
(A) 叶轮　(B) 皮带轮　(C) 联轴器对轮　(D) 推力盘
(E) 轴承
(13) 核安全二级泵的清洗工艺中,对清洗剂的要求包括(　　)。
(A) 溶剂油,质量指标应符合 GB 1022 中牌号 NY-190 的规定
(B) 乙醇质量指标应符合 GB 679 中化学纯度的规定
(C) 丙酮质量指标应符合 GB 686 中化学纯度的规定
(D) 低氯离子合成洗涤剂
(E) 除盐水、一次蒸馏水、自来水应符合离子、pH 等指标要求
(14) 核电站主系统泵类检修在进行清洗工艺时,清洗过程行为错误的包括(　　)。
(A) 为保证清洗质量,必须多次清洗
(B) 为保证清洗质量,使用材料不需控制
(C) 为保证清洗质量,在工作现场多花时间是值得的
(D) 为保证清洗质量,在工作中多安排人手是必须的
(E) 在清洗工作前中应充分评估,遵循“合理、必要、尽量少”原则
(15) 离心泵,造成泵轴承运转温度高现象的可能原因包括(　　)。

(A) 轴承装配不良　　(B) 轴承内进入杂质
(C) 润滑不良　　(D) 轴承出现疲劳,点蚀
(E) 泵与电机不对中或轴弯曲度大

(16) 泵类设备机械密封的安装过程,描述正确的包括(　　)。
(A) 在安装过程中应保持机械密封和泵腔的清洁度
(B) 需要进行异物控制
(C) 泵轴的径向跳动必须处于合格范围
(D) 机械密封静环压盖紧固螺栓必须受力均匀
(E) 进入泵腔时,用铜棒敲击机械密封动环座,使其进入填料函

(17) 蒸汽发生器传热管堵管使用的堵头,应具有良好的工艺性能,主要包括(　　)。
(A) 切削加工性能　　(B) 焊接性能
(C) 冷变形性能　　(D) 只要不生锈、其他性能无所谓
(E) 价格便宜

(18) 蒸汽发生器传热管堵管使用的堵头,应满足(　　)要求。
(A) 良好的耐腐蚀性能
(B) 堵头材料应与传热管材料有良好的相容性
(C) 良好的工艺性能
(D) 结构简单、安装方便
(E) 足够的承载能力和良好的密封性

(19) 蒸汽发生器机械滚胀式堵管的主要操作步骤包括(　　)。
(A) 堵管系统建立和校验　　(B) 清洁传热管
(C) 滚胀传热管　　(D) 滚胀堵头
(E) 复检堵头安装情况、拆除堵管系统

(20) 蒸汽发生器机械滚胀式堵管所使用的堵头,堵头上的等离子涂层的主要作用是(　　)。
(A) 可产生特殊的“微锁定”功能
(B) 可起到额外的防止堵头移动的密封作用
(C) 可在拆除堵头时确保管子内表面不受损伤
(D) 为了看起来美观
(E) 为了手拿方便、不易滑落

(21) 对于螺栓拉伸机,以下说法正确的是(　　)。
(A) 使用之前必须计算油压,以免工作压力过大超出螺栓的承受压力
(B) 在加压过程中,应尽量均匀加压,以避免过大的冲击力
(C) 拉伸过程中,要注意拉伸机的最大设计行程
(D) 分步预紧多个螺栓时一般采用对称的原则来安排次序
(E) 使用之前不需要计算油压

(22) 在密封面的研磨时应注意的事项有(　　)。
(A) 研磨量应控制在 0.3 mm 以内,应检查密封面预紧间隙是否符合要求
(B) 研磨过程应边研磨边检查,防止研磨缺陷的产生

(C) 表面粗糙度满足要求
(D) 研磨应符合技术要求
(E) 研磨后不平整度应满足要求

(23) 核级容器维修工前会的内容包括(　　)。
(A) 确认工作内容　　(B) 明确工作成员责任分工
(C) 讨论主要工作风险及应对措施　　(D) 讨论明确关键步骤
(E) 检查工作准备情况

(24) 核级压力容器检修完成后,在工后会上要求工作人员能够反馈(　　)。
(A) 维修过程中出现的主要问题　　(B) 维修规程中的良好实践
(C) 规程和工器具是否需要优化　　(D) 任务安排和实施过程是否需要优化
(E) 是否需要对相关知识和技能进行培训

(25) 重水堆燃料操作系统整体的对中设定过程包括(　　)。
(A) 整体配重的检查和调整
(B) Y 向对中机构检查和调整
(C) X 向对中机构检查和调整
(D) X 和 Y 向上、下、左、右限位开关位置检查和调整
(E) YCT 设定点的检查和调整

(26) 重水堆燃料操作系统装卸料机导向套筒插入工具在组装过程中。需要控制的尺寸包括(　　)。
(A) 端座与外壳体后端的距离　　(B) 推力环与外壳体后端的距离
(C) 两个弹簧压盖端面之间的距离　　(D) 两个弹簧的弹力
(E) 凸耳转动的距离

(27) 重水堆燃料操作系统更换乏燃料系统闸门密封圈,要提升水下闸门,检修工作开始前需要确保(　　)。
(A) 水下闸门关闭
(B) 安全锁锁紧
(C) 辅助通道上水下闸门和安全锁驱动气缸气源总阀门已经关闭
(D) 水下闸门开启
(E) 闸门密封圈已经拆除

(28) 重水堆燃料操作系统装卸料机液压系统的维修主要包括(　　)。
(A) 泵的检修　　(B) 阀门的检修
(C) 管线的检修　　(D) 辅助设备的检修
(E) 执行机构的检修

4. 简答题

(1) 退火的目的是什么?
(2) 请简述卸料前反应堆压力容器开盖工作的主要内容,至少列出 5 项。
(3) 下图为 CNP300 核电机组人员闸门外形结构图,请描述图中 A\B\C\D\E 部件的名称。

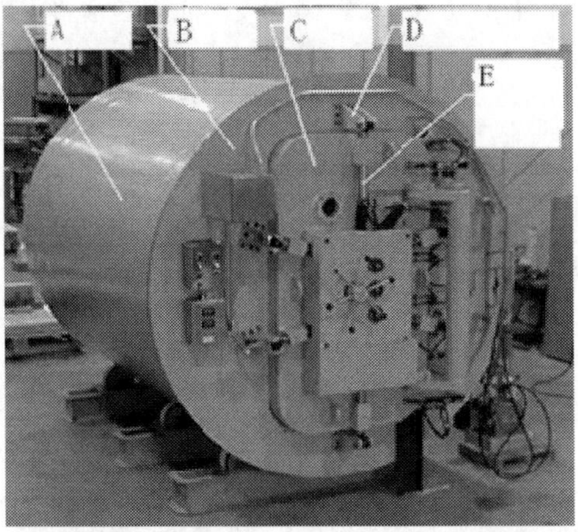

(4) 请描述研磨的特点及作用。

(5) 简述安全阀校验的内容及其过程。

(6) 简述测量转子跳动的方法。

(7) 简述瓢偏测量中,使用两块百分表的必要性。

(8) 齿轮泵输出压力不足,可能有哪些原因导致?

(9) 通常离心泵具有的重要的特性曲线是哪三条?

(10) 核电厂泵类设备的滚动轴承的轴向定位有哪几种?

(11) 蒸汽发生器传热管堵管前,应进行哪些准备工作,至少列举 5 条。

(12) 请描述常见的阀门密封面修复方法,至少列举 5 条。

(13) 重水堆燃料操作系统装卸料机与燃料通道对中过程需要对装卸料机与燃料通道同轴度进行调节设定。包括哪些工作?

(14) 简述重水堆燃料操作系统装卸料机推杆与料仓连接的注意事项。

(15) 简述重水堆装卸料机液压系统的维修主要工作内容。

5. 计算/绘图

(1) 在传热管胀管操作实践中,选用壁厚减薄率来表征胀度,其计算方法如下式:

$$K = \frac{d_2 - d_i - b}{2\delta} \times 100\%$$

式中:K 为胀度(管壁减薄率)(单位%);d_2 为传热管胀后内径(mm);d_i 为传热管胀前内径(mm);b 为传热管与管板管孔的径向间隙(管孔直径减传热管的外径)(mm);δ 为传热管的壁厚(mm)。已知某传热管 $d_2=23.7$ mm,$d_i=23.4$ mm,$b=0.2$ mm,$\delta=1$ mm。求胀度 K。

(2) 人孔门力矩紧固是核级容器检修经常碰到的问题。查阅某核级容器设计图纸,要求人孔门螺栓紧固力矩为 1 000 lb–ft。检修使用的力矩扳手的单位为 N · m。已知 1 lb–ft= 1.356 N · m。

1) 求人孔门螺栓紧固力矩值(单位 N · m,四舍五入到整数值)。

2) 要求按照 30%、60%、100%力矩分三次紧固,请分别求出三次紧固的力矩值(单位 N · m,四舍五入到整数值)。

(3) 重水堆装卸料机 L 杆驱动马达转 10 转,L 杆前进多少?机械计数器读数多少?

五、参考答案

1. 单项选择题

(1) A;(2) A;(3) A;(4) C;(5) D;(6) B;(7) B;(8) A;(9) C;(10) D;(11) D;(12) A;(13) A;(14) D;(15) D;(16) B;(17) B;(18) D;(19) A;(20) D;(21) C;(22) A

2. 判断题

(1) √;(2) √;(3) √;(4) ×;(5) √;(6) √;(7) ×;(8) √

3. 多项选择题

(1) ABCD;(2) ABCD;(3) ABCDE;(4) ABC;(5) ABCDE;(6) ABCE;(7) ABCE;(8) ABDE;(9) ABC;(10) ABDE;(11) ABCDE;(12) ABCD;(13) ABCDE;(14) ABCD;(15) ABCDE;(16) ABCD;(17) ABC;(18) ABCDE;(19) ABCDE;(20) ABC;(21) ABCD;(22) ABCDE;(23) ABCDE;(24) ABCDE;(25) ABCD;(26) ABC;(27) ABC;(28) ABCDE

4. 简答题

(1) 答:

1) 降低钢件硬度,利于切削加工,HB=160～230,最适于切削加工,退火后 HB 恰在此中;

2) 消除残余应力,稳定钢件尺寸并防止变形和开裂;

3) 细化晶粒,改善组织,提高钢的机械性能;

4) 为最终热处理(淬火,回火)做组织上的准备。

(2) 答:

1) 驱动机构冷却风管的拆除;

2) 防飞盖板的吊出;

3) 环板密封安装;

4) 热电偶密封装置拆除;

5) 主螺栓拉伸、旋拧;

6) 螺孔塞的安装;

7) 反应堆顶盖的吊装。

(3) 答:

(A) 筒体

(B) 舱壁

(C) 门

(D) 锁紧托架

(E) 锁紧插销

(4) 答:

1) 研磨可以获得用其他方法难以达到的高尺寸精度和形状精度;

2) 磨粒在工件表面不重复先前运动轨迹易于切削掉加工表面凸峰,容易获得极小的表面粗糙度；

3）经过研磨后的零件能提高加工表面的耐磨性、抗腐蚀能力及疲劳强度，从而延长了零件的使用寿命；

4）加工方法简单，不需要复杂设备，但加工效率较低。

（5）答：

安全阀校验按照国家标准规定需要进行压力整定试验和密封性试验两项内容。

1）将带压力的试验介质通入被校验安全阀的进口处，待试验介质压力上升到安全阀开启状态，测得此时的压力，即为开启压力。

2）通过数次试验对开启压力进行调整，直至调整到设计规定的开启值范围时为止，即完成了安全阀的压力整定试验。

3）在压力下降至规定值(开启压力的 90%)以下，按要求缓慢升至规定值。用观察压力表数值跌降速度法或用气泡检查法等检查方法确定其泄漏量符合试验标准要求范围，即完成密封性试验。

（6）答：

测量转子跳动的方法主要有：

1）将泵轴用 V 铁架设在平台、车床、本体轴承上；

2）沿轴向分成若干段，尽量选取轴配合面；

3）将轴端面分成若干等份(一般为 8 等份)；

4）用百分表在测量位置测量，百分表测量杆要垂直轴线；将轴按同一方向旋转，依次测量各点读数；

5）根据记录数值，算出各截面的弯曲值。

（7）答：

1）在测瓢偏时，测件转动时可能与轴一起沿轴向移动；

2）用 2 块百分表可以把该移动的数值(窜动值)在计算时消除。

（8）答：

齿轮泵输出压力不足，可能由以下原因导致：

1）轴向间隙或径向间隙太小；

2）泵内有污物；

3）装配有误。

（9）答：

通常离心泵有三条重要的特性曲线：

1）表示扬程与流量关系的扬程曲线(H–Q)；

2）功率与流量关系的功率曲线(P–Q)；

3）效率与流量关系的效率曲线(η–Q)；

4）其中扬程曲线是离心泵最基本的特性曲线。

（10）答：

核电站泵类设备的滚动轴承的轴向定位有以下三种：

1）两端固定；

2）一端固定、一端游动；

3）两端游动。

(11）答：

蒸汽发生器传热管堵管前,应进行的准备工作有：

1）现场留有足够的维修通道和空间,供堵管人员和设备进出；

2）蒸汽发生器水室应进行去污,使堵管操作人员受到的辐照合理可行尽量低；

3）对所采用的堵管设计和工艺提供评估报告；

4）制订堵管质保大纲和堵管程序；

5）对要堵的管子做出明显标记,并得到质量控制(QC)人员的确认,以免误堵；

6）编制堵管明细表,指出堵管位置和所对应堵头的型式、尺寸、材料牌号和批号；

7）加工准备合适的堵头；

8）在蒸汽发生器模型上进行专业培训和演练。

(12）答：

常见的阀门密封面修复方法有：

1）砂纸、百洁布、油石打磨；

2）手工研磨(包括刮研、互研、平板研磨等)；

3）研磨机研磨修复

4）密封面堆焊/车研修复；

5）机械加工车研修复；

6）密封组件的更换。

(13）答：

整体的对中设定过程包括：

1）装卸料机整体配重的检查和调整；

2）装卸料机 Y 向对中机构检查和调整；

3）装卸料机 X 向对中机构检查和调整；

4）装卸料机 X 和 Y 向上、下、左、右限位开关位置检查和调整；

5）YCS 设定点的检查和调整；

6）在新燃料、乏燃料,辅助、标定、演练通道上抱卡验证装卸料机对中。

(14）答：

重水堆燃料操作系统装卸料机推杆与料仓连接的注意事项有：

1）装卸料机推杆与料仓连接需要调整两个法兰面的对中度,保证两个法兰的平行度和同心度在要求范围内,即推杆组件 10 in 法兰前端面与料仓 10 in 法兰后端面之间的距离在 ± 0.002 in(± 0.05 mm)之内。

2）如果不能满足要求,可以通过调整装卸料机托架上的后端支撑的位置来完成要求。

(15）答：

根据装卸料机油回路的组成,液压油系统的维修主要分为：

1）泵的检修；

2）阀门的检修；

3）管线和接头的检修；

4）辅助设备的检修；

5）执行机构的检修。

5. 计算/绘图

(1) 答:胀度 $K = \frac{d_2 - d_i - b}{2\delta} \times 100\% = \frac{23.7 - 23.4 - 0.2}{2 \times 1} \times 100\% = 5\%$。

(2) 答:

1）人孔螺栓紧固力矩=1 000 lb–ft=1 000 · 1.356 N · m=1 356 N · m；

2）第一次紧固值=1 356 · 30%≈407 N · m；

第二次紧固值=1 356 · 60%≈1 085 N · m；

第三次紧固值 1 356 N · m；

(3) 答:

1）已知:

齿轮箱总传动减速比为 18.6:1，

滚珠丝杆及螺母转 1 转走 12.7 mm，

因此，L 杆驱动马达转 10 转，L 杆前进距离为

$$12.7\times(10\div18.6)=6.82\ \text{mm}$$

2）机械计数器读数为 in，则 L 杆前进距离 6.82 mm 换算为英寸为

$$6.82\div25.4=0.268\ 8\ \text{in}$$

已知机械计数器最小读数为 0.001 in，因此，

机械计数器读数是 0.268 in

第四单元 故障判断和排除

一、学习目标

1. 掌握核反应堆本体检修中工具及设备的典型故障判断与排除相关知识
2. 掌握核安全级阀门检修中工具及设备的典型故障判断与排除相关知识
3. 掌握核安全级水泵检修中工具及设备的典型故障判断与排除相关知识
4. 掌握核安全级容器检修中工具及设备的典型故障判断与排除相关知识
5. 掌握重水堆燃料操作系统机械检修维修中工具及设备的典型故障判断与排除相关知识

二、考核要点

考核类别	考核范围	考核点	重要程度
故障判断和排除	核反应堆本体检修	反应堆本体及装卸料系统相关设备故障判断方法	X
		装卸料系统设备、专用工器具故障判断方法	X
	核安全级阀门检修	阀门维修手册	X
		核级阀门检修专用工具维修手册	Y
	核安全级水泵检修	泵维修手册	X
		核级水泵检修专用工具维修手册	Y
	核安全级容器检修	容器设备维修手册	Y
		核级容器检修专用工具维修手册	X
	重水堆燃料操作系统机械检修	装卸料机故障处理	Y
		判断和排除重水堆新燃料装载机故障	X
		专用工具故障处理	X

说明：
"重要程度"反映了每个考核点与其他考核点的相互关系和相对地位。在描述时，一般用"X、Y、Z"表示，"X"代表重要程度高的核心要素，"Y"代表重要程度一般的要素，"Z"代表重要程度偏低的辅助要素。

三、考点导航

1. 核反应堆本体检修故障判断和排除相关知识

主要考核反应堆本体及装卸料系统相关设备、专用工器具故障判断方法。

2. 核安全级阀门检修故障判断和排除相关知识

主要考核阀门维修手册及核级阀门检修专用工具维修手册。

3. 核安全级水泵检修故障判断和排除相关知识

主要考核水泵维修手册及核级水泵检修专用工具维修手册。

4. 核安全级容器检修故障判断和排除相关知识

主要考核容器设备维修手册及核级容器检修专用工具维修手册。

5. 重水堆燃料操作系统机械检修故障判断和排除相关知识

主要考核重水堆燃料操作系统装卸料机系统和新燃料机系统设备、专用工具故障进行判断和排除。

四、仿真训练

1. 单项选择题

(1) 关于主螺栓拉伸机接头常见故障,以下说法错误的是(　　)。

(A) 在拉伸机运输、组装过程中,管线及接头容易受到碰撞、挤压而造成损伤

(B) 快速接头内橡胶圈老化

(C) 高压油管接头机械自锁装置损坏

(D) 辐照变形

(2) 在压水堆核电厂,由于装卸料机提升机构抓具气缸活塞行程不足,抓具与燃料组件无法正常脱开,以下处理措施正确的是(　　)。

(A) 向上提升提升机构　　(B) 向下下降提升机构

(C) 增大压缩空气压力　　(D) 减小压缩空气压力

(3) 压水堆核电厂燃料抓取机的轨道发生变形,以下处理措施错误的是(　　)。

(A) 测量并调整大车轨道的平行度　　(B) 测量并调整大车轨道的直线度

(C) 测量并调整大车轨道的跨距　　(D) 测量并调整大车轨道的标高

(4) 阀门维修手册中会列举阀门常见故障与处理措施,逆止阀外部泄漏的可能原因不包括(　　)。

(A) 阀体存在砂眼　　(B) 阀瓣密封面存在缺陷

(C) 法兰螺栓预紧力不足或不均匀　　(D) 密封垫片失效

(5) 冲击工具不能停止(以捻缝机、风镐等气动往复式工具为例)故障的可能原因是(　　)。

(A) 套管气路和配气阀气路堵塞　　(B) 冲击器和配气阀磨损

(C) 压缩空气潮湿、杂质多　　(D) 气门被卡在轴套内或未装气门弹簧

(6) 液压千斤顶无法顶升、顶升缓慢或急速故障的可能原因是(　　)。

(A) 液压泵泄压阀手柄损坏　　(B) 液压泵内部漏油

(C) 千斤顶回缩弹簧损坏　　(D) 液压千斤顶组内有空气

(7) 根据泵的工作原理,泵可分为(　　)、容积式泵和其他类泵。

(A) 叶片式泵　　(B) 柱塞泵　　(C) 离心泵　　(D) 轴流泵

(8) 核电水泵检修专用工具不包括(　　)。

(A) 专用滤油机　　(B) 激光对中仪　　(C) 靠背轮加热器　　(D) 力矩扳手

(9) 容器设备维修手册需要列出特殊的部件,并对其在结构、性能、运行、维修等方面的特殊性进行详细的说明。比如稳压器电加热器、蒸汽发生器的(　　)。

(A) 传热管　　(B) 管板　　(C) 汽水分离器　　(D) 喷嘴

(10) 蒸汽发生器一次侧人孔盖板安装时,一般会使用导向螺柱,如果螺栓安装完成后导向螺柱受力过大无法拆除,解决方法是(　　)。

(A) 使用取断丝方法拆除

(B) 取下人孔盖板后再拆除

(C) 使用大锤强行拆卸

(D) 由两人使用专用的尼龙撬棍将人孔盖板适当的撬起后,调整盖板中心后再拆除导向螺柱

(11) 重水堆燃料操作系统装卸料机管嘴抱卡力在(　　)之间。

(A) 55 000～65 000 磅　　(B) 55 000～60 000 磅

(C) 50 000～55 000 磅　　(D) 50 000～60 000 磅

(12) 重水堆燃料操作系统装新燃料装载杆通过调节阀将油气缸工作速度调至(　　)要求范围。

(A) 前进:18 秒,回撤:18 秒　　(B) 前进:16 秒,回撤:16 秒

(C) 前进:16 秒,回撤:18 秒　　(D) 前进:18 秒,回撤:16 秒

(13) 重水堆燃料操作系统在线使用推杆标定工具百分表不复位,处理措施是(　　)。

(A) 更换弹簧　　(B) 用 B 推杆顶住标定工具

(C) 用 L 推杆顶住标定工具　　(D) 用 C 推杆顶住标定工具

2. 判断题

(1) 压水堆核电厂热电偶密封机构是用来密封堆芯热电偶导柱和顶盖热电偶杯座贯穿件的密封装置,该装置属于主系统的压力边界。(　　)

(2) 由于提升机构没有提升至上工作位置,电气联锁起作用,会导致小车不能在桥架轨道上正常行走。(　　)

(3) 阀门运行和维修手册中描述的阀门常见参数应包括阀门的材质实测成分、试验的温度、压力、保压时间、泄漏量等主要质量证明参数。(　　)

(4) 液压供油齿轮泵运转有异音的可能原因是齿轮泵柱塞卡住或弹簧钢珠移位损坏,拆开齿轮泵更换损坏零件即可消除故障。(　　)

(5) 若齿轮泵油温高,将使其黏度下降,内泄漏增加,使泵输出流量减小。(　　)

(6) 在进行专用工具采购时,必须请设备供应商提供专用工具维修手册。(　　)

(7) 容器设备维修手册由设备供应商提供和出版。(　　)

(8) 进行电厂大修之前就要对蒸汽发生器螺栓拉伸机进行模拟功能试验。(　　)

(9) 重水堆燃料操作系统装卸料机管嘴塞操作困难一般是通过整体更换管嘴塞处理。(　　)

(10) 重水堆燃料操作系统部分专用工具结构较为复杂,需要分析故障原因并采取相应的措施。(　　)

3. 多项选择题

(1) 压水堆核电厂堆内构件吊具与压紧部件及下部构件部件常见的连接方式有(　　)。

(A) 花键连接　　(B) 联轴器连接　　(C) 销子连接　　(D) 螺纹连接

(E) 万向联轴节连接

(2) 压水堆核电厂装卸料机发生桥架不能在轨道上正常行走的现象，以下故障分析正确的是(　　)。

(A) 检查装卸料机各个电气联锁信号是否正常

(B) 检查导轨是否移动或变形

(C) 检查桥架的驱动电机及抱闸

(D) 检查主提升与固定套筒是否存在卡涩

(E) 检查桥架的变速箱、传动杆以及传动齿轮的工作状态

(3) 压水堆核电厂装卸料机的桥架轨道上设置有很多小车行走电气联锁保护开关，这些保护信号包括(　　)。

(A) 桥架和小车水平位置信号　(B) 提升机构高度信号

(C) 大车自动纠偏信号　(D) 提升机构重量信号

(E) 与装卸料系统中其他设备的位置关系联锁信号

(4) 压水堆核电厂燃料运输小车燃料篮倾翻后，燃料篮不垂直，以下故障原因分析正确的是(　　)。

(A) 燃料篮的电气联锁信号联锁触发

(B) 燃料运输小车的停车终端位置不到位

(C) 泵站出口压力不足，液压缸行程不到位

(D) 燃料篮在倾翻过程中受到倾翻液压缸的水平方向的推力，导致运输小车在倾翻过程中发生位置的移动

(E) 燃料篮水下水平开关的位置变化

(5) 利用维修手册进行阀门故障诊断之前，首先要对阀门维修手册的信息进行确认，需要掌握信息包括(　　)。

(A) 阀门的采购合同　(B) 阀门维修大纲

(C) 阀门的设计技术规格书参数　(D) 阀门的自身设计材料

(E) 阀门的故障类型

(6) 重要阀门设备的维修手册中会详细给出阀门日常维护、定期预防性维修、定期试验、解体维修的具体项目和步骤，给出推荐的维修频度，以及维修时的验收标准。其中对于解体维修需提供的信息应包括(　　)。

(A) 维修作业前后的特别注意事项

(B) 维修作业时需考虑到的设备的特殊情况

(C) 常用消耗性备件的清单

(D) 阀门部件的加工制造说明

(E) 阀门停役时的特别注意事项

(7) 液压千斤顶柱塞无法完全伸出或柱塞伸出有抖动现象故障的可能原因包括(　　)。

(A) 泵油箱油量太少　(B) 油压接头没有上紧

(C) 液压油温度太低或黏度太高　(D) 油压千斤顶组内有空气

(E) 泄压阀松动

(8) 液压千斤顶能顶升但无法保持压力故障的可能原因包括(　　)。

(A) 油路间没有锁紧漏油　　(B) 从油封处漏油

(C) 泵内部漏油　　(D) 泵油箱油量太少

(E) 负载过重

(9) 压水堆核电厂上充泵轴承温度上升的可能原因包括(　　)。

(A) 缺油　　(B) 过载　　(C) 冷却器故障　　(D) 转子振动

(E) 混有水分

(10) 齿轮泵安全阀无法正常运行的可能原因包括(　　)。

(A) 安全阀装反　　(B) 压力定值设定太高

(C) 有杂质黏附在阀上　　(D) 阻尼腔的小孔堵塞

(E) 安全阀的设定压力过低

(11) 机械密封安装后立即泄漏的可能原因包括(　　)。

(A) 设定长度错误　　(B) 在配合面之间有异物

(C) 静环倾斜　　(D) 填料环密封圈损坏

(E) 配合表面变形

(12) 八同步顶升装置出现"油缸运动比预期慢"故障的可能原因包括(　　)

(A) 液压泄漏　　(B) HPU 故障(泵泄漏)

(C) 油缸轻微内漏　　(D) 阀堵塞

(E) 高度传感器错误

(13) 维修手册为将来电站容器设备的维修提供必要的信息,可帮助维修人员了解设备的功能原理,为(　　)提供必要的信息。

(A) 设备日常维护　　(B) 预防性维修

(C) 定期试验　　(D) 解体维修

(E) 缺陷分析处理

(14) 蒸汽发生器一次侧人孔提升装置使用过程中常见故障包括(　　)。

(A) 电源开关过载自动保护跳闸

(B) 钢丝绳损坏

(C) 导向螺柱无法从人孔法兰拆除或安装

(D) 直角挂钩变形

(E) 拉伸结束后,反作用螺母拧不动

(15) 蒸汽发生器一次侧人孔整体式螺栓拉伸机使用过程中常见问题包括(　　)、螺栓的残余拉伸量超出设计范围等方面。

(A) 计算机功能故障　　(B) 电缆和数据线断线

(C) 液压系统漏油　　(D) 红外线接收器灯不亮

(E) 螺栓拉伸后主螺栓螺母无法拨动

(16) 重水堆燃料操作系统装卸料机 B 杆力量漂移是一种常见的装卸料机故障。处理步骤包括(　　)。

(A) 拆除相关释放阀,对其进行解体检查,确认有无异物

(B) 压空对相关释放阀进行吹扫清洁

(C) 拆除释放阀底部的过滤器,检查滤网上无异物。用压空对其进行吹扫清洁。

(D) 更换相关释放阀的O形圈并恢复到设备上

(E) 启动油系统,检查确认管线和阀门密封处没有泄漏

(17) 重水堆燃料操作系统新燃料装载机的故障一般多见于传输杆和装载杆,一般故障包括(　　)。

(A) 传输杆力矩限制器打滑　　(B) 装载杆没有完全回撤到位

(C) 油箱油位低于最小限值　　(D) 油箱油油雾器泄漏

(E) 传输杆快速动作的速度偏低

(18) 重水堆燃料操作系统新燃料传输杆力矩限制器打滑,解决方法包括(　　)。

(A) 测量力矩限制器打滑力矩,确认力矩值偏小

(B) 解体检查力矩限制器,去除油迹

(C) 更换新的力矩限制器摩擦片并恢复安装

(D) 重新设定打滑力矩为65 N·m

(E) 更换新的力矩限制器链条

(19) 重水堆燃料操作系统新燃料传输杆力矩限制器打滑,解决方法包括(　　)。

(A) 测量力矩限制器打滑力矩,确认力矩值偏小

(B) 解体检查力矩限制器,去除油迹

(C) 更换新的力矩限制器摩擦片并恢复安装

(D) 重新设定打滑力矩为65 N·m

(E) 更换新的力矩限制器链条

(20) 重水堆燃料操作系统专用工具主要包括(　　)。

(A) 密封塞安装工具　　(B) 推杆转运工具

(C) 推杆位置标定工具　　(D) 研磨工具

(E) 法兰盲板

4. 简答题

(1) 压水堆核电厂热电偶密封装置出现泄漏缺陷,请简述其可能出现的缺陷原因。

(2) 压水堆核电厂控制棒组件抽插换位工具,出现抓头组件与控制棒连接柄无法正常连接现象,请描述工具抓头组件与控制连接柄的连接原理,分析其可能的故障原因。

(3) 简述核级逆止阀内漏的常见原因及处理方法。

(4) 列举导致柱塞泵滚动轴承温度高故障的原因。

(5) 简述常见容器设备的主要技术参数。

(6) 在CNP300机组使用螺栓拉伸机松卸蒸汽发生器人孔盖板螺栓的过程中,请描述为何要控制拉伸螺帽旋回的圈数或螺帽与盖板的间隙?

(7) 重水堆装卸料机B杆力量漂移是一种常见的故障。现发生B杆力量2漂移,简述如何处理。

(8) 简述如何处理重水堆新燃料装载机装载杆没有完全回撤到位故障。

5. 计算/绘图

(1) 下面为CNP300机组反应堆压力容器分段式密封环板的工作原理图,请写出下图中A/B/C/D的名称。

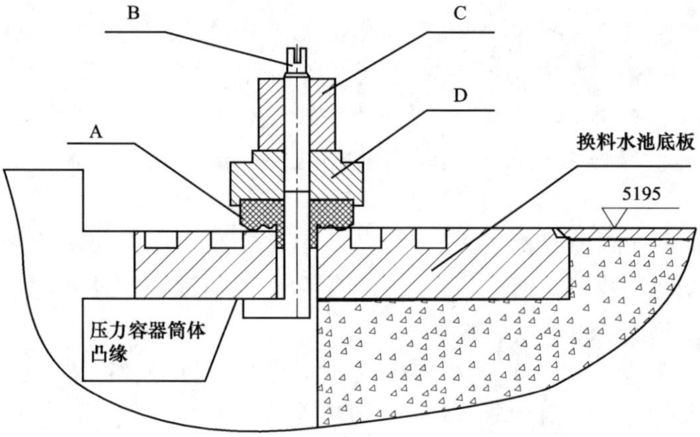

(2) 通常在进行核级阀门的故障诊断之前首先要对核级阀门的基本信息要做深入调查了解,在此基础上进行故障分析。针对核二级旋启式逆止阀在进行故障诊断之前,首先要对阀门维修手册的信息进行确认,请描述需要掌握的重要信息。

(3) 气动捻缝枪是带压堵漏的一种常用工具,冲击频率和冲击力是衡量捻缝枪性能的两个重要指标。在捻缝枪使用一段时间后,发现冲击频率降低,单次冲击力也有减小。试分析故障原因及需要采取的处理措施。

(4) 如下图,对轮直径$\boldsymbol{\Phi}$,#1 轴承距对轮为 L_1,两支撑点距 L_2,测的面差(端面偏差)为 BC。假设面差为 0.13 mm,对轮直径$\boldsymbol{\Phi}$90 mm,两支撑点距 L_2=285 mm,近支点距对轮端面为 L_1=530 mm,打表处直径为$\boldsymbol{\Phi}$135 mm,为消除偏差,请计算前后支撑位置所需加垫片厚度。

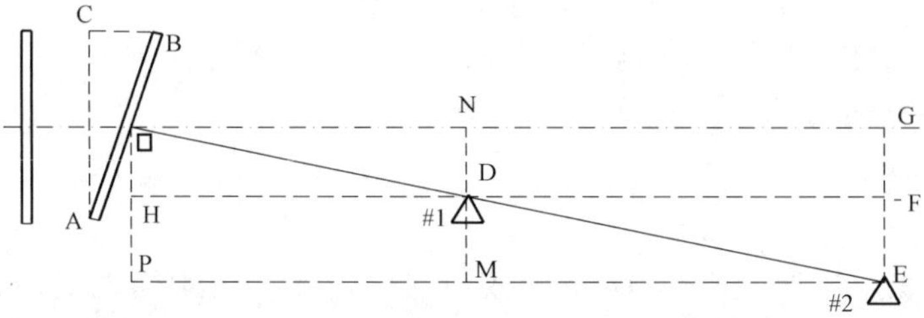

(5) 重水堆新燃料机料仓从 A 到 C 管需要多少时间?

(6) 重水堆装卸料机推杆头部偏转杆如下图所示,请绘出 I—I 剖面图。

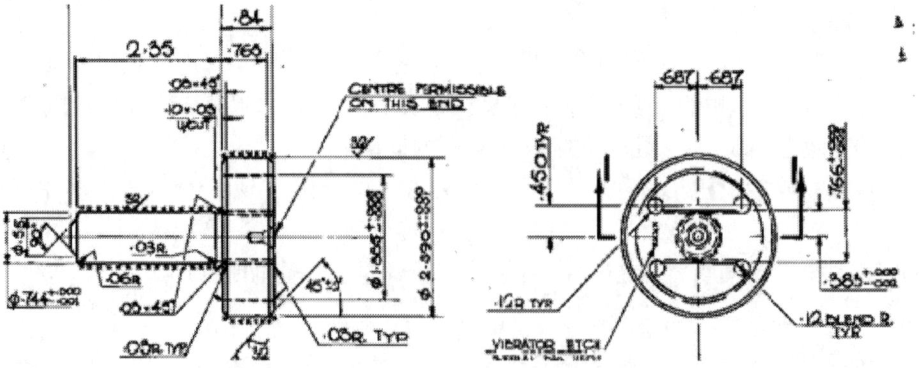

五、参考答案

1. 单项选择题

(1) D;(2) C;(3) D;(4) B;(5) D;(6) B;(7) A;(8) D;(9) C;(10) D;(11) B;(12) C;(13) A

2. 判断题

(1) √;(2) √;(3) ×;(4) ×;(5) √;(6) √;(7) √;(8) √;(9) ×;(10) √

3. 多项选择题

(1) AD;(2) ABCE;(3) ABDE;(4) CD;(5) CDE;(6) ABCE;(7) ABCE;(8) ACDE;(9) ABCDE;(10) ABCDE;(11) ABCDE;(12) ABCD;(13) ABCDE;(14) ABCD;(15) ABCDE;(16) ABCDE;(17) ABCE;(18) ABCD(19) ABCD;(20) ABCDE

4. 简答题

(1) 答:

1) 蝶形密封垫安装方向错误导致密封失效;

2) 蝶形密封垫压缩不均匀导致密封失效;

3) 密封面上有异物或划伤;

4) 在主系统不同的温度和压力状态下密封紧固螺栓力矩值变化导致密封失效;

5) 密封紧固螺栓的防松措施不到位致使螺栓松动,导致密封失效;

(2) 答:

1) 工具抓头组件与控制连接柄的连接原理:当收拢的抓头组件完全下降进入控制棒的连接柄内后,旋转抓取螺母使得芯杆下降从而胀开抓头组件两块带环槽的绕性片,当绕性片与连接柄的环槽完全啮合后并将芯杆定位锁住,这样就完成了抓头与控制棒连接柄的连接。

2) 无法正常连接的可能故障原因:一是抓头没有完全进入到连接柄内,需要继续下降提升机构;

3) 二是抓头的绕性片没有被完全胀开,导致抓头与连接柄没有完全啮合。

(3) 答:

核级逆止阀的内漏有两种情况,一种是阀瓣密封面和阀座密封面存在缺陷;另一种是因为某种工况导致内部介质时断时续地通过造成的阀瓣波动造成的。

1) 第一种情况必须要在解体后利用专用研磨机对阀瓣和阀座密封面进行研磨修复;

2) 第二种情况必须要结合系统工况,消除局部的压力波动才能消除内漏,而不需要对密封面进行处理。

(4) 答:

导致柱塞泵滚动轴承温度高故障的原因有:

1) 轴承装配间隙不良;

2) 轴承内进入异物;

3) 润滑不良;

4) 轴承出现疲劳、点蚀。

(5) 答：

常见容器设备的主要技术参数有：型号、结构、介质、最大工况流量、最大工况工作压力、设计/试验压力、最大工况进口温度、最大工况出口温度、设计温度、传热面积、热交换器效率。

(6) 答：

在 CNP300 机组使用螺栓拉伸机松卸蒸汽发生器人孔盖板螺栓的过程中，控制拉伸螺帽旋回的圈数(或螺帽与盖板的间隙)的原因是：

1) 倘若拉伸螺帽旋回过多，在液压系统的压力卸除后，拉伸螺帽会紧固在螺栓拉伸环的底部，造成拉伸环难以拆卸；

2) 倘若拉伸螺帽旋回过少，在液压系统的压力卸除后，拉伸螺帽仍会紧固在盖板上，造成拉伸螺帽和拉伸螺栓难以拆除。

(7) 答：

处理方法如下：

1) 拆除 RV2 释放阀；

2) 对其进行解体检查，确认有无异物；

3) 用压空对 RV2 释放阀进行吹扫清洁；

4) 拆除 RV2 释放阀底部的过滤器；

5) 检查滤网上无异物；

6) 用压空对其进行吹扫清洁；

7) 更换 RV2 释放阀的 O 形圈并恢复到设备上；

8) 解除安措；

9) 启动油系统，检查确认管线和阀门密封处没有泄漏。

(8) 答：

处理方法如下：

1) 拆除装载杆油气缸，对开口管线进行封堵；

2) 解体检查装载杆油气缸，确认活塞顶丝未松动；

3) 更换活塞环，消除发现的其他缺陷；

4) 重新组装油气缸，接临时气源进行试验，确认油气缸在 310 kPa 压力下开始动作；

5) 回装油气缸，置系统上，将油气缸自身水平及推杆头与装载槽间隙调整好；

6) 打开气源，通过调节阀将油气缸工作速度调至要求范围(前进：16 秒，回撤：18 秒)。

5. 计算/绘图

(1) 答：

A—分段密封条；

B—J 形螺杆；

C—凸轮螺母；

D—分段压板；

(2) 答：

核二级旋启式逆止阀在进行故障诊断之前，需要掌握如下信息：

1) 阀门所在系统的流程图；

2) 阀门的结构图；

3) 逆止阀所在系统的工况:介质种类、压力等级、流量、温度等；

4) 逆止阀所在的回路类似配置；

5) 阀门的自身设计材料。逆止阀阀瓣密封面与阀座密封面材料、旋转轴材料、中法兰螺栓材料、垫片材料等。

(3) 答:

捻缝枪使用一段时间后,出现冲击频率降低,冲击力减小的可能故障原因及需采取的措施如下:

1) 进气管路中空气压力降低。处理措施:提高供气压力,一般不小于 0.4 MPa;

2) 套管气路和配气阀气路堵塞。处理措施:拆检、清理、疏通、吹净堵塞的气路;

3) 尾杆与机头轴套之间的间隙过大,造成漏气。处理措施:间隙若大于 0.3 mm 时,应重新车配工具尾杆;

4) 软管脱层使管道堵塞。处理措施:切去脱层部重接或更新;

5) 风嘴滤气网脏。处理措施:清理或更新滤网;

6) 运动件的润滑油过多或过浓。处理措施:稀释润滑油或更换用煤油稀释过的油;

7) 压缩空气压力不够。处理措施:检查气源,提高供气压力;

8) 工具尾杆长度不正确,凸台与轴套端面贴合不紧密。处理措施:按图纸检修或重新配制。

(4) 答:

由已知可得:$AB=135 \quad BC=0.13$

因为:

$$\Delta ABC \sim \Delta DEF \quad \Rightarrow \quad BC/AB=EF/L_2 \quad \Rightarrow \quad EF=BC/AB \cdot L_2$$

$$EF=BC \cdot L_2/AB=0.13 \cdot 285/135=0.27\ \text{mm};$$

根据 $\Delta OPE \sim \Delta DME$,有:

$$OP/(L_1+L_2)=DM/L_2$$

$$DM=EF \Rightarrow OP=EF/L_2 \cdot (L_1+L_2)$$

$$OP=EF/L_2 \cdot (L_1+L_2)=0.27/285 \cdot (285+530)=0.77\ \text{mm};$$

$$OH=OP-EF=0.77-0.27=0.50\ \text{mm}$$

以中间支点为基点,调节后支撑点增高 $EF=0.27$ mm,端面面差 BC 消失,但外圆偏差(高度)降低 $OH=0.50$ mm。这样,同时增高两支点 0.50 mm 可消除外圆偏差 OH;

故:

前支点垫高 0.50 mm,后支点垫高 0.27+0.50=0.77 mm。

(5) 答:

1) 已知

蜗杆减速比 18:1;

定位机构到斜齿轮减速比 7:1;

定位机构总传动比 4:1;

因此

新燃料机料仓驱动电机到料仓总传动比

$$(18\times7\times4):1=504:1;$$

2）已知

新燃料机料仓驱动电机转速 900 r/min

因此

新燃料机料仓转速为

$$900\div504=1.78\ \text{r/min}$$

新燃料机料仓角转速为

$$1.78\times360°\div60=10.68°/\text{秒} \tag{a}$$

3）已知

新燃料机料仓有 7 个管

因此

料仓从一个管转到相邻管的角度为

$$360°\div7=51.42°$$

A 管到 C 管角度是

$$51.42°\times2=102.84° \tag{b}$$

4）从式(a)、(b)可知

从 A 管到 C 管需要多少时间

$$102.84\div10.68=9.6\ \text{秒}$$

(6）答：

Ⅰ－Ⅰ剖面图如图所示

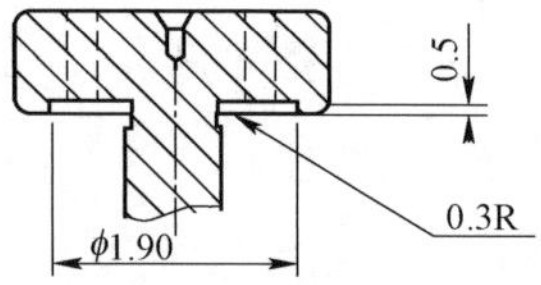

第四章　模拟试卷

职业技能鉴定国家题库

核反应堆核级机械设备检修工国家职业资格三级 理论知识试卷 A

注意事项

1. 考试时间:120 分钟。
2. 请首先按要求在试卷的标封处填写您的姓名、准考证号和所在单位的名称。
3. 请仔细阅读各种题目的回答要求,在规定的位置填写您的答案。
4. 不要在试卷上乱写乱画,不要在标封区填写无关的内容。

题目	一	二	三	四	五	六	总　分
得　分							

得　分	
评分人	

一、单项选择题(第 1 题～第 30 题。选择一个正确的答案,将相应的字母填入题内的括号中。每题 1 分,满分 30 分。)

1. 职业道德就是从事一定职业的人们在工作或劳动过程中所应该遵守的、与其职业活动紧密联系的(　　)和原则的总和。

A. 行为规范　　B. 道德规范　　C. 职业规范　　D. 意识规范

2. 从业人员应该树立良好的职业道德,遵守职业守则,安心本职工作,勤奋钻研本职业务,才能提高自身的(　　)。

A. 收入　　B. 职业能力和素质

C. 地位　　D. 职务

3. 劳动既是为个人谋生,也是为社会服务,劳动的双重含义产生了全新的劳动态度,具有崇高的(　　)。

A. 职业道德价值　　B. 重要意义

C. 历史价值　　D. 社会意义

4. (　　)强调的是要求从业人员公私分明,不损害国家和集体的利益,不在自己的工作岗位上谋取私利。

A. 廉洁奉公　　B. 遵纪守法　　C. 办事公道　　D. 爱岗敬业

5. 工作中强化保守决策、经验反馈的应用,坚持(　　)的工作态度,谨慎的工作方法,清晰的交流沟通。

A. 质疑　　B. 积极　　C. 革新　　D. 认真

6. 压水堆核电厂一回路系统主要设备包括(　　)。

A. 主给水泵　　B. 主泵　　C. 凝结水泵　　D. 辅助给水泵

7. 刚玉系砂轮的特点是(　　)。

A. 韧性差,硬度较低　　B. 韧性差,硬度较高

C. 韧性好,硬度较高　　D. 韧性好,硬度较低

8. 从本质上讲,发生事故是一种随机事件,是有(　　)的。这样就不可能存在有确切的规律。但是在一定条件下,用科学的仪器和手段,通过经验的积累和分析,可以找出发生事故的近似的规律,即从外部和表面的联系,找到内部的决定性的主要关系。也就是从偶然性中找出必然性。

A. 偶然性　　B. 必然性　　C. 可能性　　D. 合理性

9. 质量控制的工作内容包括了专业技术和(　　)两方面。

A. 管理技术　　B. 操作技术　　C. 材料技术　　D. 设计技术

10. 订立劳动合同是一种(　　)行为。

A. 主动　　B. 被动　　C. 法律　　D. 纪律

11. 环境保护法确立了“(　　)为主、防治结合、综合治理”的原则。

A. 预防　　B. 学习　　C. 干预　　D. 生产

12. 核电厂备件退库前,只有通过由设备管理工程师组织进行备件(　　)后方可退库。

A. 缺陷检查　　B. 包装检查　　C. 外观检查　　D. 技术鉴定

13. 压水堆核电厂中使用的控制棒多数由(　　)制成。

A. 不锈钢　　B. 镁铝合金

C. 铁碳合金　　D. 银-铟-镉金合

14. CNP300 核电机组,芯杆式可拆接头拆装工具结构中实现芯杆上下移动的是(　　)。

A. 大气缸　　B. 小气缸　　C. 大钩抓　　D. 小钩抓

15. CNP300 核电机组,反应堆压力容器主螺栓正常的加载拉伸需要(　　)次完成。

A. 1　　B. 2　　C. 3　　D. 4

16. CNP300 核电机组,每台燃料水下运输系统倾翻机设计有(　　)液压缸进行驱动。

A. 1 台　　B. 2 台　　C. 3 台　　D. 4 台

17. 维修规程的校对人应至少(　　)维修规程编写人的专业知识和授权,并使用和编写人同样的文件。

A. 高于　　B. 低于　　C. 等同　　D. 相近

18. 核级电动楔形闸阀检修工作中,具有体内和体表污染风险的是(　　)。

A. 外观检查　　B. 在线诊断　　C. 填料紧固　　D. 阀瓣研磨

19. 核电厂安全壳喷淋泵轴封水系统设置旋风分离器作用是(　　)。

A. 润滑轴封水　　B. 增加轴封水压力

C. 冷却轴封水　　D. 除去轴封水杂质

20. 核反应堆核级水泵设备检修起重作业及设备搬运风险不包括(　　)。

A. 检查起吊设备和吊具在检验有效期内

B. 设施在运输车辆上布置应合理,重心不能偏移

C. 任何人都可以做起重机械指挥

D. 吊物经过区域禁止站人

21. NaOH 贮存箱检修工作存在高碱液腐蚀伤害风险,以下属于对应风险的防护措施的是(　　)。

A. 作业过程中严格控制作业时间

B. 容器外有人监护

C. 作业过程中进行部件、工具表面擦拭,包装好,不直接接触场地,材料指定地点存放

D. 佩戴防酸碱面罩,必要时穿戴气面罩

22. 重水堆燃料操作系统推杆组件,可移动的是(　　)。

A. 锁紧推杆、C 推杆和 1 号管

B. 锁紧推杆、C 推杆和 2 号管

C. 锁紧推杆、C 推杆和 B 推杆

D. B 推杆、C 推杆和 1 号管

23. 钢的热处理基本上是固态下进行不同的加热、(　　)、冷却。

A. 冷锻　　B. 保温　　C. 空冷　　D. 油冷

24. 测量轴瓢偏时,安装的 2 只百分表分别装在(　　)。

A. 同一直径相对的两个方向上　　B. 互成 30°两个方向上

C. 互成 45°两个方向上　　D. 互成 90°两个方向上

25. 核二级泵清洁度要求中,除 B 级清洁度表面和传动部件及润滑系统零部件表面外,泵的其他清洁度要求是(　　)。

A. A 级　　B. B 级　　C. C 级　　D. 无要求

26. 以下对泵类使用的机械密封,描述错误的是(　　)。

A. 机械密封的检修可以在线进行,对设备状态影响较小

B. 机械密封性能可靠,泄漏量小

C. 使用寿命长

D. 机械密封是一种防止流体泄漏的装置

27. 重水堆燃料操作系统装卸料机向上点动吊车吊钩,使吊钩轻微受力挂在装卸料机的吊装架上,同时注意观察吊车测力计的读数,不要超过(　　),防止装卸料机被吊起使 Y 向对中机构受力。

A. 1 t　　B. 0.5 t　　C. 2 t　　D. 1.5 t

28. CNP300 反应堆压力容器顶盖 O 形密封圈安装不到位导致密封失效缺陷,以下说法

错误的是(　　)。

A. 安装前及安装过程中"O"形密封圈、压力容器密封面清洁度达不到要求

B. O形密封圈的安装固定螺钉高于顶盖密封面,致使O形密封失效

C. 固定螺钉及固定架变形,失去支撑作用

D. O形密封圈的安装固定螺钉低于顶盖密封面

29. 在压水堆核电厂,由于装卸料机提升机构抓具气缸活塞行程不足,抓具与燃料组件无法正常脱开,以下处理措施正确的是(　　)。

A. 向上提升提升机构　　B. 向下下降提升机构

C. 增大压缩空气压力　　D. 减小压缩空气压力

30. 柱塞泵柱塞往复运动总行程是不变的,由(　　)升程决定。

A. 连杆　　B. 柱塞　　C. 凸轮　　D. 柱塞缸

得　分	
评分人	

二、判断题(第31题～第40题。将判断结果填入括号中。正确的填"√",错误的填"×"。每题1分,满分10分。)

31. (　　)核安全文化作用于或表现在核设施领导阶层和国家政策方面和个体的行为这两个领域。

32. (　　)质量控制与质量保证过程的目的是在核安全要求的遵守方面获得充分的信心。

33. (　　)离心上充泵为反应堆主冷却剂泵提供轴密封注入水。

34. (　　)停冷泵机械密封为平衡式单端面密封,主要由动环、静环、弹簧和密封圈组成。

35. (　　)重水堆燃料操作系统当装有乏燃料的装卸料机通过在装卸料机维修区的新燃料孔道时,屏蔽塞起到减少进入新燃料室的辐射剂量的作用。

36. (　　)重水堆燃料操作系统在工单系统中已经设置"是否需要风险分析单"选项,由工作申请校核人在校核定级时选择。

37. (　　)重水堆燃料操作系统在线更换装卸料机料仓驱动阀组O形圈必须确认装卸料机料仓管内无FARE工具、使用过的屏蔽塞和乏燃料棒束。

38. (　　)CNP300核电机组的蒸汽发生器是一只立式圆筒型高压容器,核电厂满功率运行时,蒸汽和水的容积各占一半,通过底部的波动管和主系统的热段相连,顶部还设有卸压阀和主安全阀,起超压保护作用。

39. (　　)低压阀门中的法兰连接主要采用无石棉垫片或聚四氟乙烯垫片进行密封。在高压阀门中的法兰连接常采用由软钢或镍制成的齿形垫片。

40. (　　)在进行专用工具采购时,必须请设备供应商提供专用工具维修手册。

得　分	
评分人	

三、多项选择题(第 41 题～第 50 题,请选择两个或以上正确答案,将相应字母填入括号内。错选或多选、少选均不得分,也不倒扣分。每题 2 分,满分 20 分。)

41. 在压水堆核电厂核级设备的分级管理中,属于安全一级的系统设备有(　　)。

A. 反应堆压力容器

B. 反应堆冷却剂泵

C. 稳压器

D. 蒸汽发生器的一次侧和控制棒驱动机构的壳体

E. 安全注入系统及安全壳喷淋系统

42. 核电厂的放射源按物体状态分类有(　　)。

A. 固体源　　B. 液体源　　C. 气体源　　D. 中子源

E. 探伤源

43. 核设施管理层的职责包括(　　)。

A. 跟踪与监督　　B. 营造良好的工作环境

C. 建立质量系统　　D. 后勤

E. 宣传

44. 安全生产法的适用主体范围包括(　　)等。

A. 股份制公司　　B. 外资企业　　C. 合伙企业　　D. 个人独资企业

E. 中外合资经营企业

45. 设备运行和维修期间清洁度不达标可能会出现(　　)。

A. 设备失效　　B. 可靠性降低　　C. 性能下降　　D. 密封效果下降

E. 寿命降低

46. 蒸汽发生器一次侧堵板需要的准备工作有(　　)。

A. 确认人孔盖板已拆除

B. 对水室内进行通风,测量水室内的含氧量以及放射剂量达到安全水平

C. 召开工前会

D. 由安防人员测量水室内部各部位的剂量水平,决定是否去污或屏蔽,并计算出人员进出水室的最长时间

E. 所有工作人员已在保健物理部和培训科的监督下通过了在模拟体上的培训

47. 压水堆核电厂主螺栓旋入工作中,需注意的事项包括(　　)。

A. 主螺栓无法正常旋入时,需经过调整松动后再利用气动扳手旋入

B. 空气平衡器气压要调整适当,既要能平衡主螺栓重量又不能超出其行程

C. 旋入过程中防止发生平衡器超行程现象

D. 主螺栓吊装过程要防止发生螺纹损伤的情况

E. 主螺栓旋入到位后要对主螺栓的相对高度进行检查

48. CNP300 核电机组人员闸门铰链机构的维修工作包括(　　)。

A. 润滑所有的铰链轴承

B. 检查所有上下链铰紧固件和调整螺栓的紧固

C. 更换手轮压盖密封

D. 检查所有轴承拉紧盒紧固件的紧固

E. 检验门与舱壁、锁紧螺栓与锁紧托架的对准

49. 阀门使用的石墨填料优点包括(　　)。

A. 耐高、低温　　B. 耐腐蚀　　C. 具有自润滑性　　D. 导热率高

E. 塑性高

50. 重水堆燃料操作系统装卸料机的 B 杆、L 杆和 C 杆都有各自的功能,经常需要结合在一起使用,通过它们之间的相互动作,可以(　　)。

A. 拆装密封塞　　B. 装载新燃料棒束

C. 拆装屏蔽塞　　D. 拆装管嘴塞

E. 拆装冰塞

得　分	
评分人	

四、简答题(第 51 题～第 54 题,每题 5 分,满分 20 分。)

51. 请简述 CNP300 机组装料及卸料操作工作中,需要注意的操作要点及风险控制点,请至少列举 5 条。(每条 2/10,超过 5 条即为满分)

52. 简述安全阀校验的内容及其过程。

53. 在 CNP300 机组使用螺栓拉伸机松卸蒸汽发生器人孔盖板螺栓的过程中,请描述为何要控制拉伸螺帽旋回的圈数或螺帽与盖板的间隙?

54. 重水堆装卸料机B杆力量漂移是一种常见的故障。现发生B杆力量漂移,简述如何处理。

得　分	
评分人	

五、计算题(第 55 题～第 55 题,每题 10 分,满分 10 分。)

55. 对于某单个型螺栓拉伸机,已知 $F=PS$,其中 F 为螺栓拉伸力(单位 N),P 为泵站压力(单位 Pa),S 为液压油缸受力面积(单位 m^2)。在拉伸某螺栓时,已知 $F=50\,000$ N,$S=0.001\,25$ m^2,求泵站压力 P(列出公式并求解)。

得　分	
评分人	

六、综合题(第 56 题～第 56 题,每题 10 分,满分 10 分。)

56. 气动捻缝枪是带压堵漏的一种常用工具,冲击频率和冲击力是衡量捻缝枪性能的两个重要指标。在捻缝枪使用一段时间后,发现冲击频率降低,单次冲击力也有减小。试分析故障原因及需要采取的处理措施。

职业技能鉴定国家题库

核反应堆核级机械设备检修工国家职业资格三级理论知识试卷答案 A

一、单项选择题(第 1 题～第 30 题。选择一个正确的答案,将相应的字母填入题内的括号中。每题 1 分,满分 30 分。)

1. B	2. B	3. A	4. A	5. A
6. B	7. D	8. A	9. A	10. C
11. A	12. D	13. D	14. B	15. B
16. B	17. C	18. D	19. D	20. C
21. D	22. C	23. B	24. A	25. C
26. A	27. C	28. D	29. C	30. C

二、判断题(第 31 题～第 40 题。将判断结果填入括号中。正确的填"√",错误的填"×"。每题 1 分,满分 10 分。)

31. √	32. √	33. √	34. √	35. √
36. √	37. √	38. ×	39. √	40. √

三、多项选择题(第 41 题～第 50 题,请选择两个或以上正确答案,将相应字母填入括号内。错选或多选、少选均不得分,也不倒扣分。每题 2 分,满分 20 分。)

41. ABCD	42. ABC	43. ABC	44. ABCDE
45. ABCDE	46. ABCDE	47. ABCDE	48. ABDE
49. ABCD	50. ABCD		

四、简答题(第 51 题～第 54 题,每题 5 分,满分 20 分。)

51. 操作人员已培训并取得授权;(2/10)

卸料前已确认装卸料系统设备功能完整可靠;(2/10)

卸料前已确认换料水池水位和照明满足工作要求;(2/10)

卸料控制点释放后方可进行卸料工作;(2/10)

卸料过程中实时关注设备的高度、重量及保护信号,如有异常情况应该停止操作;(2/10)

操作过程中操作人员相互监护,防止人因操作失误的发生。(2/10)

52. 1) 安全阀校验按照国家标准规定需要进行压力整定试验和密封性试验两项内容。(2/10)

2）将带压力的试验介质通入被校验安全阀的进口处，待试验介质压力上升到安全阀开启状态，测得此时的压力，即为开启压力。(3/10)

3）通过数次试验对开启压力进行调整，直至调整到设计规定的开启值范围时为止，即完成了安全阀的压力整定试验。(2/10)

4）在压力下降至规定值(开启压力的 90%)以下，按要求缓慢升至规定值。用观察压力表数值跌降速度法或用气泡检查法等检查方法确定其泄漏量符合试验标准要求范围，即完成密封性试验。(3/10)

53. 1）倘若拉伸螺帽旋回过多，在液压系统的压力卸除后，拉伸螺帽会紧固在螺栓拉伸环的底部，造成拉伸环难以拆卸。(5/10)

2）倘若拉伸螺帽旋回过少，在液压系统的压力卸除后，拉伸螺帽仍会紧固在盖板上，造成拉伸螺帽和拉伸螺栓难以拆除。(5/10)

54. 处理方法如下：

1）拆除 RV2 释放阀。(1/10)

2）对其进行解体检查，确认有无异物。(1/10)

3）用压空对 RV2 释放阀进行吹扫清洁。(1/10)

4）拆除 RV2 释放阀底部的过滤器。(1/10)

5）检查滤网上无异物。(1/10)

6）用压空对其进行吹扫清洁。(1/10)

7）更换 RV2 释放阀的 O 形圈并恢复到设备上。(1/10)

8）解除安措。(1/10)

9）启动油系统，检查确认管线和阀门密封处没有泄漏。(2/10)

五、计算题(第 55 题～第 55 题，每题 10 分，满分 10 分。)

55. $P=F/S$　(5/10)

$=50\,000\ \text{N}/0.001\,25\ \text{m}^2$

$=40\times10^6\ \text{Pa}$

$=40\ \text{MPa}$　(5/10)

六、综合题(第 56 题～第 56 题，每题 10 分，满分 10 分。)

56. 捻缝枪使用一段时间后，出现冲击频率降低，冲击力减小的可能故障原因及需采取的措施如下：

1）进气管路中空气压力降低。处理措施：提高供气压力，一般不小于 0.4 MPa；(1/10)

2）套管气路和配气阀气路堵塞。处理措施：拆检、清理、疏通、吹净堵塞的气路；(1/10)

3）尾杆与机头轴套之间的间隙过大，造成漏气。处理措施：间隙若大于 0.3 mm 时，应重新车配工具尾杆；(2/10)

4）软管脱层使管道堵塞。处理措施：切去脱层部重接或更新；(1/10)

5）风嘴滤气网脏。处理措施：清理或更新滤网；(1/10)

6）运动件的润滑油过多或过浓。处理措施：稀释润滑油或更换用煤油稀释过的油；

(1/10)

7) 压缩空气压力不够。处理措施:检查气源,提高供气压力;(1/10)

8) 工具尾杆长度不正确,凸台与轴套端面贴合不紧密。处理措施:按图纸检修或重新配制。(2/10)

第二部分　操作技能

第一章　考情观察

一、考核思路

根据国家职业标准《核反应堆核级机械设备检修工职业标准》的要求，核反应堆核级机械设备检修工（高级工）的操作技能具体需要达到以下要求。

1. 维修准备

能够根据维修实施对象完成相关的检修工器具准备、备品备件准备；能够根据维修实施对象的工作环境及设备特点采取合适的辐射防护措施、制定合理的维修方案、识别作业风险。具体包括以下要求：

（1）能提出和编写备件和材料消耗计划

（2）能对特殊环境下的设备修理安装工作做必须的作业场地准备

（3）能分析检修过程中可能出现的风险

（4）能读懂检修技术方案

（5）能编写一般故障的处理方案

（6）能设计简单专用工器具，绘制零部件加工图

（7）能编写检修工作的实施方案、质量计划

（8）能编写通用设备临时试验规程

（9）能编写通用设备维修规程

（10）能编写检修进度计划

考核范围：

（1）依据维修实施对象完成所需工器具准备

（2）依据维修实施对象选用材料

（3）依据维修实施对象完成所需备品备件准备

（4）依据维修实施对象完成所需专用工器具准备

（5）依据维修实施对象完成现场布置

（6）依据维修实施对象选用合适的测量工具

（7）依据维修实施对象选用辐射防护用品

（8）依据维修实施对象完成方案或规程编制

(9) 识别维修过程中可能出现的风险

2. 维修实施

能够独立完成核电厂常用的核安全级阀门、容器和水泵等机械设备的解体维修及维修后试验工作。具体包括以下要求:

(1) 能维修核安全一级阀门。能设计专用的核级阀门密封面研磨工具,能对核安全一级阀门研磨并能达到密封性要求,能进行安全阀整定试验和阀门密封性试验

(2) 能维修复杂的核安全三级泵和简单的核安全二级泵。能对损伤的轴进行修复,能刮研简单的核安全二级泵轴瓦,能进行转子部件静平衡试验,能进行核安全二级泵维修后试验

(3) 能维修核安全一级容器。能进行蒸汽发生器传热管堵管,能进行蒸汽发生器冲洗工作,能进行蒸汽发生器人孔、手孔、眼孔、端盖密封面修复、能进行核安全一级容器的维修后试验

(4) 能测量并绘制复杂零部件图

(5) 能进行检修质量控制

(6) 能采取辐射防护最优化措施

考核范围:

(1) 闸阀的解体及组装

(2) 截止阀的解体及组装

(3) 止回阀的解体及组装

(4) 蝶阀的解体及组装

(5) 安全阀的整定及密封性试验

(6) 球阀的解体及组装

(7) 气动调节阀的解体及组装

(8) 电动头齿轮箱的解体及组装

(9) 雨淋阀的解体及组装

(10) 减压阀的解体及组装

(11) 传动齿轮变速箱的解体及组装

(12) 手动平行闸阀密封面研磨及密封性试验

(13) 多级离心泵的解体及组装

(14) 单级悬臂式离心泵的解体及组装

(15) 柱塞泵的解体及组装

(16) 单级悬臂式离心泵的转子修复及静平衡试验

(17) 真空泵的解体及组装

(18) 齿轮泵的解体及组装

(19) 管板式热交换器的解体及组装

(20) 板式热交换器的解体及组装

(21) SG 人孔、手孔密封面检查及修复

(22) 蒸汽发生器传热管堵管操作

(23) 电动闸阀的解体及组装。

3. 判断和排除故障

能够根据故障现象分析判断维修对象的可能故障原因,并采取合理的维修方法。具体要求如下:

(1) 熟悉核级设备中常用的各类核级阀门及其驱动装置的机械结构和工作原理,并能对常见故障进行分析和处理;

(2) 熟悉核级设备中常用的各类核级水泵的机械结构和工作原理,并能对常见故障进行分析和处理;

(3) 熟悉核级设备中常用的各类核级容器的机械结构和工作原理,并能对常见故障进行分析和处理;

(4) 熟悉核级设备中常用的各类压缩机、柴油机等通用机械的机械结构和工作原理,并能对常见故障进行分析和处理;

(5) 熟练掌握核级设备中常用的各类轴承、密封的安装技术要求,并能对常见安装问题进行分析和处理。

考核范围:

1) 判断维修实施对象的异常故障

2) 判断维修实施对象所需更换的零部件

3) 依据维修实施对象回答提问

二、组卷方式

核反应堆核级机械设备检修工(高级工)的操作技能考核试卷采用计算机自动组卷,即计算机按照本职业高级工《操作技能考核内容结构表》的结构特征,使用统一的组卷模型,从题库中对应的等级、模块中按具体要求随机抽取相应试题,组成试卷。试卷组成后,应经专家审核,修改或替换部分不适用的试题。

三、试卷结构

职业技能鉴定国家题库核反应堆核级机械设备检修工(高级)的操作技能考核试卷一般由以下三部分内容组成。

操作技能考核准备通知单。分为考场准备通知单和考生准备通知单,在考核前分别发给考核现场和考生。内容为考核所需场地、设备、材料、工具及其他准备要求。

操作技能考核试卷正文。内容为操作技能考核试题,包括试题名称、试题分值、考核时间、考核形式、具体考核要求等。

操作技能考核评分记录表。内容为操作技能考核试题配分与评分标准,用于考评员评分记录。主要包括各项考核内容、考核要点、配分与评分标准、否定项及说明、考核分数加权汇总方法等。

四、考核时间与要求

1. 考核时间

按照国家职业标准《核反应堆核级机械设备检修工职业标准》的要求,核反应堆核级机械设备检修工(高级工)的操作技能考核时间为 180 分钟。

2. 考核要求

考生应根据试卷具体要求进行操作;考生在操作技能考核过程中要遵守考场纪律,执行操作规程,防止出现人身和设备安全事故。

第二章　考核结构与鉴定要素表

一、考核内容结构表

考核内容结构表是操作技能题库的主体基本框架，它是在深入分析了职业特点的基础上，按照技能题库理论模型，结合职业技能鉴定工作的要求开发设计的，它充分体现了试题库的总体结构和设计思路。

考核内容结构表采取模块化的结构形式，既可以保证考核内容的完整性、统一性，又能够满足各技术等级之间在考核内容和考核形式上的不同要求，同时它又是组成试卷的重要依据。操作技能考核的鉴定范围、鉴定比重、考核时间和考核形式在考核内容结构表中都做了明确的规定。

核反应堆核级机械设备检修工高级工操作技能考核内容结构表见表 2-1。根据《核反应堆核级机械设备检修工》的要求，将核反应堆核级机械设备检修工（高级）的全部考核内容划分为“维修准备”“维修实施”“故障判断与处理”三个部分，并在每一部分下标有选考方式、鉴定比重、考核时间和考核形式，考核时根据结构表组成考核试卷。

表 2-1　核反应堆核级机械设备检修工（高级工）操作技能考核内容结构表

考核范围 / 考核要求	维修准备	维修实施	故障判断与处理	合计
选考方式	必考	必考	必考	3 项
鉴定比重/%	25	60	15	100
考试时间/分钟	30	120	30	180
考核形式	实操	实操	实操	—

二、鉴定要素细目表

鉴定要素细目表是试题库总体结构和考核内容结构表的具体表现形式，该表按照技术等级分别列出，共分为两级模块。两级模块下的“鉴定点”即为操作技能考核试题的考核内容。

核反应堆核级机械设备检修工（高级工）技能操作不分模块，统一试卷考核，国家题库核反应堆核级机械设备检修工（高级工）操作技能鉴定要素细目表见表 2-2。

表 2-2 核反应堆核级机械设备检修工-高级工-技能鉴定要素细目表

鉴定范围(一级)		鉴定范围(二级)		鉴定点		
名称	鉴定比重	名称	鉴定比重	代码	名称	重要程度
核反应堆核级设备检修	100%	维修准备	25%	1	依据维修实施对象完成所需工器具准备	X
				2	依据维修实施对象选用材料	X
				3	依据维修实施对象完成所需备品备件准备	X
				4	依据维修实施对象完成所需专用工器具准备	X
				5	依据维修实施对象完成现场布置	X
				6	依据维修实施对象选用合适的测量工具	X
				7	依据维修实施对象选用辐射防护用品	X
				8	依据维修实施对象完成方案或规程编制	X
				9	识别维修过程中可能出现的风险	X
		维修实施	60%	1	闸阀的解体及组装	X
				2	截止阀的解体及组装	X
				3	止回阀的解体及组装	X
				4	蝶阀的解体及组装	X
				5	安全阀的整定及密封性试验	X
				6	球阀的解体及组装	X
				7	气动调节阀的解体及组装	X
				8	电动头齿轮箱的解体及组装	X
				9	雨淋阀的解体及组装	Y
				10	减压阀的解体及组装	X
				11	传动齿轮变速箱的解体及组装	X
				12	手动平行闸阀密封面研磨及密封性试验	X
				13	多级离心泵的解体及组装	X
				14	多级离心泵的解体及组装	X
				15	单级悬臂式离心泵的解体及组装	X
				16	柱塞泵的解体及组装	X
				17	柱塞泵的解体及组装	X
				18	单级悬臂式离心泵的转子修复及静平衡试验	X
				19	真空泵的解体及组装	X
				20	齿轮泵的解体及组装	X

续表

鉴定范围(一级)		鉴定范围(二级)		鉴定点		
名称	鉴定比重	名称	鉴定比重	代码	名称	重要程度
核反应堆核级设备检修	100%	维修实施	60%	21	管板式热交换器的解体及组装	X
				22	板式热交换器的解体及组装	X
				23	SG 人孔、手孔密封面检查及修复	Y
				24	蒸汽发生器传热管堵管操作	X
				25	电动闸阀的解体及组装	X
		判断和排除故障	15%	1	判断维修实施对象的异常故障	X
				2	判断维修实施对象所需更换的零部件	X
				3	依据维修实施对象回答提问	X

说明:“重要程度”反映了每个考核点与其他考核点的相互关系和相对地位。在描述时,一般用“X、Y、Z”表示,“X”代表重要程度高的核心要素,“Y”代表重要程度一般的要素,“Z”代表重要程度偏低的辅助要素。

三、考点导航

1. 维修准备

主要考核依据维修实施对象完成所需工器具准备、选用材料、完成所需备品备件和专用工器具准备、现场布置、选用合适的测量工具、辐射防护用品、完成方案或规程编制、识别维修过程中可能出现的风险。

2. 维修实施

主要考核以下实际设备的解体与组装的操作,考核内容由考核组事前确定,考生根据考题实际操作。考核设备包括以下:闸阀、截止阀、止回阀、蝶阀、安全阀的整定及密封性试验、球阀、气动调节阀、电动头齿轮箱、雨淋阀、减压阀、传动齿轮变速箱、手动平行闸阀密封面研磨及密封性试验、多级离心泵、多级离心泵、单级悬臂式离心泵、柱塞泵、柱塞泵、单级悬臂式离心泵的转子修复及静平衡试验、真空泵、齿轮泵、管板式热交换器、板式热交换器、SG 人孔、手孔密封面检查及修复、蒸汽发生器传热管堵管操作、电动闸阀的解体与组装。

3. 故障判断与处理

主要考核判断维修实施对象的异常故障,所需更换的零部件,依据维修实施对象回答提问。

第三章　模拟试卷

职业技能鉴定国家题库

核反应堆核级机械设备检修工国家职业资格三级
操作技能考核试卷 A

考件编号：______________

注意事项

1. 本试卷依据 2001 年颁布的《核反应堆核级机械设备检修工》国家职业标准命制。
2. 请根据试题考核要求，完成考试内容。
3. 请服从考评人员指挥，保证考核安全顺利进行。

试题 1　核电厂止回阀 NINISH DN150 解体检修前的维修准备工作

考核要求

(1) 本题分值：25

(2) 考核时间：30 分钟

(3) 考核形式：实操/模拟

(4) 具体考核要求：

考生根据要求在规定的时间内写出止回阀 NINISH DN150 解体检修前所需要进行的维修准备工作并回答考评员提问。

(5) 否定项说明：无

试题情景

止回阀 NINISH DN150 安装在硼回收系统中，拟通过正常的生产计划流程安排设备的解体检修工作。请考生结合上述场景从维修技术准备和维修实施准备两方面写出该止回阀在解体检修前需进行的相关维修准备工作，同时请详细描述场地布置的准备要求。

试题 2　型号为 H44H-25-DN200 的止回阀内漏解体检修

考核要求

(1) 本题分值：100

(2) 考核时间：120 分钟

(3) 考核形式：实操

(4) 具体考核要求：

1) 考生实操解体止回阀；

2) 考生认真阅读试题情景，编写止回阀解体检修方案，内容包括故障原因分析、维修前准备、维修实施过程、维修后总结的全过程。

(5) 否定项说明：

若考生发生下列情况之一，则应及时终止其考试，考生该试题成绩记为零分。

1) 考生未分析止回阀内漏的原因；

2) 考生操作实操中野蛮操作，损坏设备及工器具。

试题情景

故障现象描述

某核电厂乏燃料水池冷却系统的流体输送有两台并列布置的泵，泵出口均有止回阀，防止介质倒流，其中1#泵停用，2#泵运行，但1#泵与其后的止回阀之间管系上的压力表显示有数值，检查压力表完好。

请根据以上场景分析此缺陷可能存在的故障并分析其原因，并针对性编写检修方案，内容包括维修前准备、维修实施过程、维修后总结的全过程。

请考生：

1) 写出所有可能的故障原因；

2) 针对故障原因提出处理措施；

3) 解体止回阀；

4) 编制检修方案。

试题3　根据下图阐述单列角接触球轴承各组合方式的作用和特点

考核要求

(1) 本题分值：100

(2) 考核时间：30分钟

(3) 考核形式：问答

(4) 具体考核要求：

a) 考生正确回答考评员的提问。

b) 问题回答完；考生向考评员提出回答完毕。

(5) 否定项说明：

若考生发生下列情况之一，则应及时终止其考试，考生该试题成绩记为零分。

1) 考试过程中，非考生本人亲自参加考核；

2) 违反考场纪律，扰乱考场次序，不听从考评员指挥，影响考试正常执行；

3) 迟到30分钟视考生自动放弃考试；

试题情景

核电厂常用的单列角接触球轴承的安装组合方式如下图所示。

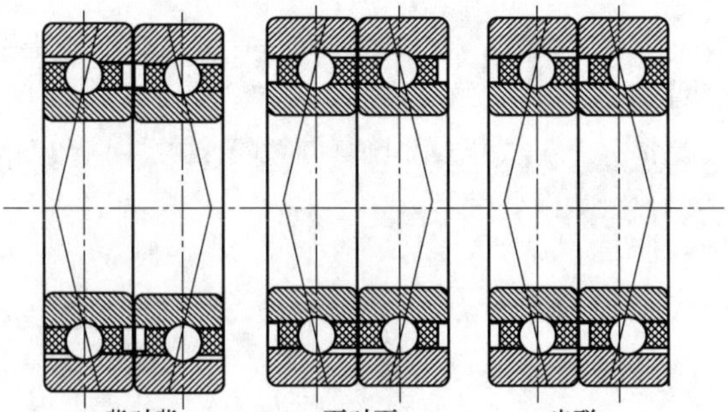

请考生:根据上图阐述单列角接触球轴承各组合方式的作用和特点。

职业技能鉴定国家题库

核反应堆核级机械设备检修工国家职业资格三级
操作技能考核准备通知单（考场）A

试题 1

考场准备

(1) 试题名称:核电厂止回阀 NINISH DN150 解体检修前的维修准备工作
(2) 本题分值:25
(3) 考核时间:30 分钟
(4) 考核形式:实操/模拟
(5) 设备设施准备

序号	名称	规格	单位	数量	备注
1	止回阀		台	1	模拟体型号 NINISH DN150
2	签字笔	0.5 mm	支	1	
3	空白纸	A4	张	若干	

试题 2

考场准备

(1) 试题名称:型号为 H44H—25—DN200 的止回阀内漏解体检修
(2) 本题分值:100
(3) 考核时间:120 分钟
(4) 考核形式:实操
(5) 设备设施准备

序号	名称	规格	单位	数量	备注
1	止回阀	H44H—25　DN200	台	1	模拟体
2	签字笔	0.5 mm	支	1	
3	空白纸	A4	张	若干	
4	绘图工具		套	1	三角尺

试题 3

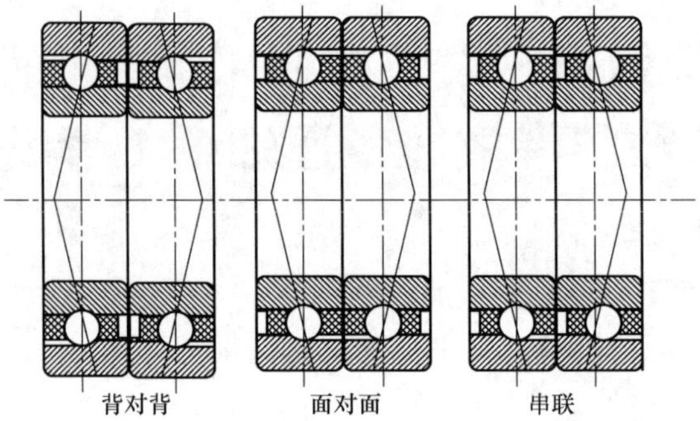

考场准备

(1) 试题名称:根据下图阐述单列角接触球轴承各组合方式的作用和特点

(2) 本题分值:100

(3) 考核时间:30 分钟

(4) 考核形式:问答

(5) 设施准备

序号	名称	规格	单位	数量	备注
1	签字笔		支	1	
2	记录纸		张	1	

职业技能鉴定国家题库

核反应堆核级机械设备检修工国家职业资格三级
操作技能考核准备通知单（考生）A

姓名:______________ 准考证号:________________ 单位:______________

试题 1

考生准备

(1) 试题名称:核电厂止回阀 NINISH DN150 解体检修前的维修准备工作

(2) 本题分值:25

(3) 考核时间:30 分钟

(4) 考核形式:实操/模拟

(5) 工具及其他准备:无

试题 2

考生准备

(1) 试题名称:型号为 H44H-25-DN200 的止回阀内漏解体检修

(2) 本题分值:100

(3) 考核时间:120 分钟

(4) 考核形式:实操

(5) 工具及其他准备:

考生需要准备止回阀解体的通用工器具、劳保用品和材料

试题 3

考生准备

(1) 试题名称:根据下图阐述单列角接触球轴承各组合方式的作用和特点

(2) 本题分值:100

(3) 考核时间:30 分钟

(4) 考核形式:问答

(5) 工具及其他准备:无

职业技能鉴定国家题库

核反应堆核级机械设备检修工国家职业资格三级
操作技能考核评分记录表 A

考件编号:________ 姓名:________ 准考证号:________ 单位:________

总成绩表

序号	试题名称	配分	得分	权重	最后得分	备注
1	核电厂止回阀 NINISH DN150 解体检修前的维修准备工作	100		0.25		
2	型号为 H44H-25-DN200 的止回阀内漏解体检修	100		0.6		
3	根据下图阐述单列角接触球轴承各组合方式的作用和特点	100		0.15		
合　计						

统分人:　　　　　　　　　　　　　　　　　　年　月　日

职业技能鉴定国家题库
核反应堆核级机械设备检修工国家职业资格三级
操作技能考核评分记录表 A

考件编号:________ 姓名:________ 准考证号:________ 单位:________

试题 1　核电厂止回阀 NINISH DN150 解体检修前的维修准备工作

配分与评分标准:

序号	考核内容	考核要点	配分	评分标准	扣分	得分
1	维修技术准备	1. 提前熟悉现场设备的位置和状况; 2. 现场勘查了解缺陷情况,制定相应的维修工作计划和维修技术方案; 3. 识别维修活动中存在的风险,编制风险应对措施; 4. 了解设备的维修历史,确认是否有和工作有关的、且未处理或未关闭的 NCR 和 QDR; 5. 了解设备的经验反馈,确认是否有和工作相关的状态报告和经验反馈; 6. 完成相应的维修工作包的准备,包括维修工单、维修工作指令、维修质量计划、技术方案及其他支持性文件的准备。	10	1. 考核要点中每项 2 分,提及每项中的相关内容得 2 分; 2. 满分 10 分。		
2	维修实施准备	1. 准备维修活动所需要的工种(包括配合工种)、人数、资格要求、各工种预计的作业时间; 2. 准备维修活动中所需的维修材料并确保符合要求; 3. 准备维修活动中所需的备品备件并检查备品备件的可用性; 4. 准备维修活动中所需的工器具,包括计量工器具和安全工器具; 5. 完成维修场地的布置及准备: 1)建立维修隔离区; 2)维修场地布置合理,对废弃物、污染物的存放转移等做好准备; 3)做好防止松散污染的布置及准备; 6. 安全防护用品及辐射防护用品的准备,包括安全帽、工作服、防砸鞋、辐射防护服、乳胶手套等的准备; 7. 维修支持工作的准备,包括脚手架、保温、防腐、起重、机加工等方面的准备。	15	1. 考核要点中的第 1、2、3、4、6、7 项每项 2 分,提及每项中的相关内容得 2 分; 2. 考核要点中的第 5 项共 3 分,每提及第 5 项中的一条相关内容得 1 分; 3. 满分 15 分。		
合计						

否定项:无

评分人:　　　年　　月　　日　　　　　　　　　　　　核分人:　　　年　　月　　日

职业技能鉴定国家题库

核反应堆核级机械设备检修工国家职业资格三级
操作技能考核评分记录表 A

考件编号:________ 姓名:________ 准考证号:________ 单位:________

试题 2 型号为 H44H-25-DN200 的止回阀内漏解体检修

配分与评分标准:

序号	考核内容	考核要点	配分	评分标准	扣分	得分
1	故障判断	1. 阀座密封面损坏; 2. 阀板密封面损坏; 3. 阀板与阀座之间有异物导致卡涩; 4. 阀板固定摇臂定位销脱落导致阀板下沉,无法密封。	12	1. 每分析 1 项考核要点中提及的原因,得 3 分; 2. 分析到考核要点中未提及的其他相关原因,1 项得 0～2 分; 3. 未分析故障原因不得分。 满分 12 分。		
2	故障排除	1. 阀座密封面进行研磨修复(必要时更换); 2. 阀板密封面进行研磨修复(必要时更换); 3. 清理密封面间的异物; 4. 重新对摇臂轴进行固定(必要时可以点焊)。	12	1. 每制定 1 项考核要点中提及的优化措施,得 3 分; 2. 制定考核要点中未提及的其他优化措施,1 项得 0～2 分; 3. 未制定优化措施不得分。 满分 12 分。		
3	维修准备	1. 工器具清单; 2. 检修耗材清单; 3. 备品备件清单; 4. 检修场地布置。	15	1. 工器具、耗材、备件清单,每项 3 分; 2. 完成场地布置,得 6 分; 3. 未制定清单不得分。 满分 15 分。		
4	止回阀解体	1. 召开工前会(工作事项、工作内容、工作风险、工作步骤、经验反馈等); 2. 检查标牌; 3. 在阀体和盖板作标记,以便回装时复位; 4. 拧松并取下螺母,取掉盖板; 5. 做好阀盖、阀体、四开环之间的位置标记; 6. 用铜棒轻敲阀盖,使阀盖下落; 7. 取出四开环、垫圈、密封圈; 8. 取出阀盖;	24	1. 检修步骤 1 项未实施,扣 1.5 分,扣完为止; 2. 步骤顺序错误,扣 5 分。 满分 24 分。		

续表

序号	考核内容	考核要点	配分	评分标准	扣分	得分
4	止回阀解体	9. 拧出螺钉,取出固定开环; 10. 将摇杆座带摇杆、阀瓣一起从阀板内取出; 11. 敲出销轴,将摇杆和阀板从摇杆座取出; 12. 卸下钢丝,旋下螺母取下垫圈; 13. 取下阀板,并做好保护; 14. 用白布和塑料布包扎阀体中法兰口; 15. 以上部件拆下后依次放在保护垫上,小心损伤。	24	1. 检修步骤1项未实施,扣1.5分,扣完为止; 2. 步骤顺序错误,扣5分。 满分24分。		
5	清洗检查零部件	1. 用清洗剂清洗阀板和阀体的内腔,特别是阀座,清理检查阀体与阀盖的内壁是否有污垢堆积; 2. 检查阀体阀座密封面质量状况,其表面应平整、光滑,不得出现贯穿密封面的擦伤或划痕; 3. 检查阀板的质量状况,其密封面应平整、光滑,不得出现贯穿密封面的擦伤或划痕; 4. 阀瓣和阀座密封面若有轻微的划痕或小针眼之类的损伤,则需根据 6.3 对密封面进行研磨即可;若损伤较严重(如腐蚀、深度划痕等),则需对阀瓣或阀板进行更换; 5. 用清洗剂清洗摇杆销轴螺栓等零部件并进行检查,不得有锈蚀、磨损、划痕、吹损、等现象; 6. 清理打磨各接合面,不得有损坏现象; 7. 将检查结果记入检修报告。	15	清洗检查步骤 1 项未实施,扣 1.5 分,扣完为止。 满分15分。		
6	回装阀门	1. 将阀板放入摇杆孔内,装上垫圈旋紧螺母,穿入钢丝定位; 2. 将摇杆和摇杆座上的孔对齐,穿入销轴; 3. 以销对准阀腔内壁的导向槽,将摇杆座(带摇杆、阀板)放入阀腔。注意:摇杆座一定要安装到位; 4. 将固定开环压在摇杆座上,用螺钉将固定开环和摇杆座进行固定; 5. 手动拉动摇杆,确认摇杆带阀板转动灵活,对中良好; 6. 将垫片放入阀体的中法兰结合面上; 7. 将螺栓拧入阀盖中,并将阀盖按照标记放入阀腔; 8. 依次放入密封圈,垫圈、四开环,注意按照标记放好;	22	1. 检修步骤1项未实施,扣1.5分,扣完为止; 2. 步骤顺序错误,扣5分; 3. 零部件遗失未回装,扣5分。 满分22分。		

续表

序号	考核内容	考核要点	配分	评分标准	扣分	得分
6	回装阀门	9. 按照位置放好盖板,在螺栓上涂防咬剂并拧上螺母; 10. 手动逐渐拧紧螺母,拉起阀盖直到开始吃力。拧紧时几颗螺母要求轮流拧紧,上升均匀; 11. 对称均匀拧紧螺母,预紧力矩 190～240 N·m; 12. 中法兰最终间隙为零; 13. 清理现场,工完料尽场地清; 14. 工后会。	22	1. 检修步骤 1 项未实施,扣 1.5 分,扣完为止; 2. 步骤顺序错误,扣 5 分; 3. 零部件遗失未回装,扣 5 分。 满分 22 分。		
合计						

否定项:
1. 考生未分析止回阀内漏的原因;
2. 考生操作实操中野蛮操作,损坏设备及工器具。

评分人:　　年　月　日　　　　核分人:　　年　月　日

职业技能鉴定国家题库

核反应堆核级机械设备检修工国家职业资格三级
操作技能考核评分记录表 A

考件编号:________ 姓名:________ 准考证号:________ 单位:________

试题 3 根据下图阐述单列角接触球轴承各组合方式的作用和特点

配分与评分标准:

序号	考核内容	考核要点	配分	评分标准	扣分	得分
1	背对背配置	1. 背对背配置的轴承可承受作用于两个方向上的轴向载荷; 2. 背对背配置的轴承每个方向上的载荷只能由一个轴承承受; 3. 背对背配置的轴承提供刚性相对较高的轴承配置; 4. 背对背配置的轴承可承受倾覆力矩。	28 分	1 条未提及扣 7 分; 条理不清酌情扣分。		
2	面对面配置	1. 面对面配置的轴承可承受作用于两个方向上的轴向载荷; 2. 面对面配置的轴承每个方向上的载荷只能由一个轴承承受; 3. 面对面配置的轴承不如背对背配对的刚性高; 4. 面对面配置的轴承不太适合承受倾覆力矩; 5. 面对面配置的轴承组只能承受作用于一个方向上的轴向载荷; 6. 面对面配置的轴承如果轴向载荷作用于相反方向,或有复合载荷,就必须增加一个相对串联配对轴承调节的第三个轴承。	42 分	1 条未提及扣 7 分; 条理不清酌情扣分。		
3	串联配置	1. 串联配置轴承,径向和轴向载荷由轴承均匀分担; 2. 串联配置轴承组只能承受作用于一个方向上的轴向载荷; 3. 串联配置轴承如果轴向载荷作用于相反方向,或有复合载荷,就必须增加一个相对串联配对轴承调节的第三个轴承; 4. 串联配置轴承也可在同一支承处串联三个或多个轴承,但只能承受单方向的轴向载荷; 5. 串联配置轴承为了平衡和限制轴的轴向位移,另一支承处需安装能承受另一方向轴向载荷的轴承。	30 分	1 条未提及扣 6 分; 条理不清酌情扣分。		
合计						

否定项:若考生发生下列情况之一,则应及时终止其考试,考生该试题成绩记为零分。

1) 考试过程中,非考生本人亲自参加考核;
2) 违反考场纪律,扰乱考场次序,不听从考评员指挥,影响考试正常执行;
3) 迟到 30 分钟视考生自动放弃考试。

评分人: 年 月 日 核分人: 年 月 日

参考文献

[1] 陈梁,李涛. 国家职业资格培训教程　核反应堆核级设备检修工(基础知识)[M]. 北京:中国原子能出版社,2014.

[2] 陈梁,李涛.国家职业资格培训教程　核反应堆核级设备检修工(初级技能　中级技能　高级技能)[M]. 北京:中国原子能出版社,2014.

[3] 陈梁,李涛. 国家职业资格培训教程　核反应堆核级设备检修工(技师技能　高级技师技能)[M]. 北京:中国原子能出版社,2014.

核电机组系统设备

异常缺陷“病历库”

第二册

福建福清核电有限公司　编

中国原子能出版社
China Atomic Energy Press

图书在版编目(CIP)数据

核电机组系统设备异常缺陷"病历库" / 福建福清核电有限公司编. — 北京 : 中国原子能出版社, 2020.7

ISBN 978-7-5221-0618-2

Ⅰ. ①核… Ⅱ. ①福… Ⅲ. ①核电站-发电机组-电气设备-检修 Ⅳ. ①TM623.7

中国版本图书馆 CIP 数据核字(2020)第 101274 号

核电机组系统设备异常缺陷"病历库"(第二册)

出版发行 中国原子能出版社(北京市海淀区阜成路 43 号 100048)
策划编辑 王 丹 高树超
责任编辑 高树超
责任校对 冯莲凤
责任印制 潘玉玲
装帧设计 赵 杰
印　　刷 河北文盛印刷有限公司
开　　本 787 mm×1092 mm 1/16
印　　张 24
字　　数 538 千字
版　　次 2020 年 7 月第 1 版 2020 年 7 月第 1 次印刷
书　　号 ISBN 978-7-5221-0618-2
定　　价 698.00 元(全三册)

发行电话:010-68452845

编 委 会

序　言

核能作为我国能源的重要组成部分，其发展事关国家能源战略安全。中国核能行业协会发布的《我国三代核电发展战略价值研究报告》指出，无论从三代核能发展的政治战略价值分析、社会生态价值分析，还是经济战略价值分析，核能都是构建清洁低碳、多轮驱动的能源供应体系的一种必然选择。为了占领核能发展的制高点，不断改进核电的安全性，提升核电的经济性，世界各国核能创新的步伐没有停歇，正在加快推进先进核能技术的开发，竞相占领创新发展制高点。

核能发展需要有远谋，更需要有作为。自主创新，抢占核能发展的制高点，是引领世界核能发展的关键，是中国从核能大国转向核能强国的核心所在。

讲核电发展，首先就是要讲核电的安全。没有安全为基础，核电发展就是“无源之水，无本之木”。筑牢核安全基石、确保核电安全是国家对核能行业的使命要求，也是核能行业共同的政治责任和社会责任。

如何提高核电的安全性，呵护核电安全运行？设备可靠性管理在核电提升核安全水平，提高机组能力因子，降低生产成本，持续改进整体业绩中起着非常重要的作用。并在实践中得到验证和高度认可。设备可靠性管理的创新无疑可以为保障设备的安全可靠运行、推动核电的安全提供持续的动力。

创新从何而来？创新应该来源于积累！

福清核电 1~4 号机组已投运数年，在设备可靠性管理方面，积累了丰富的设备异常缺陷处理案例、经验和技术资料。《旧唐书·魏徵传》李世民曰：“夫以铜为镜，可以正衣冠；以史为镜，可以知兴替；以人为镜，可以明得失。”这些设备异常缺陷处理数据都能成为我们机组系统设备异常缺陷处理的“镜子”，也能成为我们设备可靠性管理创新的基石，打开我们领引核电设备可靠性管理的大门。

作为守卫核电机组安全的核电运行人，我们始终践行着“做一名具有高度责任心的核电运行人”，思考着设备可靠性管理的提升，思考着如何去利用好这一面面的“镜子”。机组系统设备与人身体器官的类比性，让医疗体系的“病历”给了我们启发。让我们从医疗系统“病历”的角度出发，思考核电机组系统设备异常缺陷(故障)处理，于是我们考虑构建机组系统设备异常缺陷“病历库”，来对机组上系统设备异常缺陷的处理数据信息进行科学的管理。

“病历”在医疗系统诞生由来已久，远超核电的发展历史，在医疗行业其科学性和实际应用价值毋庸置疑。将医疗系统的“病历”概念和先进的管理方法引入核电，当前全世界范围内尚无先例，对于我们是挑战也是创新。核电机组与人有类比性，医疗行业和核电行业也有类比性，但核电有核电的特殊性，医疗也有其特殊性，因此我们需要谨慎借鉴和仔细研究，而不是一味照搬。

构建机组系统设备异常缺陷“病历库”，并不是为了标新立异而去又弄一个新名字的旧管理方法，来增大我们核电工作人员的负担，而是要构建机组系统设备异常缺陷处理科学的管理体系，要为我们机组系统设备异常缺陷处理带来方便，提高我们工作的效率和生产效益，提高我们设备可靠性管理水平，提高我们的安全保障。“病历库”的构建以处理机组系统设备异常缺陷为导向，不同于我们以往的技术报告、经验反馈、良好实践、偏差快报等，“病历库”关注设备异常缺陷处理的全过程，关联整个系统、整个机组的全范围，涉及各消缺相关的专业的全员，贯穿设备异常缺陷处理的始终。

基于此，我们在此书中阐述当前阶段在实现构建核电机组系统设备异常缺陷“病历库”体系过程中的实践工作成果。同时国务院印发的《新一代人工智能发展规划》中明确提出要建立混合增强智能支撑平台，建立“支撑核电安全运营的智能保障平台”。我们借鉴和吸收医疗电子病历体系先进的科学管理方法和使用经验，也进行了前瞻性的规划研究工作，拟构建核电机组系统设备“病历库”软件平台，规划利用数据库技术和数据挖掘(包括神网络法、关联规则法、决策树法等)等人工智能技术开发核电的“病历库”软件系统，以抢抓人工智能发展的重大战略机遇，构筑我国核电领域人工智能发展的先发优势。

核电机组系统设备“病历库”软件平台主要实现以下两大目标：1)构建核电机组系统设备“病历库”大数据。构建系统设备的“病症库”大数据、“运维处方库”大数据、“运维专家库”大数据、“源项关联分析(源项库)”全域大数据；2)实现设备异常缺陷处理的人工智能技术应用。实现自动识别和确诊系统设备的异常缺陷，自动运行干预行动操作票和维修消缺行动操作票自动生成功能。利用“病历库”的大数据和人工智能，应用到核电运维领域的日常和大修期间设备异常缺陷处理的数据录入、查询、分类、归纳、统计分析、风险源项关联分析、干预行动和消缺行动制定等工作中，应用到核电运维领域的定期试验、设备切换、预防维修、技术改造创新等工作的风险源项关联分析、预防措施制定、事故预想、决策支持等方面，继而提高核电各专业协同作战的水平，提高核电运维工作效率，提高设备故障处理的及时性和有效性，进而提升设备可靠性管理水平，实现建立起我国”支撑核电安全运营的智能保障平台”的远大愿景。

核工业是高科技战略产业，在面临新一轮人工智能发展的重大战略机遇期，建设创新型国家和世界科技强国过程中，要继续发扬“两弹一星”精神，勇于登攀，奋发进取，加快实现我国由核大国向核强国跨越。核电系统设备异常缺陷“病历库”体系的构建，可以使福清核电在中国乃至在全世界范围内，首次在核电领域采用“病历库”的概念和科学的“病历”管理体系，进而切实的做到从“实战”中总结应用到“实战”中去，提升运维人员在设备故障处理时“协同作战”的水平，提高我国核电设备可靠性管理水平，抢占核能发展制高点，引领世界核能发展，走出一条中国特色的核能发展之路。

前　言

构建机组系统设备异常缺陷“病历库”，我们运行部门主要分三步走：第一步由运行二处组织策划“病历库”的编制方案，组织运行值人员按系统分类收集整理 1~4 号机组系统设备异常缺陷处理相关的运行异常反馈邮件和专业 oncall 反馈邮件、值长日报和维修日报、运行一处和运行二处内部经验反馈等数据资料，并安排操纵员和高级操纵员编写机组各工艺系统的“病历库”，组织值长和副值长对“病历库”内容进行审校。将“病历库”作为机组系统设备故障时诊断与采取干预措施的重要参考资料信息，同时构建起处理异常缺陷的知识体系，来提升操纵员的基本功。

第二步由运行一处组织在“病历库”基础上，依托福清核电启明星计划项目，组织操纵员和高级操纵员对典型病历进行研究分析，提炼和优化运行控制干预方案，并将成果优化到运行规程程序中，根据病历研究分析结果，对机组巡检数据进行全面优化，对系统健康评价和精细化巡检进行全面优化。

第三步由运行二处组织“病历库”平台软件的开发策划和研究工作，通过构建“病历库”软件平台来科学的管理机组系统设备异常缺陷的处理数据，构建起机组系统设备异常缺陷处理的大数据，继而打开核电设备故障人工智能化处理的大门，将“病历库”平台软件中的“运维处方库”“运维专家库”“机组系统设备源项关联分析数据库”应用到我们核电机组日常定期试验、定期切换、设备预维工作、设备隔离检修工作、设备故障处理等等运维工作中去。

本书作为构建核电系统设备异常缺陷“病历库”的第一步，着力于收集整理机组系统设备异常缺陷处理数据资料，编制《核电系统设备异常缺陷“病历库”》，阐述核电系统设备异常缺陷“病历库”的目的意义、构建方法，规划“病历库”软件平台的功能模块设计和逻辑流程。

本书在公司领导和处室领导贾玉强等同志的安排规划下，由运行二处一值负责编写。在运行二处一值值长的带领和组织下，从 2018 年开始，历经约半年时间，我们按系统分类收集整理了福清核电 1~4 号机组系统设备异常缺陷处理相关的运行异常反馈邮件和专业 oncall 反馈邮件、值长日报和维修日报、运行一处和运行二处内部经验反馈等数据资料。

2019 年年初根据安排，处室领导杨东升、董恩兴副处长、陈路标高级值长指导我们编写了《核电机组系统设备异常缺陷“病历库”编制策划书》，我们规划了编制计划、人员分工，设计了“病历卡”模板，制定了“病历卡”编写规范。

策划完成后，运行二处一值在值长和副值长带领下，组织操纵员和高级操纵员立即着手开始了机组系统设备“病历库”的编写工作。编制过程中，我们翻阅了收集资料中的运行异常反馈邮件和专业 oncall 反馈邮件、值长日报和维修日报、运行一处和运行二处内部经验反馈、运行周报、核安全周报等大量数据资料，同时查看了 EAM 和 ECM

系统中大量维修完工报告、工作分析报告，查找了大量运行日志数据信息，研究了模拟图、逻辑图、技术报告、系统设备运维手册等资料，力求编制的每个设备异常缺陷对应的“病历卡”信息，具有更实用更全面更有效应用价值。历经大半年时间，大家投入了极大的热情和大量休息时间，全身心地投入到这一意义重大富有创新的“病历库”编制工作中，终于成稿。

全书共分三册，包括综述和其他六个章节，其中综述由谷铁同志编写，其余第二章到第七章为各系统“病历库”章节，该部分由运行一值的操纵员和高级操纵员及副值长负责编写，具体分工如表1所示。

表1　人员系统分工表

编写人员	负责系统
谷　铁	ABP、ACO、ADG、AGM、APA、CFI、DEG、DEL、KCS、KIC、KCP、KRT、RGL、VVP、RPE、AVC、LSS、GPA、RIC、LLS、SIT、LAA、GSE、CTE、GGR、LHP、LHQ、LHA、RAZ、RAM、SAP、PTR、CEX、GSY、GRE、SEC、SEN、RPN、SEL
姚嘉俊	AHP、APG、RCV、REN、STR
石亿虎	APD、ARE、DVN、GSS、RCP、RIS、RPN、RPR、SRI
高鹏威	CVI、DVC、DVL、DVK、GCT、GSY、LHP、LHQ
石兴强	ATE、GRE、GRH、GRV、SIR、SEL
胡松辉	ASG、CET、CGR、GFR、GHE、GST、SAR
朱克勤	EAS、8TEG、8TEP、8TEU、TER、ASG
林赐彦	8SRE、8TEG、8TEP、8TEU、ETY、RRI、RRA、RCV、LBA、SAR
张美强	DVE、DVF、DVG、DVH、DVI、DVS、RRM、DVL
杨少东	JDT、JPT、JPU、JPD、JPI、JPL、JPP、JPV、KKO、RRI
陈金龙	SAP、SEN、SER、RRM、RAZ
唐　杰	LGA、LGB、LGD、LHA、LHB、LKR
王　敏	LKC、LKD、LKE、LKF、LKG、LKH、LKJ、LKP、LKQ、LKR、CFI
游志泽	CRF、LBJ
高文超	REA、REN
向　阳	LCB

2019 年 06 月中旬，我们完成各工艺系统的“病历库”编制后，开始进行统稿校核，7 月初《核电机组系统设备异常缺陷“病历库”》的初稿终于完成。而后在运行二处一值高文超值长的组织和支持下，我们开始了《核电机组系统设备异常缺陷“病历库”》的升版和审稿工作。组织了运行二处和运行一处的值长、副值长历经一个季度，对一百多个系统，近千页稿件进行了审查，同时组织了值内操纵员进行修改升版(见表 2)。

表 2　审核人员分工

章　节	审核人员
第二章　一回路主要系统及其辅助系统“病历库”	高文超、谷铁、王伟、高云飞、吴锦财
第三章　二回路主要系统及其辅助系统“病历库”	常亚飞、王立、姚嘉俊、徐海龙
第四章　三回路主要系统及其辅助系统“病历库”	谷铁、向阳
第五章　BOP 系统及消防相关系统“病历库”	向阳
第六章　仪控相关系统“病历库”	宁宇
第七章　电气相关系统“病历库”	宁宇、谷铁、韩鋆龙
章　节	升版人员
第二章　一回路主要系统及其辅助系统“病历库”	谷铁、林赐彦、石亿虎、王敏、游志泽
第三章　二回路主要系统及其辅助系统“病历库”	高文超、谷铁、朱克勤、张美强、石兴强、唐杰
第四章　三回路主要系统及其辅助系统“病历库”	向阳、杨少东
第五章　BOP 系统及消防相关系统“病历库”	向阳、高鹏威、杨少东
第六章　仪控相关系统“病历库”	姚嘉俊、高鹏威、胡松辉
第七章　电气相关系统“病历库”	姚嘉俊、胡松辉

最终《核电机组系统设备异常缺陷“病历库”》的成稿总共囊括机组上 110 多个系统的“病历库”，达 1200 多页，总计 175 万多字。在此感谢各位编写人员和审稿人员的辛勤付出，也感谢在编写过程中各位处室领导的大力支持和热心指导。

《核电机组系统设备异常缺陷“病历库”》编写时间短、量大、难度高，限于作者知识水平有限，编写的过程中难免存在疏漏和不妥之处，欢迎读者批评指正，以使之不断完善。

声　明

本书中“病历”二字为对“异常缺陷处理过程数据信息”的类比而来。将机组和人类比，将系统设备与人体系统器官类比，把机组系统设备的异常缺陷与人身体器官的病变类比，进而将运维人员处理机组系统设备异常缺陷的历程数据和医生医治病人的病历类比。因此请勿对《核电机组系统设备异常缺陷“病历库”》全书中的“病历”二字进行过度解读，以免造成不必要的误会和中伤。

本书中所有系统“病历库”中所涉及的“病历卡”，由运行人员搜集福清核电机组系统设备异常缺陷案例编制而成，部分举例案例来自其他核电，编写过程中存在加工的成分，难免与实际事实存在不一致的情况，因此所有内容仅供工作学习参考，所有“病历卡”案例内容均不得当作事实成为任何纠纷的依据。

目　录

第三章　二回路主要系统及其辅助系统“病历库”

3.1 低压给水加热器系统(ABP)

3.1.1　1ABP420VV 显示大红色故障，现场查看为关闭状态

异常缺陷名称	1ABP420VV 显示大红色故障，现场查看为关闭状态
发生时间	2017 年 12 月 17 日夜班
机组状态	RP 模式，满功率
异常缺陷现象	1ABP420VV 显示大红色故障，现场查看为关闭
风险或潜在后果	影响 1ABP420VV 阀门动作的可靠性，影响汽轮机抽汽管道的疏水
干预行动	已采取的行动措施： 1)安排现场检查确认阀门实际状态； 2)oncall 仪控和机械检查处理； 3)主控加强关注 1ABP113SN/114SN 的触发情况，若液位高触发阀门未自动开启，安排现场手动开启
原因分析	联轴器偏移
消缺行动	机械处理反馈： 1)处理过程： ①对联轴器进行校正； ②仪控配合安装限位连杆； ③联系运行人员进行验收。 2)故障原因分析：联轴器偏移

续表

相关知识	ABP420VV 控制逻辑： 1）ABP420VV（4A 低加抽汽止回阀前疏水阀）自动开关信号：ABP113SN 触发（4A 低加抽汽止回阀前疏水袋前液位高）或 4A 低加抽汽止回阀关或汽轮机负荷小于 30%FP 或汽轮机跳闸，ABP420VV 将自动开启，开启经一定延迟后自动关闭； 2）ABP420VV（4A 低加抽汽止回阀前疏水阀）保护开信号：ABP114SN 触发（4A 低加抽汽止回阀前疏水袋前液位高高）信号	
参考资料信息	维修一处机械：完工报告《FQ1-MA01-RCWO-00782475/01 1ABP420VV 显示大红色故障，现场查看为关闭，怀疑限位问题，需检查处理》； WR/WOT：322384/00782475-01（紧急工单）	
编　　者	运行二处一值：谷铁	时间：2019 年 01 月 10 日

3.1.2 2ABP420VV 阀门在开启过程中显示大红色

异常缺陷名称	2ABP420VV 阀门在开启过程中显示大红色，现场检查已碰到开限位
发生时间	2017 年 11 月 05 日早班
机组状态	RP 模式，上行准备冲转并网
异常缺陷现象	执行 FQ2-GTA-C-005 时发现 2ABP420VV 大红色，现场检查已碰到开限位
风险或潜在后果	影响 2ABP420VV 阀门动作的可靠性，影响汽轮机抽汽管道的疏水
干预行动	已采取的行动措施： 1）安排现场检查确认阀门实际状态； 2）oncall 仪控检查处理； 3）主控加强关注 2ABP113SN/114SN 的触发情况，若液位高触发阀门未自动开启，则安排现场手动开启
原因分析	2ABP420VV 阀门开关位置出现偏移
消缺行动	仪控处理反馈： 1）工作过程： ①拆除 2ABP420VV 开关； ②向 2ABP420VV 阀杆方向移动开关，且固定开关； ③验证开关动作正常； ④将限位开关反馈杆与阀杆重新连接并进行固定； ⑤联系运行人员验收。 2）故障原因分析：2ABP420VV 阀门开关位置出现偏移

续　表

相关知识	ABP420VV(4A 低加抽汽止回阀前疏水阀)的自动控制逻辑： 1) ABP420VV(4A 低加抽汽止回阀前疏水阀)自动开关信号：ABP113SN 触发(4A 低加抽汽止回阀前疏水袋前液位高)或 4A 低加抽汽止回阀关或汽轮机负荷小于 30% FP 或汽轮机跳闸，ABP420VV 将自动开启，开启经一定延迟后自动关闭； 2) ABP420VV(4A 低加抽汽止回阀前疏水阀)保护开信号：ABP114SN 触发(4A 低加抽汽止回阀前疏水袋前液位高高)信号	
参考资料信息	维修一处仪控：完工报告《FQ2-MA03-RCWO-00745371/01 2ABP420VV 阀门在开启过程中显示大红色，现场检查已碰到开限位，需检查处理》； WR/WOT：00307524/00745371-01(紧急工单)	
编　　者	运行二处一值：谷铁	时间：2019 年 01 月 10 日

3.1.3　1ABP001HXT 中 1ABP003KT 显示××××

异常缺陷名称	1ABP001HXT 中 1ABP003KT 显示××××，需检查仪表
发生时间	2018 年 03 月 05 日早班
机组状态	机组 103 大修
异常缺陷现象	1ABP001HXT 中 1ABP003KT 显示××××
风险或潜在后果	导致使用 1ABP003KT 无法监测 1B 低加进口水温
干预行动	已采取的行动措施： 1)安排现场检查 1ABP003KT 外观和接线情况； 2) oncall 仪控检查处理； 3)通过 1CEX007KT 和 1ABP0001KT 辅助监视 1B 低加进口水温
原因分析	温度元件接线脱落
消缺行动	仪控处理反馈： 1)处理过程： ①在 DCS 机柜侧检查 1ABP003KT 的接线，检查并未松动； ②来到就地检查温度元件接线，发现有一根接线脱落，重新压线鼻子进行紧固，联系运行人员，1ABP003KT 显示正常； 2)故障原因分析：温度元件接线脱落

续　表

相关知识	1ABP003KT 只参与 KIC 显示，不涉及报警和逻辑动作	
参考资料信息	维修一处仪控：完工报告《FQ1-MA03-RCWO-00865924/01 1ABP003KT 显示×××》； WR/WOT：00356593/00865924-01(紧急工单)； 其他类似异常缺陷： 1)2018 年 02 月 05 日，开工计划工单：3ABP013KT 主控显示××××检查处理(WOT：00842144-01)。 故障原因分析：3ABP013KT 无件内接线松动导致主控显示××××。 详情请见维修二处：完工报告《FQ3-MA03-RCWO-00842144/01 维修一级：3ABP013KT 主控显示××××检查处理》。 2)2017 年 08 月 13 日，开工计划工单：4ABP017KT 主控显示××××检查处理(WOT：00669579-01)。 故障原因分析：4ABP017KT 接线松动，导致温度显示故障。 详情请见维修二处：完工报告《FQ4-MA03-RCWO-00669579/01 4ABP017KT 主控显示×××检查处理》	
编　　者	运行二处一值：谷铁	时间：2019 年 01 月 10 日

3.1.4　2ABP402VV 全关后主控显示有 2%开度，一直黄色闪烁，就地显示关扭矩报警

异常缺陷名称	2ABP402VV 全关后主控显示有 2%开度，一直黄色闪烁，就地显示关扭矩报警
发生时间	2017 年 07 月 14 日夜班
机组状态	NS/SG 模式
异常缺陷现象	2ABP402VV(3A 低加进汽电动隔离阀)全关后主控画面显示有 2%开度，该阀门在主控面面一直黄色闪烁，现场检查电动头显示关扭矩报警
风险或潜在后果	导致阀门电动头显示关扭矩报警，影响阀门开关的可靠性，可能导致阀门损坏
干预行动	已采取的行动措施： 1)安排现场检查阀门开关动作情况和电动头报警情况； 2)oncall 电气检查处理
原因分析	阀门关限位偏差造成关扭矩报警

续　表

消缺行动	电气处理反馈： 1）检修内容及步骤： ①现场检查电动头显示关扭矩报警，手摇阀门确认已是全关位； ②重新设定关限位，联系主控开、关操作阀门确认报警消除； 2）故障原因分析：阀门关限位偏差造成关扭矩报警	
相关知识	ABP402VV（3A 低加进汽电动隔离阀）的控制逻辑： 1）开启条件： ①汽轮机未跳闸；②3/4A 低加液位不高<38 mm；③3/4A 低加进出水阀全开。 2）保护关闭： ①汽轮机跳闸；②3A 低加解列；③4A 低加解列	
参考资料信息	维修一处电气：完工报告《FQ2-MA02-RCWO-00655981/01 2ABP402VV 阀门显示 2%，主控触发报警》； WR/WOT：00268687/00655981-01（紧急工单），工作许可证：20172PT21872（2ABP402VV 阀门显示 2%，主控触发报警）	
编　　者	运行二处一值：谷铁	时间：2019 年 03 月 16 日

3.1.5　4ABP102VL 主控显示大红色

异常缺陷名称	4ABP102VL 主控显示大红色
发生时间	2017 年 07 月 25 日早班
机组状态	4 号机组处于调试启动阶段
异常缺陷现象	执行 4ABP 充水排气时，4ABP102VL 在主控 KIC 中显示大红色，存在开故障，检查阀门全关时就地电动头显示过力矩报警
风险或潜在后果	4ABP102VL 主控显示大红色，无法正常动作
干预行动	已采取的行动措施： 1）安排现场检查阀门实际开关状态和电动头报警情况，确认电动头上显示过力矩报警； 2）oncall 电气检查处理
原因分析	4ABP102VL 关限位位置偏移

续 表

消缺行动	电气处理反馈： 1）工作过程： ①现场检查 4ABP102VL 屏幕有过力矩显示，主控显示大红色； ②开紧急票处理，对 4ABP102VL 关限位重新调整； ③就地电动操作 4ABP102VL 阀门正常； ④联系主控远方操作 4ABP102VL 阀门正常； 2）故障原因分析：4ABP102VL 关限位位置偏移	
相关知识	ABP102VL（2A 低加出水电动阀）的控制逻辑： 1）开启条件：1/2A 低加高液位未触发<-800 mm； 2）自动关闭：①1A 低加解列；②2A 低加解列； 3）ABP102VL 未全开时，1 号、2 号低加旁路阀 ABP008VL 将保护全开	
参考资料信息	维修二处电气：完工报告《FQ4-MA02-RCWO-00661765/01 4ABP102VL 显示开故障，全关后就地显示过力矩，需调整限位》；WR/WOT：00272817/00661765-01（紧急工单）	
编　　者	运行二处一值：谷铁	时间：2019 年 03 月 16 日

3.1.6 3ABP510VV 在 KIC 画面中显示洋红色

异常缺陷名称	3ABP510VV 在 KIC 画面中显示洋红色
发生时间	2017 年 02 月 05 日早班
机组状态	RP 模式，热功率 3 MW
异常缺陷现象	3ABP510VV 在 KIC 画面中显示洋红色
风险或潜在后果	导致 3ABP510VV 无法手动操作
干预行动	已采取的行动措施： 1）安排现场检查阀门的实际开关状态； 2）oncall 仪控检查处理
原因分析	3ABP510VV 限位开关没有触发
消缺行动	仪控处理反馈： 1）工作过程： ①使用螺丝刀拆开 3ABP510VV 限位开关盖子； ②使用内六角及开口扳手松开 3ABP510VV 开限位开关固定螺丝；

续　表

消缺行动	③调整 3ABP510VV 开限位开关至触发状态； ④使用内六角及开口扳手紧固 3ABP510VV 开限位开关固定螺丝； ⑤装回 3ABP510VV 限位开关盖子，并使用螺丝刀紧固； ⑥联系运行人员对 3ABP510VV 进行操开关试验，阀门动作正常。 2)故障原因分析：3ABP510VV 限位开关没有触发
相关知识	ABP510VV(3A/B 抽汽母管止回阀前疏水阀)的控制逻辑： 1)自动开启： ①汽轮机跳闸；②发电机有功功率<30%；③3A/B 低加抽汽母管止回阀有保护关闭命令；④疏水袋水位高 ABP111SN 触发。 2)保护开启：疏水袋水位高高 ABP112SN 触发。 3)自动关闭：自动开启命令消失后 2 s
参考资料信息	维修二处仪控：完工报告《FQ3-MA03-RCWO-00509114/01 3ABP510VV 显示不正常需检查》； WR/WOT：00211943/00509114-01（紧急工单），工作许可证：3PT06960 3ABP510VV 画面洋红色处理
编　　者	运行二处一值：谷铁　　时间：2019 年 03 月 16 日

3.1.7　机组升功率到满功率后，3ABP403VV 主控仍显示大红色故障

异常缺陷名称	机组升功率到满功率后，3ABP403VV 主控仍显示大红色故障
发生时间	2017 年 02 月 14 日早班
机组状态	RP 模式，满功率
异常缺陷现象	机组升到满负荷后，3ABP403VV 主控仍显示大红色故障
风险或潜在后果	3ABP403VV 主控显示大红色故障，影响阀门开关操作的可靠性
干预行动	已采取的行动措施： 1)安排现场检查检查确认 3ABP403VV 阀门实际处于开启状态； 2)填写缺陷申请单(WR)按计划处理
原因分析	3ABP403VV 开限位开关摆臂松动导致开限位开关无法正常触发
消缺行动	仪控处理反馈： 1)检修过程： ①使用螺丝刀打开 3ABP403VV 开限位开关仪表盖； ②使用万用表对 3ABP403VV 开限位开关端子进行测量；

续 表

消缺行动	③拨动 3ABP403VV 开限位开关摆臂，发现 3ABP403VV 未触发，但开限位开关能正常动作； ④使用万用表对 3ABP403VV 开限位开关端子进行测量，使用内六角松开 3ABP403VV 摆臂处紧固螺母，再使用螺丝刀对 3ABP403VV 开限位开关重新调整至触发位置； ⑤使用内六角紧固 3ABP403VV 开限位开关摆臂处螺母； ⑥使用螺丝刀回装开限位开关仪表盖； ⑦工作结束，清理现场。 2）故障原因分析：3ABP403VV 开限位开关摆臂松动导致开限位开关无法正常触发
相关知识	ABP403VV 的控制逻辑： 1）手动开启信号：KIC 开启+开启允许信号； 2）开启允许信号：汽轮机跳闸信号不存在 &3A 且 4A 低加液位不高； 3）手动关闭信号：KIC 关闭； 4）保护关闭信号：3A 低加解列或 4A 低加解列或汽轮机跳闸
参考资料信息	维修二处仪控：完工报告《FQ3-MA03-RCWO-00512950/01 检查 3ABP403VV 开限位开关》； WR/WOT：00214456/00512950-01（计划工单）； 其他类似异常缺陷： 1）2017 年 03 月 16 日，开工计划工单：1ABP503VV 在满功率后仍显示大红色，主控室产生报警（WOT：00531872-01）。 故障分析：限位开关接触不良。 详情请见完工报告：《FQ1-MA03-RCWO-00531872/01 1ABP503VV 在满功率后仍显示大红色，主控室产生报警，需要仪控复位》。 2）2017 年 05 月 10 日，开工计划工单：1 号机组在满功率情况下 1ABP503VV 在 KIC 上显示大红色，存在阀门故障报警，需检查处理（WOT：00561522-01）。 故障原因分析：1ABP503VV 限位开关长时间高温状态、动作不灵敏。 详情请见完工报告：《FQ1-MA03-RCWO-00561522/01 1 号机组在满功率情况下 1ABP503VV 在 KIC 上显示大红色，存在阀门故障报警，需调整限位开关》

编　　者	运行二处一值：谷铁	时间：2019 年 02 月 11 日

3.1.8　汽轮机抽汽电动隔离阀 3ABP404VV 在汽轮机打闸后未关闭

异常缺陷名称	汽轮机抽汽电动隔离阀 3ABP404VV(4A 低加进汽电动阀)在汽轮机打闸后未关闭，仍显示 100%开度	
发生时间	2016 年 10 月 11 日中班	
机组状态	3 号机组调试阶段，配合执行 TP3RRC58(100%平台)试验	
异常缺陷现象	中班配合执行 TP3RRC58(100%平台)试验，试验内容：100%FP 平台紧急停堆试验直接通过 ECP 上 RPA/B300TO 手动停堆。停机后汽轮机抽汽电动隔离阀 3ABP404VV 在汽轮机打闸后未关闭，仍显示 100%开度	
风险或潜在后果	3ABP404VV 未自动关闭，导致无法实现其防低加 U 型管泄漏或疏水堵塞而引起满水倒流入抽汽管道的功能	
干预行动	已采取的行动措施： 1)安排现场检查确认 3ABP404VV 实际为开启状态，查看电动头上故障情况，未见异常； 2)oncall 电气检查处理	
原因分析	3ABP404VV 电动执行机构程序设定不正确	
消缺行动	电气处理反馈： 1)工作过程： ①检查 3ABP404VV 阀门电动执行机构参数，发现输入设置为三相保持，更改为两相保持； ②参数修改完成后，将此阀门置于远控位，阀门自动由全开动作至全关。打就地位阀门开关均正常。联系主控，确认 KIC 画面显示正常，无故障出现。 2)故障原因分析：3ABP404VV 电动执行机构程序设定不正确	
相关知识	3ABP404VV 控制逻辑： 1)手动开启信号：KIC 开启+允许开信号； 2)手动关闭信号：KIC 关闭； 3)允许开启信号：汽轮机未跳闸+3A/4A 低加水位不高+ABP401/403VL 全开； 4)保护关闭信号：汽轮机跳闸或 3A 低加解列或 4A 低加解列	
参考资料信息	维修二处电气：完工报告《FQ3-MA03-RCWO-00389208/01 3ABP404VV 汽轮机打闸后未关闭》； WR/WOT：00178981/00389208-01(紧急工单)	
编　　者	运行二处一值：谷铁	时间：2019 年 03 月 17 日

3.1.9 2ABP001MP 主控显示××××

异常缺陷名称	2ABP001MP(3A 低加进汽压力变送器)主控显示××××
发生时间	2016 年 06 月 05 日夜班
机组状态	RP 模式，电功率 845 MWe
异常缺陷现象	巡检发现 3A 低加 2ABP001MP 显示××××，现场核实仪表外观无异常
风险或潜在后果	导致无法正常监视 3A 低加进汽压力
干预行动	已采取的行动措施： 1)安排现场检查 2ABP001MP 仪表外观和接线未见异常； 2)安排现场通过巡检 2ABP101LP(3A 低加壳体压力就地指示表)来监视 3A 低加进汽压力，压力在正常范围内； 3)提工作申请(WR)按计划处理
原因分析	压力变送器主板损坏
消缺行动	仪控处理反馈： 1)处理过程： ①测量 2ABP001MP 万用表串入电路显示 0.02 mA，变送器供电为 23.6 V，变送器当前显示为 0.21 MPa。 ②当前压力变送器已经损坏，并且无法进行校验； ③领取新的 Honeywell ST3000 型压力变送器，并进行校验，出具校验记录单； ④拆除已损坏压力变送器，并且将新变送器装上； ⑤恢复接线并打开 2ABP805VV6 二次阀门。 2)故障原因分析：压力变送器主板损坏
相关知识	ABP001MP 只参与显示，不参与报警和控制逻辑
参考资料信息	维修二处仪控：完工报告《FQ2-MA03-RCWO-00285606/01 2ABP001MP 主控显示××××》； WR/WOT：00137841/00285606-01(计划工单)
编　　者	运行二处一值：谷铁　　时间：2019 年 03 月 17 日

3.1.10 1ABP401VL 就地显示“过扭矩”报警

异常缺陷名称	1ABP401VL 就地显示“过扭矩”报警
发生时间	2014 年 06 月 26 日早班

续 表

机组状态	机组调试启动阶段	
异常缺陷现象	执行 D28 子文件包时，发现 1ABP401VL 就地显示“过扭矩”报警	
风险或潜在后果	影响 1ABP401VL 开关操作的可靠性	
干预行动	已采取的行动措施： 1）安排现场检查 1ABP401VL 阀门的实际状态； 2）提工作申请（WR）按计划处理	
原因分析	电动阀内部力矩设置过小	
消缺行动	电气处理反馈： 1）处理措施：调整力矩设置； 2）工作过程： ①就地查看 1ABP401VL 面板上故障显示为“过扭矩”； ②调整内部力矩设置，将开力矩设为“85%”，关力矩设置为“80%”； ③联系运行人员对阀门进行完整的开关阀操作，观察是否再次触发； ④故障消除，结票； 3）故障原因分析：电动阀内部力矩设置过小	
相关知识	ABP401VL 的控制逻辑： 1）手动开启信号：KIC 开启+允许开信号； 2）手动关闭信号：KIC 关闭； 3）允许开启信号：3A 且 4A 低加水位不高+ABP403VL 全开； 4）自动关闭信号：3A 低加解列或 4A 低加解列	
参考资料信息	维修一处电气：完工报告《FQ1-MA02-RCWO-00016356/01 D28 缺陷：1ABP401VL 就地显示“过扭柜”》； WR/WOT：00012995/00016356-01（计划工单）； 其他类似异常缺陷： 2014 年 06 月 27 日开工计划工单“1ABP010VL 主控显示半开半关，无法进行操作；就地显示 0% 开度过扭矩（WR/WOT：00012868/00016205-01）”。 故障原因分析：阀门阀杆卡涩。 详情请见维修二处仪控：完工报告《FQ1-MA02-RCWO-00016205/01 1ABP010VL 主控显示半开半关，无法进行操作；就地显示 0% 开度过扭矩》	
编　　者	运行二处一值：谷铁	时间：2019 年 03 月 17 日

3.1.11 1ABP403VL 就地显示“过扭柜”“硬件故障”“R5-8 继电器故障”

异常缺陷名称	1ABP403VL 就地显示“过扭柜”“硬件故障”“R5-8 继电器故障”
发生时间	2014 年 06 月 26 日早班
机组状态	机组调试启动阶段
异常缺陷现象	执行 D28 子文件包时，发现 1ABP403VL 就地显示“过扭柜”“硬件故障”“R5-8 继电器故障”
风险或潜在后果	导致 1ABP403VL 故障，影响开关操作
干预行动	已采取的行动措施： 1）安排就地检查确认 1ABP403VL 电动头上故障报警情况，确认阀门实际开关状态； 2）填写工作申请（WR）按计划处理
原因分析	电动阀内部力矩设置过小，电动阀内部软件不兼容
消缺行动	电气处理反馈： 1）检修过程（WOT：00016357-01）： ①领取工作票，召开工前会，确认设备编码，验证上游隔离； ②就地查看 lABP403VL 面板上故障显示为“过扭矩”“硬件故障”“R5-8 继电器故障”； ③调整内部力矩设置，将开力矩设为“85%”，关力矩设置为“80%”； ④联系运行人员对阀门进行完整的开关阀操作，观察“过扭矩”是否再次触发； ⑤“过扭矩”故障消除，“硬件故障”“R5-8 继电器故障”为内部软件不兼容。 2）故障原因分析：电动阀内部力矩设置过小，电动阀内部软件不兼容。 3）处理措施：调整力矩设置，并另建 WOT-02（00016357-02），提出服务申请，处理内部软件不兼容问题。 4）检修过程（WOT：00016357-02）： ①将 PC 电脑与电动阀显示屏建立通讯，再将最新的内部程序加载至系统中； ②重启系统后，R5-8 硬件故障消失。 5）原因分析：内部程序不兼容。 6）处理措施：重新升级软件

续　表

相关知识	ABP403VL 的控制逻辑： 1）手动开启信号：KIC 开启+允许开信号； 2）手动关闭信号：KIC 关闭； 3）允许开启信号：3A 且 4A 低加水位不高； 4）自动关闭信号：3A 低加解列或 4A 低加解列	
参考资料信息	维修一处电气：完工报告《FQ1-MA02-RCWO-00016357/01 D28 缺陷：1ABP403VL 就地显示“过扭矩”“硬件故障”“R5-8 继电器故障”》，《FQ1-MA02-RCWO-00016357/02 D28 缺陷：1ABP403VL 就地显示“过扭矩”“硬件故障”“R5-8 继电器故障”》； WR/WOT：00012996/00016357-01（计划工单）、00016357-02（计划工单）	
编　　者	运行二处一值：谷铁	时间：2019 年 03 月 17 日

3.1.12　4ABP006VL 主控显示大红色

异常缺陷名称	4ABP006VL 主控显示大红色
发生时间	2017 年 07 月 03 日中班
机组状态	机组调试启动阶段
异常缺陷现象	接运工指令停运 4CEX002PO 停止常规岛打循环，关闭 4ABP006VL 时出现故障报警，4ABP006VL 主控显示大红色
风险或潜在后果	导致 4ABP006VL 无法远程操作
干预行动	已采取的行动措施： 1）安排现场检查确认 4ABP006VL 的开关状态，检查气动阀供气情况未见异常； 2）联系仪控检查处理
原因分析	4ABP006VL 在 4KCP558AR 机柜中的供电负端（TB004BN-1（-））保险接触不良（4ABP006VL 供电负端失电）导致 4ABP006VL 主控显示大红色
消缺行动	仪控处理反馈： 1）工作过程： ①打开 4KCP558AR 机柜柜门； ②拆下 4KCP558AR 机柜 TB414BN 端子排上的 05+/05-接线并做

续 表

消缺行动	好拆线记录，测量 TB414BN 端子排上的 05+与接地端电压为 DC24V，测量 TB414BN 端子排上的 05-与接地端无电压，恢复接线并做好接线记录； ③拆下 4KCP558AR 机柜 TB414BN 端子排上的 06+/06-接线并做好拆线记录，测量 TB414BN 端子排上的 06+与接地端无电压，测量 TB414BN 端子排上的 06-与接地端无电压，恢复接线并做好接线记录； ④检查 4KCP558AR 机柜 TB414BN 的 TB004BN-1(+)、TB004BN-1(-)端子保险(检查发现测量 TB004BN-1(-)端与接地端保险进线端为 DC-24V，出线端无电压，检查保险无异常无松动，重新合牢保险，测量电压恢复正常，4ABP006VL 阀门恢复正常； ⑤关闭 4KCP558AR 机柜柜门，工作结束。 2)故障原因分析：4ABP006VL 在 4KCP558AR 机柜中的供电负端[TB004BN-1(-)]保险接触不良(4ABP006VL 供电负端失电)导致 4ABP006VL 主控显示大红色
相关知识	ABP006VL 的控制逻辑： 1)自动开启：除氧器液位不高<500 mm，且除氧器进水管线满水 ADG010SN 触发，且 CEX 泵出口压力 CEX101/201/301MP 任一>0.2 MPa； 2)自动关闭：①CEX 泵出口压力 CEX101/201/301MP 均<0.2 MPa；②除氧器液位 H2>650 mm； 3)手动开启：除氧器液位不高<500 mm，且除氧器进水管线满水 ADG010SN 触发，且 CEX 泵出口压力 CEX101/201/301MP 任一>0.2 MPa 时，ABP006VL 置于手动时手动开启； 4)手动关闭信号：KIC 关闭； 5)ABP006VL 未全关，ADG003/005/007VV 开启条件之一
参考资料信息	维修二处仪控：完工报告《FQ4-MA03-RCWO-00648295/01 4ABP006VL 主控显示大红色检查处理》； WR/WOT：00265325/00648295-01(计划工单)
编　　者	运行二处一值：谷铁　　　时间：2019 年 03 月 17 日

3.1.13　4ABP006VL 在主控 KIC 中无法操作打开

异常缺陷名称	4ABP006VL 在主控 KIC 中无法操作打开

续　表

发生时间	2018 年 01 月 03 日早班
机组状态	NS/SG 模式
异常缺陷现象	机组重新启动时，在主控无法操作打开 4ABP006VL，在强制 ADG010SN 触发后，4ABP006VL 仍无法开，开启其上游排气阀泄压时发现排出很多蒸汽，没办法继续进行泄压
风险或潜在后果	导致凝结水无法进入除氧器，无法启动 ADG 系统
干预行动	已采取的行动措施： 1) 检查 4ABP006VL 上游仪用压空供气正常； 2) 联系仪控强制 4ADG010SN 触发； 3) 开启 4ABP006VL 所在管线上游排气阀泄压时发现排出很多蒸汽，没办法继续进行泄压； 4) 通过将 4ABP010VL 打开进行泄压后，再在主控操作开启 4ABP006VL，顺利打开
原因分析	4ABP006VL 阀门开启的设计压差为 2.411 MPa，因前后压差太大导致无法开启，需要进行泄压平衡前后压力
消缺行动	仪控处理反馈： 配合运行强制 4ADG010SN 触发信号，在运行开启 4ABP006VL 后，取消强制
相关知识	ABP006VL 的控制逻辑： 1) 自动开启：除氧器液位不高<500 mm，且除氧器进水管线满水 ADG010SN 触发，且 CEX 泵出口压力 CEX101/201/301MP 任一 >0.2 MPa； 2) 自动关闭：①CEX 泵出口压力 CEX101/201/301MP 均<0.2 MPa；②除氧器液位 H2>650 mm； 3) 手动开启：除氧器液位不高<500 mm，且除氧器进水管线满水 ADG010SN 触发，且 CEX 泵出口压力 CEX101/201/301MP 任一 >0.2 MPa 时，ABP006VL 置于手动时手动开启； 4) 手动关闭信号：KIC 关闭； 5) ABP006VL 未全关，ADG003/005/007VV 开启条件之一。 ABP006VL 相关经验知识： 1) 101 大修经验反馈：1ABP006VL 手动无法开启，仪控强制 1ADG010SN 后阀门可以开启； 2) 2016 年 2 号机组调停经验反馈：2ABP006VL 阀门开启的设计压差为 2.411 MPa，2016 年 2 号机组春节调停期间因前后压差过大，阀门无法开启。后通过开启其上游排气阀泄压后，阀门得以开启

续 表

参考资料信息	ESOMS 日志(2018 年 01 月 03 日)和 D15 规程中经验反馈等	
编　　者	运行二处一值：谷铁	时间：2019 年 03 月 17 日

3.1.14　4 号主控出现 4ABP104KA(ABP 系统抽气疏水阀故障)和 4ABP105KA(ABP 系统抽气阀门故障)

异常缺陷名称	4 号主控出现 4ABP104KA(ABP 系统抽气疏水阀故障)和 4ABP105KA(ABP 系统抽气阀门故障)
发生时间	2019 年 05 月 27 日夜班
机组状态	RP 模式，电功率 836 MWe
异常缺陷现象	06:28，4 号主控出现 4ABP104KA(ABP 系统抽气疏水阀故障)和 4ABP105KA(ABP 系统抽气阀门故障)，主控检查 4ABP403VV/4ABP405VV/4ABP415VV 故障大红色，4ABP401RE 抽气压力由 0.32 MPa 降至 0.26 MPa，4ABP301RE 抽气压力维持 0.12 MPa 不变，4A 低加出口温度由 144 ℃降至 139.9 ℃，4ACO301PO 流量由 130 m^3/h 降至 115 m^3/h。 在 05 月 20 日早班升功率过程中就曾出现 4ABP415VV 在要求关闭的时候未能正确关闭。而这个故障仪控检查为 4KCP558AR TB004BN 48V 1 通道保险丝测量电流不稳定导致。怀疑此次缺陷与上次 05 月 20 日早班冲转并网升功率期间“4KCP558AR TB004BN 48V 1 通道保险丝测量电流不稳定导致”原因一样
风险或潜在后果	1)4ABP403VV/4ABP405VV(电磁阀失电关闭)，影响机组热效率； 2)如果由“4KCP558AR TB004BN 48V 1 通道保险丝测量电流波动”导致的，在 4ABP403VV/4ABP405VV 突开突关可能导致 4A 低加解列； 3)另外，4KCP558AR TB004BN 参与 4ABP006VL 的控制(电磁阀失电保持开启)，当前处于失电状态，暂无风险，但是得电存在停机停堆风险
干预行动	已采取的行动措施： 1)主控检查机组参数基本稳定，核功率上升不明显； 2)现场检查阀门 4ABP403VV 40%开度，4ABP405VV 位置较高暂无法查看，4ABP415VV 为全开状态； 3)oncall 仪控人员进行检查；

续 表

干预行动	4）oncall 维修支持搭设脚手架进行缺陷处理准备； 5）仪控检查反馈怀疑为 4KCP558AR TB004BN 48V 1 通道保险丝故障导致，与之前 05 月 20 日出现的 4ABP415VV 在要求关闭的时候未能正确关闭的故障的原因一样； 6）保险丝更换后，4ABP104KA（ABP 系统抽气疏水阀故障）和 4ABP105KA（ABP 系统抽气阀门故障）报警消失。4ABP403VV/4ABP405VV 恢复正常开启，4ABP415VV 恢复正常关闭，4A 低加抽气压力恢复正常，4ACO301PO 流量恢复到故障前正常值，4ABP006VL 阀门仍保持正常开启，机组状态稳定
原因分析	4KCP558AR 机柜内 48V 的 TB004BN 的 1 通道保险故障，具体为保险阻值跳变，偶发跳至 OL 断开状态
消缺行动	仪控处理反馈： 经运行、机械、仪控检查确认，针对当前现象进行讨论后，决定进行开紧急票对 4KCP558AR TB004BN 48V 1 通道保险丝进行更换。 1）风险分析： ①4KCP558AR TB004BN 48V 1 通道主要影响 4ABP403VV/4ABP405VV/4ABP415VV/4ABP006VL 四个阀门。最大风险是更换保险过程中 4ABP006VL 意外关闭导致除氧器失去给水进而导致机组停堆。 根据处理方案，更换保险丝时会导致 4ABP006VL 电磁阀失电，由于 4ABP006VL 当前开启情况下电磁阀即处于失电状态，分析不会改变 4ABP006VL 的阀门状态。 为保证保险更换前阀门无关闭信号触发，仪控在更换保险前需在一层核实无 4ABP006VL 阀门关闭的信号，主控在故障处理前对 4ABP 系统不要有任何操作。如果在更换保险丝时出现异常状况，如 4ABP006VL 电磁阀突然得电导致阀门关闭，则立即要求仪控将保险取出断电并在主控给 4ABP006VL 阀门开启命令。同时就地阀门处留有两个现操随时准备进行手动干预阀门，防止 4ABP006VL 意外关闭造成二回路给水丧失。 ②由于 4ABP403VV 电磁阀失电后会关闭，但是由于蒸汽压力使得阀门卡在 40% 开度。更换保险丝后，抽汽流量和压力上升，导致 4ACO301BA 的疏水量增加，4ACO102VL（4ACO301BA 应急疏水阀，排向凝汽器）可能开启。 采取措施：操纵员关注 4ACO301BA 的水位，若能自动调节，则继续关注水位的自动调节。若自动调节无法控制，则将 4ACO102VL 手动控制，防止阀门超驰开启。

续 表

消缺行动	③若由于其他情况导致3A/4A隔离，主控及现场配备了4ABP的S规程准备重新投入3A/4A；若ACO301BA正常疏水隔离，主控准备相应文件准备重新投入ACO301BA正常疏水，减少系统停运时间，同时要堆操关注一回路热功率上升情况，此时热功率2268 MW，超过技术规范的风险较小。 2)处理进展结果：通过紧急票对4KCP558AR的TB004BN的1通道保险进行更换，缺陷消除。4ABP403VV/405VV阀门恢复正常开启状态，4ABP415VV恢复正常关闭状态，4ABP006VL阀门保持开启状态。 3)工作过程： ①确认4KCP558AR的TB004BN的1通道没电； ②更换TB004BN的1和1-的保险； ③确认4KCP558AR TB004BN的供电正常； ④确认4ABP403VV/415VV/405VV阀门动作正常。 4)故障原因分析：4KCP558AR TB004BN 48V 1通道保险丝故障，具体为电阻值跳变偶发跳至OL断开
相关知识	1)在836 MW功率平台，3/4号低加抽汽逆止阀因电磁阀失电导致故障关闭时，由于抽汽管线的压力，逆止阀不会全关，对机组状态不会造成大的扰动，对热功率几乎无影响； 2)在836 MW功率平台，故障处理时低加抽气逆止阀电磁阀重新得电后，阀门会重新恢复全开。阀门全开后，低加水位及ACO疏水箱水位变化波动不大，疏水阀依靠自动控制即可调节水位到稳定，无需手动干预； 3)4ABP006VL在整个故障处理过程中，保险重新更换后阀门状态维持不变，只要无阀门关闭信号，其电磁阀可保持失电状态。不会影响除氧器供水
参考资料信息	运行二处：4号机组异常反馈——4号主控出现4ABP104KA ABP系统抽气疏水阀故障和4ABP105KA ABP系统抽气阀门故障； 维修二处仪控：EAM中工单01236967-03的完工报告； WR/WOT：00555309/01236967-03(紧急工单)
编　　者	运行二处一值：谷铁　　　　时间：2019年03月17日

3.1.15　1ABP201VL 阀门电动头显示“过力矩”报警，无法操作

异常缺陷名称	1ABP201VL 阀门电动头显示“过力矩”报警，无法操作	
发生时间	2015 年 12 月 12 日夜班	
机组状态	NS/RRA 模式	
异常缺陷现象	建立 1CEX-ABP-ADG-CEX 的小循环时，1ABP201VL 主控显示洋红色，1ABP201VL 现场显示过力矩报警	
风险或潜在后果	导致无法操作 1ABP201VL，影响 1B/2B 低加水侧的投运，影响 1CEX-ABP-ADG-CEX 小循环的建立	
干预行动	已采取的行动措施： 1）安排现场检查确认 1ABP201VL 电动阀供电情况，安排现场核实阀门的实际开关状态，检查确认电动头的报警情况； 2）oncall 维修电气检查处理	
原因分析	电动阀门关限位偏差造成过扭矩报警	
消缺行动	电气处理反馈： 1）检修措施及步骤： ①现场检查电动头显示 1%位置时出现过扭矩报警； ②手动摇动阀门将阀门关至全关位，重新设定电动头关限位； ③运行人员电动开、关操作阀门确认缺陷消除； ④工作结束后，恢复开关原始状态，清理现场。 2）故障原因分析：电动阀门关限位偏差造成过扭矩报警	
相关知识	ABP201VL（1B 低加进水电动阀）的控制逻辑： 1）开启条件：1/2B 低加高液位未触发<-800 mm； 2）自动关闭：①1B 低加解列；②2B 低加解列； 3）ABP201VL 未全开时，1 号、2 号低加旁路阀 ABP008VL 将保护全开	
参考资料信息	维修一处电气：EAM 中工单 00192772-01 的完工报告； WR/WOT：00087849/00192772-01（紧急工单）	
编　　者	运行二处一值：谷铁	时间：2019 年 03 月 17 日

3.1.16 2ABP403VL 现场出现过扭矩报警，KIC 上显示大红色

异常缺陷名称	2ABP403VL 现场出现过扭矩报警，KIC 上显示大红色
发生时间	2015 年 09 月 13 日早班
机组状态	机组调试启动阶段，NS/SG 模式
异常缺陷现象	2ABP403VL 现场出现过扭矩报警，KIC 上显示大红色
风险或潜在后果	影响 3A/4A 低加水侧的投运
干预行动	已采取的行动措施： 1)安排现场检查确认阀门实际状态在全关状态，检查电动头存在关力矩报警； 2)oncall 维修电气检查处理
原因分析	关行程偏差造成过扭矩报警
消缺行动	电气处理反馈： 1)检修措施及步骤： ①现场检查 2ABP403VL 阀位在 1%时出现关力矩报警； ②确认阀门已至全关位，重新设定电动头关限位后报警消除； ③对电动阀门进行开关操作，通知运行人员对阀门进行验证； ④工作结束后，清理现场； 2)故障原因分析：关行程偏差造成过扭矩报警
相关知识	ABP403VL(4A 低加出水电动阀)的控制逻辑： 1)开启条件：3/4A 低加液位均不高<38 mm。 2)自动关闭：①3A 低加解列；②4A 低加解列
参考资料信息	维修一处电气：EAM 中工单 00141323-01 的完工报告； WR/WOT：00072327/00141323-01(紧急工单)
编　　者	运行二处一值：谷铁　　时间：2019 年 03 月 17 日

3.1.17 主控 KIC 画面中 3ABP017KT 显示为××××

异常缺陷名称	主控 KIC 画面中 3ABP017KT 显示为××××
发生时间	2016 年 09 月 09 日中班
机组状态	机组调试阶段，RP 模式，电功率约 120 MWe
异常缺陷现象	主控 KIC 画面中 3ABP017KT(3A 低加进汽温度)显示为××××

续　表

风险或潜在后果	导致主控 KIC 无法监视 3A 低加进汽温度变化趋势	
干预行动	已采取的行动措施： 1）通过主控 3ABP018KT（3B 低加进汽温度）和就地 3ABP101LT（3A 低加壳体温度就地指示表）辅助监视 3A 低加进汽温度； 2）oncall 仪控检查处理	
原因分析	3ABP017KT 就地接线脱落，导致上位机显示×××	
消缺行动	电气处理反馈： 1）检修措施及步骤： ①打开 3ABP017KT 就地接线盒，对内部接线进行检查； ②经检查发现 3ABP017KT 内部接线脱落，使用万用表测量热电偶元件输出（电压为 4.7 V，电阻为 3.7 Ω）正常； ③使用螺丝刀恢复 3ABP017KT 接线进行紧固，上位机显示 79 ℃符合运行要求，工作完工。 2）故障原因分析：3ABP017KT 就地接线脱落，导致上位机显示×××	
相关知识	ABP017KT 仅参与 KIC 显示，不参与报警和系统设备控制逻辑	
参考资料信息	维修二处电气：EAM 中完工报告； 运行二处 2015 年 09 月 09 日 ESOMS 日志 WR：00170400（快速维修）	
编　　者	运行二处一值：谷铁	时间：2019 年 03 月 17 日

3.1.18　1ABP510VV 在主控 KIC 中显示洋红色，现场检查发现 1ABP510VV 开关限位同时触发

异常缺陷名称	1ABP510VV 在主控 KIC 中显示洋红色，现场检查发现 1ABP510VV 开关限位同时触发
发生时间	2015 年 09 月 30 日早班
机组状态	RP 模式，未冲转并网，热功率 143 MWt
异常缺陷现象	1ABP510VV（3A/B 抽汽母管止回阀前疏水阀）在主控 KIC 中显示洋红色，现场检查发现 1ABP510VV 开关限位同时触发
风险或潜在后果	导致无法在主控准确监视 1ABP510VV 阀门状态，影响 3A/B 抽汽母管止回阀前疏水阀动作的可靠性

续 表

干预行动	已采取的行动措施： 1）安排现场检查气动阀 1ABP510VV 阀门供气情况和现场实际开关状态； 2）oncall 仪控检查处理
原因分析	1ABP510VV 开关限位同时触发，关限位开关短路
消缺行动	仪控处理反馈： 1）检修措施及步骤： ①确认 1ABP510VV 阀门开关位置； ②打开 1ABP510VV 关限位开关盖子； ③对 1ABP510VV 开关关限位测量、处理； ④1ABP510VV 开关关限位处理后已不短路，已正常； ⑤恢复 1ABP510VV 关限位开关盖子； ⑥工作结束、清理现场。 2）故障原因分析：1ABP510VV 开关限位同时触发，关限位开关短路
相关知识	ABP510VV（3A/B 抽汽母管止回阀前疏水阀）的控制逻辑： 1）自动开启：①汽轮机跳闸；②发电机有功功率<30%；③3A/B 低加抽汽母管止回阀有保护关闭命令；④疏水袋水位高 ABP111SN 触发； 2）保护开启：疏水袋水位高高 ABP112SN 触发； 3）自动关闭：自动开启命令消失后 2 s
参考资料信息	维修一处仪控：EAM 中工单 00144762-01 的完工报告； WR/WOT：00075176/00144762-01（紧急工单）
编　　者	运行二处一值：谷铁　　　　　时间：2019 年 03 月 17 日

3.1.19　ABP 系统设备异常缺陷处理总结

（1）ABP 系统设备重要异常缺陷的源项关联分析

从 ABP 系统与其他系统流程上的关联可知：

1）ABP 低加汽侧与汽轮机抽汽有关联、ABP 疏水与 ACO 系统有关联：

当 ABP 低加汽侧抽汽出现异常时，可能影响低加的热效率，影响低加出口水温，影响汽轮机热效率，继而导致反应性的改变，即引入堆物理类的风险源项。另低加汽侧疏水存在异常时，可能存在疏水不畅，进而引起疏水进入汽轮机，造成汽轮机局部温升异常，上下缸温差大，可能造成大轴弯曲，产生动静碰磨，引起汽轮机损坏等危害，即引入机械热工类风险源项。

2)ABP 低加水侧与 CEX 系统有关联、与 ADG 水侧有关联、与 GSS 汽水分离器壳侧疏水有关联：

当 ABP 低加水侧出现异常，可能导致进入 ADG 除氧器的凝结水流量不足，进而威胁蒸汽发生器给水安全，即引入核安全类风险源项。ABP 水侧异常隔离或是跑水可能导致 CEX 系统运行参数异常，引起 CEX 泵流量不足或是超流量等风险，引起 GSS 壳侧疏水运行异常等情况。

通过对 ABP 系统“病历库”中“病历卡”案例的逻辑分析，可知以下阀门存在逻辑联锁动作：

①1 号、2 号低加水侧进出口阀 ABP101/102/201/202VL 任意一个未全开时，1 号、2 号低加旁路阀 ABP008VL 将保护全开；

②3 号、4 号低加水侧进出口阀 ABP501/502/503/504VL 任意一个未全开时，3 号、4 号低加旁路阀 ABP011VL 将保护全开。

因此在机组正常功率运行时，涉及 ABP 系统上述水侧进出口阀门的运行操作或是维修工作或是阀门故障等情况，可能导致触发阀门出现非全开限位时，均可能引入低加旁路阀门打开，引起低加水侧温度改变，汽轮机热效率改变，进而引入反应性改变，引起机组出现瞬态的情况。

例如 1 号机组曾出现过因限位开关相关的工作导致机组出现瞬态的情况发生——“1ABP503VL 接线和控制回路检查工作，触发 1ABP503VL 非全开限位信号，导致机组产生瞬态”。

即上述阀门的异常缺陷存在引入核安全类风险源项和堆物理类风险源项。

(2)ABP 常见异常缺陷(病历)归纳分析

异常缺陷名称	频繁程度	故障可能原因	关键干预步骤
ABP 阀门在 KIC 中显示大红色	频繁	1)KCP 机柜内 TB004BN 保险接触不良； 2)KCP 机柜内 TB004BN 保险丝故障； 3)限位开关接触不良； 4)限位开关长时间高温状态、动作不灵敏； 5)限位位置偏移； 6)联轴器偏移	1)现场确认阀门实际开度情况，检查限位触发情况； 2)确认自动联锁情况，确认对系统和机组热效率的影响； 3)联系维修专业检查处理

3.2 给水加热器疏水回收系统(ACO)

3.2.1 1ACO301PO 触发电机轴承温度高

异常缺陷名称	1ACO301PO 触发电机轴承温度高
发生时间	2018 年 08 月 01 日中班
机组状态	RP 模式，满功率
异常缺陷现象	15:57 分，1 号机组出现 1ACO035KA 报警：低加疏水泵 A 电机轴承温度高(定值 90 ℃)，现场点温发现 1ACO301MO 电机轴承温度确实比 1ACO302MO 温度高。18 时 04 分报警消失。 通过仪控一层检查发现：1ACO301MO 电机轴承温度：1ACO409KT：89.36 ℃；1ACO410KT：86.47 ℃；1ACO302MO 电机轴承温度：1ACO419KT：50.80 ℃；1ACO420KT：60.48 ℃
风险或潜在后果	1)根据报警卡要求：如果电机轴承温度达到高高报警：95 ℃，需手动停泵； 2)根据之前满功率运行时，1ACO301PO 停运经验反馈，1 台 ACO 泵停运热功率将上涨 10 MWe
干预行动	已采取的行动措施： 1)安排现场人员加强 1ACO301MO 电机轴承温度的点温和监视； 2)主控人员通过仪控间 DCS 一层进行 1ACO301MO 电机轴承温度的监测； 3)oncall 电气人员进行检查。 建议后续行动： 1)电气专业分析 1ACO301MO 电机轴承温度高原因并关注轴承温度情况； 2)运行人员关注现场 1ACO301PO 运行情况； 3)电气专业确定后续处理措施
原因分析	加油过多，油膜不均匀导致
消缺行动	电气处理反馈： 1)检修措施及步骤： ①在线拆除电机驱动端废油盒，清理多余油脂； ②恢复电机驱动端废油盒，测量驱动端温度正常； ③持票观察监视 1ACO301MO 驱动端温度趋于正常； ④工作结束后，清理现场。 2)故障原因分析：加油过多，油膜不均匀导致

续　表

相关知识	1）当前 1~3 号机组 ACO 泵的自动跳闸信号（以低加疏水泵 A 为例）： ①疏水箱水位 ACO007-009MN 中选低于-230 mm； ②疏水泵进口侧滤网压差高 ACO003MPd 大于 0.22 MPa； ③泵入口电动阀全关； ④汽轮机跳闸； ⑤低压疏水泵出口压力低于 0.7 MPa.g。 注：原疏水泵驱动端、非驱动端轴承温度高高，电机线圈温度高高、电机轴承温度高高自动跳闸信号逻辑已改为报警和采取手动停泵。 2）当前 4 号机组 ACO 泵的自动跳闸信号（以低加疏水泵 A 为例）： ①疏水箱水位 ACO007-009MN 中选低于-230 mm； ②疏水泵进口侧滤网压差高 ACO003MPa 大于 0.22 MPa； ③泵入口电动阀全关； ④汽轮机跳闸； ⑤低压疏水泵出口压力低于 0.7 MPa.g； ⑥疏水泵电机线圈温度高高 ACO403KT-408KT 大于 145 ℃； ⑦疏水泵电机轴承温度高高 ACO409、410KT 大于 95 ℃； ⑧疏水泵驱动端、非驱动端轴承温度高高 ACO401、402KT 大于 65 ℃
参考资料信息	运行一处：1 号机组异常反馈——1ACO301PO 触发电机轴承温度高； WR/WOT：00423183/00983609-01（紧急工单）
编　　者	运行二处一值：谷铁　　　时间：2019 年 03 月 11 日

3.2.2　2ACO301PO 触发定子线圈温度高高报警

异常缺陷名称	2ACO301PO 触发定子线圈温度高高报警
发生时间	2018 年 08 月 26 日早班
机组状态	RP 模式，电功率 1076 MWe
异常缺陷现象	09:53，2 号机组同时触发 2ACO031KA（低加疏水泵 A 电机定子线圈温度高）、2ACO032KA（低加疏水泵 A 电机定子线圈温度高高）报警，报警定值分别为 140 ℃和 145 ℃，现场点温 2ACO301MO 电机表面温度为 63 ℃，与 2ACO302MO 点温结果对比无明显异常。主控、现场检查 2ACO301PO 各项运行参数、运行状态未见明显异常； 10：41，2ACO031KA（低加疏水泵 A 电机定子线圈温度高）、2ACO032KA（低加疏水泵 A 电机定子线圈温度高高）报警自动消失

续 表

风险或潜在后果	根据报警卡要求，定子绕组温度达到高高报定值(145 ℃)，需手动停泵。2ACO301BA 疏水将由正常疏水切换至紧急疏水，导致机组热效率降低，热功率上涨，机组可能需降功率运行
干预行动	已采取的行动措施： 1)主控、现场密切监视 2ACO301PO 运行状态； 2)oncall 维修电气专业人员进行检查确认电机运行状态； 3)oncall 维修仪控专业人员在 DCS 一层检查 2ACO301MO 电机各项温度，判断温度计读数是否异常； 4)主控熟悉 2ACO301PO 停运操作，做好随时停运 2ACO301PO 的准备。 建议后续行动： 1)请维修电气、仪控专业尽快确认报警触发原因，并制订方案处理； 2)运行持续密切监视 2ACO301PO 运行状态
原因分析	2ACO301PO 电机定子线圈温端子排老化，使用性能不稳定造成线圈温度高高报警
消缺行动	仪控处理反馈： 1)检查内容： ①对 2ACO301MO 就地接线箱进行接线检查，检查过程中发现 2ACO403KT 温度有波动，确认端子排接触不良，现场重新接线并紧固后恢复正常； ②排查发现 2ACO406KT 温度有波动，确认端子排接触不良，现场重新接线并紧固后恢复正常； ③对接线箱内 2ACO404、405、407、408KT 接线进行重新紧固，并进行晃动检查，观察 KDO 显示正常，温度无波动。 2)处理进展结果：2ACO403、404、405、406、407、408KT 温度显示 75 ℃左右且无波动，恢复正常。203 大修时，对年久老化的端子排进行了更换。 3)故障原因：2ACO301MO 端子排老化造成仪表显示波动
相关知识	1)当前 1~3 号机 ACO 泵的自动跳闸信号(以低加疏水泵 A 为例)： ①疏水箱水位 ACO007-009MN 中选低于-230 mm； ②疏水泵进口侧滤网压差高 ACO003MPd 大于 0.22 MPa； ③泵入口电动阀全关； ④汽轮机跳闸； ⑤低压疏水泵出口压力低于 0.7 MPa. g。

续 表

相关知识	注：原疏水泵驱动端、非驱动端轴承温度高高，电机线圈温度高高、电机轴承温度高高自动跳闸信号逻辑已改为报警和采取手动停泵。 2)当前4号机组ACO泵的自动跳闸信号(以低加疏水泵A为例)： ①疏水箱水位ACO007-009MN中选低于-230 mm； ②疏水泵进口侧滤网压差高ACO003MPd大于0.22 MPa； ③泵入口电动阀全关； ④汽轮机跳闸； ⑤低压疏水泵出口压力低于0.7 MPa. g。 ⑥疏水泵电机线圈温度高高ACO403KT-408KT大于145 ℃； ⑦疏水泵电机轴承温度高高ACO409、410KT大于95 ℃； ⑧疏水泵驱动端、非驱动端轴承温度高高ACO401、402KT大于65 ℃	
参考资料信息	运行一处：2号机组异常反馈——2ACO301PO触发定子线圈温度高高报警； 维修一处：维修日报(2018年08月27日)； WR/WOT：00433114/00998184-01(紧急工单)	
编　　者	运行二处一值：谷铁	时间：2019年03月11日

3.2.3 1号机组触发1ACO029KA：低加疏水箱B水位高

异常缺陷名称	1号机组触发1ACO029KA：低加疏水箱B水位高
发生时间	2018年06月23日夜班—06月25日中班
机组状态	RP模式，满功率
异常缺陷现象	06月23日01:22，1号机组触发1ACO029KA：低加疏水箱B水位高，查看1ACO001HXT画面，发现1ACO302PO出口流量表1ACO002MD由190 m^3/H降至40 m^3/H，后继续波动到0，期间出现显示××××的情况。再循环阀门1ACO208VL全开，正常疏水调节阀门1ACO207VL全开，紧急疏水阀门1ACO202VL逐渐开大至20%控制1ACO302BA液位，1ACO302PO电机电流升高至335A左右(正常270A左右)，一回路热功率上涨约10 MW。 06月25日23:58:50，主控触发1ACO310KA低加疏水泵在循环阀手动调节报警，查看1ACO画面发现1ACO208VL为手动状态，开度为48%，1ACO002MD显示××××，将1ACO208VL手动关闭，1ACO207VL自动调节1ACO302BA液位，且液位稳定

续 表

风险或潜在后果	导致一回路热功率上涨约 10 MW
干预行动	已采取的行动措施： 1）操纵员将 1ACO207/208VL 同时置手动，初始时出于保护泵考虑，保守决策先关小 1ACO207VL，使泵出力减小防止其长期超流量运行； 2）在泵出力有所减小后，手动关小 1ACO208VL，同时兼顾调节 1ACO207VL，使 1ACO302BA 液位平稳下降，使得应急疏水阀 1ACO202VL 自动关闭； 3）在 1ACO208VL 全关后，将手动调节 1ACO207VL 使水箱液位降低至 0 mm 左右后将 1ACO207VL 恢复自动，至此恢复 1ACO302BA 水位由正常疏水自动控制； 4）联系现场检查 1ACO302PO 运行情况； 5）oncall 仪控检查 1ACO002MD 仪表； 6）仪控人员对 1ACO002MD 检查处理恢复正常显示后，观察 1ACO002MD 稳定后恢复 1ACO208VL 自动
原因分析	设备动作原因分析： 1）1ACO208VL 根据 1ACO002MD 流量自动控制，正常运行时其设定值为 75 m^3/h，当 1ACO002MD 低于 75 m^3/h 时 1ACO208VL 开大反之则关小；1ACO002MD 低漂至 0 导致 1ACO208VL 自动全开； 2）1ACO207VL 根据 1ACO302BA 液位自动控制，正常运行时整定值设置为 0 mm，1ACO208VL 全开后导致泵出口正常疏水流量严重分流回水箱，使得 1ACO302BA 液位上升，又使得 1ACO207VL 开大，直至开大至全开仍无法及时疏排来水，1ACO302BA 水位仍继续上升，最终由应急疏水阀 1ACO206VL 自动控制水位在 100 mm 左右； 3）流量增大导致 1ACO302PO 电流增大； 4）因 1ACO202VL 开启，低加疏水直接排放到凝汽器，导致热损失，引起机组热效率下降，一回路热功率上涨。 设备故障原因分析： 1ACO002MD 差压变送器故障
消缺行动	仪控处理反馈： 1）故障描述：1ACO002MD 主控波动大，对取样管路进行排气处理； 2）处理进展结果：1ACO002MD 取样管路内有气泡，排出后

续　表

消缺行动	1ACO002MD 已投运，测量值稳定。25 日再次出现异常，经检查确定异常原因为差压变送器故障，对 1ACO002MD 进行了更换，并观察 48 h，未再见异常； 3）故障原因分析：1ACO002MD 差压变送器故障	
相关知识	1）ACO 泵再循环阀全开后会严重抢水，使得绝大部分疏水返回水箱，即使正常疏水阀全开也无法及时疏走来水，导致液位升高至应急疏水介入； 2）1ACO302BA 由正常疏水切到紧急疏水后，热功率上涨约 10 MWe 左右； 3）低加疏水箱 B（ACO302BA）液位高高（> 200 mm），自动开 1ACO202VL	
参考资料信息	运行一处：《运行一处内部经验反馈——1ACO002MD 漂表干预及处理过程》； 维修一处：维修日报（2018 年 06 月 26 日）； WR/WOT：00404919/00954935-01（紧急工单）	
编　　者	运行二处一值：谷铁	时间：2019 年 03 月 11 日

3.2.4　主控 KIC 画面中 2ACO208VL 开度显示××××

异常缺陷名称	主控 KIC 画面中 2ACO208VL 开度显示××××
发生时间	2018 年 01 月 06 日夜班
机组状态	RP 模式，热功率 2 MW
异常缺陷现象	KIC 画面中 2ACO208VL 开度显示××××
风险或潜在后果	导致无法在 KIC 中查看 2ACO208VL 开度
干预行动	已采取的行动措施： 1）安排现场检查确认 2ACO208VL 的实际开度； 2）填写工作申请由仪控检查处理
原因分析	2ACO208VL 阀杆连块倾斜，导致阀位反馈连杆位移量偏大，上位机显示××××

续 表

消缺行动	仪控处理反馈： 1)工作过程： ①检查阀门定位器各连接螺丝紧固，供气管路无漏气，阀杆连接块偏移未有效连接定位器反馈杆； ②机械人员调整阀杆连接块至水平位固定，定位器反馈正常； ③联系运行人员确认2ACO208VL当前显示100%，开度××××消失； ④运行配合给指令对2ACO208VL进行验证，上行程指令开度0%，阀位反馈开度0.2%；上行程指令开度25%，阀位反馈开度25.1%；上行程指令开度50%，阀位反馈开度50.1%；上行程指令开度75%，阀位反馈开度75.0%；上行程指令开度100%，阀位反馈开度100.4%；下行程程指令开度100%，阀位反馈开度100.4%；下行程程指令开度75%，阀位反馈开度75.1%；下行程程指令开度50%，阀位反馈开度50.0%；下行程程指令开度25%，阀位反馈开度25.1%；下行程程指令开度0%，阀位反馈开度0.1%；阀门开启时间4.13 s；阀门关闭时间10.41 s；验证合格。 2)故障原因分析：2ACO208VL阀杆连块倾斜，导致阀位反馈连杆位移量偏大，上位机显示××××
相关知识	ACO208VL根据泵出口流量自动调节，当ACO206VL全开时ACO208VL超驰全开
参考资料信息	维修一处仪控：完工报告《FQ2-MA03-RCWO-00816505/01 2ACO208VL开度显示××××，请检查处理》； WR/WOT：00331217/00816505-01(计划工单)
编　　者	运行二处一值：谷铁　　　时间：2019年03月11日

3.2.5　主控无法实现3ACO202VL全开全关操作

异常缺陷名称	主控无法实现3ACO202VL全开全关操作
发生时间	2018年05月04日早班
机组状态	RP模式，满功率
异常缺陷现象	在主控KIC中无法实现3ACO202VL全开全关操作
风险或潜在后果	KIC中无法实现3ACO202VL全开全关操作，影响3ACO302BA紧急疏水的可用性

续　表

干预行动	已采取的行动措施： 1）安排现场检查 3ACO202VL 的供气情况未见异常； 2）oncall 仪控检查处理
原因分析	3ACO202VL 定位器性能不稳定（定位器输出气压不稳）导致 3ACO202VL 无法正常动作
消缺行动	仪控处理反馈： 1）工作过程： ①用内六角打开 3ACO202VL 定位器盖子； ②拆下 3ACO202VL 定位器接线，做好绝缘保护并做好拆线记录； ③把信号发生器连接到 3ACO202VL 定位器接线端子上，用信号发生器发信号对 3ACO202VL 定位器进行检查，阀门可以正常开关（检查中发现 3ACO202VL 定位器输出气压不稳，信号发生器给定 20 mA 定位器无输出气压（阀门未动作），多次给定信号后定位器输出气压恢复正常 3.8 bar，阀门开关正常）； ④拆下信号发生器，恢复 3ACO202VL 定位器接线，并做好接线记录； ⑤恢复 3ACO202VL 定位器盖子； ⑥联系主控操作 3ACO202VL 阀门，阀门可以正常开关； 2）故障原因分析：3ACO202VL 定位器性能不稳定（定位器输出气压不稳）导致 3ACO202VL 无法正常动作
相关知识	3ACO202VL 的控制逻辑： 低加疏水箱 B 水位高高延时 2 s 失电开启
参考资料信息	维修二处仪控：完工报告《FQ3-MA03-RCWO-00912914/01 主控无法实现 3ACO202VL 全开全关操作，需要仪控对 3ACO202VL 定位器进行检查》； WR/WOT：00383759/00912914-01（紧急工单）
编　　者	运行二处一值：谷铁　　　　时间：2019 年 03 月 11 日

3.2.6　4ACO108VL 主控给出 100%需求开度，但现场反馈开度只有 84%

异常缺陷名称	4ACO108VL 主控给出 100%需求开度，但现场反馈开度只有 84%
发生时间	2018 年 01 月 03 日中班

续 表

机组状态	NS/SG 模式	
异常缺陷现象	4ACO108VL 主控给出 100%需求开度，但现场反馈开度只有 84%	
风险或潜在后果	主控无法查看 4ACO108VL 真实开度	
干预行动	已采取的行动措施： 1）安排现场检查确认 4ACO108VL 只有 84%的开度，检查阀门供气气源正常； 2）oncall 仪控检查处理	
原因分析	由于 4ACO108VL 定位器连杆处螺栓松动造成指令反馈偏差	
消缺行动	仪控处理反馈： 1）工作过程： ①检查 4ACO108VL 供气气源正常； ②检查定位器固定螺栓及连杆螺栓并紧固； ③检查定位器设定参数正常； ④操作定位器进行自行整定； ⑤拆除指令接线做好拆线记录连接信号发生器； ⑥就地给 4~20 mA 信号，观察指令与阀位反馈一致； ⑦按拆接线记录单恢复接线，工作完成。 2）故障原因分析：由于 4ACO108VL 定位器连杆处螺栓松动造成指令反馈偏差	
相关知识	疏水泵再循环阀 ACO108VL 根据泵出口流量自动调节	
参考资料信息	维修二处仪控：完工报告《FQ4-MA03-RCWO-00814821/01 4ACO108VL 主控给出 100%需求开度，但现场反馈开度只有 84%，需检查处理》； WR/WOT：0033208/00814821-01（紧急工单）； 其他类似异常缺陷： 2018 年 03 月 29 日开工计划工单“维修一级：4ACO208VL 全关后主控显示开度为 7%检查处理（WOT：00872995-01）”。 故障原因分析：4ACO208VL 定位器连杆和阀杆螺栓松动造成阀位偏差全关后显示 7%开度。 详情请见完工报告：《FQ4-MA03-RCWO-00872995/01 维修一级：4ACO208VL 全关后主控显示开度为 7%检查处理》	
编　　者	运行二处一值：谷铁	时间：2019 年 03 月 11 日

3.2.7　4ACO302MO 运行过程中故障跳闸

异常缺陷名称	4ACO302MO 运行过程中故障跳闸	
发生时间	2017 年 08 月 05 日中班	
机组状态	RP 模式，电功率 203 MWe	
异常缺陷现象	4ACO302MO 运行时故障跳闸，就地开关柜存在过载报警	
风险或潜在后果	导致泵跳闸不可用，影响汽轮机热效率	
干预行动	已采取的行动措施： 1）安排常规岛现场检查泵外观情况，安排电气岗位现场检查泵供电开关，发现开关存在过载报警； 2）oncall 电气和机械检查处理	
原因分析	4ACO302MO 泵轴卡死导致电机跳闸，解体后发现叶轮处泵轴断裂	
消缺行动	电气处理反馈——工作过程： 1）检查发现上游开关 4LKT561JA 过载保护动作； 2）测量电机绝缘：大于 550 MΩ，直阻：三相均为 0.2 MΩ； 3）就地盘动电机转轴卡死； 4）联系机械专业人员脱开联轴器； 5）电机转轴盘动顺畅，泵轴卡死； 6）与机械专业人员交接，由机械人员处理泵轴卡死。 机械处理反馈： 1）工作过程： ①拆下 4ACO302PO 联轴器； ②对泵组进行解体检查； ③更换损坏叶轮口环、泵体口环、及转子； ④对泵组进行组装回装并对联轴器找中心； ⑤再鉴定合格。 2）故障原因分析：4ACO302PO 解体后发现叶轮处泵轴断裂	
相关知识	疏水泵 4ACO302PO 用于将低加疏水箱 4ACO302BA 的正常疏水送往 3 号低加和 4 号低加间的水侧	
参考资料信息	维修二处电气：完工报告《FQ4-MA02-RCWO-00668944/01 4ACO302MO 运行过程中跳闸，需处理》； WR/WOT：00277045/00668944-01（紧急工单，电气检查），00277111/00669056-01（计划工单，机械解体检查泵）	
编　　者	运行二处一值：谷铁	时间：2019 年 03 月 11 日

3.2.8 1ACO106VL 电动头显示面板上显示"R5-8 继电器硬件故障"

异常缺陷名称	1ACO106VL 电动头显示面板上显示"R5-8 继电器硬件故障"
发生时间	2017 年 05 月 11 日早班
机组状态	RP 模式，满功率
异常缺陷现象	1ACO106VL 电动头显示面板上显示"R5-8 继电器硬件故障"
风险或潜在后果	影响 1ACO106VL 阀门的可靠性，威胁疏水箱 1ACO301BA 的正常疏水排放
干预行动	已采取的行动措施： 1) 现场检查确认阀门 1ACO106VL 处于打开状态； 2) 和维修电气专业确认当前缺陷不影响阀门处于正常开启，提工作申请(WR)由电气检查处理
原因分析	电动头继电器板故障
消缺行动	电气处理反馈： 1) 检修措施及步骤： ①现场确认电动头显示面板上显示"R5-8 继电器硬件故障"； ②断开上游电源后对电动头继电器板进行更换； ③送电后联系运行人员确认报警消除。 2) 故障原因分析：电动头继电器板故障
相关知识	ACO106VL 的控制逻辑： 1) 允许开信号：除氧器水位不高 &4A 低加出口阀全开； 2) 自动开启信号：ACO101PO 运行； 3) 自动关信号：除氧器水位高高或 3A/4A 低加解列或 ACO101PO 停运
参考资料信息	维修一处电气：完工报告《FQ1-MA02-RCWO-00567079/01 1ACO106VL 电动头显示面板上显示 R5-8 继电器故障，需更换 R5-8 继电器板》； WR/WOT：00245577/00567079-01(计划工单)
编　　者	运行二处一值：谷铁　　　时间：2019 年 03 月 11 日

3.2.9 2ACO108VL 故障全开

异常缺陷名称	2ACO108VL 故障全开
发生时间	2017 年 02 月 04 日早班
机组状态	RP 模式，满功率

续　表

异常缺陷现象	2ACO108VL 故障全开，且将其置手动后调整开度无效，2ACO301PO 流量超量程，电机电流最高升高至 336 A 左右(由 270 A 增加至 336 A)，后主控将 2ACO107VL 置于手动 33% 开度，利用 2ACO102VL 紧急向 CEX 疏水，当前 2ACO301BA 液位维持在 115 mm左右，2ACO301PO 流量 185 m^3/h 左右，电机电流 262 A	
风险或潜在后果	1) 影响疏水箱 2ACO301BA 正常疏水管线的排放，导致 2ACO301BA 液位异常上升； 2) 泵出口流量和压力波动，泵电流上升，对泵运行产生不利影响	
干预行动	已采取的行动措施： 1) 安排现场检查确认阀门实际开度存在波动； 2) 安排现场将 2ACO108VL 破坏中性点全开，主控将 2ACO108VL 切到手动控制，将阀门置手动开到 100% 开度； 3) 通过 2ACO102VL 控制 2ACO301BA 的液位； 4) 主控加强监视 2ACO301PO 电流和流量和出口压力等参数，现场关注泵振动情况； 5) oncall 仪控检查处理	
原因分析	2ACO108VL 控制卡件通道故障	
消缺行动	仪控处理反馈： 1) 故障描述：2ACO108VL 故障全开，导致 2ACO301PO 电流大幅增加(由 270 A 增加至 336 A)，正常疏水阀 2ACO107VL 全开，应急疏水阀 2ACO102VL 自动开启至 12%。 2) 故障原因分析：2KCP558AR 中 F05BN 的 7 通道故障。 3) 处理过程： ①现场拆线接万用表发现 DCS 无信号输出； ②在 2KCP558AR 中将现场接线脱开，测量 F05BN 的 7 通道输出电压为 0 V，两端对地电压为 0 V，说明卡件故障； ③控制信号线从 7 通道更换至备用的 8 通道，并在 DCS 组态中做相应修改，修改后恢复正常	
相关知识	疏水泵再循环阀 ACO108VL 根据泵出口流量自动调节	
参考资料信息	维修一处仪控：完工报告《FQ2-MA03-RCWO-00508796/01 2ACO108VL 开度波动范围变大，且经常自动切换至手动》； 维修一处仪控：维修日报[每日重要维修工作及值长关注项反馈(2017 年 02 月 05 日)]； WR/WOT：00211638/00508796-01(紧急工单)； 运行一处 ESOMS 日志(2017 年 02 月 04 日)	
编　　者	运行二处一值：谷铁	时间：2019 年 03 月 11 日

3.2.10 2ACO108VL 调节性能差，导致 2ACO301PO 泵出口流量大幅波动

异常缺陷名称	2ACO108VL 调节性能差，开度在 96%以上时，开度继续增大会导致 2ACO301PO 出口流量大幅波动
发生时间	2016 年 12 月 05 日中班
机组状态	RP 模式，电功率 230 MWe
异常缺陷现象	2ACO108VL（2ACO301PO 再循环流量调节阀）置于自动后，2ACO301PO 出口流量出现大幅度波动，将 2ACO108VL 置于手动后，在缓慢开大的过程中，开度大于 96%后继续增加开度，泵出口流量突增，怀疑 2ACO108VL 调节性能线性度较差，主控将 2ACO108VL 置于手动状态，控制开度在 92%
风险或潜在后果	引起泵出口流量大幅波动，不利于泵运行以及 2ACO301BA 液位控制
干预行动	已采取的行动措施： 1）安排现场检查和关注泵运行情况； 2）安排现场检查 2ACO108VL 供气情况，确认无漏气情况； 3）oncall 仪控检查； 4）为配合处理 2ACO108VL 缺陷，将 2ACO301PO 停运
原因分析	阀门定位器故障
消缺行动	仪控处理反馈： 1）工作过程： ①拆除 2ACO108VL 阀门定位器； ②更换 2ACO108VL 阀门定位器； ③整定 2ACO108VL 阀门； ④就地操作 2ACO108VL 阀门正常； ⑤联系主控操作 2ACO108VL 阀门正常； ⑥办理中止，运行启泵 2ACO301PO； ⑦主控手动操作 2ACO108VL 正常； ⑧主控把 2ACO108VL 投自动，调节正常。 2）故障原因分析：阀门定位器故障
相关知识	疏水泵再循环阀 ACO108VL 根据泵出口流量自动调节
参考资料信息	维修一处仪控：完工报告《FQ2-MA03-RCWO-00431923/01 2ACO108VL 调节性能差，开度在 96%以上时，开度继续增大会导致 2ACO301PO 出口流量大幅波动》； WR/WOT：00193532/00431923-01（紧急工单）
编　　者	运行二处一值：谷铁　　时间：2019 年 03 月 11 日

3.2.11 1ACO108/208VL 频繁切手动

异常缺陷名称	1ACO108/208VL 频繁切手动
发生时间	2014 年 11 月 14 日早班
机组状态	RP 模式，热功率 26 MW，未并网
异常缺陷现象	1ACO108/208VL 频繁切手动
风险或潜在后果	导致 1ACO108/208VL 无法自动控制，影响 ACO 泵小流量循环功能
干预行动	已采取的行动措施： 1）主控加强关注 ACO301PO/302PO 电流和出口压力流量波动和振动情况； 2）加强关注和控制 1ACO301BA/302BA 液位； 3）oncall 仪控检查处理
原因分析	阀门定位器故障
消缺行动	仪控处理反馈： 1）处理措施：定位器故障，确认故障信息后，初始化定位器，恢复正常； 2）故障原因分析：阀门定位器故障
相关知识	疏水泵再循环阀 ACO108VL 根据泵出口流量自动调节
参考资料信息	维修一处仪控：完工报告《FQ1-MA03-RCWO-00071286/01 1ACO108/208VL 频繁切手动，需检查阀门定位器》； WR/WOT：00026573/00071286-01（紧急工单）
编　　者	运行二处一值：谷铁　　时间：2019 年 03 月 11 日

3.2.12 2ACO301PO 处于停运状态时，主控出现泵电机线圈温度高和高高报警

异常缺陷名称	2ACO301PO 处于停运状态，主控出现泵电机线圈温度高和高高报警
发生时间	2015 年 04 月 08 日早班
机组状态	首次装料前，一回路大开口，水位 19.56 m
异常缺陷现象	执行 2ACO 系统 A 列在线时，执行到准备启动 2ACO301PO 时，发现主控有 2ACO301PO 定子线圈温度高和高高报警
风险或潜在后果	导致无法真实监测定子线圈温度

续 表

干预行动	已采取的行动措施： 1）查看和执行报警卡； 2）安排现场检查 2ACO301PO 外观未见异常，点温电机外壳未见温度异常； 3）oncall 仪控检查处理
原因分析	2ACO403KT 接线松动
消缺行动	仪控处理反馈： 1）处理措施： ①打开 2ACO102BC 接线盒； ②根据端接文件检查 2ACO403KT 接线，发现接线松动紧回后报警消失。 2）故障原因分析：2ACO403KT 接线松动
相关知识	低加疏水泵 A 电机定子线圈温度 ACO403/404/405/406/407/408KT ≥145 ℃时，将产生 3ACO032KA（低加疏水泵 A 电机定子线圈温度高高）报警
参考资料信息	维修一处仪控：完工报告《FQ2-MA03-RCWO-00104890/01 2ACO301PO 处于停运状态，但是主控出现泵电机线圈温度高和高高报警》； 运行二处：ESOMS 日志（2015 年 04 月 08 日）； WR/WOT：00045569/00104890-01（紧急工作）
编　　者	运行二处一值：谷铁　　　时间：2019 年 03 月 11 日

3.2.13 2ACO301PO 泵运行时电机有异音

异常缺陷名称	2ACO301PO 泵运行时电机有异音
发生时间	2016 年 11 月 17 日中班
机组状态	RCS 模式
异常缺陷现象	2ACO301BA 和 2ACO302BA 排空后再次充满进行打循环，启动 2ACO301PO 后现场反馈电机轴承端存在间歇异音
风险或潜在后果	可能导致泵轴承磨损损坏
干预行动	已采取的行动措施： 1）现场对电机轴承点温，未见明显异常； 2）oncall 维修电气检查处理

续　表

原因分析	电机轴承缺油脂	
消缺行动	仪控处理反馈： 1）工作过程： ①对电机轴承添加油脂，观察轴承温度、声音和振动； ②经过多次少量添加油脂，驱动端约为 8 g，非驱动端为 5 g； ③电机轴承声音正常，驱动端温度稳定； ④工作结束后，请运行人员验收，归还工作票。 2）故障原因分析：电机轴承缺油脂	
相关知识	电机轴承异音的可能原因有：轴承磨损引起异音；动静不平衡导致异音；轴承缺油脂引起异音；电流异常波动等	
参考资料信息	维修一处电气：完工报告《FQ2-MA02-RCWO-00408761/01 2ACO301PO 电机轴承有异音，电气检查反馈需加油》； 运行二处 ESOMS 日志（2016 年 11 月 17 日）； WR/WOT：00188206/00408761-01（紧急工单）	
编　　者	运行二处一值：谷铁	时间：2019 年 03 月 11 日

3.2.14　ACO 系统设备异常缺陷处理总结：

（1）ACO 系统设备异常缺陷源项关联分析

ACO 系统工艺流程上的关联：

1）ACO 系统接收 ABP 系统 3、4 号低加壳侧疏水；

2）ACO 系统疏水箱内接收的疏水经 ACO 泵排放到 ABP 系统 3、4 号低加间的水侧管线或经疏水箱紧急疏水阀排向 CEX 系统凝汽器。

因此从工艺流程上的关联性可知，ACO 系统设备的故障，需要确认是否会存在影响 3、4 号低加壳侧疏水的排放，进而影响汽轮机抽汽，影响汽轮机热效率，需要避免出现堆芯热功率超限的情况出现。ACO 系统与 CEX 系统凝汽器相连接相关联，在某些故障破口情况出现时，可能引入影响凝汽器真空的风险源项。

ACO 系统逻辑联动上的关联：例如疏水泵出口阀门 ABP106VL/206VL 自动关闭信号有来自除氧器液位高高、3 或 4 低加解列，因此除氧器液位相关的故障或是检修工作可能存在引入 ABP106VL/206VL 自动关闭的风险。

（2）ACO 系统设备故障处理参考文件

1）《FQX/Y-ACO-I-001 满功率运行时一台低加疏水泵故障规程》；

2）《FQX/Y-ACO-S-001 给水加热器疏水回收系统运行规程》第 7 节故障处理。

3.3 给水除氧器系统(ADG)

3.3.1 4ADG002VV 阀门在 5%开度左右无法继续打开

异常缺陷名称	4ADG002VV 阀门在 5%开度左右无法继续打开
发生时间	2017 年 08 月 22 日早班
机组状态	机组调试启动阶段
异常缺陷现象	4 号机组执行 TP4RRC59(100%FP)停机不停堆试验，试验结束后继续执行冲转并网操作。在执行的过程中，规程要求打开 4ADG002VV，但是主控显示该阀门无法开启，4ADG002VV 阀门在 5%开度左右无法继续打开，电动/手动均无法继续开大开度，就地查看该阀门也没有动作
风险或潜在后果	影响除氧器给水的加热和压力控制，导致除氧器汽源无法切换到汽轮机抽汽供气
干预行动	已采取的行动措施： 1)主控查看确认 4ADG002VV 无保护关信号，存在开允许； 2)安排现场检查阀门供电正常，电动阀电动头未见明显异常； 3)和机械分析讨论后，通过升高阀门下游除氧器 4ADG010DZ 的压力，平衡 4ADG002VV 前后压差后，正常打开阀门
原因分析	某些特殊工况下 4ADG002VV 自动关闭，在 4ADG002VV 与上游逆止阀 4ADG052VV 管道之间憋有约 0.6 MPa 残压的蒸汽，阀门前后压差约 0.5 MPa，造成阀门无法打开
消缺行动	机械处理反馈： 1)缺陷描述：4ADG002VV 阀门在 5%开度左右无法继续打开，电动/手动均无法继续开大开度。 2)处理进展：通过升高除氧器内的压力，大概除氧器的压力达到 0.6 MP.g 时，正常打开 4ADG002VV。 3)原因分析：某些特殊工况下 4ADG002VV 自动关闭，在 4ADG002VV 与上游逆止阀 4ADG052VV 管道之间憋有约 0.6 MPa 蒸汽，阀门前后压差约 0.5 MPa，造成阀门无法打开。 4)处理措施：主控升高下游 4ADG010DZ 压力，4ADG002VV 前后压差降低，阀门可正常打开。 5)后续行动：作为经验反馈，后续特殊工况试验时减小 4ADG002VV 前后压差，以降低阀门开启阻力

续　表

相关知识	除氧器抽汽电动隔离阀 ADG002VV 的控制逻辑： 1) 允许开启信号：除氧器水位不高或汽轮机未跳闸； 2) 手动开启信号：KIC 开启； 3) 保护关闭信号：除氧器水位高高高或汽轮机跳闸； 4) 手动关闭信号：KIC 关闭
参考资料信息	维修二处机械：oncall 反馈——4ADG002VV 阀门在 5%开度左右无法继续打开处理反馈
编　　者	运行二处一值：谷铁　｜　时间：2019 年 02 月 16 日

3.3.2　1ADG001VV 主控显示大红色，主控出现 1ADG034KA ADG 系统阀门故障

异常缺陷名称	1ADG001VV 主控显示大红色，主控出现 1ADG034KA ADG 系统阀门故障
发生时间	2018 年 03 月 23 日早班
机组状态	RP 模式，电功率 836 MWe
异常缺陷现象	1ADG001VV 冲转并网后显示大红色，主控存在 1ADG034KA ADG 系统阀门故障
风险或潜在后果	产生 1ADG034KA ADG 系统阀门故障，影响阀门开关操作的可靠性
干预行动	已采取的行动措施： 1) 安排现场检查 1ADG001VV 阀门供气是否正常，确认未见异常； 2) oncall 仪控检查处理
原因分析	1ADG001VV 开限位开关，长期投入使用，开关触点老化损坏
消缺行动	仪控处理反馈： 1) 工作过程： ①检查发现 1ADG001VV 开限位开关损坏，更换限位开关进行调整； ②联系运行人员验证 ADG001VV 显示正常。 2) 故障原因分析：1ADG001VV 开限位开关，长期投入使用，开关触点老化损坏

续 表

相关知识	除氧器抽汽逆止阀 ADG001VV 的控制逻辑： 1)允许开启信号：除氧器水位不高或汽轮机未跳闸； 2)手动开启信号：KIC 开启； 3)保护关闭信号：除氧器水位高高高或汽轮机跳闸； 4)手动关闭信号：KIC 关闭
参考资料信息	维修一处仪控：完工报告《FQ1-MA03-RCWO-00880191/01 1ADG001VV 主控显示大红色，主控出现 1ADG034KA，怀疑限位未正确触发，需仪控检查》； WR/WOT：00367126/00880191-01(计划工单)； 其他类似异常缺陷： 1)2017 年 12 月 12 日，开工计划工单：维修一级：4ADG001VV 限位开关故障检查处理(WR/WOT：00771177-01)。 故障原因分析：4ADG001VV 限位开关功能故障。 详情请见维修二处仪控：完工报告《FQ4-MA03-RCWO-00771177/01 维修一级：4ADG001VV 限位开关故障检查处理》。 2)2018 年 03 月 06 日，开工计划工单：3ADG001VV 主控显示大红色检查处理(WR/WOT：00863837-01)。 故障原因分析：因限位开关摆臂角度不合适导致。 详情请见维修二处仪控：完工报告《FQ3-MA03-RCWO-00863837/01 维修一级：3ADG001VV 主控显示大红色检查处理》。 3)2017 年 08 月 22 日，开工计划工单：4ADG001VV 主控显示大红色检查处理(WR/WOT：00675785-01)。 故障原因分析：4ADG001VV 开限位摆臂紧固螺母断裂导致开限位未触发。 详情请见维修二处仪控：完工报告《FQ4-MA03-RCWO-00675785/01 4ADG001VV 主控显示大红色检查处理》。 4)2017 年 07 月 12 日，开工计划工单：3ADG001VV 开限位开关检查处理(WOT：00647309-01)。 故障原因分析：3ADG001VV 开限位开关摆臂处螺母松动导致开限位开关未触发。 详情请见维修二处仪控：完工报告《FQ3-MA03-RCWO-00647309/01 3ADG001VV 开限位开关检查处理》。 5)2017 年 01 月 04 日，开工计划工单：3ADG001VV 阀门开限位调整(WOT：00456856-01)。 故障原因分析：3ADG001VV 开限位摆臂松动，导致 3ADG001VV 阀门开限位无法触发。

续　表

参考资料信息	详情请见维修二处仪控：完工报告《FQ3-MA03-RCWO-00456856/01 3ADG001VV 阀门开限位调整》。 6)2017 年 02 月 13 日，开工紧急工单：1ADG001VV 显示大红色，需处理(WOT：00512346-01)。 故障原因分析：关限位开关坏。 详情请见维修一处仪控：完工报告《FQ1-MA03-RCWO-00512346/01 1ADG001VV 显示大红色，需处理》。 7)2016 年 12 月 09 日，开工计划工单：2ADG001VV 关限位开关无法触发，需调整(WOT：00428890-01)。 故障原因分析：限位开关损坏。 详情请见维修一处仪控：完工报告《FQ2-MA03-RCWO-00428890/01 2ADG001VV 关限位开关无法触发，需调整》	
编　　者	运行二处一值：谷铁	时间：2019 年 02 月 16 日

3.3.3　KIC 上 2ADG163VV 显示大红色，就地已经全开

异常缺陷名称	KIC 上 2ADG163VV 显示大红色，就地已经全开
发生时间	2018 年 03 月 10 日夜班
机组状态	RP 模式，满功率
异常缺陷现象	KIC 上 2ADG163VV 显示大红色，就地已经全开
风险或潜在后果	影响阀门开关的可靠性，进而可能影响除氧器抽汽管道的自动疏水的可靠性
干预行动	已采取的行动措施： 1)安排现场检查阀门实际开关情况，发现阀门已经全开； 2)oncall 仪控检查处理
原因分析	2ADG163VV 阀门开限位开关螺丝松动
消缺行动	仪控处理反馈： 1)工作过程： ①对 2ADG163VV 阀门限位开关进行检查、发现开限位开关螺丝松动； ②对 2ADG163VV 阀门开限位开关进行调整触发状态、并紧固螺丝； ③联系运行人员验证 2ADG163VV 阀门开限位正常。 2)故障原因分析：2ADG163VV 阀门开限位开关螺丝松动

续 表

相关知识	ADG163VV 阀门的控制逻辑： 1）手动开启信号：KIC 开启； 2）手动关闭信号：KIC 关闭； 3）自动开启信号：汽轮机跳闸或汽轮机负荷≤30%或疏水袋液位 ADG109SN 高或关 ADG001VV； 4）自动关闭信号：汽轮机跳闸且汽轮机负荷≤30%且疏水袋液位 ADG109SN 高且关 ADG001VV 信号消失后 2 s； 5）保护开启信号：疏水袋液位 ADG110SN 高高	
参考资料信息	维修一处：完工报告《FQ2-MA03-RCWO-00868903/01 KIC 上 2ADG163VV 显示大红色，就地已经全开。怀疑阀门限位有故障》；WR/WOT：00358876/00868903-01（紧急工单）	
编　　者	运行二处一值：谷铁	时间：2019 年 02 月 16 日

3.3.4 巡盘发现 2ADG003MN 仪表存在大幅度波动

异常缺陷名称	巡盘发现 2ADG003MN 仪表存在大幅度波动
发生时间	2018 年 01 月 06 日夜班
机组状态	RP 模式，热功率 2 MWt，发电机未并网
异常缺陷现象	巡盘发现 2ADG003MN 仪表存在大幅度波动
风险或潜在后果	影响除氧器液位的控制
干预行动	已采取的行动措施： 1）立即检查除氧器水位控制调节阀 2CEX025VL/026VL 是否存在波动； 2）关注和控制除氧器水位在 300 mm 附近，必要时将除氧器水位控制置于手动控制； 3）oncall 仪控检查处理
原因分析	取样管内有气泡，导致仪表测量失真
消缺行动	仪控处理反馈： 1）工作过程： ①准备工作票并主控签字确认并联系系统工程师强制 2ADG003MN 当前值； ②现场验证工作边界，确认设备位置与设备标牌；

续　表

消缺行动	③电话通知主控人员并征得同意后开始工作并召开工前会； ④对 2ADG003MN 差压变送器进行充水排气； ⑤对 2ADG003MN 差压变送器进行现场校验并做好记录； ⑥恢复 2ADG003MN 为初始状态并清理现场； ⑦联系系统工程师解除强制。 2）故障原因分析：取样管内有气泡	
相关知识	除氧器水位由 ADG001MN、002MN、003MN 三个水位计测量。这三块表按照 2/3 逻辑产生水位高高高和水位低低信号。另外，三个水位计的测量信号经过中选模块取中值后用于除氧器水位控制以及产生水位高高、水位高和水位低信号。 ①除氧器正常水位+300 mm　　中值 ②除氧器高水位+500 mm　　中值 ③除氧器高高水位+650 mm　　中值 ④除氧器高高高水位+800 mm　　2/3 ⑤除氧器低水位+150 mm　　中值 ⑥除氧器低低水位-850 mm　　2/3 其中除氧器高高水位（+650 mm）时，自动关闭 ABP006VL、ADG003VV/005VV/007VV 等。除氧器高高高水位（+800 mm）时，自动关闭除氧器抽汽阀门 ADG001VV/002VV、除氧器辅助蒸汽供汽阀门 ADG009VV/010VV 等。 除氧器低低水位（-850 mm）时，跳闸主给水泵和启动给水泵	
参考资料信息	维修一处仪控：完工报告《FQ2-MA03-RCWO-00816504/01 巡盘发现 2ADG003MN 仪表产生大幅度波动，怀疑仪表故障，请检查处理》； WR/WOT：00331204/00816504-01（计划工单）。 其他类似异常缺陷： 2018 年 01 月 09 日，开工工单：ADG001MN 与 2ADG002MN 和 2ADG003MN 偏差大（WR/WOT：00332272/00820095-01）。 故障原因分析：2ADG001MN 取样管进少量空气。 详情请见完工报告《FQ2-MA03-RCWO-00820095/01 2ADG001MN 与 2ADG002MN 和 2ADG003MN 偏差大，请处理》	
编　　者	运行二处一值：谷铁	时间：2019 年 02 月 16 日

3.3.5 2ADG003VV 主控画面上显示××××

异常缺陷名称	2ADG003VV 主控画面上显示××××，对 2ADG003VV 进行重新整定
发生时间	2017 年 10 与 24 日早班
机组状态	机组大修，RCS 模式
异常缺陷现象	2ADG003VV 主控画面上显示××××
风险或潜在后果	导致无法查看 2ADG003VV 的开度
干预行动	已采取的行动措施： 1)安排现场查看 2ADG003VV 实际开度情况，检查阀门供气情况，未见异常； 2)oncall 仪控检查处理
原因分析	2ADG003VV 反馈超差
消缺行动	仪控处理反馈： 1)工作过程： ①对 2ADG003VV 进行重新整定； ②对 2ADG003VV 进行五点校验； ③确认 2ADG003VV 在主控画面中显示正常。 2)故障原因分析：2ADG003VV 反馈超差
相关知识	ADG003/005/007VV 的控制逻辑： 1)作为 GCT 系统的第四组排往除氧器的阀门，ADG005VV 只接受来自 GCT 系统的快开信号； 2)ADG003/007VV 还作为除氧器压力调节阀，接受来自 ADG 系统的压力调节模拟信号； 3)允许开启信号：除氧器水位不高+ABP006VL 未关闭+无 P4 后延时 50 s+无 P12； 4)快开信号：允许开启信号+温度模式下出现 P4 且达快开整定值 407XU1 或温度模式下未出现 P4 且达 402XU2 且 C7B 与 406XU1 出现； 5)除氧器水位 ADG001MN、002MN、003MN 中选值达到+650 mm 时，将自动关闭 ADG003VV/005VV/007VV
参考资料信息	维修一处仪控：完工报告《FQ2-MA03-RCWO-00733879/01 2ADG003VV 主控画面上显示××××，对 2ADG003VV 进行重新调整》； WR/WOT：00302524/00733879-01(紧急工单)

续 表

参考资料信息	其他类似异常缺陷： 2017 年 11 月 02 日开工计划工单“维修一级：3ADG003VV 阀门开度反馈多次闪发变成××××检查处理(WR/WOT：00735050-01)”。 故障原因分析：3ADG003VV 阀门开限位位置偏移。 详情请见维修二处仪控：完工报告《FQ3-MA03-RCWO-00735050/01 维修一级：3ADG003VV 阀门开度反馈多次闪发变成××××检查处理》	
编　　者	运行二处一值：谷铁	时间：2019 年 02 月 16 日

3.3.6　3ADG012VL 无法自动关闭，主控显示大红色

异常缺陷名称	3ADG012VL 无法自动关闭，主控显示大红色
发生时间	2017 年 06 月 16 日夜班
机组状态	RP 模式，电功率 343 MWe
异常缺陷现象	3ADG012VL 无法自动关闭，主控显示大红色
风险或潜在后果	导致 3ADG012VL 无法自动关闭
干预行动	已采取的行动措施： 1)安排现场检查确认阀门实际状态和电动头报警信息； 2)oncall 维修电气检查处理
原因分析	3ADG012VL 就地显示过力矩报警
消缺行动	电气处理反馈： 1)工作过程： ①现场检查发现 3ADG012VL 就地显示过力矩报警； ②与值长沟通，开紧急票处理并取得隔离许可证； ③到达现场，与主控沟通，就地手轮操作阀门，无卡涩(手轮操作后过力矩报警自动消除)； ④就地电动开关阀门正常，无报警； ⑤将电动头打到远控，主控能正常操作阀门开关。 2)故障原因分析：3ADG012VL 就地显示过力矩报警
相关知识	3ADG012VL 的控制逻辑： 1)手动开启信号：KIC 开启+允许开启信号； 2)允许开启信号：除氧器水位不高； 3)保护关闭信号：除氧器水位高高

续 表

参考资料信息	维修二处电气：完工报告《FQ3-MA02-RCWO-00606494/01 3ADG012VL 无法自动关闭，主控显示大红色》； WR/WOT：00258944/00606494-01(紧急工单)	
编　　者	运行二处一值：谷铁	时间：2019 年 02 月 16 日

3.3.7 低加出口母管给水蝶阀 4ABP006VL(ADG 进水阀门)在主控无法操作打开

异常缺陷名称	低加出口母管给水蝶阀 4ABP006VL(ADG 进水阀门)在主控无法操作打开
发生时间	2018 年 01 月 03 日早班
机组状态	NS/SG 模式
异常缺陷现象	机组重新启动时，在主控无法操作打开 4ABP006VL，在强制 ADG010SN 触发后，4ABP006VL 仍无法开，开启其上游排气阀泄压时发现排出很多蒸汽，没办法继续进行泄压
风险或潜在后果	导致凝结水无法进入除氧器，无法启动 ADG 系统
干预行动	已采取的行动措施： 1)检查 4ABP006VL 上游仪用压空供气正常； 2)联系仪控强制 4ADG010SN 触发； 3)开启 4ABP006VL 所在管线上游排气阀泄压时发现排出很多蒸汽，没办法继续进行泄压； 4)通过将 4ABP010VL 打开进行泄压后，再在主控操作开启 4ABP006VL，顺利打开
原因分析	4ABP006VL 阀门开启的设计压差为 2.411 MPa，因前后压差太大导致无法开启，需要进行泄压平衡前后压力
消缺行动	仪控处理反馈： 配合运行强制 4ADG010SN 触发信号，在运行开启 4ABP006VL 后，取消强制
相关知识	ABP006VL 的控制逻辑： 1)自动开启：除氧器液位不高<500 mm，且除氧器进水管线满水 ADG010SN 触发，且 CEX 泵出口压力 CEX101/201/301MP 任一>0.2 MPa；

续　表

相关知识	2）自动关闭：①CEX 泵出口压力 CEX101/201/301MP 均<0.2 MPa；②除氧器液位 H2>650 mm； 3）手动开启：除氧器液位不高<500 mm，且除氧器进水管线满水 ADG010SN 触发，且 CEX 泵出口压力 CEX101/201/301MP 任一>0.2 MPa 时，ABP006VL 置于手动时手动开启； 4）手动关闭信号：KIC 关闭； 5）ABP006VL 未全关，ADG003/005/007VV 开启条件之一。 ABP006VL 相关经验知识： 1）101 大修经验反馈：1ABP006VL 手动无法开启，仪控强制 1ADG010SN 后阀门可以开启； 2）2016 年 2 号机组调停经验反馈：2ABP006VL 阀门开启的设计压差为 2.411 MPa，2016 年 2 号机组春节调停期间因前后压差过大，阀门无法开启。后通过开启其上游排气阀泄压后，阀门得以开启	
参考资料信息	ESOMS 日志（2018 年 01 月 03 日）和 D15 规程中经验反馈等	
编　　者	运行二处一值：谷铁	时间：2019 年 03 月 17 日

3.3.8　1ADG163VV 动作过程中会显示洋红色

异常缺陷名称	1ADG163VV（五级抽汽总管止回阀后疏水罐疏水阀）动作过程中会显示洋红色，阀门开关动作结果正常
发生时间	2017 年 05 月 13 日夜班
机组状态	RP 模式，满功率
异常缺陷现象	1ADG163VV 动作过程中会显示洋红色，阀门开关动作结果正常
风险或潜在后果	1ADG163VV 动作过程中显示洋红色，导致主控无法准确确认阀门的实际开关状态
干预行动	已采取的行动措施： 1）安排现场观察阀门实际动作状态情况，确认阀门开关动作结果正常； 2）提工作申请（WR）按计划处理
原因分析	1ADG163VV 阀门限位开关损坏

续 表

消缺行动	仪控处理反馈： 1)工作过程： ①对就地 1ADG163VV 阀门开、关限位功能及接线进行检查； ②发现 1ADG163VV 阀门开限位开关损坏，造成 1ADG163VV 阀门关闭时开、关反馈同时触发； ③办理备件领料单，领取备件，检验开关动作功能正常； ④做好拆接线记录，更换损坏 1ADG163VV 阀门开限位开关，恢复设备到投运状态。 2)故障原因分析：1ADG163VV 阀门限位开关损坏
相关知识	ADG163VV 阀门的控制逻辑： 1)手动开启信号：KIC 开启； 2)手动关闭信号：KIC 关闭； 3)自动开启信号：汽轮机跳闸或汽轮机负荷≤30%或疏水袋液位 ADG109SN 高或关 ADG001VV； 4)自动关闭信号：汽轮机跳闸且汽轮机负荷≤30%且疏水袋液位 ADG109SN 高且关 ADG001VV 信号消失后 2 s； 5)保护开启信号：疏水袋液位 ADG110SN 高高
参考资料信息	维修一处仪控：完工报告《FQ1-MA03-RCWO-00567584/011ADG163VV 在动作过程中会显示洋红色状态》； WR/WOT：00246245/00567584-01(计划工单)。 其他类似异常缺陷： 2017 年 04 月 15 日，开工计划工单：1ADG163VV 阀门开启过程中在 KIC 上显示洋红色，关闭后阀门显示正常，怀疑开限位故障。需调整阀门状态(WR/WOT：00554046-01)。 故障原因分析：1ADG163VV 阀门关限位开关损坏。 详情请见维修一处仪控：完工报告《FQ1-MA03-RCWO-00554046/01 1ADG163VV 阀门开启过程中在 KIC 上显示洋红色，关闭后阀门显示正常，怀疑开限位故障。需调整阀门状态》
编　　者	运行二处一值：谷铁 | 时间：2019 年 02 月 16 日

3.3.9　1ADG023VL 阀门显示开度在 0%~25%之间波动

异常缺陷名称	1ADG023VL(STR 疏水冷却器疏水调节阀)阀门显示开度在 0%~25%之间波动

续 表

发生时间	2017 年 04 月 23 日早班
机组状态	RP 模式，电功率 840 MWe
异常缺陷现象	巡盘发现 1ADG023VL 阀门显示开度在 0%～25%之间波动(要求开度为 0%)，现场查看 1ADG023VL 阀门为全关状态，阀门未动作，管线无振动
风险或潜在后果	导致无法准确监视 1ADG023VL 阀门开度
干预行动	已采取的行动措施： 1)主控关注 1STR001BA 液位在正常范围内； 2)安排现场检查 1ADG023VL 阀门的实际开度，发现阀门处于全关状态； 3)oncall 仪控检查处理
原因分析	1ADG023VL 反馈信号线松动
消缺行动	仪控处理反馈： 1)工作过程： ①就地确认 1ADG023VL 设备位置； ②打开 1ADG023VL 定位器检查反馈线无松动； ③打开 1ADG023VL 信号中间转接箱，发现反馈线松动； ④紧固 1ADG023VL 反馈线，就地定位器显示无波动； ⑤1ADG023VL 就地设备接线全面紧固； ⑥联系运行人员确认 1ADG023VL 就地显示与盘前显示一致。 2)故障原因分析：1ADG023VL 反馈信号线松动
相关知识	ADG023VL 的自动关闭信号：除氧器水位高高或 STR003VL 全开
参考资料信息	维修一处仪控：完工报告《FQ1-MA03-RCWO-00559108/01 1ADG023VL 阀门显示开度在 0%～25%之间波动，需检查处理》；WR/WOT：00239127/00559108-01(紧急工单)
编　　者	运行二处一值：谷铁　　时间：2019 年 02 月 16 日

3.3.10 1ADG031VV 在 KIC 开启后显示红色，就地为全关

异常缺陷名称	1ADG031VV(除氧器启动排气阀)在 KIC 开启后显示红色，就地为全关
发生时间	2017 年 01 月 17 日中班

续　表

机组状态	NS/SG 模式
异常缺陷现象	1ADG031VV 在 KIC 开启后显示红色，就地为全关
风险或潜在后果	影响阀门开关操作的可靠性，影响除氧器启动加热排气
干预行动	已采取的行动措施： 1）安排现场检查阀门实际开度，确认阀门就地处于全关位置； 2）安排电气现场确认阀门供电正常，检查阀门电动头故障报警情况； 3）oncall 电气检查处理
原因分析	电动头内的继电器板故障
消缺行动	电气处理反馈： 1）检修措施及步骤： ①现场分析后确认电动头内的继电器板故障； ②对电动头内的继电器板进行更换； ③联系运行人员送电后确认无报警。 2）故障原因分析：电动头内的继电器板故障
相关知识	在除氧器冷态启动时，使用 SVA 系统辅助蒸汽进行加热，开启除氧器壳体至大气的启动排气阀 ADG030/031VV，关闭除氧器至凝汽器的运行排气阀 ADG032/033VV。 在除氧器热态启动时，使用 VVP 系统的新蒸汽进行加热，关闭除氧器的启动排气阀 ADG030/031VV，开启除氧器至凝汽器的运行排气阀 ADG032/033VV
参考资料信息	维修一处电气：完工报告《FQ1-MA02-RCWO-00488551/01 1ADG031VV 在 KIC 开启后显示红色，就地为全关，需检查电动头》；WR/WOT：00207034/00488551-01（计划工单），工作许可证：1PT02549（1ADG031VV 电动阀门显示大红色故障报警，需进行处理）
编　　者	运行二处一值：谷铁　　时间：2019 年 02 月 16 日

3.3.11　2ADG163VV 自动关闭时，在主控显示洋红色

异常缺陷名称	2ADG163VV 自动关闭时，在主控显示洋红色
发生时间	2016 年 01 月 09 日中班
机组状态	RP 模式，满功率

续　表

异常缺陷现象	主控巡盘发现 2ADG163VV(2ADG 抽汽管线上的疏水阀)在关闭时显示为洋红色，开启时显示正常，现场查看阀门正常开关，开关时能正常触碰到限位
风险或潜在后果	在关闭时显示为洋红色，导致主控无法准确监视阀门实际状态
干预行动	已采取的行动措施： 1)安排现场观察阀门实际动作状态情况，确认阀门开关动作结果正常； 2)oncall 仪控检查处理
原因分析	开限位损坏
消缺行动	仪控处理反馈： 1)工作过程： ①发现 2ADG163VV 开限位开关损坏； ②2ADG163VV 开限位开关； ③确认 2ADG163VV 限位开关正常； ④主控确认 2ADG163VV 阀位显示正确。 2)故障原因分析：开限位损坏
相关知识	ADG163VV 阀门的控制逻辑： 1)手动开启信号：KIC 开启； 2)手动关闭信号：KIC 关闭； 3)自动开启信号：汽轮机跳闸或汽轮机负荷≤30%或疏水袋液位 ADG109SN 高或关 ADG001VV； 4)自动关闭信号：汽轮机跳闸且汽轮机负荷≤30%且疏水袋液位 ADG109SN 高且关 ADG001VV 信号消失后 2 s； 5)保护开启信号：疏水袋液位 ADG110SN 高高
参考资料信息	维修一处仪控：完工报告《FQ2-MA03-RCWO-00209472/01 2ADG163VV 自动关闭时，在主控显示洋红色，怀疑其关限位没有触发》； WR/WOT：00096430/00209472-01(紧急工单)； 其他类似异常缺陷： 2016 年 10 月 16 日，开工紧急工单：1ADG163VV 在 KIC 上显示洋红色，对限位开关检查处理(WR/WOT：00180074/00390509-01)。 故障原因分析：1ADG163VV 开限位开关坏。 详情请见维修仪控：完工报告《FQ1-MA03-RCWO-00390509/01 1ADG163VV 在 KIC 上显示洋红色，需检查处理》
编　　者	运行二处一值：谷铁　　　时间：2019 年 02 月 16 日

3.3.12 2ADG 除氧器液位控制异常切手动

异常缺陷名称	2ADG 除氧器液位控制异常切手动
发生时间	2015 年 11 月 16 日中班—11 月 17 日中班
机组状态	RP 模式，电功率 840 MWe
异常缺陷现象	16 日 19:00，2 号主控操纵员巡盘发现 2ADG002KU/2CEX025VL/2CEX026VL(除氧器液位控制回路)处于手动控制状态。立即查看除氧器液位及其变化趋势，发现除氧器液位从 16:11 左右切手动，随后液位缓慢上升至 360 mm。 17 日 16:01，主控室再次出现 2ADG002KU/2CEX025VL/2CEX026VL 切手动的现象，除氧器液位下降至 280 mm
风险或潜在后果	导致除氧器液位控制异常切手动，丧失自动控制，引起除氧器液位控制偏差
干预行动	已采取的行动措施： 1)主控调整除氧器液位到正常值后，恢复 2CEX002KU、2CEX025/026VL 自动，并保持关注； 2)安排现场检查 2CEX025/026VL 阀门供气情况，未见异常； 3)oncall 仪控检查处理
原因分析	2CEX025VL 阀位控制命令回路信号比较器处接线松动
消缺行动	仪控处理反馈： 1)工作过程： ①确认机组功率稳定； ②执行工作方案《FQ2-MA-TD-I15067 2ADG 液位控制回路异常切手动缺陷处理方案》； ③确认接线紧固，故障消除。 2)故障原因分析：2CEX025VL 阀位控制命令回路信号比较器处接线松动
相关知识	当由于某种原因(如液位偏差大于 100 mm)导致 2ADG002KU 和 2CEX025VL 同时由自动切至手动后，进行切回自动时： 1)通过手动控制 2CEX025VL 调节 2ADG 液位至整定值(300 mm)； 2)根据 2CEX025VL 计算出 2ADG002KU 输出值并在 OOM 中输入该值； 3)将 2CEX025VL 置于自动，然后再将 2ADG002KU 置于自动。 说明：2CEX026VL 无手动，直接通过 2ADG002KU 控制。 2ADG002KU 输出值 = 0.8 × 2CEX025VL 开度 + 8%（计算时以 2CEX025VL 开度输出值为准）

续 表

参考资料信息	维修一处仪控：完工报告《FQ2-MA03-RCWO-00175888/01 2CEX025VL 阀位控制命令回路接线检查——处理 ADG 液位控制异常切手动缺陷》《FQ2-MA-TD-115067 2ADG 液位控制回路异常切手动缺陷处理方案》； WR/WOT：00082839/00175888-01(紧急工单)	
编　　者	运行二处一值：谷铁	时间：2019 年 02 月 16 日

3.3.13 1ADG101SN、102SN 触发的除氧器疏水袋高液位、高高液位报警长期存在

异常缺陷名称	1ADG101SN、102SN 触发的除氧器疏水袋高液位、高高液位报警长期存在
发生时间	2014 年 08 月 31 日早班
机组状态	RP 模式，电功率 289 MWe
异常缺陷现象	1ADG101SN(除氧器抽汽止回阀后疏水袋水位高液位开关)、102SN(除氧器抽汽止回阀后疏水袋水位高高液位开关)触发的疏水袋高液位、高高液位报警长期存在，导致疏水阀 1ADG143VV 一直保护开启
风险或潜在后果	导致除氧器抽汽止回阀后疏水袋水位高液位/高高液位长期触发，导致疏水阀 1ADG143VV 一直保护打开，导致部分除氧器部分抽汽被旁通，影响汽轮机热效率
干预行动	已采取的行动措施： 联系仪控检查处理
原因分析	1ADG101SN、1ADG102SN 根阀没开，积水造成液位长期高报
消缺行动	电气处理反馈： 1)工作过程： ①1ADG101SN、1ADG102SN 高液位、高高液位检查； ②恢复仪表至正常状态，检查确认故障解除。 2)故障原因分析：1ADG101SN、1ADG102SN 根阀没开，积水造成液位长期高报

续　表

相关知识	ADG143VV 的控制逻辑： 1）手动开启信号：KIC 开启； 2）手动关闭信号：KIC 关闭； 3）自动开启信号：汽轮机跳闸或汽轮机负荷≤30%或疏水袋液位 ADG101SN 高或关 ADG001VV； 4）自动关闭信号：汽轮机跳闸且汽轮机负荷≤30%且疏水袋液位 ADG101SN 高且关 ADG001VV 信号消失后 2 s； 5）保护开启信号：疏水袋液位 ADG102SN 高高	
参考资料信息	维修一处仪控：完工报告《FQ1-MA03-RCWO-00040938/01 1ADG101SN、102SN 高液位、高高液位报警长期触发，致使 1ADG143VV 长期开启》；WR/WOT：00018773/00040938-01（紧急工单）	
编　　者	运行二处一值：谷铁	时间：2019 年 02 月 16 日

3.3.14　4ADG005VV 阀门开故障不能正常消除

异常缺陷名称	4ADG005VV 阀门开故障不能正常消除
发生时间	2017 年 08 月 26 日早班
机组状态	机组调试启动阶段，NS/SG 模式
异常缺陷现象	4 号机组瞬态试验，4ADG005VV 阀门快开后正常开启，但快开指令消失，阀门关闭关限位触发，但 RS 触发器保持一个开命令送 4ADG005VV_S 块，导致触发开故障
风险或潜在后果	导致 4ADG005VV 阀门存在开故障
干预行动	已采取的行动措施： 联系仪控检查处理
原因分析	4ADG005VV 阀门快开后正常开启，当快开指令消失时，阀门关闭关限位触发，但 RS 触发器保持一个开命令送 4ADG005VV_S 块，导致触发开故障
消缺行动	仪控处理反馈： 1）工作过程： ①在 DCS 一层 4HS1HC 工作站登录软件工程师权限； ②在 DCS 一层 4HS1HC 工作站进入 ICC 软件； ③按照“控制系统软件变更申请单”在 ICC 软件中由操作人根据

续　表

消缺行动	软件变更方案修改 4ADG005VV 软件组态脚本； ④修改完成后由监护人核对修改脚本正确； ⑤确认无误后，点击 DONE 下装修改后的组态并进行 CHECK-POINT 操作； ⑥在 FOXVIEW 界面确认 T556UC 中 4ADG_N3：005VV_L1 的配置和修改一致。 2) 故障原因分析：4ADG005VV 阀门逻辑块只有开命令输入，没有关命令输入，无法恢复 RS 触发器状态
相关知识	ADG003/005/007VV 的控制逻辑： 1) 作为 GCT 系统的第四组排往除氧器的阀门，ADG005VV 只接受来自 GCT 系统的快开信号； 2) ADG003/007VV 还作为除氧器压力调节阀，接受来自 ADG 系统的压力调节模拟信号； 3) 允许开启信号：除氧器水位不高+ABP006VL 未关闭+无 P4 后延时 50 s+无 P12； 4) 快开信号：允许开启信号+温度模式下出现 P4 且达快开整定值 407XU1 或温度模式下未出现 P4 且达 402XU2 且 C7B 与 406XU1 出现； 5) 除氧器水位 ADG001MN、002MN、003MN 中选值达到+650 mm 时，将自动关闭 ADG003VV/005VV/007VV
参考资料信息	维修二处仪控：完工报告《FQ4-MA03-RCWO-00683958/01 4ADG005VV 阀门开故障不能正常消除问题处理》； WR/WOT：00284087/00683958-01(计划工单)
编　　者	运行二处一值：谷铁　　　时间：2019 年 02 月 16 日

3.3.15　2ADG008VV 在阀门全开的情况下显示半开半关，阀门开限位未触发

异常缺陷名称	2ADG008VV 在阀门全开的情况下显示半开半关，阀门开限位未触发
发生时间	2016 年 11 月 16 日中班
机组状态	机组大修，RCD 模式
异常缺陷现象	2ADG008VV 在阀门全开的情况下显示半开半关，阀门开限位未触发

续　表

风险或潜在后果	影响 2ADG008VV 主控状态的监视
干预行动	已采取的行动措施： 1) 安排现场检查 2ADG008VV 阀门的实际状态，确认阀门为全开状态； 2) 提工作申请按计划处理
原因分析	2ADG008VV 阀门开限位开关接线端子触点接触不良
消缺行动	仪控处理反馈： 1) 工作过程： ①现场确认 2ADG008VV 阀门实际在全开位； ②打开 2ADG008VV 限位开关就地接线盒盖子； ③检查 2ADG008VV 开关限位开关性能正常； ④重新处理接线端线头和开限位接线端子排接线，并紧固； ⑤联系运行人员验证 2ADG008VV 阀门开限位触发，故障消除； ⑥恢复接线端子盒盖； ⑦继续观察 6 h 后，故障未出现。 2) 故障原因分析：2ADG008VV 阀门开限位开关接线端子触点接触不良
相关知识	当 ADG004VV 全开且 ADG003VV 非全关或 ADG008VV 全开且 ADG007VV 非全关时，蒸发器水位控制引入 ADG 的排放负荷
参考资料信息	维修一处仪控：完工报告《FQ2-MA03-RCWO-00408625/01 2ADG008VV 在阀门全开的情况下显示半开半关，阀门开限位未触发，需处理》； WR/WOT：00187896/00408625-01（计划工单）
编　者	运行二处一值：谷铁　｜　时间：2019 年 02 月 16 日

3.3.16　3CEX025VL/026VL 在一层切至手动，导致 3ADG 除氧器液位持续降低

异常缺陷名称	3CEX025VL/026VL 在一层切至手动，导致 3ADG 除氧器液位持续降低
发生时间	2016 年 09 月 01 日早班
机组状态	3 号机机组调试启动阶段

续　表

异常缺陷现象	13:26，KIC 触发 3ADG004KA，除氧器液位低报警，操纵员迅速查看 ADG 画面，确认除氧器液位从初始 300 mm 下降至 150 mm；经检查当前阀门状态，确认 3CEX026VL 开度 20%，3CEX025VL 开度为 0，3CEX025VL/026VL，3ADG002KU 均在手动位置(MCTRL)
风险或潜在后果	导致除氧器液位无法自动控制，如果不及时采取措施进行干预，ADG 液位下降至-850 mm 时将触发 APA 泵全停，进而导致 SG 液位触发反应堆停堆
干预行动	已采取的行动措施： 1)当班值立即响应，操纵员立即执行报警卡，查看 3CEX025/026VL 开度情况，根据无扰切换的 TOI(TOI-3-ADG-16-025 除氧器液位手动切自动规定)，准备将 3CEX025VL 手动开大，将水位调整至 300 mm 后，再将控制器切回自动控制，但发现无法开大阀门，除氧器液位还在持续下降。 2)阀门无法开大可能是就地阀门卡死，立即安排现场人员去就地核实 3CEX025VL 状态，确认是否卡死。就地确认气动阀供气状态正常，阀门没有异常； 3)安排人员至旁路电动阀 3CEX011VL 就地待命，在各种方式无法都远控调节 ADG 除氧器水位时，随时准备与主控建立热线联系，就地操作电动阀调节开度进行干预，保证除氧器流量供应； 4)为避免除氧器液位继续下降，下插控制棒，降低反应堆功率，减少 SG 的给水流量，维持 ADG 除氧器液位。反应堆功率由 9% Pn 下降至 7%Pn，ADG 除氧器水位稳定不再下降； 5)立即 oncall 仪控、机械维修人员进行排查，经仪控人员排查，3CEX025VL 阀门输出模块在一层被置为手动，导致无法在二层对 3CEX025VL 进行控制； 6)经确认无其他异常后，要求仪控人员将 3CEX025VL 输出切回自动控制； 7)主控操纵员通过调节 3CEX025VL 开度，将 3ADG 除氧器水位恢复至 300 mm 后，将 3CEX025VL/026VL、3ADG002KU 切回自动； 8)经过观察，除氧器水位自动控制功能恢复，没有异常； 9)恢复反应堆功率至 9%，异常结束
原因分析	3CEX025VL 输出模块被置于手动，进而水位调节器及 3CEX025VL/026VL 自行进入手动保持状态

续　表

消缺行动	仪控处理反馈： 1)处理进展：除氧器液位控制恢复自动。 2)处理措施：将3CEX025VL输出模块恢复自动后，反馈主控调整除氧器液位到正常水位后，恢复3CEX025VL/026VL和3ADG002KU自动控制。 3)故障原因分析：3CEX025VL输出模块被处于手动，进而水位调节器及3CEX025VL/026VL自行进入手动保持状态
相关知识	当由于某种原因(如液位偏差大于100 mm)导致3ADG002KU和3CEX025VL同时由自动切至手动后，进行切回自动时： 1)通过手动控制3CEX025VL调节3ADG液位至整定值(300 mm)； 2)根据3CEX025VL计算出3ADG002KU输出值并在OOM中输入该值； 3)将3CEX025VL置于自动，然后再将3ADG002KU置于自动。 说明：3CEX026VL无手动，直接通过3ADG002KU控制。 3ADG002KU输出值 = 0.8×3CEX025VL开度 + 8%(计算时以3CEX025VL开度输出值为准)
参考资料信息	运行二处：《运行二处内部经验反馈——3ADG除氧器液位持续降低响应始末》
编　　者	运行二处一值：谷铁　　　　时间：2019年02月16日

3.3.17　主控巡盘发现3CEX025VL开度在12%~20%之间跳变

异常缺陷名称	主控巡盘发现3CEX025VL开度在12%~20%之间跳变
发生时间	2017年02月06日早班
机组状态	RP模式，并网后继续执行D15以1 MW/min速率提升功率至836 MW
异常缺陷现象	主控巡盘发现3CEX025VL开度在12%~20%之间跳变，现场发现3CEX025VL阀门振动大，3CEX025VL开度真实波动，主控观察3CEX001/002/003MD在1400~2700 m^3/h之间波动，3CEX002PO和3CEX003PO电流在106 A和145 A之间波动
风险或潜在后果	引起凝泵电流和出口流量剧烈变化，威胁凝结水泵运行安全

续　表

干预行动	已采取的行动措施： 1）手动干预控制除氧器液位，液位稳定后，重新恢复除氧器液位自动控制； 2）加强关注凝结水泵电流、出口压力和流量波动情况以及泵运行参数； 3）oncall 维修仪控、机械检查处理
原因分析	3CEX025VL 阀杆联轴器与气动执行机构立柱间隙不均匀
消缺行动	机械处理反馈： 1）处理过程： ①仪控检查 3CEX025VL 阀门定位器功能正常无故障； ②确认阀门处于失气状态，拆开阀杆联轴器连接螺栓； ③对联轴器进行清理，两边进行倒角； ④回装联轴器，对 3CEX025VL 阀杆联轴器与气动执行机构立柱间隙调整。 2）故障原因分析：3CEX025VL 阀杆联轴器与气动执行机构立柱间隙不均匀。故障原因分析：联轴器与支架之间，间隙不均匀
相关知识	当由于某种原因（如液位偏差大于 100 mm）导致 3ADG002KU 和 3CEX025VL 同时由自动切至手动后，进行切回自动时： 1）通过手动控制 3CEX025VL 调节 3ADG 液位至整定值（300 mm）； 2）根据 3CEX025VL 计算出 3ADG002KU 输出值并在 OOM 中输入该值； 3）将 3CEX025VL 置于自动，然后再将 3ADG002KU 置于自动。 说明：3CEX026VL 无手动，直接通过 3ADG002KU 控制。 3ADG002KU 输出值 = 0.8 × 3CEX025VL 开度 + 8%（计算时以 3CEX025VL 开度输出值为准）
参考资料信息	维修二处：仪控完工报告《FQ3-MA01-RCWO-00510202/02 维修一级：3CEX025VL 阀杆联轴器调整》、机械完工报告《FQ3-MA03-RCWO-00510202/01 3CEX025VL 阀门控制性能检查》； WR/WOT：00212245/00510202-01、00510202-02（计划工单）
编　　者	运行二处一值：谷铁　　　　时间：2019 年 09 月 13 日

3.3.18 3CEX025VL 在机组升功率时调节存在波动

异常缺陷名称	3CEX025VL 在机组升功率时调节存在波动
发生时间	2018 年 02 月 23 日早班
机组状态	RP 模式，以 0.5 MW/min 速率提升功率
异常缺陷现象	3 号机组升功率期间，3CEX025VL 在自动控制时，多次出现大幅波动(8%~17%)，导致 ADG 的 CEX 补水流量大幅变化，同时由于汽轮机抽气量变化，汽轮机振动同时也增加，一回路平均温度大幅波动。当班值在仪控的配合下 3 次放自动控制后，每次稳定约25 min后，均会再次出现波动
风险或潜在后果	3CEX025VL 异常缺陷处理前存在的风险： 1)如果阀门阀位反馈信号长期保持，可能导致 3CEX025VL 异常关闭，凝结水流量供应不足有停机停堆风险； 2)阀门大幅度波动，将引起除氧器液位和压力的波动，进而引起除氧器加热蒸汽的波动，会影响一回路温度和 ΔI 的控制； 3)阀门异常动作可能导致 ATE 由于出口压力高跳闸，影响二回路水质； 4)阀门异常动作导致凝泵电流波动、出口流量和压力波动，影响泵的安全运行
干预行动	已采取的行动措施： 1)加强关注除氧器液位趋势变化，关注凝泵出口流量压力波动、凝泵电流波动以及凝泵运行参数变化趋势； 2)3ADG002KU 放手动控制 ADG 液位； 3)oncall 仪控、机械检查处理； 4)仪控人员继续分析波动原因(低负荷时初步分析：3ARE 液位波动导致 ADG 的单通道和三通道切换所致；但第三次放自动时，给水流量已超过单三通道切换值，怀疑其他原因)
原因分析	经检查判断为 3CEX025VL 阀杆连接件与阀座支撑架导向轨轻摩，经机械人员现场打磨导向轨后验证，阀门运行稳定，未再波动
消缺行动	仪控处理反馈： 1)检查结果：检查阀门 PID 参数、DCS 控制回路、阀门控制气路及气源供气压力均正常，可排除仪控问题。 2)可能原因分析：结合大修前上一次的现象，阀门在小开度下波动，在功率提升后阀门开度变大后正常，初步怀疑阀门在小开度下由于前后压差大及存在轻微卡涩导致阀门动作不灵敏导致。

续　表

消缺行动	机械处理反馈： 1）工作过程： ①领取工作许可证，确认设备位置并建立检修隔离区域； ②用砂纸将阀门导向杆上的锈迹除掉； ③用白布将阀门导向杆清理干净； ④向联轴器与导向杆贴合部分喷涂润滑剂润滑； ⑤工作结束清理现场，归还工作许可证。 2）故障原因分析：经检查判断为 3CEX025VL 阀杆连接件与阀座支撑架导向轨轻摩，经机械人员现场打磨导向轨后验证，阀门运行稳定，观察数天未再波动
相关知识	当由于某种原因（如液位偏差大于 100 mm）导致 3ADG002KU 和 3CEX025VL 同时由自动切至手动后，进行切回自动时： 1）通过手动控制 3CEX025VL 调节 3ADG 液位至整定值（300 mm）； 2）根据 3CEX025VL 计算出 3ADG002KU 输出值并在 OOM 中输入该值； 3）将 3CEX025VL 置于自动，然后再将 3ADG002KU 置于自动。 说明：3CEX026VL 无手动，直接通过 3ADG002KU 控制。 3ADG002KU 输出值 = 0.8 × 3CEX025VL 开度 + 8%（计算时以 3CEX025VL 开度输出值为准）
参考资料信息	维修二处机械：完工报告《FQ3-MA01-RCWO-00860083/01 3CEX025VL 限位指示杆与支架有轻微摩擦，需打磨处理》； 运行二处：3 号机组异常反馈——3 号机组升功率期间 3CEX025VL 大幅波动； 运行二处：3、4 号机组值长日报（2018 年 02 月 26 日）； WR/WOT：00352208/00860083-01（紧急工单）
编　　者	运行二处一值：谷铁　　　　时间：2019 年 09 月 13 日

3.3.19　3 号机组 ADG 除氧器液位大幅波动

异常缺陷名称	3 号机组除氧器液位大幅波动
发生时间	2019 年 02 月 23 日中班
机组状态	RP 模式，电功率 836 MWe

续 表

异常缺陷现象	中班 3 号机巡盘过程中发现 3ADG 除氧器水位大幅波动：液位整定值为 300 mm，最大一次波动范围在 170~353 mm 之间，引起除氧器液位波动，CEX 凝结水泵电流波动、出口流量和压力波动，导致 3ATE 多次跳闸（3ATE003PO 因出口压力高跳闸）
风险或潜在后果	3CEX025VL 异常缺陷处理前存在的风险： 1）如果阀门阀位反馈信号长期保持，可能导致 3CEX025VL 异常关闭，凝结水流量供应不足有停机停堆风险； 2）阀门大幅度波动，将引起除氧器液位和压力的波动，进而引起除氧器加热蒸汽的波动，会影响一回路温度和 ΔI 的控制； 3）阀门异常动作可能导致 ATE 由于出口压力高跳闸，影响二回路水质； 4）阀门异常动作导致凝泵电流波动、出口流量和压力波动，影响泵的安全运行
干预行动	已采取的行动措施： 1）23 日中班采取的行动： ①密切监测除氧器水位、R 棒动作情况；确认自动调节系统响应正确； ②提前做好事故预想，必要时手动干预； ③oncall 维修仪控、机械处理； ④针对故障设备 3CEX025VL 采取的缓解措施： a. 运行人员监视除氧器液位，必要时手动干预； b. 设备管理与维修尽快消除缺陷。 2）24 日夜班采取的行动： ①加强监视凝结水泵的运行情况。 ②在中控室，召集运行、维修、设备管理相关人员初步讨论确定如下行动项： a. 设备管理部门评估 3CEX025VL 阀门波动大缺陷当前情况劣化可能性（经设备管理初步评估，当前无进一步恶化趋势，今天上午给出正式评估意见）。 b. 运行部门做好 3CEX025VL 大幅波动的事故预想； c. 运行部门准备隔离预案； d. 设备管理处准备技术方案和核实备件情况，维修二处配合完成工单包、备件等的工作准备； e. 维修机械安排人员保驾，必要时配合运行人员操作 3CEX025VL；

续 表

干预行动	③做好运行干预手段预想和准备：如果 3CEX025VL 缺陷继续恶化，可通过就地破坏中性点手动控制 3CEX025VL；或者将 3CEX025VL 切换到 3CEX011VL 供水。 3)24 日早班采取的行动： ①通过 3CEX011VL 开到 14.3% 开度，使 3CEX025VL 关闭、3CEX026VL 到 10%开度，完成处理 3CEX025VL 阀门反馈信号波动的现场隔离； ②发出工作许可证于； ③关注和通过 3CEX026VL 手动控制除氧器液位，3CEX 流量及除氧器液位稳定
原因分析	3CEX025VL 阀门定位器故障导致反馈信号异常波动
消缺行动	仪控处理反馈： 1)工作过程： ①检查 3CEX025VL 定位器参数并做好记录； ②关闭 3CEX025VL 供气阀 3CEX9025VA； ③打开 3CEX025VL 定位器、阀位反馈器盖子，拆除定位器、阀位反馈器接线并做好拆线记录； ④按照技术方案拆除 3CEX025VL 定位器气源管线接头并拆除定位器、阀位反馈器； ⑤按照技术方案回装 3CEX025VL 定位器、阀位反馈器新备件并回装气源管线接头； ⑥按拆线记录恢复 3CEX025VL 定位器、阀位反馈器接线； ⑦打开 3CEX025VL 供气阀 3CEX9025VA； ⑧根据《FQY-CEX-M-I003 CEX025VL 阀门特性检查》维修规程对 3CEX025VL 进行特性检查，并将检验合格的参数记录在校验单上； ⑨检查 3CEX025VL 新定位器参数并做好记录； ⑩回装 3CEX025VL 定位器、阀位反馈器盖子； ⑪联系主控操作 3CEX025VL 验证合格； 2)故障原因分析：3CEX025VL 阀门定位器故障导致反馈信号异常波动
相关知识	当由于某种原因(如液位偏差大于 100 mm)导致 3ADG002KU 和 3CEX025VL 同时由自动切至手动后，进行切回自动时： 1)通过手动控制 3CEX025VL 调节 3ADG 液位至整定值(300 mm)；

续　表

相关知识	2）根据3CEX025VL计算出3ADG002KU输出值并在OOM中输入该值； 3）将3CEX025VL置于自动，然后再将3ADG002KU置于自动。 说明：3CEX026VL无手动，直接通过3ADG002KU控制。 3ADG002KU输出值=0.8×3CEX025VL开度+8%（计算时以3CEX025VL开度输出值为准）	
参考资料信息	运行二处：3号机组异常反馈——3号机组除氧器液位大幅波动，怀疑为3CEX025VL调节性能不佳导致； 运行二处：3、4号机组值长日报(2019年02月24日)； WR/WOT：00 509416/01155929-01（计划工单），工作许可证3PI05143(3CEX025VL阀门定位器更换及整定)	
编　　者	运行二处一值：谷铁	时间：2019年09月13日

3.3.20　1ADG005VL故障，无法实现就地开关操作

异常缺陷名称	1ADG005VL故障，无法实现就地开关操作
发生时间	2019年06月03日中班
机组状态	NS/SG模式
异常缺陷现象	1ADG005VL打至LOCAL位置后旋转OPEN、CLOSE阀门均无反应，电动头上显示“旋钮硬件故障”
风险或潜在后果	导致阀门无法置就地手动开关操作，影响二回路大循环运行
干预行动	已采取的行动措施： 1）确认阀门供电正常，检查电动头上存在“旋钮硬件故障”； 2）检查阀门供电离合装置在正确位置； 3）oncall电气检查处理
原因分析	电动头上旋钮损坏
消缺行动	电气处理反馈： 1）检修内容及步骤： ①检查1ADG005VL电动头旋钮损坏； ②安装新的电动头旋钮； ③联系运行送电验证，电动头状态正常，关、合正常； ④工作结束后，请运行人员验收后归还工作许可证。 2）故障原因分析：电动头上旋钮损坏

续 表

相关知识	除氧器紧急放水阀 ADG005VL 的控制逻辑(无自动指令): 1)手动开启信号:KIC 开启; 2)手动关闭信号:KIC 关闭	
参考资料信息	维修一处:EAM 中工单 01254983-01 的完工报告; WR/WOT:00563518/01254983-01(紧急工单)	
编　　者	运行二处一值:谷铁	时间:2019 年 09 月 13 日

3.3.21 ADG 系统设备异常缺陷处理总结:

ADG 常见异常缺陷(病历)统计数据及归纳分析

异常缺陷名称	风险	故障可能原因	关键干预步骤
除氧器液位控制器 CEX025VL 阀门频繁波动	1)导致除氧器液位、压力波动: ①液位低到 -850 mm 时,将导致主给水泵跳闸,SG 丧失主给水,进而停机停堆; ②液位高到 650 mm 时,将导致除氧器进水阀门 ABP006VL 保护关闭,若不能及时打开,可能导致除氧器液位持续下降,导致主给水泵跳闸,SG 丧失主给水,进而停机停堆; 2)可能导致 ATE 由于出口压力高停运,影响二回路水质; 3)导致凝泵电流、出口压力波动,影响泵的安全运行	1)定位器参数设置错误; 2)放大器放大倍数不合理; 3)定位器及管线回路存在漏气	1)切手动控制除氧器水位(ADG002KU 手动控制、CEX025VL 手动控制或切换到 CEX011VL 手动控制); 2)关注 CEX 泵出口压力、ATE 泵出口压力、除氧器进水和出水流量、除氧器水位压力变化趋势; 3)手动控制调节期间关注热功率和核功率变换情况,关注反应性和控制棒变化情况; 4)联系设备管理工程师召集维修专业检查处理。 注:具体操作步骤请参考 CEX 的 I 规程

3.4 电动主给水泵润滑油及调节油系统(AGM)

3.4.1 3AGM003VN 气动执行机构与阀杆脱开

异常缺陷名称	3AGM003VN 气动执行机构与阀杆脱开
发生时间	2018 年 08 月 06 日中班
机组状态	RP 模式，电功率 1059 MWe，电动主给水泵系统 APA 两台泵运行(A 泵和 C 泵运行)
异常缺陷现象	KIC 巡盘发现 3AGM318MT(3 号主给水泵工作油温度)为 80 ℃左右，调节阀 3AGM003VN 开度显示 100%，而 3AGM118MT(1 号主给水泵工作油温度)为 75 ℃，调节阀 3AGM001VN 开度显示 86%。3 号主给水泵 AGM 工作油温度相比设定值 75 ℃偏高 5 ℃，3AGM003VN 已全开，导致调阀无调节裕量
风险或潜在后果	导致 3 号主给水泵油温高，影响 3 号主给水泵的安全运行，异常恶化时可能将导致 3 号主给水泵跳闸，进而引起机组产生大的瞬态
干预行动	已采取的行动措施： 1)现场检查发现 3AGM003VN 气动执行机构与阀杆脱开； 2)组织各专业检查故障原因和消除故障； 3)将 3 号主给水泵的工作油冷却器 SRI 侧冷却水切换至 3AGM003VN 的旁路管线运行后，将 3AGM003VN 隔离处理，处理好后恢复到 3AGM003VN 供冷却水运行
原因分析	阀杆与气动执行机构连接块固定螺栓松动，引起 3AGM003VN 气动执行机构与阀杆脱开，导致阀芯部分落入管道中，使得 3 号主给水泵工作油冷却器 SRI 侧冷却水流量偏低，导致油温高，3AGM003VN 阀门全开到无调节裕量
消缺行动	技术支持检查反馈： 对运行的 1 号主给水泵及 3 号主给水泵工作油冷却器 SRI 流量进行超声测量，结果显示： 1)1 号主给水泵工作油冷却器 SRI 流量为 154 m^3/h； 2)3 号主给水泵工作油冷却器 SRI 流量为 37 m^3/h； 机械处理反馈： 1)工作过程： ①联系仪控拆除限位开关；

续　表

消缺行动	②拆除阀杆与气动执行机构连接块，阀门手动关闭； ③重新回装执行机构与阀杆的连接块，并紧固螺栓。 2)故障原因分析：阀杆与气动执行机构连接块固定螺栓松动
相关知识	AGM 工作油油温主要取决于功率损失(转速滑差)和工作油流量、冷却水流量(冷却水流量由 AGM001VN/002VN/003VN 控制)
参考资料信息	运行二处：3 号机组运行异常反馈——3 号主给水泵工作油温度异常； 运行二处：系列化教材《FQ-OP2-XLJC-020 电动主给水泵油系统(AGM)培训教材》； 维修二处机械：完工报告《FQ3-MA01-RCWO-00989456/01 3AGM003VN 阀杆与气动头下方的连接杆连接处脱开，导致气动头无法控制阀门》； WR/WOT：00426451/00989456-01(紧急工单)
编　　者	运行二处一值：谷铁　　　时间：2019 年 02 月 16 日

3.4.2　2AGM101PO 启动后，主控 KIC 画面中显示电流“××××”

异常缺陷名称	2AGM101PO 启动后，主控 KIC 画面中显示电流“××××”
发生时间	2017 年 10 月 17 日早班
机组状态	2 号机组大修，一回路水位 19.47 m
异常缺陷现象	2AGM101PO 启动后，主控 KIC 画面中显示电流“××××”
风险或潜在后果	导致无法监视 2AGM101PO 电机电流
干预行动	已采取的行动措施： 1)安排现场检查供电开关故障情况，未见明显异常； 2)安排现场检查润滑油压 2AGM101LP 正常，现场检查 2AGM101PO 泵电机运行未见异常； 3)oncall 维修电气检查处理
原因分析	2AGM101PO 测量电流变送器输出端插件轻微变形

续　表

消缺行动	电气处理反馈： 1)处理措施：与主控人员沟通后到就地 2AGM101PO 泵上游开关 2LKF231JA 柜，对其 2LKF231JA 内的电气测量回路进行检查发现为电流变送器输出插件轻微变形所致，然后对其插件进行矫正后，主控人员远方启动泵，KIC 显示电流值恢复正常； 2)故障原因分析：2AGM101PO 测量电流变送器输出端插件轻微变形
相关知识	2AGM101PO 为主给水泵 A 的交流电动机驱动的辅助润滑油泵，为容积式齿轮油泵。该卧式齿轮泵位于液力耦合器壳体内，其电动机安装在壳体外。泵入口处装有“吸油”管，它延伸到液力耦合器油池内低油位处。它作为主润滑油泵的备用泵，用于保证主给水泵在备用状态、启动和停泵过程中供应润滑油。辅助油泵也用于在应急情况下(润滑油压力低等)以及在倒转情况下启动
参考资料信息	维修一处电气：完工报告《FQ2-MA02-RCWO-00729558/01 2AGM101PO 启动后，KIC 显示电流“×××”》； WR/WOT：00300387/00729558-01（紧急工单），工作许可证：2PT33691(2AGM101PO 启动后无电流显示需检查其电源开关)
编　　者	运行二处一值：谷铁	时间：2019 年 02 月 16 日

3.4.3　主控 KIC 画面中电动辅助润滑油泵 1AGM201PO 电机电流 1AGM850MI_3 显示“××××”

异常缺陷名称	主控 KIC 画面中电动辅助润滑油泵 1AGM201PO 电机电流 1AGM850MI_3 显示“××××”
发生时间	2018 年 03 月 06 日早班
机组状态	机组大修，RCS 模式
异常缺陷现象	主控 KIC 画面中电动辅助润滑油泵 1AGM201PO 电机电流 1AGM850MI_3 显示“××××”
风险或潜在后果	导致主控 KIC 中无法准确监视 1AGM201PO 电机电流
干预行动	已采取的行动措施： 1)安排现场检查 1AGM201PO 供电，未见异常； 2)oncall 电气检查处理

续　表

原因分析	1LKG411JA 开关内电流测量回路二次插件松动所致	
消缺行动	电气处理反馈： 1）处理措施：经检查分析为 1LKG411JA 开关内电流测量回路二次插件松动所致，对其紧固后电流显示恢复正常； 2）故障原因分析：1LKG411JA 开关内电流测量回路二次插件松动所致	
相关知识	1AGM201PO 为主给水泵 B 的交流电动机驱动的辅助润滑油泵，为容积式齿轮油泵。该卧式齿轮泵位于液力耦合器壳体内，其电动机安装在壳体外。泵入口处装有“吸油”管，它延伸到液力耦合器油池内低油位处。它作为主润滑油泵的备用泵，用于保证主给水泵在备用状态、启动和停泵过程中供应润滑油。辅助油泵也用于在应急情况下（润滑油压力低等）以及在倒转情况下启动	
参考资料信息	维修一处电气：完工报告《FQ1-MA02-RCWO-00866813/01 1AGM850MI 电流表主控无显示，需要处理》； WR/WOT：00357374/00866813-01（紧急工单），工作许可证：1PT10715（1AGM201MO 启动后无电流显示，需检查电流测量回路）	
编　　者	运行二处一值：谷铁	时间：2019 年 02 月 16 日

3.4.4　3AGM301PO 主控启动后 30 s 跳闸，在配电盘试验位验证启动后也跳闸

异常缺陷名称	3AGM301PO 主控启动后 30 s 跳闸，在配电盘试验位验证启动后也跳闸
发生时间	2017 年 12 月 20 日中班
机组状态	RCD 模式
异常缺陷现象	执行 3D28B-31 APA302PO 油回路在线启动（保持 3AGM301PO 启动投运状态）时，3AGM301PO 主控启动后 30 s 跳闸，在配电盘试验位验证启动后也跳闸
风险或潜在后果	导致 3AGM301PO 无法启动，泵不可用
干预行动	已采取的行动措施： 1）安排现场检查泵供电开关，未见明显异常； 2）尝试试验位置启动时也出现跳闸现象； 3）oncall 电气检查处理

续 表

原因分析	辅助接点错位	
消缺行动	电气处理反馈： 1）工作过程： ①检查 3AGM301PO 电机电源：300 MΩ，对电机三相直阻测量、三相直阻不平衡率均合格； ②对 3AGM301PO 电源开关 3LKG421JA 检查发现回路保持辅助接点错位，并复位； ③重新送电，启泵运行正常，归还工作许可证。 2）故障原因分析：辅助接点错位	
相关知识	3AGM301PO 为主给水泵 C 的交流电动机驱动的辅助润滑油泵，为容积式齿轮油泵。该卧式齿轮泵位于液力耦合器壳体内，其电动机安装在壳体外。泵入口处装有“吸油”管，它延伸到液力耦合器油池内低油位处。它作为主润滑油泵的备用泵，用于保证主给水泵在备用状态、启动和停泵过程中供应润滑油。辅助油泵也用于在应急情况下（润滑油压力低等）以及在倒转情况下启动	
参考资料信息	维修二处电气：完工报告《FQ3-MA02-RCWO-00788677/01 3AGM301PO 主控启动后 30 s 跳闸，在配电盘试验位验证启动后也跳闸，需检查》； WR/WOT：00324227/00788677-01（紧急工单），工作许可证：3PT443433（3AGM301PO 启动后跳闸，需检查处理）	
编　　者	运行二处一值：谷铁	时间：2019 年 02 月 16 日

3.4.5　4AGM001VN 开度显示波动 3 次后切为手动控制

异常缺陷名称	4AGM001VN 开度显示波动 3 次后切为手动控制
发生时间	2018 年 05 月 08 日夜班
机组状态	RP 模式，满功率
异常缺陷现象	夜班 05:00 左右，4AGM001VN 开度显示波动 3 次后切为手动控制，主控出现报警 4KCO200KA 常规岛重要调节器切手动报警（质量位触发），现场开度显示 100%与主控保持一致，当前已切回自动控制

续　表

风险或潜在后果	导致 4AGM001VN 切到手动控制，产生报警 4KCO200KA，影响 4APA102PO 工作油温的自动控制
干预行动	已采取的行动措施： 1）安排现场确认 4AGM001VN 的开度； 2）确认现场开度显示 100%与主控保持一致后，恢复 4AGM001VN 自动，并保持观察； 3）提工作申请（WR）跟踪处理
原因分析	4AGM001VN 阀门中间转接盒至阀门定位器处反馈接线松动，导致 4AGM001VN 阀门反馈与指令偏差过大，阀门切至手动
消缺行动	仪控处理反馈： 1）检修过程： ①拆开 4AGM001VN 阀门定位器接线盒盖； ②检查 4AGM001VN 阀门定位器，接线无松动； ③回装 4AGM001VN 阀门定位器接线盒盖； ④拆开 4AGM001VN 阀门转接线盒盒盖； ⑤检查 4AGM001VN 阀门接线，发现 4AGM001VN 阀门中间转接盒至阀门定位器处反馈接线松动对其进行紧固； ⑥回装 4AGM001VN 阀门转接线盒盒盖； ⑦打开 DCS 机柜 4KCP552AR 柜门； ⑧检查 4KCP552AR 内 406BN 端子排上 B03 CO3 接线，接线无松动； ⑨检查 4KCP552AR 内 407BN 端子排上 A07 BO7 接线，接线无松动； ⑩关闭 DCS 机柜 4KCP552AR 柜门； ⑪确认 DCS 上 4AGM001VN 显示正常。 2）故障原因分析：4AGM001VN 阀门中间转接盒至阀门定位器处反馈接线松动，导致 4AGM001VN 阀门反馈与指令偏差过大，阀门切至手动
相关知识	AGM001VN/002VN/003VN 为电动主给水泵工作油冷却器冷却水调节阀，用于控制工作油温度在设定值
参考资料信息	维修二处仪控：完工报告《FQ4-MA03-RCWO-00914920/01 维修一级：4AGM001VN 阀门接线检查》； WR/WOT：00384865/00914920-01（计划工作工单）
编　　者	运行二处一值：谷铁　　时间：2019 年 02 月 16 日

3.4.6 主控出现 3KCO200KA 常规岛重要调节器切手动报警，3AGM001VN 切至手动并显示-3%开度

异常缺陷名称	主控出现 3KCO200KA 常规岛重要调节器切手动报警，3AGM001VN 切手动显示开度-3%
发生时间	2019 年 06 月 21 日早班
机组状态	RP 模式，满功率
异常缺陷现象	13：14 主控出现 3KCO200KA 常规岛重要调节器切手动报警，3AGM001VN 切手动并显示-3%开度（对应的主给水泵 3APA102PO 当前处于运行状态），现场实际开度为全开。13：50 3AGM001VN 自动恢复到需求开度 58%
风险或潜在后果	导致运行的主给水泵工作油温丧失自动和 KIC 手动控制调节功能，存在工作油温失去调节引起主给水泵损坏的风险
干预行动	已采取的行动措施： 1）主控执行报警卡进行检查，KIC 画面检查发现 3AGM001VN 切至手动并显示-3%开度，立即通过手动尝试开大 3AGM001VN，发现无法手动开大。主控 KIC 中实际需求开度为 58%，主控在 3AGM001VN 手动控制中输入开度 58%； 2）立即安排现场检查 3AGM001VN 实际情况及故障情况，现场核实实际开度为全开（与阀门故障全开逻辑一致），就地阀门开度显示器上失电，无显示； 3）主控监视 1 号主给水泵工作油温度 3AGM118MT 显示 73.9 ℃，主控监视温度变化趋势，安排人就地做好手动干预的准备； 4）主控和现场巡视 1 号主给水泵各项运行参数未见异常； 5）立即 oncall 仪控检查处理； 6）在 13:50 3AGM001VN 自动恢复到需求开度 58%，确认实际开度和需求开度一致，并经仪控评估可用后，恢复阀门自动控制。 建议后续行动： 1）请仪控分析故障根本原因，并采取措施消除缺陷； 2）运行保持关注 3AGM001VN 自动控制运行情况
原因分析	3AGM001VN 阀门转接盒内指令线线鼻子损坏

续　表

<table>
<tr><td>消缺行动</td><td colspan="2">仪控处理反馈：
1)检修过程：
①经检查 3AGM001VN 阀门反馈装置无松动；
②经检查 3AGM001VN 阀门气源管路及接头部分无漏气；
③检查过滤减压阀压力值为 2.6 bar；
④经检查阀门气动部件、电缆套管及定位器的外观无损坏；
⑤打开 3AGM001VN 阀门定位器盒盖，接线检查无松动，接线盒内指令线线鼻损坏；
⑥更换 3AGM001VN 阀门定位器及转接盒内接线线鼻；
⑦将定位器切换至手动模式，就地操作 3AGM001VN 阀门全开、全关，确认阀门无卡涩；
⑧拆下定位器内指令信号电缆做好绝缘保护，并做好拆线记录；
⑨连接信号发生器，对 3AGM001VN 阀门进行特性检查，并将数据记录在《检验记录单(气动调节阀)》中，特性检查合格；
⑩经检查，3AGM001VN 阀门失气保位，失电全开；
⑪拆除信号发生器，回装 3AGM001VN 阀门定位器指令信号线，并做好接线记录；
⑫3KCP552AR 机柜 307BN FBM208 卡件 7 通道 A07/B07 接线无松动；
⑬运行操作 3AGM001VN 验证阀门动作正常；
⑭工作结束，清理现场。
2)故障原因分析：3AGM001VN 阀门转接盒内指令线线鼻子损坏</td></tr>
<tr><td>相关知识</td><td colspan="2">1)AGM001VN/002VN/003VN 为电动主给水泵工作油冷却器冷却水调节阀，用于控制工作油温度在设定值；
2)KCO200KA(常规岛重要调节器切手动报警(质量位触发))由常规岛 GST015VD、ARE031VL/032VL/033VL、AGM001VN/002VN/003VN、ARE410RG、GRH001VD、GCT401RG 控制器切手动触发产生</td></tr>
<tr><td>参考资料信息</td><td colspan="2">运行二处：3 号机组异常反馈——主控出现 3KCO200KA 常规岛重要调节器切手动报警，3AGM001VN 切手动并显示关闭；
维修二处仪控：EAM 中工单 01264514-01 的完工报告；
WR/WOT：00572657/01264514-01(紧急工单)</td></tr>
<tr><td>编　　者</td><td>运行二处一值：谷铁</td><td>时间：2019 年 02 月 16 日</td></tr>
</table>

3.4.7 4AGM201AR 上显示空调故障(出现 A14 错误代码)

异常缺陷名称	4AGM201AR 上显示空调故障(出现 A14 错误代码)	
发生时间	2018 年 06 月 01 日早班	
机组状态	RP 模式，满功率	
异常缺陷现象	现场巡检发现 4AGM201AR 上显示空调故障(出现 A14 错误代码)	
风险或潜在后果	可能影响 4AGM201AR 空调工作可靠性	
干预行动	已采取的行动措施： 1)现场确认 4AGM201AR 机柜工作温度正常，未见机柜表面温度高情况； 2)现场确认机柜空调供电正常； 3)联系仪控确认当前报警不影响空调运行，提工作申请按计划处理	
原因分析	4AGM201AR 机柜空调温度传感器功能故障导致出现 A14 错误代码	
消缺行动	仪控处理反馈： 1)检修过程： ①使用机柜钥匙打开 4AGM201AR 机柜； ②手动断开 4AGM201AR 柜体空调电源； ③使用螺丝刀拆开 4AGM201AR 柜体空调后部盖板，检查发现空调传感器故障； ④使用新备件更换空调传感器； ⑤手动恢复 4AGM201AR 空调电源； ⑥关闭 4AGM201AR 机框，使用机柜钥匙上锁； ⑦观察 4AGM201AR 机柜空调正常运行，无故障代码出现。 2)故障原因分析：4AGM201AR 机柜空调温度传感器功能故障导致出现 A14 错误代码	
相关知识	AGM101AR/201AR/301AR 柜内的空调由 LNE 来的电源单独供电。当 AGM101AR/201AR/301AR 柜门上的总开关 AGM101JA/201JA/301JA 断开时，柜体空调仍有电	
参考资料信息	维修二处仪控：完工报告《FQ4-MA03-RCWO-00937607/01 维修一级：巡检缺陷：4AGM201AR 上显示空调故障处理》； WR/WOT：00396233/00937607-01(计划工单)	
编　　者	运行二处一值：谷铁	时间：2019 年 02 月 16 日

3.4.8　1APA302PO 液力耦合器油箱呼吸器 1AGM301ZE 堵塞导致油含水量升高

异常缺陷名称	1APA302PO 液力耦合器油箱油含水量升高
发生时间	2015 年 04 月— 08 月
机组状态	RP 模式，功率运行(1089 MWe—840 MWe—1089 MWe)
异常缺陷现象	2015 年 04 月— 08 月期间，1 号机组 3 号主给水泵多次出现水含量升高事件，期间均伴有推力轴承回油视窗充满大量泡沫异常，且出现泡沫期间，油视窗有间歇性气流返涌现象
风险或潜在后果	排气性能不良、油泡沫多将引起主给水泵输出速度存在不同程度的振荡或执行器和勺管周期的移动，影响 APA 泵运行安全
干预行动	已采取的行动措施： 1)主控加强泵和电机轴承温度的监视； 2)主控加强监视泵转速震荡情况； 3)安排现场加强对液力耦合器油箱油位的监视； 4)安排机械利用滤油机进行滤油，和准备好备用新油，以便必要时进行换油； 5)安排化学加强监测液力耦合器油箱内油的含水量，按化学技术规范进行跟踪控制
原因分析	经分析出现泡沫的原因可能为液力耦合器油箱呼吸器堵塞，造成耦合器箱体憋压，导致其内部气体绕道回油管线从轴承室呼吸器排出，此过程中回油与排油反复搅浑，在回油管中产生泡沫。2015 年 09 月—10 月 2APA 系统 1/3 号泵均出现过类似泡沫问题。经现场验证，打开液力耦合器箱体侧面法兰盲板后(与大气相通)，有大量油烟冒出，随后回油视窗泡沫迅速消失(1 min 内)，可确认耦合器箱体憋压导致泡沫产生，并初步判断为耦合器呼吸器堵塞导致。液力耦合器呼吸器主要由于平衡液力耦合器油箱与大气的压力，由于滤芯过密切采用折叠滤纸结构，极有可能导致滤纸吸附油烟和污物后堵塞网孔，导致排气阻力过大，无法实现其正常空气通流能力
消缺行动	机械处理反馈： 1)处理措施：根据外电厂运行经验，通过变更改造将液力耦合器油箱呼吸器滤芯由 3 μm 的折叠滤纸型滤芯，更换为 50 μm 滤布式滤芯，以增加防油烟堵塞能力； 2)原因分析：经分析出现泡沫的原因可能为液力耦合器油箱呼吸器堵塞，造成耦合器箱体憋压，导致其内部气体绕道回油管线从轴

续　表

消缺行动	承室呼吸器排出，此过程中回油与排油反复搅浑，在回油管中产生泡沫。2015 年 09 月—10 月 2APA 系统 1/3 号泵均出现过类似泡沫问题。 经现场验证，打开液力耦合器箱体侧面法兰盲板后(与大气相通)，有大量油烟冒出，随后回油视窗泡沫迅速消失(1 min 内)，可确认耦合器箱体憋压导致泡沫产生，并初步判断为耦合器呼吸器堵塞导致。液力耦合器呼吸器主要由于平衡液力耦合器油箱与大气的压力，由于滤芯过密切采用折叠滤纸结构，极有可能导致滤纸吸附油烟和污物后堵塞网孔，导致排气阻力过大，无法实现其正常空气通流能力	
相关知识	液力耦合器呼吸器堵塞将导致油气分离效果差，引起油中含泡沫，存在引起主给水泵转速震荡的风险	
参考资料信息	维修一处机械：《福清核电 1/2 号机组液力耦合器呼吸器滤芯物项替代简化论证报告》 其他类似异常缺陷： 2019 年 02 月 28 日，缺陷描述：巡检发现 3APA201RR 油箱内油质为乳白色，且有较多气泡(WR/WOT：00513091/01160070-01)。 故障原因分析：滤芯堵塞导致呼吸不畅。 详情请见 EAM 中工单 01160070-01 的完工报告	
编　　者	运行二处一值：谷铁	时间：2019 年 02 月 16 日

3.4.9　主给水泵的工作油冷却器 4AGM302RF 抗虹吸管线接头处喷油

异常缺陷名称	主给水泵的工作油冷却器 4AGM302RF 抗虹吸管线接头处喷油
发生时间	2019 年 02 月 26 日中班
机组状态	RP 模式，满功率
异常缺陷现象	02 月 25 日早班现场巡检发现 4APA302PO 的工作油冷却器 4AGM302RF 入口管道一处接口(如下图中红圈所示位置)存在漏油，约 3 s 一滴。 02 月 26 日中班接班后，现场反馈 4APA302PO 的工作油冷却器 4AGM302RF 入口管道处漏点扩大，当前已成线状流。

续　表

<table>
<tr><td>异常缺陷现象</td><td>
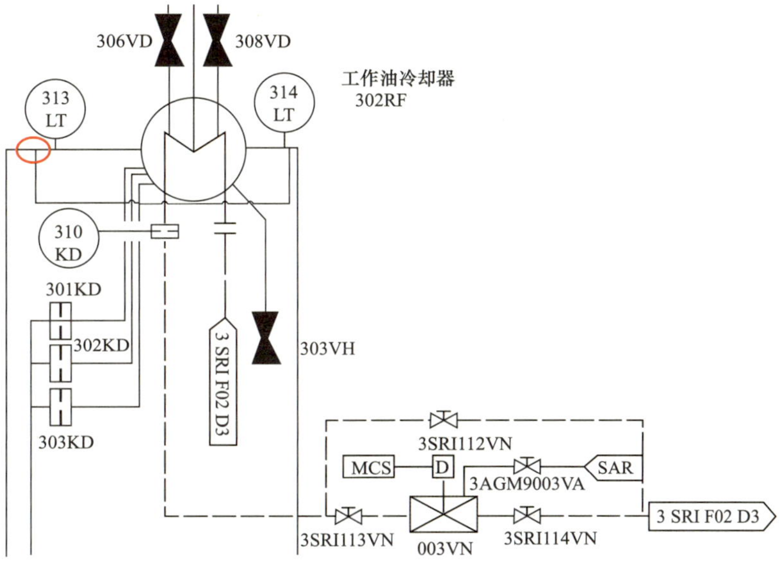

图 1　泄漏点位置(红圈中所示接点处)
</td></tr>
<tr><td>风险或潜在后果</td><td>1)如泄漏没办法在线处理，4APA 泵无备用，需要紧急降功率至769 MW 运行；
2)现场存在漏油情况，存在火灾风险</td></tr>
<tr><td>干预行动</td><td>已采取的行动措施：
1)当班值安排执行紧急切泵操作，将主给水泵泵 C 切换至主给水泵 B 运行；
2)切泵过程中已安排密切监视 4APA302PO 油位；
3)安排化学对库存油品进行分析，合格后实施补油准备；
4)oncall 设备管理和维修机械评估泵运行状态并准备维修方案，专业评价 C 泵可保持在备用可用状态；
5)现场漏油处已拉设警示带，要求维修机械和服务人员清理和收集漏油；
6)下班前机械已加工好卡套并取得合格的油品，准备使用卡套堵漏。
注：主给水泵停运后，由于 4AGM301PO 运行油压低于 APA 泵运行期间主油泵运行的油压，漏量已减小，3 s 1 滴。
建议后续行动：
1)请维修机械加紧准备下一步处理方案；
2)请设备管理处分析当前状态下 C 泵的可用性；
3)维修进行根本原因分析</td></tr>
</table>

续　表

原因分析	管线接头密封件失效，使得 4AGM302RF 抗虹吸管线接头处泄漏
消缺行动	机械处理反馈： 1）工作过程（02 月 25 日滴漏油时处理过程，WR/WOT：00510884/01156559-01）： ①原因分析：怀疑为管道振动引起松动，上午联系技术支持现场对比检查管道振动情况，检查结果 a. 主管存在高频振动，可能造成螺纹松动，但高频振动无法消减；b. 与 3 号机相比，小管有明显晃动，但暂无测量设备，技术支持联系 105 所后天进厂测量分析。 ②处理措施：目前现场在线紧固，昨晚紧固后今早复漏再次紧固，至现在暂未泄露。由于该接头无法拆卸（需停机排油），无法采取锁片、锁固剂等防松措施，故计划 a. 待技术支持测振分析完成后讨论采取小管减振方式；b. 若无法减振，联系堵漏厂家制作夹具堵漏，大修窗口彻底处理。 ③其他设备同位置排查未见泄漏。 2）工作过程（02 月 26 日油喷射时处理过程，WOT：01156559-01） ①安装夹具并固定，带压堵漏厂家安装注胶阀，打开注胶阀上开关用于泄压引流。 ②将一侧注胶阀上的开关关闭，在另一侧注胶阀上安装注胶枪头。 ③连接手动液压泵，开始注胶。当有大量密封胶流出时停止注胶，关闭注胶阀。 ④注胶完成后，进行保压 20 min，观察压力表，若无明显降压侧关闭注胶开关。检查结果：未发现有降压趋势。拆除注胶枪。 ⑤处理完成后观察 1 天，未异常，清理现场，工作结束。 3）工作过程（03 月 07 日机组调停时彻底处理缺陷过程，WOT：01158995-01）： ①拆除 4AGM302RF 冷却器平衡管线接头带压堵漏夹具并清理 ②松开接头螺帽清理密封件后对接头密封件涂抹密封胶，回装接头螺帽并紧固 ③经观察接头处仍有少许渗油更换接头密封件已无渗漏现象。 4）故障原因分析：管线接头密封件失效，使得 4AGM302RF 抗虹吸管线接头处泄漏
相关知识	工作油冷却器抗虹吸管的作用： 工作油冷却器两端跨接装设有一根细管用作抗虹吸管，以防止停运时工作油冷却器中的存油因虹吸而流回油箱。停运时，从轴封吸入的空气进入抗虹吸管，起到破坏虹吸的作用，从而防止冷却器内的油排回油箱。再启动时，可通过这些轴承自动把空气排出

续 表

参考资料信息	运行二处：4 号机组异常反馈——APA 泵的 4AGM302RF 进油管路一处接口处漏油(漏点扩大)； 维修二处机械：EAM 中 01156559-01、01158995-01 工单的完工报告； WR/WOT：00510884/01156559-01、00512731/01158995-01	
编　　者	运行二处一值：谷铁	时间：2019 年 03 月 10 日

3.4.10 工作油冷却器 4AGM202RF 冷却水侧出水温度 4SRI011KT 读数间断显示为××××

异常缺陷名称	工作油冷却器 4AGM202RF 冷却水侧出水温度 4SRI011KT 读数间断显示为××××
发生时间	2017 年 12 月 20 日中班
机组状态	RP 模式，满功率
异常缺陷现象	18:50 左右 4SRI011KT(工作油冷却器 4AGM202RF 冷却水侧出水温度)开始读数间断显示为××××，工作油冷却器入口油温 4AGM218MT 显示正常和工作油温调节阀 4AGM002VN 控制正常
风险或潜在后果	导致 4SRI011KT 间断显示为××××，无法有效监控工作油冷却器 4AGM202RF 冷却水侧出水温度
干预行动	已采取的行动措施： 1)主控检查工作油冷却器入口油温 4AGM218MT 显示正常和工作油温调节阀 4AGM002VN 控制正常； 2)安排现场检查 4SRI011KT 外观和接线未见明显异常； 3)填写工作申请(WR)由仪控检查处理
原因分析	4SRI011KT 热电阻接线松动，导致温度显示异常
消缺行动	仪控处理反馈： 1)工作过程： ①检查确认脚手架搭设合格，安全可靠； ②土建专业配合拆除 4SRI011KT 热电阻上方格栅板； ③打开 4SRI011KT 热电阻接线盖子； ④检查发现 4SRI011KT 热电阻接线有松动现象； ⑤拆除 4SRI011KT 热电阻接线，并做好拆线记录； ⑥使用万用表测量对 4SRI011KT 温度元件进行测量，检查结果正常；

续 表

消缺行动	⑦恢复 4SRI011KT 热电阻接线，并做好接线记录； ⑧关闭 4SRI011KT 热电阻接线盖子； ⑨联系土建专业恢复 4SRI011KT 热电阻上方格栅板； ⑩联系脚手架人员拆除脚手架，工作完成，归还工作许可证。 2)故障原因分析：4SRI011KT 热电阻接线松动，导致温度显示异常
相关知识	4SRI011KT(工作油冷却器 4AGM202RF 冷却水侧出水温度)只参与主控 KIC 中显示，不参与报警和逻辑
参考资料信息	维修二处仪控：完工报告《FQ4-MA03-RCWO-00790339/01 维修一级：4SRI011KT 读数显示异常检查处理》； 运行二处 ESOMS 日志(2017 年 12 月 20 日)； WR/WOT：00324247/00790339-01(计划工单)
编　　者	运行二处一值：谷铁　　　时间：2019 年 03 月 10 日

3.4.11　2AGM001VN 现场开度与主控显示开度不符

异常缺陷名称	2AGM001VN 现场开度与主控显示开度不符，2AGM001VN 主控显示开度为 43%，但输出开度为 100%，就地查看其开度已全开
发生时间	2016 年 12 月 15 日夜班
机组状态	RP 模式，满功率
异常缺陷现象	电动给水泵组 A 工作冷油器冷却水出口调阀 2AGM001VN 现场开度与主控不符，2AGM001VN 主控显示开度为 43%，但输出开度为 100%，就地查看其开度已全开
风险或潜在后果	导致主控无法准确查看 2AGM001VN 的实际开度，影响 2AGM001VN 的控制可靠性
干预行动	已采取的行动措施： 1)安排现场检查确认 2AGM001VN 阀门实际已全开； 2)主控确认主给水泵 A 工作油温度正常； 3)确认阀门仪用压空供气正常； 4)提工作申请(WR)由仪控检查处理
原因分析	定位器反馈松脱或参数设置错误

续 表

消缺行动	仪控处理反馈： 1)处理过程： ①通知运行人员对 2AGM001VN 阀门进行检查，检查反馈杆没问题，对定位器进行整定，出现错误代码 diiuiIU，对定位器在中间位对应值 P.67，调整滑动夹紧装置调节轮把对应值调至 P.50，对定位器参数 7.SDIR 进行设置为 FALL，重新整定定位器完成； ②联系运行对 2AGM001VN 主控给指令操作均正常。 2)故障原因分析：定位器反馈松脱或参数设置错误	
相关知识	AGM001VN/002VN/003VN 为电动主给水泵工作油冷却器冷却水调节阀，用于控制工作油温度在设定值	
参考资料信息	维修一处仪控：完工报告《FQ2-MA03-RCWO-00437827/01 电动给水泵组 A 工作冷油器冷却水出口调阀 2AGM001VN 现场开度与主控不符，此阀门要求全开，现场显示为完全开度，主控显示 43%开度》； WR/WOT：00196363/00437827-01(计划工单)	
编　　者	运行二处一值：谷铁	时间：2019 年 03 月 10 日

3.4.12 1AGM001VN 主控显示输出开度 100%，KIC 中实际反馈开度为 62%，现场阀门实际开度为 60%左右

异常缺陷名称	1AGM001VN 主控显示输出开度 100%，KIC 中实际反馈开度为 62%，现场阀门实际开度为 60%左右
发生时间	2017 年 03 月 04 日早班
机组状态	RP 模式，电功率 845 MWe
异常缺陷现象	1AGM001VN 主控显示输出开度 100%，KIC 实际反馈开度 62%，现场阀门实际开度为 60%左右，需调整阀门状态
风险或潜在后果	导致 1AGM001VN 无法调节开大，在工作油温高时，将无法增大 SRI 冷却水流量，不能满足其应用的功能
干预行动	已采取的行动措施： 1)安排现场检查确认 1AGM001VN 阀门实际开度为 60%； 2)确认阀门仪用压空供气正常； 3)确认当前主给水泵 A 的工作油温度正常； 4)提工作申请(WR)由仪控检查处理

续 表

原因分析	1AGM001VN 阀门中性点变动，致使阀门卡在 60%左右
消缺行动	仪控处理反馈： 1)处理过程： ①切换就地操作模式，对 1AGM001VN 阀门进行操作验证，阀门开度在 60%后无法开启； ②机械人员检查阀门中性点后发现，中性点变动致使阀门卡在 60%开度不会动作； ③配合机械人员回复阀门中性点位置并固定，就地切换阀门操作模式验证阀门动作无卡涩，线性正常。运行远方操作验证，阀门动作正常； ④记录当前 1AGM001VN 阀门定位器有效参数，恢复远方控制模式。 2)故障原因分析：1AGM001VN 阀门中性点变动，致使阀门卡在 60%左右
相关知识	AGM001VN/002VN/003VN 为电动主给水泵工作油冷却器冷却水调节阀，用于控制工作油温度在设定值
参考资料信息	维修一处仪控：完工报告《FQ1-MA03-RCWO-00521308/01 调整 1AGM001VN 阀门》； WR/WOT：00220629/00521308-01(计划工单)
编　　者	运行二处一值：谷铁　　　　时间：2019 年 03 月 10 日

3.4.13 1AGM201AR 上出现转速传感器故障报警

异常缺陷名称	1AGM201AR 上出现转速传感器故障报警
发生时间	2015 年 08 月 04 日中班
机组状态	RP 模式，满功率
异常缺陷现象	1APA202PO 就地控制柜 1AGM201AR 上存在“SPEED&DIRECTION SENSOR FAULT”报警
风险或潜在后果	可能导致泵转速控制切换到手动
干预行动	已采取的行动措施： 1)主控加强监视给水泵 B 的转速控制； 2)尝试通过 1AGM201AR 上的复位按钮复位报警，未能成功； 3)检查 1AGM201AR 的供电未见异常； 4)oncall 仪控检查处理

续　表

原因分析	1AGM201AR 转速传感器接线出现松动
消缺行动	仪控处理反馈： 1)处理过程： ①在机柜检查，用螺丝刀进行紧固 1AGM201AR 的 X3 端子排上的端子； ②处理后端子接线恢复正常； 2)故障原因分析：1AGM201AR 转速传感器接线出现松动
相关知识	电动主给水泵转速控制相关的失电动作情况： 1)勺管位置传感器 BALLUFF 供电回路掉电时，失电后勺管降至 0%，恢复供电后勺管将恢复到设定值； 2)执行机构 VESH 失去 24 VDC，勺管位置下插至 0%； 3)执行机构 VESH 失去转速设定值(4~20 mA，两线制)信号+端，勺管位置下插至 0%；失去转速设定值(4~20 mA)信号-端(GND，为公共端)，勺管位置保持当前位置； 4)勺管位置传感器 BALLUFF 失去位置反馈(4~20 mA，两线制)信号+端，勺管位置下插至 0%；失去位置反馈(4~20 mA)信号-端(GND，为公共端)，勺管位置保持当前位置
参考资料信息	维修一处仪控：完工报告《FQ1-MA03-RCWO-00129295/01 1AGM201AR 出现转连传感器故障报警，需检查 1APA201MC 探头接线盒转速传感器接线》； WR/WOT：00064705/00129295-01(紧急工单)
编　　者	运行二处一值：谷铁　　　　时间：2019 年 03 月 10 日

3.4.14　主控无法启动电动辅助油泵 2AGM101PO

异常缺陷名称	主控无法启动电动辅助油泵 2AGM101PO
发生时间	2017 年 10 月 20 日早班
机组状态	机组大修，RCD 模式
异常缺陷现象	在主控 KIC 画面中无法启动电动辅助油泵 2AGM101PO
风险或潜在后果	导致 2AGM101PO 无法启动
干预行动	已采取的行动措施： 1)安排现场检查 2AGM101PO 上游供电情况，确认开关上泵控制处于远控位置，未见异常； 2)主控检查确认无电动辅助油泵自动停运信号； 3)oncall 电气检查处理

续　表

原因分析	2LKF231JA 柜内 001CC 控制转换开关远方接点螺丝松动所致	
消缺行动	电气处理反馈： 1)处理措施：经检查现场就地 2AGM101PO 上游开关 2LKF231JA 柜，发现为 2LKF231JA 柜内 001CC 控制转换开关远方接点螺丝松动所致，对其紧固后，通过运行人员在主控启动 2AGM101PO 正常，工作结束； 2)故障原因分析：2LKF231JA 柜内 001CC 控制转换开关远方接点螺丝松动所致	
相关知识	电动辅助油泵自动停运逻辑信号： 电动主给水泵运行时，润滑油压力＞0.22 MPa(HH，传感器：AGM101SP2)，保护停运电动辅助油泵	
参考资料信息	维修一处电气：EAM 中工单 00731732-01 的完工报告； WR/WOT：00301406/00731732-01(紧急工单)	
编　　者	运行二处一值：谷铁	时间：2019 年 03 月 10 日

3.4.15　AGM 系统设备异常缺陷处理总结

(1)AGM 故障处理思路总结

1)过滤器上的压差上升

当润滑油滤网压差 AGM103/203/303SPD>0.08 MPa，切换双滤油器运行(按过滤器切换典操执行)；

2)油箱油位异常增加

检查油含水量，若含水量高，则联系机械连上滤油机进行滤油或是更换新油，并排查油含水量高的原因(如检查液力耦合器呼吸器是否堵塞导致油气分离效果差)；

3)工作油温度异常

①工作油温度的控制：工作油温度取决于功率损失(滑差)和工作油流量、工作油冷却水流量，且受温度测量仪的监控。工作油冷却器设计成能使油温保持在下列范围：工作油冷却器进油：60~110 ℃，工作油冷却器出油：35~75 ℃。

②滑差：设泵轮转速为 N_b，涡轮转速为 N_t，则滑差 $S=(N_b-N_t)/N_b$。泵轮的转速是一定的，为 5012 r/min(因电机转速 1494 r/min，大小齿轮变比为 104/31)。涡轮转速(即压力级泵转速)，泵启动时最小转速大约为 710 r/min，泵最大输出转速为 4855 r/min。所以 APA 泵运行时，泵轮和涡轮间一般是存在滑差的。若不对工作油冷却散热，工作油温度将持续上升。由于速比 $v=N_t/N_b$，泵轮输入功率 $P_b=(P_t\times N_b)/N_t$，计算滑差损失功率 $\Delta P=P_t\times(N_b-N_t)/N_t$。根据相似原理电机额定功率与输出转速的三次方成正比，电机额定功率 P 下的转速为泵轮转速，因此 $P_t=P\times(N_t/N_b)^3$，将 $v=N_t/N_b$ 代入求解

得：$\Delta P=P\times(v^2-v^3)$。进行微分计算得出当转速比为 2/3（$N_t=2/3\times N_b=2/3\times5012$ r/min ≈3341 r/min）时，液力耦合器滑差损失功率最大，工作油温最高。由于主给水泵的最小唧送转速约为 3600 r/min，即转速上升到 3600 r/min 时开始可以向蒸汽发生器（SG）注入水，即主给水泵给 SG 供水时转速大于 3600 r/min。因此随着核电机组功率的上升，SG 给水量需求增大，主给水泵转速逐渐增大，滑差降低，滑差引起损失功率降低，反之机组功率下降时，主给水泵滑差降低，滑差引起损失功率增大。

③工作油流量控制：油的流量由油流量控制阀（环油阀，又称油循环阀，见图 3.4.1）来控制。当泵转速变化时（即勺管位置移动时），通过勺管和油流量控制阀连接的操纵杆机构连带动作油流量控制阀（见图 3.4.2），来改变工作油流量。泵转速增加时，滑差减小，动力传递损失减小，产生的热量减小，工作油温度有下降趋势。同时转速增加，为勺管拔出工作腔室的过程，连接杆组件（见图 3.4.2）连动油流量控制阀关小，降低工作油流量，使得工作油冷却器中冷却效果下降。泵转速降低时，滑差增大，动力传递损失增大，产生的热量增加，工作油温度有上升趋势。同时转速降低，为勺管插入工作腔室的过程，连接杆组件连动油流量控制阀开大，增大工作油流量，使得工作油冷却器中冷却效果加强。

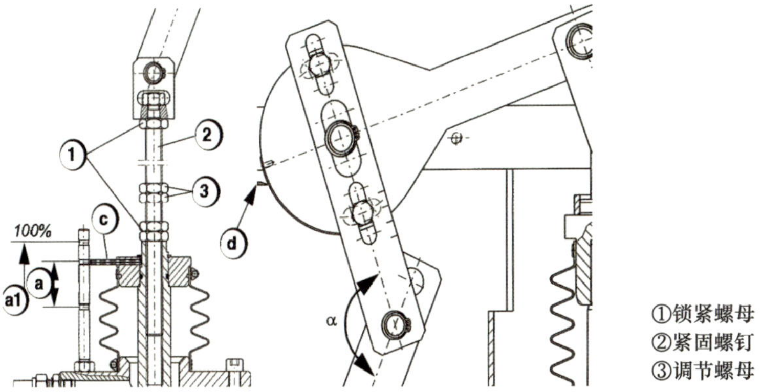

图 3.4.1 油流量控制阀

④当工作油温度高，冷却水流量控制阀全开后无再开启的裕度时，也可以通过调整油流量控制阀的阀杆长度，调大油流量控制阀的开度来增大工作油流量，加强冷却，使冷却水流量控制阀调整到合适的开度。

调整方法和步骤（需要机械专业调节）：

a. 轻微地拧松锁定螺母①（见图 3.4.1）。

b. 用调节螺母③（见图 3.4.1）调整螺纹杆。

当逆时针转动时（增大油的流量）；

当顺时针转动时（降低油的流量）。

c. 拧紧锁紧螺母①（见图 3.4.1）。

d. 检查控制阀开度标尺的指示在勺管位置 100%时阀门指示开度（此时阀门开度最小，标尺指示最小）到限位位置（图中 a1）之间。阀门标尺上的指示位置不能超过上部最大限位。

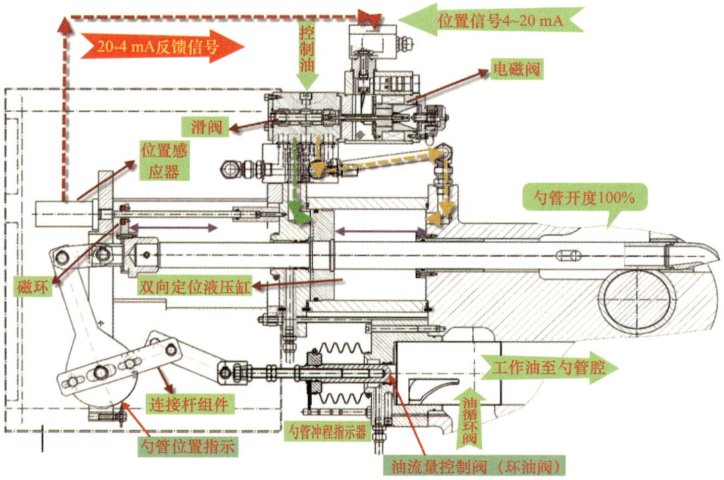

图 3.4.2　电子液压定位控制机构

注意事项：要始终在 $\alpha=180°$(见图 3.4.1)的角度下进行调节。指示活塞位置的指示器ⓒ必须在调节范围ⓐ内。

⑤冷却水流量控制(见图 3.4.3)：工作油冷却器的冷却水[常规岛闭式冷却水系统(SRI 系统)提供]流量由冷却水流量控制阀和其旁路阀来控制。通过对冷却水流量控制阀设定给定温度值(如 75 ℃)，通过温度测量值与给定值的偏差来控制流量控制阀的开度来增加或降低冷却水流量来调节油温度。当工作油温度高，冷却水流量控制阀全开后无再开启的裕度时，也可用使用开旁路阀来辅助控制工作油温度。

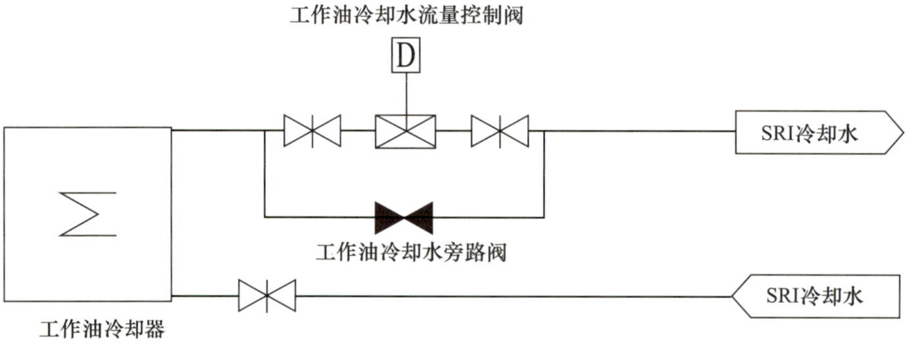

图 3.4.3　工作油冷却器冷却水流量控制阀

⑥工作油温异常的原因：

a. 工作油冷却器故障(油泄漏、冷却水泄漏、传热管破裂或结垢)；

b. 液力耦合器超负荷；

c. 油温控制器故障(SRI 冷却水控制器定值设置错误，SRI 冷却水控制阀故障、油温测量仪表漂表)；

d. 油流量控制阀故障(操纵连杆断裂等)；

e. 冷却器冷却水侧在线错误等。

⑦工作油温度异常的危害：

a. 工作油温度高的危害

工作油温度高，因工作油和润滑油共用油箱，油温的上升，将引起油黏性下降，使得主给水泵电机、泵和液力耦合器轴承润滑效果变差，可能造成轴承磨损。工作油温度的上升，会使液力耦合器内油黏度发生改变，影响液力耦合器的传递特性。工作油温度高将危机液力耦合器运行安全，如果液力耦合器中工作油温升高到 160 ℃，则易熔塞(位置如图 3.4.4 所示)熔化，液力耦合器内的油通过塞子内的孔排出，油进入齿轮式变速液力耦合器的机壳，因此液力耦合器中油被排出，当工作油泵不送油时，给水泵停止运行。导致油温升高的原因有：工作油冷却器故障；液力耦合器超负荷。

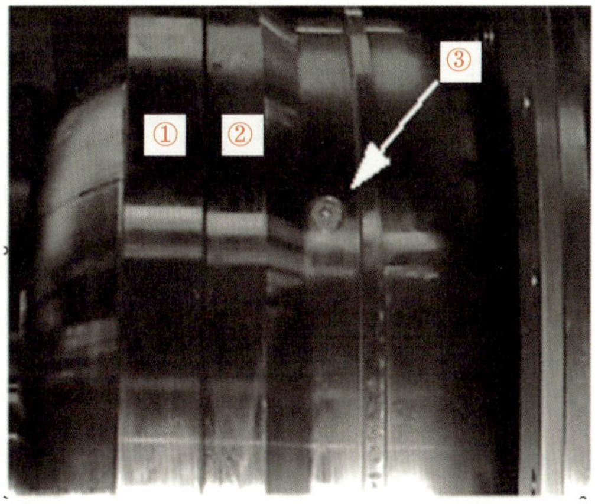

①主动轮外壳
②从动轮外壳
③易熔塞

图 3.4.4 易熔塞位置

b. 工作油温度低的危害

油产生泡沫(油箱中的油温<40 ℃，油气分离器的油气分离效果差)，将引起工作油泵压力波动，引起给水泵自动/手动控制时输出速度振荡或执行器和勺管周期的移动，进入危及蒸汽发生器给水的安全。

另外工作油与润滑油共用液力耦合器油箱中的油，要求油箱油温不得<5 ℃，油箱油温太低将使得油箱中电动润滑油泵启动力矩太大，可能导致油泵不能启动，无法为处于备用的主给水泵的工作油回路进行充注，影响主给水泵的可用。所以当主给水泵和电动润滑油泵长期停运时，润滑油箱油温<8 ℃时，需要将油箱电加热器投入。

(2) AGM 系统设备异常缺陷源项关联分析：

AGM 系统为电动主给水泵油系统，为电动主给水泵组提供轴承润滑油和液力耦合器工作油。

1) 工艺流程上的关联：①为电动主给水泵系统 APA 提供轴承润滑油和液力耦合器工作油；②油冷却器冷却水来自常规岛闭式冷却水；③AGM 系统设备供电关联，泵供电来自 LKF、LKG，电加热器来自 LMC、LMD，转速控制柜 AGM101AR/201AR/301AR 上游供电来自 LBM、LNE，等等；

2）逻辑联动上的关联：润滑油压力参与主给水泵跳闸信号和允许启动信号；润滑油压力低或主给水泵反转参与电动辅助润滑油泵自动启动信号。

由上述关联性上的分析可知，AGM 系统设备故障时将可能产生影响电动主给水泵系统 APA 轴承冷却和润滑的风险源项，产生影响主给水泵转速控制液力耦合器的风险源项。涉及油泄漏时还有工业安全类风险源项（火灾、高温烫伤）。AGM 工作油冷却器作为常规岛闭式冷却水系统 SRI 的大用户，当 AGM 工作油冷却回路出现异常时，将向 SRI 系统引入风险源，例如冷却水充水排气或泄漏时，可能引起 SRI 液位下降，影响 SRI 系统其他用户的冷却等等。当转速控制柜 AGM101AR/201AR/301AR 上游供电 LBM、LNE 出现故障失电时，将可能产生威胁 APA 转速控制的风险源项。

（3）重要参考资料

FQ-OP2-XLJC-020 电动主给水泵油系统（AGM）培训教材。

3.5 电动给水泵系统(APA)

3.5.1　4APA202PO 启动失败，因热累积禁止再启动

异常缺陷名称	4APA202PO 启动失败，因热累积禁止再启动
发生时间	2017 年 08 月 06 日早班
机组状态	RP 模式，电功率 461 MWe
异常缺陷现象	1)主控现象：4APA202PO 启动失败，主控显示大红色； 2)现场现象： ①SPAJ150C 存在数字“3”报警，含义为热累积禁止再启动； ②远方跳闸继电器 002XR 继电器未动作，说明不存在远方跳闸信号； ③中压盘柜无其他报警灯亮
风险或潜在后果	导致 4APA202PO 启动失败，且使得 4APA202PO 无法作为备用泵
干预行动	已采取的行动措施： 1)安排现场检查 4APA202PO 上游电源开关盘柜 SPAJ150C 上存在数字“3”报警，确认为“热累积禁止再启动”； 2)oncall 维修电气检查处理
原因分析	由于热累积禁止再启动动作闭锁了 4APA202PO 再启动
消缺行动	电气处理反馈： 1)现场现象： ①SPAJ150C 存在数字“3”报警，含义为热累积禁止再启动； ②远方跳闸继电器 002XR 继电器未动作，说明不存在远方跳闸信号； ③中压盘柜无其他报警灯亮。 2)原因分析：根据现场现象判断，由于热累积禁止再启动动作闭锁了 4APA202PO 再启动。 3)采取行动： ①由于热累积只可自然衰减，不可手动复位，现场保持观察约 10 min 后热累积报警已自动复归； ②根据图纸确认热累积禁止再启动出口仅动作于闭锁启泵，不会出口于跳闸。 4)处理进展：热累积报警已自动复归后，重新启动 4APA202PO 成功。 5)结论： ①热累积禁止再启动报警已复归； ②现场就地盘柜无其他异常报警； ③现场电气盘柜已具备再次启泵条件

续　表

相关知识	热累积禁止再启动出口仅动作于闭锁启泵，不会出口于跳闸主给水泵，热累积只可自然衰减，自动复归，不可手动复位	
参考资料信息	维修二处电气：4APA202PO 因热累积禁止再启动问题反馈； 运行二处 eSOMS 日志(2017 年 08 月 06 日)	
编　　者	运行二处一值：谷铁	时间：2019 年 01 月 10 日

3.5.2　4APA201PO 非驱动端渗油

异常缺陷名称	4APA201PO 非驱动端渗油
发生时间	2018 年 10 月 03 日早班
机组状态	RP 模式，机组升功率到电功率 270 MWe
异常缺陷现象	现场巡检反馈 4APA201PO 前置泵非驱动端有渗油，联系机械检查为前置泵端盖渗油，约 90 s 一滴
风险或潜在后果	1)存在火灾隐患，影响 4APA201PO 运行可靠性； 2)主要原因是密封胶涂抹不均，导致出现轻微渗油，不影响设备正常运行。后续重点关注润滑油油位，油位偏低时及时进行补油，油位正常则无需干预
干预行动	已采取的行动措施： 1)联系机械开票校核力矩(校核力矩时需关注 4APA201MM 数值是否变化)。 2)机械现场核实力矩满足要求，工作负责人反馈如需处理需停泵跟换密封件。 3)设备人员反馈轻微渗油，不影响设备正常运行。后续重点关注润滑油油位，油位偏低时及时进行补油，油位正常则无需干预
原因分析	泄漏点为非驱动端端盖部位，主要原因是密封胶涂抹不均，导致出现轻微渗油
消缺行动	机械处理反馈： 1)处理进展：调停窗口已通过工单 01135470-01 处理消除渗油问题。 2)工作过程： ①仪控专业配合拆除前置泵非驱端端盖上的仪控探头； ②机械在端盖处做好标记，拆除端盖固定螺栓； ③机械取下端盖及旧 O 型圈，检查端盖密封面是否有损伤； ④机械清理端盖密封面后做清洁度检查，检查合格后更换新 O 型圈；

续　表

消缺行动	⑤机械回装端盖前在密封面处涂抹密封胶； ⑥机械回装端盖并对称紧固螺栓，第一次紧固力矩 90 $N \times M$，第二次紧固力矩 195 $N \times M$； ⑦仪控专业配合回装非驱端端盖上仪控探头； ⑧运行人员配合验证不漏油。 3）故障原因分析：泄漏点为非驱动端端盖部位，主要原因是密封胶涂抹不均，导致出现轻微渗油
相关知识	APA 泵轴承漏油渗油需要关注相关轴承温度，关注液力耦合器油箱油位，及时补油
参考资料信息	WR/WOT：00499614/01135470-01（计划工单），工作许可证：4PW03586（APA201PO 前置泵非驱端端盖处渗油，需更换密封件处理）
编　　者	运行二处一值：谷铁　　　时间：2019 年 01 月 10 日

3.5.3　主控手动启动 3APA302PO 过程中出现 3APA305KA 报警

异常缺陷名称	3APA302PO 启动过程中出现 3APA305KA 报警
发生时间	2017 年 04 月 11 日夜班
机组状态	RP 模式，满功率
异常缺陷现象	夜班当班值执行将 3APA102PO 切换至 3APA302PO 运行操作时，3APA302PO 启动后主控触发出现 3APA305KA（给水泵 C 速度控制故障报警），同时系统画面上 3AGM308SY 点亮（综合故障报警）
风险或潜在后果	触发报警 3APA305KA（给水泵 C 速度控制故障报警）
干预行动	已采取的行动措施： 1）查看和执行报警卡； 2）暂停正在执行的 A 泵切换到 C 泵的操作，并将主给水泵 C（3APA302PO）置于安全稳定状态（3APA302PO 处于自动位置，转速 3800 r/min，出口阀手动关闭状态，转速控制器处于手动。和设备管理确认主给水泵在循环管线投入的状态下可以运行 2 h）； 3）主控关注主给水泵 C 的转速控制情况，确认转速控制方式设置正常； 4）安排现场检查就地转速控制柜显示屏上故障报警情况； 5）oncall 仪控检查处理

续 表

原因分析	报警的出现最大可能原因为在停泵阶段转速探头上积有较多油污和灰尘沾污，导致探头工作环境不满足铁磁性要求，造成探头未能检测到齿轮转动或电压脉冲
消缺行动	仪控处理反馈： 1)处理进展：已初步确定为3APA302PO转速测量通道在低转速(0转速附近)时存在问题，目前报警已通过就地控制柜复位，报警已消除，3APA302PO转速控制已切为自动控制，转速正常。 2)缺陷描述：在启动3APA302PO后，主控出现3APA305KA报警，同时系统画面上3APA308SY点亮(综合故障报警)。 3)原因分析：根据就地控制柜逻辑，在启动3APA302PO电动马达后10 s内，若转速未能达到30 r/min，则出现转速控制或传感器故障(Speed and direction sensor is fault)；任何单一故障出现，均会导致综合故障3APA305KA触发； ①经查阅3APA302PO转速、启动电流、出口流量曲线，发现以下事实： a. 3APA302PO于2017.4.11 06:27:13启动； b. 3APA305KA在2017.4.11 06:27:22.660时起报警； c. 3APA301MD在2017.4.11 06:27:18，有明显上升趋势； d. 3APA301MC在2017.4.11 06:27:31，有明显上升趋势，之前基本为0 r/min； e. 3APA301MC测量转速区间为0~6000 r/min，常见卡件和仪表通道的误差一般大于30 r/min，3APA301MC在低转速下可能因为整个通道精度问题存在测量偏差问题。 ②综上分析： a. 升压泵在电机启动后约5 s，即开始升速，带动出口流量上升，出口压力也有上升趋势； b. 3APA301MC在起泵后18 s内，实测转速基本为0 r/min，说明探头在低转速区存在偏差，需对探头通道进行检查。 ③转速通道输出偏差调查： EOMM文件中对“转速或方向传感器故障报警”原因的说明： a. 接线错误； b. 转速或方向传感器故障； c. 转速或方向变送器故障； d. 模拟量输入卡件-20A2模块功能故障； e. 模拟量输入卡件-20A4故障。

续　表

消缺行动	经过分析认为：若出现接线错误，则 3APA305KA 出现后不能被复位；若转速或方向传感器等本体故障，则 3APA305KA 出现后不可能被复位掉，且从起泵至目前来看，泵的各项运行参数均正常。 ④原因分析结论：根据事件后调查结果和目前转速显示情况，可以排除转速探头故障、卡件故障、接线错误和松动等情况。 此报警的出现最大可能为，在停泵阶段探头上积有较多油污和灰尘沾污，导致探头工作环境不满足铁磁性要求，造成探头未能检测到齿轮转动或电压脉冲。 基于上述分析，判断此报警仅会出现在起泵阶段，当泵已正常启动后，可对该报警进行复位处理，对泵的正常运行和转速调节无影响。 4)处理措施：在 3AGM 就地控制柜上复位报警，目前已消报，泵已切至自动。 5)后续行动：与运行、设备管理处召开会议，探讨分析故障原因细节部分，确定检查探头通道的窗口。 6)影响评估：在 3APA302PO 泵离开低转速区后，可复位此报警，不影响泵运行
相关知识	3APA305KA(给水泵 C 速度控制故障)报警触发的原因主要有两方面： 1)该给水泵被选择“在役”后(未运行)，转速控制处在自动模式； 2)转速控制回路故障
参考资料信息	维修二处仪控：oncall 反馈——主控手动启动 3APA302PO 过程中出现 3APA305KA 报警； 运行二处：3 号机组异常反馈——主控手动启动 3APA302PO 过程中出现 3APA305KA 报警
编　　者	运行二处一值：谷铁　　　　时间：2019 年 01 月 10 日

3.5.4　4APA302PO 转速控制由自动切手动后转速迅速下降

异常缺陷名称	4APA302PO 转速控制由自动切手动后转速迅速下降
发生时间	2017 年 09 月 09 日中班
机组状态	RP 模式，电功率 887 MW

续 表

异常缺陷现象	4 号机组执行《FQ4-APA-C-004 主给水泵 C 切换至主给水泵 A 运行（不降负荷）操作票》，20:47:44 操纵员将 4APA302PO 转速控制器 4APA003KU 由自动切至手动时，4APA302PO 转速在 10 s 内由 4126 r/min 快速降低至 613 r/min，与切手动后泵转速预期响应不符，且造成蒸发器液位波动
风险或潜在后果	1）给水泵 C 转速和电流、出口压力大幅波动，对泵运行产生不利影响； 2）引起水汽压差、ARE 给水流量、SG 水位的波动
干预行动	已采取的行动措施： 1）主控关注 SG 水位波动情况，必要时干预控制； 2）切换到 4APA102PO 运行正常后，将 4APA302PO 手动停运； 3）安排现场检查 4APA302PO 就地转速控制柜上是否存在异常报警，未见明显异常； 4）oncall 仪控检查处理
原因分析	勺管位置反馈器的隔离卡件故障，送往手动 PLC 控制器的勺管位置指令偏低，导致切手动后出现勺管下插，勺管下插导致转速快速下降
消缺行动	仪控处理反馈： 1）处理进展：经排查 4APA302PO 勺管位置反馈器的隔离卡件故障，已完成隔离卡件更换，运行完成手动/自动三次切换试验，转速无异常波动。 2）原因分析：勺管位置反馈器的隔离卡件故障，送往手动 PLC 控制器的勺管位置指令偏低，导致切手动后出现勺管下插，勺管下插导致转速快速下降。 3）处理措施： ①排查转速控制执行机构 24 V 供电回路正常；排查转速控制执行机构位置传感器回路正常；排查转速设定值回路正常；对勺管进行离线校验，指令与反馈偏差满足要求； ②通过 KIC 下发动作指令的方式对勺管动作情况进行验证，结果正常； ③通过主控改变手/自动模式，排查勺管控制信号选择器，功能正常； ④排查勺管位置反馈器的信号隔离分配卡件，发现送往手动控制器的信号回路明显低于隔离卡件输入值，且通过几次测量，验证隔离卡件信号输出有一定随机性，判断隔离卡件故障； ⑤维修二处与设备管理处紧急推动备件领用，并进行备件更换，更换后主控进行 3 次泵的自动/手动切换，泵转速无异常，符合要求

续　表

相关知识	电动主给水泵转速控制相关的故障触发时，勺管动作情况： 1)勺管位置传感器 BALLUFF 供电回路掉电时，失电后勺管降至0%，恢复供电后勺管将恢复到设定值； 2)执行机构 VESH 失去 24 VDC，勺管位置下插至 0%； 3)执行机构 VESH 失去转速设定值(4~20 mA，两线制)信号+端，勺管位置下插至 0%；失去转速设定值(4~20 mA)信号-端(GND，为公共端)，勺管位置保持当前位置； 4)勺管位置传感器 BALLUFF 失去位置反馈(4~20 mA，两线制)信号+端，勺管位置下插至 0%；失去位置反馈(4~20 mA)信号-端(GND，为公共端)，勺管位置保持当前位置
参考资料信息	维修二处仪控：《4APA302PO 在自动切手动后转速迅速下降分析报告》、oncall 反馈——4APA302PO 在自动切手动后转速由 4126 r/min快速降低至 613 r/min； 运行二处：4 号机组异常反馈——4APA302PO 停运过程中，转速控制器置手动后转速突降； WR/WOT：00288425/00703124-01(紧急工单)
编　　者	运行二处一值：谷铁　　　　时间：2019 年 01 月 10 日

3.5.5　3APA302PO 转速异常下降

异常缺陷名称	3APA302PO 转速异常下降
发生时间	2016 年 07 月 19 日早班
机组状态	RP 模式，核功率 9%FP，汽轮机盘车运行 8 r/min，两台 APA 泵运行
异常缺陷现象	【09:28】3APA302PO 转速仅 7 s 就从 4085 r/min 突然降至620 r/min，59 s 后转速又突然上升，仅 3 s 就上升至 4359.8 r/min，后自动调整恢复至 4085 r/min。期间 SG 液位基本保持稳定。 【09:28】水/汽压差从 0.43 MPa 最低降至 0.32 MPa，转速突升后又最高升至 1.56 MPa，然后恢复至 0.43 MPa。 主控短时触发如下报警：水汽压差小于 5%(3ARE411KA)，大于 5%(3ARE410KA)报警，三台 SG 的 ATWT 给水流量低(3APA232、233、234KA)；三台 SG 给水流量低(3RPR554、555、556KA)报警
风险或潜在后果	1)给水泵 C 转速和电流、出口压力大幅波动，对泵运行产生不利影响； 2)引起水汽压差、ARE 给水流量、SG 水位的波动

续 表

干预行动	已采取的行动措施： 1)主控关注 SG 水位波动情况； 2)关注给水泵 C 转速和电流、出口压力波动情况，加强关注给水泵 C 的轴承温度、振动等各项运行参数，确认无异常； 3)安排现场检查 3APA302PO 就地转速控制柜上是否存在异常报警，未见明显异常； 4)oncall 仪控检查处理	
原因分析	直接原因：勺管位置传感器 BALLUFF 的供电+24V DC 短时失去导致勺管下插至 0%； 根本原因：勺管位置传感器 BALLUFF 的供电端子 X16 的 1 号端子虚接	
消缺行动	仪控处理反馈： 1)排查及验证情况：3AGM301AR 液力耦合器转速供电回路，设定值回路以及勺管位置反馈回路工作异常，对相关设备进行了排查。 2)原因分析： 直接原因：勺管位置传感器 BALLUFF 的供电+24V DC 短时失去导致勺管下插至 0%。 根本原因：勺管位置传感器 BALLUFF 的供电端子 X16 的 1 号端子虚接。 3)验证方式：通过勺管位置传感器 BALLUFF 供电回路掉电对故障进行复现，与故障现象一致，失电后勺管降至 0%，恢复供电后勺管恢复到设定值	
相关知识	电动主给水泵转速控制相关的故障触发时，勺管动作情况： 1)勺管位置传感器 BALLUFF 供电回路掉电时，失电后勺管降至 0%，恢复供电后勺管将恢复到设定值； 2)执行机构 VESH 失去 24 VDC，勺管位置下插至 0%； 3)执行机构 VESH 失去转速设定值(4~20 mA，两线制)信号+端，勺管位置下插至 0%；失去转速设定值(4~20 mA)信号-端(GND，为公共端)，勺管位置保持当前位置； 4)勺管位置传感器 BALLUFF 失去位置反馈(4~20 mA，两线制)信号+端，勺管位置下插至 0%；失去位置反馈(4~20 mA)信号-端(GND，为公共端)，勺管位置保持当前位置	
参考资料信息	运行二处：《福清核电 3 号机组启动工作经验总结》； 维修二处：EAM 中工单 00309056-01 的完工报告； WR/WOT：00153633/00309056-01(紧急工单)	
编　　者	运行二处一值：谷铁	时间：2019 年 01 月 10 日

3.5.6 3APA102PO 零序保护跳闸

异常缺陷名称	3APA102PO 启动后零序过流保护跳闸
发生时间	2017 年 02 月 08 日中班
机组状态	RP 模式，电功率 836 MW
异常缺陷现象	3 号机组执行 3APA202PO 切换至 3APA102PO 运行操作过程中，3APA102PO 启动后 2 s 由于零序电流保护跳闸，就地配电盘产生报警，主控泵本体显示洋红色
风险或潜在后果	导致主给水泵启动失败
干预行动	已采取的行动措施： 1)安排现场检查主给水泵就地配电盘报警情况，确认存在零序电流保护； 2)暂停主给水泵切换； 3)oncall 维修电气检查处理
原因分析	3APA102PO 电机零序保护原设计给定值偏小，不能躲过现场启动时的不平衡电流，即如果电机启动时有相关干扰，现场的实测零序电流可能不能躲过零序电流整定值，造成跳闸。 3APA102PO 启动失败的原因为 3LGE102JA 盘柜 SPAM150C 继电器接地零序保护动作出口导致。 实际在零序保护临时退出后，电机可以正常启动，并重新投入零序保护后，电机仍可以正常运行
消缺行动	电气处理反馈： 1)检查过程： ①主给水泵 3APA102PO 启动失败，检查确认为零序保护动作，装置记录跳闸零序电流值为 10.1%，设定值为 10%，0.5 s；2017 年 02 月 09 日，再次启动 3APA102PO 仍失败，装置记录跳闸零序电流值为 11%(一次值为 5.5A)。 ②通过现场维修排查处理，未发现回路有接地点，或电动机三相不平衡情况，也排除了保护装置误动作的可能性，且调试期间也出现类似情况，通过调整零序定值进行了解决。因此初步判断为电机启动时存在干扰导致零序保护动作出口。 ③02 月 10 日，通过执行 TCA，临时退出零序保护出口压板，启机成功，电机运行稳定后解除 TCA，重新投入零序保护，监测电机运行正常，无异常情况。 2)处理措施：经设计院同意，保持 APA 电机零序保护定值不变，出口方式由跳闸改投报警，退出零序保护跳闸压板 105JS； 3)故障原因分析：3APA102PO 电机零序保护原设计给定值偏小，不能躲过现场启动时的不平衡电流，即如果电机启动时有相关干扰，现场的实测零序电流可能不能躲过零序电流整定值，造成跳闸

续 表

相关知识	在3APA泵电机及上游开关柜一、二次设备正常的情况，当泵电机启动过程出现零序电流偏大无法躲过整定值，触发零序接地保护报警，现场运行人员可以按照指示复归报警，保证正常的启泵，保证工艺系统的安全运行。当发生单相接地故障时，在一般情况下是允许在继续运行1~2 h，在此期间，其他两相对地电压会升高至原来的1.732倍，但同时保护继电器会发出报警信息，给运行人员留一定时间，及时查找到故障点，采取措施予以消除	
参考资料信息	维修二处电气：《FQ3-APA-DDM-003960_3APA泵电机零序电流保护定值修改变更详细设计方案》； WR/WOT：00212970/00510323-01，3PT07434(内容：3APA102MO启动后零序保护动作跳闸检查)	
编　　者	运行二处一值：谷铁	时间：2019年01月10日

3.5.7　1APA302PO液力耦合器油箱呼吸器1AGM301ZE堵塞导致油含水量升高

异常缺陷名称	1APA302PO液力耦合器油箱呼吸器1AGM301ZE堵塞导致油含水量升高
发生时间	2015年04月—08月
机组状态	RP模式，功率运行(1089 MWe—840 MWe—1089 MWe)
异常缺陷现象	2015年04月—08月期间，1号机组3号主给水泵多次出现水含量升高事件，期间均伴有推力轴承回油视窗充满大量泡沫异常，且出现泡沫期间，油视窗有间歇性气流返涌现象
风险或潜在后果	排气性能不良、油泡沫多将引起主给水泵输出速度存在不同程度的振荡或执行器和勺管周期的移动，影响APA泵运行安全
干预行动	已采取的行动措施： 1)主控加强泵和电机轴承温度的监视； 2)主控加强监视泵转速震荡情况； 3)安排现场加强对液力耦合器油箱油位的监视； 4)安排机械利用滤油机进行滤油，和准备好备用新油，以便必要时进行换油； 5)安排化学加强监测液力耦合器油箱内油的含水量，按化学技术规范进行跟踪控制

续　表

原因分析	经分析出现泡沫的原因可能为液力耦合器油箱呼吸器堵塞，造成耦合器箱体憋压，导致其内部气体绕道回油管线从轴承室呼吸器排出，此过程中回油与排油反复搅浑，在回油管中产生泡沫。2015 年 09 月—10 月 2APA 系统 1/3 号泵均出现过类似泡沫问题。 经现场验证，打开液力耦合器箱体侧面法兰盲板后(与大气相通)，有大量油烟冒出，随后回油视窗泡沫迅速消失(1 min 内)，可确认耦合器箱体憋压导致泡沫产生，并初步判断为耦合器呼吸器堵塞导致。液力耦合器呼吸器主要由于平衡液力耦合器油箱与大气的压力，由于滤芯过密切采用折叠滤纸结构，极有可能导致滤纸吸附油烟和污物后堵塞网孔，导致排气阻力过大，无法实现其正常空气通流能力
消缺行动	机械处理反馈： 1)处理措施：根据外电厂运行经验，通过变更改造将液力耦合器油箱呼吸器滤芯由 3 μm 的折叠滤纸型滤芯，更换为 50 μm 滤布式滤芯，以增加防油烟堵塞能力。 2)原因分析：经分析出现泡沫的原因可能为液力耦合器油箱呼吸器堵塞，造成耦合器箱体憋压，导致其内部气体绕道回油管线从轴承室呼吸器排出，此过程中回油与排油反复搅浑，在回油管中产生泡沫。2015 年 09 月—10 月 2APA 系统 1/3 号泵均出现过类似泡沫问题。 经现场验证，打开液力耦合器箱体侧面法兰盲板后(与大气相通)，有大量油烟冒出，随后回油视窗泡沫迅速消失(1 min 内)，可确认耦合器箱体憋压导致泡沫产生，并初步判断为耦合器呼吸器堵塞导致。液力耦合器呼吸器主要由于平衡液力耦合器油箱与大气的压力，由于滤芯过密切采用折叠滤纸结构，极有可能导致滤纸吸附油烟和污物后堵塞网孔，导致排气阻力过大，无法实现其正常空气通流能力
相关知识	液力耦合器呼吸器堵塞将导致油气分离效果差，引起油中含泡沫，存在引起主给水泵转速震荡的风险
参考资料信息	维修一处机械：《福清核电 1/2 号机组液力耦合器呼吸器滤芯物项替代简化论证报告》 其他类似异常缺陷： 2019 年 02 月 28 日，缺陷描述：巡检发现 3APA201RR 油箱内油质为乳白色，且有较多气泡(WR/WOT：00513091/01160070-01)。 故障原因分析：滤芯堵塞导致呼吸不畅。 详情请见 EAM 中工单 01160070-01 的完工报告
编　　者	运行二处一值：谷铁　　　　时间：2019 年 02 月 16 日

3.5.8 给水泵 1APA102PO 推力轴承外侧温度 1APA137MT_1 在主控显示“××××”

异常缺陷名称	给水泵 1APA102PO 推力轴承外侧温度 1APA137MT_1 在主控显示“××××”
发生时间	2017 年 07 月 18 日早班
机组状态	RP 模式，电功率 1070 MWe
异常缺陷现象	巡盘发现，给水泵 1APA102PO 推力轴承外侧温度 1APA137MT_1 在主控室显示为“××××”
风险或潜在后果	影响主给水泵 A 的保护跳闸逻辑，1APA137MT_1 高高（>105 ℃）&1APA102MM<-670 μm 时将触发 1APA102PO 跳闸
干预行动	已采取的行动措施： 1）主控检查给水泵 1APA102PO 推力轴承轴向位移 1APA102MM 未见异常，并加强关注参数升压泵轴向位移 1APA102MM 变化情况； 2）oncall 仪控人员检查处理
原因分析	1APA137MT_1 信号转接线端子松动所致
消缺行动	仪控处理反馈： 1）故障原因分析： 可能原因分析： ①1APA137MT_1 探头本身损坏； ②就地信号转接 CR 箱中信号线端子松动； ③KCP 柜中 1APA137MT_1 对应的卡件故障； ④温度真实高，仪表超量程。 经检查确认故障原因为 1APA137MT_1 信号转接线端子松动所致。 2）工作过程： 操纵员和仪控人员同时确认 1APA102MM 最近 3 天无异常波动； ①闭锁 1APA137MT_1&1APA102MM 的跳泵信号，避免工作过程中导致 1APA102PO 意外跳泵； ②仪控人员通过图纸确认就地信号转接箱中 1APA137MT_1 信号端子相邻的其他信号端子线无跳泵信号，避免处理 1APA137MT_1 信号线时误碰其他信号线导致跳泵； ③确认无异常后，仪控人员就地检查后发现 1APA137MT_1 信号转接线端子几乎脱落（如下图），重新紧固后 1APA137MT_1 显示正常

续　表

<table>
<tr><td>消缺行动</td><td colspan="2">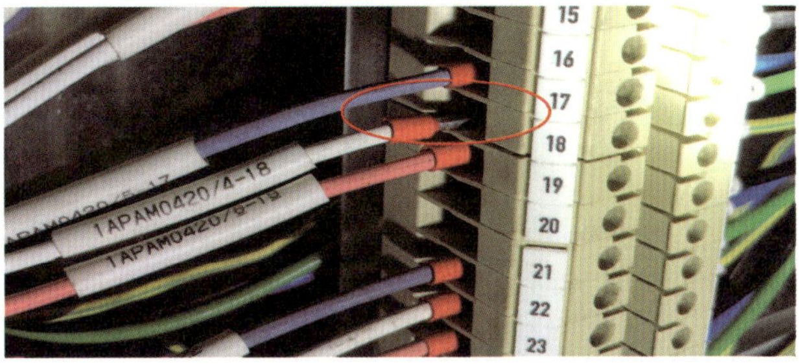

图 1　APA137MT_1 信号线脱落情况</td></tr>
<tr><td>相关知识</td><td colspan="2">给水泵 A 轴向位移超限 APA102MM(<-670 μm)&给水泵 A 推力轴承外侧温度 APA137MT_1 高高(>105 ℃)将产生 APA102PO 的跳泵信号</td></tr>
<tr><td>参考资料信息</td><td colspan="2">运行一处：运行一处经验反馈——1APA137MT_1 在主控显示“××××”的处理；
WR/WOT：00269921/00657989-01(紧急工单)</td></tr>
<tr><td>编　　者</td><td>运行二处一值：谷铁</td><td>时间：2019 年 02 月 16 日</td></tr>
</table>

3.5.9　主控触发 1APA191、192KA 报警，1APA137MT1 升高至超量程后显示××××

异常缺陷名称	主控触发 1APA191、192KA 报警，1APA137MT1 升高至超量程后显示××××
发生时间	2019 年 11 月 03 日早班
机组状态	RP 模式，电功率 251 MWe
异常缺陷现象	主控触发 1APA191KA(给水泵 A 推力轴承外侧温度-1 高)、1APA192KA(给水泵 A 推力轴承外侧温度-1 高高)报警，检查发现 1APA137MT_1 升高至超量程后显示××××，现场点温温度未见明显异常
风险或潜在后果	影响主给水泵 A 的保护跳闸逻辑，1APA137MT_1 高高(>105 ℃)&1APA102MM<-670 μm 时将触发 1APA102PO 跳闸
干预行动	已采取的行动措施： 1)主控检查给水泵 1APA102PO 推力轴承轴向位移 1APA102MM 未见异常，并加强关注参数升压泵轴向位移 1APA102MM 变化情况和给水泵轴系温度和振动参数监视； 2)oncall 仪控人员检查处理

续 表

原因分析	主通道测量原件其中一根断线造成温度测量失效
消缺行动	仪控处理反馈： 1)工作过程： ①联系系统工程师对 1APA137MT 测点进行强制为正常值：50 ℃； ②打开就地 1APA137MT 接线盒，对接线外观及电缆进行检查无发现异常； ③拆除 1APA137MT 主通道接线，用劲仪对热电阻三根接线进行测量，1～2 之间 119.02 Ω、1～3 之间无穷大、2～3 之间 0.32 Ω，判断元件内部断线； ④对 1APA137MT 备用通道进行测量，1～2 之间 118.8 Ω、2～3 之间 118.7 Ω、1～3 之间 0.30 Ω、三根线对地绝缘大于 55 MΩ； ⑤将备用通道恢复接线，在一层查看 1APA137MT 显示 48.3 ℃，测量稳定； ⑥关闭 1APA137MT 接线盒； ⑦联系系统工程师对 1APA137MT 测点恢复强制。 2)故障原因分析：主通道测量原件其中一根断线造成温度测量失效
相关知识	给水泵 A 轴向位移超限 APA102MM(<-670 μm)& 给水泵 A 推力轴承外侧温度 APA137MT_1 高高(>105 ℃)将产生 APA102PO 的跳泵信号
参考资料信息	维修二处仪控：EAM 中工单的完工报告； 运行二处 ESOMS 日志(2019 年 11 月 03 日)； WR/WOT：00643548/01394193-01(紧急工单)
编　　者	运行二处一值：谷铁　　　　时间：2020 年 03 月 15 日

3.5.10　1 号机组 APA 泵切换启泵时导致 AVC 故障报警触发

异常缺陷名称	1 号机组 APA 泵切换启泵时导致 AVC 故障报警触发
发生时间	2018 年 05 月 12 日中班
机组状态	RP 模式，满功率

续　表

<table>
<tr><td>异常缺陷现象</td><td>执行 1APA202PO 切换至 1APA302PO 操作，在启动 1APA302PO 时，由于 1LGE 和 1LGF 母线电压波动导致触发 1AVC006KA：AVC 增磁闭锁和 1AVC007KA：AVC 减磁闭锁，电压波动瞬态结束，电压恢复正常后，1AVC006KA 报警自动消失，但 1AVC007KA 并未自动消失，通过维修电气人员强制复归后报警消失</td></tr>
<tr><td>风险或潜在后果</td><td>影响 1AVC 自动增磁、减磁调整电压</td></tr>
<tr><td>干预行动</td><td>已采取的行动措施：
1）保持关注 1LGE、1LGF 母线电压情况，尽快完成切泵操作，恢复 LGF 母线带一台主给水泵运行，若未恢复正常准备退出 AVC 手动增磁调整电压；
2）关注母线下游运行的转动设备尤其主给水泵的各项运行参数；
3）oncall 电气继保人员检查处理；
4）母线电压恢复正常后要求电气人员强制复归减磁闭锁信号继电器消除报警</td></tr>
<tr><td>原因分析</td><td>在主控启动 1APA302PO 时，1LGF 母线电压降低，最低降至 5660. 8 V，导致主控触发 1AVC007KA（AVC 减磁闭锁报警）。
启泵还导致 1LGE 母线电压升高，最高达到 6962. 2 V，导致主控触发 1AVC006KA（AVC 增磁闭锁报警）。
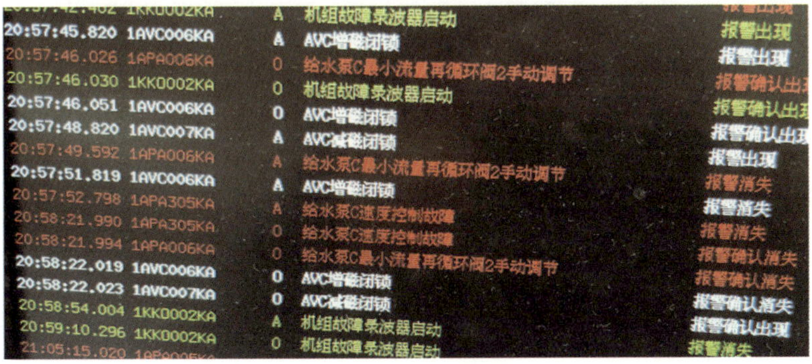

图 1　AVC 报警情况
电压波动瞬态结束后，增磁闭锁和减磁闭锁同一时间复归，增减磁闭锁动作和复归均通过机组测控 DO 板输出，DO 板固有特性同时只能开出一个信号，导致增磁闭锁信号复归，减磁闭锁未能复归</td></tr>
</table>

续　表

消缺行动	电气处理反馈： 1）处理过程： ①用短接线端接 BN321：5 和 39，强制减磁闭锁复归，再短接 BN321：5 和 38 强制动作，最后强制复归； ②强制后信号正常复归，未更换继电器； ③确认设备无异常报警，清理现场，归还工作票。 2）故障原因分析：增磁闭锁与减磁闭锁复归信号同时出现，测控板卡固有特性为同一时刻只能输出一个信号，导致只有一个增磁闭锁信号复归，减磁闭锁未能复归	
相关知识	三台 APA 泵的供电电源分别为：1LGE102JA（1APA102PO）、1LGF103JA（1APA202PO）、1LGF102JA（1APA302PO）。 APA 泵切换相关的 AVC 经验知识： 1）在执行 APA 泵切换过程中，特别是 APA202/302PO 之间相互切换时，由于两台泵均由 LGF 母线供电，在启动备用泵瞬间会导致母线 LGF 母线电压大幅下降； 2）启动 APA203PO 和 APA302PO 时会导致 1LGE 母线电压升高； 3）母线电压波动可能达到 AVC 增减磁闭锁的限值； 4）AVC 增磁闭锁和减磁闭锁同时复归时，由于增减磁闭锁动作和复归均通过机组测控 DO 板输出，DO 板固有特性同时只能开出一个信号，因此导致 AVC006KA 和 AVC007KA 只能复归一个报警，另一个报警需维修电气人员强制复归	
参考资料信息	运行一处：运行一处内部经验反馈——APA 泵启动导致 AVC 故障报警处理经验反馈； 维修一处电气：EAM 中工单 00921975-01 的完工报告	
编　　者	运行二处一值：谷铁	时间：2019 年 02 月 16 日

3.5.11　执行主给水泵切换试验（TP2APA50）过程中发生因蒸汽发生器水位过低导致停堆

异常缺陷名称	主给水泵切换试验（TP2APA50）过程中发生因蒸汽发生器水位过低导致停堆
发生时间	2015 年 09 月 12 日中班
机组状态	RP 模式，核功率 71%Pn，电功率 489 MWe

续　表

异常缺陷现象	调试人员按计划执行主给水泵切换试验(TP2APA50)。09 月 12 日 21:48:29，主控停运 1 号主给水泵 2APA102PO，联锁启动 3 号主给水泵 2APA302PO。 21:49:02，2APA302PO 因失速保护动作跳闸，机组随即触发快速甩负荷至 50%的信号。在甩负荷过程中三台蒸汽发生器水位不断下降。21:50:04，电功率降至 489 MW，核功率降至 71%，2 号蒸汽发生器水位降至-1.26 m，停堆保护信号“一台蒸汽发生器水位低低反应堆自动停堆”触发，反应堆自动停堆，所有控制棒落棒，汽轮机停机。 主控执行 FQ2-OP02-AC-DEC《事故诊断通用规程》和 FQ2-OP02-AC-I1《反应堆停堆规程》，稳定机组状态。09 月 13 日 00:27，主控复位停堆信号，事件结束
风险或潜在后果	2APA302PO 保护动作跳闸，导致 SG 供水不足引起停堆
干预行动	已采取的行动措施： 1)执行 DEC 和 I1 规程控制机组； 2)召集维修机电仪和设备管理工程师检查处理 2APA302PO 保护动作跳闸问题
原因分析	1)直接原因：3 号主给水前置泵 2APA301PO 叶轮口环与泵体口环表面发生偏磨，导致泵启动及停泵过程中电机受到的阻力矩变大，过大的电机负载力矩，导致电机未能正常启动，失速保护动作跳泵。 2)根本原因：在启泵时，前置泵壳体与叶轮处局部受热不平衡，导致前置泵叶轮口环与泵体口环之间局部间隙为零，叶轮口环与泵体口环之间发生动静碰磨。 3)促成原因：在启泵时，泵转子振动均值及波动值高于正常运行时转子振动的均值及波动值，在启泵过程中会加剧叶轮口环与泵体口环动静碰磨
消缺行动	机械处理反馈： 1)处理措施： ①对给水泵进行隔离解体检修处理； ②设计改造增加了主给水泵暖泵管线。 2)故障原因分析： ①直接原因：3 号主给水前置泵 2APA301PO 叶轮口环与泵体口环表面发生偏磨，导致泵启动及停泵过程中电机受到的阻力矩变

续　表

消缺行动	大，过大的电机负载力矩，导致电机未能正常启动，失速保护动作跳泵。 ②根本原因：在启泵时，前置泵壳体与叶轮处局部受热不平衡，导致前置泵叶轮口环与泵体口环之间局部间隙为零，叶轮口环与泵体口环之间发生动静碰磨。 ③促成原因：在启泵时，泵转子振动均值及波动值高于正常运行时转子振动的均值及波动值，在启泵过程中会加剧叶轮口环与泵体口环动静碰磨
相关知识	主给水泵启泵要求：泵壳上下温度差≤25 ℃
参考资料信息	运行事件报告：执行主给水泵切换试验(TP2APA50)过程中发生因蒸汽发生器水位过低导致的停堆事件
编　　者	运行二处一值：谷铁　　时间：2019 年 02 月 16 日

3.5.12　3APA101PO 运行时存在异音

异常缺陷名称	3APA101PO(3APA102PO 前置泵)运行时存在异音
发生时间	2017 年 01 月 08 日早班
机组状态	RP 模式，满功率
异常缺陷现象	01 月 08 日至 01 月 12 日停泵前，泵体异音强度低于泵本底噪音强度、没有明显的周期性规律，异音主要从泵壳下部传出，泵体两端轴承处无异音。已连续观察 5 天，异音强度、频度没有上升趋势。 01 月 12 日 3APA102PO 停运过程中，前置泵 3APA101PO 在降速过程中有巨大异音(类似异物碰磨刮擦)，异音强度、频率增加明显，金属碰撞声明显，振动也随之增加，且惰转时间偏短，基本确定泵内存在异物造成动静碰磨
风险或潜在后果	影响 APA 系统运行的可靠性，导致 A 泵不可用无法作为备用，若再出现一台 APA 泵跳闸，存在引起 SG 供水不足而停堆的风险
干预行动	已采取的行动措施： 1)主控检查主给水泵 A 的各项温度振动参数未见明显异常； 2)安排现场检查主给水泵 A 泵组的轴承油流正常； 3)联系机械和设备进行检查确认异音来源； 4)经过运行决策后，将 3APA102PO 切换到 3APA202PO 运行，停运 3APA102PO 并隔离。运行决策：保持当前功率运行，运行值加强对 3APA202PO \ 302PO 运行状态的关注

续　表

<table>
<tr><td>原因分析</td><td colspan="2">前置滤网破损导致滤网碎片进入泵体产生异音</td></tr>
<tr><td>消缺行动</td><td colspan="2">机械处理反馈：
1）处理措施：
①解体检查 3APA101PO、3APA101FI（3APA101PO 入口滤网）、3APA102FI（3APA101PO 出口滤网）；
滤网解体检查：拆卸出 3APA102FI 中压滤网，检查该滤网未发现损坏现象（确保了压力级泵的安全），但发现 10 个来自于上游的滤网碎片异物。入口滤网 3APA101FI 已经打开，由于滤网网格部分与管道固定架脱开，网格部分落入垂直主管道中，已取出。
前置泵解体检查：
a. 驱动端、非驱动端轴瓦及叶轮口环间隙测量（均合格）；
b. 叶轮损伤部位（异物撞击造成），PT 检查有线性缺陷裂纹，更换叶轮；
c. 轴承室、转子组件等各零部件清洁，除叶轮叶片吸入口部位有损伤外（8 处），其他零部件未见异常；
d. 在前置泵体内分别发现约 6 块疑似为滤网构件的异物（泵入口侧分别存有大约 2 个网片加 1 个筋板，泵出口侧的壳体存在 1 个网片）。
②管线高压水冲洗工作；
③将破损滤网切割开与收集到的异物碎片进行对比分析。
2）故障原因分析：前置滤网破损导致滤网碎片进入泵体产生异音</td></tr>
<tr><td>相关知识</td><td colspan="2">APA101FI/201FI/301FI 分别为主给水泵 A/B/C 前置滤网，也为临时滤网，布置在前置泵入口管线上，用于机组调试等水质差的工况下。APA102FI/202FI/302FI 分别为主给水泵 A/B/C 的永久滤网，布置在压力级泵入口管线上</td></tr>
<tr><td>参考资料信息</td><td colspan="2">维修二处：3APA101PO 前置泵异音问题处理进展汇报，EAM 中工单 00481192-01 的完工报告；
运行二处 eSOMS 日志（2017 年 01 月 08 日）。
其他类似异常缺陷：
2019 年 02 月 28 日早班，现场巡检发现 4APA101PO 和电机之间有杂音，联系机械专业进行现场检查，机械反馈为联轴器护罩支撑地脚松动，工作负责人进行现场紧固，经处理后未再出现异音</td></tr>
<tr><td>编　　者</td><td>运行二处一值：谷铁</td><td>时间：2019 年 02 月 16 日</td></tr>
</table>

3.5.13 再循环调节阀 3APA120VL 卡在 74%开度

异常缺陷名称	再循环调节阀 3APA120VL 卡在 74%开度
发生时间	2019 年 01 月 14 日早班
机组状态	RP 模式，核功率 15%FP，电功率 270 MWe
异常缺陷现象	主给水泵 A 泵运行时，3APA120VL 实际开度卡在 74%，KIC 中显示实际值为 74%
风险或潜在后果	1）影响主给水泵最小流量循环（再循环运行时达不到设计的循环流量）； 2）在主给水停运时，将导致主给水泵“允许启动状态正常”灯灭，使得主给水泵无启动允许，影响主给水泵的可用性
干预行动	已采取的行动措施： 1）检查确认主给水泵 A 各项运行参数正常，主给水泵 A 出口阀打开给 SG 提供给水，避免主给水泵 A 通过存有故障的最小流量管线长时间运行； 2）检查 3APA102MD 流量与当前 3APA120VL 开度的控制匹配情况，并尝试手动操作控制； 3）联系维修仪控检查处理； 4）配合维修处理阀门定位器，将主给水泵 A 切换到主给水泵 B 运行
原因分析	3APA120VL 阀门定位器故障
消缺行动	仪控处理反馈： 1）工作过程： ①关闭 3APA9120VA； ②打开 3APA120VL 定位器盒盖并做好拆接线记录； ③记录好数据后拆除旧的 3APA120VL 定位器并做好防异物措施； ④回装新的 3APA120VL 定位器并根据记录数据设定新定位器数据； ⑤打开 3APA9120VA； ⑥对新的 3APA120VL 定位器进行整定调试； ⑦就地及远方多次重复开关试验，3APA120VL 开关及反馈正常； ⑧恢复 3APA120VL 至初始状态。 2）故障原因分析：3APA120VL 阀门定位器故障

续　表

相关知识	1)3APA120VL 在给水泵转速<6 r/min 时，闭锁切置手动控制。 2)再循环阀 APA120VL 参与 APA 泵允许启动(STANDBY)逻辑(条件)： ①给水泵启动状态正常(APA103KS 或 203KS 或 303KS 亮)： a. 给水泵最小流量隔离阀和再循环阀全开； b. 给水前置泵进口阀全开； c. 给水泵不反转(或给水泵 A 不在最小转速位置时，泵反转转速小于 200 r/min)。 ②给水泵出口阀全开； ③给水泵转速自动控制； ④给水泵润滑油压>0.17 MPa。 3)3APA120VL 的开关控制逻辑： ①3APA120VL 的关阀逻辑由流量表 3APA102MD 控制，流量上升到额定流量(3620.4 m^3/h)的 74%(2679 m^3/h)时开始关，到 79%(2860 m^3/h)时至全关； ②3APA120VL 的开阀逻辑由流量表 3APA102MD 控制，流量下降到额定流量(3620.4 m^3/h)的 59%(2136 m^3/h)时开始开，到 54%(1955 m^3/h)时至全开	
参考资料信息	维修二处仪控：EAM 中工单 01106187-01 的完工报告； 运行二处 ESOMS 日志(2019 年 01 月 14 日—15 日)； WR/WOT：00492699/01106187-01(计划工单)	
编　　者	运行二处一值：谷铁	时间：2020 年 03 月 11 日

3.5.14　2APA102MD 与 2APA101KD 连接处(一次阀与二次根阀之间)泄漏蒸汽

异常缺陷名称	2APA102MD 与 2APA101KD 连接处(一次阀与二次根阀之间)泄漏蒸汽
发生时间	2019 年 01 月 15 日早班
机组状态	RP 模式，满功率
异常缺陷现象	15 日，巡检发现 2APA102MD 与 2APA101KD 连接处(一次与二次根阀之间)泄漏量有扩大趋势。16 日，泄露继续扩大至 1 s 5 滴，接近线状流

续 表

风险或潜在后果	2APA102MD 参与再循环调节阀 2APA120VL 的控制，泄漏存在导致 2APA102MD 显示失真的风险，将影响 2APA120VL 的控制，继而影响主给水泵 A 的出口压力和流量，威胁蒸汽发生器(SG)给水的安全
干预行动	已采取的行动措施： 1)将主给水泵 2APA102PO 切换至 2APA302PO 运行； 2)安排现场确认现场蒸汽泄漏暂未威胁到附近设备的运行安全，并保持关注； 3)联系仪控配合隔离 2APA102MD：隔离时，在运行隔离仪表一次根阀后，由仪控通过关闭 2APA730VL/731VL，打开平衡阀 2APA733VL 平衡两侧压力，将 2APA102MD 退出； 4)维修处理好泄漏点后，解隔离时，联系仪控配合恢复 2APA102MD 投运，并对仪表充水排气
原因分析	接头密封失效
消缺行动	机械处理反馈： 1)处理措施： ①拆除接头，取下旧的密封垫，清理密封面检查无异常； ②更换新的密封垫片，紧固接头。 2)故障原因分析：接头密封失效
相关知识	1)3APA120VL 在给水泵转速<6 r/min 时，闭锁切置手动控制。3APA115VL 切手动控制不受该转速限制。 2)3APA115VL 的开关控制逻辑： ①3APA115VL 的关阀逻辑由流量表 APA101MD 控制，流量上升到额定流量(3620.4 m^3/h)的 80%(2896 m^3/h)时开始关，到 85%(3077 m^3/h)时至全关； ②3APA115VL 的开阀逻辑由流量表 APA101MD 控制，流量下降到额定流量(3620.4 m^3/h)的 65%(2353 m^3/h)时开始开，到 60%(2172 m^3/h)时至全开； 3)3APA120VL 的开关控制逻辑： ①3APA120VL 的关阀逻辑由流量表 APA102MD 控制，流量上升到额定流量(3620.4 m^3/h)的 74%(2679 m^3/h)时开始关，到 79%(2860 m^3/h)时至全关； ②3APA120VL 的开阀逻辑由流量表 APA102MD 控制，流量下降到额定流量(3620.4 m^3/h)的 59%(2136 m^3/h)时开始开，到 54%(1955 m^3/h)时至全开。 4)3APA115VL/120VL 的开关控制其回滞死区为 20%

续　表

参考资料信息	运行一处：运行一处内部经验反馈——执行 2APA102MD 仪表根阀隔离经验反馈； 维修一处机械：EAM 中工单(01106663-01)的完工报告； WR/WOT：00492930/01106663-01(计划工单)	
编　　者	运行二处一值：谷铁	时间：2020 年 03 月 11 日

3.5.15　4APA202MD 仪表根阀 4APA808VL 接头处漏蒸汽

异常缺陷名称	4APA202MD 仪表根阀 4APA808VL 接头处漏蒸汽
发生时间	2019 年 02 月 19 日中班
机组状态	RP 模式，电功率 836 MWe
异常缺陷现象	中班 4 号机升功率至 836 MW 后，现场巡检发现 4APA202PO 跨接管线上 4APA201KD 处出现蒸汽泄漏，且漏量较大
风险或潜在后果	1)4APA202MD 参与控制 4APA220VL，泄漏存在导致 4APA202MD 显示失真的风险，将影响 4APA220VL 的控制，继而影响主给水泵 A 的出口压力和流量，威胁蒸汽发生器(SG)给水的安全。 2)若泵停运后，4APA202MD 显示失真，导致 4APA220VL 非全开，将导致主给水泵 B 启动允许状态灯 4APA203KS 灯灭，无法实现备用自启的功能。 根据 4 号机组调试试验 TP4APA52 经验反馈，机组两台 APA 泵运行，无备用泵时，需降功率至 769 MW，高于此功率如一台 APA 故障跳泵，存在 SG 供水不足导致停堆的风险。当前 836 MW 功率平台不降负荷，如需对 4APA202PO 隔离疏水检修时，存在该风险
干预行动	已采取的行动措施： 1)考虑设备安全及后续核实和处理缺陷需要，当班值将 4APA202PO 切至 4APA302PO 运行，并将 4APA202PO 置于自动备用状态；APA 切泵后，APG 排污水质正常无变化； 2)已 oncall 服务专业准备拆除相应位置保温和机械专业核实缺陷； 3)服务拆除保温后，现场检查确认漏点为 4APA808VL 至 4APA831VL 之间，4APA808VL 的仪表接头处泄漏； 4)联系仪控配合隔离 4APA202MD：隔离时，在运行隔离关闭 4APA202MD 的仪表一次阀 4APA803VL/808VL 后，由仪控打开平衡阀 4APA833VL 以平衡两侧压力，打开排污阀 4APA830VL3/

续　表

干预行动	831VL3，使 4APA202MD 显示为 0 m³/h，4APA220VL 自动开启，确保 4APA202PO 的备用自启动功能； 5)维修更换垫片，解隔离时，联系仪控配合对仪表充水排气，恢复 4APA202MD 投运
原因分析	4APA808VL 阀门出口接头垫片损坏，导致蒸汽泄漏
消缺行动	机械处理反馈： 1)工作过程： ①在线紧固 4APA808VL 阀门接头，观察蒸汽已消除，存在滴水现象，联系运行关闭阀门； ②拆除 4APA808VL 阀门出口接头，取出垫片，检查发现为石墨垫片并已损坏； ③开启 QDR(编码：QDR-MM-4-N-2019-008)处理，更换为同型号铜制垫片并拧紧接头； ④联系运行开启阀门，观察 24 h 后，阀门无泄漏现象，工作结束，清理现场。 2)故障原因分析：4APA808VL 阀门出口接头垫片损坏，导致蒸汽泄漏
相关知识	1)4APA220VL 在给水泵转速<6 r/min 时，闭锁切置手动控制。4APA215VL 切手动控制不受该转速限制。 2)4APA215VL 的开关控制逻辑： ①4APA215VL 的关阀逻辑由流量表 4APA201MD 控制，流量上升到额定流量(3620.4 m³/h)的 80%(2896 m³/h)时开始关，到 85%(3077 m³/h)时至全关； ②4APA215VL 的开阀逻辑由流量表 4APA201MD 控制，流量下降到额定流量(3620.4 m³/h)的 65%(2353 m³/h)时开始开，到 60%(2172 m³/h)时至全开； 3)4APA220VL 的开关控制逻辑： ①4APA220VL 的关阀逻辑由流量表 4APA202MD 控制，流量上升到额定流量(3620.4 m³/h)的 74%(2679 m³/h)时开始关，到 79%(2860 m³/h)时至全关； ②4APA220VL 的开阀逻辑由流量表 4APA202MD 控制，流量下降到额定流量(3620.4 m³/h)的 59%(2136 m³/h)时开始开，到 54%(1955 m³/h)时至全开。 4)4APA215VL/220VL 的开关控制其回滞死区为 20%

续 表

参考资料信息	运行二处：4 号机组异常反馈——升功率后 4APA202PO 跨接管线处出现蒸汽泄漏； 运行二处 ESOMS 日志(2019 年 02 月 19 日中班和夜班)： WR/WOT：00508118/01153609-01（紧急工单），4PT04868“4APA808VL 阀门接头处漏蒸汽，需处理”	
编　　者	运行二处一值：谷铁	时间：2020 年 03 月 13 日

3.5.16 主给水泵 4APA302PO 出现反转

异常缺陷名称	主给水泵 4APA302PO 出现反转
发生时间	2019 年 01 月 31 日中班
机组状态	RP 模式，计划停机，机组降功率过程中
异常缺陷现象	18：17：29 主控 KIC 中出现 4APA303KA 给水泵 C 反转报警(4APA303KA)。18:17:30 主给水泵反转转速 4APA301MC 开始上升，最高上升到 414.3 r/min，流量最高到 533.2 m^3/h，4APA313VL 自动关后，18:17:57 停止反转，反转持续时间 28 s
风险或潜在后果	1)反转信号出现将导致给水泵 C 无允许启动信号，影响主给水泵备用可靠性。无法实现备用自动启动功能。 2)泵反转可能对泵和电机产生不利影响
干预行动	已采取的行动措施： 1)立即查看和执行报警卡，按报警卡检查确认主给水泵出口阀 4APA313VL 已自动关闭，查看主给水泵 C 转速 4APA301MC 变化趋势，查看是否存在仪表故障情况； 2)主控加强关注主给水泵反转时轴承振动和轴承温度变化趋势； 3)立即检查 4AGM301PO 处于运行，确保反转时，润滑油供应正常； 4)调查趋势发现主给水泵 C 出口压力和中压管道压力未见明显上涨情况，安排现场检查中压管线安全阀 4APA331VV 未见动作，未见安全阀出口蒸汽跑出的情况； 5)检查除氧器压力和液位未见明显上升情况； 6)反转停止后，安排现场复位反转信号； 7)确认故障原因后，恢复开启出口阀 4APA313VL 开启，将 3 号泵置正常备用状态； 8)联系维修机械、设备管理分析主给水泵停运时泵反转的原因

续 表

原因分析	机组降功率(除氧器甩负荷)后，除氧器内的水压力参数迅速降低，但 APA 泵组所在管道位置较低，水装量大，加之暖泵管线正在持续投入高温高压水，因此导致 APA 泵组内水参数较除氧器侧(水)高，压力差作用转子较轻的压力级泵反转(前置泵与电机转子相连，故难以反转)。随着负荷持续降低和水流动，APA 泵组管道内的水参数降低，并最终实现压力级泵处的水压力等于前置泵处的压力，水流完全停止
消缺行动	设备管理处理反馈： 经调查 1~4 号机组多次出现在备用状态的 APA 压力级泵产生反转问题，同行电厂也出现类似问题。 1)主要特征： ①机组降功率运行(机组功率基本在 450 MW 以下)。 ②备用泵发生反转时，其压力级泵出口位置压力(APA102MP/202MP/302MP)高于对应前置泵入口压力(APA103MP/203MP/303MP)。即：泵组停运后，从压力级泵位置到前置泵位置存在明显的压力差，且此时泵组停运。 2)原因分析： 机组降功率(除氧器甩负荷)后，除氧器内的水压力参数迅速降低，但 APA 泵组所在管道位置较低，水装量大，加之暖泵管线正在持续投入高温高压水，因此导致 APA 泵组内水参数较除氧器侧(水)高，压力差作用转子较轻的压力级泵反转(前置泵与电机转子相连，故难以反转)。随着负荷持续降低和水流动，APA 泵组管道内的水参数降低，并最终实现压力级泵处的水压力等于前置泵处的压力，水流完全停止。 结论：在上述机组降功率(除氧器甩负荷)工况，APA 备用泵反转是由于泵组与除氧器内水介质参数差的正常物理现象。 3)主要应对措施和建议： ①在甩负荷至 55%FP(机组只需要 1 列 APA 泵组投运的工况)后，可以采取关闭备用泵组的暖泵水阀门进行验证报警是否仍触发； ②在触发反转报警后，安排就地手动复位报警
相关知识	反转信号参与的控制逻辑： 1)润滑油泵联锁选择开关 501KC 选择在 interlock 位置 & 给水泵反转信号 AGM102SY，自动启动润滑油泵； 2)参与给水泵允许启动状态正常(APA103KS 或 203KS 或 303KS 亮)信号：给水泵最小流量隔离阀和再循环阀全开和给水前置泵

续　表

相关知识	进口阀全开及给水泵不反转(或给水泵 A 不在最小转速位置时，A 反转转速小于 200 r/min)； 3)参与主给水泵出口阀自动关信号：①给水泵 A 停运；②给水泵 A 反转(AGM102SY)；③给水泵 A 转速>200 r/min，即给水泵 A 停运后出现反转，且反转转速>200 r/min，则保护关给水泵 A 出口阀。 反转信号复位的方法： 1)通过按下 AGM101AR/201AR/301AR 上的 RESET 按钮 AGM101TO/201TO/301TO； 2)或是在 PV+600 主菜单画面时按下功能按键区的 F4 键； 3)或在 PV+600 报警清单画面时按下功能按键区的 F4 键复位报警，在报警清单画面下，F1 键可以确认选中的报警，F2 键可以确认所有报警	
参考资料信息	设备管理处：《APA 压力级泵反转问题分析报告》； 运行二处：4 号机组异常反馈——主给水泵 4APA302PO 出现反转； 其他类似异常缺陷： 2019 年 01 月 24 日，1 号机降功率过程中 1APA102PO 也出现过反转报警，当时专业分析原因为机组负荷快速降低时，除氧器压力将随机组负荷的降低而快速下降，此时备用泵内部及进出口、暖泵管线内的介质仍然较高的温度，除氧器压力骤降时高温水闪蒸，体积急速膨胀，泵组内部介质冲向除氧器，出现瞬时反转，并非逆止阀内漏	
编　　者	运行二处一值：谷铁	时间：2020 年 03 月 13 日

3.5.17　4APA202PO 出现闪发振动高报警

异常缺陷名称	4APA202PO 出现闪发振动高报警
发生时间	2017 年 07 月 27 日中班
机组状态	机组调试启动阶段
异常缺陷现象	中班 23 时，4 号机组 2 号主给水泵出现闪发振动高报警(振动报警值为 100 μm)，报警探头为 4APA206MV(给水泵 B 传动端轴承 *Y* 向振动)，期间主给水泵其他运行参数保持正常，4APA206MV 振动值逐渐上涨
风险或潜在后果	仪表故障不能真实反映泵的真实振动情况

续 表

干预行动	已采取的行动措施： 1）主控查看主给水泵 B 传动端轴承温度（4APA234MT）以及 *X* 向振动（4APA205MV）趋势，未见明显异常； 2）安排现场查看主给水 B 泵组振动情况，未见明显异常； 3）联系性能测振和仪控检查处理
原因分析	4APA206MV 航空插头没有完全锁紧导致上位机画面显示数值异常波动
消缺行动	性能测振处理反馈： 1）就地测量分析： 经现场振动离线测量，4APA206MV 处轴承座振动约为 2.6 mm/s，该处振动限值为 11 mm/s。 故实测振动值未超振动报警值。结合各在线振动探头趋势对比分析，4APA206MV 在线振动探头存在故障的可能性较大。 2）经验反馈：3 号机组首次启动阶段 APA 泵也曾出现单个在线振动探头报警、其余振动探头数值稳定的现象，经排查后确认根本原因为在线振动探头松动。 3）分析结论：基于 4APA202PO 在线振动对比、就地离线振动测量比对及 3 号机组经验反馈，初步分析认为 4APA202PO 振动报警为 4APA206MV 探头故障引发。 4）处理建议：对 4APA206MV 探头进行检查维修。 5）处理结果：根据技术支持处分析结论及维修建议，仪控人员对 4APA206MV 进行现场检查，确认 4APA206MV 航空插头未锁紧。经维修处理后 4APA202PO 振动报警消失，4APA206MV 探头的示数与其他振动探头的示数基本保持一致，振动趋势变缓趋于稳定。 仪控处理反馈： 1）检修过程： ①确认 4APA206MV 设备位置，工作前与主控做好沟通； ②使用螺丝刀打开 4APA206MV 接线盒盖，检查端子接线及航空插头，4APA206MV 端子接线牢固可靠，航空插头没有完全锁紧； ③将 4APA206MV 航空插头拔下后重新安装并锁紧； ④使用螺丝刀恢复 4APA206MV 接线盒盖； ⑤在上位机观察确认 4APA206MV 状态正常； ⑥工作结束，归还工作许可证。 2）故障原因分析：4APA206MV 航空插头没有完全锁紧导致上位机画面显示数值异常波动

续　表

相关知识	APA206MV≥100 μm 时，触发给水泵 B 传动端轴承 Y 向振动高报警(APA505KA)； APA206MV≥120 μm 时，触发给水泵 B 传动端轴承 Y 向振动高高报警(APA506KA)	
参考资料信息	技术支持处：《4APA202PO 振动报警分析报告》； 维修二处仪控：EAM 中工单 00663372-01 的完工报告； WR/WOT：00273930/00663372-01(计划工单)	
编　　者	运行二处一值：谷铁	时间：2019 年 02 月 16 日

3.5.18　主给水泵 4APA202PO 振动超标

异常缺陷名称	主给水泵 4APA202PO 振动超标
发生时间	2017 年 03 月 26 日
机组状态	机组调试启动阶段
异常缺陷现象	03 月 26 日，4APA202PO 启动后，4APA207MV(给水泵 B 自由端轴承 X 向振动)出现振动报警现象，振动最大值超过了 100 μm(报警值)。 03 月 29 日，再次启动 4APA202PO，给水流量在 3150 m^3/h 时，自由端 X 方向(APA207MV)振动值在 61.9 μm 至 103.2 μm 之间波动，自由端 Y 方向(APA208MV)振动值在 92.4 μm 至 55.4 μm 之间波动；在 3500 m^3/h 时，自由端 X 方向振动值最大达到 113.8 μm，自由端 Y 方向振动值最大达到 102.8 μm，均超过了 H1 报警值(H1 报警值 100 μm)
风险或潜在后果	振动持续高，可能导致给水泵轴承磨损
干预行动	已采取的行动措施： 1)主控加强监视主给水泵 B 压力级泵自由端 X、Y 向振动趋势，关注自由端轴承温度表 APA135MT 变化趋势； 2)联系性能测振和维修机械检查处理
原因分析	泵的基础存在较大的虚角情况以及泵轴承的配合间隙稍大
消缺行动	性能测振处理反馈： 1)频谱分析：通过对 APA207MV、208MV 和 202MM 进行频谱分析，振动报警的主要原因的低频振动幅值增加导致了振动报警。

续 表

消缺行动	2）排查处理结果： ①动平衡排查：经对该泵的出厂报告进行检查，该泵的出厂动平衡报告中可以看出，无论是静平衡还是力偶不平衡均在允许值范围之内。 ②不对中排查：在对4APA202PO驱动端和自由端探头检查、重新对中后，启泵试车。泵转速升至3150 r/min，自由端测振探头开始闪动报警，同时就地检测到驱动端振动较大接近报警值。由此可见，不对中导致振动超标的可能性基本可以排除。 ③管道振动及固定排查：经对管道支吊架进行排查，管道支吊架未发现明显缺陷。在泵启动时，泵的再循环管道出现了较大冲击，但在泵稳定运转时，泵管道振动未见其他异常。因此初步可排除泵管道振动及固定对泵振动的影响。 ④管道流道排查：对泵的前置过滤器和中间过滤器进行检查，未发现流道堵塞，也未发现其他异物。因此初步可排除管道流道阻塞或异物导致的泵流场紊乱，而引发的振动闪发报警。 ⑤泵转子中心位置排查：根据4APA102PO之前排查经验，发现泵转子并不在泵壳中心位置。对4APA202PO的转子中心进行调整。转子中心调整后再次启泵验证。当转速达到3900 r/min时，4APA206MV（压力泵驱动端*Y*方向）振动闪发报警，运行1 h后停泵。当转速从1500～3000 r/min时，泵自由端与驱动端振动在调整前后均值基本相当。调整后，在3000 r/min时自由端振动值有所降低。在3800 r/min时，通过转子中心调整，泵驱动端振动有所下降，但自由端振动有所上升，APA206MV振动幅值更大。需要继续调整处理。 ⑥泵基础接触排查：经过对泵的基础情况进行检查，发现存在较大的虚角情况，对虚角情况进行调整。完成对虚角调整后，再次启泵进行验证，主控基本已无闪发报警，但最大值仍偶尔达到95 μm，接近报警值，为保险起见，停泵继续处理。 ⑦更换轴承：停泵后对泵轴承进行检查，发现泵轴承的配合间隙稍大，于是就地对泵轴承配合间隙进行调整，调整后启泵，通过观察振动，无论是驱动端还是非驱动端，振动最大值约为60 μm，振动合格
相关知识	APA207MV≥100 μm时，触发给水泵B自由端轴承*X*向振动高报警（APA505KA）； APA207MV≥120 μm时，触发给水泵B自由端轴承*X*向振动高高报警（APA506KA）

续 表

参考资料信息	技术支持处：《4APA202PO 振动分析报告》	
编　　者	运行二处一值：谷铁	时间：2019 年 02 月 16 日

3.5.19 主给水泵自动控制转速区定值设置不合理

异常缺陷名称	主给水泵自动控制转速区定值设置不合理
发生时间	2015 年 10 月 21 日早班—22 日早班
机组状态	2 号机组处于 RP(功率运行模式)，一回路温度：309.7 ℃；一回路压力：15.4 MPa.g，功率水平：核功率 98.3%Pn，电功率 1085 MW
异常缺陷现象	21 日【12:02】2KIC 系统触发“2GPA631KA 发电机转子接地报警”“2GPA592KA 非电量保护装置故障”“2GEX106KA 励磁系统综合报警”，运行人员执行报警卡规程，并紧急 oncall 维修人员进行检查。 【15:44】2 号发电机转子绝缘 2 阶故障，发变组非电量保护 E 柜励磁系统故障保护动作，触发全停Ⅱ，2 号发电机出口断路器 2GSY001JA 开关跳闸，灭磁开关 2GEX201JA 跳闸，主汽门关闭，2 号机组汽轮发电机组跳闸。运行人员执行 FQ2-OP01-GP-I06《汽轮机跳闸、反应堆不停堆规程》，稳定机组状态。瞬态期间，三台蒸汽发生器水位持续上涨。 【16:05】1 号 SG 达到高高(0.9 m)液位，蒸汽发生器水位高高叠加 P7(功率大于 10%)的反应堆停堆保护信号触发，2 号机组反应堆自动停堆，运行人员执行 FQ2-OP02-AC-DEC《事故诊断通用规程》和 FQ2-OP02-AC-I1《反应堆停堆规程》，稳定机组状态。 【17:27】2 号机组退出 FQ2-OP02-AC-I1《反应堆停堆规程》。 【22:50】完成对 2 号发电机转子接地检测卡涩电刷(地极电刷)机构的更换，并对励磁小室内环境卫生进行清扫，进行手动举刷，装置工作正常。 22 日【00:38】2 号机组反应堆重返临界。 【05:47】2 号发电机重新并网。 【11:33】2 号发电机达满功率运行
风险或潜在后果	导致反应堆停机停堆

续 表

干预行动	已采取的行动措施： 1）执行 FQ2-OP02-AC-DEC《事故诊断通用规程》和 FQ2-OP02-AC-I1《反应堆停堆规程》，稳定机组状态； 2）组织专业检查处理； 3）重新达临界、并网，恢复满功率运行
原因分析	直接原因： 1）2 号发电机转子绝缘 2 阶故障，发变组非电量保护 E 柜“励磁系统故障”保护动作，触发全停Ⅱ，2 号发电机出口断路器 2GSY001JA 开关跳闸，灭磁开关 2GEX201JA 跳闸，主汽门关闭，2 号机组停机。 2）汽轮发电机跳闸后 1 号蒸汽发生器水位高高触发停堆。 根本原因： 2 号发电机转子接地检测电刷卡涩，无法正常复位，致使装置测量出接地电阻小于动作阈值，保护动作出口。 ARE 水汽压差波动并逐渐降低到 0.45 MPa.g 后开始快速增大，2APA 泵转速降低到 3966 r/min（低限值）后无法继续下降，从而失去了对 ARE 水汽压差的调节作用。使得停机不停堆瞬态时 2 号机组蒸汽发生器水位控制系统中的汽水母管压差偏离整定值，进而导致 2 号机组蒸汽发生器水位相关控制系统不能自动使蒸汽发生器水位保持在停堆限值内
消缺行动	电气和仪控处理反馈： 1）原因分析： 2 号发电机转子接地检测电刷存在卡涩，无法正常复位，引发 2 号发电机转子接地保护继电器 215XZ 接地二段保护动作，2 号发电机转子绝缘 2 阶故障信号，触发励磁系统故障保护动作跳机。 汽轮发电机组跳闸后，GCT 向 ADG 排放过程中，2ADG 除氧器超压第一组安全阀动作，瞬态结束后 2ADG003VV 开启，维持除氧器压力，后因 APA 转速降到最低值 3966 r/min，2APA 主给水泵再循环阀根据整定曲线维持在一定开度，主给水系统汽水母管压差偏离整定值，蒸汽发生器液位持续上涨，1 号蒸汽发生器高高液位触发停堆。 根本原因： 2 号发电机转子接地检测电刷卡涩，无法正常复位，致使装置测量出接地电阻小于动作阈值，保护动作出口。 ARE 水汽压差波动并逐渐降低到 0.45 MPa.g 后开始快速增大，

续　表

消缺行动	2APA 泵转速降低到 3966 r/min(低限值)后无法继续下降，从而失去了对 ARE 水汽压差的调节作用。使得停机不停堆瞬态时 2 号机组蒸汽发生器水位控制系统中的汽水母管压差偏离整定值，进而导致 2 号机组蒸汽发生器水位相关控制系统不能自动使蒸汽发生器水位保持在停堆限值内。 2)设备失效： ①2 号发电机转子接地检测电刷存在卡涩，无法正常复位； ②2APA 再循环阀的参数设置与 2APA 泵转速控制不完全匹配。 3)处理措施： ①针对“2APA 再循环阀的参数设置与 2APA 泵转速控制不完全匹配”问题，对主给水泵自动控制转速区定值实施变更： 变更原因：福清核电 1、2 号机组 APA 转速区间目前采用的是 3966~4855 r/min。在 1、2 号机组的实际运行中，发现在低负荷时或某些瞬态时，两台 APA 泵运行，主控经常出现 2ARE410KA (水/汽压差大于程序整定值+5%)。当水汽压差增加时，APA 泵转速极易达到最低自动转速(3966 r/min)而失去调节能力，从而导致 SG 液位异常上涨。只能通过过度关闭 ARE 阀门的方式进行调节 SG 液位，增加了控制难度。根据现场的运行实际需求，发函建议厂家调低 APA 转速下限值。 变更方案：将 APA 转速自动控制转速区调整为 3600~4855 r/min，该方案经厂家正式回复同意； ②针对“发电机转子接地检测电刷存在卡涩，无法正常复位”问题，将发电机转子接地检测电刷的检查列入年度检修 PM 项目。机组运行期间，电刷磨损产生的粉尘以及励磁小室内的灰尘，很容易落入电刷基座和进入电刷机构内，长期积累将导致电刷卡涩，后期应重点关注 MX8. 5 m 发电机励磁机小室 DMR 检测电刷的运行环境，定期对电刷机构底座进行检查，防止粉尘、油污等导致电刷发生卡涩
相关知识	1)在正常状态下，发电机转子接地保护继电器 215XZ 检测到转子对地绝缘电阻小于 4000 Ω 时，发转子绝缘 1 阶故障报警；当检测到的绝缘电阻小于 2000 Ω 时，通过发变组非电量保护 E 柜发电机转子接地(Ⅱ段)保护、励磁系统故障触发停机。 2)1~4 号机组均已实施永久变更将 APA 转速自动控制转速区调整为 3600~4855 r/min

续 表

参考资料信息	维修一处：《福清 1、2 号机组主给水最低转速问题澄清》《2 号机组励磁系统故障导致的停机停堆事件报告》	
编　　者	运行二处一值：谷铁	时间：2019 年 02 月 16 日

3.5.20　主控 3APA003HXT 画面中 3APA205SY(给水泵 B 控制柜工作正常灯)灯不亮

异常缺陷名称	主控 3APA003HXT 画面中 3APA205SY(给水泵 B 控制柜工作正常灯)灯不亮
发生时间	2017 年 03 月 16 日夜班
机组状态	RP 模式，电功率 836 MW
异常缺陷现象	巡盘发现主控 3APA003HXT 画面上 3APA205SY 灯不亮，仪控检查为柜内 4 个串联的卡件接线松动导致送到 DCS 的信号断线从而 3APA205SY 熄灭
风险或潜在后果	影响主控对主给水泵 B 控制柜状态正常的监视
干预行动	已采取的行动措施： 1)主控 KIC 检查 3APA202PO 的各项温度和振动参数正常； 2)安排现场检查 3AGM201AR 上故障报警情况，检查 3APA201AR 振动监测卡件 VM600 上的三个状态灯触发情况； 3)oncall 仪控检查处理
原因分析	3APA205SY 至 DCS 机柜 3KCP553AR 的信号通道 355313 的 A13、B13 接线端子中的 B13 端子接线存在虚接，导致主控 3APA003HXT 画面上 3APA205SY 灯不亮
消缺行动	仪控处理反馈： 1)工作过程： ①打开控制柜 3APA201AR，万用表直流电压档测量 TB20 端子排的 43、44 端子，未测量到电压； ②拆开 3APA201AR 机柜内 TB20 端子排的 43 外部端子接线，并做好拆线记录，测量已拆下的 43 外部端子接线与 44 端子电压为 25 V； ③用万用表测量 3APA201AR 中内部继电器触点接线 1501、1505 处于导通状态，检查接线牢固可靠； ④检查信号 3APA205SY 至 DCS 机柜 3KCP553AR 的信号通道 355313 的 A13、B13 接线端子，检查发现 B13 端子接线存在虚接，紧固 B13 端子的接线；

续　表

消缺行动	⑤确认 3APA201AR 中内部继电器触点接线 1501、1505 处于导通状态，恢复 TB20 端子排的 43 端子接线，并做好接线记录； ⑥与主控沟通确认 3APA003HXT 画面上 3APA205SY 灯亮，状态正常。 2)故障原因分析：3APA205SY 至 DCS 机柜 3KCP553AR 的信号通道 355313 的 A13、B13 接线端子中的 B13 端子接线存在虚接，导致主控 3APA003HXT 画面上 3APA205SY 灯不亮
相关知识	1)APA105SY/205SY/305SY 为主给水泵转速就地控制柜工作正常灯，当主给水泵转速就地控制机柜工作正常时灯亮； 2)主给水泵转速就地控制柜工作正常灯 APA105SY/205SY/305SY 灭的常见原因有：振动探头间隙电压异常；信号接线端子松动等
参考资料信息	维修二处仪控：EAM 中工单 00532904-01 的完工报告； WR/WOT：00224919/00532904-01(紧急工单)
编　　者	运行二处一值：谷铁 | 时间：2019 年 02 月 16 日

3.5.21　4APA205SY(给水泵 B 控制柜工作正常灯)灯灭

异常缺陷名称	4APA205SY(给水泵 B 控制柜工作正常灯)灯灭
发生时间	2018 年 01 月 06 日中班
机组状态	RP 模式，满功率，主给水泵 4APA202PO 处于运行
异常缺陷现象	主控巡盘发现 4APA205SY(给水泵 B 控制柜工作正常灯)灯灭，现场检查 4APA201AR 柜时，从窥视窗发现柜内的振动监测卡件 VM600 上的三个状态灯中的正常灯(OK)在闪烁，报警灯(A)和危险灯(D)处于正常灭状态。其中 VM600 的四个模块卡件上模块 3(RACK SLOT 3)上的通道 4(channel 4)灯也在闪烁，该灯对应仪表 4APA212MV(给水前置泵 B 传动端轴承 Y 振动表)，该表不参与自动保护逻辑，当前振动参数正常(约 12 μm，高报值 100 μm)，泵其他各项温度和振动参数正常
风险或潜在后果	影响主给水泵振动监测的可靠性

续　表

干预行动	已采取的行动措施： 1）主控 KIC 检查 4APA202PO 的各项温度和振动参数正常； 2）就地检查 4APA201AR 振动监测卡件 VM600 上的三个状态灯中的正常灯（OK）在闪烁，VM600 的四个模块卡件上模块 3（RACK SLOT 3）上的通道 4（channel 4）灯也在闪烁，该灯对应仪表 4APA212MV（给水前置泵 B 传动端轴承 Y 振动表），该表不参与自动保护逻辑； 3）oncall 反馈仪控检查处理，仪控反馈可能为探头间隙电压异常所致，当前不影响泵运行，待计划安排处理
原因分析	4APA212MV 探头间隙电压异常，未调整到运行要求的 9.6V，进行调整后恢复正常
消缺行动	仪控处理反馈： 1）处理措施：经使用信号发生器测量 4APA212MV 间隙电压值达到 17.5350V，调整 4APA212MV 探头的间隙电压接近 9.6V 后，确认 4APA201AR 机柜上 4APA212MV 信号灯不再闪烁，消除缺陷。 2）故障原因分析：4APA212MV 探头间隙电压异常，未调整到运行要求的 9.6V，进行调整后恢复正常
相关知识	1）APA105SY/205SY/305SY 为主给水泵转速就地控制柜工作正常灯，当主给水泵转速就地控制机柜工作正常时灯亮。 2）主给水泵转速就地控制柜工作正常灯 APA105SY/205SY/305SY 灭的常见原因有：振动探头间隙电压异常；信号接线端子松动等
参考资料信息	运行二处：4 号机异常反馈——4APA205SY（给水泵 B 控制柜工作正常灯）灯灭； 维修二处：EAM 中工单 00816807-02 的完工报告； WR/WOT：00331429/00816807-02（计划工单） 其他类似异常缺陷： 2018 年 01 月 12 日，4APA105SY 异常闪烁（00334318/00826468-01）； 故障原因分析：4APA105MV 间隙电压过大导致 4APA105SY 异常闪烁。 详情见完工报告：《FQ4-MA03-RCWO-00826468/01 维修一级：维修一级：4APA105MV 探头间隙电压调整》
编　　者	运行二处一值：谷铁　　　　时间：2019 年 02 月 16 日

3.5.22 2APA102PO 画面上的 2APA105SY 灯不亮

异常缺陷名称	2APA102PO 画面上的主给水泵 A 转速就地控制柜工作正常灯 2APA105SY 灯不亮	
发生时间	2017 年 11 月 06 日中班	
机组状态	RP 模式，电功率 273 MWe	
异常缺陷现象	2APA102PO 画面上的 2APA105SY（就地控制柜状态正常灯）灯不亮，现场检查就地控制箱有报警	
风险或潜在后果	影响主给水泵振动监测的可靠性	
干预行动	已采取的行动措施： 1）主控 KIC 检查 2APA102PO 的各项温度和振动参数正常； 2）安排现场检查 2AGM101AR 上故障报警情况，检查 2APA101AR 振动监测卡件 VM600 上的三个状态灯触发情况； 3）oncall 仪控检查处理	
原因分析	2APA106MV 传动轴振动，前置器与振动探头连接处松动	
消缺行动	仪控处理反馈： 1）检修过程： ①拆开 2APA106MV 检查前置器接线，发现前置器与振动探头连接处松动，紧固后 2APA105SY 显示已连接； ②依照控制柜接线图纸紧固 2APA102CR 端子盒里 2APA106MV 的信号线； 2）故障原因分析：2APA106MV 传动轴振动，前置器与振动探头连接处松动	
相关知识	1）APA105SY/205SY/305SY 为主给水泵转速就地控制机柜工作正常灯，当主给水泵转速就地控制机柜工作正常时灯亮。 2）主给水泵转速就地控制机柜工作正常灯 APA105SY/205SY/305SY 灭的常见原因有：振动探头间隙电压异常；信号接线端子松动等	
参考资料信息	维修一处仪控：FQ2-MA03-RCWO-00746041/01 2APA102PO 画面上的 2APA105SY 灯不亮（正常应点亮），现场检查就地控制箱有报警，需检查处理； WR/WOT：00307984/00746041-01（紧急工单）	
编　　者	运行二处一值：谷铁	时间：2019 年 02 月 16 日

3.5.23 4APA120VL 阀门全开时，开限位未触发

异常缺陷名称	4APA120VL 阀门全开时，开限位未触发
发生时间	2018 年 09 月 09 日早班
机组状态	机组大修，NS/RRA 模式，一回路压力：2.52 MPa.g
异常缺陷现象	4APA120VL 阀门全开时，开限位未触发
风险或潜在后果	导致 4APA102PO 无允许启动信号
干预行动	已采取的行动措施： 1)安排现场检查 4APA120VL 阀门现场实际开关情况和限位触发情况，及其阀门供气情况； 2)oncall 仪控检查处理
原因分析	对 4APA120VL 阀门限位开关(开限位)拐臂螺栓进行紧固后消除
消缺行动	仪控处理反馈： 1)检修过程与步骤： ①确认 4APA120VL 阀门处于全开位； ②检查 4APA120VL 阀门全开限位，全开限位功能正常； ③根据阀门实际开度调整阀门限位开关位置与阀门实际指示一致，并对 4APA120VL 阀门限位开关(开限位)拐臂螺栓进行紧固； ④联系主控运行人员操作 4APA120VL 阀门，验证开限位功能正常。 2)故障原因分析：对 4APA120VL 阀门限位开关(开限位)拐臂螺栓进行紧固
相关知识	1)再循环阀 4APA120VL 参与主给水泵 A 允许启动状态正常信号，若阀门未全开将可能导致主给水泵无启动允许。 2)给水泵允许启动状态正常[APA103KS(A 泵)或 203KS(B 泵)或 303KS(C 泵)亮]： ①给水泵最小流量隔离阀和再循环阀全开； ②给水前置泵进口阀全开； ③给水泵不反转(或 r 给水泵不在最小转速位置时，泵反转转速小于 200 r/min)。 3)4APA120VL 在给水泵转速<6 r/min 时，闭锁切置手动控制。4APA115VL 切手动控制不受该转速限制
参考资料信息	维修二处仪控：完工报告《FQ4-MA03-RCWO-01005539/01 4APA120VL 阀门全开时，开限位未触发》； WR/WOT：00438496/01005539-01(紧急工单)； 其他类似异常缺陷：

续 表

参考资料信息	1）2018 年 03 月 17 日，开工工单：1APA320VL 要求开度 100%，实际开度仅 96%，需要检查（WOT：00872740-01）。 故障原因分析：1APA320VL 阀门设备本体阀杆卡涩，造成指令与反惯不一致。 详情见完工报告：《FQ1-MA03-RCWO-00872740/011APA320VL 要求开度 100%，实际开度仅 96%，需要检查》。 2）2017 年 11 月 07 日，开工工单：2APA320VL 主控显示输出 25%，实际反馈值 103%，现场检查为全开状态，需检查处理（WR/WOT：307976/00746622-01）。 故障原因分析：2APA320VL 定位器及反馈装置故障。 详情见完工报告：《FQ2-MA03-RCWO-00746622/01 2APA320VL 主控显示输出 25%，实际反馈值 103%，现场检查为全开状态，需检查处理》	
编　　者	运行二处一值：谷铁	时间：2019 年 02 月 16 日

3.5.24 启动 1APA202PO 后，手动点击 1APA201KC 给主给水泵升速，但主给水泵转速不变

异常缺陷名称	启动 1APA202PO 后，手动点击 1APA201KC 给主给水泵升速，但主给水泵转速不变
发生时间	2018 年 03 月 11 日中班
机组状态	大修期间，NS/RRA 模式
异常缺陷现象	启动 1APA202PO 后，手动点击 1APA201KC 给主给水泵升速，但主给水泵转速不变
风险或潜在后果	无法给主给水泵 1APA202PO 升速，无法进行主给水泵再鉴定工作
干预行动	已采取的行动措施： 1）主控检查主给水泵 B 转速控制器 1APA002KU、1ARE002KU/002KC、1ARE410KC/410KU 状态设置情况，未见异常； 2）安排现场检查转速控制供电柜 1APA201AR 供电正常，检查转速控制柜 1AGM201AR 显示屏上故障信息； 3）关注主给水泵轴承振动和温度各项运行参数，及时停运主给水泵 1APA202PO，避免泵长时间低转速运行； 4）oncall 仪控检查处理

续 表

原因分析	1AGM201AR 机柜 X30 端子排 1 号端子松动
消缺行动	仪控处理反馈： 1）检修过程与步骤： ①检查 1APA002KU 在 KIC 打至 MANU，1AGM201PO 处于运行状态； ②将 C553UC：1APA_N7：202SY 强制为 0； ③将 C553UC：1APA_N7：201SY 强制为 1 后恢复，模拟 1APA201PO 升速信号，检查就地勺管开度无变化； ④将 C553UC：1APA_N7：202SY 强制为 1 后恢复，模拟 1APA201PO 降速信号，检查就地勺管开度无变化； ⑤检查 1AGM201AR 端子箱内接线，发现 1AGM201AR 机柜 X30 端子排 1 号端子松动，对端子进行重新紧固； ⑥将 C553UC：1APA_N7：202SY 强制为 0，将 C553UC：1APA_N7：201SY 强制为 1 后恢复，模拟 1APA201PO 升速信号，观察勺管动作正常； ⑦确认 C553UC：1APA_N7：202SY 及 C553UC：1APA_N7：201SY 恢复自动； ⑧联系运行继续进行 1APA201PO 再鉴定工作，1APA201PO 启动正常，勺管也动作正常。 2）故障原因分析：1AGM201AR 机柜 X30 端子排 1 号端子松动
相关知识	1）1AGM201AR 为主给水泵 B 的转速控制柜。 2）主给水泵转速控制相关故障时，勺管动作情况： ①勺管位置传感器 BALLUFF 供电回路掉电时，失电后勺管降至 0%，恢复供电后勺管将恢复到设定值； ②执行机构 VESH 失去 24 VDC，勺管位置下插至 0%； ③执行机构 VESH 失去转速设定值（4~20 mA，两线制）信号+端，勺管位置下插至 0%；失去转速设定值（4~20 mA）信号-端（GND，为公共端），勺管位置保持当前位置； ④勺管位置传感器 BALLUFF 失去位置反馈（4~20 mA，两线制）信号+端，勺管位置下插至 0%；失去位置反馈（4~20 mA）信号-端（GND，为公共端），勺管位置保持当前位置
参考资料信息	维修一处仪控：完工报告《FQ1-MA03-RCWO-00869273/01 启动 1APA202PO 后，手动点击 1APA201KC 给主泵升速，但主给水泵转速不变，需检查处理》； WR/WOT：00359309/00869273-01（紧急工单）
编　　者	运行二处一值：谷铁　　　时间：2019 年 02 月 16 日

3.5.25　1 号主控闪发 1APA607/608KA（给水泵 C 自由端轴承 *X* 向振动高/高高）

异常缺陷名称	1 号主控闪发 1APA607/608KA（给水泵 C 自由端轴承 *X* 向振动高/高高）	
发生时间	2017 年 11 月 19 日夜班	
机组状态	RP 模式，满功率	
异常缺陷现象	05:37:33，1 号主控闪发 1APA607/608KA（给水泵 C 自由端轴承 *X* 向振动高/高高）报警	
风险或潜在后果	1）若仪表无故障，给水泵真实振动高，可能导致泵轴承损坏； 2）若仪表故障，则影响给水泵 C 振动监测的可靠性	
干预行动	已采取的行动措施： 1）查看和执行报警卡，关注主给水泵 C 自由端轴承 *X* 向振动 1APA307MV 变化趋势； 2）主控查看给水泵 C 自由端轴承温度 1APA335MT 和自由端轴承 *Y* 向振动 1APA308MV，确认未见异常变化； 3）安排现场查看 1APA301AR 上的振动监测卡件 VM600 上三个状态灯触发情况，以及 1APA307MV 对应灯的触发情况； 4）oncall 仪控检查处理	
原因分析	前置器航空插头松动	
消缺行动	仪控处理反馈： 1）处理过程：打开 1APA307MV 对应的端子箱，检查接线无问题后恢复，打开探头盒子，发现 1APA307MV 通道故障报警，确认是前置器航空插头松动造成，重新对航空插头接线调整紧固后无报警。 2）故障原因分析：前置器航空插头松动	
相关知识	当 APA307MV≥100 μm 时，将触发给水泵 C 自由端轴承 *X* 向振动高报警； 当 APA307MV≥120 μm 时，将触发给水泵 C 自由端轴承 *X* 向振动高高报警	
参考资料信息	维修二处仪控：完工报告《FQ1-MA03-RCWO-00758570/01 1 号主控闪发 1APA607/608KA（给水泵 C 自由端轴承 *X* 向振动高/高高）》； WR/WOT：00312092/00758570-01（计划工单）	
编　　者	运行二处一值：谷铁	时间：2019 年 02 月 16 日

3.5.26 2APA220VL 主控显示故障大红色全开，就地检查阀门全开

异常缺陷名称	2APA220VL 主控显示故障大红色全开，就地检查阀门全开
发生时间	2017 年 11 月 12 日中班
机组状态	RP 模式，满功率，主给水泵 2APA202PO 运行
异常缺陷现象	20:20，主控触发 2APA004KA（给水泵 B 小流量调节阀 2 手动调节）报警，查看画面 2APA220VL 显示大红色全开状态，查看趋势 2APA220VL 开度反馈由 0%突增至 100%（需求开度为 0%），现场检查阀门状态为全开，且主控无法手动关小该阀门。 2APA201MD 由 3298 m^3/h 增加至 3759 m^3/h，2APA201MC 由 4360 r/min增加至 4657 r/min，电流由 829 A 增加至 938 A，蒸汽发生器液位未见明显异常波动。目前将 2APA212VL 关闭，2APA220VL 至手动
风险或潜在后果	导致再循环阀 2APA220VL 故障全开，引起主给水泵转速和流量增大，存在泵超流量的风险，影响 SG 给水安全，可能导致 SG 液位波动
干预行动	已采取的行动措施： 1）查看和执行报警卡，确认 2APA220VL 故障情况； 2）将 2APA212VL 关闭，将 2APA220VL 置于手动； 3）oncall 仪控检查处理
原因分析	定位器故障
消缺行动	仪控处理反馈： 1）工作过程： ①检查发现定位器故障，输出不稳定； ②阀门保温包裹过厚，定位器温度过高，影响定位器正常工作； ③检查定位器及反馈器接线； ④更换定位器，且做好特性检查； ⑤对保温进行拆装； ⑥配合厂家进行诊断，且调整好气压； ⑦联系运行人员验收，归还工作许可证。 2）故障原因分析：定位器故障
相关知识	1）再循环阀 APA220VL 参与主给水泵的允许启动正常信号，若再循环阀未全开将导致主给水泵无启动允许。 2）给水泵允许启动状态正常[APA103KS（A 泵）或 203KS（B 泵）或 303KS（C 泵）亮]：

续　表

相关知识	①给水泵最小流量隔离阀和再循环阀全开； ②给水前置泵进口阀全开； ③给水泵不反转（或给水泵不在最小转速位置时，泵反转转速小于 200 r/min）。 3）APA220VL 在给水泵转速<6 r/min 时，闭锁切置手动控制。APA215VL 切手动控制不受该转速限制	
参考资料信息	维修二处仪控：完工报告《FQ2-MA03-RCWO-00749231/01 2APA220VL 主控显示故障大红色全开，就地检查阀门全开》；WR/WOT：00310084/00749231-01（紧急工单）	
编　　者	运行二处一值：谷铁	时间：2019 年 02 月 16 日

3.5.27　2APA215VL 全开，但是主控显示半开半关

异常缺陷名称	2APA215VL 全开，但是主控显示半开半关
发生时间	2018 年 01 月 02 日早班
机组状态	机组大修，RCS 模式
异常缺陷现象	2APA215VL 全开，但是主控显示半开半关，将 2APA215VL 置手动
风险或潜在后果	2APA215VL 显示半开半关，使得 2APA203KS 灯灭，导致给水泵无启动允许
干预行动	已采取的行动措施： 1）安排现场检查阀门实际开度，现场实际全开，确认阀门限位触发情况； 2）检查阀门仪用压空供气情况，未见异常； 3）oncall 仪控检查处理
原因分析	2APA215VL 阀门开限位未触发
消缺行动	仪控处理反馈： 1）检修过程： ①对 2APA215VL 阀门开限位开关进行检查，发现开限位开关未触发； ②对 2APA215VL 阀门开限位开关调整为触发状态、主控显示正常。 2）故障原因分析：2APA215VL 阀门开限位未触发
相关知识	APA220VL 在给水泵转速<6 r/min 时，闭锁切置手动控制。APA215VL 切手动控制不受该转速限制

续 表

参考资料信息	维修二处仪控：完工报告《FQ2-MA03-RCWO-00813841/01 2APA215VL 阀门开限位不到，需检查》； WR/WOT：00329583/00813841-01(紧急工单)	
编　　者	运行二处一值：谷铁	时间：2019 年 02 月 16 日

3.5.28　2APA302PO 停运时触发泵反转信号

异常缺陷名称	2APA302PO 停运时触发泵反转信号
发生时间	2019 年 03 月 15 日中班
机组状态	RP 模式，满功率
异常缺陷现象	中班 2 号机按计划执行主给水泵切换操作，由 3 号泵切换至 2 号泵运行。在停运 2APA302PO 时主控触发 2APA303KA 给水泵 C 反转报警(2APA303KA)并联锁自动关闭泵出口阀 2APA313VL。主控查看 2APA302PO 转速先下降(停泵时)后上升(反转)最后下降至 0 (出口阀开始关闭后)，整个过程持续时间约 1.5 min。随后现场复位反转信号、主控重新打开出口阀，报警未再次触发
风险或潜在后果	1)反转信号出现将导致给水泵 C 无允许启动信号，影响主给水泵备用可靠性。无法实现备用启动功能。 2)泵反转可能对泵和电机产生不利影响
干预行动	已采取的行动措施： 1)立即查看和执行报警卡，按报警卡检查确认主给水泵出口阀 2APA313VL 已自动关闭，查看主给水泵 C 转速 2APA301MC 变化趋势，查看是否存在仪表故障情况； 2)主控加强关注主给水泵反转时轴承振动和轴承温度变化趋势； 3)立即检查 2AGM301PO 处于运行，确保反转时，润滑油供应正常； 4)调查趋势发现主给水泵 C 出口压力和中压管道压力未见明显上涨情况，安排现场检查中压管线安全阀 2APA331VV 未见动作，未见安全阀出口蒸汽跑出的情况； 5)检查除氧器压力和液位未见明显上升情况； 6)反转停止后，安排现场复位反转信号； 7)确认故障原因后，恢复开启出口阀 2APA313VL 开启，将 3 号泵置正常备用状态； 8)联系维修机械、设备管理分析主给水泵停运过程中泵是否真实反转、泵转速上升原因和出口逆止阀存在缺陷的可能性。

续　表

干预行动	建议后续行动： 维修机械、设备管理分析 3 号主给水泵停运期间真实反转的可能性、潜在影响，消缺和制定后续 APA 泵停运时防止泵反转的技术措施
原因分析	1）探头安装问题，反转信号为误触发，泵未发生真实反转，产生反转信号的原因为转速探头方向发生了反向。 2）在进行给水泵切换操作过程中，先将给水泵切换至手动控制模式，再将给水泵转速手动控制到最小转速位置（约 600～700 r/min，此时勺管位置已处于最小位置），最后在 KIC 手动断开泵电机电源。随后主给水泵和电机失去动力电源，进行自由惰转。在电机停运约 7 s 后主控出现了主给水泵反转信号，并伴随转速上升和泵出口电动截止阀保护关闭现象。在电机断电后，即使泵组失去动力，由于电机质量和转速均大于给水泵，液力耦合器已经保持在最小位置，正常惰转时电机带动主给水泵进行惰转，转速曲线呈现类似抛物线曲线。在转速为 170 r/min 左右产生了泵反转信号。反转信号触发导致勺管发生动作（当转速控制系统处于手动控制模式时，反转信号 C 触发会导致勺管动作到最大位置），导致处于更高速度惰转的电机带动给水泵转速上升
消缺行动	仪控处理反馈： 1）故障原因分析： ①探头安装问题，反转信号为误触发，泵未发生真实反转，产生反转信号的原因为转速探头方向发生了反向。 ②在进行给水泵切换操作过程中，先将给水泵切换至手动控制模式，再将给水泵转速手动控制到最小转速位置（600～700 r/min，此时勺管位置已处于最小位置），最后在 KIC 手动断开泵电机电源。随后主给水泵和电机失去动力电源，进行自由惰转。在电机停运约 7 s 后主控出现了主给水泵反转信号，并伴随转速上升和泵出口电动截止阀保护关闭现象。在电机断电后，即使泵组失去动力，由于电机质量和转速均大于给水泵，液力耦合器已经保持在最小位置，正常惰转时电机带动主给水泵进行惰转，转速曲线呈现类似抛物线曲线。在转速为 170 r/min 左右产生了泵反转信号。反转信号触发导致勺管发生动作（当转速控制系统处于手动控制模式时，反转信号 C 触发会导致勺管动作到最大位置），导致处于更高速度惰转的电机带动给水泵转速上升。而后电机惰转及反转信号消除，转速下降。

续　表

消缺行动	2）主要应对措施和建议： ①出现反转时可以采取关闭备用泵组的暖泵水阀门进行验证报警是否仍触发； ②在触发反转报警后，尽早安排就地手动复位报警
相关知识	反转转速探头的安装要求： 安装时需要保证： 1）探头的轴向方向同齿轮轴垂直； 2）保证探头表面同齿轮表面间隙在合适范围内； 3）保证方向标记点的方向正确； 4）保证探头上平面的方向同齿轮侧面平行。 若不满足上述要求可能导致的现象有： 1）安装间隙正常时，转速正常，反转信号不能触发，探头反转功能不能实现； 2）安装间隙正常时，转速正常，反转信号每次均触发； 3）若探头上平面的方向同齿轮侧面方向在相差 20 度附近时，探头会表现为偶发性出现转速反转信号。 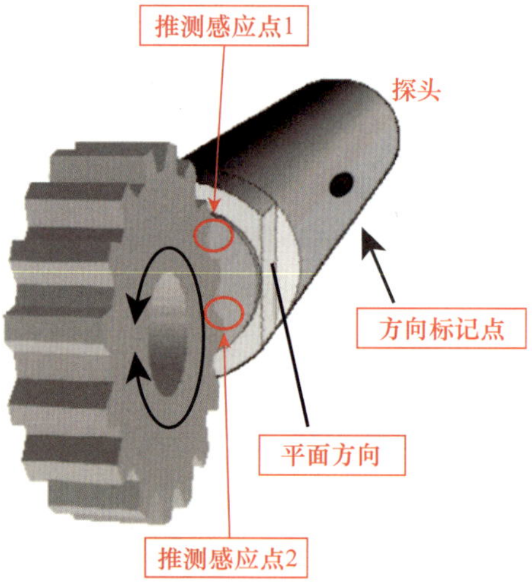 **图 1　反转转速探头安装要求示意图** 反转信号参与的控制逻辑： 1）润滑油泵联锁选择开关 501KC 选择在 interlock 位置 & 给水泵反转信号 AGM102SY，自动启动润滑油泵； 2）参与给水泵允许启动状态正常（APA103KS 或 203KS 或 303KS 亮）信号：给水泵最小流量隔离阀和再循环阀全开和给水前置泵进口阀全开及给水泵不反转（或给水泵 A 不在最小转速位置时，

续 表

相关知识	A 反转转速小于 200 r/min); 3)参与主给水泵出口阀自动关信号:①给水泵 A 停运;②给水泵 A 反转(AGM102SY);③给水泵 A 转速>200 r/min,即给水泵 A 停运后出现反转,且反转转速>200 r/min,则保护关给水泵 A 出口阀。 反转信号复位的方法: 1)通过按下 AGM101AR/201AR/301AR 上的 RESET 按钮 AGM101TO/201TO/301TO; 2)或是在 PV+600 主菜单画面时按下功能按键区的 F4 键; 3)或在 PV+600 报警清单画面时按下功能按键区的 F4 键复位报警,在报警清单画面下,F1 键可以确认选中的报警,F2 键可以确认所有报警	
参考资料信息	维修一处:《FQX-MA03-BG5-I19012 主给水泵反转及转速上升异常原因分析》; 设备管理处:《APA 压力级泵反转问题分析报告》; 运行一处:2 号机组异常反馈——2APA302PO 停运时触发泵反转信号; 其他类似异常缺陷: 2019 年 01 月 24 日,1 号机组降功率过程中 1APA102PO 也出现过反转报警,当时专业分析原因为机组负荷快速降低时,除氧器压力将随机组负荷的降低而快速下降,此时备用泵内部及进出口、暖泵管线内的介质仍然较高的温度,除氧器压力骤降时高温水闪蒸,体积急速膨胀,泵组内部介质冲向除氧器,出现瞬时反转,并非逆止阀内漏	
编　　者	运行二处一值:谷铁	时间:2019 年 09 月 17 日

3.5.29 1APA301MO 电机空冷器泄漏报警(1APA101KA 给水泵 A 电机冷却水泄漏)

异常缺陷名称	1APA301MO 电机空冷器泄漏报警(1APA101KA 给水泵 A 电机冷却水泄漏)
发生时间	2018 年 03 月 06 日中班
机组状态	机组大修,RCS 模式
异常缺陷现象	主控 KIC 中存在 1APA301KA 报警(给水泵 C 电机冷却水泄漏),同时 1APA301SN 灯亮

续 表

风险或潜在后果	导致主给水泵电机绝缘下降，可能导致电机故障损坏	
干预行动	已采取的行动措施： 1）立即查看和执行报警卡； 2）安排现场立即关闭阀门 1SRI122/151/152/121VN； 3）oncall 电气、机械专业处理	
原因分析	经检查空冷器模块无泄漏，判断为空冷器冷凝水引发泄漏报警	
消缺行动	机械处理反馈： 1）检修过程与步骤： ①仪控专业拆卸空冷器测温探头及检漏计探头，检查检漏管有少量水迹残留； ②拆除冷却器冷却水连接管； ③拆除冷却器与电机本体法兰连接螺栓； ④吊运冷却器到检修位置； ⑤用干净防火布对电机本体进行覆盖； ⑥对冷却器进行打压试验，压力为 0.8 MPa，保压时间 30 min，压力无变化，检查无漏点； ⑦将冷却器抽出一组进行冷却器内部检查，无异常，无漏点；清理内部灰尘，对检漏管进行烘干及清理； ⑧更换法兰密封垫子； ⑨冷却器回装，连接管回装； ⑩仪控人员回装仪控相关设备。 2）故障原因分析：经检查空冷器模块无泄漏，判断为空冷器冷凝水引发泄漏报警	
相关知识	APA 电机冷却水泄漏检测探头供电关系： 1LNE99142JA（1LNE900AR 中）——1APA101SN； 1LNE99143JA（1LNE900AR 中）——1APA201SN； 1LNE99144JA（1LNE900AR 中）——1APA301SN	
参考资料信息	维修一处电气：EAM 中 00867420-01 完工报告； WR/WOT：00357819/00867420-01（计划工单），1PW10989（1APA301MO 电机空冷器泄漏报警，需解体检修）	
编　　者	运行二处一值：谷铁	时间：2019 年 02 月 16 日

3.5.30　主控 KIC 触发 3APA519KA(给水泵 B 自由端轴向位移超限 1)报警

异常缺陷名称	主控 KIC 触发 3APA519KA(给水泵 B 自由端轴向位移超限 1)报警
发生时间	2017 年 02 月 06 日早班
机组状态	RP 模式，发电机已并网，并网后继续以 1 MW/min 速率提升功率至 836 MW
异常缺陷现象	10:26，主控出现 3APA519KA(给水泵 B 自由端轴向位移超限 1)，查看运行的主给水泵 B 的轴向位移 3APA201MM 达到 141 μm，但相应的前置泵推力轴承内侧温度 3APA211MT_1 正常(为 63.5 ℃)未见明显上升
风险或潜在后果	1)若探头无故障测量真实，则可能导致推力轴承损坏(轴承瓦块磨损等)、泵内部构件磨损或损害； 2)若探头故障，则影响给水泵 B 自由端轴向位移的监测的可靠性，无法准确监视和保护主给水泵
干预行动	已采取的行动措施： 1)立即查看和执行报警卡，查看 2APA201MM 变化趋势； 2)主控查看相应的前置泵推力轴承内侧温度 3APA211MT_1 趋势正常，未见明显上升； 3)安排现场人员检查主给水 B 泵泵组是否存在异音和异常振动，未见明显异常； 4)oncall 仪控检查确认故障情况，联系设备管理对主给水泵 B 进行评价。 建议后续行动： 1)设备管理评价可以保持主给水泵 B 运行，请仪控准备好工作方案，推动计划安排和开展消缺工作； 2)运行加强关注主给水泵 B 前置泵轴向位移和推力轴承温度的监视，做好配合维修消缺进行主给水泵切换停运主给水泵 B 的工作准备
原因分析	3APA201MM 探头零点偏移，需调整
消缺行动	仪控处理反馈： 1)检修过程： ①验证隔离边界，确认主给水泵 B 已停运断电； ②使用螺丝刀打开 3APA201MM 位移探头就地接线盒； ③由机械专业人员推轴到机械零位；

续 表

消缺行动	④使用劲仪测量 3APA201MM 调整前的输出电压为-9.809 8 V DC； ⑤使用劲仪测量 3APA201MM 电压并调整定位螺母位置，调整后电压为-9.5914V DC； ⑥使用螺丝刀回装 3APA201MM 位移探头就地接线盒； ⑦经确认 3APA201MM 主控和就地控制柜显示正常无报警； ⑧工作结束，清理现场。 2)故障原因分析：3APA201MM 探头零点偏移，需调整
相关知识	APA201MM 参与报警信号： 当轴向位移 APA201MM≥+130 μm 或≤-540 μm 时，触发给水前置泵 B 自由端轴向位移超限 1 报警。 APA201MM 参与 APA202PO 跳闸信号： 1)给水前置泵 B 轴向位移超限 APA201MM(>+260 μm)和给水前置泵 B 推力轴承内侧温度 APA211MT_1 高高(≥105 ℃)； 2)给水前置泵 B 轴向位移超限 APA201MM(<-670 μm)和给水前置泵 B 推力轴承外侧温度 APA210MT_1 高高(≥105 ℃)； 注：给水前置泵和压力级泵轴向位移往电机方向为“+”，往自由端方向为“-”，例如 APA201MM>+260 μm，代表给水前置泵 B 往电机方向轴向位移超限
参考资料信息	维修一处仪控：EAM 中工单 00074232-01 的完工报告； WR/WOT：00028655/00074232-01(计划工单)
编　　者	运行二处一值：谷铁　　　　时间：2019 年 02 月 16 日

3.5.31　3 号主控频发触发 3APA435KA 给水泵 A 阀门故障

异常缺陷名称	3 号主控频发触发 3APA435KA 给水泵 A 阀门故障
发生时间	2019 年 04 月 05 日早班
机组状态	RP 模式，电功率 836 MWe
异常缺陷现象	15:00 左右，3 号主控频繁闪发 3APA435KA(给水泵 A 阀门故障)报警，3APA100VL(主给水泵 A 入口电动阀)主控 KIC 中显示大红色，现场检查就地电动头上存在缺相报警(PHASE LOST，如图 1 所示)

续　表

异常缺陷现象	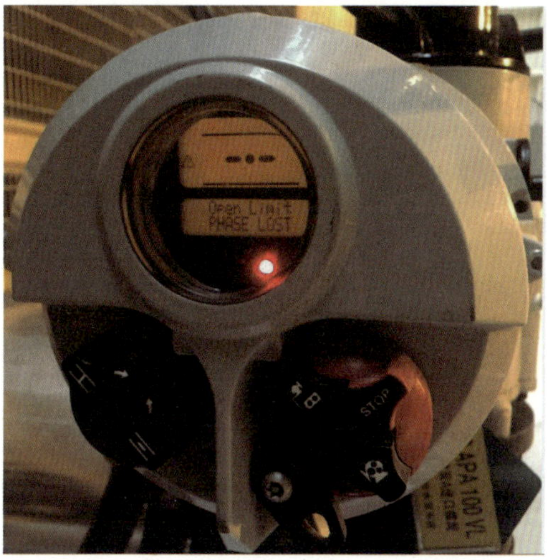 **图 1　3APA100VL 电动头缺相报警**
风险或潜在后果	1）若阀门关限位触发，会联锁泵保护停运； 2）若需要隔离 3APA100VL，会导致 3APA 系统主给水泵 A 不可用，按照规程需要降功率至 784 MW 运行，且可能会影响节后 3 号机组升功率； 3）为确保电动头不会因缺陷恶化后触发关限位导致主给水泵 A 故障跳闸，将 3APA100VL 断电，使得存在 3APA102PO 泵组出现破口跑水时，无法及时通过远程关闭 3APA100VL 隔离破口点的风险
干预行动	已采取的行动措施： 1）主控检查当前运行的主给水泵 A 泵流量无变化，保持在 2550 m^3/h 左右； 2）就地检查 3APA100VL 电动头显示缺相报警； 3）联系设备管理电气专业人员初步确认 3APA100VL 缺相不会导致阀门误动作； 4）主控做好对主给水泵 A 运行状态监视，做好切换到主给水泵 C 运行的准备； 5）oncall 维修电气专业检查 3APA100VL 故障原因
原因分析	1）电动头缺相报警原因为电动头控制接线盒内电源板损坏； 2）电动头异音故障原因为电动头电机转子非驱动端转子转轴和轴承磨损

续 表

消缺行动	电气处理反馈： 1）检查反馈： ①3APA100VL 阀门为开启状态，目前故障不会导致阀门非预期动作； ②配合运行将 3APA100VL 断电，确保电动头不会因缺陷恶化后触发关限位； ③编制缺陷处理方案； ④处理该缺陷时需动作电动头，需 1 号给水泵停运。经与值长及运工沟通，3APA100VL 缺陷当前不具备窗口处理，后续走日常计划等窗口处理。 2）检修过程： ①检查电动头电机盒，发现电机转子非驱动端转轴，轴承磨损； ②对转子转轴磨损部分进行修复，采用切除磨损部分，切除半径 2 mm，新增 2 mm 厚度轴套的方式进行修复，轴套外径与未磨损处外径保持一致，轴向 17.046 mm、径向 17.048 mm；轴套材质使用 45#碳钢； ③使用绝缘涂料对电机定子膛存在碰磨痕迹处进行刷涂，绝缘涂料型号：环氧粘接胶 ARALDITF AY205A 与瞬干胶 LOCTITE480 进行 10∶1 调和； ④更换 3APA100VL 电动头电机非驱动端轴承备件； ⑤测量电机三相直阻分别为 12.55 Ω，12.57 Ω，12.58 Ω，三相直阻误差 0.24%，小于 10%合格；电机对地绝缘 550 MΩ； ⑥对电动头送电，就地开关阀验证并对开阀及关阀启动电流进行录播，波形正常，开关阀电流均为 2.37 A，开关阀期间使用听音棒听音，异音消除，远方开关阀验证电动头运行正常； ⑦对电动头进行清洁，工作结束。 3）故障原因分析： ①电动头缺相报警原因为电动头控制接线盒内电源板损坏； ②电动头异音故障原因为电动头电机转子非驱动端转子转轴和轴承磨损
相关知识	3APA100VL 参与的 APA 控制逻辑：①3APA100VL 关信号触发 3APA102PO 跳闸；②3APA100VL 全开信号是主给水泵 A 允许启动信号之一
参考资料信息	运行二处：3 号机组异常反馈——3 号 APA 泵入口电动阀 3APA100VL 频繁触发故障报警； WR/WOT：00522538/01175206-01（处理 3APA100VL 电动头电机侧有异音，并存在电源缺相故障）
编　　者	运行二处一值：谷铁　｜　时间：2019 年 09 月 17 日

3.5.32　主控在关闭 2APA100VL 后，阀门显示大红色，就地查看电动头显示过扭矩

异常缺陷名称	主控在关闭 2APA100VL 后，阀门显示大红色，就地查看电动头显示过扭矩	
发生时间	2016 年 08 月 07 日夜班	
机组状态	RP 模式，电功率 888 MWe	
异常缺陷现象	主控在关闭 2APA100VL 后，阀门显示大红色，就地查看电动头显示过扭矩	
风险或潜在后果	影响电动阀门开关操作，可能导致电动阀门故障损坏	
干预行动	已采取的行动措施： 1）安排现场就地检查阀门电动头，发现存在过扭矩报警； 2）安排现场确认阀门限位触发情况，未见明显异常； 3）oncall 维修电气检查处理	
原因分析	电动头关限位偏差	
消缺行动	电气处理反馈： 1）检修步骤和过程： ①现场检查确认阀门已关到位； ②重新对电动头关限位进行设定后故障消除； ③运行人员确认故障消除。 2）故障原因分析：电动头关限位偏差	
相关知识	2APA100VL 参与的 APA 控制逻辑：①2APA100VL 关信号触发 2APA102PO 跳闸；②2APA100VL 全开信号是主给水泵 A 允许启动信号之一	
参考资料信息	维修一处电气：完工报告《FQ2-MA02-RCWO-00317560/01 主控再关闭 2APA100VL 后，阀门显示大红色，就地查看电动头显示过扭矩，需处理》； WR/WOT：00160662/00317560-01（紧急工单），工作许可证：2PI07170（2APA100VL 电动阀门出现过扭矩报警，需处理）	
编　　者	运行二处一值：谷铁	时间：2019 年 02 月 16 日

3.5.33 2APA100VL 主控开启时触发故障(大红色)，现场检查存在过力矩报警

异常缺陷名称	2APA100VL 主控开启时触发故障(大红色)，现场检查存在过力矩报警
发生时间	2015 年 09 月 13 日夜班
机组状态	NS/SG 模式，标准热停
异常缺陷现象	2APA100VL 主控开启时触发故障(大红色)，现场检查存在过力矩报警
风险或潜在后果	影响 2APA100VL 开关操作的可靠性
干预行动	已采取的行动措施： 1)安排现场就地检查阀门电动头，发现存在过扭矩报警； 2)安排现场确认阀门限位触发情况； 3)oncall 维修电气检查处理
原因分析	关行程偏差造成过力矩报警
消缺行动	电气处理反馈： 1)检修内容及步骤： ①现场检查 2APA100VL 阀位在 1%时出现关力矩报警； ②确认阀门已至全关位，重新设定电动头关限位后报警消除； ③对电动阀门进行开关操作，通知运行人员对阀门进行验证。 2)故障原因分析：关行程偏差造成过力矩报警
相关知识	2APA100VL 参与的 APA 控制逻辑：①2APA100VL 关信号触发 2APA102PO 跳闸；②2APA100VL 全开信号是主给水泵 A 允许启动信号之一
参考资料信息	维修一处电气：EAM 中工单 00141319-01 的完工报告； WR/WOT：00072298/00141319-01(紧急工单)
编　　者	运行二处一值：谷铁　　时间：2019 年 02 月 16 日

3.5.34　3APA100VL 主控画面显示大红色半开半关

异常缺陷名称	3APA100VL 主控画面显示大红色半开半关	
发生时间	2019 年 05 月 06 日中班	
机组状态	RP 模式，核功率：4.42%；热功率：118 MWt，机组调停未并网，主给水泵 A 停运	
异常缺陷现象	3APA100VL 阀门关闭后，3APA100VL 主控画面显示大红色半开半关	
风险或潜在后果	导致主控无法确认 3APA100VL 实际开关状态，影响 3APA100VL 开关操作的可靠性	
干预行动	已采取的行动措施： 1）安排现场就地检查阀门电动头； 2）安排现场确认阀门限位触发情况； 3）oncall 维修电气检查处理	
原因分析	3APA100VL 阀门关闭后关闭限位未触发	
消缺行动	电气处理反馈： 1）检修内容及步骤： ①就地合上电源开关后操作阀门发现阀门无法触发关限位； ②机械配合重新调整关限位； ③就地远方操作阀门正常无报警，工作结束。 2）故障原因分析：3APA100VL 阀门关闭后关闭限位未触发	
相关知识	3APA100VL 参与的 APA 控制逻辑：①3APA100VL 关信号触发 3APA102PO 跳闸；②3APA100VL 全开信号是主给水泵 A 允许启动信号之一	
参考资料信息	维修二处电气：EAM 中工单 01216838-01 的完工报告； WR/WOT：00546941/01216838-01（计划工单）	
编　　者	运行二处一值：谷铁	时间：2019 年 07 月 11 日

3.5.35 在 KIC 上关闭 3APA100VL 时，阀门呈洋红色，现场核实未达到全关限位

异常缺陷名称	在 KIC 上关闭 3APA100VL 时，阀门呈洋红色，现场核实未达到全关限位	
发生时间	2016 年 07 月 26 日中班	
机组状态	机组调试启动阶段	
异常缺陷现象	在 KIC 上关闭 3APA100VL 时，该阀呈洋红色，现场核实未达到全关限位，在就地操作关闭后，洋红消失	
风险或潜在后果	导致主控无法确认 3APA100VL 实际开关状态，影响 3APA100VL 开关操作的可靠性	
干预行动	已采取的行动措施： 1）安排现场就地检查阀门电动头； 2）安排现场确认阀门限位触发情况，安排就地操作关闭后，KIC 中洋红色显示消除； 3）提工作申请（WR）按计划处理	
原因分析	3APA100VL 关限位设置不准	
消缺行动	电气处理反馈： 1）检修内容及步骤： ①将 3APA100VL 电动阀置于就地状态，手动操作电动阀并检查； ②联系主控运行人员远控关闭 3APA100VL 电动阀，就地观察发现电动阀关到全关位后，由于关限位设置过紧，又反弹至 00% 位，导致主控显示洋红色报警； ③重新设置 3APA100VL 电动阀的关限位； ④再次联系运行人员远控操作 3APA100VL 电动阀后，全开全关均无洋红色报警出现； ⑤就地操作 3APA100VL 电动阀无异常。 2）故障原因分析：3APA100VL 关限位设置不准	
相关知识	3APA100VL 参与的 APA 控制逻辑：①3APA100VL 关信号触发 3APA102PO 跳闸；②3APA100VL 全开信号是主给水泵 A 允许启动信号之一	
参考资料信息	维修二处电气：完工报告《FQ3-MA02-RCWO-00313450/01 在 KIC 上关闭 3APA100VL 时呈现洋红色，现场核实未达到全关限位，需处理》； WR/WOT：00157164/00313450-01（计划工单）	
编　　者	运行二处一值：谷铁	时间：2019 年 02 月 16 日

3.5.36　3APA200VL 远程及就地操作无法触发关限位，主控显洋红色报警

异常缺陷名称	3APA200VL 远程及就地操作无法触发关限位，主控显洋红色报警，就地手轮操作可以触发关限位并消除报警
发生时间	2017 年 01 月 23 日早班
机组状态	RP 模式，发电机未并网
异常缺陷现象	3APA200VL 远程及就地操作无法触发关限位，主控显洋红色报警，就地手轮操作可以触发关限位并消除报警
风险或潜在后果	导致主控无法确认 3APA200VL 实际开关状态，影响 3APA200VL 开关操作的可靠性
干预行动	已采取的行动措施： 1)安排现场就地检查阀门电动头； 2)安排就地手轮操作，可以触发关限位并消除报警； 3)提工作申请(WR)按计划处理
原因分析	3APA200VL 电动阀关限位设置不准确
消缺行动	电气处理反馈： 1)检修过程： ①开工前验明设备无电压； ②送上 3APA200VL 电源开关； ③就地操作关闭 3APA200VL，发现关限位没有触发； ④将手轮逆时针摇半圈，重新设定关限位； ⑤就地、远控分别开关 3APA200VL，确认就地开关限位正常，主控显示正常无报警。 2)故障原因分析：3APA200VL 电动阀关限位设置不准确
相关知识	3APA200VL 参与的 APA 控制逻辑： 1)3APA200VL 关信号触发 3APA202PO 跳闸； 2)3APA200VL 全开信号是主给水泵 B 允许启动信号之一
参考资料信息	维修二处电气：完工报告《FQ3-MA02-RCWO-00496748/01 维修一级：3APA200VL 远程及就地操作无法触发关限位，主控显洋红色报警》； WR/WOT：00208661/00496748-01(计划工单)。 其他类似异常缺陷： 2019 年 03 月 07 日紧急工单“4APA200VL 阀门主控关闭后显示洋红色，机械就地检查反馈关限位未触发，需调整(WOT：01163760-01)”

续 表

参考资料信息	故障原因：4APA200VL 阀门未触发限位，机械配合调整限位； 详情请见 EAM 中工单 01163760-01 的完工报告	
编　　者	运行二处一值：谷铁	时间：2019 年 02 月 16 日

3.5.37　主控 3APA300VL 显示为洋红色，现场电动头显示屏显示有报警

异常缺陷名称	主控 3APA300VL 显示为洋红色，现场电动头显示屏显示有报警	
发生时间	2016 年 07 月 15 日夜班	
机组状态	3 号机组调试启动阶段	
异常缺陷现象	主控 3APA300VL 显示为洋红色，现场电动头显示屏显示有报警，“STOPPED POS. SENSOR FAIL”，开度显示为 96%	
风险或潜在后果	影响 3APA300VL 开关操作的可靠性	
干预行动	已采取的行动措施： 1)安排现场就地检查阀门电动头，确认电动头显示屏有报警“STOPPED POS. SENSOR FAIL”，开度显示为 96%； 2)提工作申请(WR)按计划处理	
原因分析	就地开关反馈丢失	
消缺行动	电气处理反馈： 1)检修过程： ①将 3APA300VL 电动头上游电源送上，电动头上显示屏显示 96%开度； ②就地操作 3APA300VL 阀门，就地开关操作未到实际位置； ③就地 3APA300VL 阀门反馈丢失，开关反馈重新调试，就地/远控操作正常。 2)故障原因分析：3APA300VL 显示洋红色，就地开关反馈丢失	
相关知识	3APA300VL 参与的 APA 控制逻辑： 1)3APA300VL 关信号触发 3APA302PO 跳闸； 2)3APA300VL 全开信号是主给水泵 C 允许启动信号之一	
参考资料信息	维修二处电气：完工报告《FQ3-MA02-RCWO-00307823/01 主控 3APA300VL 显示洋红色，电动头就地有报警，开度显示为 96%，需处理》； WR/WOT：00152359/00307823-01(计划工单)	
编　　者	运行二处一值：谷铁	时间：2019 年 02 月 16 日

3.5.38　主控闪发主给水泵 C 入口电动阀门 3APA300VL 闪发故障

异常缺陷名称	主控闪发主给水泵 C 入口电动阀门 3APA300VL 闪发故障
发生时间	2019 年 07 月 09 日早班
机组状态	RP 模式，电功率 1070 MWe。3APA102PO、3APA302PO 在运行，3APA202PO 在备用
异常缺陷现象	13:43 主控闪发 3APA635KA(给水泵 C 阀门故障)，持续 6 s，经查看趋势确认是 3APA300VL(3 号主给水泵入口电动隔离阀)闪发故障，现场查看阀门未见异常。 注：4 号机组 4APA200VL 于当天也闪发了阀门故障缺陷
风险或潜在后果	1)若阀门关限位触发，会联锁泵保护停运； 2)若处理 3APA300VL 需要隔离 3APA302PO，则按照规程需要降功率至 784 MW 运行，影响后续 3 号机组升功率
干预行动	已采取的行动措施： 1)立即查看当前运行泵 3APA302PO 流量无变化，保持在 3370 m^3/h 左右，SG 液位正常； 2)派人员就地查看，由于是闪发，就地未见异常； 3)oncall 维修电气专业检查 3APA300VL 故障原因
原因分析	经查看电动头 DCS 后台监测阀位历史趋势，在闪发报警期间电动头阀位反馈由开限位转到 FAULT，报警消失后又转为开限位，分析为由于振动导致电动头开限位反馈回路的插件或接线接触不良，从而导致开限位短时消失，电动头出现短时故障报警
消缺行动	电气处理反馈： 1)故障现象：3APA300VL 闪发故障，持续时间 6 s，接到 oncall 就地查看电动头无异常，目前持续观察 5 h 电动头运行正常； 2)故障原因分析：经查看电动头 DCS 后台监测阀位历史趋势，在闪发报警期间电动头阀位反馈由开限位转到 FAULT，报警消失后又转为开限位，分析为由于振动导致电动头开限位反馈回路的插件或接线接触不良，从而导致开限位短时消失，电动头出现短时故障报警； 3)已采取措施： ①对 3APA300VL 电动头测量振动，垂直方向最大振动加速度值 1.6g，水平方向最大振动加速度值 1.4g，超过电动头运行振动要求(电动头运行振动标准为 1g)；

续　表

消缺行动	②就地持续观察电动头，截至目前持续观察 6 h，电动头运行无异常； 4）设备可用性评价： ①从运行逻辑上分析，远控自动运行工况下，3APA302PO 电动给水泵 C 运行时，3APA300VL 阀门“允许关”闭锁无法触发，即 3APA302PO 运行时，远控无法自动关闭 3APA300VL； ②从电动头本体分析，开关阀控制与反馈回路均互相独立，连锁跳泵信号取自全关反馈回路，全关反馈有独立的继电器触发，继电器得电才会触发关限位，电动头振动、失电、插件接触不良均不会导致关限位触发； 综上所述，当前电动头处于正常运行状态，报警出现期间会影响 3APA300VL 电动头电动操作，但不影响阀门保持开启状态，不影响主给水泵相关运行功能； 5）后续行动： ①编制电动头在线处理工作方案，若电动头出现持续报警，则对其在线进行处理； ②核实领用电动头备件，利用备件进行模拟分析，尝试重现故障，查找故障根本原因； ③研究调取 3APA300VL 电动头故障历史数据记录可行性； ④调研对电动头内板卡插接件紧固的良好实践； ⑤研究电动头控制单元与本体分离的可行性。 维修二处组织维修机电仪、运行、设备管理召开 3APA300VL/4APA200VL 闪发报警故障处理讨论会，制定以下处理措施； ①评估“实施 TCA-对 3/4APA100VL/200VL/300VL 电动头在 DCS 强制闭锁关限位信号为 0”的必要性； ②对于电动头振动高问题，采取缓解措施，在 402/303 大修期间对 3/4APA100VL/200VL/300VL 安装方向由水平调整为竖直安装； ③核实 3/4APA100VL/200VL/300VL 电动头增加抗震支架或增加质量块降低不平衡度可行性，并提出相关变更； ④核实确定对电动头内板卡及插件紧固措施，并在 402/303 大修期间实施； 6）后续处理计划： ①完成 3APA300VL/4APA200VL 故障处理工作方案编制； ②跟踪 1/2 号机组 APA 电动头变更为分体式电动头进展，对电动头变更为分体式做前置性研究

续　表

相关知识	1) 3APA300VL 参与的 APA 控制逻辑：3APA300VL 关信号触发 3APA302PO 跳闸；3APA300VL 全开信号是主给水泵 C 允许启动信号之一。 2) 针对 3、4 号机组多次出现开限位丢失故障。经研究发现，ROTORK 电动执行机构开限位由电动头内部继电器 S2 实现反馈，S2 继电器为常开触点，当阀门全开时，S2 继电器线圈得电，触点吸合。经检测，APA 系统电动执行机构最高振动可到 5.5g，远高于电动执行机构 1g 的振动标准，高频小幅振动导致 S2 继电器闭合触点跳动，产生开限位丢失信号的故障。针对限位丢失的现象，对 3、4 号机组 APA100VL、APA200VL、APA300VL 电动执行机构的开限位反馈继电器 S2 与备用继电器 S3 进行并联。从而屏蔽单一继电器偶发性开限位丢失故障，提高 3、4 号机组 APA100VL、APA200VL、APA300VL 电动执行机构可靠性	
参考资料信息	运行二处：3 号机组异常反馈——主控闪发给水泵 C 阀门故障； 维修二处：3APA300VL(3 号主给水泵入口电动隔离阀)闪发故障缺陷反馈； 维修二处：《3、4 号机组 APA100VL 200VL 300VL 板卡反馈逻辑优化变更施工方案》； WR/WOT：00581824/01278667-01(计划工单)	
编　　者	运行二处一值：谷铁	时间：2020 年 03 月 19 日

3.5.39　APA 系统设备异常缺陷处理总结

(1) APA 系统异常处理思路

①漏水漏汽的异常缺陷

如果温度高，产生大量蒸汽。

a. 需要注意采取措施对泄漏的蒸汽的冷却，避免触发消防探头动作，常规岛两个消防探头触发报警，将导致 3DVE 和 4DVE 系统的阀门联动，存在导致产生非预期第二组 IO 的风。

b. 需要确保 APA 泵组区域的雨淋阀处于手动状态，避免消防探头触发雨淋阀联动，导致 APA 泵组被雨淋阀误喷淋。

c. 需要关注泄漏高温蒸汽或是水的去向，采取措施避免高温蒸汽或是水直接喷到泵组设备或是仪表上，引起设备仪表损坏或是误动作，喷到电气设备上时，需要关注对电气设备的绝缘进行检查评价。

d. 关注 SEK 坑液位，泄漏持续时间或是量大时，需要关注 8/9SEL 水箱的液位。

e. 分析泄漏点对主给水泵运行的影响，必要时联系设备工程师和维修专业评价主给水的可用性。

若泄漏点影响主给水泵的正常运行，必要时进行设备切换（如主给水泵的切换，如果密封冷却环路的泄漏，必要时切换密封冷却环路过滤器），或采取其他缓解措施；

若泄漏点影响主给水泵的备用自启功能（影响如下逻辑涉及的设备的可用性），根据机组状态要求进行修复，恢复泵的备用自启动功能。

APA 泵允许启动（STANDBY）逻辑（条件）：

（i）给水泵启动状态正常[APA103KS（A 泵）或 203KS（B 泵）或 303KS（C 泵）亮]：

给水泵最小流量隔离阀和再循环阀全开；

给水前置泵进口阀全开；

给水泵不反转（或给水泵不在最小转速位置时，泵反转转速小于 200 r/min）；

（ii）给水泵出口阀全开；

（iii）给水泵转速自动控制；

（iv）给水泵润滑油压>0.17 MPa。

f. 当因泄漏或是采取隔离措施，导致主给水泵不可用时，需要参考《FQX/Y-APA-I-001 机组处于 50%~100%功率运行时一台主给水泵故障规程》进行机组状态控制。

②振动监测报警和异常

a. 主控出现振动监测相关的报警时，查看相应的报警卡，按报警卡进行检查和处理响应；

b. 按报警卡对应查看 KIC 画面中相应的仪表，调曲线观察变化趋势，并对比同一位置处其他温度和振动探头进行对比判断振动的真实性；

c. 现场检查对应轴承位置处的振动和异音情况；

d. 现场检查查看 APA101AR/201AR/301AR 振动监测卡件 VM600 上报警灯的显示情况，方法如下“相关知识”中所述；

e. 联系机械/电气（电机振动）以及性能测振人员进行检查处理。

③主给水泵转速控制异常

a. 如果给水泵转速存在周期性的振荡：

可能原因及措施：

（i）油产生泡沫（油箱中的油温<40 ℃，因此放气阀特性不良）

措施：将油箱中的油加热到>40 ℃。为此，调低润滑油冷却器的冷却水阀的冷却水流量。

（ii）工作油泵压力波动

· 油箱中的油温<40 ℃，因此放气阀特性不良，引起泵运行时压力波动

措施：将油箱中的油加热到>40 ℃。为此，调低润滑油冷却器的冷却水阀的冷却水流量。

· 油位太低

措施：检查油位，充油到在最大最小标记之间，检查易熔塞。

· 油产生泡沫（油温太低；油中含水；排气性能不良；不好的油质）

措施：检查油是否有杂质，滤油，检查油气分离器是否堵塞，如果需要更换油。

· 工作油泵压力<1.5 bar

措施：检查在压力检测点的工作油泵的压力。

· 工作油流量太低

措施：调整增加油流量控制阀的工作流量。

· 积聚在工作油冷却器中的空气周期性地进入到耦合器

措施：检查冷却器的排气(工作油冷却器在外壳的三个点处进行连续排气)。

· 主给水泵再循环调阀频繁开关动作

当主给水泵再循环阀频繁开关动作时，将引起主给水泵出口压力及主给水集管压力 ARE201MP 频繁波动，也将导致水汽压差实测值频繁波动，导致水汽压差实测值和定值间的偏差存在波动将引起给水泵转速存在振荡波动。

措施：

检查控制再循环调阀动作相应的主给水泵流量表 APA101MD/102MD 或 201MD/202MD 或 301MD/302MD 是否存在流量表异常波动的情况，比较同一个泵的两个流量表的差别以及同为运行泵的流量表的差别，判断确认存在异常的流量表，必要时将再循环调阀切手动控制。

检查水汽母管压差 ARE001MP、002MP、003MP 三者是否存在不一致，是否存在波动。必要时手动控制主给水泵转速来控制 SG 水位。

b. 给水泵输出速度不受控制

可能原因及措施：

(i)定位控制设备的主控制回路出现问题

措施：检查定位控制设备和控制回路(电气连接)。

(ii)控制油压太低

措施：重新调整控制油压，在这种情况下如果需要也可调整润滑油压力和重新调节。

(iii)勺管执行器出现问题

措施：检查勺管是否容易移动。

c. 电机正常启动后主给水泵不能正常启动

可能原因及措施：

(i)勺管处在 0 位置

措施：

在 100%方向上移动勺管

· 检查勺管执行器的电源；

· 检查驱动信号；

· 故障检修。

(ii)工作油泵不传送油

a. 在油箱中的油温<+15 ℃或油粘度<250 mm^2/s

措施：将油加热到>+15 ℃，可以依靠润滑油泵运行。关闭润滑油冷却器上的冷却水源。

b. 油位太低

措施：检查油位，充油到在最大最小标记之间，检查易熔塞。

c. 油产生泡沫(油温太低；油中含水；排气性能不良；不好的油质)

措施：检查油是否有杂质，滤油，检查油气分离器是否堵塞，如果需要更换油。

d. 工作油泵压力<1.0 bar

措施：检查在压力检测点的工作油泵的压力。

e. 工作油流量太低

措施：调整增加油流量控制阀的工作流量。

(iii)启动力矩太高(高电机电流消耗)，给水泵被阻塞

措施：检查被驱动机是否平稳运行，检查易熔塞。

④主给水泵故障跳闸原因

针对主给水泵跳闸原因，可以通过 APA 系统设计的“首出跳闸逻辑”模块的记录来查找和进行分析：

a. 跳闸首出逻辑信号的作用

为保护重要设备，APA 泵设置有多个跳闸保护信号，当其中第一个出现的保护信号称为跳闸首出信号，首出信号出现后会被系统记录下来并屏蔽其他再进来的信号。

b. 跳闸首出逻辑信号相关的报警灯、复位按钮、信号显示单元

APA 的 KIC 画面中 APA001HXT、APA003HXT、APA005HXT 中设置有跳闸首出跳闸逻辑相关的：

(i)KS 灯(APA110KS/APA210KS/APA310KS)；

(ii)信号记录显示单元(APA110PN/APA210PN/APA310PN)；

(iii)复位按钮(APA102KC/APA202KC/APA302KC)；

APA007HXT 中也设置有三个泵的跳闸首出逻辑复位按钮以及信号记录显示单元，以及参数信号对照列表。

c. 跳闸首出逻辑信号说明

分析 APA 逻辑图中可以看出，给水泵跳闸首出逻辑信号出现时会在 KIC 中出现 KS 灯亮(变红，A 泵对应 APA110KS，B 泵对应 APA210KS，C 泵对应 APA310KS)，跳闸首出信号对应的参数将在 PN(A 泵对应 APA110PN，B 泵对应 APA210PN，C 泵对应 APA310PN)中显示，通过 APA007HXT 中参数信号对照列表可以方便查询主给水泵跳闸的原因，由于主给水泵有些跳闸信号已取消，故对参数信号对照列表进行精简如下：

APA110/210/310PN 显示的参数值	对应的主给水泵跳闸首出信号
14	给水泵电机 U 相线圈温度高高(2 取 2)
16	给水泵电机 V 相线圈温度高高(2 取 2)
18	给水泵电机 W 相线圈温度高高(2 取 2)

续 表

APA110/210/310PN 显示的参数值	对应的主给水泵跳闸首出信号
39	给水前置泵轴向位移超限(>+260 μm)和给水前置泵推力轴承内侧温度-1 高高 或 给水前置泵 A 轴向位移超限(<-670 μm)和给水前置泵 A 推力轴承外侧温度-1 高高
40	给水泵 A 轴向位移超限(>+260 μm)和给水泵 A 推力轴承内侧温度-1 高高 或 给水泵 A 轴向位移超限(<-670 μm)和给水泵 A 推力轴承外侧温度-1 高高
41	给水泵润滑油压力低低(3 取 2<0. 08 MPa)
42	除氧器水位低低(ADG001MN、002MN、003MN，3 取 2<-850 mm)
43	给水泵运行且转速大于 3950 r/min，延迟 20 s，给水泵出口压力低与 4. 5 MPa. g
44	给水泵 MCC 故障
45	给水前置泵进口阀全关

d. 复位跳闸首出逻辑信号的必要性

当 APA 泵因为故障或隔离检修产生跳闸首出信号时，相应的跳闸首出信号灯(APA110KS/210KS/310KS)会亮，跳闸首出信号对应的参数将在 PN 显示并纪录保持住。例如：主给水泵停运时，AGM 电动泵隔离检修将导致产生主给水泵跳闸首出逻辑 41：给水泵润滑油压力低低(3 取 2<0. 08 MPa)。对应的 APA110KS/210KS/310KS 会亮，对应的 APA110PN/210PN/310PN 中将显示值为 41，代表跳闸首出信号为给水泵润滑油压力低低(3 取 2<0. 08 MPa)导致给水泵跳闸。当主给水泵断电隔离时，将产生主给水泵跳闸首出逻辑 44：给水泵 MCC 故障。

但主给水泵故障消除或隔离解除后，重新启动主给水泵前，需要通过首出逻辑复位按钮 APA102KC/APA202KC/APA302KC 来复位跳闸首出逻辑信号，否则后续主给水泵因为故障跳闸时，不便于查明主给水泵跳闸的故障原因。

(2)异常缺陷处理重要参考资料信息

《FQY-5TQ-RCJC-19101_电动主给水泵油系统(AGM)培训教材》《FQ3-APA-I-001 机组处于 50%-100%功率运行时一台主给水泵故障规程》。

3.6 高压给水加热系统(AHP)

3.6.1 2AHP507VV 主控显示大红色，同时主控触发 2AHP109KA(AHP 系统抽汽疏水阀故障)报警

异常缺陷名称	2AHP507VV 主控显示大红色，同时主控触发 2AHP109KA(AHP 系统抽汽疏水阀故障)报警
发生时间	2016 年 05 月 15 日夜班
机组状态	RP 模式，满功率
异常缺陷现象	2AHP507VV 主控显示大红色，同时主控触发 2AHP109KA(AHP 系统抽汽疏水阀故障)报警，现场核实 2AHP507VV 卡涩，阀门就地可以手动全关，开启最多只能到 40%左右
风险或潜在后果	降低了 6A 高加抽汽管线疏水的可靠性
干预行动	已采取的行动措施： 1)查看和执行报警卡，检查发现 2AHP507VV 显示大红色； 2)安排就地核实发现 2AHP507VV 卡涩，阀门就地可以手动全关，开启最多只能到 40%左右； 3)oncall 维修机械检查处理
原因分析	2AHP507VV 阀门气动执行机构膜片破裂
消缺行动	机械处理反馈： 1)故障描述：2AHP507VV 阀门就地可全关，但气动操作阀门只能到 40%开度。 2)原因分析：气动执行机构膜片破裂。 3)检查内容：核实阀门可以全开，但无法全关，初步判断气动执行机构膜片破裂。 4)工作过程： ①主控召开工前会后现场实施隔离； ②气动头各个部位做好记号，转动手轮释放弹簧紧力； ③拆卸气动头气源管线并安放牢固； ④拆卸阀杆联轴器螺栓并取下联轴器上半部分； ⑤松开气动头上下气缸之间锁紧螺栓，留四条长螺栓慢慢松开全部释放弹簧紧力； ⑥取下膜片及膜片托盘，检查为膜片损坏； ⑦使用钢丝刷对膜片托盘进行打磨抛光；

续　表

消缺行动	⑧清洁度检查，回装膜片托盘并在托盘周围涂抹凡士林，安装膜片(PB700BADHACFOR SIZE 2＊2)； ⑨回装上气缸并均匀紧固气缸中间锁紧螺栓，最终力矩：30 N·m； ⑩回装阀杆联轴器并在螺栓处涂抹螺纹锁紧胶； ⑪回装气缸供气管线，调整阀门开关位置； ⑫联系主控办理临时摘牌对阀门进行供气； ⑬由主控将阀门从手动状态切换至自动状态； ⑭现场观察阀门开关正常	
相关知识	AHP507VV(6A 高加进汽阀后疏水阀)的控制逻辑： 1)自动开启：疏水袋液位高 AHP101SN 触发。 2)保护开启：疏水袋液位高高 AHP102SN 触发。 3)自动关闭：自动开启信号消失后 2 s	
参考资料信息	维修一处：EAM 中工单 00279492-01 的完工报告、维修日报(2016 年 05 月 16 日)； WR/WOT：00131690/00279492-01(计划工单)	
编　　者	运行二处一值：姚嘉俊	时间：2019 年 01 月 10 日

3.6.2　2AHP119VL 开度异常增大

异常缺陷名称	2AHP119VL 开度异常增大
发生时间	2016 年 12 月 10 日
机组状态	RP 模式，满功率
异常缺陷现象	2AHP119VL 开度在 KIC 上反馈已达 83%开度，现场也达到 83%开度，而且阀门振动较大，已联系性能测振，振动偏大但不影响正常运行，需要、密切关注。中班接班后 2AHP119VL 阀门仍然在缓慢开大，并最终开到 100%开度
风险或潜在后果	1)管线振动大可能导致阀门损坏或者管线断裂； 2)高加达到高 3 液位降导致高加解列，影响机组热效率，导致反应堆热功率超限
干预行动	已采取的行动措施： 1)主控室操纵员将 2AHP119VL 和 2AHP120VL 打手动，稳定液位； 2)联系仪控、机械专业进行现场检查

续　表

<table>
<tr><td>原因分析</td><td>1）当班值通过对比 1、2、3 号机组各项参数，只是 2AHP119VL 开度达到了 100%，其余机组在 40%左右。另 3 台机组的 7A、7B 进气温度相当，约 226 ℃，但疏水温度：1 号机组和 3 号机组 AHP010KT（7A 疏水温度）、AHP012KT（7B 疏水温度）在 208 ℃，而 2 号机组都在 225 ℃。
2）初步判断因 7A、7B 实际液位过低，导致部分蒸汽进入疏冷段，疏水管道水中带汽。因此阀门开大时，只是增加了部分蒸汽流量，因此对实际输水量影响较小。也正因为水中带汽，导致疏水管道振动较大
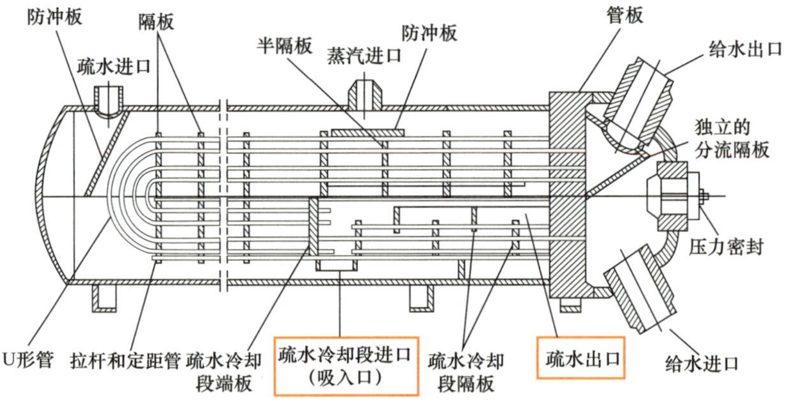

图 1　高压加热器结构示意图</td></tr>
<tr><td>消缺行动</td><td>仪控处理反馈：
由于高加疏冷段进汽，会对高加的设备结构产生冲击，而且会降低机组的热效率，主控决定继续进行 7A 高加液位计的参数修正，即继续实施抬高 6、7 号高加液位的 TCA。
1）主控室操纵员将 2AHP119VL 和 2AHP120VL 打手动，稳定液位后，仪控人员将 7A 高加液位高三解列的信号强制为 0；
2）现场操作员密切监视 7A 就地液位计，当发生大幅变化时，通知主控调节；
3）仪控人员分别对 2AHP007、008、009MN 参数进行修改，修改后 2AHP007、008、009MN 液位从原来的 0 mm 变为 −100 mm 左右；
4）操纵员手动调节 2AHP119VL 的开度，将高加液位调至 0 mm 左右后，将 2AHP119VL、2AHP120VL 置自动；
5）仪控人员取消 7A 高加液位高三解列的信号强制</td></tr>
</table>

续 表

<table>
<tr><td>相关知识</td><td colspan="2">1)AHP119VL(7A 高加正常疏水阀)由 7A 高加液位中值控制。
2)6A 高加液位 H3>138 mm，关闭 7A 高加正常疏水阀，控制切手动，7A 高加危急疏水阀取消偏置。
3)7A 高加 3 个液位计故障，正常疏水阀控制切手动。
AHP120VL(7A 高加危急疏水阀)正常由 7A 高加液位中值减去偏置控制，6A 高加液位 H3>138 mm，取消偏置控制。
4)7A 高加液位 H2>88 mm，全开危急疏水阀，控制切手动。
5)7A 高加 3 个液位计故障，正常疏水阀控制切手动</td></tr>
<tr><td>参考资料信息</td><td colspan="2">运行一处：《运行一处内部经验反馈——2AHP119VL 开度异常增大处理过程》；
WR/WOT：00865001-01</td></tr>
<tr><td>编　　者</td><td>运行二处一值：姚嘉俊</td><td>时间：2019 年 01 月 10 日</td></tr>
</table>

3.7 启动给水系统(APD)

3.7.1 启动给水泵3APD001PO后发现泵非驱动端有异音

异常缺陷名称	启动给水泵3APD001PO后发现泵非驱动端有异音
发生时间	2016年04月16日中班
机组状态	机组调试启动阶段，MCS模式
异常缺陷现象	3D28B-60启动3APD001PO时，启泵后约20 min，现场电机非驱动端有异音
风险或潜在后果	可能导致泵轴承损坏
干预行动	已采取的行动措施： 1)主控加强关注启动给水泵的驱动端轴承温度(3APD001KT)和非驱动端轴承温度(3APD002KT)变化趋势情况，未见明显异常上升，安排人员检查泵振动情况； 2)根据机械和调试系统负责人评估，停运启动给水泵3APD001PO； 3)安排化学取样启动给水泵润滑油油样，确认油质较差，需要换油
原因分析	非驱端轴承箱内部润滑油比较脏
消缺行动	机械处理反馈： 1)检查结果(解体非驱动端轴承检查发现)： ①非驱动端轴承室内部油质较差(呈深黑色)，并伴有少量金属细粉末； ②非驱动端轴承套筒存在局部的过度挤压凹槽。 2)处理结果进展：完成非驱动端轴承室清洗，轴承、轴承室更换，经再鉴定合格。 3)工作过程： ①联系仪控人员拆除3APD002KT； ②将自由端轴承箱体内的润滑油排入废油盘中； ③拆卸风扇罩、风扇和挡油环； ④拆卸轴承盖、锁紧螺母和挡套； ⑤拆下轴承箱，做好防异物封堵工作； ⑥检查轴承是否符合工作要求，如不符合要求则更换新轴承； ⑦回装前做防异物检查；

续 表

消缺行动	⑧按照拆相反顺序回装轴承箱、挡套、锁紧螺母、轴承盖、挡油环、风扇、风扇罩； ⑨仪控人员回装 3APD002KT； ⑩轴承箱内注入新润滑油(VG46)； ⑪驱动端更换新润滑油(VG46)。 4)故障原因分析：非驱端轴承箱内部润滑油比较脏
相关知识	3/4 机组启动给水泵 APD001PO 运行维护手册(EOMM)中对泵轴承润滑油要求：在运行温度下，油的黏度最低不低于 12 cSt(mm^2/s)，这样有利于形成润滑油膜
参考资料信息	运行二处：值长日报(2016 年 04 月 17 日— 04 月 22 日)； WR/WOT：00123360/00262431-01(计划工单)
编　　者	运行二处一值：石亿虎　　时间：2020 年 02 月 19 日

3.7.2 启动给水泵 1APD001PO 在主控 KIC 上启动后，无法用 KIC 停运

异常缺陷名称	启动给水泵 1APD001PO 在主控 KIC 上启动后，无法用 KIC 停运
发生时间	2017 年 03 月 07 日中班
机组状态	RP 模式，845 MWe
异常缺陷现象	中班执行 FQ1-APD-T-001(启动给水泵定期启动试验规程)时，1APD001PO(供电电源 1LGB104JA)在主控 KIC 上启动后，主控通过 KIC 无法手动停运 1APD001PO(点击停运后，显示大红色运行状态)，最终安排现场试验盒手动停运成功
风险或潜在后果	导致主控 KIC 中无法正常停运启动给水泵，当紧急情况下需要停运启动给水泵时无法及时停运，可能导致设备损坏
干预行动	已采取的行动措施： 1)主控 KIC 手动无法停运时，安排现场检查确认泵处于运行状态； 2)安排现场检查 1APD001PO 供电开关未见明显异常，要求现场使用试验盒停运 1APD001PO，成功停运； 3)oncall 电气检查处理
原因分析	1LGB104JA 柜内 002XR 中间继电器故障，导致主控无法分闸

续 表

消缺行动	电气处理反馈： 1）工作过程： ①现场验证隔离边界，确认现场具备工作条件； ②开关在试验位进行远方分闸，检测到远方电压且 002XR 线圈得电，但是触点没动作； ③对 1LGB04 柜内 002XR 进行更换； ④验证试验位开关能够远方正确分合，缺陷消除； ⑤工作结束后恢复现场。 2）故障原因分析：1LGB104JA 柜内 002XR 中间继电器故障，导致主控无法分闸	
相关知识	APD 的启停控制逻辑： 1）启动给水泵允许启动信号： 启动给水泵出口阀（APD004VL）全关+启动给水泵润滑油母管压力 APD002MP>0. 1 MPa； 2）APD001PO 保护跳闸信号： ①启动给水泵润滑油泵出口油温度高高（012KT-60 ℃）； ②启动给水泵润滑油母管油温度高高（013KT-55 ℃）； ③启动给水泵润滑油母管压力低低（002MP-0. 06 MPa）； ④除氧器液位低低（ADG001/002/003MN，2/3，≤-850 mm）； ⑤安注信号； ⑥P14 信号	
参考资料信息	维修二处：EAM 中 00523930-01 的完工报告； 运行一处：EOMS 日志（2017 年 03 月 07 日）； WR/WOT：00221861/00523930-01（紧急工单）	
编　　者	运行二处一值：石亿虎	时间：2020 年 02 月 19 日

3.8 蒸汽发生器排污系统(APG)

3.8.1 2APG002RF 法兰漏水处理

<table>
<tr><td>异常缺陷名称</td><td>2APG002RF 法兰漏水处理</td></tr>
<tr><td>发生时间</td><td>2018 年 05 月 16 日早班</td></tr>
<tr><td>机组状态</td><td>RP 模式，满功率</td></tr>
<tr><td>异常缺陷现象</td><td>执行 FQ2-RPB-T-024 试验过程中，根据规程逐步减小经过再生热交换器 2APG002RF 的排污流量，当排污隔离阀全关后，现场发现 2APG002RF 法兰处(APG 侧)出现柱状漏水，约筷子粗，呈喷射状。导致再生热交换器 2APG002RF 不可用

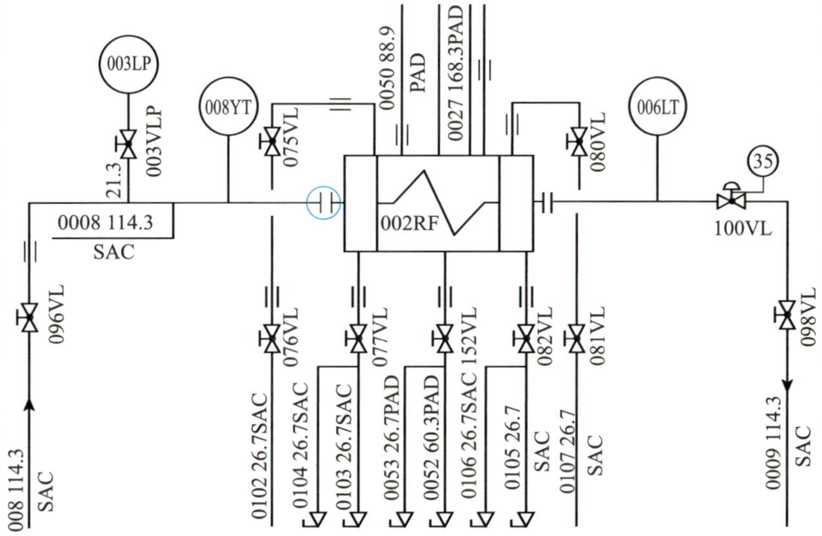

</td></tr>
<tr><td>风险或潜在后果</td><td>APG 系统再生式换热器不可用</td></tr>
<tr><td>干预行动</td><td>已采取的行动措施：
1)现场发现 2APG002RF 法兰处(APG 侧)呈线状漏水，约筷子粗；
2)主控立即 oncall 维修机械人员进行检查处理；
3)主控安排现场将 2APG096VL、2APG100VL 手动关闭，隔离漏点；
4)投运 2APG001RF 建立排污流量至 35 t/h</td></tr>
<tr><td>原因分析</td><td>2APG002RF 入口法兰垫片密封失效</td></tr>
</table>

续　表

消缺行动	机械处理反馈： 1）故障现象：执行 FQ2-RPB-T-024 试验过程中，根据规程逐步减小经过再生热交换器 2APG002RF 的排污流量，当排污隔离阀全关后，现场发现 2APG002RF 法兰处（APG 侧）出现柱状漏水，约筷子粗，呈喷射状。 2）处理进展： ①机械办理紧急票对 2APG002RF 漏水法兰进行紧固； ②检修结束后当班重新投运 2APG002RF，排污流量调至 30 t/h 运行 20 min，漏点不再渗漏； ③逐步恢复 APG 排污流量至 70 t/h，观察 0.5 h 漏点无泄漏。 3）检修步骤：机械将力矩值加至 1300 N·m 后泄漏控制在约 9 s 1 滴，根据经验，待 2APG002RF 投运后泄漏会逐渐减小； 4）故障原因分析：机械检查后反馈泄漏原因为 2APG002RF 入口法兰垫片密封失效
相关知识	手动调节过程着重需要注意以下逻辑： 1）APG100VL 自动关闭信号：当 APG087VL 非全开或者存在 002RF 冷却水异常信号。 2）APG002RF 冷却水异常信号： ①002RF 入口冷却水压力低（005SP-1 MPa）延时 10 s； ②002RF 冷却水温度高（005ST-190 ℃）延时 8 s； ③002RF 冷却水流量高（403XU-185 t/h）延时 11 s。 3）2APG087VL 自动关闭信号：002RF 入口冷却水压力低（005SP-1 MPa）且 100VL 全开
参考资料信息	维修二处：EAM 中工单 00865001-01 的完工报告
编　　者	运行二处一值：姚嘉俊　　　时间：2019 年 03 月 11 日

3.8.2　执行 FQ4-RPB-T-046 时 4APG063KA 未正常触发

异常缺陷名称	执行 FQ4-RPB-T-046 时 4APG063KA 未正常触发
发生时间	2017 年 11 月 25 日早班
机组状态	RP 模式满功率

续　表

异常缺陷现象	2017 年 11 月 25 日早班在执行 FQ4-RPB-T-046(用 APG507KC 进行 ASG 泵启动时 APG 隔离信号检查试验规程)试验，试验过程中当 APG 隔离后，按规程要求 20 s 后核对出现 4APG063KA(APG 排污流量低)报警，该报警长时间没有出现，主控检查发现 4APG004MD 流量显示没有降低到要求值，导致报警不出现。3 min 后 4APG004MD 流量才开始缓慢下降，直到报警出现
风险或潜在后果	QSR 试验不合格
干预行动	已采取的行动措施： oncall 仪控检查仪表。运行怀疑 4APG004MD 显示异常导致
原因分析	查看逻辑图 APG063KA 出现有两个原因： 1) APG100VL 和 AGP010VL 同时全开，延时 20 s； 2) APG501KU 的设定值减去 APG004MD 的数值大于 7 t/h，延时 20 s。 查看画面： 1) 4APG010VL 关闭，APG100VL 开启，排除 4APG100VL 和 4AGP010VL 同时全开延时 20 s 触发 4APG063KA； 2) 4APG004MD 长时间显示为 10 t/h 左右，而 APG501KU 的设定值为 15 t/h，两者相差小于 7 t/h，因此无法满足 4APG501KU 的设定值减去 4APG004MD 的数值大于 7 t/h 条件，确认报警无法触发。 故障原因：4APG004MD 为差压式流量计，在 APG 压力突变情况下有可能憋压，导致 4APG004MD 数值不变或变化很缓慢
消缺行动	仪控处理反馈： 仪控讨论得知，APG004MD 为差压式流量计，在 APG 压力突变情况下有可能憋压，导致 4APG004MD 数值不变或变化很缓慢
相关知识	APG063KA 触发的原因： 1) APG100VL 和 AGP010VL 同时全开，延时 20 s； 2) APG501KU 的设定值减去 APG004MD 的数值大于 7 t/h，延时 20 s
参考资料信息	运行二处：《运行二处快速经验反馈——4APG 隔离后 4APG063KA 未出现原因经验反馈》
编　　者	运行二处一值：姚嘉俊　　　时间：2019 年 03 月 11 日

3.9 主给水流量控制系统(ARE)

3.9.1 蒸汽发生器给水流量计 1ARE048MD 闪发失效

异常缺陷名称	蒸汽发生器给水流量计 1ARE048MD 闪发失效
发生时间	2014 年 07 月 18 日中班
机组状态	NS/SG 热停堆
异常缺陷现象	2014 年 07 月 18 日 21 时，运行人员发现 1ARE060MN 显示异常，随即通知仪控人员进行处理。 21 时 30 分，仪控人员到达主控，申请快速维修，与运行人员一起进行了风险分析，经值长批准后，去现场对 3 号蒸汽发生器的液位计 1ARE060MN 进行校验，校验过程中脱开 1ARE060MN 电缆，造成 1ARE060MN 超量程失效，质量位信号触发。 23 时 23 分，3 号蒸汽发生器给水流量 1ARE048MD 闪发失效，触发 3 号蒸汽发生器汽水失配信号，导致停堆信号“3 号 SG 水位低且汽水失配”触发，控制棒落棒
风险或潜在后果	叠加 1ARE060MN 超量程失效导致的质量位信号触发，导致“3 号 SG 水位低且汽水失配”停堆信号触发，反应堆停机停堆
干预行动	已采取的行动措施： 诊断执行 I1 规程稳定机组状态 建议后续行动： 对于重要的仪表工作，需要提前做好风险分析
原因分析	由于该表正负压侧取压管分别连接主给水管道文丘里管上下游，在主给水管道里没有充满水时，压力产生变化，导致仪表测量产生波动，最终造成仪表闪发性超量程失效，导致质量位闪发
消缺行动	仪控处理反馈： 在进行 1ARE060MN 变送器校验的过程中，1ARE048MD 闪发性超量程失效，质量位信号闪发
相关知识	ARE048MD/VVP003MD/VVP006MD/ARE045MD/VVP012MP/VVP015MP 中任意一个仪表质量位触发都将产生 3 号蒸发器汽水失配信号，如果此时 ARE057MN/ARE060MN 中一个仪表质量位触发，则将导致“3 号 SG 水位低且汽水失配”停堆信号触发，反应堆停机停堆

续　表

参考资料信息	事件报告：蒸汽发生器给水流量计 1ARE048MD 闪发失效导致非计划停堆事件	
编　　者	运行二处一值：石亿虎	时间：2019 年 03 月 11 日

3.9.2　3ARE055VL（2 号蒸汽发生器给水管线电动隔离阀）闪发阀门硬件故障报警

异常缺陷名称	3ARE055VL（2 号蒸汽发生器给水管线电动隔离阀）闪发阀门硬件故障报警
发生时间	2017 年 06 月 05 日中班
机组状态	RP 模式，满功率
异常缺陷现象	3 号机组频繁闪发 3ARE700KA（ARE 故障），主控检查阀门 3ARE055VL 闪发故障红色，就地检查阀门 3ARE055VL（2 号蒸汽发生器给水管线电动隔离阀）闪发阀门硬件故障报警
风险或潜在后果	影响阀门动作，有误动停堆风险
干预行动	已采取的行动措施： 实施运行隔离对电动头断电防止误动 建议后续行动： 实施 TCA 将 3ARE055VL 主控报警屏蔽
原因分析	3ARE055VL 电动头编码器故障、主控制板故障
消缺行动	电气处理反馈： 1）故障现象：3 号机组频繁闪发 3ARE700KA（ARE 故障），主控检查阀门 3ARE055VL 闪发故障红色； 2）处理进展： ①由维修电气准备该故障的处理方案，确定维修窗口； ②在不影响其他设备的情况下对主控 3ARE055VL 故障报警进行屏蔽，实施 TCA； ③停机窗口进行编码器更换。 3）检修过程： ①验证隔离边界，确认设备位置，检查建立检修场所； ②断开 3ARE055VL 上游电源 3LKF99111JA，拆开端盖验电； ③对 3ARE055VL 电动头内部检查接线、板卡，并紧固； ④送上 3LKF99111JA 电源，检查无报警； ⑤断开 3ARE055VL 上游电源 3LKF99111JA，验电；

续 表

消缺行动	⑥对 3ARE055VL 电动头更换主板、编码器板； ⑦送上 3ARE055VL 上游电源 3LKF99111JA，电动头就地远控无报警； ⑧回装 3ARE055VL 端盖，恢复初始状态
相关知识	3ARE055VL 为主给水调节阀 3ARE032VL 前电动隔离阀，在功率大于 20%FP 时给 2 号蒸汽发生器供水
参考资料信息	维修二处：维修二处生产日报 20170606、EAM 中工单 00579657-01 的完工报告； WR/WOT：00254637/00579657-01
编　　者	运行二处一值：石亿虎　　　时间：2019 年 03 月 11 日

3.9.3　1ARE243VL 阀门定位器背部 RELAY 漏气(压缩空气)

异常缺陷名称	1ARE243VL 阀门定位器背部 RELAY 漏气(压缩空气)
发生时间	2018 年 11 月 30 日中班
机组状态	RP 模式，满功率
异常缺陷现象	2018 年 11 月 30 日，经现场巡检发现 1 号机组 2 号蒸汽发生器主给水旁路管道调节阀 1ARE243VL 定位器放大器(RELAY)部件漏气
风险或潜在后果	1ARE243VL 是 2 号蒸汽发生器供水小阀，阀门失气关闭会影响 2 号蒸汽发生器水位控制
干预行动	已采取的行动措施： 1)安排运行现场人员加强巡检； 2)仪控人员对缺陷加强巡检频次。 建议后续行动： 维修仪控专业人员准备处理方案，尽快消除机组缺陷。因 1ARE243VL 属于 SPV 设备，参与蒸汽发生器液位调节，为消除机组安全隐患，经评估需要对 RELAY 漏气部件故障的定位器进行更换处理
原因分析	1ARE243VL 阀门定位器背部 RELAY 漏气
消缺行动	仪控处理反馈——处理进展： 1)经检查 1ARE243VL 定位器放大器(RELAY)部件漏气。故障的部件型号为 83L 型放大器，初步分析属于设备本身原因故障，放大器共有 4 层，各密封面采取特殊材料和工艺处理，不可现场维修；

续　表

消缺行动	2）为避免在处理过程中导致蒸汽发生器液位异常及误触发停机停堆，因此制订方案《1ARE243VL定位器RELAY部件漏气异常处理方案》用于处理1ARE243VL定位器RELAY部件漏气问题； 3）检修前确认在主控KIC已将1ARE243VL手动关闭； 4）更换故障定位器，并对定位器进行校验	
相关知识	1ARE243VL为2环的旁路给水调节阀，在功率小于20%FP时给2号蒸汽发生器供水	
参考资料信息	维修二处： 工作方案：FQ1-ARE-TD-I18051《1ARE243VL定位器RELAY部件漏气异常处理方案》； 完工报告：FQ1-MA03-RCWO-01069811/01《1ARE243VL阀门定位器漏气，需更换定位器及校验》	
编　　者	运行二处一值：石亿虎	时间：2019年12月11日

3.9.4　3号SG给水旁路上游隔离阀2ARE061VL电动头显示编码器硬件故障

异常缺陷名称	3号SG给水旁路上游隔离阀2ARE061VL电动头显示编码器硬件故障
发生时间	2019年02月05日中班
机组状态	RP模式，电功率845 MWe
异常缺陷现象	中班巡检发现2号机组3号SG给水旁路上游隔离阀2ARE061VL电动头显示“编码器硬件故障”。正常显示为“状态OK”。当前2ARE061VL全开，旁路阀2ARE244VL 100%开度向蒸汽发生器供水
风险或潜在后果	1）若阀门异常关闭，可能导致3号蒸发器水位较大波动； 2）需要开关2ARE061VL时阀门可能无法动作
干预行动	已采取的行动措施： 1）查询逻辑图，确认2ARE061VL无自动开关逻辑； 2）检查1、2号机组其他给水旁路隔离阀状态正常； 3）联系维修电气人员检查处理； 4）主控对SG水位波动干预进行事故预想。 建议后续行动： 维修电气专业尽快准备检查处理方案、消除故障
原因分析	2ARE061VL电动执行器内编码器故障

续 表

消缺行动	仪控处理反馈： 1）故障现象：2ARE061VL 电动执行器显示“编码器硬件故障”。 2）检查内容： ①现场检查 2ARE061VL 电动执行器上显示“编码器硬件故障”，阀门处于 100%开度，怀疑编码器板故障，需更换编码器板； ②更换编码器板后需要动作阀门来调整限位，准备好工单 01522475-01，更换编码器并完成限位调整。 3）检修内容及步骤（工单 01522475-01）： ①打开控制盒盖，拆除编码器板并做好拆接线记录； ②安装新编码器板并按照拆接线记录恢复编码器接线； ③联系机械人员进行开、关限位调整； ④联系主控进行远方、就地操作（开阀时间：15 s、关阀时间：15 s），均显示正常； ⑤工作结束后，清理现场； ⑥请运行人员验收后归还工作票。 4）处理结果：2ARE061VL 电动头编码器已更换并进行限位调整，现已显示正常。 5）故障原因：2ARE061VL 电动执行器内编码器故障
相关知识	2ARE061VL 为旁路给水调节阀 2ARE244VL 前电动隔离阀，在功率大于 20%FP 时给 3 号蒸汽发生器供水
参考资料信息	维修一处：EAM 中工单 01522475-01 的完工报告； WR/WOT：00685944/01522475-01（计划工单）
编　　者	运行二处一值：石亿虎　　　　时间：2019 年 02 月 11 日

3.9.5　主控出现 1RPA232KA（ATWT-1 号蒸汽发生器低流量）报警，1ARE049MD 质量位触发

异常缺陷名称	主控出现 1RPA232KA（ATWT-1 号蒸汽发生器低流量）报警，1ARE049MD 质量位触发
发生时间	2018 年 11 月 24 日早班
机组状态	RP 模式，电功率 836 MWe
异常缺陷现象	06:32，1 号主控出现报警：1RPA232KA（ATWT-1 号蒸汽发生器低流量），查看 1RPR 画面中：1ARE049MD 质量位触发（给水流量低于 6%NF），1RPA232KS 灯亮

续 表

风险或潜在后果	1ARE049MD 质量位触发，导致该仪表不可用，产生随机的 IO2：RPR18。ATWT 存在触发风险，若 ATWT 信号触发，将产生以下后果： 1）反应堆紧急停堆； 2）启动 ASG（4 台泵）； 3）汽轮机跳闸； 4）闭锁 GCTc 第三组排放阀； 5）关闭 SG 排污阀
干预行动	已采取的行动措施： 1）查看和执行报警卡，查看 RPR 质量位画面确认质量位触发情况； 2）执行《FQ1-RRC-I-001 核蒸汽供应系统控制装置和安全设施故障处理规程》； 3）监视 RPR024HXT 画面中 ATWT 信号相关信号灯触发情况； 4）oncall 仪控检查处理。 建议后续行动： 1）仪控分析故障根本原因和消除故障； 2）加强对 ARE050MD 和 ARE051MD 的监视，做好 ATWT 触发的事故预想
原因分析	1ARE049MD 至 ATWT 的信号通道 1KCS015CR 中的第 18 号隔离器故障。 根本原因为：隔离器内的电流隔离传递元件（三极管）损坏，无法将电流传递到隔离的下游输出回路，该型号隔离器现场使用数百个，此次为首次故障
消缺行动	仪控处理反馈： 1）处理进展： ①将 1ARE049MD 在 1E 侧质量位、IA 侧质量位信号闭锁。 ②检查 1ARE049MD 信号状态，确认 NC 侧质量位触发，1E 侧质量位没有触发。 ③在 1KCS011AR 中检查回路电源，确认供电正常。 ④检查 1ARE049MD 仪表输出电流值为 28 mA，此状态下仪表输出正常。 ⑤使用信号发生器模拟输入电流 20 mA，1E 侧信号显示正常，NC 侧仍显示超量程。 ⑥检查 1KCS015CR 中的第 18 号隔离器，外观无异常，检查电流输处，结果异常。 ⑦检查 1KCS015CR 中的第 18 号隔离器输入电流，电流正常。

续　表

消缺行动	⑧确认 1KCS015CR 中的第 18 号隔离器故障，对其进行更换为现场备用的 36 号隔离器。 ⑨恢复 1ARE049MD 信号回路状态。 ⑩确认 1ARE049MD 信号状态，在 NC 和 1E 侧均显示正常。 ⑪将 1ARE049MD 在 1E 侧质量位、IA 侧质量位信号闭锁解除。 注：故障的隔离模块因拆除存在误碰风险需要在 104 大修期间进行拆除并进行更换。 2)故障原因分析： 1ARE049MD 至 ATWT 的信号通道 1KCS015CR 中的第 18 号隔离器故障。根本原因为：隔离器内的电流隔离传递元件(三极管)损坏，无法将电流传递到隔离的下游输出回路，该型号隔离器现场使用数百个，此次为首次故障	
相关知识	主给水流量 ARE049MD、050MD、051MD 三取二质量位触发或者 LNC 失电，且中间量程 RPN013MA 和 023MA 大于 30% FP 触发 ATWT 信号	
参考资料信息	维修一处仪控：EAM 中工单 00730071-01 的完工报告； WR/WOT：00468993/01064468-01（紧急工单），1PT42823(1ARE049MD 质量位触发，需检查处理)	
编　　者	运行二处一值：谷铁	时间：2019 年 01 月 19 日

3.9.6　4 号主控出现 4ARE425KA“ARE106VT 任一输入失效”报警

异常缺陷名称	4 号主控出现 4ARE425KA“ARE106VT 任一输入失效”报警
发生时间	2017 年 10 月 18 日夜班
机组状态	RP 模式，满功率
异常缺陷现象	03:53:58，4 号主控触发 4ARE425KA(ARE106VT 任一输入失效)报警，查看 ARE 画面，4ARE406KM 显示数字变为黄色，4ARE406KM 用于 3 号蒸汽发生器水位控制(水位实测值)。期间 4ARE030/054/060MN 水位均在 0 m 左右，且读数未见异常，3 号蒸发器水位控制正常
风险或潜在后果	影响 SG 水位控制的可靠性，如果两个或两个以上的输入通道失效，运行人员将蒸汽发生器水位控制切换到手动控制模式(ARE033VL 和 ARE244VL)

续　表

干预行动	已采取的行动措施： 1）查看 KIC 历史趋势未见明显异常； 2）立即查看和执行报警卡； 3）检查 4RPR036HXT—4RPR039HXT 中 ARE030MN，ARE054MN，ARE060MN 的质量位触发情况； 4）执行《FQ4-RRC-I-001 核蒸汽供应系统控制装置和安全设施故障处理规程》； 5）oncall 维修仪控人员进厂处理。 建议后续行动： 主控人员将密切关注 SG 水位和相关报警，并做好事故预想，必要时根据程序干预 SG 水位
原因分析	4KCS035CR 中 4ARE054MN 模拟量隔离模块故障，导致输入到 KCP 侧参与蒸汽发生器液位调节的 4ARE054MN 通道故障，主控触发 4ARE425KA 报警
消缺行动	仪控处理反馈： 1）处理进展： ①取得工作许可证，与主控充分沟通； ②按照《4ARE054MN_I1 显示质量位工作方案》进行检查处理； ③确认 4ARE054MN 通道的接线均牢靠； ④检查确认 4KCS035CR 中 4ARE054MN 模拟量隔离模块故障，更换合格的卡件备件，通道显示正常； ⑤报主控工作结束，清理现场，归还工作许可证。 2）检修步骤： ①接线紧固性排查，未见异常； ②测量隔离卡件电流后发现故障点为隔离卡件，进行卡件更换； ③更换过程中产生保护ⅢP 通道质量位失效报警 4RPR780KA 报警、及冗余通道偏差报警 4RPR740KA 报警。 ④在更换隔离模块过程中，由于仪表测量电流下降，触发“三号蒸汽发生器低低水位-ⅢP”报警，由于该通道保护已剔除，不参与保护动作。 ⑤模块更换完成后，4ARE425KA 报警消失，KIC 画面显示恢复正常。 3）故障风险分析： 更换位于 4KCS035CR 机柜内的 4ARE054MN 信号隔离模块将导致位于 1E DCS 和 NC DCS 中的 4ARE054MN 信号失效，将造成该仪表参与的反应堆保护逻辑及蒸汽发生器水位控制逻辑降级；

续 表

消缺行动	①4ARE054MN 参与的反应堆保护系统中的“蒸汽发生器水位低低紧急停堆”“蒸汽发生器水位高高 P14 信号”由 2/4 降级为“2/3”。需记录 IO2：RPR1 ②4ARE054MN 参与的蒸汽发生器 3 环路的“水位控制”逻辑由“3 个信号取平均值”降级为“2 个信号取平均值”； ③产生保护ⅢP 通道质量位失效报警 4RPR780KA 报警、及冗余通道偏差报警 4RPR740KA 报警。 4) 预防措施： ①确认无其他 ARE、RPR、DAS 系统维修或定期试验工作； ②确认 4ARE030MN、4ARE057MN、4ARE060MN 仪表 KIC 上显示正常； ③隔离模块更换期间，将 4ARE054MN 信号强制为正常值，防止工作过程中信号波动； ④主控运行人员密切关注蒸汽发生器 3 环路水位控制情况并记录 4ARE033VL 初始开度，一旦 4ARE030MN 和 4ARE060MN 仪表其中一块也出现故障，则 3 号环路蒸汽发生器水位控制将由自动切为手动控制。 更换 FBM 卡件风险分析及预防措施： 4ARE054MN 所在的 FBM 上共 8 个信号，4ARE054MN_I1 和 4ARE048MD_I1 参与液位调节，为避免在拆接线过程中信号波动影响工艺系统调节，需将 4ARE054MN_I1 和 4ARE048MD_I1 打手动；其余 6 个信号仅用作显示和报警。 5) 故障原因分析： 4KCS035CR 中 4ARE054MN 模拟量隔离模块故障，导致输入到 KCP 侧参与蒸发器液位调节的 4ARE054MN 通道故障，主控触发 4ARE425KA 报警
相关知识	1) 每台蒸汽发生器还有 4 只窄量程水位表（对 SG3 其水位变送器的代号分别为 ARE030MN、054MN、060MN 和 057MN），它的 0% 水位定在管板上表面以上的 11.27 m 处，位于给水进口下面，全量程为 3.6 m。这 4 只窄量程水位测量装置都有显示和保护功能，其中 ARE030MN、054MN、060MN 还兼有水位控制功能，通过表决器取它们的平均值作为蒸汽发生器水位调节系统的实测水位信号。在保护方面，用四取二逻辑提供低低水位（15%）停堆保护以对付热阱丧失事故，和提供高高水位（75%）保护，避免汽轮机叶片的损坏，以及限制蒸汽管道事故的后果。对于 SG3 由 ARE060MN 和 057MN 参与低水位（25%）保护，保护逻辑为 1/2。

续 表

相关知识	2)ARE030MN，ARE054MN，ARE060MN 为 ARE 106VT 的三个输入通道，当其中任意一个输入通道失效将触发 4ARE425KA"ARE106VT 任一输入失效"报警。 3)质量位画面 4RPR036HXT—4RPR039HXT 可以检查 SG 液位计的质量位触发情况	
参考资料信息	运行二处：4 号机组异常反馈——4 号机组触发 4ARE425KA ARE106VT 任一输入失效；运行二处三值：运行二处内部经验反馈——4ARE054MN 液位计故障处理； 维修二处仪控：EAM 中工单 00730071-01 的完工报告； WR/WOT：00300467/00730071-01(紧急工单)	
编　　者	运行二处一值：谷铁	时间：2019 年 01 月 19 日

3.9.7 2ARE055VL 阀门关闭过程中产生"过扭矩"报警，阀门电源空开跳开

异常缺陷名称	2ARE055VL 阀门关闭过程中产生"过扭矩"报警，阀门电源空开跳开
发生时间	2015 年 09 月 06 日早班
机组状态	机组启动阶段
异常缺陷现象	执行 2ARE/AHP 充水排气时，2ARE055VL 阀门关闭过程中产生"过扭矩"报警，查看阀门电源发现空开跳开
风险或潜在后果	导致阀门无法正常关闭
干预行动	已采取的行动措施： oncall 电气检查处理
原因分析	电机接线脱落
消缺行动	电气处理反馈： 1)检修步骤： ①检查电机及电机接线，发现电机接线脱落； ②重新连接电机接线； ③试验电动头开关正常； ④工作结束后，恢复开关原始状态，清理现场。 2)故障原因分析：电机接线脱落
相关知识	2ARE055VL 为主给水调节阀 2ARE032VL 前电动隔离阀，在功率大于 20%FP 时给 2 号蒸汽发生器供水

续　表

参考资料信息	维修一处电气：EAM 中工单 00139869-01 的完工报告； WR/WOT：00070939/00139869-01（紧急工单）	
编　　者	运行二处一值：谷铁	时间：2019 年 01 月 19 日

3.9.8　3 号机 2 号 SG 液位为-0.86 m，3ARE020MN 显示×××，且质量位触发

异常缺陷名称	3 号机 2 号 SG 液位为-0.86 m，3ARE020MN 显示×××，且质量位触发
发生时间	2016 年 04 月 03 日早班
机组状态	机组调试启动阶段
异常缺陷现象	2 号 SG 液位为-0.86 m，3ARE020MN 显示×××，且质量位触发
风险或潜在后果	3ARE020MN 无法准确监测 2 号 SG 液位
干预行动	已采取的行动措施： oncall 仪控检查处理 建议后续行动： 通过无故障液位计密切监视 SG 水位
原因分析	仪表投用前，蒸汽发生器内水位过低，无法对正压侧仪表阀上游的管路内进行充水排气，管路内集聚气体过多，不能正确感知压力，导致仪表显示异常
消缺行动	仪控处理反馈： 1）检修过程： ①确认设备位置，核对位号； ②确认仪表三阀组状态； ③打开仪表盖，用万用表测量仪表输出电流； ④缓慢拧松正压侧排气堵头，等待管路内气体排出； ⑤排气完成后，拧紧正压侧排气堵头； ⑥再次用万用表测量仪表输出，确认其输出正常； ⑦向主控报告工作完成，并确认 KIC 画面 3ARE020MN 显示正确； ⑧拧紧仪表盖，清理现场，工作结束。 2）故障原因分析：仪表投用前，蒸汽发生器内水位过低，无法对正压侧仪表阀上游的管路内进行充水排气，管路内集聚气体过多，不能正确感知压力，导致仪表显示异常
相关知识	3ARE020MN 属于非 PAMS 仪表，其参与 4 取 2 液位高高保护停堆

续　表

参考资料信息	维修二处仪控：EAM 中工单 00254258-01 的完工报告； WR/WOT：00119382/00254258-01	
编　　者	运行二处一值：谷铁	时间：2019 年 01 月 19 日

3.9.9　3ARE032VL 在核功率 0.7%Pn 时显示全开，而 3ARE031/033VL 显示全关

异常缺陷名称	3ARE032VL 在核功率 0.7%Pn 时显示全开，而 3ARE031/033VL 显示全关
发生时间	2016 年 07 月 10 日早班
机组状态	机组调试启动阶段，RP 模式，核功率 0.7%Pn
异常缺陷现象	3ARE032VL 在核功率 0.7%Pn 时显示全开，而 3ARE031/033VL 显示全关
风险或潜在后果	影响升功率后(在主给水调节阀下游隔离阀打开)的 SG 水位的控制
干预行动	已采取的行动措施： oncall 联系仪控检查处理 建议后续行动： 通过无故障液位计密切监视 SG 水位
原因分析	低功率水平下，主给水流量表和主蒸汽流量表均存在一定的测量误差，在控制器的积分作用下，会导致主给水调节阀全开
消缺行动	仪控处理反馈： 1)检修过程： ①验证隔离，召开工前会，明确修改内容及风险； ②打开 DCS 一层工作站； ③按照脚本执行 TCA； ④核对确认修改无误； ⑤关闭 DCS 一层工作站，工作结束。 2)故障原因分析：低功率水平下，主给水流量表和主蒸汽流量表均存在一定的测量误差，在控制器的积分作用下，会导致主给水调节阀全开
相关知识	当机组负荷增加到 0.2%Pn 以上时，蒸发器供水切换至 ARE。而负荷在低于 20%Pn 时，主给水调节阀全关，蒸发器水位通过旁路给水调节阀控制。主给水调节阀下游隔离阀保持关闭，直到旁路给水调节阀开度达到 75%时打开，主给水调节阀保持关闭

续 表

参考资料信息	维修二处：仪控：EAM 中工单 00305513-01 的完工报告； WR/WOT：00151009/00305513-01(计划工单)	
编　者	运行二处一值：谷铁	时间：2019 年 01 月 20 日

3.9.10 1ARE059VL 主控 KIC 中显示洋红色故障状态

异常缺陷名称	1ARE059VL 主控 KIC 中显示洋红色故障状态	
发生时间	2015 年 03 月 17 日早班	
机组状态	RP 模式，满功率	
异常缺陷现象	10:22 分，主控 KIC 中 1ARE059VL 显示洋红色故障状态	
风险或潜在后果	影响 1ARE059VL 阀门的监视和操作	
干预行动	已采取的行动措施： oncall 仪控检查处理	
原因分析	阀门开限位端接松动，导致阀门限位反馈信号未收到	
消缺行动	仪控处理反馈： 1)检修步骤： ①取得工作许可证，验证隔离边界、检修设备位置； ②与主控交流，取得当班值长同意后开工； ③在 DCS 一层工程师站检查，发现阀门无开反馈，在就地检查阀门电动头，状态正常，最后在机柜侧检查开限位端接，发现接线松动，紧固后故障恢复； ④工作完成后，清理现场； ⑤归还工作许可证，请运行人员验收。 2)故障原因分析：阀门开限位端接松动，导致阀门限位反馈信号未收到	
相关知识	1ARE059VL 为 3 号蒸发器主给水调节阀 1ARE033VL 上游的隔离阀	
参考资料信息	维修一处仪控：EAM 中工单 00096594-01 的完工报告； WR/WOT：00041766/00096594-01(计划工单)	
编　者	运行二处一值：谷铁	时间：2019 年 01 月 21 日

3.9.11　2ARE054VL 就地电动头显示缺相故障

异常缺陷名称	2ARE054VL 就地电动头显示缺相故障	
发生时间	2015 年 07 月 22 日早班	
机组状态	机组调试启动阶段	
异常缺陷现象	在投运 APD 过程中，2ARE054VL 就地电动头显示缺相故障	
风险或潜在后果	影响 2ARE054VL 开关动作的可靠性	
干预行动	已采取的行动措施： oncall 电气检查处理	
原因分析	电动头动力接线插件松动	
消缺行动	仪控处理反馈： 1）检修步骤： ①经现场检查发现电动头动力接线插件松动； ②对电动头动力接线插件进行紧固，送电后开关试验确认缺陷消除； ③工作结束后，清理现场。 2）故障原因分析：电动头动力接线插件松动	
相关知识	2ARE054VL 为 1 号蒸汽发生器主给水调节阀 2ARE242VL 下游的隔离阀	
参考资料信息	维修一处电气：EAM 中工单 00126655-01 的完工报告； WR/WOT：00062399/00126655-01（紧急工单）	
编　　者	运行二处一值：谷铁	时间：2019 年 01 月 21 日

3.9.12　2ARE055VL 电动阀显示“旋钮硬件故障”

异常缺陷名称	2ARE055VL 电动阀显示“旋钮硬件故障”
发生时间	2015 年 05 月 19 日中班
机组状态	机组调试启动阶段
异常缺陷现象	2ARE055VL 电动阀显示“旋钮硬件故障”
风险或潜在后果	影响阀门开关操作
干预行动	已采取的行动措施： 填写工作申请（WR）按计划处理

续　表

原因分析	旋钮卡涩
消缺行动	电气处理反馈： 1）检修步骤： ①验证隔离边界、检修设备位置； ②经检查 2ARE55VL 电动阀按钮卡涩，用毛刷进行清理； ③清理完毕后故障消除； ④经运行人员确认后，归还工作票； 2）故障原因分析：旋钮卡涩
相关知识	2ARE055VL 为 2 号蒸发器主给水调节阀 2ARE032VL 上游的隔离阀
参考资料信息	维修一处电气：EAM 中工单 00112332-01 的完工报告； WR/WOT：00051698/00112332-01（计划工单）
编　者	运行二处一值：谷铁　　　时间：2019 年 01 月 21 日

3.9.13　在主控关闭 2ARE054VL，就地阀门未动作，且显示缺相、过扭矩报警

异常缺陷名称	在主控关闭 2ARE054VL，就地阀门未动作，且显示缺相、过扭矩报警
发生时间	2015 年 06 月 07 日早班
机组状态	机组调试启动阶段
异常缺陷现象	在主控关闭 2ARE054VL，就地阀门未动作，且显示缺相、过扭矩报警
风险或潜在后果	影响阀门开关操作
干预行动	已采取的行动措施： oncall 电气检查处理
原因分析	2ARE054VL 力矩偏小，误报缺相
消缺行动	仪控处理反馈： 1）检修步骤： ①取得工作许可证，召开工前会，确认隔离及工作范围、对象及工作中可能出现的风险； ②检查 2ARE054VL 状态，测量电源板电源正常，线路部件无异常，重新上电后缺相报警消失； ③确认 2ARE054VL 控制板误报缺相； ④检查关力矩值为 60%，根据说明书将关力矩调整为 65%；

续　表

消缺行动	⑤与主控沟通后，置就地控制开、关阀正常、置远方控制开、关阀正常； ⑥恢复 2ARE054VL 为初始状态； ⑦清理工作现场，请运行人员验收，归还工作票。 2）故障原因分析：2ARE054VL 力矩偏小，误报缺相
相关知识	2ARE054VL 为 1 号蒸发器主给水调节阀 2ARE242VL 下游的隔离阀
参考资料信息	维修一处电气：EAM 中工单 00114079-01 的完工报告； WR/WOT：00054452/00114079-01（紧急工单）
编　　者	运行二处一值：谷铁　　　时间：2019 年 01 月 21 日

3.9.14　2ARE053VL 在送电的情况下就地电动头仍没电

异常缺陷名称	2ARE053VL 在送电的情况下就地电动头仍没电
发生时间	2015 年 07 月 22 日早班
机组状态	机组调试启动阶段
异常缺陷现象	2ARE053VL 在送电的情况下就地电动头仍没电，电动阀门显示屏无显示
风险或潜在后果	影响阀门开关操作
干预行动	已采取的行动措施： oncall 电气专业处理
原因分析	电动头动力接线插件松动
消缺行动	仪控处理反馈： 1）检修步骤： ①经现场检查发现电动头动力接线插件松动； ②对电动头动力接线插件进行紧固，送电后开关试验确认缺陷消除； ③工作结束后，清理现场。 2）故障原因分析：电动头动力接线插件松动
相关知识	2ARE053VL 为 1 号蒸发器主给水调节阀 2ARE242VL 上游的隔离阀
参考资料信息	维修一处电气：EAM 中工单 00126654-01 的完工报告； WR/WOT：00062398/00126654-01（紧急工单）
编　　者	运行二处一值：谷铁　　　时间：2019 年 01 月 21 日

3.10 辅助给水系统(ASG)

3.10.1 执行 FQ4-RPA-T-044 时出现报警 4ASG173KA1 和 4ASG173KA2 报警，4ASG004PO 跳闸停运

异常缺陷名称	执行 FQ4-RPA-T-044 时出现报警 4ASG173KA1 和 4ASG173KA2 报警，4ASG004PO 跳闸停运
发生时间	2018 年 07 月 04 日早班
机组状态	RP 模式(热功率 2879 MWt，电功率 1066 MWe)
异常缺陷现象	早班执行(Q) FQ4-RPA-T-044：用 ASG006KG 启动 ASG 汽动泵 004PO 试验规程时，11:34 分启动 4ASG004PO 后，运行约 7 min，在 11:41:05 开始，4ASG004PO 转速快速上升到 8824.9 r/min，主控同时出现报警 4ASG173KA1 004PO 汽轮机机械超速跳闸和 4ASG173KA2 004PO 汽轮机电气超速跳闸，现场检查反馈 4ASG004PO 跳闸停运
风险或潜在后果	1)影响汽动泵可用性，进而产生 IO1：ASG1； 2)在机组低状态和事故工况影响 SG 供水的可靠性； 3)导致 QSR 试验《(Q)FQ4-RPA-T-044：用 ASG006KG 启动 ASG 汽动泵 004PO 试验规程》不合格
干预行动	已采取的行动措施： 1)主控检查汽动泵转速平滑下降，无尖峰突变情况； 2)主控按规程恢复汽动泵在停运安全位置； 3)安排机械和当班值现场检查泵是否存在损伤情况； 4)安排仪控检查故障跳闸原因； 5)联系设备管理人员进行分析和评估。 建议后续行动： 1)该异常缺陷已多次出现，请维修分析异常跳闸的根本原因，尽早消除缺陷，恢复设备可用； 2)建议大修解体 4ASG003PO 和 4ASG004PO，彻底排查处理该异常
原因分析	调阀阀杆生锈与盘根摩擦力增大，导致阀门调节卡涩，再叠加泵转速较大，从而引起跳泵

续 表

消缺行动	机械处理反馈： 1)处理进展：经过对调阀阀杆除锈润滑处理，经过机械对主调阀4ASG236VV阀杆进行润滑并进行动做试验。在18点28分再次起启泵验证，泵运行13 min，最高转速8144 r/min，振动、压力、再循环流量满足设计要求，经安工、当班值确认，定期试验结果合格。 2)处理措施： 主调阀4ASG236VV阀杆进行润滑并进行动做试验： ①机械在4ASG004PO处于热备用时，对阀杆进行润滑加油，4ASG236VV处于开启到预定开度状态； ②当班值通过将4ASG004PO按钮置于TRIP位置，使得4ASG235VV和4ASG236VV关闭； ③然后通过将4ASG004PO置于Reset位置； ④现场进行复位操作； ⑤将4ASG607KG置于START位置使得4ASG004PO置于热备用状态，4ASG236VV开启到预定开度。 3)故障原因分析：调阀阀杆生锈与盘根摩擦力增大，导致阀门调节卡涩，再叠加泵转速较大，从而引起跳泵
相关知识	1)ASG汽动泵额定转速8000 r/min，超速信号： ①电子超速保护：110%的额定转速； ②机械超速保护：115%的额定转速； 2)现场复位操作如下： ①在4ASG607CR上依次按下“消音”，“报警确认”，“复位”三个按钮，此时显示屏上显示“ready to start”； ②通知主控在“4ASG607KG”上点击“START”后，现场显示屏第二行显示“Status At Low Idle”； ③若存在汽动泵跳闸后脱扣杆向下，复位时用手慢慢提升脱扣杆，当它与触发器啮合时，脱扣杆就挂在上面，此时4ASG979LA灯灭。备注：若只是主控KIC中TRIP打闸4ASG004PO，则无需使用复位杆复位。 注意：只有当①②步执行后，脱扣杆与触发器啮合才能实现
参考资料信息	运行二处：4号机组异常反馈——执行FQ4-RPA-T-044时出现报警4ASG173KA1和4ASG173KA2报警，4ASG004PO跳闸停运； 维修二处机械：4ASG004PO超速保护跳泵问题处理进展汇报； WR/WOT：00409707/00961694-01(紧急工单)。

续 表

参考资料信息	其他类似异常缺陷： 2017 年 10 月 25 日执行(Q)FQ4-RPB-T-044：用 ASG007KG 启动 ASG 汽动泵 004PO 试验规程，11:11，出现 4ASG173KA1 004PO 汽轮机机械超速跳闸和 4ASG173KA2 004PO 汽轮机电气超速跳闸，oncall 仪控检查。 仪控反馈原因为：结合趋势分析，此次超速跳泵的最可能原因为泵本体存在差异导致转速波动更大和更频繁，导致调节系统(主要是定位器)调整不过来，国产的上自仪定位器中的导气阀在阀门开度频繁波动过程中轻微磨损，导致在阀门开度持续波动情况下偶发卡涩，造成转速超速跳泵	
编　　者	运行二处一值：胡松辉	时间：2019 年 02 月 13 日

3.10.2　3ASG003PO 在主控按下跳闸按钮汽动泵未能按照预期停运

异常缺陷名称	3ASG003PO 在主控按下跳闸按钮汽动泵未能按照预期停运
发生时间	2020 年 02 月 15 日中班
机组状态	NS/SG 模式，一回路压力：15.4 MPa.g，一回路温度 291.4 ℃，主蒸汽隔离阀尚未打开，VVP 未暖管
异常缺陷现象	大修值执行 FQ3-ASG-TPTSL-0016 系列 A 汽动辅助给水泵超速试验规程，执行规程 B.2 节手动脱扣试验，汽动泵转速到达 8000 r/min 时，按照规程主控将 3ASG003PO 跳闸按钮置于 TRIP 位置时，主控显示汽动泵转速异常上升 9787 r/min，未能正常停运
风险或潜在后果	1)主控按下 TRIP 按钮后，3ASG003PO 未能正常停运，怀疑 3ASG135VV 及电磁阀 3ASG991VV 动作可能存在故障； 2)存在汽动泵超速导致汽轮机损坏的风险； 3)产生随机 I01：ASG1，要求 3 天内机组后撤至 RRA 运行条件的 NS/SG 模式
干预行动	已采取的行动措施： 1)立即联系现场操作员通过就地打闸按钮停运，3ASG003PO 正常停运，同时发现汽动泵停运前 3ASG005MD 仪表管线有水喷出。 2)联系清洁人员清理地面水渍，联系维修专业检查评估水渍对其他设备的影响。 3)oncall 设备管理、机械、仪控、电气人员分析 3ASG003PO 未能正常停运原因，并消除缺陷。

续　表

干预行动	建议后续行动： 1）请机械人员检查泵出口管道法兰有无泄漏，仪控人员检查处理3ASG005MD仪表。 2）请设备管理一机一人分析汽动泵未能正常停运原因，并采取措施消除缺陷，并评估3ASG003PO及相关管线的可用性。 3）请维修机械检查3ASG135VV阀门动作是否正常，维修电气检查电磁阀3ASG991VV动作是否正常，并消除缺陷
原因分析	3ASG991VV本体至转接箱的正极线芯不导通，导致试验过程中3ASG991VV未按照预期得电动作
消缺行动	电气处理反馈： 1）故障现象：执行FQ3-ASG-TPTSL-0016（系列A汽动辅助给水泵超速试验规程）过程中，在第一次主控测试打闸过程中（19:45:04），转速上升至9787 r/min，压力达到25 MPa，3ASG005MD管线崩开，持续时间48 s。 2）原因分析：经检查停机电磁阀3ASG991VV的上游电源3ASG606CR经转接箱至电磁阀本体正极的导线不导通，导致主控打闸信号发出后，停机电磁阀3ASG991VV未能正常动作，进汽阀3ASG135VV未能关闭，从而引起ASG003PO转速上升，且由于停机电磁阀失效，导致电气超速不可用，加上机械超速飞锤不在机械超速保护定值区间（9040~9200 r/min），导致泵应有的保护失效，转速和压力持续异常上升； 3）影响分析：由于停机电磁阀失效，导致电气超速不可用，加上机械超速飞锤不在区间（9040~9200 r/min），导致泵应有的保护失效，转速和压力达到了极限，泵出口到3ASG011VD之间的管线超压，导致安全相关的设备不可用； 4）处理进展：将3ASG991VV电磁阀本体至转接箱之间的电缆备用线芯更换后，功能恢复正常，运行重新执行两次手动打闸操作，电磁阀均能正常动作。 5）后续行动： ①发起状态报告对该问题进行经验反馈（CR202001706）。 ②在3/4ASG991VV、3/4ASG992VV预防性维修规程中增加回路导通性测试及上游控制箱内加源验证步骤。 ③403大修时对4ASG991VV/992VV进行检查和动作验证。 安工建议行动： 经调查本次303大修，维修电气对停机电磁阀3ASG991VV进行过预防性维修，但维修后只进行过单体离线测试验证，回装后没有进

续 表

消缺行动	行验证，维修后功能验证并不完整，建议后续维修对同类型电磁阀进行纠正性/预防性维修后，阀门回装后需增加对线路测量的验证工作，以确保电磁阀维修后功能完整有效	
相关知识	ASG 汽动泵打闸方式有以下几种：3ASG003PO 为例 1）主控关闭汽动泵供汽阀 3ASG137/138VV； 2）主控 TRIP 电磁阀 3ASG135VV； 3）就地急停按钮； 4）就地泵本体打闸杆	
参考资料信息	运行二处：3 号机组异常反馈——3ASG003PO 主控按下跳闸按钮汽动泵未能按照预期停运； 维修二处：QSR 定期试验不合格通报——FQ3-ASG-TPTSL-0016 反馈邮件；WR/WOT：00688920/01526359-01（紧急工单）； 工作许可证：PW-3-ASG-02147——对 3ASG003PO 停机电磁阀 3ASG991VV 进行功能检查	
编　　者	运行二处一值：朱克勤	时间：2020 年 03 月 01 日

3.10.3　执行 FQ4-RPA-T-043 用 ASG004KG 启动 ASG 汽动泵 003PO 试验规程时，4ASG137VV 无法开启

异常缺陷名称	执行 FQ4-RPA-T-043 用 ASG004KG 启动 ASG 汽动泵 003PO 试验规程时，4ASG137VV 无法开启
发生时间	2017 年 07 月 06 日中班
机组状态	机组调试启动阶段
异常缺陷现象	中班执行 FQ4-RPA-T-043 用 ASG004KG 启动 ASG 汽动泵 003PO 的试验规程，在 4RPR 043 HPT 上 4ASG004KG 已选择“137VV”，又选择“设置”之后，4ASG137VV 没有按照预期开启，后经仪控调整 4ASG017VD 限位后，试验重新进行，4ASG137VV 按预期开启
风险或潜在后果	导致试验时 4ASG137VV 未正常开启，4ASG003PO 未正常启动，导致试验不合格
干预行动	已采取的行动措施： 1）确认 4ASG137VV 阀门未开启，泵未启动，按试验规程执行复位操作； 2）确认 4ASG137VV 阀门仪用压空供气正常； 3）oncall 仪控检查处理

续　表

原因分析	4ASG017VD 关限位未触发，导致 4ASG137VV 无法开启，气动泵无法启动	
消缺行动	仪控处理反馈： 1)处理进展：完成 4ASG017VD 关限位调整，4ASG137VV 正常打开，气动泵试验继续进行； 2)缺陷描述：4ASG137VV 无法开启； 3)原因分析：4ASG017VD 关限位未触发，导致 4ASG137VV 无法开启，气动泵无法启动； 4)处理措施：现场对 4ASG017VD 关限位进行调整，确认关限位正常触发。 5)工作过程： ①验证隔离边界，确认设备位号与工作票与一致； ②打电话与主控沟通说明工作内容与工作风险； ③检查 4ASG017VD 阀门状态，阀门全关状态，关限位未触发； ④对 4ASG017VD 阀门关限位进行调整，关限位正常触发并与上位机显示一致； ⑤恢复 4ASG017VD 阀门初始状态； ⑥工作结束，归还工作许可证	
相关知识	ASG013VD、ASG015VD、ASG017VD 全关时，且 ASG003PO 试验开关选择 ASG137VV，试验试验开关置于"设置"位置，ASG137VV 自动打开，ASG003PO 启动。即当 4ASG013/015/017VD 中任一个阀门未全关时，将导致无法试验试验开关 ASG004KG 或 ASG006KG 启动汽动泵	
参考资料信息	运行二处：《运行二处内部经验反馈——用 ASG004KG 启动 ASG 汽动泵 003PO 时 4ASG137VV 无法开启的经验反馈》； 维修二处仪控：oncall 反馈——4ASG137VV 无法开启； WR/WOT：00266220/00650354-01(紧急工单)	
编　　者	运行二处一值：朱克勤	时间：2020 年 03 月 01 日

3.10.4　执行 FQ4-RPB-T-045 用 ASG556KG 启执行 ASG 电动泵 002PO 试验规程时，用 4ASG556KG 启动泵 4ASG002PO 时泵未按预期启动

异常缺陷名称	执行 FQ4-RPB-T-045 用 ASG556KG 启执行 ASG 电动泵 002PO 试验规程时，用 4ASG556KG 启动 4ASG002PO 时发现 4ASG002PO 未按预期启动

续　表

发生时间	2018 年 10 月 18 日中班
机组状态	RP 模式，满功率
异常缺陷现象	执行 FQ4-RPB-T-045 用 ASG556KG 启执行 ASG 电动泵 002PO 试验规程时，用 4ASG556KG 启动 4ASG002PO 时发现 4ASG002PO 未按预期启动，经确认原因为 4ASG014VD 阀门关闭时关限位未触发，经维修仪控检查发现时 4ASG014VD 的 EP 压空供气压力较低导致，经维修仪控开票调整，恢复 4ASG014VD 的 EP 压空供气压力，经后续多次验证 4ASG014VD 可正常触发关限位，保证了定期试验的顺利进行
风险或潜在后果	1）导致 4ASG002PO 未能预期启动，导致试验失败； 2）隔离 4ASG014VD 时影响 ASG 电动泵向 2 号蒸汽发生器的供水，经确认一个供水阀隔离不会导致 ASG1 的第一组 IO，相关的技术规范解释如“相关知识”解释所示
干预行动	已采取的行动措施： 1）暂停试验，按试验规程进行复位，恢复初始状态； 2）安排现场检查阀门供气压力和检查泵供电情况，泵供电未见异常，阀门 4ASG014VD 的 EP 压空供气压力较低； 3）oncall 维修仪控检查处理
原因分析	4ASG014VD 的 EP 压空供气压力较，导致 4ASG014VD 阀门关闭时关限位未触发
消缺行动	仪控处理反馈： 1）处理措施： ①确认 4ASG014VD 阀门关闭限位器无异常； ②就地检查 4ASG014VD 阀门的供气压力偏低，基本确认是该原因导致阀门不能完全关闭； ③调整阀门的供气压力： a. 断开 EP 接线； b. 调整供气压力到 40 psi； c. 通过信号发生器分别模拟 4 mA、8 mA、12 mA、16 mA、20 mA的信号，检查阀门的线性满足要求； d. 主控动作阀门确认阀门动作正常。 2）故障原因分析：4ASG014VD 的 EP 压空供气压力较，导致 4ASG014VD 阀门关闭时关限位未触发

续　表

相关知识	1) 通过 4ASG556KG 选择 002PO 后，再选择“设置”试验启泵时，若 4ASG012/014/016VD 全关，则 4ASG002PO 自动启。4ASG012/014/016VD 任一阀门未全关则闭锁 4ASG002PO 试验启动。 2) ASG012/013/014/015/016/017VD 都是气关阀，但压空失气时阀门将处于开启的安全位置，当供气压力较低时可能导致阀门无法完全关闭，因此就可能触发不到关限位。这类阀门 EP 前供气压力在 40 psi 左右，不能低于 30 psi，通过 EP 调节为 3～15 psi（4～20 mA）。此次 4ASG014VD 阀门 EP 前供气压力只有不到 20 psi，压力不够是导致阀门不能完全关闭的主要原因。 3) ASG1 事件规定了“一台 ASG 电动/汽动给水泵不可用”以及不可用程度类似的“一台蒸汽发生器不能由 ASG 电动泵或汽动泵供水”的情况，对于解释规范中调节阀不可用情况，理解如下： ASG 泵通过母管形式向三台蒸发器供水，两台电动泵（50%流量+50%流量）和两台汽动泵（50%流量+50%流量）出口流量经各自对应母管集合后，再分别向三台蒸发器供水。6 个调节阀（ASG012-017VD）每个对应的流量相当于 33%，因此两个调节阀（对汽动泵）或两个调节阀（对电动泵）的维修所造成的给水流量不可用约为 66%，将这种情况按照相当于一台泵（50%）不可用事件进行规定，而一个调节阀的不可用（33%）相比一台泵（50%）不可用的程度轻，因此不作为运行技术规范的要求	
参考资料信息	运行二处：《运行二处内部经验反馈——执行 FQ4-RPB-T-045 时 4ASG014VD 关限位未触发处理过程》； WR/WOT：00266220/00650354-01（紧急工单）	
编　　者	运行二处一值：朱克勤	时间：2020 年 03 月 01 日

3.11 凝结水精处理系统(ATE)

3.11.1 4ATE 值班室上位机触发 4ATE001VL 限位报警

异常缺陷名称	4ATE 值班室上位机触发 4ATE001VL 限位报警	
发生时间	2018 年 09 月 02 日中班	
机组状态	RCD 模式(401 大修)	
异常缺陷现象	上位机显示阀门一直处于关闭状态	
风险或潜在后果	4ATE001VL 在上位机无法操作，影响投运 ATE 系统，可能影响后续机组启动二回路水质	
干预行动	已采取的行动措施： 现场核实阀门实际状态	
原因分析	4ATE001VL 电动头内故障反馈继电器损坏，节点保持常闭无法打开	
消缺行动	电气处理反馈： 原因分析：电动头内故障反馈继电器损坏，节点保持常闭无法打开；电动执行机构断电重新上电后，4ATE 值班室显示屏故障未刷新，导致 4ATE 值班室上位机上故障一直存在。但现场检查过程中对电动执行机构断电后，故障继电器也会有故障送出	
相关知识	遇此故障，可在 4ATE001VL 通电情况下刷新上位机界面，消除故障	
参考资料信息	维修二处：“oncall 邮件反馈”； eSOMS 日志	
编　　者	运行二处一值：石兴强	时间：2019 年 02 月 15 日

3.11.2 4LKY431JA 开关故障(负荷 4ATE622RS)导致 4ATE 控制系统故障报警、4LBM 接地故障报警

异常缺陷名称	4LKY431JA 开关故障(负荷 4ATE622RS)导致 4ATE 控制系统故障报警、4LBM 接地故障报警
发生时间	2018 年 11 月 25 日早班
机组状态	RP 模式，电功率 836 MWe

续　表

异常缺陷现象	主控触发 4ATE001KA（ATE 控制系统故障报警）、4LKY001KA3（开关柜故障）、4LBM002KA5（直流系统故障）、4LBM001KA6（直流系统接地故障）报警；现场 4LKY431JA 冒烟，现场有焦煳味；4LBM 盘柜检查存在"复控母一-1.4 V"报警，现场绝缘报警仪上显示复控母对地电阻值 1.5 kΩ
风险或潜在后果	影响 4ATE 再生回路，无法进行树脂再生工作；4ATE606BA 丧失一路电加热器；4ATE003AR 存在失电风险，从而导致净化回路停运，二回路有水质恶化风险，可能导致机组后撤；中和池无法排水
干预行动	已采取的行动措施： 1）oncall 电气专业检查处理； 2）通过紧急 TCA 流程拆除 4ATE622RS 相关控制反馈接线，恢复 4ATE411JA 供电后，4ATE 再生回路功能恢复正常
原因分析	由于 4LKY431JA 开关 B 相螺栓松动，B 相出线端子与电缆接触不良，运行过程中 B 相接线端子部位过热产生灼烧，导致 4LKY431JA 跳闸，产生 4LKY001KA3 报警；灼烧产生的过热波及正上方的二次插接件，导致 4LKY431JA 二次插接件受热变形、导致直流控制电源接线绝缘破损，二次插接件上接线受灼烧绝缘皮破损，来至 4LBM109JA 的直流控制电源接线负极绝缘破损后与二次插接件上非绝缘部件接触，导致 4LBM 系统绝缘能力降低，报 4LBM002KA5（直流系统故障）和 4LBM001KA6（直流系统接地故障）；4LKY431JA 下游负荷为 4ATE622RS 电热水箱电加热器，其控制及反馈接线通过 4LKY431JA 的二次插接线引出后与 4ATE411JA 控制电源关联，二次接插件上 4ATE622RS 的反馈接线绝缘破损后接地，产生过电流导致 4ATE411JA 保护跳闸，触发 4ATE001KA
消缺行动	电气处理反馈： 1）4LKY431JA 抽屉一、二次插接件及接线灼伤严重，对一次电缆进行修复、重新敷设 4LKY431JA 二次电缆； 2）断开 4LKY 系统直流电源 4LBM109JA，更换二次插接件

续 表

相关知识	1）由于某个负荷开关二次侧反馈接线原因导致的上游总开跳闸，可通过执行 TCA 将故障开关反馈接线拆除，便可以正常投运总开关，进而将故障影响范围减小，降低机组风险； 2）断开直流控制电 4LBM109JA，将导致 4LKY001TB 下游负荷开关失去控制及保护功能	
参考资料信息	维修日报 2018 年 11 月 26 日； WR/WOT：469387/01064942-01	
编　　者	运行二处一值：石兴强	时间：2019 年 02 月 15 日

3.12 汽轮机轴封系统(CET)

4CET 由主蒸汽切换到辅助蒸汽供应的过程中 4CET004VV 阀门卡涩导致切换失败

异常缺陷名称	4CET 由主蒸汽切换到辅助蒸汽供应的过程中 4CET004VV 阀门卡涩导致切换失败
发生时间	2018 年 01 月 03 日夜班
机组状态	NS/SG 模式
异常缺陷现象	4CET 由主蒸汽切换到辅助蒸汽供应过程中 4CET004VV 阀门卡在 10.6%开度不动(其要求开度已达 33%并持续增大)。4CET002VV 从 73%的初始开度按照一定的速率逐渐减小。轴封供汽压力降低，为了保证汽轮机轴封压力正常，运行将 4CET 重新切回到 VVP 供应，主控出现 4CET323KA(蒸汽选择器故障)报警，4CET002VV 重新开回到初始开度约 73%
风险或潜在后果	影响机组下行；4CET 供汽压力降低，可能导致汽轮机轴封失效而漏蒸汽
干预行动	已采取的行动措施： 1)为了保证汽轮机轴封压力正常，运行将 4CET 重新切回到 VVP 供应； 2)联系维修机械和仪控专业处理
原因分析	CET 系统 SVA 供汽调节阀 4CET004VV 卡涩在 10.6%开度无法按逻辑继续开大；重新切换至 VVP 供汽过程中，由于 4VVP001VV 始终为开启状态(无由关闭到开启的脉冲信号)，导致顺控模块无法收到正确重新切至 VVP 的反馈信号，进而触发 4CET323KA(蒸汽选择器故障)报警
消缺行动	机械处理反馈： 机械对 4CET004VV 机械卡涩问题进行处理，缺陷处理后阀门正确响应。 仪控处理反馈： 仪控对 VVP 选择信号的 RS 触发器进行信号强制，消除 4CET323KA(蒸汽选择器故障)，取消强制后，将 CET 由主蒸汽切换到辅助蒸汽供应，阀门正常动作，顺利完成切换

续　表

相关知识	执行4CET010KC从VVP切换为SVA，会发送SVA开启信号和VVP关闭信号。在开始阶段，4CET003VV正常开启，4CET002VV正常按照固定斜率开始关闭，4CET004VV正常调制开启，开度超过5%，顺序控制逻辑判定SVA切换成功。根据逻辑4CET004VV会调制开大，过程中由VVP和SVA共同维持CET轴封压力，直至4CET002VV关闭后由4CET004VV单独维持CET轴封压力。 切换过程出现故障后若切换过程中使用4CET010KC重新选择VVP，4CET002VV重新切换回PID控制，开度将根据轴封压力进行调节，以保证蒸汽压力在5 kPa。整个过程将因4CET001VV始终是开启状态，无法触发由关到开的脉冲信号，导致4CET002VV开启相关的顺序控制模块无法往下执行，4CET010KC始终无法收到VVP切换成功的反馈，产生4CET323KA。仪控通过强制恢复VVP选择信号的RS触发器，消除4CET323KA。重新执行切换	
参考资料信息	运行二处：《运行二处内部经验反馈——4CET由VVP切换到辅助蒸汽供应的异常处理过程》	
编　　者	运行二处一值：胡松辉	时间：2019年02月13日

3.13 凝结水抽取系统(CEX)

3.13.1 3CEX025VL/026VL 在一层切至手动，导致 3ADG 除氧器液位持续降低

异常缺陷名称	3CEX025VL/026VL 在一层切至手动，导致 3ADG 除氧器液位持续降低
发生时间	2016 年 09 月 01 日早班
机组状态	3 号机组调试启动阶段
异常缺陷现象	13:26，KIC 触发 3ADG004KA，除氧器液位低报警，操纵员迅速查看 ADG 画面，确认除氧器液位从初始 300 mm 下降至 150 mm；经检查当前阀门状态，确认 3CEX026VL 开度 20%，3CEX025VL 开度为 0，3CEX025VL/026VL，3ADG002KU 均在手动位置(MCTRL)
风险或潜在后果	导致除氧器液位无法自动控制，如果不及时采取措施进行干预，ADG 液位下降至-850 mm 时将触发 APA 泵全停，进而导致 SG 液位触发反应堆停堆
干预行动	已采取的行动措施： 1)当班值立即响应，操纵员立即执行报警卡，查看 3CEX025/026VL 开度情况，根据无扰切换的 TOI(TOI-3-ADG-16-025 除氧器液位手动切自动规定)，准备将 3CEX025VL 手动开大，将水位调整至 300 mm 后，再将控制器切回自动控制，但发现无法开大阀门，除氧器液位还在持续下降； 2)阀门无法开大可能是就地阀门卡死，立即安排现场人员去就地核实 3CEX025VL 状态，确认是否卡死。就地确认气动阀供气状态正常，阀门没有异常； 3)安排人员至旁路电动阀 3CEX011VL 就地待命，在各种方式无法都远控调节 ADG 除氧器水位时，随时准备与主控建立热线联系，就地操作电动阀调节开度进行干预，保证除氧器流量供应； 4)为避免除氧器液位继续下降，下插控制棒，降低反应堆功率，减少 SG 的给水流量，维持 ADG 除氧器液位。反应堆功率由 9% Pn 下降至 7%Pn，ADG 除氧器水位稳定不再下降； 5)立即 oncall 仪控、机械维修人员进行排查，经仪控人员排查，3CEX025VL 阀门输出模块在一层被置为手动，导致无法在二层对 3CEX025VL 进行控制；

续 表

干预行动	6）经确认无其他异常后，要求仪控人员将3CEX025VL输出切回自动控制； 7）主控操纵员通过调节3CEX025VL开度，将3ADG除氧器水位恢复至300 mm后，将3CEX025VL/026VL、3ADG002KU切回自动； 8）经过观察，除氧器水位自动控制功能恢复，没有异常； 9）恢复反应堆功率至9%，异常结束	
原因分析	3CEX025VL输出模块被置于手动，进而水位调节器及3CEX025VL/026VL自行进入手动保持状态	
消缺行动	仪控处理反馈： 1）处理进展：除氧器液位控制恢复自动。 2）处理措施：将3CEX025VL输出模块恢复自动后，反馈主控调整除氧器液位到正常水位后，恢复3CEX025VL/026VL和3ADG002KU自动控制。 3）故障原因分析：3CEX025VL输出模块被处于手动，进而水位调节器及3CEX025VL/026VL自行进入手动保持状态	
相关知识	当由于某种原因（如液位偏差大于100 mm）导致3ADG002KU和3CEX025VL同时由自动切至手动后，进行切回自动时： 1）通过手动控制3CEX025VL调节3ADG液位至整定值（300 mm）； 2）根据3CEX025VL计算出3ADG002KU输出值并在OOM中输入该值； 3）将3CEX025VL置于自动，然后再将3ADG002KU置于自动。 说明：3CEX026VL无手动，直接通过3ADG002KU控制。 3ADG002KU输出值 = 0.8 × 3CEX025VL开度 + 8%（计算时以3CEX025VL开度输出值为准）	
参考资料信息	运行二处：《运行二处内部经验反馈——3ADG除氧器液位持续降低响应始末》	
编　者	运行二处一值：谷铁	时间：2019年02月16日

3.13.2　主控巡盘发现 3CEX025VL 开度在 12%~20%之间跳变

异常缺陷名称	主控巡盘发现 3CEX025VL 开度在 12%~20%之间跳变
发生时间	2017 年 02 月 06 日早班
机组状态	RP 模式，并网后继续执行 D15 以 1 MW/min 速率提升功率至 836 MW
异常缺陷现象	主控巡盘发现 3CEX025VL 开度在 12%~20%之间跳变，现场发现 3CEX025VL 阀门振动大，3CEX025VL 开度真实波动，主控观察 3CEX001/002/003MD 在 1400~2700 m^3/h 之间波动，3CEX002PO 和 3CEX003PO 电流在 106 A 和 145 A 之间波动
风险或潜在后果	引起凝泵电流和出口流量剧烈变化，威胁凝结水泵运行安全
干预行动	已采取的行动措施： 1）手动干预控制除氧器液位，液位稳定后，重新恢复除氧器液位自动控制； 2）加强关注凝结水泵电流、出口压力和流量波动情况以及泵运行参数； 3）oncall 维修仪控、机械检查处理
原因分析	3CEX025VL 阀杆联轴器与气动执行机构立柱间隙不均匀
消缺行动	机械处理反馈： 1）处理过程： ①仪控检查 3CEX025VL 阀门定位器功能正常无故障； ②确认阀门处于失气状态，拆开阀杆联轴器连接螺栓； ③对联轴器进行清理，两边进行倒角； ④回装联轴器，对 3CEX025VL 阀杆联轴器与气动执行机构立柱间隙调整。 2）故障原因分析：3CEX025VL 阀杆联轴器与气动执行机构立柱间隙不均匀。故障原因分析：联轴器与支架之间，间隙不均匀
相关知识	当由于某种原因（如液位偏差大于 100 mm）导致 3ADG002KU 和 3CEX025VL 同时由自动切至手动后，进行切回自动时： 1）通过手动控制 3CEX025VL 调节 3ADG 液位至整定值（300 mm）； 2）根据 3CEX025VL 计算出 3ADG002KU 输出值并在 OOM 中输入该值； 3）将 3CEX025VL 置于自动，然后再将 3ADG002KU 置于自动。 说明：3CEX026VL 无手动，直接通过 3ADG002KU 控制。 3ADG002KU 输出值 = 0.8 × 3CEX025VL 开度 + 8%（计算时以 3CEX025VL 开度输出值为准）

续 表

参考资料信息	维修二处：仪控完工报告《FQ3-MA01-RCWO-00510202/02 维修一级：3CEX025VL 阀杆联轴器调整》、机械完工报告《FQ3-MA03-RCWO-00510202/01 3CEX025VL 阀门控制性能检查》； WR/WOT：00212245/00510202-01、00510202-02（计划工单）	
编　　者	运行二处一值：谷铁	时间：2019 年 09 月 13 日

3.13.3　3CEX025VL 在机组升功率时调节存在波动

异常缺陷名称	3CEX025VL 在机组升功率时调节存在波动
发生时间	2018 年 02 月 23 日早班
机组状态	RP 模式，以 0.5 MW/min 速率提升功率
异常缺陷现象	3 号机组升功率期间，3CEX025VL 在自动控制时，多次出现大幅波动（8%～17%），导致 ADG 的 CEX 补水流量大幅变化，同时由于汽轮机抽气量变化，汽轮机振动同时也增加，一回路平均温度大幅波动。当班值在仪控的配合下 3 次放自动控制后，每次稳定约25 min 后，均会再次出现波动
风险或潜在后果	3CEX025VL 异常缺陷处理前存在的风险： 1）如果阀门阀位反馈信号长期保持，可能导致 3CEX025VL 异常关闭，凝结水流量供应不足有停机停堆风险； 2）阀门大幅度波动，将引起除氧器液位和压力的波动，进而引起除氧器加热蒸汽的波动，会影响一回路温度和 ΔI 的控制； 3）阀门异常动作可能导致 ATE 由于出口压力高跳闸，影响二回路水质； 4）阀门异常动作导致凝泵电流波动、出口流量和压力波动，影响泵的安全运行
干预行动	已采取的行动措施： 1）加强关注除氧器液位趋势变化，关注凝泵出口流量压力波动、凝泵电流波动以及凝泵运行参数变化趋势； 2）3ADG002KU 放手动控制 ADG 液位； 3）oncall 仪控、机械检查处理； 4）仪控人员继续分析波动原因（低负荷时初步分析：3ARE 液位波动导致 ADG 的单通道和三通道切换所致；但第三次放自动时，给水流量已超过单三通道切换值，怀疑其他原因）

续　表

原因分析	经检查判断为 3CEX025VL 阀杆连接件与阀座支撑架导向轨轻摩，经机械人员现场打磨导向轨后验证，阀门运行稳定，未再波动	
消缺行动	仪控处理反馈： 1）检查结果：检查阀门 PID 参数、DCS 控制回路、阀门控制气路及气源供气压力均正常，可排除仪控问题。 2）可能原因分析：结合大修前上一次的现象，阀门在小开度下波动，在功率提升后阀门开度变大后正常，初步怀疑阀门在小开度下由于前后压差大及存在轻微卡涩导致阀门动作不灵敏导致。 机械处理反馈： 1）工作过程： ①领取工作许可证，确认设备位置并建立检修隔离区域； ②用砂纸将阀门导向杆上的锈迹除掉； ③用白布将阀门导向杆清理干净； ④向联轴器与导向杆贴合部分喷涂润滑剂润滑； ⑤工作结束清理现场，归还工作许可证。 2）故障原因分析：经检查判断为 3CEX025VL 阀杆连接件与阀座支撑架导向轨轻摩，经机械人员现场打磨导向轨后验证，阀门运行稳定，观察数天未再波动	
相关知识	当由于某种原因（如液位偏差大于 100 mm）导致 3ADG002KU 和 3CEX025VL 同时由自动切至手动后，进行切回自动时： 1）通过手动控制 3CEX025VL 调节 3ADG 液位至整定值（300 mm）； 2）根据 3CEX025VL 计算出 3ADG002KU 输出值并在 OOM 中输入该值； 3）将 3CEX025VL 置于自动，然后再将 3ADG002KU 置于自动。 说明：3CEX026VL 无手动，直接通过 3ADG002KU 控制。 3ADG002KU 输出值 = 0.8 × 3CEX025VL 开度 + 8%（计算时以 3CEX025VL 开度输出值为准）	
参考资料信息	维修二处机械：完工报告《FQ3-MA01-RCWO-00860083/01 3CEX025VL 限位指示杆与支架有轻微摩擦，需打磨处理》； 运行二处：3 号机组异常反馈——3 号机组升功率期间 3CEX025VL 大幅波动； 运行二处：3、4 号机组值长日报（2018 年 02 月 26 日）； WR/WOT：00352208/00860083-01（紧急工单）	
编　　者	运行二处一值：谷铁	时间：2019 年 09 月 13 日

3.13.4 除氧器液位调节阀 3CEX025VL 故障引起 3 号机组 ADG 除氧器液位大幅波动

异常缺陷名称	除氧器液位调节阀 3CEX025VL 故障引起 3 号机组 ADG 除氧器液位大幅波动
发生时间	2019 年 02 月 23 日中班
机组状态	RP 模式，电功率 836 MWe
异常缺陷现象	中班 3 号机巡盘过程中发现 3ADG 除氧器水位大幅波动：液位整定值为 300 mm，最大一次波动范围在 170~353 mm 之间，引起除氧器液位波动，CEX 凝结水泵电流波动、出口流量和压力波动，导致 3ATE 多次跳闸(3ATE003PO 因出口压力高跳闸)
风险或潜在后果	3CEX025VL 异常缺陷处理前存在的风险： 1) 如果阀门阀位反馈信号长期保持，可能导致 3CEX025VL 异常关闭，凝结水流量供应不足有停机停堆风险； 2) 阀门大幅度波动，将引起除氧器液位和压力的波动，进而引起除氧器加热蒸汽的波动，会影响一回路温度和 ΔI 的控制； 3) 阀门异常动作可能导致 ATE 由于出口压力高跳闸，影响二回路水质； 4) 阀门异常动作导致凝泵电流波动、出口流量和压力波动，影响泵的安全运行
干预行动	已采取的行动措施： 1) 23 日中班采取的行动： ①密切监测除氧器水位、R 棒动作情况；确认自动调节系统响应正确； ②提前做好事故预想，必要时手动干预； ③oncall 维修仪控、机械处理； ④针对故障设备 3CEX025VL 采取的缓解措施： a. 运行人员监视除氧器液位，必要时手动干预； b. 设备管理与维修尽快消除缺陷。 2) 24 日夜班采取的行动： ①加强监视凝结水泵的运行情况； ②在中控室，召集运行、维修、设备管理相关人员初步讨论确定如下行动项： a. 设备管理部门评估 3CEX025VL 阀门波动大缺陷当前情况劣化可能性(经设备管理初步评估，当前无进一步恶化趋势，今天上午给出正式评估意见)； b. 运行部门做好 3CEX025VL 大幅波动的事故预想； c. 运行部门准备隔离预案；

续　表

干预行动	d. 设备管理处准备技术方案和核实备件情况，维修二处配合完成工单包、备件等的工作准备； e. 维修机械安排人员保驾，必要时配合运行人员操作 3CEX025VL； ③做好运行干预手段预想和准备：如果 3CEX025VL 缺陷继续恶化，可通过就地破坏中性点手动控制 3CEX025VL；或者将 3CEX025VL 切换到 3CEX011VL 供水。 3)24 日早班采取的行动： ①通过 3CEX011VL 开到 14.3% 开度，使 3CEX025VL 关闭、3CEX026VL 到 10%开度，完成处理 3CEX025VL 阀门反馈信号波动的现场隔离； ②发出工作许可证于； ③关注和通过 3CEX026VL 手动控制除氧器液位，3CEX 流量及除氧器液位稳定
原因分析	3CEX025VL 阀门定位器故障导致反馈信号异常波动
消缺行动	仪控处理反馈： 1)工作过程： ①检查 3CEX025VL 定位器参数并做好记录； ②关闭 3CEX025VL 供气阀 3CEX9025VA； ③打开 3CEX025VL 定位器、阀位反馈器盖子，拆除定位器、阀位反馈器接线并做好拆线记录； ④按照技术方案拆除 3CEX025VL 定位器气源管线接头并拆除定位器、阀位反馈器； ⑤按照技术方案回装 3CEX025VL 定位器、阀位反馈器新备件并回装气源管线接头； ⑥按拆线记录恢复 3CEX025VL 定位器、阀位反馈器接线； ⑦打开 3CEX025VL 供气阀 3CEX9025VA； ⑧根据《FQY-CEX-M-I003 CEX025VL 阀门特性检查》维修规程对 3CEX025VL 进行特性检查，并将检验合格的参数记录在校验单上； ⑨检查 3CEX025VL 新定位器参数并做好记录； ⑩回装 3CEX025VL 定位器、阀位反馈器盖子； ⑪联系主控操作 3CEX025VL 验证合格； 2)故障原因分析：3CEX025VL 阀门定位器故障导致反馈信号异常波动

续　表

相关知识	当由于某种原因(如液位偏差大于 100 mm)导致 3ADG002KU 和 3CEX025VL 同时由自动切至手动后，进行切回自动时： 1)通过手动控制 3CEX025VL 调节 3ADG 液位至整定值(300 mm)； 2)根据 3CEX025VL 计算出 3ADG002KU 输出值并在 OOM 中输入该值； 3)将 3CEX025VL 置于自动，然后再将 3ADG002KU 置于自动。 说明：3CEX026VL 无手动，直接通过 3ADG002KU 控制。 3ADG002KU 输出值 = 0.8 × 3CEX025VL 开度 + 8%(计算时以 3CEX025VL 开度输出值为准)
参考资料信息	运行二处：3 号机组异常反馈——3 号机组除氧器液位大幅波动，怀疑为 3CEX025VL 调节性能不佳导致； 运行二处：3、4 号机组值长日报(2019 年 02 月 24 日)； WR/WOT：00509416/01155929-01(计划工单)，工作许可证 3PI05143(3CEX025VL 阀门定位器更换及整定)
编　　者	运行二处一值：谷铁　　　　时间：2019 年 09 月 13 日

3.13.5　2ADG 除氧器液位控制阀门 2CEX025VL/2CEX026VL 异常切手动

异常缺陷名称	2ADG 除氧器液位控制阀门 2CEX025VL/2CEX026VL 异常切手动
发生时间	2015 年 11 月 16 日中班—11 月 17 日中班
机组状态	RP 模式，电功率 840 MWe
异常缺陷现象	16 日 19:00，2 号主控操纵员巡盘发现 2ADG002KU/2CEX025VL/2CEX026VL(除氧器液位控制回路)处于手动控制状态。立即查看除氧器液位及其变化趋势，发现除氧器液位从 16:11 左右切手动，随后液位缓慢上升至 360 mm。 17 日 16:01，主控室再次出现 2ADG002KU/2CEX025VL/2CEX026VL 切手动的现象，除氧器液位下降至 280 mm
风险或潜在后果	导致除氧器液位控制异常切手动，丧失自动控制，引起除氧器液位控制偏差
干预行动	已采取的行动措施： 1)主控调整除氧器液位到正常值后，恢复 2CEX002KU、2CEX025/026VL 自动，并保持关注； 2)安排现场检查 2CEX025/026VL 阀门供气情况，未见异常； 3)oncall 仪控检查处理

续　表

原因分析	2CEX025VL 阀位控制命令回路信号比较器处接线松动	
消缺行动	仪控处理反馈： 1）工作过程： ①确认机组功率稳定； ②执行工作方案《FQ2-MA-TD-I15067 2ADG 液位控制回路异常切手动缺陷处理方案》； ③确认接线紧固，故障消除。 2）故障原因分析：2CEX025VL 阀位控制命令回路信号比较器处接线松动	
相关知识	当由于某种原因（如液位偏差大于 100 mm）导致 2ADG002KU 和 2CEX025VL 同时由自动切至手动后，进行切回自动时： 1）通过手动控制 2CEX025VL 调节 2ADG 液位至整定值（300 mm）； 2）根据 2CEX025VL 计算出 2ADG002KU 输出值并在 OOM 中输入该值； 3）将 2CEX025VL 置于自动，然后再将 2ADG002KU 置于自动。 说明：2CEX026VL 无手动，直接通过 2ADG002KU 控制。 2ADG002KU 输出值 = 0.8 × 2CEX025VL 开度 + 8%（计算时以 2CEX025VL 开度输出值为准）	
参考资料信息	维修一处仪控：完工报告《FQ2-MA03-RCWO-00175888/01 2CEX025VL 阀位控制命令回路接线检查——处理 ADG 液位控制异常切手动缺陷》《FQ2-MA-TD-115067 2ADG 液位控制回路异常切手动缺陷处理方案》； WR/WOT：00082839/00175888-01（紧急工单）	
编　　者	运行二处一值：谷铁	时间：2019 年 02 月 16 日

3.14 凝汽器真空系统(CVI)

3.14.1 4CVI301PO 真空泵启动运行时电流、振动大

异常缺陷名称	4CVI301PO 真空泵启动运行时电流、振动大
发生时间	2018 年 02 月 22 日中班
机组状态	RP 模式，电功率 836 MWe
异常缺陷现象	4CVI301PO 检修启动后，运行电流 280A(正常运行电流约 230A)，偏大。就地检查反馈泵体异音和振动偏大(最大振动值为泵驱动端水平方向 7.1 mm/s，标准为 4.5 mm/s)。4CVI301PO 对应分离罐液位也存在波动情况
风险或潜在后果	导致一台凝汽器抽真空泵不可用，使抽真空系统失去一台冗余备用
干预行动	已采取的行动措施： 停运 4CVI301PO，并 oncall 维修机械专业检查
原因分析	泵本体级间止回阀存在密封不严，级间止回阀的垫片有部分缺失，垫片内圈(未被压实部分)存在裂痕(3/4 圈)
消缺行动	机械处理反馈： 依据经验反馈，4CVI101PO 于 2017 年 07 月 11 日出现过电流偏大(约 280 A)、对应分离罐的液位先急剧下降(自动补水阀 4CVI107VD 开启后液面开始恢复)后逐渐恢复，持续运行了 33 h 停泵。3.5 h 后再次启泵电流未出现电流偏大现象、分离罐液位也未出现急剧下降情况。原因为： 1)编号 1、6 位置泵与分离罐的两路气液相平衡管线节流孔板缺失，导致真空泵正常运行时，泵内部工作液从该管流向分离罐的流量增大。从而导致泵内部工作液减少，抽气量增加，使泵运行负荷增大。导致电机电流增大、泵组运行异常； 2)工作液不足，造成二级泵腔的工作液不足以形成稳定的密封水环。使得二级泵腔抽气能力不稳定，造成泵间歇性异响。 经咨询厂家，防城港电厂真空泵型号与我厂型号一致，均为 AT-3006E 型。防城港此前也出现过真空泵电流持续偏高现象，经调整图 1 编号 1~6 处的节流孔板孔径后，泵运行恢复正常。 结合该经验反馈及厂家经验，经过内部讨论认为 4CVI301PO 电流偏高及振动大的原因可能为： 1)泵与分离罐的两路气相平衡管线节流孔板、两侧喷淋及两侧工作液节流孔板缺失；

续 表

消缺行动	2)泵与分离罐的两路气相平衡管线节流孔板、两侧喷淋及两侧工作液节流孔板尺寸不合适; 3)动静部分可能存在轻微碰磨。 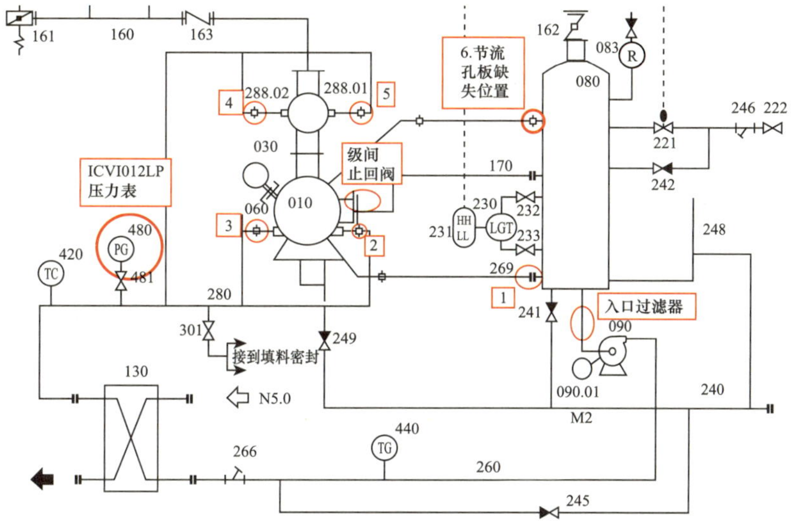 **图 1** 根据上述分析,机械制定如下行动计划: 1)检查泵组 6 处孔板是否存在堵塞、缺失、尺寸有偏差情况; 2)如孔板存在异常则纠正后再次进行启泵验证; 3)若未发现孔板异常则进行泵解体检查。 根据泵组 6 处孔板的排查情况,机械班组内部讨论,做如下排查: 1)泵组 1~5 处的孔板与厂家设计尺寸一致,原样回装; 2)根据厂家尺寸,加工编号 6 处的节流孔板进行回装(排查孔板过程中发现,该处孔板的厚度与 1、2 号机组相差较大),启泵验证电流仍旧偏高; 3)增加步骤排查 4CVI302PO 入口滤网 4CVI302FI 是否堵塞; 4)完成节流孔板及 4CVI302FI 排查后再次进行启泵验证问题未解决; 5)对 4CVI301PO 级间止回阀进行解体检查。级间止回阀的垫片有部分缺失,垫片内圈(未被压实部分)存在裂痕(3/4 圈)。初步怀疑级间止回阀密封垫开裂胶条偶发搭在级间止回阀密封面上,导致级间止回阀密封不严,经处理后重新启泵验证,缺陷消除
相关知识	凝汽器抽真空泵为两级液环式电动真空泵,若泵本体级间密封不良,真空泵运行负荷增加,运行电流会升高

续　表

参考资料信息	维修日报 2018 年 03 月 01 日； WR/WOT：00908045-01	
编　　者	运行二处一值：高鹏威	时间：2019 年 03 月 12 日

3.14.2　3CVI011SN 触发 H2 保护停运 3CVI101PO 并联锁启动 3CVI201PO

异常缺陷名称	3CVI011SN 触发 H2 保护停运 3CVI101PO 并联锁启动 3CVI201PO	
发生时间	2018 年 05 月 24 日中班	
机组状态	RP 模式，电功率 1080 MWe	
异常缺陷现象	3CVI101PO 的分离罐液位开关 3CVI011SN 触发 H2 延时 10 min 导致 3CVI101PO 保护停运，3CVI201PO 联锁启动	
风险或潜在后果	3CVI101PO 一直存在保护停泵信号，抽真空泵失去一台备用泵，冗余度降低	
干预行动	已采取的行动措施： 1) 现场检查 3CVI201PO 运行正常，主控复位 3CVI201PO 联锁开关； 2) 主控查阅历史趋势分析保护停泵原因，初步判断为分离罐液位设定值较高，接近 H2 开关触发定值(350 mm)，系统运行时液位小幅波动，3CVI011SN 频繁触发导致液位开关卡涩，最终保持在触发状态，延时 10 min 保护停泵； 3) 现场对 3CVI101PO 分离罐排水至 285 mm，3CVI011SN 未复位，怀疑液位开关存在故障； 4) oncall 维修仪控人员进厂检查。 建议后续行动： 仪控对 3CVI011SN 进行手动复位并对液位开关进行检查	
原因分析	3CVI011SN 触发后卡涩，分离罐液位降低后无法自动复位	
消缺行动	仪控处理反馈： 经验证该液位开关在 250 mm 时仍旧无法自动复位，更换液位开关后故障消除	
相关知识	分离罐液位在 H2 开关触发定值(350 mm)时，延时 10 min 保护停泵	
参考资料信息	运行二处：“运行二处内部经验反馈——3CVI301PO 电流异常处理的经验反馈”； WR/WOT：00865001-01	
编　　者	运行二处一值：高鹏威	时间：2019 年 03 月 20 日

3.14.3　4CVI101PO 自动启动后显示故障洋红，就地检查供电开关 4LKQ461JA 故障灯亮

异常缺陷名称	4CVI101PO 自动启动后显示故障洋红，就地检查供电开关 4LKQ461JA 故障灯亮，存在接地故障报警
发生时间	2017 年 09 月 20 日中班
机组状态	RP 模式，电功率 1072 MWe
异常缺陷现象	主控相继触发 4CVI111KA(自动启动真空泵组 A(备用))、4CVI503KA(真空泵 A 总故障)、4CVI504KA(真空泵 A 开关柜故障)、4CVI501KA(真空泵 A 启动故障)、4LKQ001KA3(开关柜故障)报警，查看画面 4CVI011SP-1 触发。4CVI101PO 自动启动后显示故障洋红，就地检查供电开关 4LKQ461JA 故障灯亮，存在接地故障报警
风险或潜在后果	一台抽真空泵不可用，凝汽器抽真空泵失去一路冗余备用
干预行动	已采取的行动措施： oncall 维修电气检查
原因分析	4LKQ461JA 接地保护动作，开关接地保护整定值延时时间与定值手册相比偏小(现场实际为 0.1 s，定值手册为 0.2 s)，4CVI101PO 启动后三相电流不平衡超过开关跳闸定值
消缺行动	电气处理反馈： 1)现场核实缺陷，4LKQ461JA 故障灯亮，显示 G Protection(接地保护动作)； 2)与主控沟通，开紧急票处理，复位故障报警，测量下游电机 4CVI101MO 绝缘 550 MΩ，三相直阻(AB-30.72 MΩ、BC-30.72 MΩ、AC-30.73 MΩ)不平衡度为 0.03%； 3)对 4LKQ461JA 二次回路接线进行检查无异常后紧固各端子接线； 4)查看 4LKQ461JA 接地保护定值为 126 A，0.1 s； 5)与设备管理处人员确认，4LKQ461JA 生效中的接地保护定值为 126 A，0.2 s； 6)开启 QDR，依据 4LKQ461JA 生效中的接地保护定值清单将 4LKQ461JA 接地保护定值更改为 126 A，0.2 s； 7)与主控沟通，主控远方启动 4CVI101MO 并录波，运行正常
相关知识	转机设备启动时会存在三相电流不平衡情况，若继电器延时过短则会导致转机设备跳闸；若延时继电器设置过长，也曾出现过故障开关无法跳闸导致越级跳上游母线的情况

续 表

参考资料信息	维修二处：完工报告《FQ4-MA02-RCWO-00711827/01》； 维修日报 2017 年 09 月 21 日； WR/WOT：00291989/711827-01(紧急工单)	
编　　者	运行二处一值：王敏	时间：2019 年 04 月 13 日

3.14.4　4CVI 泵气液分离罐液位异常波动

异常缺陷名称	4CVI 泵气液分离罐液位异常波动
发生时间	2019 年 10 月 05 日中班
机组状态	RP 模式，电功率 1075 MWe
异常缺陷现象	中班发现停运的凝汽器抽真空泵(1 号和 2 号)气液分离罐液位波动，频繁触发自动补水。补水阀 4CVI107VD、4CVI207VD 频繁开启，4CVI107VD 开启频率约 3.5 min 开启一次。4CVI207VD 开启频率约 30 min 开启一次。4CVI101ZE、4CVI201ZE 液位在 180~250 mm 持续波动
风险或潜在后果	补水阀频繁动作有损坏风险，分离罐液位波动影响真空泵组运行及备用可靠性
干预行动	已采取的行动措施： 1)查阅逻辑图、模拟图及定值手册，判断阀门动作正常，液位真实波动； 2)现场对各疏水阀进行在线检查未发现异常； 3)液位波动初始阶段，三台气液分离罐液位均有所下降，怀疑是 4CVI 排气至 8DVN 的管线内凝结水过多，从而引起排气不畅导致管线压力增加，导致气液分离罐内的水在压力作用下从溢流管线流出，引起液位波动，触发自动补水； 4)查阅经验反馈及良好实践，类似情况在 402 大修期间曾发生一次，通过 4CVI 排气由 8DVN 切换至大气的方式解决，但目前机组处于功率运行，不能切换至排大气； 5)查阅经验反馈及良好实践，类似情况在 2 号机组发生一次，通过 2CVI 排气管线疏水方式解决，可供参考。 最终确定方案：开启 4CVI346VA 对 4CVI 排气管线进行疏水。

续　表

干预行动	疏水风险分析及应对措施： 风险一：开启疏水阀，可能导致 8DVN 管线内气体意外释放，存在放射性气体排放的风险。 分析及应对措施：疏水点选择为 4CVI 排气管线最低点，确保有效疏水，避免排气；在疏水前，核对 3、4 号机组无 KRT002/003/004/007/032/033/034/042/043/044MA 报警；且 CVI 排气管线内应为负压，疏水过程中有可能吸气，气体排放风险可消除。如现场开启阀门无水流出，则立即关闭阀门。 风险二：现场 4CVI346VA 排往 SEO，但疏水为二回路水，不满足直接往环境排放的条件。 分析及应对措施：通过临时装置(盆和桶)接收疏水，收集后排放至常规岛厂房 SEK2 坑。 风险三：4CVI346VA 位于 GB 沟，操作人员存在窒息风险。 分析及应对措施：操作人员携带氧表，定时测量环境氧含量
原因分析	凝汽器抽汽中含有蒸汽，在 4CVI 排气至 8DVN 的管线内冷凝成水。冷凝水聚集在排气管道最低处，随着水量逐渐增加形成水封，引起排气不畅，导致管线压力增加，进而引起气液分离罐内的水在压力作用下从溢流管线流出。液位下降后触发自动补水，补水停止后在压力左右下再液位再次下降，既而造成液位的周期性频繁波动
消缺行动	运行处理反馈： 1)编制 4CVI 排气管道排水临时操作票； 2)现场根据临时操作票进行排水； 3)主控关注凝汽器真空、气液分离罐液位等参数和相关 KRT 仪表报警； 4)现场排水两桶后，主控观察到气液分离罐液位恢复稳定，自动补水停止
相关知识	因 4CVI346VA 排水口离地面太近，需准备盆接水，然后倒进桶里，再排放至 SEK2 坑
参考资料信息	运行二处：《FQ3-CVI-C-011 3CVI 排气管线定期疏水》
编　　者	运行二处一值：高鹏威　　　时间：2019 年 12 月 30 日

3.14.5 执行 3CVI101PO 隔离过程中高加出口溶氧升高

异常缺陷名称	执行 3CVI101PO 隔离过程中高加出口溶氧升高	
发生时间	2017 年 04 月 20 日夜班	
机组状态	RP 模式，电功率 1089 MWe	
异常缺陷现象	夜班执行隔离 3PW13843(清洗 3CVI102FI 密封水泵入口过滤器滤网)。隔离过程为先断开真空泵电源，再将真空泵凝汽器侧手动阀关闭，再打开排水阀疏水。 现场打开疏水阀后主控发现高加出口溶氧量迅速升高，主控立即令现场重新关闭疏水阀，溶氧量下降为正常值。现场使用 F 扳手重新紧固 3CVI101VA，重新打开疏水阀，高加出口溶氧不变	
风险或潜在后果	二回路溶氧量升高，影响对二回路水质的控制，存在潜在机组后撤风险	
干预行动	已采取的行动措施： 主控立即令现场重新关闭疏水阀，溶氧量下降为正常值	
原因分析	启动阀 3CVI102VA 内漏，在 3CVI101VA 未关严状态下空气通过疏水阀 3CVI106VD(隔离操作时被打开)、3CVI108VD(隔离操作时被打开)、3CVI101ZE、3CVI102VA、3CVI101VA 进入凝汽器，导致高加出口溶氧出现偏高	
消缺行动	运行处理反馈： 主控立即令现场重新关闭疏水阀，溶氧量下降为正常值	
相关知识	1)隔离较大手动阀时需用力确认阀门已关严(必要时经值长同意使用 F 扳手)； 2)少量空气进入凝汽器，单台真空泵运行凝汽器真空不会受影响，高加出口溶解氧会出现大幅变化	
参考资料信息	eSOMS 日志	
编　　者	运行二处一值：高鹏威	时间：2019 年 12 月 30 日

3.15 电气厂房冷冻水系统(DEL)

3.15.1 风冷机组 4DEL003GF 在 4LKC2181JA 推入送电时，主控显示洋红色，4DEL003GF 无法启动

异常缺陷名称	风冷机组 4DEL003GF 在 4LKC2181JA 推入送电时，主控显示洋红色，4DEL003GF 无法启动
发生时间	2017 年 01 月 23 日早班
机组状态	RCD 模式，机组尚未装料(调试阶段)
异常缺陷现象	主控存在 4DEL003KA(003GF 故障报警)，经排查发现是 4LKC2181JA(负荷为 4DEL101AR)开关推入后导致的，且 KIC 查看 4DEL003GF 故障类型为 MCC 故障
风险或潜在后果	导致 4DEL003GF 无法启动
干预行动	已采取的行动措施： oncall 维修电气检查处理
原因分析	4LKC2181JA 抽屉的 110 V 控制电源开关未合闸
消缺行动	电气处理反馈： 1)缺陷描述：4DEL003GF 在 4LKC2181JA 推入送电时，主控显示洋红色，4DEL003GF 无法启动。 2)原因分析：4LKC2181JA 抽屉的 110 V 控制电源开关未合闸。 3)处理措施： ①与值长沟通，与运行人员一起到现场查看。 ②现场初步查看发现 4LKC2181JA 抽屉 110 V 控制电源空开 003JA 处于断开状态，与主控沟通由运行人员将未合上的 110 V 控制电源空开 003JA 合上，主控显示配电盘故障报警消失；但同时主控仍存在 4DEL003KA(003GF 故障报警)，4DEL003GF 显示洋红色，无法启动。 ③与主控沟通后直接开启紧急维修处理，检查发现 4DEL003GF 就地显示通信故障和流量开关两个故障无法复位，运行在启动 4DEL003PO 后，流量开关故障消失，当将 4LKC2181JA 推入送电后，通信故障复位；4DEL003GF 就地不存在报警，与主控沟通由运行人员将 4DEL003GF 从远控打到就地，运行就地启动 4DEL003GF，就地可以启动 4DEL003GF，主控洋红色消失。

续 表

消缺行动	④与主控沟通，由主控与仪控确认在就地侧启动 4DEL003GF 之前有没有发出过关命令后再将 4DEL003GF 切回远控；现目前主控洋红色消失，配电盘故障报警消失，4DEL003KA(003GF 故障报警)消除，4DEL003GF 能启动	
相关知识	产生 DEL003KA 报警的原因：冷水机组的一个或两个制冷剂回路上的保护装置跳闸。双回路之一的故障将导致 DEL 003GF 机组 50%失效或由于事故而全部停机。若机组故障无法排除，则意味着 DVC 系统失去冷源并将导致所服务的主控室 DCS 设备将无法正常运行，进而会影响到整个电站的运行安全。 在 H1 工况下，储罐 DEL002BA 可维持 12~15 min 的时间；在此之后，应尽快排出故障并将 DEL 003GF 启动	
参考资料信息	维修二处：“oncall 反馈——4LKC2181JA 推入送电后报故障，4DEL003GF 无法启动处理进展反馈”； 维修二处：完工报告《FQ4-MA02-RCWO-00496757/01 4DEL101AR 上游开关送电后 4DEL003GF 显示故障，需电气检查处理》； WR/WOT：00208817/00496757-01(紧急工单)	
编　　者	运行二处一值：谷铁	时间：2019 年 03 月 21 日

3.15.2 主控出现 4DEL003KA 003GF 综合故障，4DEL003GF 触摸屏黑屏

异常缺陷名称	主控出现 4DEL003KA 003GF 综合故障，4DEL003GF 触摸屏黑屏
发生时间	2018 年 04 月 08 日夜班
机组状态	RP 模式，电功率 1089 MWe
异常缺陷现象	01:21，4 号主控出现 4DEL003KA 003GF 综合故障，现场查看控制柜 POWER 灯正常亮起，但显示屏黑屏
风险或潜在后果	4DEL003GF 黑屏导致设备无法启动，不可用，产生 GEN8
干预行动	已采取的行动措施： oncall 仪控检查处理
原因分析	4DEL003GF 触摸屏损坏
消缺行动	仪控处理反馈： 处理措施：4DEL003GF 触摸屏损坏，更换触摸屏备件

续　表

相关知识	在 H1 工况发生时，则两台水冷式冷冻机组失效，此时可启动 DEL003GF 为 DVC 主控室通风提供冷冻水，确保主控的在正常温度范围	
参考资料信息	维修二处：“oncall 反馈——4DEL003GF 触摸屏黑屏处理情况反馈”； WR/WOT：00371560/00892226-01（紧急工单）	
编　　者	运行二处一值：谷铁	时间：2019 年 02 月 11 日

3.15.3　4DEL002GF 显示屏上冷却水阀开度在快速波动（波动范围大约在 11%~16%）

异常缺陷名称	4DEL002GF 显示屏上冷却水阀开度在快速波动（波动范围大约在 11%~16%），现场检查冷却水阀 4DEL200VN 并未动作
发生时间	2017 年 12 月 07 日夜班
机组状态	RP 模式，电功率 1089 MWe
异常缺陷现象	巡检发现 4DEL002GF 显示屏上冷却水阀开度在快速波动（波动范围大约在 11%~16%），现场检查冷却水阀 4DEL200VN 并未动作
风险或潜在后果	经和维修仪控确认当前不影响 4DEL002GF 正常运行
干预行动	已采取的行动措施： oncall 仪控检查处理 注：仪控检查后反馈是由于控制阀门 4DEL200VN 的冷凝温度波动导致，而冷凝温度是由排气压力换算过来的，对于排气压力波动问题，反馈需要对排气压力表进行更换，但是在 4DEL002GF 运行时更换排气压力表可能导致 4DEL002GF 跳闸，将 4DEL002GF 切换至 4DEL001GF 运行之后再进行处理
原因分析	经现场检查与分析，初步判断 4DEL002GF 1 号压缩机排气压力变送器故障，测量出的排气压力不稳定（排气压力小幅度波动），使阀门开度命令快速波动。 经检查处理后确认故障原因为：4DEL002GF 1 号压缩机排气压力变送器 4DEL102MP 仪表漂表
消缺行动	仪控处理反馈： 1）工作过程： ①核实压力变送器备件库存情况，并领取备件； ②运行人员进行 4DEL 切列工作，停运 4DEL002GF；

续　表

消缺行动	③维修人员在 4DEL002GF 停运后进一步的检查和维修工作。 4DEL002GF 停运后处理过程： ①关闭 4DEL102MP 仪表阀，拆除 4DEL102MP 仪表； ②更换新的 4DEL102MP 仪表； ③打开 4DEL102MP 仪表阀，投用仪表； 2)故障原因分析确认：经检查确认故障原因为 4DEL002GF 1 号压缩机排气压力变送器 4DEL102MP 仪表漂表	
相关知识	控制阀门 4DEL200VN 的冷凝温度是由排气压力换算而来	
参考资料信息	维修二处：“oncall 反馈——4DEL200VN 开度快速波动问题处理”； 维修二处：完工报告《FQ4-MA03-RCWO-00769264/01 更换 4DEL002GF 1 号压缩机排气压力变送器 4DEL101MP》； WR/WOT：00318486/00769264-01(计划工单)	
编　　者	运行二处一值：谷铁	时间：2019 年 02 月 11 日

3.15.4　主控出现 1DEL003KA：003GF 综合故障

异常缺陷名称	主控出现 1DEL003KA：003GF 综合故障
发生时间	2017 年 11 月 17 日夜班
机组状态	RP 模式，电功率 1089 MWe
异常缺陷现象	05:43:36 主控出现 1DEL003KA：003GF 综合故障，现场检查配电盘，AR 箱均未发现异常
风险或潜在后果	导致风冷机组 1DEL003GF 不可用，产生 IO：GEN8
干预行动	已采取的行动措施： 1)oncall 机械进行检查； 2)将 1DEL003GF 隔离，以便机械进行补油； 3)加油后，解除 1DEL003GF 的隔离，现场验证无报警。发现 1 号压缩机本体排油阀有渗漏
原因分析	1 号压缩机本体排油阀渗漏，导致缺油
消缺行动	机械处理反馈： 1)联系电气人员拆除 1 号压缩机的油加热器接线； 2)连接手动加油泵与机组加油阀门，接紧前手动加油排空； 3)手动加油，关注油位大于 2/3 时停止加油(加油量 8 L)； 4)联系运行恢复送电，报警消除

续　表

相关知识	产生 DEL003KA 报警的原因：冷水机组的一个或两个制冷剂回路上的保护装置跳闸。双回路之一的故障将导致 DEL 003GF 机组 50%失效或由于事故而全部停机。若机组故障无法排除，则意味着 DVC 系统失去冷源并将导致所服务的主控室 DCS 设备将无法正常运行，进而会影响到整个电站的运行安全。 在 H1 工况下，储罐 DEL002BA 可维持 12~15 min 的时间；在此之后，应尽快排出故障并将 DEL 003GF 启动	
参考资料信息	维修一处：完工报告《FQ1-MA01-RCWO-00757468/01 主控出现 1DEL003KA：003GF 综合故障，需检查处理》； WR/WOT：00311552/00757468-01(紧急工单)	
编　　者	运行二处一值：谷铁	时间：2019 年 02 月 11 日

3.15.5　2DEL001GF 启动过程中出现冷却流量低报警

异常缺陷名称	2DEL001GF 启动过程中出现冷却流量低报警
发生时间	2018 年 01 月 03 日中班
机组状态	MCS 模式
异常缺陷现象	执行 FQ2-DEL-C-002，将 2DEL002GF 切换至 2DEL001GF 过程中发现 2DEL001GF 有冷却流量低报警导致 2DEL001GF 无法启动
风险或潜在后果	导致 2DEL001GF 无法启动，产生第二组 I0：DEL1
干预行动	已采取的行动措施： oncall 维修仪控检查处理
原因分析	2DEL109SP 定值漂移
消缺行动	仪控处理反馈： 1)检修措施及步骤： ①现场对检查 2DEL001AR 面板显示报警故障，确认为冷却水流量低，对应设备为 2DEL109SP，关闭仪表一次阀 2DEL439/441VQ，记录接线图，拆除接线并用绝缘胶布包裹，拆下仪表 2DEL109SP； ②现场对 2DEL109SP 进行校验，仪表定值漂移，反馈班组后调整，再次校验结果合格，回装仪表，按照拆线前记录回装接线，打开仪表一次阀 2DEL439/441VQ 恢复仪表在线； ③联系运行人员，反馈仪控工作完成，后续配合启动 2DEL001GF，确认 2DEL001GF 正常启动后，反馈主控，主控通知还票。 2)故障原因分析：2DEL109SP 定值漂移

续 表

相关知识	N/A
参考资料信息	维修一处：完工报告《FQ2-MA03-RCWO-00814826/01 2DEL001GF 启动过程中出现冷却流量低报警，需对 2DEL109SP 进行校表》； WR/WOT：00330262/00814826-01（紧急工单）
编　　者	运行二处一值：谷铁　　时间：2019 年 03 月 17 日

3.15.6　主控触发 1DEL003GF 综合故障，现场查看有"油压保护"故障

异常缺陷名称	主控触发 1DEL003GF 综合故障，现场查看有"油压保护"故障	
发生时间	2017 年 12 月 05 日中班	
机组状态	RP 模式，电功率 1089 MWe	
异常缺陷现象	1 号主控出现 1DEL003KA 报警（003GF 综合故障），现场查看有"油压保护"故障	
风险或潜在后果	导致 1DEL003GF 不可用，产生 GEN8	
干预行动	已采取的行动措施： 仪控反馈该工作需机械配合充排 1DEL003GF 中 1DEL201CO 空压机中的润滑油及制冷剂，工期 5 天。提 WR 转大修处理	
原因分析	1DEL202SP 定值漂移	
消缺行动	仪控处理反馈： 1）检修措施及步骤： ①确认机械人员已将 1DEL003GF 中 1DEL201CO 空压机中的润滑油及制冷剂排空； ②对 1DEL202SP 进行校验，确认仪表定值漂移，反馈系统工程师后进行调整，确认调整后校验合格； ③恢复仪表至初始状态，通知机械人员对 1DEL201CO 空压机充油及制冷剂。 2）故障原因分析：1DEL202SP 定值漂移	
相关知识	DEL003GF 用于在 H1 工况两台水冷式冷冻机组失效，为 DVC 主控室通风提供冷冻水，确保主控的在正常温度范围	
参考资料信息	维修一处：完工报告《FQ1-MA03-RCWO-00768739/01 主控触发 1DEL003GF 综合故障，现场查看有"油压保护"故障，需校验检查 1DEL202SP》； WR/WOT：00317971/00768739-01（计划工单）	
编　　者	运行二处一值：谷铁	时间：2019 年 03 月 17 日

3.15.7　1DEL102MO 电机有异音

异常缺陷名称	1DEL102MO 电机有异音
发生时间	2017 年 12 月 20 日中班
机组状态	RP 模式，电功率 1089 MWe
异常缺陷现象	1DEL102MO 现场巡检有异音
风险或潜在后果	若不及时处理可能导致电机轴承磨损，机组将差生第二组 IO
干预行动	已采取的行动措施： oncall 维修电气人员检查处理
原因分析	电机轴承缺油
消缺行动	电气处理反馈： 1)现场执行工作，对 1DEL102MO 电动机轴承加油，对驱动端轴承分两次共加了 30 g 润滑油脂(LGWA2)，监测驱动端轴承初始温度 49.4 ℃，观察一段时间后最终轴承温度稳定在 50.2 ℃；对非驱动端轴承分两次共加了 30 g 润滑油脂(LGWA2)，监测非驱动端轴承初始幅度 33.7 ℃，观察一段时间后最终轴承温度稳定在 34.2 ℃，电机运行正常； 2)观察几天电机运行正常，无异音
相关知识	N/A
参考资料信息	维修一处：完工报告《FQ1-MA02-RCWO-00788673/01 1DEL102MO 有异音》； WR/WOT：324184/00788673-01（紧急工单），工作许可证：20171PI44294（1DEL102MO 电机有异音，加油）。 其他类似异常缺陷： 1)2018 年 01 月 29 日紧急工单“3DEL102MO 有异音，需电气添加润滑油脂(WOT：00841557-01)”。 故障原因分析：电机轴承缺少油脂。 详情请见完工报告：《FQ3-MA02-RCWO-00841557/01 3DEL102MO 有异音，需电气添加润滑油脂》。 2)2018 年 01 月 29 日紧急工单“4DEL102MO 运行有异音，需加油脂 WOT：00841559-01”，工作许可证 4PI03645(4DEL102MO 异音需要加油脂润滑)。 故障原因分析：电机轴承缺少油脂。 详情请见完工报告：《FQ4-MA02-RCWO-00841559/01 4DEL102MO 运行油异音，需加油脂》。 3)2017 年 12 月 07 日紧急工单“4DEL102MO 运行有异音，需要润滑油脂(WR/WOT：318460/00769078-01)”，工作许可证：4PI42857(4DEL102MO 电机添加润滑脂)。

续 表

<table>
<tr><td>参考资料信息</td><td colspan="2">故障原因分析：4DEL102MO 电机运行期间轴承缺乏润滑脂。
详情请见完工报告：完工报告《FQ8-MA02-RCWO-00769078/01 4DEL102MO 运行有异音，需要润滑油脂》。
4）2017 年 01 月 24 日紧急工单“4DEL002MO 和 4DEL104MO 电机有异音（WR/WOT：00209269/00500446-01）”。
故障原因分析：电机缺少润滑油脂。
详情请见完工报告：《FQ4-MA02-RCWO-00500446/01 4DEL002MO 和 4DEL104MO 电机有异音》。
5）2017 年 02 月 07 日紧急工作 3PI07364（对 3DEL101MO 电机非驱动端异音处理）（WR/WOT：212620/00509894-01）。
故障原因分析：电机非驱动端有缺油现象。
详情请见完工报告：《FQ3-MA02-RCWO-00509894/01 3DEL101MO 有异音》。
6）2017 年 01 月 16 日紧急工作 4PI02175（对 4DEL101MO 添加油脂）（WR/WOT：206517/00487096-01）。
故障原因分析：4DEL101MO 电机轴承缺油脂。
详情请见完工报告：《FQ4-MA01-RCWO-00487096/01 4DEL001GF 现场运行有异音，经听音检查为 001CO 异音，需检查》。
7）2017 年 01 月 17 日紧急工作 4PW02352 处理 4DEL101MO 运行异音问题（WR/WOT：206881/00488299-01）。
故障原因分析：油脂变色，轴承故障。
详情请见完工报告：《FQ4-MA02-RCWO-00488299/01 4DEL101MO 运行有异音，需检查》。
8）2017 年 05 月 08 日紧急工单“启动 3DEL002GF 后发现电机存在间断性异音，疑似内部电机风扇摩擦声音（WR/WOT：244348/00565442-01）”，3PI15430（对 3DEL102MO/104MO 电机加油）。
故障原因分析：3DEL102/104MO 有轻微缺油。
详情请见完工报告《FQ3-MA01-RCWO-00565442/01 启动 3DEL002GF 后发现电机存在间断性异音，疑似内部电机风扇摩擦声音，请及时处理》。
9）2016 年 01 月 29 日紧急工单“1DEL001PO 启动运行时有明显轴承摩擦异音（油杯满油位）”。
故障原因分析：轴承卡涩。
详情请见完工报告：《FQ1-MA01-RCWO-00214761/01 1DEL001PO 启动运行时有明显轴承摩擦异音（油杯满油位），请处理》。
10）2016 年 04 月 29 日紧急工作“1PW02531 1DEL101MO 电机有异音，需解体维修更换轴承（WR/WOT：127601/00273315-01）”。
故障原因分析：电机轴承损坏。
详情请见完工报告：《FQ1-MA02-RCWO-00273315/01 1DEL101MO 运行时有异音》</td></tr>
<tr><td>编　　者</td><td>运行二处一值：谷铁</td><td>时间：2019 年 03 月 17 日</td></tr>
</table>

3.15.8 4DEL001GF 就地控制屏失电

异常缺陷名称	4DEL001GF 就地控制屏失电
发生时间	2017 年 08 月 17 日中班
机组状态	RP 模式，电功率 1062 MWe
异常缺陷现象	执行 FQ4-RRI-C-004（4RRI004PO 切换到 4RRI003PO）操作票，执行至第 13 步，将 4DEL 从 B 列切换至 A 列时，发现 4DEL001GF 控制屏失电
风险或潜在后果	导致 4DEL001GF 不可用，产生 IO2：DEL1
干预行动	已采取的行动措施： oncall 维修电气检查处理
原因分析	1）柜内干燥剂袋放置在加热器上，温度升高后导致干燥剂袋融化加热器短路控制回路保险熔断； 2）柜内散热风机线圈短路导致控制回路保险熔断
消缺行动	电气处理反馈： 1）工作过程： ①打开 4DEL001GF 就地控制柜检查发现柜内加热器接线有明显焦灼痕迹，柜内干燥剂袋融化导致加热器短路，将融化的干燥剂袋清理； ②检查控制回路保险发现 001FU 熔断领取同型号保险进行更换； ③检查柜内元器件时发现柜内散热风机 003ZV 线圈短路同样导致控制回路保险 001FU 熔断； ④根据竣工文件柜内散热风机或加热器短路时支路保险 007/005/003FU 会起保护作用熔断，而实际支路保险未动作主路保险动作，检查支路保险型号时发现支路保险为 6A 而主路保险为 2A，支路保险大于主路保险所以当下游故障时只会熔断主路保险； ⑤将现场情况反馈主管，开启 QDR（QDR-ME-4-N-2017-009）由于不具备更换条件现场将 003ZV 柜内散热风机临时退出，并提 WR（281566）对风机进行更换； ⑥联系运行人员启动 4DEL001GF 验证结果满足运行要求。 2）故障原因分析： ①柜内干燥剂袋放置在加热器上，温度升高后导致干燥剂袋融化加热器短路控制回路保险熔断； ②柜内散热风机线圈短路导致控制回路保险熔断

续　表

相关知识	水冷式冷冻水机组 DEL001GF/002GF 包括一台蒸发器，一台 RRI 冷却的冷凝器，两台油分离器，两台油泵，两台螺杆式压缩机及相应的电机，制冷剂回路和润滑油回路等。运行的压缩机数量由负荷决定。每台冷冻水机组对应一台冷冻水循环泵（DEL001/002PO），配备一个气动控制阀，其可以根据冷冻水出水温度与设定值的偏差自动调节 RRI 的流量
参考资料信息	维修二处：完工报告《FQ4-MA02-RCWO-00674782/01 4DEL001GF 就地控制屏失电，需处理》； WR/WOT：281272/674782-01，4PT25209（冷水机组 4DEL001GF 显示屏无电处理）
编　　者	运行二处一值：谷铁　　时间：2019 年 02 月 11 日

3.15.9　4DEL002GF 冷冻机 2 号压缩机电机电源保护故障检查

异常缺陷名称	4DEL002GF 冷冻机 2 号压缩机电机电源保护故障检查
发生时间	2017 年 07 月 25 日夜班
机组状态	机组调试启动阶段
异常缺陷现象	主控存在 4DEL002KA（002GF 综合故障报警），现场查看 4DEL002AR（冷水机组 002GF 启动柜）上存在“2 号电源保护”故障报警，现场无法复位。2 号压缩机未启动
风险或潜在后果	导致 2 号压缩机未启动
干预行动	已采取的行动措施： oncall 维修电气检查处理
原因分析	当电源监测器检测到电源保护时（缺相、断相、过压、欠压），PLC 故障输出，因就地显示屏没有故障复位功能，故障只有在 PLC 断电下复位。PLC 需重启，未设置故障复位功能
消缺行动	电气处理反馈： 1）工作过程： ①查看就地显示屏报“电源保护故障”； ②测量电源三相电压正常，电压监测器无故障输出，电压监测器指示灯显示正常，电压监测继电器无故障输入到 PLC； ③仪控和机械人员配合共同处理；

续 表

消缺行动	④判断 PLC 逻辑故障，对 PLC 进行断电复位； ⑤与主控沟通对 PLC 进行断电复位后，报警消失。 2)故障原因分析：当电源监测器检测到电源保护时(缺相、断相、过压、欠压)，PLC 故障输出，因就地显示屏没有故障复位功能，故障只有在 PLC 断电下复位。PLC 需重启，未设置故障复位功能
相关知识	当电源监测器检测到电源保护时(缺相、断相、过压、欠压)，PLC 故障输出，因就地显示屏没有故障复位功能，故障只有在 PLC 断电下复位。故障原因为：因未设置故障复位功能，PLC 需重启才能复位故障
参考资料信息	维修二处：完工报告《FQ4-MA02-RCWO-00661585/01 4DEL002GF 冷冻机 2 号压缩机电机电源保护故障检查》； WR/WOT：272431/00661585-01（紧急工单），工作许可证：4PT22862(4DEL002GF 报 2 号电机电源保护故障检查)
编　　者	运行二处一值：谷铁　　时间：2019 年 03 月 17 日

3.15.10　主控出现 3DEL001KA2：冷冻水压力低报警

异常缺陷名称	3DEL001LP 压力为 0.18 MPa，但主控出现 3DEL001KA2(冷冻水压力低)报警。怀疑 3DEL009SP 不准或需充水排气
发生时间	2017 年 12 月 01 日中班
机组状态	RCD 模式
异常缺陷现象	3DEL001LP 压力 0.18 MPa，但主控仍有 3DEL001KA2：冷冻水压力低报警，且无法复位，怀疑仪表中有气
风险或潜在后果	导致产生报警 3DEL001KA2：冷冻水压力低报警
干预行动	已采取的行动措施： oncall 仪控检查处理
原因分析	仪表 3DEL009SP 定值恢复值高漂
消缺行动	仪控处理反馈： 1)工作过程： ①确认 3DEL009VSP 已关闭隔离； ②拆除 3DEL009SP 接头，连接压力校验仪对 3DEL009SP 进行校验；

续　表

消缺行动	③根据校验数据判断仪表不合格，对仪表进行调整，调整后，仪表定值合格，恢复值超差，经与系统负责人沟通判断仪表满足系统工艺要求； ④拆除压力校验仪，恢复 3DEL009SP 接头，在恢复过程中发现仪表引压管卡套内螺纹滑丝，需更换； ⑤重新加工仪表引压管进行更换； ⑥工作结束。 2)故障原因分析：仪表定值恢复值高漂
相关知识	DEL009SP 压力低报警定值为 0.1 MPa，冷冻水压力正常大于 0.15 MPa
参考资料信息	维修二处：完工报告《FQ3-MA03-RCWO-00766161/01 3DEL001LP 压力为 0.18 MPa，但主控出现 3DEL001KA2 报警。怀疑 3DEL009SP 不准或需充水排气》； WR/WOT：316614/00766161-01(紧急工单)
编　　者	运行二处一值：谷铁　　　　时间：2019 年 03 月 11 日

3.15.11　4DEL201VN 在 4DEL001GF 启机后无法自动开启，需要进行性能检查

异常缺陷名称	4DEL201VN 在 4DEL001GF 启机后无法自动开启，需要进行性能检查
发生时间	2017 年 06 月 08 日夜班
机组状态	机组调试启动阶段
异常缺陷现象	夜班启动 4DEL001GF 时，4DEL201VN 没有动作。4DEL201VN 置手动能正常全开全关
风险或潜在后果	导致 4DEL001GF 无法启动
干预行动	已采取的行动措施： oncall 维修仪控检查处理
原因分析	4DEL001GF 操作屏启动故障未复位，导致阀门无法自动开启
消缺行动	仪控处理反馈： 1)工作过程： ①在与业主人员共同调节 4DEL201VN，在运行人员的鉴定下，阀门自动开启； ②在运行配合下验证阀门，开关正常； 2)故障原因分析：4DEL001GF 操作屏启动故障未复位，导致阀门无法自动开启

续 表

相关知识	DEL201VN 为 DEL001GF 冷凝器冷却水气动调节阀	
参考资料信息	维修二处：完工报告《FQ4-MA03-RCWO-00580667/01 4DEL201VN 在 4DEL001GF 启机后无法自动开启，需要进行性能检查》； WR/WOT：255943/00580667-01（紧急工单），工作许可证：4PT18330(4DEL201VN 性能检查)	
编 者	运行二处一值：谷铁	时间：2019 年 03 月 11 日

3.15.12 1DEL002AR 控制屏显示冷却水流量低报警，导致 1DEL002GF 无法启动

异常缺陷名称	在启动 1DEL002GF 时，1DEL002AR 控制屏显示冷却水流量低报警，导致 1DEL002GF 无法启动	
发生时间	2017 年 02 月 08 日夜班	
机组状态	大修 RCD 模式	
异常缺陷现象	1DEL002GF 在启动过程中出现冷却水流量不足报警，但是 1RRI212LD 流量正常	
风险或潜在后果	导致 1DEL002GF 无法启动	
干预行动	已采取的行动措施： oncall 维修仪控检查处理	
原因分析	1DEL010SP 定值漂移	
消缺行动	仪控处理反馈： 1)检修措施及步骤： ①现场核实确认设备位置； ②检查 1DEL010SP 状态并做好拆接线记录，现场隔离仪表； ③拆除 1DEL010SP 进行校验，校验结果合格； ④根据拆接线记录回装 1DELO10SP 紧固接头，投运仪表； ⑤请运行启动 1DEL002GF，1DEL002GF 正常启动，无异常报警。 2)故障原因分析：1DEL010SP 定值漂移	
相关知识	N/A	
参考资料信息	维修一处：完工报告《FQ1-MA03-RCWO-00510225/01 在启动 1DEL002GF 时，1DEL002AR 控制屏显示冷却水流量低报警，导致 1DEL002GF 无法启动》； WR/WOT：212669/00510225-01(紧急工单)	
编 者	运行二处一值：谷铁	时间：2019 年 03 月 13 日

3.15.13 4DEL003GF 触发综合故障报警，现场查看控制屏上存在报警

异常缺陷名称	4DEL003GF 触发综合故障报警，现场查看控制屏上存在报警	
发生时间	2018 年 04 月 08 日早班	
机组状态	RP 模式，电功率 1089 MWe	
异常缺陷现象	08:27，4DEL003GF 触发综合故障报警，现场查看控制屏上存在报警	
风险或潜在后果	4DEL003GF 触发综合故障报警，导致其不可用，产生 GEN8	
干预行动	已采取的行动措施： oncall 仪控检查处理	
原因分析	4DEL003GF 控制屏通讯故障	
消缺行动	仪控处理反馈： 1)工作过程： ①对通讯电缆进行校线，检查结果无异常，对设备进行清灰； ②对 4DEL003GF 控制屏进行断电重启，控制屏显示通讯故障消除，持票观察一天无异常，与主控沟通后还票。 2)故障原因分析：4DEL003GF 控制屏通讯故障	
相关知识	DEL003GF 用于在 H1 工况两台水冷式冷冻机组失效，为 DVC 主控室通风提供冷冻水，确保主控的在正常温度范围	
参考资料信息	维修二处：完工报告《FQ4-MA03-RCWO-00892398/01 4DEL003GF 触发综合故障报警，现场查看控制屏上存在报警，需处理》； WR/WOT：00371629/00892398-01(紧急工单)	
编　　者	运行二处一值：谷铁	时间：2019 年 03 月 13 日

3.15.14 2DEL002GF 备用压缩机无法启动，导致 DEL 冷冻水温度升高

异常缺陷名称	2DEL001GF 一台压缩机启动，另一台压缩机未启动，导致 DEL 冷冻水温度升高
发生时间	2017 年 05 月 01 日中班
机组状态	RP 模式，电功率 840 MWe
异常缺陷现象	2DEL001GF 备用压缩机无法启动
风险或潜在后果	2DEL001GF 的备用压缩机无法启动，冷冻水温度升高

续　表

干预行动	已采取的行动措施： oncall 仪控和机械检查处理
原因分析	2DEL471VQ 电子膨胀阀电机坏，电子膨胀阀无法打开造成低压过低保护
消缺行动	电气处理反馈： 1）检查处理过程（工单 00562718-01）： ①对机组进行检漏； ②禁止 1 号系统启动 ③模拟动作 2DEL471VQ 电子膨胀阀开启动作，并监测电流； ④把 1 号电子膨胀阀模块与 2 号电子膨胀阀模块互换，启机验证模块，仍然报警，怀疑电子膨胀阀本体卡死；另出票处理（00563261-01）。 2）工作过程（工单 00563261-01）： ①回收冷媒到空瓶； ②回收完成后，联系仪控人员进行更换电子膨胀阀 2DEL471VQ； ③更换 2DEL471VQ 电子膨胀阀完成后对机组进行抽真空保负压； ④真空试验合格后，进行冷媒充注； ⑤充注完成后通知运行启机鉴定，并记录运行参数：冷冻水回水温度 9.6 ℃，冷冻水出水温度 7.6 ℃，1 号压缩机排气压力 818 kPa，1 号压缩机回气压力 268 kPa，机组运行容量 85%，电机电流 159.7 A，机组再鉴定合格； 3）故障原因分析：2DEL471VQ 电子膨胀阀电机坏，电子膨胀阀无法打开造成低压过低保护
相关知识	N/A
参考资料信息	维修二处：完工报告《FQ2-MA01-RCWO-00562718/01 DEL001GF 一台压缩机启动，另一台压缩机未启动，导致 DEL 冷冻水温度升高》《FQ2-MA01-RCWO-00563261/01 机械检查确认膨胀阀 2DEL471VQ 故障，需进行更换》； WR/WOT：00242071/00562718-01。WR/WOT：242555/00563261-01，工作许可证：2PW14975（2DEL001GF 更换电子膨胀阀 2DEL471VQ）
编　　者	运行二处一值：谷铁　　　　时间：2019 年 03 月 13 日

3.15.15　4DEL002GF 水冷式冷水机组屏幕显示 2 号电源故障

异常缺陷名称	4DEL002GF 水冷式冷水机组屏幕显示 2 号电源故障
发生时间	2017 年 05 月 26 日中班
机组状态	4 号机调试启动阶段
异常缺陷现象	中班现场检查控制屏上存在 2 号机组电源保护报警，且报警无法复位，导致 2 号压缩机组无法启动，只有 1 号压缩机组在运行
风险或潜在后果	导致 2 号压缩机组无法启动
干预行动	已采取的行动措施： oncall 维修电气检查处理
原因分析	相序保护继电器 011SZ 接线掉落
消缺行动	电气处理反馈： 1）工作过程： ①对 4DEL004AR1 和 4DEL004AR2 进行接线检查发现相序保护继电器 011SZ 接线掉落； ②将相序保护继电器 011SZ 掉落接线进行重新紧固； ③对进线电缆进行绝缘检查结果合格； ④联系运行人员送电验证报警消除，查看相序保护继电器 011SZ 显示正常； 2）故障原因分析：相序保护继电器 011SZ 接线掉落
相关知识	N/A
参考资料信息	维修二处：完工报告《FQ4-MA02-RCWO-00573588/01 维修一级：排查 4DEL002GF 水冷式冷水机组屏幕显示 2 号电源故障问题》； WR/WOT：00251839/00573588-01
编　　者	运行二处一值：谷铁　　时间：2019 年 03 月 15 日

3.15.16　2DEL009SP 在 2DEL001BA 压力低于 0.1 MPa 时没有在 KIC 上触发压力低报警

异常缺陷名称	2DEL009SP 在 2DEL001BA 压力低于 0.1 MPa 时没有在 KIC 上触发压力低报警
发生时间	2015 年 02 月 01 日早班
机组状态	2 号机组处于调试阶段

续　表

异常缺陷现象	现场巡检时发现 2DEL001BA 就地压力约为 0.02 MPa，但主控没有触发压力低报警	
风险或潜在后果	2DEL001BA 压力低于 0.1 MPa 时没有在 KIC 上触发压力低报警 2DEL001KA2(冷冻水压力低)	
干预行动	已采取的行动措施： 提 WR 走计划处理	
原因分析	2DEL009SP 故障	
消缺行动	电气处理反馈： 1)检修措施及步骤： 关闭根阀 2DEL009VSP，拆下 2DEL009SP 并对其进行校验，校验无问题后安装好表，后发现问题仍未解决，去对应机柜侧用电压表测量发现机柜侧无问题，怀疑就地接线有问题，将就地接线问题处理好后发现 2DEL009SP 在 2DEL001BA 压力低于 0.1 MPa 时会在 KIC 上触发压力低报警。 2)故障原因分析：2DEL009SP 故障	
相关知识	N/A	
参考资料信息	维修一处：《FQ2-MA03-RCWO-00088432/022DEL009SP 在 2DEL001BA 压力低于 0.1 MPa 时没有在 KIC 上触发压力低报警，怀疑仪表故障，请处理，已挂缺陷》； WR/WOT：00036544/00088432-02	
编　　者	运行二处一值：谷铁	时间：2019 年 03 月 15 日

3.15.17　2DEL001-002GF 就地控制柜上所有显示和设定参数都为 0 或者空白，无法启动冷冻机组

异常缺陷名称	2DEL001-002GF 就地控制柜上所有显示和设定参数都为 0 或者空白，无法启动冷冻机组
发生时间	2015 年 03 月 11 日早班
机组状态	机组调试阶段
异常缺陷现象	启动 2DEL001/002GF 时发现两台冷冻机 PLC 控制柜上所有显示和设定的参数都未 0 或者空白，无法启动冷冻机组
风险或潜在后果	导致冷冻机组无法启动，影响电气厂房冷风系统运行

续　表

干预行动	已采取的行动措施： oncall 维修仪控检查处理
原因分析	2DEL001/002GF 控制器打至 stop 模式
消缺行动	仪控处理反馈： 故障原因分析：2DEL001/002GF 控制器打至 stop 模式
相关知识	N/A
参考资料信息	维修一处：《FQ2-MA03-RCWO-00095003/01 2DEL001-002GF 就地控制柜上所有显示和设定参数都为 0 或者空白，无法启动冷冻机组，怀疑控制柜存在故障》； WR/WOT：0040882/0095003-01
编　　者	运行二处一值：谷铁　　时间：2019 年 03 月 15 日

3.15.18　1DEL001CR 端子箱上冷冻水压力低报警

异常缺陷名称	1DEL001CR 端子箱上冷冻水压力低报警
发生时间	2016 年 03 月 06 日早班
机组状态	RP 模式，电功率 840 MWe
异常缺陷现象	1DEL001CR 端子箱上冷冻水压力低报警
风险或潜在后果	导致 1DEL001CR 上显示冷冻水压力低报警
干预行动	已采取的行动措施： 提 WR 按计划处理
原因分析	因操作员使用过 1DEL 系统中的冷冻水，导致系统压力降低，1DEL009SP 触发低压报警，为系统真实压力低报警，运行人员使用完毕后对系统进行补水，KIC 和 BUP 上报警消失，但 1DEL001CR 上报警需用 005CC 钥匙复位才能消除
消缺行动	仪控处理反馈： 1）检修措施及步骤： ①与运行人员沟通后得知之前操作员有使用过 1DEL 系统冷冻水，系统压力降低导致 1DEL009SP 触发报警，完毕后对其系统进行补水，报警正常消失，且 1DEL009SP 与 2016 年 01 月 29 日有过校验，故判断 1DEL009SP 没有故障，为真实报警触发； ②现场确认 1DEL001CR，报警灯为灭；

续　表

消缺行动	③现场确认仪表位号，对 1DEL001LP 进行检查，仪表正常； ④与操作员沟通得知，操作员规程里只注明使用 1DEL 系统冷冻水后补水至 BUP 与 KIC 上报警消除，但没有注明需要用钥匙对 1DEL001CR 上的报警进行复位，提此缺陷前未对 1DEL001CR 上的报警复位，已建议操作员对此情况进行反馈并升版规程。 2）故障原因分析：因操作员使用过 1DEL 系统中的冷冻水，导致系统压力降低，1DEL009SP 触发低压报警，为系统真实压力低报警，运行人员使用完毕后对系统进行补水，KIC 和 BUP 上报警消失，但 1DEL001CR 上报警需用 005CC 钥匙复位才能消除
相关知识	1DEL001CR 上报警需用 005CC 钥匙复位才能消除
参考资料信息	维修一处：《FQ1-MA03-RCWO-00235333/01 1DEL001CR 端子箱上冷冻水压力低报警，需校验 1DEL009SP》； WR/WOT：00111786/00235333-01，工作许可证 1-PT-05840——1DEL009SP（1DEL001CR 端子箱上冷冻水压力低报警，需校验 1DEL009SP）
编　　者	运行二处一值：谷铁　｜　时间：2019 年 03 月 23 日

3.15.19　2DEL001AR 上 135LA 冷冻水压力低故障报警

异常缺陷名称	2DEL001AR 上 135LA 冷冻水压力低故障报警
发生时间	2016 年 03 月 06 日早班
机组状态	RP 模式，电功率 1082 MWe
异常缺陷现象	2DEL001AR 上 135LA 冷冻水压力低故障报警
风险或潜在后果	导致产生冷冻水压力低报警
干预行动	已采取的行动措施： 提工作申请 WR 按计划处理
原因分析	系统的实际压力低导致报警故障出现，压力恢复后，需要进行复位，复位后，报警信号消除
消缺行动	仪控处理反馈： 1）检修措施及步骤： ①关闭 2DEL001LPD 的根阀并对 2DEL002LP 进行校验，仪表合格，开启根阀；

续 表

消缺行动	②关闭2DEL009SP的根阀，将2DEL009SP现场进行校验，测得仪表超出误差范围，对2DEL009SP调整满足要求合格后回装，但是2DEL001AR上135LA报警灯仍然亮着，判断压力低报警跟仪表无关，沟通运行对2DEL001AR上的报警复位后，报警灯消除； ③因使用了1DEL系统的冷冻水，导致系统压力低，导致2DEL001AR箱上的报警信号出现。压力恢复后，需要进行复位，复位后，报警信号消除。 2）故障原因分析：系统的实际压力低导致报警故障出现，压力恢复后，需要进行复位，复位后，报警信号消除
相关知识	N/A
参考资料信息	维修一处：《FQ2-MA03-RCWO-00235356/01 2DEL001AR上135LA冷冻水压力低故障报警，需校验仪表》； WR/WOT：00111797/00235356-01（计划工单），工作许可证2-PT-03675——2DEL009SP
编　　者	运行二处一值：谷铁　　时间：2019年03月23日

3.15.20　1DEL002GF就地控制屏出现告警，告警信息为“2号电源保护开关断开”

异常缺陷名称	1DEL002GF就地控制屏出现告警，告警信息为“2号电源保护开关断开”
发生时间	2015年08月31日中班
机组状态	RP模式，电功率840 MWe
异常缺陷现象	1DEL002GF启动之后有一台压缩机无法启动加载，就地显示“2#电源保护开关断开”，DEL冷冻水只能维持在10 ℃
风险或潜在后果	导致一台压缩机无法启动加载
干预行动	已采取的行动措施： oncall仪控检查处理
原因分析	核实为1DEL011SZ相序保护器故障
消缺行动	仪控处理反馈： 打开1DEL002AR箱，用万用表对1DEL011SZ的输出进行检测，发现1DEL011SZ的下游无输出而上游供电正常，故确认1DEL011SZ故障，对1DEL011SZ进行更换

续 表

相关知识	N/A	
参考资料信息	维修一处：完工报告《FQ1-MA03-RCWO-00139164/011DEL002GF 就地控制屏出现告警，告警信息为“2 号电源保护开关断开”，请处理》； WR/WOT：00070158/00139164-01(紧急工单)	
编 者	运行二处一值：谷铁	时间：2019 年 03 月 28 日

3.15.21 3DEL003GF 在 KIC 上不能启动，且启动命令发出后延时 30 s 变洋红色

异常缺陷名称	3DEL003GF 在 KIC 上不能启动，且启动命令发出后延时 30S 变洋红色，当切到就地后，就地可以启动	
发生时间	2016 年 01 月 29 日夜班	
机组状态	3 号机组调试阶段	
异常缺陷现象	3DEL003GF 在 KIC 点击启动 30 s 后变为洋红色，现场实际未启动，切至 LOC 位置时，可以启动，运行正常	
风险或潜在后果	无法在 KIC 中启动 3DEL003GF	
干预行动	已采取的行动措施： 提 WR 按计划处理	
原因分析	可能机柜侧接线未接紧，导致 KIC 上显示洋红色	
消缺行动	电气处理反馈： 1)工作步骤： ①在就地侧将 3DEL003GF 上开关打到接收 KIC 上的启动，并且在 3DEL003GF 就地操作屏上点击接收 KIC 上的控制信号； ②联系主控运行人员在 KIC 上发出 3DEL003GF 开启信号； ③和主控运行人员确认 3DEL003GF 在 KIC 上已启动。 2)故障原因分析：可能机柜侧接线未接紧，导致 KIC 上显示洋红色	
相关知识	N/A	
参考资料信息	维修二处：完工报告：《FQ3-MA03-RCWO-00214832/01 3DEL003GF 在 KIC 上不能启动，且启动命令发出后延时 30S 变洋红色，当切到就地后，就地可以启动》； WR/WOT：00101974/00214832-01(计划工单)	
编 者	运行二处一值：谷铁	时间：2019 年 03 月 28 日

3.15.22 2DEL001GF 冷却水流量保护故障跳闸

异常缺陷名称	2DEL001GF 冷却水流量保护故障跳闸	
发生时间	2016 年 08 月 18 日中班	
机组状态	RP 模式，电功率 1074 MWe	
异常缺陷现象	2DEL001GF 跳闸，就地查看 2DEL001GF 就地 PLC 控制面板故障信息上面显示“冷却水流量保护”，由于报警无法复位，冷冻机组无法启动，同时导致 2DVC105MZ 湿度高报警触发	
风险或潜在后果	2DEL001GF 无法启动，导致不可用，产生 IO2：DEL1； 2DEL001GF 跳闸导致 2DVC105MZ 湿度高报警触发，产生第二组 IO：DVC1	
干预行动	已采取的行动措施： 1）将 2RRI004PO 和 2SEC004PO 启动，启动 2DEL002GF； 2）oncall 仪控检查处理	
原因分析	2DEL109SP 定值漂移	
消缺行动	仪控处理反馈： 1）检修措施及步骤： ①确认 2DEL109SP 设备位置； ②将 2DEL109SP 的隔离阀隔离，拆卸 2DEL109SP，经校验，发现定值漂移有漂移，定值是低报报 30 kPa，漂移到了 72.8 kPa，对其进行调整，合格后回装。 2）故障原因分析：定值漂移	
相关知识	N/A	
参考资料信息	维修一处：完工报告《FQ2-MA03-RCWO-00325183/01 2DEL001GF 故障跳闸，需处理》； WR/WOT：00163924/00325183-01（紧急工单）	
编　　者	运行二处一值：谷铁	时间：2019 年 03 月 28 日

3.15.23 启动 1DEL001GF 时出现“冷冻水回路流量低”报警禁止启动

异常缺陷名称	启动 1DEL001GF 时出现“冷冻水回路流量低”报警禁止启动
发生时间	2016 年 09 月 04 日中班
机组状态	RP 模式，电功率 1082 MWe

续　表

异常缺陷现象	对 1DEL001GF 进行再鉴定，启动 1DEL001GF 时出现“冷冻水回路流量低”报警禁止启机	
风险或潜在后果	导致 1DEL001GF 无法启动	
干预行动	已采取的行动措施： oncall 仪控检查处理	
原因分析	1DEL011SP 恢复值过高导致报警	
消缺行动	仪控处理反馈： 故障原因分析：1DEL011SP 恢复值过高导致报警，检查处理后缺陷消除	
相关知识	N/A	
参考资料信息	维修一处：完工报告《FQ1-MA03-RCWO-00332952/01 启动 1DEL001GF 时出现‘冷冻水回路流量低’报警禁止启动，检查 1DEL011SP》； WR/WOT：169064/00332952-01(紧急工单)	
编　　者	运行二处一值：谷铁	时间：2019 年 03 月 28 日

3.15.24 主控出现 1DEL010KA(冷冻水出口温度高)，就地查看 1DEL001GF 因冷却水流量低跳闸

异常缺陷名称	主控出现 1DEL010KA(冷冻水出口温度高)，就地查看 1DEL001GF 因冷却水流量低跳闸，怀疑 1DEL201VN 阀门控制调节回路故障
发生时间	2016 年 08 月 14 日夜班
机组状态	RP 模式，电功率 1085 MWe
异常缺陷现象	主控出现 1DEL010KA，就地查看 1DEL001GF 因冷却水流量低跳闸，将 1RRI085VN 由 55%开至全开(目前已恢复初始开度)，重新启动仍因冷却水流量低跳闸
风险或潜在后果	导致 1DEL001GF 跳闸，无法启动，冷冻水出口温度高，引起 DVC、DVE、DVL 下游负荷温度上升
干预行动	已采取的行动措施： 1)切至 1DEL002GF 运行(相应的启动 B 列的 1SEC002PO 和 1RRI004PO)； 2)oncall 仪控检查处理

续 表

原因分析	1DEL109SP 定值漂移，导致 1DEL001GF 跳闸
消缺行动	仪控处理反馈： 1）工作过程： ①对 1DEL109SP 进行校验，发现定值漂移很多，重新调整后，定值正常； ②重新启动 1DEL001GF 后验证合格。 2）故障原因分析：1DEL109SP 定值漂移，导致 1DEL001GF 跳闸
相关知识	N/A
参考资料信息	维修一处：完工报告《FQ1-MA03-RCWO-00332952/01 启动 1DEL001GF 时出现‘冷冻水回路流量低’报警禁止启动，检查 1DEL011SP》； WR/WOT：WR/WOT：00321159-01（紧急工单）
编　　者	运行二处一值：谷铁　　　　时间：2019 年 03 月 28 日

3.15.25　1DEL002GF 启动过程中出现冷冻水流量低

异常缺陷名称	1DEL002GF 启动过程中出现冷冻水流量低
发生时间	2016 年 09 月 18 日早班
机组状态	RP 模式（热功率 39 MW），电功率 0 MWe
异常缺陷现象	执行 FQ1-DEL-C-003，切换过程中，冷冻机 1DEL002GF 触发冷冻水流量低报警，造成冷冻机停运
风险或潜在后果	导致 1DEL002GF 不可用，产生第二组 I0
干预行动	已采取的行动措施： oncall 仪控检查处理
原因分析	1DEL012SP 定值回差过大
消缺行动	电气处理反馈： 1）检修措施及步骤： ①对 1DEL012SP 进行校验，仪表定值回差过大； ②应系统负责人要求将 1DEL012SP 定值设定为低报 40 kPa 进行校验，仪表校验合格； ③恢复 1DEL012SP 至初始状态； 2）故障原因分析：1DEL012SP 定值回差过大

续　表

相关知识	N/A	
参考资料信息	维修一处：完工报告《FQ1-MA03-RCWO-00352582/01 1DEL002GF 启动过程中出现冷冻水流量低，请检查》； WR/WOT：172758/00352582-01(紧急工单)	
编　　者	运行二处一值：谷铁	时间：2019 年 03 月 28 日

3.15.26　启动 1DEL001GF 时，由于存在“机组故障”无法启动

异常缺陷名称	启动 1DEL001GF 时，由于存在“机组故障”无法启动
发生时间	2016 年 09 月 22 日早班
机组状态	RP 模式(热功率 124 MW)，电功率 0 MWe
异常缺陷现象	启动 1DEL001GF 时，由于存在“机组故障”无法启动，查看报警信息，09 月 18 日出现冷冻水流量低和冷冻水流量低保护信号，但当前冷冻水流量低信号已消除，冷冻水流量低保护信号仍然存在
风险或潜在后果	造成 1DEL001GF 不可用，产生 IO2
干预行动	已采取的行动措施： oncall 仪控检查处理
原因分析	冷冻水压差开关定值偏高
消缺行动	仪控处理反馈： 1)检修措施及步骤： ①开工前通知主控，确认 1DEL011SP 设备位置及故障现象； ②检查发现 1DEL011SP 定值偏高； ③拆除仪表，做好包扎与记录，连接打压设备对 1DEL011SP 进行校验检查； ④调整仪表定值至许可范围，按记录恢复仪表； ⑤请运行人员启机验证，不合格； ⑥反馈系统工程师，与厂家联系协商后，开启 QDR，将仪表定值调整到 35 kPa； ⑦回装仪表至初始状态，请运行再次启机验证； ⑧1DEL001GF 正常启动，无故障报警。 2)故障原因分析：冷冻水压差开关定值偏高
相关知识	N/A

续　表

参考资料信息	维修一处：完工报告《FQ1-MA03-RCWO-00370818/01 启动 1DEL001GF 时，触发机组故障报警，查看历史报警信息仍存在"冷冻水流量低保护"，需检查处理》； WR/WOT：173966/370818-01(紧急工单)	
编　　者	运行二处一值：谷铁	时间：2019 年 03 月 28 日

3.15.27 1DEL003GF 出水温度探头频繁报故障，触发出水温度低信号

异常缺陷名称	1DEL003GF 出水温度探头频繁报故障，触发出水温度低信号	
发生时间	2016 年 03 月 13 日夜班	
机组状态	RP 模式，电功率 1089 MWe	
异常缺陷现象	主控出现 1DEL003GF 综合故障报警，1DEL003GF 显示洋红不可用。现场检查 1DEL003GF 面板，发现曾多次出现冷冻水出水探头故障和冷冻水出水温度过低的报警	
风险或潜在后果	导致报警频繁触发	
干预行动	已采取的行动措施： 提 WR 按计划处理	
原因分析	温度探头故障	
消缺行动	仪控处理反馈： 故障原因分析：温度探头故障，更换备件处理后恢复	
相关知识	N/A	
参考资料信息	维修一处：完工报告《FQ1-MA03-RCWO-00241008/02 1DEL003GF 出水温度探头频繁报故障，需更换备件》； WR/WOT：00113706/241008-01(计划工单)	
编　　者	运行二处一值：谷铁	时间：2019 年 03 月 28 日

3.15.28 1DEL001GF 的压缩机电机 001MO 油密封机构脱落，密封油流出

异常缺陷名称	1DEL001GF 的压缩机电机 001MO 油密封机构脱落，密封油流出
发生时间	2014 年 11 月 14 日早班
机组状态	NS/SG 模式

续　表

异常缺陷现象	1DEL001GF 的压缩机电机 001MO 油密封机构脱落，密封油流出	
风险或潜在后果	压缩机电机密封油流出，1DEL001CO 不可用；密封油流出考虑火灾隐患	
干预行动	已采取的行动措施： 主控紧急联系安排人员将压缩机切到 1DEL003MO 运行，并联系维修机械将 1DEL001CO 打至手动，避免误启动	
原因分析	驱动端端盖密封圈未装到位，造成轴承润滑油流出	
消缺行动	仪控处理反馈： 1)处理过程： ①对 1DEL001MO 电机驱动端油脂进行检查； ②将轴承油盖取掉，把轴承及油盖废油清洗干净； ③密封圈未装到位重新将密封圈安装到位； ④重新注入新油，回装轴承油盖； ⑤填写运行配合单送电，进行试转； ⑥电机运行温度，前端 45 ℃、后端 40 ℃，故障消除； 2)故障原因分析：1DEL001GF 的压缩机电机 001MO 油密封机构脱落，密封油流出	
相关知识	N/A	
参考资料信息	维修一处：完工报告《FQ1-MA02-RCWO-00071290/01 1DEL001GF 的压缩机电机 001MO 油密封机构脱落，密封油流出，需要尽快处理，否则 001MO 轴承损坏》； WR/WOT：00026664/00071290-01(计划工单)	
编　　者	运行二处一值：谷铁	时间：2019 年 03 月 21 日

3.15.29　启动 2DEL001GF 时，因 2DEL201VN 不明原因全关导致冷却水流量低跳闸

异常缺陷名称	启动 2DEL001GF 时，因 2DEL201VN 不明原因全关导致冷却水流量低跳闸
发生时间	2020 年 01 月 28 日中班
机组状态	RP 模式，电功率 845 MWe

续 表

异常缺陷现象	19:56，当班值按计划进行 2RRI 的切列操作(定期切换(列间)：2RRI002PO 切至 2RRI003PO 运行；2SEC004PO 切至 2SEC001PO 运行)，在执行启动 2DEL001GF 时，因为 2DEL201VN 不明原因全关，导致出现"就地控制流量不足"，冷却水流量低跳闸，经过三次启动，都存在同样的问题，怀疑 2DEL201VN 调节性能不佳或者是 2DEL111MT 故障	
风险或潜在后果	1)无法完全切换到 2RRI A 列运行； 2)2DEL001GF 不可用，产生第二组 I0：DEL1，要求检修在一个月内完成；参照 DVC、DVE、DVL 系统的技术规范； 3)2DEL001GF 不可用，2DEL 系统可靠性降低，存在 DVC、DVE、DVL 所在区域温度超出技术规范要求的风险	
干预行动	已采取的行动措施： 1)立即暂停 2RRI 切列操作，重新启动 2DEL002GF，确保下游负荷冷冻水供给； 2)保持 2DEL002GF 运行，重启 2DEL001GF，两次重启依然失败； 3)记录 2DEL001GF 不可用的第二组 I0，DEL1； 4)oncall 仪控人员前来配合检查和处理。 建议后续行动： 维修仪控尽快查明 2DEL201VN 异常关闭原因，并处理，恢复 2DEL001GF 可用	
原因分析	2DEL005/007SP、2DEL109SP 存在故障情况	
消缺行动	仪控处理反馈： 1)处理措施： ①对 2DEL005/007SP 进行校验，发现手动均无法复位，领取备件，校验合格，对仪表进行更换； ②对 2DEL109SP 进行校验，回差大，无法调整，领取备件重新校验合格，对仪表进行更换； ③请运行配合启动 2DEL001CS 验证，结果合格； 2)故障原因分析：2DEL005/007SP、2DEL109SP 存在故障情况	
相关知识	启动 DEL 冷冻机前检查电子膨胀阀是否在"过热度控制"模式，如果在"液位控制"模式启动 DEL 冷冻机，会出现液位预防禁止加载问题	
参考资料信息	维修一处：EAM 中工单 01518428-01 的完工报告； WR/WOT：00684234/01518428-01(紧急工单)	
编　　者	运行二处一值：谷铁	时间：2020 年 02 月 19 日

3.15.30　DEL 系统设备异常缺陷处理总结

DEL 系统重要知识点：

1)抽真空的目的：是抽走里面的不凝结气体和水分。抽真空时需要屏蔽探头，防止抽出来的油汽引起火警探头动作。

2017 年 05 月 04 日中班，抽真空期间，抽出的空气和残留冷媒导致房间烟雾较大，触发 2SFZ312KA 火警。主控立即要求工作负责人停止工作，现场手动启动 2DVL003ZV 排烟。

2)在进行 DEL 冷冻机抽冷媒和充冷媒时，开工前确认冷冻水和冷却水在线，且已投入运行。绝对不可在没有冷却水和冷冻水的情况下，抽充冷媒。否则有可能使蒸发器和冷凝器的铜管冻裂。

3)DEL 切换过程中，冷冻机停运 1 min 后再停运相应的水泵，以防损坏冷冻机。

3.16 主控室空调系统(DVC)

3.16.1 3/4LX/WX 厂房 DCS 机柜房间湿度连续三周低于正常范围

异常缺陷名称	3、4LX/WX 厂房 DCS 机柜房间湿度连续三周低于正常范围	
发生时间	2018 年 02 月 14 日早班	
机组状态	3 号机组：NS/SG 模式；4 号机组：RP 模式，电功率 836 MWe	
异常缺陷现象	仪控二科自控一班在对专用系统巡检过程中发现，3、4 号机组 DCS 机柜所在房间（L709/L710/L609/L507/L505/L509/W609/W607/W603/W602/W228/L749/L750/L649/L547/L545/L549/W649/W647/W643/W6402/W268）湿度普遍偏低，湿度在 25%～35%之间，低于正常范围 45%～65%	
风险或潜在后果	环境湿度低，易产生静电，对 DCS 设备安全可靠运行造成潜在影响	
干预行动	已采取的行动措施： 1)持续关注厂房湿度变化； 2)启动 DVC 系统加湿器，增加电气厂房湿度； 3)核实目前控制室和相关机柜区设备房间的相对湿度为20%～80%。 建议后续行动： 加强对电气厂房湿度的巡检，通知仪控关注电气厂房的湿度	
原因分析	由于冬天空气干燥，另外 DVC 加湿器未运行，导致电气厂房湿度偏低	
消缺行动	运行处理反馈： 通过启动 DVC 加湿器恢复房间湿度	
相关知识	控制室和相关机柜区设备房间的相对湿度为 20%～80%	
参考资料信息	《关于呈送福建福清核电厂 3、4 号机组主控室通风系统房间温度定值安全重要修改申请的报告》	
编　　者	运行二处一值：高鹏威	时间：2019 年 02 月 11 日

3.16.2　现场查看 4DVC055VD 调节性能不佳，且电机发热

异常缺陷名称	现场查看 4DVC055VD 调节性能不佳，且电机发热	
发生时间	2018 年 02 月 03 日早班	
机组状态	RP 模式，电功率 1089 MWe	
异常缺陷现象	主控触发报警 4DVC030KA“030AR 就地箱故障”，现场查看电加热器 4DVC030RS 未停运，现场点温回风温度在 17 ℃左右，接近 002XU2 的定值 16 ℃，怀疑是周围空气温度低导致 002XU2 触发产生报警。但 4DVC 的温度为自动控制，设定值为 28 ℃，和现场实际温度相差较大。检查 4DVC055VD 阀杆在最下部(冷冻水流量最大位置处)，而主控温度远低于设定温度值，与实际情况不符，触摸阀门电动头，可感觉到烫手	
风险或潜在后果	4DVC055VD 失去调节能力将使 DVC 系统部分不可用，产生 IO2	
干预行动	已采取的行动措施： 1)将 4DVC 切换到另一列运行以保持相关房间的温度； 2)oncall 维修人员检查处理； 3)现场检查 4DVC055VD 状态	
原因分析	4DVC030AR 内湿度控制器板卡 002GH 故障(板卡输出保持不变，不受输入信号控制)	
消缺行动	电气处理反馈： 对 4DVC030AR 板卡进行检查，发现湿度控制板卡损坏(ESRL15)。在领取相同型号板卡进行更换，并检查 4DVC055VD 检查确认正常启动运行 4DVC030AR，系统工作正常	
相关知识	机组上多次出现冷冻水调节阀调节性能不佳的问题，且故障原因和本次类似。所以板卡损坏可以作为此类缺陷的优先检查内容； 做隔离时需要断开 4DVC030AR-001 Q，会产生 IO2	
参考资料信息	维修二处：ECM 中工单 00891303-1 的完工报告	
编　　者	运行二处一值：高鹏威	时间：2019 年 02 月 11 日

3.17 电缆层通风系统(DVE)

3.17.1 3DVE004AR 内 001QF 打到 I 位立即跳闸

异常缺陷名称	3DVE004AR 内 001QF 打到 I 位立即跳闸
发生时间	2016 年 03 月 15 日夜班
机组状态	机组调试启动阶段
异常缺陷现象	主控出现 3DVE006RS 故障报警，现场查看 3DVE004AR 电气故障灯亮，柜内 001QF 跳闸
风险或潜在后果	3DVE006RS 无法投入，A 列蓄电池间温度和湿度受影响
干预行动	已采取的行动措施： 1)对 A 列蓄电池房间温湿度加强巡检； 2)oncall 维修检查处理
原因分析	3DVE004AR 柜内 006CS 元器件损坏
消缺行动	电气处理反馈： 柜内 006CS 原件故障有烧痕，进行元器件更换后故障消除
相关知识	3DVE006RS 为 3DVE015ZV 入口风管电加热器，用于降低风机入口空气的湿度
参考资料信息	维修二处：完工报告《FQ3-MA02-RCWO-00241656-01_001QF 打到 I 位立即跳闸》； WR/WOT：00241656-01
编　　者	运行二处一值：张美强　　时间：2019 年 04 月 18 日

3.17.2 主控出现 3DVE219KA(加热器 3DVE006RS 一般故障)报警，就地 3DVE165LA 亮，就地复位后过一段时间仍重复出现

异常缺陷名称	主控出现 3DVE219KA(加热器 3DVE006RS 一般故障)，就地 3DVE165LA 亮，就地复位后过一段时间仍重复出现
发生时间	2017 年 11 月 20 日夜班

续　表

机组状态	RCD 模式	
异常缺陷现象	主控出现 3DVE219KA 报警，就地 3DVE165LA 亮，就地复位后过一段时间仍重复出现	
风险或潜在后果	3DVE006RS 无法投入，A 列蓄电池间温度和湿度受影响	
干预行动	已采取的行动措施： 提出 WR 排计划处理	
原因分析	冬季模式下，由于 3DVE014ST 距离加热器较近，温度达到 38 ℃时就会跳闸	
消缺行动	仪控处理反馈： 仪控对 3DVE014ST、3DVE004MT 校验无问题，发现原因为由于 3DVE014ST 离加热器较近，温度达到 38 ℃时就会跳闸。目前无法处理 3DVE219KA 报警。由仪控发起 ECR 对 3DVE014ST 位置进行改造	
相关知识	通风系统中温度、风量等开关的布局不合理很可能导致设备因参数局部异常而误动作，这时需要改变开关的位置，反映真实参数的同时不至于设备误动作	
参考资料信息	维修二处：报告《FQ3-MA03-RCWO-00759163/01 主控出现 3DVE219KA 报警，就地 3DVE165LA 亮，就地复位后过一段时间仍重复出现该报警》； WR/WOT：00759163-01	
编　　者	运行二处一值：张美强	时间：2019 年 04 月 18 日

3.17.3　2DVE006ZV 风机开关跳闸，主控显示大红色处理

异常缺陷名称	2DVE006ZV 风机开关跳闸，主控显示大红色处理
发生时间	2017 年 06 月 22 日中班
机组状态	RP 模式，电功率 845 MWe
异常缺陷现象	2DVE006ZV 风机开关跳闸，主控显示大红色
风险或潜在后果	1)2DVE006ZV 在主控显示大红色，就地检查已停运，导致蓄电池房间通风部分不可用，产生随机 IO2：DVE2； 2)B 列蓄电池房间排风失去，蓄电池房间无法达到负压，造成可能产生的氢气的外泄

续　表

干预行动	已采取的行动措施： 关注房间负压情况，必要时打开 A、B 蓄电池间联通阀保持 B 列蓄电池间的负压	
原因分析	2LLB2101JA 开关 C 相接线松动，导致过流保护跳闸	
消缺行动	电气处理反馈： 现场检查抽屉内部接线及电气元器件正常，检查抽屉出线侧接线，发现 C 相接线松动，紧固接线后故障消除	
相关知识	2DVE006ZV 是 B 列蓄电池间排风机，负责蓄电池间微负压的建立	
参考资料信息	维修二处：完工报告《2 号主控触发 2LLB 总故障报警，现场核 2DVE006ZV 停运，主控 KIC 上 2DVE006ZV 显示大红色》； WR/WOT：00640624-01	
编　　者	运行二处一值：张美强	时间：2019 年 04 月 18 日

3.18 电气厂房排烟系统(DVF)

3DVF010VAF、003VAF 主控、就地 JDT 按钮无法开启

异常缺陷名称	3DVF010VAF、003VAF 主控、就地 JDT 按钮无法开启	
发生时间	2017 年 08 月 18 日夜班	
机组状态	RP 模式电功率 1063 MWe	
异常缺陷现象	FQ3-DVF-T-002 定期试验期间发现 3DVF010VAF、003VAF 在主控 KIC、就地 JDT 按钮均无法开启	
风险或潜在后果	1)真实发生火灾后，将无法开启 DVF 排烟阀对相应房间烟气进行排放； 2)导致 QSR 定期试验不合格； 3)产生 IO2：DVF1	
干预行动	已采取的行动措施： 联系维修机械、维修仪控对该缺陷处理	
原因分析	3DVF010VAF、003VAF 电磁阀机构卡涩	
消缺行动	仪控处理反馈： 1)运行任意模拟开阀信号，开启就地阀门百叶窗； 2)打开 3DVF010VAF、003VAF 电磁阀外罩，检查发现电磁阀机构卡涩，使用松动润滑剂进行润滑； 3)确认电磁阀机构无卡涩现象，回装电磁阀外罩，运行多次验证，阀门无卡涩，限位正确，手动复位百叶窗	
相关知识	排烟的开启通过电磁阀的释放使得排烟阀阀板依靠重力开启	
参考资料信息	维修二处：完工报告《FQ3-MA03-RCWO-00675149/01 执行 FQ3-DVF-T-002 时，3DVF010VAF、3DVF003VAF 主控、就地 JDT 按钮都无法开启》； WR/WOT：00675149-01	
编　　者	运行二处一值：张美强	时间：2019 年 04 月 18 日

3.19 辅助给水泵房通风系统(DVG)

3.19.1 3DVG001SD 故障触发导致 3DVG001RS 保护停运处理

异常缺陷名称	3DVG001SD 故障触发导致 3DVG001RS 保护停运	
发生时间	2017 年 12 月 17 日夜班	
机组状态	RCD 模式，电功率 0 MWe	
异常缺陷现象	主控出现 3DVG009KA（空气加热器故障），就地检查报警灯 3DVG018LA 亮(3DVG001RS 流量异常)，3DVG001RS 保护停运	
风险或潜在后果	辅助给水泵、RAM 电机和 RGL 柜房间温度受影响	
干预行动	已采取的行动措施： 1)运行就地检查过滤器压差正常，防火风阀状态正常； 2)联系仪控处理	
原因分析	3DVG001SD 故障飘表	
消缺行动	仪控处理反馈： 对仪表进行重新调整校验后故障消除	
相关知识	DVG001SD 触发 DVG001RS 电加热器进口空气流量低报警值为 0.6 mber	
参考资料信息	维修一处：完工报告《FQ3-MA03-RCWO-00782491/01 3DVG001SD 触发导致 3DVG001RS 保护停运，需对 3DVG001SD 校验》； WR/WOT：00782491-01	
编　　者	运行二处一值：张美强	时间：2019 年 04 月 18 日

3.19.2 3DVG002AR 001RS 高温故障多次出现处理

异常缺陷名称	3DVG002AR 001RS 高温故障多次出现
发生时间	2016 年 03 月 09 日中班
机组状态	机组调试启动阶段
异常缺陷现象	3DVG002AR 出现 001RS 高温故障，现场复位故障消失；一段时间后该故障重新出现，再次复位故障未能消失

续　表

风险或潜在后果	辅助给水泵、RAM 电机和 RGL 柜房间温度受影响
干预行动	已采取的行动措施： 提出 WR 排计划处理
原因分析	3DVG002AR 箱中 FX15 温度参数设置有误
消缺行动	电气处理反馈： 对箱中 FX15 中的温度设置进行检查，在检查中发现 FX15 中的温度设定值与文件中的要求设定值不符合，文件清单中要求高报 26 ℃，低报为 17 ℃，加热器温度设定值为 20 ℃，现场查看温度设定值为，高报 25.2 ℃，低报为 19 ℃，加热器温度设定值 27.7 ℃，由于加热器温度设定值较高，而高报的报警值设定比加热器得温度设定值高，所以现场出现报警。对 FX15 中的定值按照文件定值清单进行从新设定，故障消除
相关知识	DVG001RG 的温度高报 26 ℃，温度低报为 17 ℃，而 DVG001RS 电加热器安全温度高报警定值为 70 ℃
参考资料信息	维修一处：完工报告《FQ3-MA02-RCWO-00240340/01 3DVG002AR 出现 001RS 高温故障，现场复位故障消失；一段时间后该故障重新出现，再次复位故障未能消失，请处理》； WR/WOT：00112812/00240340-01
编　　者	运行二处一值：张美强　　时间：2019 年 04 月 18 日

3.19.3　3DVG101VD 旋钮处于自动状态时无法调节

异常缺陷名称	3DVG101VD 旋钮处于自动状态时无法调节
发生时间	2016 年 04 月 07 日早班
机组状态	机组调试启动阶段
异常缺陷现象	3DVG101VD 旋钮处于自动状态时无法调节
风险或潜在后果	辅助给水泵、RAM 电机和 RGL 柜房间温度受影响
干预行动	已采取的行动措施： 提出 WR 排计划处理

续 表

原因分析	3DVG101VD 接线松动	
消缺行动	电气处理反馈： 1）将 3DVG101VD 旋钮放在手动最大位置，确认 3DVG101VD 运行； 2）等高温报警消除后将 3DVG101VD 旋钮处于 AUTO 位置； 3）测量输出信号发现没有下游信号发出； 4）检查接线，发现一根线虚接； 5）将虚接的线接好，测量信号，信号发出，确认 3DVG101VD 运行	
相关知识	DVG101VD 用于控制 DVG001RF 的核岛冷冻水，从而调节 DVG001/002ZV 入口温度	
参考资料信息	维修二处：完工报告《FQ3-MA02-RCWO-00255787/01 3DVG101VD 旋钮处于自动状态时无法调节，请及时处理》； WR/WOT：00255787-01	
编　　者	运行二处一值：张美强	时间：2019 年 04 月 18 日

3.20 电气厂房主通风系统(DVL)

3.20.1 3DVL213CR 中存在报警灯 3DVL315LA 亮，多次复位后仍有出现

异常缺陷名称	3DVL213CR 中存在报警灯 3DVL315LA 亮，多次复位后仍有出现	
发生时间	2016 年 03 月 28 日早班	
机组状态	RCD 模式，首次装料前	
异常缺陷现象	主控出现 3DVL201RG 故障的报警(3DVL003KA1)，3DVL213CR 中存在报警灯 3DVL315LA 亮，多次复位后仍有出现	
风险或潜在后果	影响运行人员状态判断和监视，可能影响 3DVL 通风运行可靠性	
干预行动	已采取的行动措施： oncall 维修电气检查处理	
原因分析	3DVL201VAR SM5 限位故障	
消缺行动	仪控处理反馈： 确认 3DVL201VAR SM5 存在故障并更换备件后故障消除	
相关知识	N/A	
参考资料信息	维修二处：完工报告《FQ3-MA02-RCWO-00249533/01 3DVL213CR 中存在报警灯 3DVL315LA 亮，多次复位后仍时有出现，请及时处理》; WR/WOT：00118206/00249533-01	
编　　者	运行二处一值：张美强	时间：2019 年 03 月 26 日

3.20.2 3DVL201VAR 电动执行机构故障，3DVL201RC 故障

异常缺陷名称	3DVL201VAR 电动执行机构故障，3DVL201RC 故障
发生时间	2016 年 04 月 04 日夜班
机组状态	RCS 模式，电功率 0 MWe
异常缺陷现象	主控触发 3DVL001KA1(201RG 调节器故障)
风险或潜在后果	3DVL 不能实现自动调节，可能影响 3DVL 通风运行可靠性

续 表

干预行动	已采取的行动措施： 1）联系维修电气检查处理； 2）断开 3DVL201VAR 和 3DVL203VAR 电动控制机构电源，手动调节开度，用钥匙复位后，3DVL201VAR 和 3DVL203VAR 开度大于 90%的报警消失
原因分析	1）检查发现 3DVL201RC 调节不灵敏，一个电子元器件损坏； 2）3DVL201VAR 电动执行机构损坏
消缺行动	电气处理反馈： 1）检查发现 3DVL201RC 调节不灵敏，一个电子元器件损坏，处理后恢复运行一天再次触发故障； 2）再次检查发现 3DVL201VAR 电动执行机构在外力未调节情况下阀门不定时旋转，判断为 3DVL201VAR 电动执行机构损坏，更换备件后故障消除； 3）备件到货之前，维修与运行沟通后开 TCA 临时打到“STOP”位置临时处理
相关知识	产生 DVL001KA1 报警的可能原因有： 1）3DVL201RG 调节器在运行而 3DVL201VAR 调节阀几乎关闭（开度<10%）； 2）3DVL201RG 调节器在运行，3DVL205ST 测得空气温度超高且 3DVL202VAR 调节阀全关； 3）3DVL201RG 调节器在运行而 3DVL203VAR 调节阀几乎关闭（开度<10%）
参考资料信息	维修二处：完工报告《FQ3-MA02-RCWO-00254269/01 对 3DVL201VAP 阀门进行校正》； WR/WOT：00119574/00254269-01
编　　者	运行二处一值：张美强　　　时间：2019 年 03 月 26 日

3.20.3　3 号主控多次闪发 3DVL403KA（3DVL203ZV/MO 温度和振动综合报警）

异常缺陷名称	3 号主控多次闪发 3DVL403KA（3DVL203ZV/MO 温度和振动综合报警）
发生时间	2016 年 07 月 26 日夜班
机组状态	NS/SG 模式，电功率 0 MWe

续 表

异常缺陷现象	3 号主控 KIC 多次闪发 3DVL403KA，3DVL203ZV/MO 温度/振动高报警	
风险或潜在后果	3DVL-B 列风机不可用，影响中压配电盘 B 列房间温度	
干预行动	已采取的行动措施： 1)现场检查并停运风机以及联系维修机械处理； 2)监视房间温度，安装临时空调和打开通往 A 列配电间房间门，利用 A 列配电间的通风进行冷却	
原因分析	3DVL203ZV 非驱动端轴承保持架断裂	
消缺行动	机械处理反馈： 1)打开轴承座上盖，检查发现非驱动端轴承保持架断裂，驱动端轴承外圈有磨痕； 2)检查两端轴承座内完好，非驱动端轴承座内有少量锈蚀； 3)风机轴承更换后，故障消除	
相关知识	产生 DVL403KA 报警的原因有： 1)设备运行异常 ①DVL203ZV 轴承温度高(DVL309/310MT≥80 ℃)； ②DVL203MO 轴承温度高(DVL311/312MT≥90 ℃)； ③DVL203ZV 或 3DVL203MO 振动值超标(DVL309/310/311MV ≥5.5 mm/s)。 2)设备故障 ①DVL203ZV 轴承温度高(DVL309/310MT≥90 ℃)； ②DVL203MO 轴承温度高(DVL311/312MT≥95 ℃)； ③DVL203ZV 或 DVL203MO 振动值超标(DVL309/310/311MV≥6.3 mm/s)	
参考资料信息	维修二处：完工报告《FQ3-MA01-RCWO-00312877/01 主控 KIC 多次闪发 3DVL403KA，3DVL203ZV/MO 温度震动高报警》； WR/WOT：00156431/00312877-01	
编　　者	运行二处一值：张美强	时间：2019 年 03 月 26 日

3.21 汽轮机旁路系统(GCT)

3.21.1 蒸汽旁排阀 3GCT121VV 阀杆断裂

异常缺陷名称	蒸汽旁排阀 3GCT121VV 阀杆断裂，阀芯掉落(实际开度 12%)，导致蒸汽发生器液位产生扰动
发生时间	2018 年 02 月 21 日早班
机组状态	RP 模式，热功率 813 MWt，电功率 253 MWe
异常缺陷现象	10:49，开始执行 3ASG003PO 汽动泵试验，10:51，3GCT121VV 异常关小(由 72%关小至 12%)，导致 VVP 母管压力上升，进而对蒸汽发生器液位产生扰动(-0.2 m 上涨至 0.5 m)。当时 3GCT121VV 要求开度 100%，实际阀门开度 12%，蒸汽发生器液位自动控制，液位已恢复至整定值
风险或潜在后果	1)3GCT121VV 异常动作影响蒸汽发生器水位控制，可能导致相关 RPR 保护动作，存在停堆/主给水隔离风险； 2)制约机组上行
干预行动	已采取的行动措施： 1)监视 3 台蒸汽发生器液位，及时干预，3 台蒸发器液位已恢复正常； 2)安排现操检查 3GCT121VV，现场实际开度 12%； 3)主控立即 oncall 维修仪控、机械对故障阀门进行检查； 4)主控密切关注 3GCT121VV 阀门状态，监视蒸汽发生器液位，准备干预预案，做好干预准备； 5)维修机械现场反馈 3GCT121VV 阀杆执行机构断裂，导致阀芯掉落。 建议后续行动： 1)当班值继续保持密切监视； 2)要求维修准备检修方案
原因分析	执行机构解体发现断裂面有旧伤，初步判断阀杆断裂的原因为材质问题

续　表

消缺行动	机械处理反馈： 1)原因分析：执行机构解体发现断裂面有旧伤，初步判断阀杆断裂的原因为材质问题。 2)处理过程： ①为了保证 ARE 小阀控制的稳定，仪控将 3GCT121VV 的全关限位强制为 0，3GCT109VV 送 KIC 显示的全开限位强制为 1； ②在蒸汽排空后，执行隔离； ③对 3GCT121VV 进行解体更换	
相关知识	3GCT121VV 未全关同时 3GCT109VV 全开或者 3GCT117VV 未全关同时 3GCT105VV 全开条件不满足满足，导致 ARE 小阀关小，从而 SG 液位下降，SG 液位低低导致反应堆停堆	
参考资料信息	维修二处：完工报告《FQ3-MA01-RCWO-00858622/01 3GCT121VV 阀门执行机构断裂，无法正常动作，需处理》； WR/WOT：00858622-01	
编　　者	运行二处一值：高鹏威	时间：2019 年 02 月 11 日

3.21.2　1GCT121VV 显示异常处理

异常缺陷名称	1GCT121VV 显示异常处理
发生时间	2017 年 01 月 17 日
机组状态	RP 模式
异常缺陷现象	1GCT121VV 开度主控 KIC 画面显示×××，检查发现阀门的定位器处于黑屏状态，该阀门的定位器曾多次出现缺陷
风险或潜在后果	由于 1GCT121VV 阀门状态显示×××，导致无法监视 GCT 的开度，若阀门异常开启，可能影响 SG 的水位。另外会导致水汽母管压差变化，引起 APA 转速改变，从而影响 SG 液位，最终可能因为 SG 液位波动较大引发停堆
干预行动	已采取的行动措施： 1)现场对 1GCT121VV 的开度加强关注，如果阀门异常开启，则立即关闭供气小阀； 2)主控关注蒸发器液位和汽水母管压差的变化
原因分析	仪控检查确认是端子排接线松动引起该故障

续 表

<table>
<tr><td>消缺行动</td><td colspan="2">仪控处理反馈：
1）仪控需要检查 1GCT121VV 控制回路接线，为防止误动，首先强制 1GCT121VV 的允许电磁阀失电，避免 1GCT121VV 阀门误开；
2）提前安排常规岛现操到 1GCT121VV 供气小阀处，若工作过程中 1GCT121VV 误开，立即关闭供气小阀；
3）若 1GCT121VV 仍无法关闭，则立即关闭其上游手动隔离阀 1GCT109VV；
4）若还是无法实现，可破坏 1GCT121VV 中性点，手动关闭，避免由于 1GCT121VV 误开而引起 SG 水位波动；
5）对松动的端子排进行紧固，确认 1GCT121VV 开度显示正常</td></tr>
<tr><td>相关知识</td><td colspan="2">有效的冷凝器旁路排放系统的调节信号代表的排往冷凝器的新蒸汽流量，该信号须经 GCT105、109、117 和 121VV 的阀位来确认，其确认电路原理图 1 所示。如果 GCT121VV 和 GCT117VV 均关闭限位触发，则代表蒸汽旁路排放系统的信号将被切除，进而影响 ARE 主给水调节阀的水位整定值，以及影响旁路调节阀开度整定值。给水阀门的开度变化，将导致蒸汽发生器水位产生瞬态变化
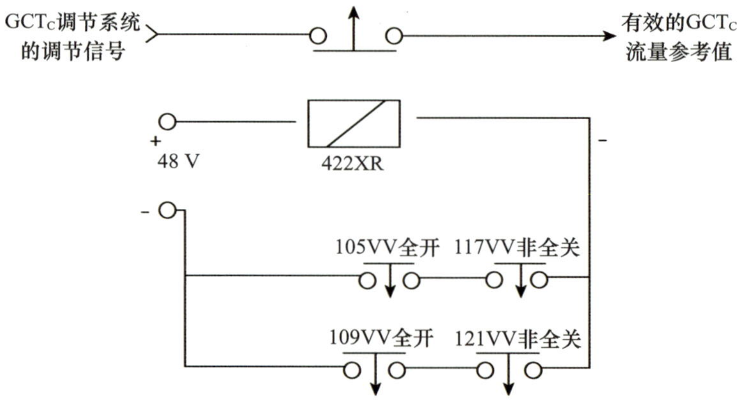

图 1　GCT 蒸汽流量信号确认电路</td></tr>
<tr><td>参考资料信息</td><td colspan="2">维修一处：完工报告《FQ1-MA03-RCWO-00552939/01 1GCT121VV 开度主控 KIC 画面显示×××，经检查现场定位器断电，需检查控制回路》；
运行一处：《运行二处内部经验反馈——1GCT121VV 显示异常处理》；
WR/WOT：00552939-01</td></tr>
<tr><td>编　者</td><td>运行二处一值：高鹏威</td><td>时间：2019 年 02 月 11 日</td></tr>
</table>

3.21.3　1GCT123VV 在汽轮机打闸后非预期开启

异常缺陷名称	1GCT123VV 在汽轮机打闸后非预期开启	
发生时间	2019 年 10 月 01 日	
机组状态	热停堆	
异常缺陷现象	凝汽器 C 汽轮机旁路调节阀 1GCT123VV 汽轮机打闸后非预期开启	
风险或潜在后果	影响一回路平均温度的控制	
干预行动	已采取的行动措施： 1）稳定机组状态，控制一回路平均温度； 2）oncall 仪控专业检查处理	
原因分析	故障原因定位为定位器零点漂移，1GCT123VV 切换至压力控制后，允许电磁阀带电，零点漂移导致阀门气缸下缸有进汽，上缸充气量未达标，在阀门前后压力作用下，阀门误开启	
消缺行动	仪控处理反馈： 1）停机后从 KRG 卡件到就地阀门进行全面检查，KRG 的卡件检查没有问题； 2）对 1GCT123VV 阀门进行诊断测试分析，测试发现，阀门定位器设定值存在偏差，在 4 mA 控制信号作用下，下气缸无法排空，上气缸无法饱和； 3）对零点调整后进行阀门整体控制检查，阀门动作正常	
相关知识	定位器故障漂移会导致阀门异常动作，在 4 号机组也出现过 4GSS271VL 定位器故障导致阀门异常动作的问题。巡检时注意关注阀门定位器是否距离高温物体太近，是否被阻挡和脏污的情况	
参考资料信息	eSOMS 日志	
编　　者	运行二处一值：高鹏威	时间：2019 年 12 月 30 日

3.22 汽轮机调节油系统(GFR)

3GFR冷却回路和再生回路启动时3GFR043KS灯亮(3GFR031FI压差高报警)

异常缺陷名称	3GFR冷却回路和再生回路启动时3GFR043KS灯亮(3GFR031FI压差高报警)
发生时间	2017年01月25日夜班
机组状态	NS/SG模式
异常缺陷现象	夜班主控按照3D28B-50(GFR启动，循环处理)，按照运工指令，先执行冷却回路和再生回路的启动，检查油箱温度006MT为25 ℃，主控启动3GFR014MO后，出现3GFR043KS灯亮(3GFR031FI压差高报警)，但3GFR046KS灯不亮(3GFR036FI压差不高)，现场检查3GFR032PO出口压力为0.88 MPa.g，3GFR031PO出口压力0.38 MPa.g。随即先将3GFR014MO停运，分析原因
风险或潜在后果	影响机组上行
干预行动	已采取的行动措施： 先将3GFR014MO停运，分析原因。 建议后续行动： 经讨论后，再次启动3GFR014MO并将油箱加热器投入，让油边流动边加热，观察约两个小时后043KS消失，消失时的油温为34 ℃，现场032PO出口的压力也随着降低到0.75 MPa.g以下。至此冷却回路和再生回路的启动完成
原因分析	由于3GFR031RF的SRI是投入的，且现场查看3GFR043LT的温度为20 ℃，初步分析可能是3GFR031FI处的油温太低，导致流动时的黏滞力过大，从而触发043KS
消缺行动	运行处理反馈： 1)在油箱温度为25 ℃时启动3GFR014MO时会出现3GFR043KS。此时3GFR032PO出口压力会达到0.88 MPa.g； 2)加热器投入后，3GFR043KS需要等约两小时(查看趋势03:04，3GFR043KS灯亮，05:10，KS灯灭)才会消失，如果时间再长的话则考虑过滤器是否堵塞； 3)3GFR043KS消失时的油箱温度约为34 ℃

续 表

相关知识	GFR043SP 在压差达到 240 kPa 后，触发 GFR043KS。同时，将产生报警 GFR040KA	
参考资料信息	2017 年 01 月 25 日夜班 ESOMS 日志	
编　　者	运行二处一值：胡松辉	时间：2019 年 02 月 13 日

3.23 汽轮机润滑、顶轴和盘车系统(GGR)

3.23.1 主控 KIC 中 3GGR001VD 开度显示××××

异常缺陷名称	主控 KIC 中 3GGR001VD 开度显示××××
发生时间	2019 年 08 月 20 日早班
机组状态	RP 模式，满功率
异常缺陷现象	巡盘发现 12:43KIC“仪控故障”列表中有 3GGR001VD_P FAULT 报警，主控查看 3GGR001HXT 画面发现 3GGR001VD 的开度显示为××××，调 3GGR001VD_P 的趋势发现从 12:43 分开始由 11%开度变为洋红色。检查电动阀 3GGR001VD，发现电动头无供电显示
风险或潜在后果	1)导致 3GGR001VD 丧失自动控制功能，进而影响 3GGR 供油温度的控制，可能危及汽轮机轴承安全； 2)3GGR 轴承温度高参与自动跳机，回油温度高参与手动跳机
干预行动	已采取的行动措施： 1)立即联系现场检查电动阀 3GGR001VD，发现电动头无供电显示，阀门开度指示未见动作，检查阀门上游供电开关 3LKF99167JA 供电正常； 2)为避免自动控制出现波动，主控将 3GGR001VD 置于手动控制； 3)主控和隔离办清理相关的工作许可证，未见对 3GGR001VD 可能产生影响的工作； 4)主控调趋势监视 3GGR 供油温度、回油温度以及轴承温度，当前油温稳定在 46 ℃附近； 5)oncall 电气现场检查处理和反馈设备管理工程师； 6)主控做好事故预想(3GGR001VD 存在旁路阀门，在极端情况下考虑通过旁路配合控制油温)； 7)为避免 SRI 侧冷却水流量变化影响 3GGR 油温控制，反馈运工先暂停计划开展的(NQ)FQ3-SRI-T-001：由母管压力低信号启动备用泵试验规程。 建议后续行动： 1)请维修分析故障原因，准备好处理方案并消除缺陷； 2)运行加强监视 3GGR 供油温度、回油温度以及轴承温度
原因分析	3GGR001VD 电动执行机构电源板控制回路熔丝熔断，3GGR001VD 控制回路失电，导致 3GGR001VD 油温调节阀控制及反馈信号失效

续　表

消缺行动	电气处理反馈： 1）处理过程： ①确认 3GGR001VD 无电压； ②打开 3GGR001VD 电动执行器控制盒，检查发现控制板上熔丝故障； ③对故障熔丝进行更换； ④联系主控，合上 3LKF99167JA，确认 3GGR001VD 执行器恢复正常； ⑤工作结束，清理现场。 2）故障原因分析：3GGR001VD 电动执行机构电源板控制回路熔丝熔断，3GGR001VD 控制回路失电，导致 3GGR001VD 油温调节阀控制及反馈信号失效。 3）处理进展：已完成 3GGR001VD 故障处理，3GGR001VD 恢复正常运行。 4）直接原因：3GGR001VD 电动执行机构电源板控制回路熔丝熔断，3GGR001VD 控制回路失电，导致 3GGR001VD 油温调节阀控制及反馈信号失效。 5）熔丝熔断原因分析： ①故障熔丝下游为 3GGR001VD 控制回路变压器，共有 4 路输出，其中任一路输出存在偶发大电流（25 A 以上）导致熔丝熔断。 ②2、3、4 输出下游为电子板卡，如故障瞬发大电流，会对电子板卡造成不可逆损坏，经验证电动头恢复供电后运行正常，可排除电动头电子板卡故障导致熔丝熔断。 ③1 路输出为电动执行机构电机接触器控制电源，当接触器吸合瞬间，由于接触器铁芯剩磁产生反作用力，会导致接触器线圈电流瞬时性增大，存在偶发性电流过大致使熔丝熔断可能性，且接触器线圈具备承受短时大电流能力，再次恢复供电后仍可正常工作，与本次 3GGR001VD 故障现场相符。 故本次 3GGR001VD 电源板卡熔丝熔断，基本可定位至 3GGR001VD 接触器控制回路出现瞬时过电流。 6）后续处理计划：由于 3GGR001VD 电动执行机构为调节型电动执行机构，接触器动作频繁，对电源板卡供电可靠性及稳定性要求更高。为提高现场电动执行机构电源板卡供电可靠性，计划调研较目前所使用普通电源板卡供电可靠性更高、抗干扰及冲击能力更强的固态电源板卡应用于现场电动执行机构的可行性

续　表

相关知识	GGR001VD 阀门开度由润滑油母管温度 GGR102MT 控制，GGR102MT 控制设定值为 45 ℃，当润滑油母管温度 GGR102MT 温度超过 46 ℃时，DCS 每 30 s 给 GGR001VD 下发一个持续时间为 0.8 s 的开阀指令，当润滑油母管温度 GGR102MT 温度低于 44 ℃时，DCS 每 30 s 给 GGR001VD 下发一个持续时间为 0.8 s 的关阀指令。当润滑油母管温度 GGR102MT 出现质量位时，GGR001VD 维持当前开度。（1、2 号机组已实施永久变将 30 s 修改为 45 s）	
参考资料信息	运行二处：3 号机组异常反馈——主控 KIC 中 3GGR001VD 开度显示××××； 维修二处电气：主控 KIC 中 3GGR001VD 开度显示××××处理反馈邮件； WR/WOT：00604136/01332184-01（紧急工单），工作许可证：20193PT24300（检查 3GGR001VD 电动执行器板卡及电源模块）	
编　　者	运行二处一值：谷铁	时间：2019 年 08 月 21 日

3.23.2　1GGR001AR 内出现 P1 卡件故障，导致盘车啮合

异常缺陷名称	1GGR001AR 内出现 P1 卡件故障，导致盘车脱开啮合
发生时间	2019 年 06 月 11 日夜班
机组状态	RP 模式，热功率 115 MWt，发电机未并网
异常缺陷现象	04:25，1 号主控触发 1GSE031/032/033KA（汽轮机转速-停止）报警，查看画面确认汽轮机转速下降至 0 r/min，怀疑盘车存在故障，查看 1GGR 画面，确认 1GGR001SM 灭，1GGR002SM 亮，盘车脱开啮合
风险或潜在后果	导致盘车脱开啮合，汽轮机转子停转，存在受热不均弯曲变形的风险
干预行动	已采取的行动措施： 1）就地查看 1GGR001AR，P1、P2、P3 分别显示 7.5/0/8，屏幕上显示 R1-End； 2）根据 FQ1-GGR-I-002（汽轮发电机组盘车启动应急预案），就地停运 1GGR003MO，并复位 1GGR001AR 报警后，重新启动 1GGR003MO，电机启动并啮合成功，汽轮机转速恢复至 8 r/min；

续　表

干预行动	3)查看汽轮发电机相关参数，除 1GME018MM(汽轮机转子偏心)在盘车停运、恢复启动期间略有变化外(由原来的 16.0 μm 恢复至 16.5 μm，正在逐渐下降)，其他无异常； 4)oncall 电气人员、设备管理人员进厂检查，并确认汽轮发电机状态。 建议后续行动： 1)请维修尽快查明盘车故障原因并彻底处理； 2)确认汽轮发电机状态正常，避免影响后续冲转并网； 3)运行根据近两次盘车异常处理情况，升版 FQ1-GGR-I-002
原因分析	高压主汽阀存在轻微泄露，泄露的蒸汽推动汽轮机转子转速上升。汽轮机转子转速上升导致主盘车正常脱开，在汽轮机转子下降时 P1 卡件卡死，导致主盘车未在 8 r/min 时啮合
消缺行动	电气处理反馈： 1)检查内容：与运行人员沟通，将故障复位后启动主盘车，主盘车启动成功。和仪控人员一起检查故障时上位机汽轮机转速趋势，发现汽轮机转子由于受到外力转速上升，导致主盘车正常脱开，在汽轮机转子转速下降过程中，P1 卡件卡死导致主盘车未在 8 r/min 啮合。 2)故障原因： ①由于受到外力，汽轮机转子转速上升导致主盘车正常脱开(高压主汽阀存在轻微泄露，泄露的蒸汽推动汽轮机转子转速上升)。 ②汽轮机转子下降时 P1 卡件卡死，导致主盘车未在 8 r/min 时啮合。 3)分析评价：根据《FQX39GSES01101B45SS 汽轮机保护/调节系统(GSE/GRE)运行周期性试验规程》1.6.1 条中气密性试验合格标准为"在汽轮机高压主汽阀关闭，高压调节阀和中压调节阀全关 30 min 后，如汽轮机转速仍然低于额定转速的 5%(75 r/min)，认为汽密性良好"，当前汽轮机最大上升转速小于 10 r/min，评价确定当前的泄露量为可接受。 4)后续行动： ①需进一步分析汽轮机转子转速上升所受外力的来源。(查询历史趋势，调停期间盘车已脱啮 5 次)。 ②P1 卡件到货后对其进行更换。 ③确定在主控增加主盘车异常脱啮报警信号的变更可行，采用主盘车电机运行信号与汽轮机低转速低于 8 r/min 信号同时满足时触发报警。 ④利用主盘车停运窗口检查现场 P1 卡件的软件版本，并在停机窗口对 P1 卡件进行更换验证

续 表

相关知识	根据《FQX39GSES01101B45SS 汽轮机保护/调节系统(GSE/GRE)运行周期性试验规程》1.6.1条中气密性试验合格标准为“在汽轮机高压主汽阀关闭，高压调节阀和中压调节阀全关 30 min 后，如汽轮机转速仍然低于额定转速的 5%(75 r/min)，认为汽密性良好”
参考资料信息	运行一处：1 号机组异常反馈——P1 卡件故障导致盘车自动脱开； 运行一处：1、2 号机组值长日报(2019 年 06 月 12 日—2019 年 06 月 14 日)； WR/WOT：00566793/01255458-01(紧急工单)。 其他类似异常缺陷案例： 2019 年 05 月 01 日夜班，3 号机组调停，核功率 6%Pn～8%Pn，汽轮机转速降至 8 r/min 后，主盘车啮合后约 9S 又再次脱离啮合位置，保持在中间位置，汽轮机转速维持在 8 r/min，初步判断汽轮机主汽阀有轻微内漏。早班核功率降低到 4%Pn～5%Pn 后，盘车啮合成功
编　　者	运行二处一值：谷铁　　　　时间：2019 年 08 月 21 日

3.23.3 4GGR003MO 盘车启动失败

异常缺陷名称	4GGR003MO 盘车启动失败
发生时间	2018 年 09 月 09 日夜班
机组状态	RCD 模式，一回路满水
异常缺陷现象	当班值根据 4D28B-37 第 5.1 节、5.4 节启动 GGR 系统(保持润滑油泵，顶轴油泵，盘车运行)启动盘车，盘车启动两次均失败，KIC 中 GGR701SY(MN turn gr alarm)灯亮，出现 4GGR701KA(主盘车警报)和 4GGR662KA(主盘车故障)报警，就地出现 E14 报警
风险或潜在后果	主盘车无法启动
干预行动	已采取的行动措施： 1)根据《FQ4-GGR-I-002 汽轮发电机组盘车启动应急预案》，安排现场检查根据预案的附录 A 在 4GGR001AR 上记录报警信号，确认就地 4GGR001AR 上存在 E14 报警：电机耦合器故障； 2)根据应急预案主控和就地对报警进行复位。再次启动，故障现象一致，仍无法启动； 3)oncall 电气检查处理

续　表

原因分析	4 号汽轮机急停按钮被按下。汽轮机急停按钮被按下后，主盘车电机无发启动，就地监测不到主盘车电机转速，即触发 E14 故障报警
消缺行动	电气处理反馈： 1) 处理结果：4 号机组主盘车故障处理进展：现场所有故障报警已消除，主盘车启动成功。 2) 故障原因：4 号汽轮机急停按钮被按下。汽轮机急停按钮被按下后，主盘车电机无发启动，就地监测不到主盘车电机转速，即触发 E14 故障报警。 3) 处理过程： ①机电仪协同检查处理，仪控检查 E14 相关主盘车 P4 探头无故障，测量间隙正常。 ②电气就地检查，机械检查发现主盘车脱啮未到位，002SM 脱啮信号未触发，机械手动啮合主盘车后，002SM 啮合信号触发。002SM 信号未触发不影响主盘车启动，非本次故障原因。 ③就地检查主盘车及各控制信号无异常后，仪控复位 E14 报警。 ④主盘车再次试启动，主盘车电机无动作。 ⑤就地再次检查发现汽轮机急停按钮为按下状态。 ⑥与运行反馈此情况，就地复位急停按钮后，再次启动主盘车成功。 4) 后续动作：组织机电仪及运行召开工后会，对本次主盘车无法启动问题进行总结
相关知识	主盘车故障原因有： 1) 盘车电源(LLP)故障； 2) 油质不合格； 3) 盘车控制柜卡件故障； 4) 油管路泄漏导致油压和油位同时下降； 5) 动停止信号停运盘车： 6) 润滑油母管压力 GGR211MP/GGR212MP/GGR213MP 三取二低于 100 kPa； 7) 顶轴油泵出口压力 GGR431MP/GGR432MP 二取一低于 23 MPa 延时 5 s； 8) 盘车启动 30 s 后电流大于 60 A； 9) 盘车在啮合过程 60 s 后电流大于 60 A； 10) 主盘车出现 E14 故障报警(电机耦合器故障)或 P1 卡件显示的其他故障

续 表

参考资料信息	维修二处电气：4 号机组主盘车故障处理进展反馈	
编　　者	运行二处一值：谷铁	时间：2019 年 08 月 21 日

3.23.4　2 号机组打闸后，盘车转速探头 P3 故障

异常缺陷名称	2 号机组打闸后，盘车转速探头 P3 故障
发生时间	2019 年 04 月 05 日夜班
机组状态	RP 模式，停机
异常缺陷现象	04 月 04 日，2 号机组应电网要求调停，于 04 月 05 日 07:30 打闸停机，停机后仪控人员发现 2GGR001AR 控制箱内 P3 显示屏显示“READY”，但是 P3 显示屏显示读数与 P1/P2 不相同，汽轮机惰转达到 8 r/min 时主盘车将不能自动啮合
风险或潜在后果	将导致主盘车不能自动啮合
干预行动	已采取的行动措施： oncall 仪控检查处理，仪控人员发现 2GGR001AR 控制箱内 P3 显示屏显示异常之后，判断为 P3 转速探头异常，并给出了两种解决盘车投不上问题的方案： 1）待汽轮机惰转至静止时，启动盘车电机啮合，参考《FQX-OP00-TD-16029 福清核电大修后汽轮机冲转风险预案》第 25 页； 2）汽轮机从 1500 r/min 下降至接近 8 r/min 时，敲击 P3 探头，根据经验，探头有可能恢复示数，并完成自动啮合，啮合后，转速探头可在上行时处理； 3）运行人员与仪控人员讨论后，决定尝试敲击 P3 探头，因此到现场进行检查，检查过程中发现 P3 探头（机头位置）松动，运行人员用手按住探头电缆线的情况下，P3 探头指示恢复正常，手松开后，P3 再次出现显示异常，仪控人员给出新的处理方案； 4）在汽轮机惰转至 10 r/min 时，由运行人员在仪控人员的监护下，按紧 P3 探头，直到 8 r/min 进行盘车齿轮啮合成功后，再松开； 5）在 04 月 05 日中班在汽轮机冲转窗口，在 200 r/min 平台，仪控专业对盘车转速探头 P3 进行检查处理
原因分析	探头灵敏度降低

续　表

<table>
<tr><td>消缺行动</td><td>仪控处理反馈：
1）检修步骤：
①确认主盘车电机已停运；
②用塞尺测量 2GGR001MC 的间隙为 0.9 mm；
③调整 2GGR001MC 间隙为 0.5 mm；
④重新投入盘车电机，并由电气人员恢复报警，确认 2GGR001MC 显示正确。
2）故障原因分析：探头灵敏度降低</td></tr>
<tr><td>相关知识</td><td>1）盘车啮合只有两种情况：
①汽轮机从 1500 r/min 下降时在 8 r/min，P1/P2/P3 显示相同自动啮合；
②汽轮机在静止时啮合。
2）盘车转速探头 P1/P2/P3，布置如下：
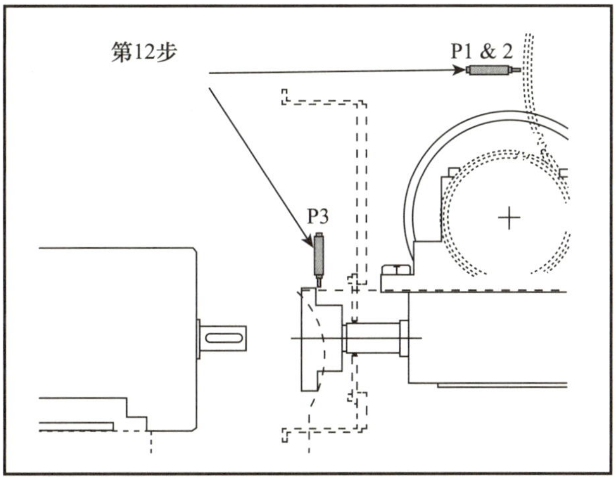

图 1　主盘车内部结构示意图
①检测器 P1 和 P2 测量汽轮机大轴端部的大齿轮转速，它们由大齿轮轮齿触发。
②检测器 P3 测量盘车电动机转速并由蜗杆传动装置挠性联轴器上螺栓头触发。
3）经验知识：
①在汽轮机打闸后盘车电机启动后，需对转速卡件 GGR001AR 上 P1、P2、P3 进行检查。若 P3 卡件转速显示异常，采取按压 GGR001MC 探头固定支架方式尝试使转速恢复正常，保证汽轮机 8 r/min 附近时盘车啮合正常。</td></tr>
</table>

续　表

相关知识	②在盘车电机启动后需对盘车控制柜上 GGR001AR 上转速显示进行检查，检查确认 P1、P2、P3 转速显示正常。 ③汽轮机惰转过程中需关注 GGR001AR 控制面板，如果盘车无故障，GGR001AR 控制箱内 P1 显示屏需要显示“READY”，P1/P2 显示屏显示读数相同(显示当前汽轮机大轴转速)，P3 不断跟随大轴转速变化(显示当前盘车电机转速)，当 P1/P2 与 P3 显示一致时，盘车啮合带动大轴转动。否则达到 8 r/min 时主盘车将不能自动啮合	
参考资料信息	运行一处：《运行一处内部经验反馈——2 号机组打闸后，盘车转速探头 P3 故障处理的经验反馈》； 维修一处：EAM 中 01186146-01 的完工报告； WR/WOT：00531756/01186146-01	
编　　者	运行二处一值：谷铁	时间：2019 年 08 月 21 日

3.23.5　2 号机组主盘车反复啮合后又脱开

异常缺陷名称	2 号机组主盘车反复啮合后又脱开
发生时间	2019 年 04 月 17 日夜班
机组状态	RP 模式，汽轮机打闸停机
异常缺陷现象	夜班 2 号机组降功率打闸以便维修 2CEX102CS 钛管泄漏缺陷，汽轮机打闸后，当盘车转速下降至约 8 r/min 时，2GGR001SM 变亮，2GGR002SM 不亮，显示盘车啮合，但几秒过后，2GGR001SM 重新变为不亮，2GGR002SM 重新变亮，即盘车重新脱开。如此反复几次，均是如此。 经询问现场操作人员和保驾人员，反馈就地盘车也是短时啮合后脱开
风险或潜在后果	导致主盘车反复啮合又脱开，无法正常投入，存在汽轮机转子受热不均弯曲变形的风险
干预行动	已采取的行动措施： 1)安排现场和保驾人员检查主盘车运行情况； 2)经查看汽轮机解列后的转速下降曲线，降至 8 r/min 用时接近 3 h，而根据以往经验大概为 1 h 40 min，经过分析，怀疑 2GSE 和 2GRE 的进汽截止阀和调阀密封性不严，导致有少量蒸汽进入汽轮机； 3)通过降低一回路核功率，减少蒸汽泄漏量，使得主盘车啮合成功

续　表

原因分析	汽轮机进气阀门存在轻微泄露，泄露的蒸汽推动汽轮机转子转速上升而脱开啮合	
消缺行动	运行处理反馈： 1）处理措施： ①查看汽轮机解列后的转速下降曲线，降至 8 r/min 用时接近 3 h。汽轮机正常从打闸 1500 r/min 下降至盘车转速 8 r/min 时间约为 1 h 40 min（真空不破坏的情况下），汽轮机惰转时间明显大于上述时间，则汽轮机主调阀和主汽门可能有微量内漏； ②经过分析，怀疑 2GSE 和 2GRE 的进汽截止阀和调阀密封性不严，导致有少量蒸汽进入汽轮机，泄漏的蒸汽推动汽轮机转子转速上升而脱开啮合； ③当时一回路核功率为 8%FP，为了防止主盘车由于不停地啮合、脱扣而损坏，主控团队进行了充分讨论分析并获批准后，决定适当降低一回路功率； ④当一回路降至 4%FP 后，主盘车啮合成功，并不再脱开。 2）故障原因分析：汽轮机进气阀门存在轻微泄露，泄露的蒸汽推动汽轮机转子转速上升而脱开啮合	
相关知识	主盘车允许启动条件： 1）润滑油压力大于 100 kPa； 2）顶轴油压力大于 23 MPa； 3）辅助盘车 441VH 停运状态； 4）GHE 油氢压差正常（大于 30 kPa）	
参考资料信息	运行一处：《运行一处内部经验反馈——处理 2 号机盘车啮合后即脱开故障》； 其他类似异常缺陷案例： 2019 年 05 月 01 日夜班，3 号机组调停，核功率 6%Pn~8%Pn，汽轮机转速降至 8 r/min 后，主盘车啮合后约 9 s 又再次脱离啮合位置，保持在中间位置，汽轮机转速维持在 8 r/min，初步判断汽轮机主汽阀有轻微内漏。早班核功率降低到 4%Pn~5%Pn 后，盘车啮合成功	
编　　者	运行二处一值：谷铁	时间：2019 年 08 月 21 日

3.23.6　主控触发 1GGR996KA(N 选 M 选择器错误)报警和 1GGR911KA(N 选 M 选择器扰动)报警

异常缺陷名称	1 号机组 P320 与 DCS 通讯中断，主控触发 1GGR996KA(N 选 M 选择器错误)报警和 1GGR911KA(N 选 M 选择器扰动)报警
发生时间	2017 年 09 月 02 日夜班
机组状态	RP 模式，满功率
异常缺陷现象	04:00，主控触发 1GGR996KA(N 选 M 选择器错误)报警和 1GGR911KA(N 选 M 选择器扰动)报警，检查 KIC 画面发现 1GEX、1GSE、1GRE、1GGR、1GME、1GSS、1GPV 等画面参数部分参数显示×××，部分阀门状态显示洋红色、开度显示×××，部分指示灯显示洋红色。 维修仪控查询 DCS 通讯日志，确认在 03:59:49 P320 与 DCS 通讯模块扫描故障信息，造成通讯模块的 FBM 离线，失去通讯，相关画面参数/状态显示洋红色和×××
风险或潜在后果	1)导致 1GEX、1GSE、1GRE、1GGR、1GME、1GSS、1GPV 等系统 KIC 画面参数部分参数显示×××，部分阀门状态显示洋红色、开度显示×××，部分指示灯显示洋红色。汽轮机大量参数无法在主控监视，特别是 GEX 相关的参数，只能通过就地巡检和利用 NCS 进行辅助监视； 2)导致机组在 KIC 上无法进行汽轮机升降功率控制，紧急情况下需要进入 1 号主控旁 L709 房间，在汽轮机工程师站 1GRE001HC 上进行升降功率
干预行动	已采取的行动措施： 1)查看和执行报警卡，检查发现 1GEX、1GSE、1GRE、1GGR、1GME、1GSS、1GPV 等系统 KIC 画面参数部分参数显示×××，部分阀门状态显示洋红色、开度显示×××，部分指示灯显示洋红色； 2)oncall 仪控检查处理； 3)安排现场对出现异常的系统加强巡检
原因分析	P320 与 DCS 右侧通讯卡件 FBM233 故障，当左侧主用 MASTER 失效发生 FAILED，切换到右侧已经故障的 FBM233，造成了整个通讯中断。 1 号机组右侧 FBM233 模块在 2017 年 03 月时出现缺陷而不可用，因无窗口处理，导致 1 号机组 P320 与 DCS 的通讯仅通过左侧的模块实现，一旦左侧主用模块故障，无法自动切换到右侧备用模块，从而出现通讯中断的情况

续 表

消缺行动	仪控处理反馈： 1)检修步骤： ①在运行隔离办领取工作许可证，与运行人员交流信息； ②再次确认 DCS 工程师站历史记录确认两个 FBM233 同时故障，失效产生 failed； ③就地核实左侧 FBM 为 tracker，右侧为 master； ④根据紧急工作方案在 DCS 对两个 FBM233 进行离线、上线操作，通讯未恢复，同时使机柜内左侧 FBM233 切换为 master，右侧 FBM233 切换为 tracker； ⑤根据工作方案，对右侧 FBM233 进行热插拔，通讯未恢复； ⑥对左侧 FBM233 进行热插拔后，此时左侧 FBM233 为 tracker 模式，右侧 FBM233 为 master 模式，但是通讯仍为恢复； ⑦根据工作方案，准备更换右侧 FBM233 卡件，当工作人员拔出 FBM233 时，通讯恢复正常，左侧 FBM233 切换为 master，右侧 FBM233 切换为 tracker，同时主控出现 1GSE001KA(因为右侧 FBM 网线拔掉原因)，更换新的 FBM 后，经过两次重启，通讯卡件正常工作，重新启动的过程中，闪发一次 1GSE001KA 报警。 ⑧ 工作结束，清理现场。  **图 2　1KCP566AR 内 FBM233 卡件** 2)处理结果：恢复 1KCP566AR 内 FBM233 左卡件为主用，右卡件为备用，恢复 P320 与 DCS 的通讯。 3)故障原因分析： P320 与 DCS 右侧通讯卡件 FBM233 故障，当左侧主用 MASTER 失效发生 FAILED，切换到右侧已经故障的 FBM233，造成了整个通讯中断

续 表

相关知识	1）P320 与 DCS 的通讯： 正常运行状态下，P320 与 DCS 的通讯通过 KCP566AR 内左、右两个 FBM233 模块实现的，两个通讯模块一用一备，可以自动进行切换。 2）经验知识： ①在 KCP566AR 上进行 FBM233 卡件热拔插，仅影响 P320 与 DCS 间的通讯，未发现其他影响； ②P320 与 DCS 间的通讯中断后，不会导致 AVC 自动退出，不影响 AVC 自动调节功能； ③P320 与 DCS 间的通讯中断后，不影响汽轮机调节系统自动动作，主控室无法正常进行升降功率； ④通讯恢复后，进行备用通道 FBM233 卡件更换时，网线拔出期间主控会出现 1GSE001KA（TGC 系统故障）报警，网线恢复后，报警会自动消除； ⑤通讯恢复后，进行备用通道 FBM233 卡件更换时，卡件重新启动瞬间，主控会闪发 1GSE001KA（TGC 系统故障）报警	
参考资料信息	运行一处：《运行一处内部经验反馈——1 号机组 P320 与 DCS 通讯中断故障处理》； 运行一处：《FQ1-GRE-TPOPAB-0002 1 号机组 P320 与 DCS 中断期间升降功率故障规程》； WR/WOT：00286311/00693094-01（紧急工单）	
编　　者	运行二处一值：谷铁	时间：2019 年 02 月 11 日

3.23.7　主控持续触发 1GGR996KA（N 选 M 选择器错误），1GGR911KA（N 选 M 选择器扰动报警）

异常缺陷名称	主控持续触发 1GGR996KA（N 选 M 选择器错误），1GGR911KA（N 选 M 选择器扰动报警）
发生时间	2017 年 09 月 22 日中班
机组状态	RP 模式，电功率 1076 MWe
异常缺陷现象	22:29，1 号主控再次持续触发 1GGR996KA（N 选 M 选择器错误），1GGR911KA（N 选 M 选择器扰动报警），1GEX、1GSE、1GRE、1GGR、1GME、1GSS 系统画面部分参数显示××××，部分阀门显示洋红色，部分显示灯显示洋红色

续　表

风险或潜在后果	1) 导致 1GEX、1GSE、1GRE、1GGR、1GME、1GSS、1GPV 等系统 KIC 画面参数部分参数显示×××，部分阀门状态显示洋红色、开度显示×××，部分指示灯显示洋红色。汽轮机大量参数无法在主控监视，特别是 GEX 相关的参数，只能通过就地巡检和利用 NCS 进行辅助监视； 2) 导致机组在 KIC 上无法进行汽轮机升降功率控制，紧急情况下需要进入 1 号主控旁 L709 房间，在汽轮机工程师站 1GRE001HC 上进行升降功率	
干预行动	已采取的行动措施： 1) 查看和执行报警卡，检查发现 1GEX、1GSE、1GRE、1GGR、1GME、1GSS 等系统 KIC 画面部分参数显示××××，部分阀门显示洋红色，部分显示灯显示洋红色； 2) oncall 仪控检查处理； 3) 安排现场对出现异常的系统加强巡检	
原因分析	通讯卡件故障、DCS 与 P320 通讯超时设置过短	
消缺行动	仪控处理反馈： 1) 检修步骤： ①在 1KCP566AR 中，分别将两个 FBM233 进行热插拔，通讯故障消失； ②执行工作方案《修改 DCS 与 P320 通讯的超时时间工作方案》； ③工作结束，清理现场，请运行人员验收，归还工作许可证。 2) 故障原因分析：故障原因分析：通讯卡件故障、DCS 与 P320 通讯超时设置过短	
相关知识	通讯控制器是 P320 TGC 系统中非常重要的控制器，其主要功能是完成 P320 内各控制器之间以及控制器与 LOCAL HMI、DCS 之间的通讯。由于该控制器在通讯中重要作用，该控制器采用冗余的方式。CCL 是两列对称安装在同一底板上完全冗余的控制器，主要包括 CPU 模块、电源模块、冗余控制模块和网络通讯模块	
参考资料信息	维修一处仪控：EAM 中工单 00713141-01 的完工报告； 运行一处：《FQ1-GRE-TPOPAB-0002 1 号机组 P320 与 DCS 中断期间升降功率故障规程》；WR/WOT：00292667/00713141-01（紧急工单）	
编　　者	运行二处一值：谷铁	时间：2019 年 08 月 21 日

3.23.8 主控触发1GEX112KA：定子电压定子电压达到最小，1GEX120KA：欠励磁限制动作，发电机电压下降至22.8 kV

异常缺陷名称	1号机组P320与DCS通讯中断，主控触发1GEX112KA：定子电压定子电压达到最小，1GEX120KA：欠励磁限制动作，发电机电压下降至22.8 kV
发生时间	2015年04月29日夜班
机组状态	RP模式，满功率
异常缺陷现象	03:59，1GGR、1GME、1GRE、1GSE、1GEX等画面中的设备与参数开始间断性出现洋红色失效状态。04:01，触发1GEX112KA：定子电压定子电压达到最小，1GEX120KA：欠励磁限制动作。查看发现励磁电流从83 A突降至75 A，发电机电压下降至22.8 kV，发电机定子电流增大至35 kA，发电机进相-137 MVa，有功功率无变化。维修人员到场后配合运行人员多次执行手动增磁命令，发电机电压恢复正常
风险或潜在后果	1)导致1GEX、1GSE、1GRE、1GGR、1GME等系统KIC画面参数部分参数显示×××，部分阀门状态显示洋红色、开度显示×××，部分指示灯显示洋红色。汽轮机大量参数无法在主控监视，特别是GEX相关的参数(可以通过就地巡检和利用NCS进行辅助监视)； 2)导致发电机电压异常下降，发电机进相运行，危机汽轮发电机组安全
干预行动	已采取的行动措施： 1)查看和执行报警卡，检查发现1GEX、1GSE、1GRE、1GGR、1GME等系统KIC画面部分参数显示××××，部分阀门显示洋红色，部分显示灯显示洋红色； 2)oncall仪控和电气检查处理； 3)安排现场对出现异常的系统加强巡检； 4)关注发电机机端电压，加强监视汽轮发电机组参数监视
原因分析	1)DCS-P320通讯故障原因为DCS侧通讯参数配置错误； 2)通讯中断导致发电机低励限制动作的原因是由于发电机外部电压给定值1GEX310SY及1GEX300SY跟踪异常引起。发电机机端电压下降到低励限制动作，限制发电机电压在95%UST(22.8 kV)运行

续　表

消缺行动	仪控处理反馈： 1)检修步骤： ①确认大修停机后、停盘车后执行； ②执行工作方案《1 号机组 DCS-P320 通讯故障处理方案》； ③工作完成后，清理现场，归还工作许可证。 2)故障原因分析： ①DCS-P320 通讯采用 TCP-IP 协议，并配置冗余通讯路径，P320 方为从站，DCS 侧为主站，冗余控制器的切换由 DCS 侧控制。 ②根据 P320 侧通讯接口设计文件《MODBUS Signal Exchange List》规定了己方通讯卡件的 IP 地址及 modbus 站地址。 ③根据接口文件说明，DCS 在任意时刻只能与 P320 侧的主通讯卡件通讯，即要求 DCS 侧在任意时刻只能使用主卡件与 P320 进行通讯，所以 DCS 侧只能访问 P320 侧的冗余 IP 地址 195. 5. 0. 168，这要求 DCS 侧两个冗余卡件的冗余管理参数配置为“Ext _ Il ink + UR = 1000”，冗余卡件的 IP 地址配置为“195. 5. 0. 168、195. 5. 0. 168”。现场 DCS 侧实际配置的内容并不满足上述要求，DCS 侧配置的冗余管理参数为“default”，通讯卡件 IP 地址为“195. 5. 0. 40 、195. 5. 0. 104”。 ④仪控人员将通讯故障时 DCS 侧日志记录和上述分析信息发函给 DCS 厂家-(IOM)确认，厂家回函确认 DCS 侧配置错误应当按以上分析内容进行修改，并判定 DCS-P320 通讯故障原因为 DCS 侧通讯参数配置不符合设计文件要求所致。 ⑤设计已通过 DEN 单取消 DCS 侧直接输入励磁电压设定值的功能，福清和方家山均已删除二层设定值的功能，并删除了画面元素。福清未删除 DCS 一层的 lGEX310SY、311SY 和 312SY (该通讯模块向 GEX 发送设定值)通讯模块，不再向 P320 侧发送设定值信息。《1 号机组 DCS-P320 通讯故障处理方案》同时删除 lGEX310SY、311SY 和 312SY 的此无用模块，以防止其对系统产生不确定影响。 ⑥通讯中断导致发电机低励限制动作的原因是由于发电机外部电压给定值 1GEX310SY 及 1GEX300SY 跟踪异常引起。发电机机端电压下降到低励限制动作，限制发电机电压在 95%UST(22. 8 kV)运行。 ⑦《DCS-P320 通讯故障处理方案》实施后，未再出现 DCS-P320 通讯故障引起发电机机端电压异常下降情况

续 表

相关知识	1）已通过技改对 1～4 号机组 GEX310SY、GEX311SY、GEX312SY 点位功能变更，因此理论上，这三个点位偶发 P320 与 DCS 通讯故障，不会导致发电机励磁电压下降的问题。 2）机组 DCS 手动增磁、减磁与 AVC 自动增磁、减磁互相闭锁，必须在 KIC 中退出机组 AVC 后，才能手动增磁、减磁。若全站 AVC 闭锁，各个机组 AVC 功能失去，故在 KIC 画面无法投退单台机组 AVC，此时需网控退出全站 AVC，才能手动调节机端电压	
参考资料信息	维修一处仪控：完工报告《FQ1-MI-RCWO-00132700/01 修改 DCS 与 P320 通讯配置，消除通讯闪发故障的问题》《FQ1-MA-TD-I150461 号机组 DCS-P320 通讯故障处理工作方案》； WR/WOT：00065712/00132700-01（计划工单）	
编　　者	运行二处一值：谷铁	时间：2019 年 08 月 21 日

3.23.9　2GGR001VD 开度在 3.6%～13.7%之间周期性波动

异常缺陷名称	2GGR001VD 开度在 3.6%～13.7%之间周期性波动
发生时间	2018 年 12 月 07 日中班
机组状态	RP 模式，满功率
异常缺陷现象	21:46，2GGR001VD 突然关小，之后在 3.6%～13.7%之间持续周期性波动，导致 2GGR 油温在 41～48 ℃之间周期性波动。2GGR001VD 波动一段时间后，继而又恢复稳定，开度维持在 5.2%
风险或潜在后果	影响润滑油温的控制稳定，导致 2GGR 系统油温、回油温度、轴承温度均呈周期性波动，存在以下风险： 1）GGR 系统油温、回油温度、轴承温度可能呈周期性波动，影响汽轮机轴承润滑，可能导致汽轮机振动增大，影响汽轮机正常运行； 2）润滑油 GGR102MT 温度正常为 45±1 ℃，若 GGR001VD 故障导致润滑油温度波动，可能触发润滑油温度低报警（35 ℃），高报警（50 ℃），高高报警（60 ℃）； 3）润滑油回油温度 GGR321-330MT 正常为 35～60 ℃，高报警值 60 ℃，高高报警 65 ℃，根据报警卡要求，润滑油回油温度达到高高报警 65 ℃需手动打闸停机； 4）发电机径向轴承温度 GGR309/319/310/320MT 正常值<115 ℃，高报值 115 ℃，高高报警值 130 ℃，根据报警卡要求，发电机径向轴承温度达到高高报警 130 ℃需手动打闸停机；

续　表

风险或潜在后果	5)汽轮机径向轴承温度 GGR301-306MT、GGR311-316MT 正常值 <115 ℃，高报值 115 ℃，高高报警值 130 ℃，任一径向轴承温度 2/2 达到高高报警值参与软件跳机； 6)汽轮机推力轴承温度 GGR340/341/342/343MT 正常值<95 ℃，高报值 95 ℃，高高报警值 110 ℃，任一推力轴承温度 2/2 达到高高报警值参与软件跳机
干预行动	已采取的行动措施： 1)密切监视汽轮机相关参数； 2)oncall 维修仪控、设备管理人员进厂检查； 3)运行做好事故预想，熟悉预案和规程
原因分析	2GGR001VD 现场阀门开度 5%左右时，阀门控制较为灵敏，当 2GGR102MT 温度波动时，2GGR001VD 开度变化过快，阀门的相应调节无法及时使温度稳定，故阀门会处于一直波动调节中
消缺行动	仪控处理反馈： 1)检查内容： 2GGR001VD 受润滑油母管温度 2GGR102MT 控制，当 2GGR102MT 温度超过 46 ℃时，每 30 s 发一个 0.8 s 的开阀指令，当 2GGR102MT 温度低于 44 ℃时，每 30 s 发一个 0.8 s 的关阀指令。 2GGR001VD 现场目前阀门开度 5%左右，阀门控制较为灵敏，当 2GGR102MT 温度波动时，2GGR001VD 开度变化过快，阀门的相应调节无法及时使温度稳定，故阀门会处于一直波动调节中。 2)处理措施： 实施 TCA：将“温度超过 46 ℃或低于 44 ℃时，每 30 s 发一个 0.8 s 的开关阀指令”修改为“温度超过 46 ℃或低于 44 ℃时，每 45 s 发一个 0.8 s 的开关阀指令”降低阀门的调节灵敏度(该 TCA 已转永久变更)。 3)故障原因分析：2GGR001VD 现场阀门开度 5%左右时，阀门控制较为灵敏，当 2GGR102MT 温度波动时，2GGR001VD 开度变化过快，阀门的相应调节无法及时使温度稳定，故阀门会处于一直波动调节中

续 表

相关知识	GGR001VD 的控制逻辑： 1）自动控制：GGR001VD 阀门开度自动控制由润滑油母管温度 GGR102MT 控制，GGR102MT 控制设定值为 45 ℃，在44～46 ℃之间 GGR001VD 不进行调节，当润滑油母管温度 GGR102MT 温度超过 46 ℃时，DCS 每 30 s 给 GGR001VD 下发一个持续时间为 0.8 s 的开阀指令，当润滑油母管温度 GGR102MT 温度低于 44 ℃时，DCS 每 30 s 给 GGR001VD 下发一个持续时间为 0.8 s 的关阀指令。即 GGR001VD 自动调节模式为每 30 s 判断一次，若需要调节则电动阀向要求开度方向动作行程 0.8 s，之后过 30 s再次进行判断，反复循环。当 GGR102MT 温度从低于 44 ℃或高于 46 ℃变化回到 44～46 ℃区间时，存在 0.3 ℃的死区，即达到 44.3 ℃或 45.7 ℃时 GGR001VD 才停止调节。 2）手动控制：阀门在 KIC 上置于手动控制时，GGR001VD 不受 GGR102MT 控制。与自动动作相似，GGR001VD 在 KIC 上手动开关时，阀门每 30 s 动作 0.8 s。按照运行经验，阀门动作 0.8 s，开度变化在 1%～2%之间。 GGR102MT 故障（出现质量位等）时，GGR001VD 保持当前开度。失去控制电或动力电时，GGR001VD 保持当前开度（1、2 号机已实施永久变将 30 s 修改为 45 s）
参考资料信息	维修一处仪控：2GGR001VD 开度在 3.6%～13.7%之间周期性波动处理反馈邮件； WR/WOT：00475110/01074561-01（紧急工单）
编　　者	运行二处一值：谷铁　　　　时间：2019 年 08 月 21 日

3.23.10 主控触发 1GGR701KA（主盘车警报）

异常缺陷名称	主控触发 1GGR701KA（主盘车警报）
发生时间	2020 年 01 月 31 日中班
机组状态	RP 模式，以 0.5 MW/min 从满功率降功率至 836 MWe 的过程中
异常缺陷现象	23:05，1 号机组调峰降功率过程中触发报警 1GGR701KA（主盘车警报）。主控立即执行报警卡，检查 KIC 画面，发现 1GGR002SM（脱啮信号）消失，安排常规岛现场核实后发现 1GGR001AR 失电

续　表

风险或潜在后果	1)1GGR001AR 失电，影响 1GGR 主盘车的启动； 2)1GGR002SM 脱啮信号消失，影响 1GGR 辅助盘车的启动； 3)如果出现停机的情形，主盘车和辅助盘车不可用，极大威胁汽轮机安全	
干预行动	已采取的行动措施： 1)查看和执行报警卡； 2)初步检查发现 1GGR001AR 失电，1GGR002SM 消失； 3)联系机电仪进一步核实缺陷，暂未反馈	
原因分析	1GGR701KA 报警是由 1GGR001AR 内故障继电器发出，当 1GGR001AR 失电时，故障继电器会发出报警信号，经现场检查发现，1GGR001AR 失电是上游电源 1LNE742JA 出线侧接线松动导致	
消缺行动	电气处理反馈： 1)故障现象：主控出现 1GGR701KA 报警。 2)检查内容： ①现场检查 1GGR001AR 主盘车控制柜失电； ②测量 1GGR001AR 进线电压，相间无电压； ③测量上游电源 1LNE742JA 出线侧电压为 218V，检查其出线侧接线松动； ④对 1LNE742JA 出线侧接线进行紧固； ⑤确认主控 1GGR701KA 报警消失。 3)处理进展：1GGR001AR 主盘车控制柜运行正常，无故障报警。 4)故障原因：1GGR701KA 报警是由 1GGR001AR 内故障继电器发出，当 1GGR001AR 失电时，故障继电器会发出报警信号，经现场检查发现，1GGR001AR 失电是上游电源 1LNE742JA 出线侧接线松动导致	
相关知识	1GGR701KA(主盘车警报)报警触发的可能原因有： 1)主盘车离合器故障； 2)主盘车电机故障； 3)主盘车控制器故障	
参考资料信息	运行一处：1 号机组异常反馈——主控触发 1GGR701KA(主盘车警报)； 维修一处电气；1GGR701KA 主盘车警报处理情况反馈； WR/WOT：00684906/01519343-01(紧急工单)	
编　　者	运行二处一值：谷铁	时间：2019 年 08 月 21 日

3.23.11 GGR 系统设备异常缺陷处理总结

GGR001VD 故障处理

(1)故障 1：GGR001VD 调节性能不佳导致润滑油温 GGR102MT 波动

故障现象：润滑油温 GGR102MT 长期波动超过 45±1 ℃范围，GGR001VD 阀门开度大范围波动。

采取措施：

1)每班巡检 GGR102MT，观察趋势，确认 GGR102MT 温度在 44~46 ℃正常范围，GGR001VD 阀位趋势正常；

2)如果润滑油温度 GGR102MT 超过 44~46 ℃正常范围，须持续关注润滑油温度 GGR102MT、润滑油回油温度 GGR321-330MT，汽轮发电机组各轴承温度、振动参数；

3)确认 SRI 温度及流量正常；

4)若 GGR102MT 超过 42.8~48.2 ℃范围(该温度范围来自前期自动稳定经验最大值)或波动超过 44~46 ℃正常范围 5 h，则开始手动干预 GGR001VD 使 GGR102MT 温度稳定：

①点击 GGR004KG，将 GGR001VD 切至“manual”位，确认 GGR005KS 手动指示灯亮；

②每次点击一次 GGR004KG 中的“open”或“close”按钮，确认 GGR001VD 阀位 001VD_P 动作正常，观察 GGR102MT 变化趋势；(注：open 或 close 指令为脉冲信号，每点击一次 GG001VD 动作 0.8 s，点击一次或两次阀位 001VD_P 变化 1%开度)；

③若 KIC 操作 GGR001VD 导致 GGR102MT 温度变化扩大，则停止 KIC 操作，现场将阀门电动头置于就地位置，并使用手轮缓慢调节阀门(禁止使用电动头操作阀门)，每次调节 1/4 圈(手轮转动 1/2 圈约对应其 1%开度变化)，使 GGR102MT 温度接近 45 ℃；

④观察 GGR102MT 变化趋势，当温度稳定在 44.9~45.1 ℃范围内时，将 GGR001VD 恢复至“auto”位；

5)若上述干预措施无效，可联系仪控修改 GGR001VD 控制参数，即降低阀门调节灵敏度，防止控制系统超调。一般思路为增加 GGR001VD 温度判定时间，减小 GGR001VD 动作时间。GGR001VD 初始设计的温度判定时间为 30 s，动作时间为 2 s，现已修改动作时间为 0.8 s。但定值需缓慢修改，判定时间每次变化 1 s，动作时间每次变化 0.1 s。

(2)故障 2：GGR001VD 阀杆卡涩，手自动均无法操作

故障现象：GGR001VD 在 KIC 及就地均无法手自动操作。

采取措施：

1)就地查看 GGR001VD 阀门实际开度、就地冷却水流量计 GGR110/210LD；

2)持续监视润滑油温度 GGR102MT、润滑油回油温度 GGR321-330MT，汽轮发电机组各轴承温度、振动参数；

3)若温度持续升高，部分开启旁路阀 SRI066VN，维持 GGR102MT 在 45±1 ℃范围内；

4)若温度持续降低，部分关闭 GGR001VD 阀后手动隔离阀 SRI065VD 进行部分节流，维持 GGR102MT 在 45±1 ℃范围内；

5)oncall 机械处理。

(3)故障 3：停机期间 GGR001VD 内漏导致润滑油温度降低，制约机组启动

故障现象：GGR001VD 关闭情况下 GGR 油温持续降低。

采取措施：

1)确认旁路阀 SRI066VN 已全关；

2)关闭 GGR001VD 前后手动隔离阀，观察 GGR102MT 变化趋势，若温度停止下降，则为 GGR001VD 内漏；若温度继续下降，则旁路阀 SRI066VN 可能内漏；

3)oncall 机械处理。

(4)故障 4：阀门失去动力电或控制电

故障现象：失去动力电则 GGR001VD 在 KIC 上显示洋红色，失去控制电则 GGR001VD 在 KIC 上显示××××，KIC 及就地电动头均无法操作。

采取措施：

1)就地查看 GGR001VD 阀门开度、就地冷却水流量计 GGR110/210LD；

2)就地检查 GGR001VD 阀门电动头有无供电显示，在 MX 厂房 LKF703AR 中查看 GGR001VD 上游电源开关 LKF99167JA 状态；

3)持续监视润滑油温度 GGR102MT、润滑油回油温度 GGR321-330MT，汽轮发电机组各轴承温度、振动参数；

4)若 GGR102MT 大范围波动，使用阀门本体手轮缓慢调节阀门(禁止使用电动头操作阀门)，每次调节 1/4 圈(手轮转动 1/2 圈约对应其 1%开度变化)，使 GGR102MT 温度接近 45 ℃；

5)oncall 电气处理。

3.24 发电机密封油系统(GHE)

主控触发 3GHE014KA 真空油箱 3GHE001CW 真空度低报警

异常缺陷名称	主控触发 3GHE014KA 真空油箱 3GHE001CW 真空度低报警
发生时间	2018 年 03 月 02 日夜班
机组状态	RP 模式，满功率
异常缺陷现象	主控触发 3GHE014KA 真空油箱 3GHE001CW 真空度低报警，主控 3GHE003MP 最高到 22.9 kPa，就地 3GHE601LP 只有 16 kPa 左右，现场就地通过关小 3GHE240VH 真空依然无改善，报警无法消除，oncall 仪控排查暂没找到原因，现已回去准备方案：WR：00355411。后续仪表处理无问题后，请恢复 3GHE240VH 至正常开度
风险或潜在后果	1)真空度低可能导致除气效果不佳，密封油密封效果变差，引起氢气泄漏量增大； 2)真空度低会导致 005CW 液位高，缓冲油箱 GHE005CW 高油位(20 mm)引起 GST401PO 跳闸
干预行动	已采取的行动措施： 1)现场就地通过关小 3GHE240VH 真空依然无改善，报警无法消除； 2)oncall 仪控排查暂未找到原因，现已回去准备方案：WR：00355411。后续仪表处理无问题后，需恢复 3GHE240VH 至正常开度； 3)对 3GHE005CW 进行三次排油后，真空度低报警仍未消除。检查 3GHE003MP 与 3GHE601LP 压力基本一致，仪控反馈非仪表问题，可能泵出力有关； 4)中班对 3GHE005CW 进行一次排油，启动 3GHE401PO 后，将 3GHE240VH 打开 1/4 圈后 3GHE003MP 一致稳定在 19.8 kPa； 5)夜班接班后，再次出现 3GHE003MP 压力高报警，且 003MP 快速上涨。执行 3GHE005CW 排油典操，开启 3GHE054VH 排出较多油。重新启动 3GHE401PO 前将 3GHE240VH 全开，之后 3GHE240VH 从全开位置回关了 3+3/4 圈，3GHE003MP 稳定在 19.0 kPa.a；

续 表

干预行动	6)03 月 02 日早班开始，3GHE003MP 多次上涨至超过 20 kPa. a，主控多次触发“3GHE014KA ：真空油箱 3GHE001CW 真空度低报警”，早班值和中班值根据《 FQ3-GHE-C-004 3GHE005CW 安全油箱排油操作票 》对 3GHE005CW 进行了多次排油操作，3GHE 真空油箱压力 3GHE003MP 均在排油操作后短时间内再次升高，并触发报警； 7)考虑到前面根据典操排油效果不佳，03 月 03 日夜班，当班值通过合理分析，重新启动 3GHE401PO 前将 3GHE240VH 全开，之后 3GHE240VH 从全开位置回关了 3+3/4 圈，3GHE003MP 稳定在 19.0 kPa. a
原因分析	1)3GHE401PO 用于保持 3GHE001CW 的真空度，该真空泵的能力较强。根据调试期间及机组启动时 3GST 头箱氮气吹扫经验，3GHE401PO 足以抽气使 3GST001CW 压力降低至约 2 kPa. a。 2)由于 3GHE401PO 能力较强，在启泵的瞬间，如 3GHE401PO 直接全力对 3GHE001CW 抽气(即 3GHE240VH 全关)，可能使得 3GHE001CW 内上部空间的油雾被吸出，油雾在管道内壁产生连续的油膜。如建立连续稳定的油膜，此时即使通过开大 3GHE240VH 以减小真空泵对 3GHE001CW 的吸力，油膜不会消除，导致 3GHE005CW 液位高，从而引起真空泵吸入的气体中含油量增多，抽气效果降低，继而导致 3GHE003MP 压力上涨
消缺行动	运行处理反馈： 1)执行《 FQ3-GHE-C-004 3GHE005CW 安全油箱排油操作票 》前半部分内容，停运 3GHE401PO 并对 3GHE005CW 排油后，重新启动 3GHE401PO 前，将 3GHE240VH 全开。 2)验证在 3GHE240VH 全开的情况下，启动 3GHE401PO，真空泵足以将 3GHE001CW 压力保持小于 50 kPa. a。 3)通过缓慢关小 3GHE240VH 开度，逐渐减小旁路空气吸入量，以降低 3GHE001CW 压力。最终根据真空油箱压力，对 3GHE240VH 开度进行微调，稳定压力

续 表

相关知识	真空油箱 GHE001CW 可以为 GHE 系统储存一定的密封油量，保证密封油泵的供油。同时利用其真空除去油中所含气体。 可能导致 GHE001CW 真空度显示异常的原因有： 1）GHE003MP 或者 GHE601LP 故障，此时真空度可能正常； 2）GHE401PO 跳闸； 3）GHE240VH 开度设置不正确； 4）GHE 系统存在泄露，尤其是 GHE001CW	
参考资料信息	2018 年 03 月 02 日— 03 月 03 日 eSOMS 日志	
编　者	运行二处一值：胡松辉	时间：2019 年 04 月 23 日

3.25 汽轮机调节系统(GRE)

3.25.1 1号中压调节阀在执行FQ2-GRE-T-002时未预期动作

异常缺陷名称	1号中压调节阀在执行FQ2-GRE-T-002时未预期动作	
发生时间	2018年04月08日	
机组状态	RP模式	
异常缺陷现象	执行FQ2-GRE-T-002试验时，2GRE011VV在重新达到20%开度时没有按照试验逻辑关闭而是直接开启，阀门动作异常	
风险或潜在后果	2GRE011VV阀门逻辑响应异常，在后续功率改变时存在异常开启的可能	
干预行动	已采取的行动措施： 联系专业进修检查，运行密切监视汽轮机各项运行参数	
原因分析	根据阀门动作时序判断为试验电磁阀2GRE116EL未正常动作，仪控专业检查发现2GME006CR内002BN：12/13接线端子虚接	
消缺行动	仪控处理反馈： 1)工作过程： ①召开工前会，讨论处理过程中存在的风险； ②根据阀门动作时序判断为试验电磁阀2GRE116EL未正常动作，检查发现2GME006CR内002BN：12/13接线端子虚接； ③对试验电磁阀接线2GME006CR内002BN：12/13端子进行紧固； ④运行重新执行试验，试验结果满意。 2)故障原因分析：根据阀门动作时序判断为试验电磁阀2GRE116EL未正常动作，仪控专业检查发现2GME006CR内002BN：12/13接线端子虚接	
相关知识	四个中压调节阀都是蝶阀，蝶阀销轴通过联轴器与油动机活塞杆连接，由阀壳和阀壳内的阀蝶、阀杆、阀座组成。阀杆通过联轴器与油动机连接。中压调节阀也是通过液压开启，利用弹簧关闭。当高压遮断模块上的三取二主遮断电磁阀的任意两个动作，机组跳闸。机组跳闸时，通过高压遮断模块切断安全油，排掉油动机工作腔压力油，释放复位弹簧，快速关闭所有中压进汽阀门	
参考资料信息	维修一处：EAM中工单00892438-01的完工报告	
编　　者	运行二处一值：石兴强	时间：2019年06月16日

3.25.2 2GRE012VV 故障关闭

异常缺陷名称	2GRE012VV 故障关闭
发生时间	2017 年 08 月 14 日夜班
机组状态	RP 模式，电功率 1071 MWe
异常缺陷现象	夜班 04:43，主控触发 2GRE325KA(2 号中压调节阀控制回路扰动)、2GRE355KA(调节阀控制回路——扰动)、2GSS010KA(测量故障报警)、2GRE358KA(限制控制器——开启)。 查看主控 KIC 画面发现 2GRE012VV 从 100%开度逐渐关到 0%开度，2GRE126MP 从 12 MPa 先降至 3 MPa 又升至 12 MPa 后最终降到 0 MPa，一回路热功率由 2857 MW 最高涨至 2871 MW，2GFR001BA 液位由 410.89 mm 上涨至 415.48 mm，2GSS190MD 显示×××，超量程
风险或潜在后果	1) 2GRE012VV 控制回路故障，可能导致 2GRE012VV 突然开启，蒸汽流量突然增加，可能导致一回路热功率超限； 2) 可能影响汽轮机正常运行，产生不利的汽轮机振动，需密切关注汽轮机参数
干预行动	立即采取的干预行动： 1) 根据报警规程，降功率到 97%(电功率 1056 MW)，同时将 2RGL007KU 进行同步修改，避免 G 棒下插。降功率过程中 2GRE358KA 消除； 2) 在主控 KIC 画面确认汽轮机振动、轴承温度无明显变化； 3) 安排现场核实汽轮机运行情况(包括振动、异音等)，并确认 2GRE012VV 阀门振动情况以及阀门状态，确认 2GRE012VV 调节油供油回路正常且无漏油等； 4) 2GSS103BA 排水量增加，2GPV121VL 已开启(后续需手动关闭)，现场检查泵 2GSS190PO 运行无异常； 5) oncall 维修仪控、维修机械进厂处理，并与其电话讨论隔离措施，避免 2GRE012VV 突然开启产生瞬态； 6) 现场定位 2GSE623/624VH(2GRE012VV/2GSE012VV 供油截止阀)，以便瞬态情况下可及时关闭。 检修处理时采取的干预行动： 1) 为防止 2GRE012VVV 突开及检修过程中 2GRE012VV 开度变化对机组正常运行产生影响，需尽快实施安措关闭中压截止阀 2GSE012VV。根据 2GSE012VV 的阀门本体图，油动机供油腔室中有一个泄油小孔与压力油泄油管线相连，以使得正常运行时

续　表

干预行动	油动机内的调节油存在一定的流动性。关闭供油管线隔离阀 2GSE624VH 后，油动机供油腔内的调节油将会通过泄油小孔经泄油管线缓慢泄压，使 2GSE012VV 缓慢关闭； 2) 当 2GSE012VV 处于全关位置后，通过关闭 2GFR622VH、2GSE623VH，隔离 2GRE012VV 调节油回路，对 2GRE012VV 进行隔离，保证维修人员检查 2GRE012VV 比例伺服阀检修期间人身安全； 3) 隔离实施完成后维修人员通过使用新的比例伺服阀进行信号测量，最终确认为 2GRE012VV 比例伺服阀故障。 检修完成后采取的干预行动： 1) 确认 2GRE012VV 比例阀更换相关工作结束后，由仪控人员以每次变化 5%的幅度逐步强制关闭 2GRE012VV 至 0%开度；（每次变化 5%的目的为防止强制对象错误，造成过大瞬态，强制过程中需密切关注所有调阀及截止阀状态，若发现异常，及时停止并恢复）； 2) 现场确认 2GRE012VV 已处于全关状态； 3) 就地缓慢开启 2GSE624VH 至全开，期间 2GSE012VV 会逐渐开大，约 2 min 后，2GSE012VV 开启至全开状态。开启过程中，主控关注 2GFR 油压，确认油压稳定后，再继续开启 2GSE624VH 至全开； 4) 由仪控人员以每次变化 5%的幅度逐步强制 2GRE012VV 至 100%开度。恢复过程中，二回路重点关注 2GME、2GSS、2GFR、2GRE 相关参数，一回路重点关注热功率、一回路平均温度及 R 棒动作情况； 5) 由仪控人员确认 2GRE012VV 已恢复至正常的自动状态
原因分析	2GRE012VV 阀门比例伺服阀故障
消缺行动	仪控处理反馈： 1) 检修过程： ①在 2GRE005AR 柜中，测量比例阀主阀芯、先导阀范围供电电压； ②确认 2GRE005AR，拆除主阀位置反馈插头； ③测量主阀芯反馈信号电阻值与新比例阀进行对比分析，确认故障的比例阀反馈 1~2 电阻 54 kΩ<409 kΩ（新比例阀）2~3 电阻 9.6 kΩ<365 kΩ（新比例阀）； ④机械配合拆除比例阀本体； ⑤机械配合更换比例阀本体，仪控恢复比例阀指令和反馈以及试验电磁阀信号；

续 表

消缺行动	⑥仪控进行阀门试验(在调阀试验过程中，多次闪发2GRE455KA，2GRE467KA)； ⑦仪控配合运行恢复隔离； ⑧确认工作完成、清理现场，归还许可证。 2)故障原因分析：2GRE012VV 阀门比例伺服阀故障
相关知识	相关经验知识： 1)2GRE012VV 关闭，会导致 2GSS103BA 疏水量增大，2GSS190MD 仪表超量程，同时 2GPV121VL 将自动开启(后续需手动关闭)。 2)2GRE012VV 调节油量可使 2GFR001BA 上涨约 5 mm。 3)关闭中压主汽门的供油截止阀可使其缓慢关闭。 4)2GRE012VV 关闭导致一回路热功率上涨约 14 MW。 5)2GRE012VV 关闭后汽轮机振动、轴承温度等都无明显变化，且 2GRE012VV 阀门本体振动也无明显变大趋势。 6)关闭 2GSE012VV 后核功率、电功率、蒸汽流量均无明显变化，由此可知本次 2GRE012VV 关闭后无较大内漏。 7)关闭中压主汽门的供油截止阀的供油阀后，中压截止阀不会快速关闭，阀门将缓慢关闭。2GSE012VV 从全开到全关共用时 12 min。 8)2GSE012VV 关闭过程中 2GFR001BA 油位由 414 mm 上升到 421 mm，液位上涨约 7 mm。 9)2GRE012VV 开启后，热功率从 2825 MW 降低到 2815 MW，2GRE001VV/002VV/003VV/004VV 开度由 58%关小到 56%，左侧汽水分离一级再热器管板温度 2GSS112MT 由 185 ℃上涨到 193 ℃，右侧汽水分离一级再热器管板温度 2GSS211、212MT 由 212 ℃降低到 198 ℃，温度偏差小于 20 ℃，2GSS911KA 报警消失。 10)2GRE012VV 开启后，2GSS103BA 排水量减小，2GSS190MD 流量从超满量程的 112 kg/s 降低到 102 kg/s，2GSS010KA(测量故障报警)消失。 11)2GRE012VV 开启过程中，汽轮机振动、轴承温度无明显变化。 12)2GRE012VV 全开后，2GRE126MP 上涨到 12 MPa。该压力在 2GRE012VV 逐步强制开启至 100%开度过程中，仅建立 3 MPa 左右的压力，待仪控人员将 2GRE012VV 恢复至自动状态后，方建立 12 MPa 油压。 13)2GSE624VH 开启过程中，2GFR 油压未见明显波动。 14)2GRE012VV 开启后，需及时关闭 2GPV121VL

续　表

参考资料信息	运行一处：《运行一处内部经验反馈——2GRE012VV 故障关闭紧急干预经验反馈》《运行一处内部经验反馈——2GRE012VV 故障关闭后安措及检修隔离实施经验反馈》《运行一处内部经验反馈——2GRE012VV 比例方向阀更换工作结束后解除隔离及恢复操作经验反馈》； 维修一处仪控：EAM 中工单 00672905-01 的完工报告； WR/WOT：00279713/00672905-01(紧急工单)	
编　　者	运行二处一值：谷铁	时间：2019 年 06 月 16 日

3.25.3　2GRE004VV 故障关闭

异常缺陷名称	2GRE004VV 故障关闭
发生时间	2015 年 08 月 17 日早班
机组状态	机组调试启动阶段并网后
异常缺陷现象	12:16，2 号机组并网后，带初始负荷 55 MW，继续升负荷至 220 MW 过程中，170 MW 时(13:13:53)，2GRE004VV 突然全关，出现 2GRE355KA(调节阀控制回路——扰动)报警、2GRE323KA(4 号高压调节阀控制回路——扰动)报警
风险或潜在后果	1)影响汽轮发电机组的正常安全运行，可能产生不利的汽轮机振动，需密切关注汽轮机参数； 2)2GRE004VV 突然开启，蒸汽流量突然增加，可能导致一回路热功率增加
干预行动	已采取的行动措施： 1)暂停升功率； 2)加强监视汽轮机振动情况； 3)oncall 仪控检查处理
原因分析	航空插头脱落
消缺行动	仪控处理反馈： 1)检修过程： ①取得工作许可证，与运行人员交流信息； ②验证隔离边界、检修设备位置； ③对 2GRE004VV 阀门控制卡检查，阀门行程位置信号故障；

续　表

消缺行动	④就地测量送到 GRE 系统的 4~20 mA 反馈为 0，其他送到 GME 系统和 DCS 的电流信号正常； ⑤检查 GRE 阀门行程位置信号发现 2GRE047MM 插头脱落，将接头重新插紧； ⑥检查 GRE 系统机柜 2GRE004VV 阀门控制卡无任何故障报警； ⑦工作结束，清理现场； ⑧归还工作许可证，运行人员验收。 2）故障原因分析：航空插头脱落	
相关知识	1）GRE355KA（调节阀控制回路——扰动）报警触发的原因有： ①中调阀或高调阀闭环控制扰动； ②电源丢失； ③任一中压调节阀阀位闭环控制故障。 2）GRE323KA（4 号高压调节阀控制回路——扰动）报警触发的原因有： ①电源丢失； ②4 号高压调节阀阀位闭环控制故障	
参考资料信息	维修一处仪控：EAM 中工单 00134378-01 的完工报告； WR/WOT：00067319/00134378-01（紧急工单）	
编　　者	运行二处一值：谷铁	时间：2019 年 06 月 19 日

3.26 氢气冷却器系统(GRH)

3GRH201RF 顶部泄漏氢气

异常缺陷名称	3GRH201RF 顶部泄漏氢气
发生时间	2016 年 07 月 17 日夜班
机组状态	RP 模式，未并网
异常缺陷现象	查漏过程中发现 3GRH201RF 顶部氢表测量数值爆表
风险或潜在后果	1)氢气泄漏，有工业安全隐患，存在氢爆风险； 2)影响发电机冷却，危及发电机运行安全
干预行动	已采取的行动措施： 1)启动 3DVM602/610/612/607/608/609/616/617/618/621/625/620/624ZV； 2)开启 8 m 窗户； 3)oncall 机械、工业安全评估现场情况； 4)oncall 消防车待命； 5)执行紧急排氢气操作，FQ3-GRV-C-008
原因分析	氢冷器法兰螺栓力矩未紧固到位，密封条压紧板存在错位
消缺行动	机械处理反馈： 1)处理措施： ①调整压紧板，并紧固法兰螺栓； ②执行汽轮发电机保压试验，确认保压试验合格。 2)故障原因分析：氢冷器法兰螺栓力矩未紧固到位，密封条压紧板存在错位
相关知识	氢气爆炸极限是 4.1%~74.2%(体积浓度)
参考资料信息	FQ4-5OP-TPEP-0018 4GRV 发电机氢气泄漏率异常升高应对预案
编　　者	运行二处一值：石兴强　　时间：2019 年 06 月 16 日

3.27 发电机氢气供应系统(GRV)

3.27.1 4号主控触发4GRV022KA氢气高报警

异常缺陷名称	4号主控触发4GRV022KA氢气高报警	
发生时间	2017年09月16日夜班	
机组状态	RP模式，电功率1074 MW	
异常缺陷现象	05点56分，4号主控触发4GRV022KA氢气高报警	
风险或潜在后果	1)氢气泄漏，有工业安全隐患，存在氢爆风险； 2)影响发电机冷却，危及发电机运行安全	
干预行动	已采取的行动措施： 1)当班值根据FQ4-5OP-TPEP-0018 4GRV发电机氢气泄漏率异常升高应对预案进行响应，开启8.5 m所有窗户； 2)打开汽轮机厂房电动大门，开启所有的屋顶风机，暂停常规岛动火作业许可证发放； 3)安排现操根据典型操作票查漏，发现一处漏点4GRV002RE附近氢气测量仪满量程并报警，具体位置见附件流程图； 4)在漏氢位置拉警示带，防止人员误入； 5)oncall机械人员现场检查核实缺陷	
原因分析	4GRV002RE顶部接线盒处泄露	
消缺行动	维修人员对漏气点进行堵漏修复，确认无氢气泄漏	
相关知识	氢气爆炸极限是4.1%~74.2%(体积浓度)	
参考资料信息	FQ4-5OP-TPEP-0018 4GRV发电机氢气泄漏率异常升高应对预案	
编　　者	运行二处一值：石兴强	时间：2019年06月16日

3.27.2 GRV系统异常缺陷处理总结

发电机氢气泄漏处理相关技术文件：

《FQ8-OP00-TD-18005 34号机组发电机氢气查漏工作方案》《FQ3/4-GRV-C-009 3/4 #发电机4GRV查漏》以及《FQ3/4-GRH-T-001 检查空气或氢气积聚情况试验规程》《FQ3/4-GRV-I-001 发电机漏氢应急预案》。

3.28 汽轮机保护系统(GSE)

3.28.1　2 号主控触发 2GSE201KA 安全油回路压力(通道一)遮断

异常缺陷名称	2 号主控触发 2GSE201KA 安全油回路压力(通道一)遮断
发生时间	2017 年 07 月 29 日夜班
机组状态	RP 模式，电功率 1074 MWe
异常缺陷现象	03:19:06，2 号主控触发 2GSE201KA 安全油回路压力(通道一)遮断、2GSE401KA 汽轮机测量(通道一)故障、2GRE377KA 安全油系统压力(1/3，到 DCS)扰动报警，主控查看 2GSE201MP 压力从 10.7 MPa 瞬时下降至 0。现场查看 2GSE201MP 就地表头显示有读数，为 10 696 kPa。与其同一测点的压力表 2GRE204MP 就地表头显示 10 691 kPa
风险或潜在后果	故障出现时安全油压力低 3 取 2 跳机保护一个通道触发，若 2GSE202MP、2GSE203MP 再有一块表触发压力低将产生跳机信号，目前 2GSE202MP、2GSE203MP 压力显示正常
干预行动	已采取的行动措施： 1)主控执行报警卡，现场查看 2GSE201MP 就地表头显示有读数，为 10 696 kPa。与其同一测点的压力表 2GRE204MP 就地表头显示 10 691 kPa，初步判断仪表传输通道或卡件存在故障； 2)现场检查无异常漏油、振动； 3)oncall 维修仪控人员进厂排查故障； 4)查阅逻辑图，当前安全油压力低 3 取 2 跳机保护一个通道触发，若 2GSE202MP、2GSE203MP 再有一块表触发压力低将产生跳机信号，目前 2GSE202MP、2GSE203MP 压力显示正常
原因分析	2GSE201MP 信号回路保险丝熔断
消缺行动	仪控处理反馈： 1)缺陷描述：2 号主控触发 2GSE201KA 安全油回路压力(通道一)遮断报警，2GSE201MP 主控显示压力为 0。 2)工作过程： ①主控检查软件 2GSE201MP 信号丢失，产生质量位，机柜确认保险丝熔断，同时保险指示灯亮； ②取的工作票，与主控进行沟通；

续 表

消缺行动	③在 P320 内部对 2GSE201MP 产生的停机信号进行强制屏蔽，防止误停机风险； ④根据 P320 内部接线图更换 2GSE201MP 熔断的保险丝； ⑤清理现场，关闭 2GRE002AR 控制柜； ⑥恢复信号强制，检查确认主控所有异常报警消失； ⑦归还许可证。 3）故障原因分析：2GSE201MP 信号回路保险丝熔断
相关知识	安全油压 2GSE201MP、2GSE202MP、2GSE203MP 压力低于 5.0 MPa，3 取 2 保护跳机
参考资料信息	维修一处仪控：EAM 中 00664271-01 的完工报告； WR/WOT：00274288/00664271-01（紧急工单）
编　　者	运行二处一值：谷铁　　时间：2019 年 03 月 16 日

3.28.2 主控触发 1GSE001KA TGC 系统故障报警

异常缺陷名称	主控触发 1GSE001KA　TGC 系统故障报警
发生时间	2017 年 08 月 25 日中班
机组状态	RP 模式，电功率 1074 MWe
异常缺陷现象	17:52 主控触发 1GSE001KA　TGC 系统故障报警
风险或潜在后果	有汽轮机遮断的风险
干预行动	已采取的行动措施： 1）主控查看和执行报警卡，密切监视机组保护系统是否动作； 2）oncall 维修仪控人员进厂排查故障
原因分析	1GRE004AR 调节控制器 CPU 备用电池电量低
消缺行动	仪控处理反馈： 1）工作过程： ①测量新的电池备件，确认电压在 2.8 V； ②更换备用电池； ③确认控制器电池电量低报警指示灯熄灭； ④在工程师站 STORE CELL 清除电池电量低报警，确认 1GSE001KA 报警消失； 2）故障原因分析：CPU 备用电池电量低

续　表

相关知识	产生 GSE001KA 报警的原因： 1)汽轮机保护控制器(STP)A，B，C 任一故障； 2)汽轮机调节控制器(STG)故障； 3)通讯控制器(CCS)故障； 4)就地控制器(Field I/O)故障； 5)P320TGC 机柜电源故障	
参考资料信息	维修一处仪控：EAM 中工单 00683560-01 的完工报告； WR/WOT：00283962/00683560-01(紧急工单)	
编　　者	运行二处一值：谷铁	时间：2019 年 06 月 16 日

3.28.3　4 号主控触发 4GSE001KA TGC 系统故障报警

异常缺陷名称	4 号主控触发 4GSE001KA TGC 系统故障报警
发生时间	2019 年 04 月 22 日早班
机组状态	RP 模式，机组正在升功率
异常缺陷现象	04 月 22 日早班 4 号机组执行升功率至满功率，12:08 主控触发 4GSE001KA——TGC 系统故障报警。仪控检查为 4GRE001AR 内的备用通讯控制器 CCL 故障。 04 月 24 日按照处理方案，仪控对 4GRE001AR 内的备用通讯控制器进行清错和断电重启，控制器重启不成功。当前主控制器正常运行，备用控制器停运
风险或潜在后果	从通讯控制器 CCL 故障，若主从通讯控制器(CCL)同时停运，将会触发保护停机
干预行动	已采取的行动措施： 1)暂停升功率，并汇报电网，待原因明确后确认无风险再进行； 2)立即查看主控 4GSE 系统画面，未发现异常报警； 3)立即安排就地查看 4GRE/GSE 系统控制柜，当前未发现异常； 4)发起 oncall，要求仪控立即安排进行报警原因分析； 5)将 4GRE001AR 内主用通讯控制器列为临时 SPV 设备进行加强管控
原因分析	从 CCL 控制器(备用通讯控制器)短时故障导致软件停运

续 表

消缺行动	仪控处理反馈： 1）初步原因分析： ①“NOT READY”故障代表控制器的 CPU 停运或者网络失去连接。 ②网卡故障会导致 CPU 停运，当前备用通讯控制器的 F8000 和 S8000 网卡的冗余网口均能通过“ping”命令进行访问，判断网络连接未失去。 ③CPU 停运可能会导致 CPU 运行模式切换为 STOP，此情况需要在“store cell”工具中进行软件启动，此情况属于 CPU 运行模式的切换。 ④CPU 停运也可能导致软件故障，使软件无法再次启动，此情况需要重新初始化控制器并下装组态。 ⑤设备厂家反馈，备用控制器长期未切换为主用时，可能会出现 CPU 被 SVR_REQ 进程停运的情况。 2）处理建议： ①备用通讯控制器断电重启操作。 ②在“store cell”工具中对备用通讯控制器进行软件启动，结合 P320 小平台试验结果，判断不影响主控制器正常运行。 ③若软件启动仍不能使备用通讯控制器恢复正常，则考虑使用 CPU 备件前往方家山电厂小平台进行模拟操作，验证处理方案的有效性，明确更换 CPU 的操作对机组的影响。 3）日常处理工作过程（04 月 24 日开工工单：01205893-01）： ①打开 4GRE001AR 柜门，检查主 CCL 控制器正常运行，从 CCL 控制器停运。 ②参考《4 号机组 CCL 控制器故障在线处理方案》对从 CCL 控制器进行断电。 ③参考《4 号机组 CCL 控制器故障在线处理方案》对从 CCL 控制器进行上电。 ④检查 4GRE001AR 内，主 CCL 控制器正常运行，从 CCL 控制器未恢复正常运行。 ⑤关闭 4GRE001AR 柜门，工作结束，清理现场。 4）大修处理工作过程（大修工单：01205893-02）： ①确认汽轮机处于盘车转速，且汽轮机已挂闸。 ②参考《4 号汽轮机 CCL 控制器故障处理方案》执行备用 CCL 控制器“store cell”重启和模式切换，备用 CCL 控制器恢复正常。 ③参考《4 号汽轮机 CCL 控制器故障处理方案》执行备用 CCL 控

续　表

消缺行动	制器 CPU 模块更换，更换后备用 CCL 控制器运行正常，无需执行 F8000 网卡更换和背板更换。 ④参考《4 号汽轮机 CCL 控制器故障处理方案》执行试验并记录结果。 5）故障原因分析：从 CCL 控制器（备用通讯控制器）短时故障导致软件停运	
相关知识	1）P320 系统保护逻辑设计中，会采集卡件的底层状态，主从通讯控制器（CCL）同时停运，会触发保护停机： ①“FBUS240EF' Stat_ES_Dual_W_6（2）”和“FBUS240EF' Stat_ES_W_6（2）”两个参数直接取自于卡件状态，无法进行强制或者操作，代表通讯控制器的状态，其中一个代表主控制器，另一个代表从控制器。 ②这两个参数送往停机逻辑中，当两个参数状态都异常，且时间超过设定时间 500 ms，输出跳机信号。 ③上述跳机信号会同时送往三个保护控制器（STPA、STPB、STPC），进行三取二逻辑保护跳机。	
	④最终的三个跳机信号作用于三个跳机继电器，产生跳机电磁阀动作。 2）产生 GSE001KA 报警的原因： ①汽轮机保护控制器（STP）A，B，C 任一故障； ②汽轮机调节控制器（STG）故障； ③通讯控制器（CCS）故障； ④就地控制器（Field I/O）故障； ⑤P320 TGC 机柜电源故障	
参考资料信息	运行二处：4 号机组异常反馈——4 号机组升功率过程中触发 4GSE001KA：TGC 系统故障报警； 维修二处仪控：答复“4 号机组异常反馈——4 号机组升功率过程中触发 4GSE001KA：TGC 系统故障报警”邮件； 维修二处仪控：EAM 中 00540316/01205893-01、01205893-02 完工报告； WR/WOT：00540316/01205893-01（计划工单）、01205893-02（计划工单）	
编　　者	运行二处一值：谷铁	时间：2019 年 03 月 16 日

3. 28. 4　执行 FQ3-GSE-T-003：MPM123 保护通道试验规程，主控出现报警“3GRE791KA：通道一超压试验复位——故障”

异常缺陷名称	执行 FQ3-GSE-T-003：MPM123 保护通道试验规程，主控出现报警“3GRE791KA：通道一超压试验复位——故障”
发生时间	2016 年 11 月 18 日早班
机组状态	RP 模式，满功率
异常缺陷现象	当班值执行 FQ3-GSE-T-003：MPM123 保护通道试验规程，在执行通道一时，试验无法继续进行，主控出现报警 3GRE791KA（通道一超压试验复位——故障），3GSE700KA［超压保护（通道一）——遮断］，3GSE081KA［MPM123 硬件故障（通道一）——遮断］，3GSE011KA［汽轮机保护（通道一）——遮断］报警触发，同时 3GSE001HXT 上 3GSE031SY 灯灭，显示通道一跳机信号触发。  **图 1　报警列表中相关报警** 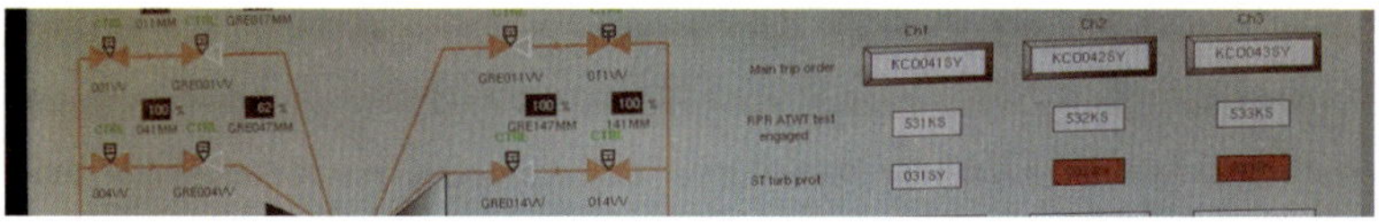 **图 2　画面 3GSE001HXT 中 031SY 灯灭**
风险或潜在后果	1）导致汽轮机跳闸保护一通道对应的两个卸荷阀停留在开启状态，存在汽轮机跳闸风险； 2）影响试验进展及结果判定
干预行动	已采取的行动措施： 1）查看和执行报警卡，根据报警卡，确认汽轮机跳闸保护一通道触发； 2）暂停试验，恢复到安全位置； 3）oncall 仪控检查处理
原因分析	MPM123 卡件版本过低，卡件内部继电器响应时间与软件中的判定时间很接近，导致在进行保护通道试验时，卡件内个别模块会出现 DEF 报警，从而导致保护逻辑降级

续　表

消缺行动	仪控处理反馈： 1)故障现象：执行 GSE 定期试验，发现电磁阀失电，MPM123 卡件 DEF 灯亮； 2)处理进展结果：已完成，汽轮机保护系统第一通道跳机信号消失，相关报警消除； 3)初步原因分析：检查 MPM123 卡件的 DEF 灯亮，判断为卡件故障。根本原因为卡件固件版本较旧，在多次进行跳机功能后可能会出现 DEF 报警。 4)处理措施：对故障 MPM123 卡件进行在线热插拔操作，卡件故障报警消失，在软件内模拟通道 1 重新挂闸操作，通道 1 跳机信号消失，系统正常。 5)机组影响评估：该缺陷不影响机组正常保护功能，仅对 GSE 系统的保护试验可能带来影响。 6)检修过程： ①使用螺丝刀将通道一 MPM123 卡件的供电电源线 A10. P2/B10. P2、A11. P2/B11. P2 拆除，进行断电操作，注意做好线缆绝缘； ②对 MPM123 卡件进行热插拔操作； ③使用螺丝刀重新恢复 MPM123 卡件的供电电源线，观察 MPM123 卡件指示灯的状态正常； ④在 P320 工程师站上确认 3MAY71EW301 PROT NTRIP 为 1； ⑤打开 P320 工程师站，进入工程师权限； ⑥打开 MAY71EW200 组态画面； ⑦强制 3MAY71EW200 ST PROT1 NTRIP 为 1； ⑧恢复 3MAY71EW200 ST PROT1 NTRIP 为自动，输出锁存为 1，确认 3GSE201EL 带电； ⑨退出工程师权限，关闭 P320 工程师站。 7)故障原因分析：MPM123 卡件版本过低，卡件内部继电器响应时间与软件中的判定时间很接近，导致在进行保护通道试验时，卡件内个别模块会出现 DEF 报警，从而导致保护逻辑降级
相关知识	GRE791KA 报警的原因： 1)安全通道一试验(扰动)； 2)安全模块试验功能组(进行)； 3)其他保护试验(选择)； 4)安全通道一试验复位(故障)

续 表

参考资料信息	运行二处：运行二处内部经验反馈——快速通道-执行 FQ3-GSE-T-003 过程中 MPM123 卡件故障处理过程； 维修二处仪控：EAM 中工单 00409658-01 的完工报告； 维修二处维修日报 20161119； WR/WOT：00188534/00409658-01(紧急工单)	
编　　者	运行二处一值：谷铁	时间：2019 年 03 月 16 日

3.28.5　4 号主控出现 4GSE001KA TGC 系统故障报警

异常缺陷名称	4 号主控出现 4GSE001KA TGC 系统故障报警
发生时间	2018 年 04 月 10 日中班
机组状态	RP 模式，满功率
异常缺陷现象	20:24，4 号主控出现 4GSE001KA TGC 系统故障报警，BUP 同时触发 4GSE001AA(汽轮机保护系统故障 A 列)报警。设备上报警显示为“备用控制器硬件故障报警”
风险或潜在后果	1)汽轮机调节控制器(STG)一用一备，备用 STG 控制器 CPU 故障停运，导致控制器冗余由原来的一用一备降级为无冗余。主用 STG 控制器变为临时 SPV 设备，单个故障即会导致汽轮机停机。且如果两个 STG 控制器均故障，STG 控制器将无法向 DCS 发出正确的停机信号，导致 RGL 系统和常规岛多个系统的停机响应不正确； 2)更换故障的汽轮机调节控制器(STGl)的过程中，可能会导致信号误发，可能引起 RGL 和常规岛多个系统的错误响应
干预行动	已采取的行动措施： 1)查看和执行报警卡； 2)监视汽轮机运行参数未见异常，现场检查 4GRE004AR 机柜未见异常； 3)oncall 维修仪控进厂检查； 4)当前主用控制器 STG(S)成为临时 SPV 设备，确认就地机柜 4GRE002AR 柜门关闭上锁，并加强巡检关注 4GRE002AR 运行状态(当前主用控制器 STG(S)成为临时 SPV 设备，鉴于就地机柜 4GRE002AR 柜门关闭上锁，不存在误碰误操作风险，现场暂未拉设警示带)。

续　表

干预行动	建议后续行动： 此缺陷在 101 大修前 1 号机组出现过相同故障，处理的大致思路如下： 1）维修仪控重启故障的汽轮机调节控制器（故障控制器断电、送电操作），仪控但是在 2 号机进行过验证，重启过程不会对运行控制器造成影响；（1 号机重启并未起到预期效果，处理失败）； 2）更换故障控制器 CPU 彻底处理，更换完成后需进行程序下装并初始化。功率运行期间风险很大，可能对运行中的调节控制器造成影响，导致停机。 鉴于消缺风险大且维修暂无正式维修方案，已要求维修仪控出正式维修方案进行处理，请运工保持跟踪
原因分析	4GRE002AR 中 STG1 控制器 CPU 故障停运
消缺行动	仪控处理反馈： 1）会议进行生产决策情况： ①4 月 25 日首次决策： 鉴于：a. ALSTOM 尚未进行技术澄清，执行故障处理时存在尚未明确的未知风险；b. 维修二处编制了 TCA 方案（屏蔽 CPU 故障过程中下游设备误动风险）。考虑执行 TCA 后，在机组发生瞬态情况下的干预难度较大，危及汽轮机安全；c. 同类控制器在国内同行核电厂已运行 51 堆年，单一通道故障率为 0.078 次/堆年，从未主从控制器同时故障的情况。 首次生产决策意见： a. P320 系统保持 STG2 单个控制器运行并按照临时 SPV 设备管理，运行与维修定期巡检，4 号机组保持功率运行； b. 如果 STG2 故障，运行按照 I06 规程进行机组状态控制； c. 待 ALSTOM 回函澄清明确 STG 控制器 CPU 模式切换开关处于不同位置对 CPU 运行和输出的影响，为后续处理方案提供上游文件支持。后另组织会议决策。 ②07 月 20 日最终决策： 根据和 ALSTOM 发函沟通，函件中关于 STOP 模式的解释与仪控分析结果一致，并阐述了在控制器故障时所有输出卡件均为 0。 最终决策处理措施： a. 大修期间对回函内容进行验证。 b. 按照大修期间 STG 控制器处理方案，对 STG 控制器进行更换和组态下装。

续 表

消缺行动	c. 根据大修验证结果编制机组正常运行期间，STG 控制器在线处理方案。 2）检修过程（工单 00897105-01）： 2018 年 07 月 22 日—28 日，大修 NS/RRA 模式-MCS 模式，汽轮发电机组停运期间开展检修工作，过程如下： ①用万用表直流电压档检查 STG1 控制器的 A13. 4/013UC. 4 开关量输出卡 4 通道，跳机信号 GSE036SY，确认为输出 0。 ②用万用表直流电压档检查 STG1 控制器的 A13. 4/013UC. 4 开关量输出卡 2 通道，自动控制信号 GSE080EY，确认输出为 0。 ③用校验仪直流电流档串入 STG1 控制器的 A11. 10/011UC. 10 模拟量输出卡 1 通道，高压调节阀开度信号 GRE010KM，确认输出为 0。 ④用校验仪直流电流档串入 STG1 控制器的 A11. 12/011UC. 12 模拟量输出卡 4 通道，蒸汽流量限值信号 GRE082MY，确认输出为 0。 ⑤将记录仪表笔连接到 STG1 控制器的 A13. 4/013UC. 4 开关量输出卡 4 通道，监测跳机信号 GSE036SY 的输出。 ⑥将记录仪表笔和电阻连接到 STG1 控制器的 A11. 12/011UC. 12 模拟量输出卡 4 通道，监测蒸汽流量限值信号 GRE082MY 的输出。 ⑦按照《FQ4-MA03-TD-18018 4 号汽轮机 STG 控制器故障在线处理工作方案》6. 2 节，对 4 号机组汽轮机 STG1 控制器执行断电重启，断电重启后 STG1 控制器未恢复正常运行。 ⑧按照《FQ4-MA03-TD-18018 4 号汽轮机 STG 控制器故障在线处理工作方案》6. 3 节，对 4 号机组汽轮机 STG1 控制器执行更换，并进行控制器初始化和数据下装。STG1 控制器恢复正常运行。 ⑨检查记录仪记录数据，确认跳机信号 GSE036SY 和蒸汽流量限值信号 GRE082MY 在控制器更换和组态下装过程中未出现跳变。 ⑩检查确认 STG1 控制器运行恢复正常，输出数据与 STG2 一致。 3）故障原因分析： 经对 P320 日志进行检查，确认报警为备用汽轮机调节控制器 STGl 故障（LlOlCSTDBYHARDFAULT）导致。检查 P320 系统故障列表，确认 STGl 故障为 CPU 硬件故障（PLC CPU hardwarefail-ure）。CPU “CPU OK”灯亮，“RUN”灯及“OUTPUT ENABLED”灯灭，触发 L101_XP22：从控制器停运信号。 4）结论：备用汽轮机调节控制器（STGl）控制器 CPU 故障，CPU 内软件停运产生 Ll01_XP22：从控制器停运信号。即 4GRE002AR 中 STG1 控制器 CPU 故障停运，导致产生报警

续　表

相关知识	产生 GSE001KA 报警的原因： 1)汽轮机保护控制器(STP)A，B，C 任一故障； 2)汽轮机调节控制器(STG)故障； 3)通讯控制器(CCS)故障； 4)就地控制器(Field I/O)故障； 5)P320TGC 机柜电源故障	
参考资料信息	运行二处：4 号机组异常反馈——主控出现 4GSE001KA TGC 系统故障报警； 维修二处仪控：EAM 中工单 00897105-01 的完工报告； 运行二处值长日报 2018 年 04 月 11 日—2018 年 07 月 02 日； 维修仪控：《FQX-MA03-BG5-I18003 GSE001KA 报警故障分析报告》； WR/WOT：00372939/00897105-01(紧急工单)	
编　　者	运行二处一值：谷铁	时间：2019 年 03 月 16 日

3.28.6　4GSE124MP 仪表接管处呈现状漏油

异常缺陷名称	4GSE124MP 仪表接管处呈现状漏油
发生时间	2018 年 10 月 02 日早班
机组状态	RP 模式，电功率 270 MWe
异常缺陷现象	15:30 现场巡检发现 4GSE124MP 漏油，呈线状流，从常规岛 8 m 地面格栅漏滴漏至 0 m
风险或潜在后果	1)膦酸酯型抗燃油存在微毒； 2)4GFR 油箱油位低于 200 mm 会导致 GFR 泵跳闸，引起调节油压低从而引起停机； 3)高温管道保温层有滴油，有火灾风险
干预行动	已采取的行动措施： 1)当前已用桶接油，并联系机械清理地面积油，现场已拉警示带； 2)oncall 仪控、机械、安全质量处人员现场检查，同时安排消防车在 4MX 厂房外待命； 3)主控和现场监视 4GFR001BA 油箱油位，1 h 降低 5 mm，当前液位 333 m(低于 200 mm 会导致 GFR 泵跳闸，导致跳机)； 4)安排机械对 4GFR001BA 进行紧急补油(共补油 200 L)； 5)与仪控及专业商讨漏点隔离处理方案(如后所述)； 6)停止常规岛动火作业；

续 表

干预行动	7)GFR 膦酸酯型抗燃油存在微毒，现场确认通风正常，并打开常规岛大门和窗户进行通风，进入现场注意做好防护； 8)联系化学对油质取样分析跟踪； 9)就地收集的废油已通知机械回收和通知服务清理地面残油； 10)现场人员发现漏油点下面的蒸汽管道保温棉有进油，当前维修服务人员正在更换 GSS 管道保温棉，其余管道保温棉是否需要更换请维支评估
原因分析	4GSE124MP 仪表的连接接头处不平整(有毛刺)密封不严导致 4GSE124MP 仪表处漏油
消缺行动	运行处理决策： 经当班值和专业讨论，为避免隔离对机组状态的影响，制定处理过程： 1)仪控首先在 DCS 一层以 5%每次速率关闭 4GRE012VV，每次关闭时关注其他环路调阀动作情况和汽轮机振动情况。稳定后再继续关闭，直到调阀全关。 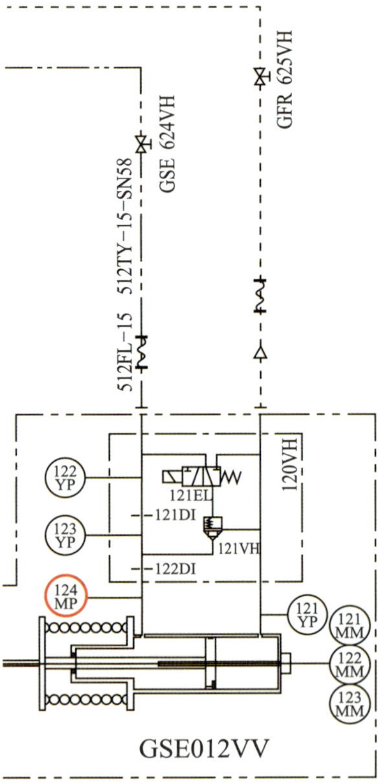 **图 1　4GSE124MP 流程图**

续 表

消缺行动	2)运行通过关闭 4GSE012VV 的进油阀 4GSE624VH，进油阀关闭后会导致 4GSE012VV 关闭，确认关闭后再隔离出油阀 4GRE625VH； 3)确认隔离后维修对缺陷进行处理； 4)缺陷处理完成，运行先开出油阀 4GRE625VH，再缓慢开启进油阀 4GSE624VH，同时观察 4GSE012VV 的开启情况。 5)4GSE012VV 完全开启后，仪控在一层以 5% 速率缓慢开启 4GRE012VV，直到全开。 根据预定的方案，仪控首先在 DCS 一层缓慢关闭 4GRE012VV，期间汽轮机功率，汽轮机参数均较稳定。4GSE012VV 进油阀关闭后，4GSE012VV 并非突然关闭，而是缓慢关闭。 仪控处理反馈： 1)工作过程： ①用螺丝刀松开 4GSE124MP 接线插头的螺丝，拔下接线插头； ②用扳手拆下 4GSE124MP，用砂纸对 4GSE124MP 仪表的连接接头平面进行打磨； ③更换 4GSE124MP 接头处的紫铜垫片，回装 4GSE124MP 并紧固接头； ④恢复 4GSE124MP 接线插头； ⑤工作结束，清理现场。 2)故障原因分析：4GSE124MP 仪表的连接接头处不平整(有毛刺)密封不严导致 4GSE124MP 仪表处漏油
相关知识	虽然 GRF 为抗燃油，但由于油浸入保温层，同时接触高温设备，同时外部包裹有保温层，影响散热，导致抗燃油被持续加热，也同样存在火灾风险。发生抗燃油、润滑油等相关油泄漏事件，需防范可能的火灾风险，及时 oncall 消防车到厂待命
参考资料信息	运行二处：4 号机组异常反馈——4GSE124MP 漏油； 运行二处四值；运行二处内部经验反馈——4GSE124MP 引压管漏油处理的经验反馈； 运行二处白班值；运行二处内部经验反馈——4GSE124MP 引压管漏油处理的经验反馈； 维修二处仪控：EAM 中工单 01031266-01 的完工报告； WR/WOT：00447867/01031266-01(紧急工单)
编　者	运行二处一值：谷铁　　　　时间：2019 年 03 月 16 日

3.28.7 主控出现 3GSE001KA TGC 系统故障

异常缺陷名称	主控出现 3GSE001KA TGC 系统故障
发生时间	2016 年 12 月 24 日夜班
机组状态	RP 模式，满功率
异常缺陷现象	01:10，主控出现 3GSE001KA（TGC 系统故障）报警，BUP 触发 3GSE001AA（汽轮机保护系统故障 A 列）报警；出现报警后现场检查发现 3GRE004AR 机柜内 213HC 主机电源指示灯熄灭，3GRE/3GSE 系统未见明显异常
风险或潜在后果	P320 系统操作员站有两台，一台故障，不影响系统运行。正常运行是汽轮机调节、保护系统的操作与监视是在 KIC 上实现的，只有当 P320 与 DCS 通讯故障时才会切至 P320 操作员站。P320 操作员站故障对 DCS 通讯没有影响，不会影响 KIC 对系统的操作及监视
干预行动	已采取的行动措施： 1）执行报警卡，安排现场检查确认故障报警情况； 2）oncall 仪控检查处理
原因分析	服务器电源模块故障，致使服务器无法启动，造成 HUB 失去一路信号触发报警
消缺行动	仪控处理反馈： 1）故障现象：主控触发 3GSE001KA TGC 系统故障，3GR004AR 内操作员站服务器 213HC 故障，3GRE001AR 内通讯卡件 100/101HS 故障灯亮。 2）初步原因分析：213HC 故障，导致通讯卡件 100/101HS 检测到故障信号，从而触发 3GSE001KA。 3）处理过程：维修仪控查看工程师站相关报警及历史，确定报警由 213HC 未供电所致。检查服务器供电回路，213HC 供电正常，确定 213HC 故障。在四号机组模拟 213HC 断电，相关通讯卡 100/101HS 故障灯亮，与三号机组相同。经与运行分析讨论，一台操作员站故障，不影响汽轮机保护功能和操作，因机柜空间狭窄，汽轮机保护信号较多，决定维修 213HC 的工作放置小修。 4）后续行动： ①3GSE001KA 属于组合报警，为了不影响主控监盘，仪控人员编制方案，闭锁操作员站对 3GSE001KA 的影响，日常执行。 ②编制方案维修 213HC，小修执行。 5）机组影响评估：P320 系统操作员站有两台，一台故障，不影响系统运行。正常运行是汽轮机调节、保护系统的操作与监视是在

续 表

<table>
<tr><td>消缺行动</td><td>KIC 上实现的，只有当 P320 与 DCS 通讯故障时才会切至 P320 操作员站。P320 操作员站故障对 DCS 通讯没有影响，不会影响 KIC 对系统的操作及监视。
6)工作过程：
①根据工作方案《3 号机组 P320 系统服务器电源模块更换的工作方案》对服务器 213HC 进行整体拆除；
②根据工作方案《3 号机组 P320 系统服务器电源模块更换的工作方案》对服务器 213HC 电源模块进行更换；
③根据工作方案《3 号机组 P320 系统服务器电源模块更换的工作方案》对服务器 213HC 重启；
④确认操作员站显示器切换到 213HC 后，TGC 监视页面正常。
7)故障原因分析：服务器电源模块故障，致使服务器无法启动，造成 HUB 失去一路信号触发报警</td></tr>
<tr><td>相关知识</td><td>1)本次系统故障的原因是 CCS 故障，即一台就地操作员站失去，因而产生 3GSE001KA 报警。
正常汽轮机控制命令下发及信息反馈显示是 DCS 完成，当 DCS 失去时则可切换至就地两台操作员站进行汽轮机操作，就如同远程停堆站。就地两台操作员站是并列且相互独立的，就如同机操和堆操站。因而当正常运行时，一台操作员站失去对机组不会产生直接影响。而就地机柜布置如图 1 所示，开展维修工作容易误碰其他重要调节器，存在较大停机风险。
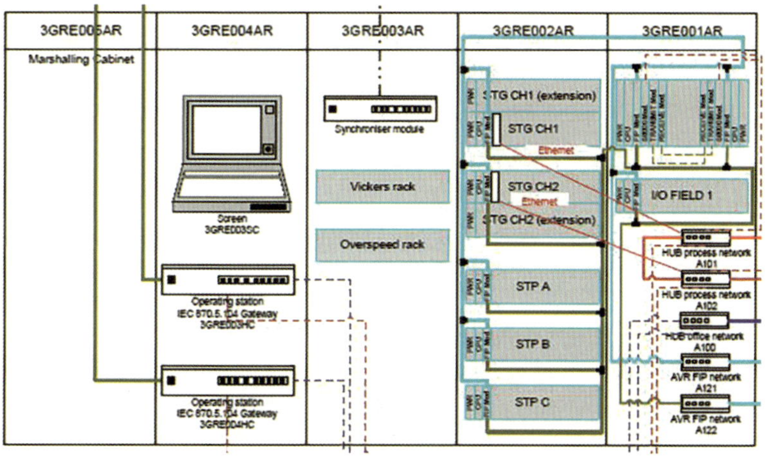

图 1 就地机柜布置</td></tr>
</table>

续　表

<table>
<tr><td>相关知识</td><td colspan="2">2）P320 TGC 架构图（此次故障位置如图 2 所示）：
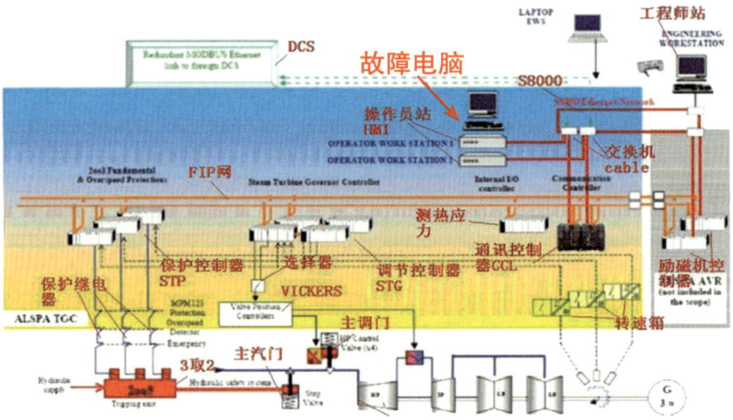

图 2　P320 TGC 架构图
①保护控制器 STP：
该控制器分三组，分部对应三组保护继电器，当任意一组故障时会产生 3GSE001KA 报警，但不会产生跳机信号。但如果两组及以上故障时不但会产生 3GSE001KA 报警，还会导致汽轮机跳闸。
②调节控制器 STG：
该控制器主要用于汽轮机转速控制、功率控制、频率控制、压力控制和各种限制功能。上述功能由两列相互独立且结构完全一样的控制器完成。当其中任意一组控制器故障时，会产生 3GSE001KA 报警，但不会影响到汽轮机的调节控制。应为正常运行时，两列控制器一用一备，运行列故障时会自动切到备用列来控制。当两列同时故障时，则汽轮机会失控跳机。
③通讯控制器 CCL：
该控制器主要完成 P320 各控制器之间的数据通讯传输，由并列的两列组成，若其中任一列故障会产生 3GSE001KA 报警，但对汽轮机不会产生影响。但两列同时故障则通讯失去极有可能会导致汽轮机故障跳机</td></tr>
<tr><td>参考资料信息</td><td colspan="2">运行二处；运行二处内部经验反馈——3 号主控出现 3GSE001KA 故障报警后的分析处理；
维修二处仪控：EAM 中工单 00455969-01 的完工报告；
运行二处值长日报 2016 年 12 月 25 日—12 月 26 日；
WR/WOT：00201286/00455969-01（计划工单）</td></tr>
<tr><td>编　　者</td><td>运行二处一值：谷铁</td><td>时间：2019 年 03 月 16 日</td></tr>
</table>

3.28.8　4号机组闪发4GSE001KA：TGC系统故障报警

异常缺陷名称	4号机组闪发4GSE001KA：TGC系统故障报警
发生时间	2019年10月17日中班—10月22日中班
机组状态	RP模式，满功率
异常缺陷现象	2019年10月17日—2019年10月22日，4号机组多次发生P320与DCS通讯故障，多次闪发4GSE001KA报警。 10月17日16:05，16:16，4号机组闪发2次4GRE、4GSE、4GEX、4GGR、4GME大量仪控报警，闪发4GGR996KA（N选M选择器故障），4GGR911KA（N选M选择器扰动），系统画面短时显示洋红色。 10月19日20:53:52，主控闪发4GSE001KA TGC系统故障报警，主控检查4GSE、GRE画面无异常，现场检查4KCP、4KCS、4GRE、4GSE柜子无异常。 10月20日13:09:57，主控再次出现4GSE001KA TGC系统故障报警，持续4 s后消失。 10月21日21:41:38，21:43:20，21:43:23，22:51:26主控共闪发四次4GSE001KA TGC系统故障报警。主控检查4GSE、GRE画面无异常，现场检查4KCP、4KCS、4GRE、4GSE柜子无异常。 10月22日夜班再次闪发一次4GSE001KA报警。 10月22日中班闪发三次
风险或潜在后果	报警为P320侧检测到短时备用通讯失去产生的综合报警，不影响P320运行
干预行动	已采取的行动措施： 1）立即查看主控4GSE系统画面，监视汽轮机参数，未发现异常报警； 2）立即安排就地查看4GRE/GSE系统控制柜，当前未发现异常； 3）发起oncall，要求仪控立即安排进行报警原因分析； 4）运行做好事故预想，熟悉预案和规程《FQY-OP00-TD-19004 P320系统CCL主备用控制器同时故障分析及机组运行控制方案》《FQ4-OP00-TD-18003 4STG主备用控制器同时故障分析及机组运行控制方案》《FQ4-OP00-TD-17007 福清核电4号机组P320与DCS中断期间升降功率应急预案》
原因分析	P320内A102/102HS至4KCP566AR机柜内FBM233之间通讯节点故障

续 表

消缺行动	仪控处理反馈： 1）处理措施： 维修人员通过 FBM 软件重启、硬件热插拔、光纤排查、光电转换模块与光纤熔接盒的检查，均未能彻底消除 4GSE001KA 报警。经维修人员讨论，办理 TSD 将两路通讯中的一路从 HUB 通过 5E 网线直连至 DCS 侧 FBM233 通讯卡，报警未再次出现。 经仪控专业变更审查会同意：对 4 号机组 P320 机柜与 DCS 通讯链路进行变更，采用 5E 网线从 HUB 直连至 DCS 侧 FBM233 卡件。 2）工作过程： ①根据《4 号机组 GSE-DCS 通讯故障处理方案》执行 DCS IA 通讯卡件更换； ②根据《4 号机组 GSE-DCS 通讯故障处理方案》通讯卡件冗余切换； ③根据《4 号机组 GSE-DCS 通讯故障处理方案》DCS IA 通讯卡件驱动软件安装及配置文件下载； ④根据《4 号机组 GSE-DCS 通讯故障处理方案》执行通讯电缆检查； ⑤根据《4 号机组 GSE-DCS 通讯故障处理方案》执行光电转换模块更换； ⑥根据《4 号机组 GSE-DCS 通讯故障处理方案》执行更换 PORT 口； ⑦根据《4 号机组 GSE-DCS 通讯故障处理方案》执行更换为网线； ⑧故障消除。 3）故障原因分析：P320 内 A102/102HS 至 4KCP566AR 机柜内 FBM233 之间通讯节点故障
相关知识	P320 机柜与 DCS 通讯采用 TCP/IP 的 MODBUS 通讯协议，DCS 侧为主站，P320 侧 TGC-S 为从站，从 P320 侧，依次经过 HUB-光电转换模块-光纤熔接盒-DCS 侧光纤熔接盒-MC-FBM233 卡件进行通讯
参考资料信息	运行二处：4 号机组异常反馈——4 号机组闪发 4GSE001KA：TGC 系统故障报警； 维修二处仪控：《FQ4-GSE-TGCMDD-014817001 P320 与 DCS 通讯方式改为 5E 网线直连-变更详细设计方案》； WR/WOT：00634858/01382453-01（计划工单）。 其他类似异常缺陷： 1）2019 年 04 月 22 日 12:08，4 号机组出现报警 4GSE001KA，经仪控专业检查发现为 4GRE001AR 内的备用 CCL 通讯控制器故障

续　表

参考资料信息	导致。故障发生后，4号机组汽轮机CCL控制器单一通道运行，失去冗余备用。 2)2018年04月10日20:23，4号机组出现报警4GSE001KA，经仪控专业检查发现为4GRE002AR机柜内STG备用控制器CPU故障，即STG1故障。故障发生后，4号机组汽轮机调节控制器单一通道运行，失去冗余备用。 3)2017年08月25日中班，1号机组主控触发1GSE001KA TGC系统故障报警，oncall仪控检查确认为1GRE004AR调节控制器CPU备用电池量低	
编　　者	运行二处一值：谷铁	时间：2019年03月16日

3.28.9　主控闪发2GSE803KA(遮断电磁阀(通道三)差异)报警

异常缺陷名称	主控闪发2GSE803KA(遮断电磁阀(通道三)差异)报警
发生时间	2016年07月06日早班
机组状态	RP模式，满功率
异常缺陷现象	主控出现2GSE803KA(遮断电磁阀(通道三)差异)报警，查看画面2GSE003EW失电，23 s后2GSE003EW重新带电，报警消失
风险或潜在后果	影响遮断电磁阀工作的可靠性
干预行动	已采取的行动措施： 1)查看和执行报警卡，检查发现2GSE003EW灯灭而后重新恢复； 2)联系仪控检查处理
原因分析	通道三MPM123卡件接线端子3松动
消缺行动	仪控处理反馈： 1)工作过程： ①在2GRE工程师站检查确认无2GSE/GRE异常报警； ②根据《2GSE203EL电磁阀在线检查工作方案》对2GSE203EL的控制回路接线进行检查； ③检查发现通道三MPM123卡件接线端子3松动，2GSE803KA再次触发； ④对通道三MPM123卡件接线端子3进行紧固，联系主控确认2GSE803KA报警消失； ⑤根据方案检查其他接线紧固无松动；

续 表

消缺行动	⑥工作结束，清理现场； ⑦归还工作许可证，请运行人员验收。 2）故障原因分析：通道三 MPM123 卡件接线端子 3 松动
相关知识	GSE803KA（遮断电磁阀（通道三）差异）报警触发的原因有： 1）遮断模块失电； 2）直流控制电源失去； 3）接线损坏
参考资料信息	维修二处仪控：EAM 中 00303969-01 的完工报告； WR/WOT：00149854/00303969-01（计划工单）
编　　者	运行二处一值：谷铁　　时间：2019 年 03 月 16 日

3.28.10　主控触发 1GSE001KA 报警：TGC 系统故障

异常缺陷名称	主控触发 1GSE001KA 报警：TGC 系统故障
发生时间	2016 年 10 月 20 日早班
机组状态	RP 模式，电功率 845 MWe
异常缺陷现象	主控触发 1GSE001KA 报警：TGC 系统故障，主控检查 1GSE 系统参数及跳机参数无异常
风险或潜在后果	仪控检查初步判断原因为备用电池电量低，需要更换电池，不影响机组运行
干预行动	已采取的行动措施： 1）查看和执行报警卡； 2）oncall 仪控检查处理
原因分析	检查汽轮机工程师站日志，出现控制器电池电量低报警
消缺行动	仪控处理反馈： 1）工作过程： ①检查确认工作对象，控制器电量显示红色且闪烁； ②打开电池槽盖板，拆除电池插头，取出电池； ③测量电池电压约为 2.2 V； ④测量备件电池电压约为 2.8 V； ⑤连接电池备件接头到电源插孔； ⑥确认控制器上红色指示灯熄灭；

续　表

消缺行动	⑦到主控室工程师站清除历史报警，确认 1GSE001KA，TGC 系统故障报警消除。 2)故障原因分析：检查汽轮机工程师站日志，出现控制器电池电量低报警
相关知识	GSE001KA TGC 系统故障报警触发的原因有： 1)汽轮机保护控制器(STP)A，B，C 任一故障； 2)汽轮机调节控制器(STG)故障； 3)通讯控制器(CCS)故障； 4)就地控制器(Field I/O)故障； 5)P320 TGC 机柜电源故障
参考资料信息	维修二处仪控：EAM 中 00393574-01 的完工报告； WR/WOT：00181294/00393574-01(紧急工单)
编　　者	运行二处一值：谷铁　　　　时间：2019 年 03 月 16 日

3.28.11　主控触发 1GSE001KA 报警：TGC 系统故障

异常缺陷名称	主控触发 1GSE001KA 报警：TGC 系统故障
发生时间	2016 年 10 月 20 日早班
机组状态	RP 模式，电功率 845 MWe
异常缺陷现象	主控触发 1GSE001KA 报警：TGC 系统故障，主控检查 1GSE 系统参数及跳机参数无异常
风险或潜在后果	仪控检查初步判断原因为备用电池电量低，需要更换电池，不影响机组运行
干预行动	已采取的行动措施： 1)查看和执行报警卡； 2)oncall 仪控检查处理
原因分析	控制器电池电量低
消缺行动	仪控处理反馈： 1)工作过程： ①检查确认工作对象，控制器电量显示红色且闪烁； ②打开电池槽盖板，拆除电池插头，取出电池； ③测量电池电压约为 2.2 V；

续 表

消缺行动	④测量备件电池电压约为 2.8 V； ⑤连接电池备件接头到电源插孔； ⑥确认控制器上红色指示灯熄灭； ⑦到主控室工程师站清除历史报警，确认 1GSE001KA，TGC 系统故障报警消除； 2)故障原因分析：控制器电池电量低	
相关知识	产生 GSE001KA 报警的原因： 1)汽轮机保护控制器(STP)A，B，C 任一故障； 2)汽轮机调节控制器(STG)故障； 3)通讯控制器(CCS)故障； 4)就地控制器(Field I/O)故障； 5)P320 TGC 机柜电源故障	
参考资料信息	维修一处仪控：EAM 中 00393574-01 的完工报告； WR/WOT：00181294/00393574-01(紧急工单)	
编　　者	运行二处一值：谷铁	时间：2019 年 03 月 16 日

3.28.12　1 号机组汽轮机冲转到 1500 r/min 后，1GSE001VV 显示××××，现场实际全开

异常缺陷名称	1 号机组汽轮机冲转到 1500 r/min 后，1GSE001VV 显示××××，现场实际全开
发生时间	2018 年 03 月 17 日夜班
机组状态	RP 模式，汽轮机冲转并网阶段
异常缺陷现象	1 号机组汽轮机冲转到 1500 r/min 后，1GSE001VV 显示××××，现场实际全开
风险或潜在后果	导致主控无法查看汽轮机高压主汽门 1GSE001VV 阀门开度
干预行动	已采取的行动措施： 1)安排现场值班人员和机械保驾人员查看检查确认 1GSE001VV 阀门的实际开度，确认阀门实际全开； 2)检查 1GSE001VV 阀门电缆外观，未见明显异常； 3)oncall 仪控检查处理
原因分析	1GME004CR 端子箱内 1GSE001VV 反馈 1GSE011MM 接线第 30 端子接线脱开

续　表

消缺行动	仪控处理反馈： 1)工作过程： ①开工前已确认 1GSE001VV 通道显示 1GSE011MM 显示××××； ②对 1GME004CR 柜内通道显示 1GSE011MM 设备接线进行检查，发现 1GSE011MM 接线第 30 端子接线脱开； ③对 1GSE011MM 接线第 30 端子接线进行重新紧固； ④恢复设备至初始投运状态，验证 1GSE001VV 在主控显示正常； ⑤归还工作许可证。 2)故障原因分析：1GME004CR 端子箱内 1GSE001VV 反馈 1GSE011MM 接线第 30 端子接线脱开	
相关知识	GSE001VV 相关的逻辑信号：GSE001/002/003/004VV 阀门关限位四取二用于触发 C8 信号	
参考资料信息	维修一处仪控：EAM 中 00872989-01 的完工报告； WR/WOT：00361978/00872989-01(紧急工单)	
编　　者	运行二处一值：谷铁	时间：2019 年 03 月 16 日

3.28.13　GSE 系统设备异常缺陷处理总结

(1)GSE001KA 报警处理整理

GSE00lKA：TGC 故障综合报警，该报警监视整个汽轮机控制系统状态(P320)是否正常，若检测到控制系统软硬件或附件出现异常状态，则发出报警提醒便于维修人员进行诊断处理。

P320 控制机柜内共有四类控制器：

①STG1/STG2 调节控制器(L1OlC/L1O1C_s，汽轮机调节逻辑)，非常重要。

②CCL 通讯控制器(L1Ol/L1O1_s，TGC 与 DCS 通讯)，一般重要。

③FIELD IO 现场控制器(L1O1B，现场部分逻辑)，一般重要。

④STPA/B/C 保护控制器(L1O1E/L1O1F/L1O1G，汽轮机保护逻辑)，非常重要。

触发 GSEOOlKA 报警的原因包括控制器故障、I/O 卡件故障、备用电池电量低、软件内强制信号、时钟故障、网络故障、卡件保险丝状态、拨码开关状态等，由于控制器数量多、卡件数量更多，GSE001KA 包含近千个设备状态的状态异常信息反馈，造成了该报警易触发难定位的特点，需维修仪控人员根据报警信号和报警日志进行综合判断。

产生 GSEOOlKA 的报警分级：

根据风险等级可分为三级：低风险、中等风险和高风险。

低风险故障：对控制系统无实质性的影响，可通过日常工单进行消缺处理，如：控制器电池电最低、Feild IO 卡件故障、时钟授时问题；

中等风险故障：可根据实际条件选择适合窗口处理，如：网络通讯模块故障；

高风险的故障：需要编制详细工作方案进行处理，如：单块 STG/STP 控制器或卡件故障，虽然单一设备故障不影响正常控制功能的实现，不会触发机组停机信号，但是会导致控制系统的冗余性下降，存在安全隐患。

详情请见：《FQX-MA03-BG5-I18003 GSE001KA 报警故障分析报告》。

(2)故障处理仪控相关资料

《FQX-MA03-BG5-I18003 GSE001KA 报警故障分析报告》《3 号机组 P320 系统服务器电源模块更换的工作方案》。

(3)故障处理运行相关资料

《FQY-OP00-TD-19004_ P320 系统 CCL 主备用控制器同时故障分析及机组运行控制方案》《FQ4-OP00-TD-18003_ 4STG 主备用控制器同时故障分析及机组运行控制方案》《FQ3-GRE-TPOPAB-0003 P320 系统 CCL 主备用控制器同时故障分析及机组运行控制处理规程》《FQ4-GRE-TPOPAB-0003 P320 系统 CCL 主备用控制器同时故障分析及机组运行控制处理规程》《FQ2-GRE-TPOPAB-0002 2STG 主备用控制器同时故障分析及机组运行控制处理规程》《FQ1-GRE-TPOPAB-0003 P320 系统 CCL 主备用控制器同时故障分析及机组运行控制处理规程》等等。

3.29 汽水分离再热系统(GSS)

3.29.1 3GSS113MN 测量探杆故障

异常缺陷名称	3GSS113MN 测量探杆故障	
发生时间	2018 年 01 月 15 日	
机组状态	RP 模式	
异常缺陷现象	3GSS113MN 测量探杆故障，液位测量处于质量位状态	
风险或潜在后果	2 级疏水箱其余液位计也有共模失效的风险，若 3GSS113、211MN 故障，有可能造成二级再热隔离或甩负荷	
干预行动	已采取的行动措施： 实施 TCA，编制 TOI	
原因分析	探杆密封件失效，导致探杆渗水泄漏，影响导波雷达表头无法正常工作	
消缺行动	处理反馈： 经维修、设备管理、生产计划、运行讨论，一致认为液位计故障原因是探杆密封件失效，导致探杆渗水泄漏，影响导波雷达表头无法正常工作。 处理过程： 1)3GSS211MN、113MN 均已采用 TCA 强制为 550 mm，同时质量位信号为 0； 2)运行二处准备临时 TOI； 3)增加差压变送器控制液位	
相关知识	1)若 3GSS111/112/113MN 三个仪表中有两个测量值高于 1360 mm，则 MSR 二级自动隔离； 2)若 3GSS111/112/113MN 三个仪表中有两个测量值高于 1200 mm，且 MSR 一级已经隔离，则触发汽轮机甩负荷	
参考资料信息	WR/WOT：0334957-01； 永久变更 EC007529：3GSS102、202BA 二级疏水箱增加差压式液位变送器	
编　　者	运行二处一值：石亿虎	时间：2019 年 03 月 11 日

3.29.2 3GSS271VL 阀门卡涩

异常缺陷名称	3GSS271VL 阀门卡涩
发生时间	2018 年 08 月 29 日
机组状态	RP 模式(热功率 2303 MWt，电功率 836 MWe)
异常缺陷现象	3 号机组降功率期间巡盘发现 3GSS202BA 液位 700 mm(正常液位 550 mm)，其紧急疏水阀 3GSS275VL 在 20%开度(正常应为 0)，正常疏水阀 3GSS271VL 在 62%开度，但要求输出开度为 100%，怀疑 3GSS271VL 阀门卡涩
风险或潜在后果	3GSS202BA 液位由紧急疏水阀控制，存在 GSS 二级加热器隔离和汽轮机甩负荷风险
干预行动	已采取的行动措施： oncall 维修人员检查处理。 建议后续行动： 1)阀门实施 TCA，使阀门自动状态下当阀门开度在 60%以上时保持阀门 60%的开度，在 60%以下开度时保持正常控制； 2)302 大修时，机械对阀门进行解体检查，确定阀门本体有无问题
原因分析	1)阀门内部有异物或阀杆有轻微变形； 2)定位器 O 圈损坏，影响输出压力
消缺行动	机械处理反馈： 1)将阀门打到手动状态，机械人员现场开关试验此阀门，可将阀门从 0%～100%开关，但是在 62%以下开关顺畅，在 62%～100%过程中需要用力开关(比 62%以下用力稍大)。由此怀疑阀门内部有异物或阀杆有轻微变形，需解体检查，现在不满足解体条件。运工、机械、仪控商讨对此阀门实施 TCA，使阀门自动状态下当阀门开度在 60%以上时保持阀门 60%的开度，在 60%以下开度时保持正常控制。此 TCA（WOT：1000992-04)已于 06 日上午实施完成； 2)重新对此阀门进行手动开关验证，并在阀杆涂抹润滑脂，阀门仍到 60%以上卡涩，缺陷未消除。同时仪控发现定位器故障，今日仪控专业对定位器进行整定。 9-12： 1)今日机械在阀杆处涂抹润滑脂，并将阀门全关全开两次，摩擦力有所减小；

续　表

消缺行动	2)仪控检查定位器，发现定位器 O 圈损坏，影响输出压力。更换 O 型圈后，仪控检查气源输入压力为 2.8 bar 左右，给出 100% 信号后，阀门最大可开至 90%左右，将输入压力增加至 3.2 bar，阀门可开至 100%； 3)下午在主控对此阀门进行两次验证：第一次，每次将阀门开大 10%，逐渐开至 100%；第二次，直接将阀门从 0 开至 100%。两次阀门均能正常开关，无异常。 下一步计划： 1)取消 TCA，将阀门恢复正常。工单号 1000992-05； 2)302 大修时，机械对阀门进行解体检查，确定阀门本体有无问题	
相关知识	1)3GSS271VL 的控制定值为 550 mm，3GSS275VL 的控制定值为 700 mm； 2)若 3GSS111/112/113MN 三个仪表中有两个测量值高于 1360 mm，则 MSR 二级自动隔离； 3)若 3GSS111/112/113MN 三个仪表中有两个测量值高于 1200 mm，且 MSR 一级已经隔离，则触发汽轮机甩负荷	
参考资料信息	运行二处：TOI-3-GSS-18-015 3GSS271VL 开度超过 62%后卡涩的临时运行指令； 维修二处维修日报 2018 年 09 月 06 日到 2018 年 09 月 12 日	
编　　者	运行二处一值：石亿虎	时间：2019 年 03 月 11 日

3.29.3　降功率过程中 GSS001VV 无法关闭

异常缺陷名称	降功率过程中 GSS001VV 无法关闭
发生时间	2017 年 01 月 21 日中班
机组状态	RP 模式
异常缺陷现象	1)当班值根据 D28A 继续降功率，根据规程要求机组降功率到 70%时检查 GSS001VV 逐步关闭。操纵员检查发现 GSS001VV 保持 100%开度，但 GSS002VV 快速关闭，GSS004MY(二级再热蒸汽压力)维持在 6.8 MPa 左右不变。 2)查阅 GSS 调门动作曲线并对比 1、3 号机组相同功率平台 GSS001/002VV 开度约 28%，怀疑二级再热器蒸汽阀门 3GSS001VV 未按照预期关闭。当班值立即停止降功率，并召集相关专业讨论方案。根据方案手动破坏中性点关闭 3GSS001VV

续 表

风险或潜在后果	1)不利于汽轮机运行。高压缸排汽流量下降，但再热蒸汽 GSS 蒸汽阀门开度不变(正常应逐步关小)，导致进入中压缸的蒸汽参数过高(可能影响汽缸安全运行或导致汽轮机振动加剧等)； 2)导致二级再热器过热。因高压缸排气减少，如果蒸汽流量不变，可能导致二级再热器过热
干预行动	已采取的行动措施： 1)停止降功率，控制一二回路平衡，控制 ΔI(风险点)； 2)现场检查阀门供气及中性点(检查无异常)； 3)主控及现场密切关注汽轮机及 GSS 相关参数； 4)oncall 机械、仪控、设备保驾人员，商量处理方案。 建议后续行动： 阀门关闭后 GSS004MY 和二级再热器管板温度快速下降，当班值立即组织继续降功率，最终机组按照原定计划时间打闸停机
原因分析	原因怀疑： 1)P320 控制机柜故障，导致 GSS 控制系统不正常(3 号机组并网期间曾出现 GSS001/002VV 打手动事件)； 2)3GSS001VV 阀门机械卡涩； 3)3GSS001VV 阀门气动头供气失效(经现场检查，排除此原因)； 4)3GSS001VV 阀门定位器故障或接反(如果接反，则手动关阀前，仪控强制阀门 50%开度是最佳方案)
消缺行动	仪控处理反馈： 1)仪控强制阀门开度为 50%，检查阀门是否动作(如果定位器接反，强制 50%开度是最佳方案； 2)运行现场破坏 3GSS001VV 中性点，逐步关小阀门。过程中，与主控热线联系； 3)根据估算，GSS002VV 将在压力低于 5 MPa(当前功率的整定值)时开启。主控密切关注 GSS001/002VV 开度以及 GSS004MY 开度。仪控预测 GSS001VV 开度应该在 35%左右； 4)当 GSS001VV 开度关到 38%左右，GSS004MY 低于 5 MPa，之后 GSS002VV 逐步开启到 100%； 5)现场进一步关闭 GSS001VV 到 0； 6)主控关注 GSS 二级再热器管板温度可控下降(下降较快)。除此之外，整个切换过程中，汽轮机、GSS 等参数稳定。为确保按计划进行和汽轮机安全，当班值立即与电网沟通继续降功率

续　表

相关知识	1) 降功率过程中，发现设备状态异常，可以与相似功率平台下 1、3 号机组扫描画面对比。本次查找 1、3 号机组相似平台画面，发现此时 3GSS001/002VV 开度分别应该为 28%/100%，与当前差别较大。 2) 召开会议前，运行值根据收集的信息，内部分析可能原因，并初步整理解决方案，必要时现场勘查。 3) 召集专业人员参与讨论方案，避免运行一个专业考虑不全面。 4) 本次降功率停止后，由于氙毒快速积累，ΔI 快速向右平移，R 棒快速提升。当班值立即启动稀释，累计稀释量 6.5T(当班值根据 TP3RRC60 经验，预期的稀释后墙在 7T)	
参考资料信息	运行二处：《运行二处内部经验反馈——处理降功率过程中 GSS001VV 无法关闭经验反馈》	
编　　者	运行二处一值：石亿虎	时间：2019 年 03 月 11 日

3.29.4　3GSS106MY 异常波动

异常缺陷名称	3GSS106MY 异常波动
发生时间	2018 年 05 月 10 日
机组状态	RP 模式
异常缺陷现象	13:00—15:00，主控持续闪发 3GSS911KA，主控检查 3GSS106MY 在 480~800 mm 间波动。仪控检查确认为 3GSS102MN 波动所致，并将 3GSS102MN 强制为 500 mm，然后对故障仪表开票检查
风险或潜在后果	3GSS106MY 异常波动，影响液位监视
干预行动	N/A
原因分析	3GSS102MN 仪表接头紧固件松动，导致仪表管振动较其他两块偏大，经分析可能是保温回装时碰撞或长期运行振动导致 3GSS102MN 仪表接头紧固件松动
消缺行动	仪控处理反馈： 1) 出现的液位波动问题后，仪控人员到达主控检查发现故障液位计为 3GSS102MN； 2) 经分析后对液位计进行强制，消除故障液位计对 GSS101BA 液位的控制，并搭设脚手架对液位计进行检查；

续　表

消缺行动	3) 检查发现 3GSS102MN 仪表接头紧固件松动，导致仪表管振动较其他两块偏大，怀疑可能为保温回装时导致或长期运行振动所致，经紧固后缺陷消除
相关知识	在这两起液位计异常中，3GSS106MY 的值均出现大幅波动，对 3GSS101BA 的液位控制产生很大影响。3GSS106MY 为 3GSS101/102/103MN 的平均值，仪表故障时会进行剔除。 1) 对于 3GSS101BA 的液位计，主要的控制逻辑如下： ①3GSS101/102/103MN 2/3 低于 300 mm 产生液位低报警 3GSS107KA，自动关闭 3GSS161VL； ②3GSS101/102/103MN 2/3 高于 1050 mm 产生液位高报警 3GSS108KA，此时若二级再热器隔离，则机组以 100% FP/min 的速度甩负荷值 10%； ③3GSS101/102/103MN 2/3 高于 1190 mm 产生液位高高报警 3GSS109KA，第一级再热器自动隔离，即关闭 3GSS101/201VV。 2) 3GSS101/102/103MN 的平均值对正常和紧急疏水阀的控制如下： ①3GSS161VL 控制 3GSS101BA 液位在 500 mm； ②3GSS165VL 控制 3GSS101BA 液位在 600 mm； ③6A 高加水位高高高时，3GSS165VL 控制 3GSS101BA 液位在 450 mm。 3) GSS106MY8 和 GSS106MY9 如何产生，GSS106MY 如何剔除故障仪表。 ①3GSS101/102/103MN 2/3 故障将导致 GSS106MY9，自动开启 3GSS165VL； ② 3GSS101/102/103MN 1/3 故障将导致 GSS106MY8，同时 GSS106MY 将剔除故障仪表。 4) 那么 3GSS101/102/103MN 如何产生故障信号： ①3GSS101/102/103MN 本身质量位，包括断电等； ②3GSS101/102/103MN 中某块仪表与其他两块仪表相差超过 10%，即 140 mm。 由于剔除故障仪表的条件比较苛刻，在真实某块仪表发生漂表的时候，往往会导致平均值大幅上涨或下降，直至 GSS106MY8 触发剔除故障仪表，这样通过 GSS106MY 表现出来的就是液位波动。由于平均值变化，疏水阀也会随之变化，其液位也会发生真实变化。 此外，由于两块仪表故障的判据更为苛刻，所以一般情况下 GSS106MY9 很少出现

续　表

参考资料信息	运行二处：《运行二处内部经验反馈——3GSS106MY 异常波动处理的经验反馈》	
编　　者	运行二处一值：石亿虎	时间：2019 年 03 月 11 日

3.29.5　4GSS252VV 阀门状态异常

异常缺陷名称	4GSS252VV 阀门状态异常
发生时间	2018 年 10 月 03 日
机组状态	RP 模式
异常缺陷现象	4 号机组大修后重新并网升到 30%功率平台，巡检 KIC 画面发现 4GSS252VV 的状态显示异常，此时阀门应该自动关闭，但 KIC 显示阀门处于红色的半开半关状态，且就地为全开
风险或潜在后果	无法监视 4GSS252VV 状态
干预行动	已采取的行动措施： oncall 仪控和电气专业专业检查
原因分析	1)4GSS251MD 量程设置错误导致流量偏低，流量低联锁开启 4GSS252VV，同时 4GSS251VV 全开联锁关闭 4GSS252VV。所以 4GSS252VV 同时存在开启和关闭命令导致出现上述情况； 2)4GSS252VV 是 MSR 右侧第 1 级疏水箱备用通风阀，查询逻辑图可以发现，导致阀门关闭的逻辑为“4GSS251VV 开启”，导致阀门开启逻辑为“4GSS201BA 通风蒸汽流量 4GSS251MD 小于 0.3 kg/s”； 3)现场检查对比发现 4GSS251MD 就地显示正常，所以判断是仪表的量程设置错误(偏小)导致 4~20 mA 的模拟量信号对应的流量显示较小。仪控专业通过重新调整 4GSS251MD 的量程参数后，流量由 0.23 kg/s 变为 0.72 kg/s，恢复正常。随后在屏蔽 4GSS252VV 开反馈的前提下验证阀门动作正常
消缺行动	仪控处理反馈： 1)仪控强制 4GSS251MD，消除 GSS 疏水流量低报警； 2)仪控进行 4GSS251MD 参数设置修改，恢复 4GSS251MD 正常； 3)拆除 4GSS252VV 全开反馈接线，避免验证 4GSS252VV 时触发全开导致 4GSS251VV 关闭； 4)现场工作负责人 4GSS252VV 开关验证无异常

续 表

相关知识	1)4GSS201BA 通风蒸汽流量 4GSS251MD 小于 0.3 kg/s 会导致 4GSS252VV 开启； 2)由于模拟量信号只是 4~20 mA 的电流信号，转换到数字显示涉及量程的设置问题，当量程设置错误时，仪表的显示也是错误的，且呈比例变化； 3)维修工作要全面考虑可能涉及的逻辑影响，防止对机组引入瞬态	
参考资料信息	运行二处：《运行二处内部经验反馈——4GSS252VV 阀门状态异常处理的经验反馈》	
编　　者	运行二处一值：石亿虎	时间：2019 年 03 月 11 日

3.29.6　4GSS206MY8 报警处理

异常缺陷名称	4GSS206MY8 报警处理
发生时间	2018 年 05 月 22 日中班
机组状态	RP 模式，满功率
异常缺陷现象	2018 年 05 月 22 日中班开始主控频繁出现 4GSS911KA(N 选 M 选择器扰动报警)，经检查 4GSS206MY8 闪发报警，并且在巡检过程中发现 4GSS201BA 疏水阀 4GSS261VL 阀门会不定期大幅度波动
风险或潜在后果	频繁闪发 4GSS911KA 报警，对于操纵员监视机组状态产生一定干扰
干预行动	已采取的行动措施： oncall 仪控检查处理。 建议后续行动： 1)确认报警出现原因： 首先根据逻辑图，GSS206MY8 意义为 GSS201BA 的三个液位计仪表(201/202/203MN)偏差较大导致，偏差值为 140 mm(量程范围的 10%)。 在 KDO 中组趋势可以看出 4GSS201/202/203MN 液位分别为 450 mm/450 mm/590 mm 左右波动，当液位偏差波动到大于 140 mm 时，主控出现报警。同时仪控也核实 GSS201/202/203MN 未出现质量位信号，所以可以排除仪表出现坏点。 2)分析仪表偏差大原因： 根据查看 KDO 趋势，从 05 月 01 日开始 4GSS203MN 逐渐520 mm 上升到 590 mm，同时 4GSS201/202MN 液位逐渐从490 mm左右下降到 450 mm 左右，仪控反馈初步怀疑是 4GSS203MN 零点漂移

续　表

原因分析	4GSS203MN 零点漂移	
消缺行动	仪控处理反馈： 1)仪控暂时将 4GSS203MN 强制到 575 mm。首先仪控将 203MN 强制为一个低点的定值，消除主控报警；同时从逻辑图可以看出 GSS201/202/203MN 平均值控制 4GSS201BA 正常疏水阀 GSS261VL，如果 GSS203MN 强制的值和 590 mm 相差较大，会导致平均值突然减小，影响调阀动作，可能导致 GSS201BA 液位波动，经讨论建议强制到 575 mm。 2)仪控对 4GSS203MN 进行校表，检查仪表是否有零点漂移。经仪控校验发现 4GSS203MN 出现零点漂移，随后进行校准。 3)同时机械对 4GSS203MN 仪表漏气进行处理。后经现场核实漏气点为 4GSS202MN，所以漏气不是仪表数值偏移的原因。 4)待 GSS203MN 仪表缺陷处理完成后，仪控恢复仪表自动。为防止 GSS201BA 液位波动较大，根据讨论仪控恢复 GSS203MN 定值到 500 mm 过程中采用逐步降低定值的方法，每次仪表强制定值减小 10 mm，同时观察 GSS201BA 液位波动，待液位稳定后再执行下一步，直到 GSS203MN 液位恢复到 500 mm 左右且与 201/202MN 液位显示相差不大，随后再恢复自动。 5)在实际强制实施过程中，每次较小 10 mm，4GSS206MY 显示很平稳，没有出现液位波动情况。GSS203MN 放回自动后，4GSS201/202/203MN 仪表显示分别为：478. 9 mm/498 mm/526 mm	
相关知识	若 4GSS201/202/203MN 三个仪表中有两个测量值高于 1190 mm，则 MSR 一级自动隔离；若 4GSS201/202/203MN 三个仪表中有两个测量值高于 1050 mm，且 MSR 二级已经隔离，则触发汽机甩负荷	
参考资料信息	运行二处：《运行二处内部经验反馈——4GSS206MY8 报警处理经验反馈》	
编　　者	运行二处一值：石亿虎	时间：2019 年 03 月 11 日

3.30 发电机定子冷却水系统(GST)

3.30.1 2GST015KU 因故障自动关小，2GST 冷却流量减小，触发 2GRH004KA 定子线圈层间温度过高报警

异常缺陷名称	2GST015KU 因故障自动关小，2GST 冷却流量减小，触发 2GRH004KA 定子线圈层间温度过高报警
发生时间	2017 年 08 月 12 日早班
机组状态	RP 模式
异常缺陷现象	08 月 12 号早班 15：04，2 号主控触发 2GRH004KA 定子线圈层间温度过高报警，主控查看画面 2GRH344MT 显示×××，趋势显示参数在 2 s 内从 62 ℃上升至满量程。主控立即查看 2GRH 其他温度表，发现 2GRH301～348MT 均缓慢上升(最高上涨至 72 ℃)。查看 GST 参数趋势，发现 2GST 压力和水位上涨，2GST015VD 开度正在自动关小，最低关至 14%，同时 2GST001MT 只有 9 ℃(当前已下降至 0 ℃，主控显示×××，就地 LT 显示 34 ℃)。主控立即将 2GST015KU 置手动，并快速开大。15:11，2GRH301～348MT 开始缓慢下降，当前已恢复至瞬态前数值
风险或潜在后果	影响发电机氢气和空气冷却，当发电机内氢气温度达到 90 ℃时，发电机由测量氢气冷却器气体入口温度的热电阻通过四取二通道使汽轮机脱扣
干预行动	已采取的行动措施： 1)主控手动控制 2GST015KU，并快速开大，恢复经过 2GST 热交换器冷却流量，随后 2GRH301～348MT 开始缓慢下降，当前已恢复至瞬态前数值； 2)根据瞬态现象分析，初步判定 2GST001MT 故障漂表； 3)oncall 维修仪控人员排查 2GST001MT 故障； 4)现场检查：2GST 安全阀未动作，现场未发现其他明显异常； 5)主控密切监视 2GST、2GRH 系统各项参数。 建议后续行动： 1)维修仪控分析排查故障原因； 2)故障处理完成后将 2GST015KU 切回自动
原因分析	2GST001MT 原探头短路

续 表

消缺行动	仪控处理反馈： 1）维修仪控人员检查，2GST001MT 原探头存在短路情况； 2）切至备用探头工作，2GST001MT 恢复正常； 3）观察 2GST001MT 稳定在 36.8 ℃，将 2GST015VD 投入自动	
相关知识	如果部分氢气冷却器因故障退出运行时，发电机必须降负荷运行。当一台冷却器停运时，发电机功率应降至 70%运行。两台冷却器停运，只要不是同一端的两台冷却器都损坏，则发电机可降至 65%运行，但必须密切监测发电机氢气温度，防止发电机过热；若两台冷却器的损坏发生在同一端，则发电机不能带功率运行，必须立即停机。 为监测发电机和励磁机的温度，发电机氢气冷却系统设计有 100 多个温度测点，用热电阻对之连续测量，密切监测发电机的冷却情况。另外，每个氢气冷却器处安装两个热电阻，一个测量冷却器入口处的热氢温度，另一个测量冷却器出口处的冷氢温度。此外，在氢气冷却器 GRH101RF 和 GRH301RF 氢气出口处设置两个热电阻 GRH415MT 和 GRH416MT，用来测量冷氢温度并给温度调节阀 GRH001VD 提供控制信号以便调节冷氢温度，使其保持在 34 ℃。励磁机出口空气温度是通过手动控制冷却器出口隔离阀开度，从而改变 SRI 系统流量来进行调节的。 当发电机内氢气温度达到 90 ℃时，发电机由测量氢气冷却器气体入口温度的热电阻通过四取二通道使汽轮机脱扣，对发电机进行保护。 目前运行二处技改：为避免 GST001MT 低漂，运行无法及时发现，增加进出口温度偏差报警。同时为避免 GST015VD 运行无法及时干预，增加手自动切换功能	
参考资料信息	维修一处：EAM 中 00 672372-01 的完工报告	
编　　者	运行二处一值：胡松辉	时间：2019 年 02 月 13 日

3.30.2 定子冷却水电导表 2GST003MR 间歇性显示洋红色

异常缺陷名称	定子冷却水电导表 2GST003MR 间歇性显示洋红色
发生时间	2014 年 09 月 09 日
机组状态	RP 模式
异常缺陷现象	定子冷却水电导表 2GST003MR 间歇性显示洋红色
风险或潜在后果	该仪表参与自动停机保护逻辑（2GST001/002/003MR 三取二自动停机）
干预行动	已采取的行动措施： 1）立即通知化学检查仪表，取样测量定子冷却水电导的实际值； 2）oncall 维修仪控对 2GST003MR 仪控回路进行检查。 建议后续行动： 1）加强关注 2GST001/002MR 的运行情况； 2）召开相关决策会议
原因分析	化学人员就地检查发现 2GST003MR 出线端子存在明显虚接现象，对接线进行紧固处理
消缺行动	仪控处理反馈： 处理前需仪控强制 2GST003MR 参与的逻辑信号，同时接线紧固涉及 220 V 配电柜内带电作业
相关知识	2GST001/002/003MR 超 8 μS/cm 三取二自动停机
参考资料信息	维修一处：EAM 中 00980246-01 的完工报告
编　　者	运行二处一值：胡松辉　　时间：2019 年 02 月 15 日

3.31 发电机并网系统(GSY)

3.31.1 发电机出线箱强迫风冷监测柜 3GSY002AR 失电

异常缺陷名称	发电机出线箱强迫风冷监测柜 3GSY002AR 失电
发生时间	2019 年 03 月 24 日早班
机组状态	RP 模式，满功率
异常缺陷现象	主控巡检发现发电机出线箱强迫风冷监测柜 3GSY002AR 电源指示灯不亮，对应风机全部停运，进一步检查柜内空开，发现柜内空开 002JA(控制柜主电源空开)、201JA(单元 b 主电源空开)异常跳闸，正常运行时柜内空开应保持合上状态
风险或潜在后果	1)若强迫风冷装置无法启动，会导致 3GSY101MT、201MT、301MT 温度上升，根据报警卡，任何温度达到 105 ℃，发电机输出电流需要降至 20 kA(母线最大允许的自冷电流)。当前机组功率 1089 MW，发电机平均电流 25 kA，存在极大非计划降功率风险； 2)发电机出线端子和保护箱温度升高，可能会导致发电机出线侧 CT 损坏，存在跳机风险
干预行动	已采取的行动措施： 1)主控查看 3GSY 画面，检查发现 3GSY101MT、201MT、301MT 温度呈缓慢上升趋势，3GSY301MT 温度最高，达 90.4 ℃； 2)现场尝试合上跳闸开关 002JA，尝试启动 A 单元风机未果； 3)直接联系 3GSY002AR 异常处理电气专业人员进行处理，初步分析原因为 B 单元跳闸后，B 单元入口风阀关闭，但关限位无法触发，导致 A 单元风机闭锁启动； 4)主控和电气专业讨论后，由电气专业人员将 B 单元风机入口阀门关限位进行短接后，A 单元风机正常启动； 5)当前 A 单元已成功启动，出线箱温度 301MT 已由最高 99 ℃开始下降，目前已下降至 71 ℃，还在持续下降，主控、现场密切关注 3GSY 封闭母线温度； 6)将 3GSY002AR-A 单元作为临时 SPV 管理，现场悬挂 SPV 标识。 建议后续行动： 1)检查确认 3GSY002AR 柜内空开跳闸原因，尽快消除缺陷； 2)请设备管理和维修电气分析空开跳闸根本原因，采取相应措施，避免故障再次出现

续 表

原因分析	3GSY201MO 电机故障(电动机相间绕组绝缘电阻及单相绕组对地绝缘电阻为 0 MΩ)，B 单元跳闸后，B 单元入口风阀关闭，但关限位无法触发，导致 A 单元风机闭锁启动	
消缺行动	电气处理反馈： 1)工作过程： ①打开电机电源接线盒，验电； ②联系机械人员将电机与叶轮脱离，并做好拆除标记； ③对返厂电机进行检查，使用万用表测量电机三相进线电缆对地电压为 0； ④用 500 V 兆欧表，测量返厂电机绝缘电阻均为：550 MΩ，绝缘合格； ⑤用双臂电桥测量新电机的相间直流电阻：U-V：0.5651 Ω，V-W：0.5675 Ω，W-U：0.5656 Ω，不平衡度 0.42%，直阻合格； ⑥对返厂电机进行空载试验，测量电机空载电流 A 相：14.7 A、B 相：14.5 A、C 相：14.3 A，运行正常； ⑦将返厂电机恢复至现场，按拆线记录恢复电机接线； ⑧按标记将电机与叶轮连接，牢固安装到位，按拆线记录恢复电机接线； ⑨办理试验许可证对电机进行试验，启动电机使用录波仪测量电机运行电流 A 相为：21.078 A、B 相：22.688 A、C 相：25.594 A，电流正常； 2)故障原因分析：电动机相间绕组绝缘电阻及单相绕组对地绝缘电阻为 0 MΩ	
相关知识	1)入口风阀关限位不能正常触发，将导致另一列单元风机不能备用启动； 2)GSY 设备故障第一时间无报警； 3)任何温度达到 105 ℃，发电机输出电流需要降至 20 kA(母线最大允许的自冷电流)	
参考资料信息	维修二处：EAM 中 01181254-01 的完工报告； WR/WOT：00527715/01181254-01(计划工单)	
编　　者	运行二处一值：高鹏威	时间：2019 年 04 月 16 日

3.31.2　主控频繁出现 2GSY025KA(封闭母线强迫风冷装置综合故障)

异常缺陷名称	主控频繁出现 2GSY025KA(封闭母线强迫风冷装置综合故障)
发生时间	2018 年 09 月 08 日中班
机组状态	RP 模式，电功率 1075 MWe
异常缺陷现象	2 号主控频繁出现 2GSY025KA(封闭母线强迫风冷装置综合故障)，现场检查报警为 High temperature air inlet(装置进风温度高报警)，导致装置全部停运，复位报警启动之后又因报警再次触发而停运，如此反复。检查参数发现进风温度 B7 探头剧烈波动，最高达到 109 ℃，经查询内部定值为 60.5 ℃。现场紧急将进风温度定值改为 150 ℃，防止报警再次触发导致风冷装置停运
风险或潜在后果	根据《1~2 号机离相封闭母线强迫风冷装置异常问题缓解措施指令单》如果强迫风冷装置全停且无法启动，需要 30 min 内降功率至发电机定子电流为 25 kA(电功率约 1022 MW)
干预行动	已采取的行动措施： 1)主控立即联系维修电气专业进行响应，并同时根据《1~2 号机离相封闭母线强迫风冷装置异常问题缓解措施指令单》开始响应； 2)现场复位报警，尝试再次启动风机，数秒后报警再次触发，风机全停，多次尝试均出现以上现象； 3)通过控制屏进入参数检查画面发现进风温度 B7 探头剧烈波动，最高达到 109 ℃； 4)同时发现出风温度正常，且稳定在 40 ℃左右，冷却水温度也正常，根据以上现象判断 B7 探头故障波动，导致报警触发； 5)考虑到风机全停原因为 B7 探头异常波动导致，且系统其他参数均异常，当班值决定临时调高进风温度高报警定值，避免报警误发； 6)通过控制屏进入配置画面，发现进风温度高报警定值为 60.5 ℃，考虑 B7 波动范围，将定值修改为 154 ℃。修改之后，报警不再触发，将风机重新启动。 建议后续行动： 核实原因，消除缺陷
原因分析	风机全停原因为 B7 探头异常波动导致

续　表

<table>
<tr><td>消缺行动</td><td colspan="2">运行处理反馈：
1)考虑回风温度高报警此时相当于失效，现场需要加强风冷装置出风、冷却水等参数的监视；
2)因更换探头在拆除接线时测量温度会变成无穷大，会导致风机短时停运(更换时间可能 5 min 左右)，考虑到夜间作业风险较大，夜班电气专业人员仅对探头接线进行了调整和紧固，紧固后探头温度基本稳定在 42 ℃左右，没有大幅波动；
3)09 月 09 日早班，将回风温度高报警的延时由原来的 1 s 修改为 999 s，利用延时进行了 B7 探头的更换</td></tr>
<tr><td>相关知识</td><td colspan="2">1)封闭母线强迫风冷装置以下报警为 2 级报警，将导致风机全部停运；
<table><tr><td>Power default
装置输入电源故障</td><td>2</td></tr><tr><td>Water leak 1
1 号热交换器漏水</td><td>2</td></tr><tr><td>Water leak 2
2 号热交换器漏水</td><td>2</td></tr><tr><td>High temperature air inlet
装置进口风道气温过高</td><td>2</td></tr></table>2)封闭母线强迫风冷装置停运后要及时进行就地干预，首先确认报警原因并尝试启动风机。如果无法启动，则需要按照干预措施进行降功率；
3)封闭母线强迫风冷装置 B7 探头可靠性较差，1 号机组也曾出现过类似故障，需要提高可靠性；
4)回风温度高报警全停风机保护设置不合理，不能缓解事故，且可能导致封闭母线运行环境进一步恶化；
5)我厂封闭母线冷却装置设计过于复杂，导致运行维护工作量大，且故障频发，而一旦出现全停情况将会导致较严重后果。实际冷却装置仅需要实现循环冷却功能，一般的风机即可完成</td></tr>
<tr><td>参考资料信息</td><td colspan="2">《1～2 号机离相封闭母线强迫风冷装置异常问题缓解措施指令单》</td></tr>
<tr><td>编　　者</td><td>运行二处一值：高鹏威</td><td>时间：2019 年 03 月 25 日</td></tr>
</table>

3.31.3 1 号主控触发 1GSY025KA(封闭母线强迫风冷装置综合故障)报警，封闭母线强迫风冷装置退出运行

异常缺陷名称	1 号主控触发 1GSY025KA(封闭母线强迫风冷装置综合故障)报警，封闭母线强迫风冷装置退出运行
发生时间	2018 年 08 月 25 日夜班
机组状态	RP 模式，电功率 1070 MWe
异常缺陷现象	02:53，1 号主控触发 1GSY025KA(封闭母线强迫风冷装置综合故障)报警，查看 1GSY001HXT 画面 1GSY031IA(封闭母线强迫风冷装置投入运行灯)灭，就地查看 1GSY 离相封闭母线强迫风冷的四台风机均停运，且 1GSY001AR 上出现报警“POWER DEFAULT”就地尝试复位报警并启动风机未能成功
风险或潜在后果	1)导致 1GSY 离相封闭母线强迫风冷的四台风机均停运，影响离相封闭母线冷却，风机全部停运后 30 min 内降功率至发电机输出电流 25 kA； 2)如果另一组备用风机无故障报警，则切换至另一组风机。如果另一组热交换器无故障报警，则切换至另一组热交换器。如有，则降功率控制温度； 3)如果温度持续上升，则封闭母线机械及电气性能下降
干预行动	已采取的行动措施： 1)查看和执行报警卡，检查 GSY 系统 KIC 画面，发现 1GSY031IA(封闭母线强迫风冷装置投入运行灯)灯灭； 2)安排现场检查发现封闭母线强迫风冷的四台风机均停运，立即安排就地尝试复位报警并启动一列风机运行，未能成功； 3)主控监视封闭母线相关的温度变化趋势，加强监测 GCB 两侧导体温度探头(1GSY002MT 和 1GSY003MT)变化趋势，并按报警卡要求进行响应； 4)主控操纵员熟悉相关运行文件并做好降功率准备； 5)oncall 维修电气和设备管理工程师检查处理，确认电压监视继电器故障，先采取拆除继电器接线方式消除报警(短接 1GSY001AR 内的电压监视继电器输出触点)，恢复启动一列风机 1GSY101/102ZV 运行。 建议后续行动： 1)电气核实备件并消除缺陷； 2)在缺陷彻底处理之前，运行当班值持续监视 1GSY 系统运行情况；

续 表

干预行动	3）对于维修电气和设备管理给出的失去离相封闭母线强迫风冷后可以满功率运行 2 h 的意见，与当前运行文件（运行规程和报警规程）存在不符，需要进一步明确并落实到运行文件中
原因分析	风冷电压监视继电器 K1 故障
消缺行动	电气处理反馈： 1）检查内容：风冷电源监视继电器故障，导致冷却器电源被切断。更换故障继电器后，强迫风冷系统恢复正常。 2）处理进展结果：已更换故障继电器，并拆除临时短接线，系统恢复正常运行。 3）工作过程： ①就地检查电压监视继电器 K1 故障，确认 1GSY101/102/103/104ZV 风机全停； ②测量 K1 继电器三相输入电压正常，断开柜内开关 IPB-QC1； ③做好拆接线记录，更换新继电器 K1（已校验合格），按原记录恢复接线并紧固端子； ④合上柜内开关 IPB-QC1，观察继电器 K1 指示灯状态显示正常； ⑤观察 1GSY001AR 控制显示屏无报警，联系运行人员启动风机正常，持票观察 2 天无异常； ⑥工作结束，请运行人员验收后归还工作许可证； 4）故障原因：风冷电压监视继电器 K1 故障
相关知识	1 号机离相封闭母线主回路风冷控制柜 1GSY001AR #1 柜所控制的风机 1GSY101ZV、1GSY102ZV，#2 柜所控制的风机 1GSY103ZV、1GSY104ZV 全停且无法启动时： 1）机组需在 1GSY101ZV、1GSY102ZV、1GSY103ZV、1GSY104ZV 风机全部停运后 30 min 内降功率至发电机输出电流 25 kA（风机全停时即开始以 2 MW/min 开始降负荷），并向省调汇报事故情况。 2）监测到 GCB 两侧导体温度探头（1GSY002MT 和 1GSY003MT），两者中最高温度超过 75 ℃情况下，开始以 2 MW/min 速率继续降负荷，从 25 kA 直接降至 23 kA，并向省调汇报事故情况。 3）如导体温度开始下降，且 1GSY002MT 和 1GSY003MT 两者中最高温度始终处于 80 ℃以下，如无其他异常，则可以考虑暂时不再降低负荷。 4）如果 1GSY002MT 和 1GSY003MT 两者中最高温度不能满足 80 ℃以下的要求，则继续降低到 22 kA，再进行观察，直至降低到允许的最大自冷电流 20 kA，并向省调汇报事故情况

续　表

参考资料信息	维修一处：每日重要维修工作及值长关注项反馈（2018 年 08 月 26 日），EAM 中工单 00997821-01 的完工报告； WR/WOT：00432762/00997820-01（紧急工单）、00432763/00997821-01（紧急工单）	
编　　者	运行二处一值：谷铁	时间：2019 年 03 月 03 日

3.31.4　主控闪发 2GSY025KA（封闭母线强迫风冷装置综合故障）

异常缺陷名称	主控闪发 2GSY025KA（封闭母线强迫风冷装置综合故障）
发生时间	2019 年 04 月 25 日早班
机组状态	RP 模式，满功率
异常缺陷现象	主控闪发 2GSY025KA（封闭母线强迫风冷装置综合故障），现场核实 PA3 测点闪发故障
风险或潜在后果	影响封闭母线强迫风冷装置运行可靠性
干预行动	已采取的行动措施： 1）查看和执行报警卡，安排现场检查确认发现 2GSY001AR 控制面板上 PA3 测点闪发故障； 2）提工作申请（WR）按计划处理
原因分析	风速探头接触故障
消缺行动	电气处理反馈： 1）检修内容及步骤： ①现场确认 2GSY101/102ZV 在运行； ②和运行沟通主控出现的报警； ③拆除 2 号风机对应的风速探头接线并记录； ④更换新的风速探头并按照拆线记录恢复接线； ⑤调整风速探头位置，在 2GSY001AR 控制面板上把报警复位； ⑥联系运行验收，确认无报警； ⑦工作结束，清理工作现场，归还工作许可证。 2）故障原因分析：风速探头接触故障

续 表

相关知识	GSY025KA 报警可能的原因： 1）PLC 存储电池电压低； 2）电源相序错误； 3）单元 1 主机过载； 4）单元 1 风机过载； 5）单元 2 主机过载； 6）单元 2 风机过载； 7）母线露点高； 8）母线压力低； 9）母线压力高； 10）压缩机排气温度高； 11）压缩机排气压力高； 12）压缩机空载； 13）气罐压力低	
参考资料信息	维修一处：EAM 中工单 00542551-01 的完工报告； WR/WOT：01209371/00542551-01（计划工单）	
编　　者	运行二处一值：谷铁	时间：2019 年 06 月 17 日

3.31.5 4 号机组并网过程中，同期选线器上电之后出现 4GSY104KA：选线器报警

异常缺陷名称	4 号机组并网过程中，同期选线器上电之后出现 4GSY104KA：选线器报警
发生时间	2018 年 01 月 04 日早班
机组状态	RP 模式，已升功率到 14.5%Pn，准备并网
异常缺陷现象	4 号机组并网过程中，同期选线器上电之后出现 4GSY104KA：选线器报警
风险或潜在后果	影响发电机同期并网
干预行动	已采取的行动措施： 1）查看和执行报警卡，就地检查故障报警情况； 2）oncall 电气检查处理
原因分析	装置内部 GD 板卡故障

续　表

消缺行动	电气处理反馈： 1）采取的措施： ①检查发现 4 号机组同期装置工作选线器故障和备用选线器故障，经拆借 3 号机组同期装置备用选线器后，4 号机组同期装置恢复可用，并网成功。 ②而后利用厂家检验合格的同期装置线选器备件，安装至 4 号机组同期装置选线器工作通道，及 3 号机组同期装置备用选线器位置，恢复 3、4 号机组同期装置主备选线器均可用。 ③经现场实际验证，已确认 4 号机组同期装置主备选线器故障原因为 GD 板卡故障。 2）故障原因分析：装置内部 GD 板卡故障	
相关知识	GSY104KA 报警可能的原因：选线器自检没通过发出的信号	
参考资料信息	WR/WOT：00330663/00815847-01（紧急工单）； 维修一处：EAM 中工单 00815847-01 的完工报告，维修日报 2018 年 01 月 05 日—2018 年 01 月 13 日	
编　　者	运行二处一值：谷铁	时间：2019 年 02 月 11 日

3.31.6　4 号机组触发 4GSY024KA，出线箱强迫风冷报警 2 故障报警

异常缺陷名称	4 号机组触发 4GSY024KA，出线箱强迫风冷报警 2 故障报警
发生时间	2020 年 04 月 13 日中班
机组状态	RP 模式，满功率
异常缺陷现象	22:26，4 号机组触发 4GSY024KA，出线箱强迫风冷报警 2 故障报警，现场 4GSY002AR 上查看存在单元 a 风阀 4GSY101VA 打开故障报警
风险或潜在后果	1）若 4GSY101MT/201MT/301MT 任何一个达到 105 ℃时需开始以 2 MW/min 速率将发电机输出电流降至 20KA（母线最大允许运行的自冷电流）； 2）4GSY 出线箱强迫风冷失去备用，当出线箱风冷完全失效，且恢复前，需持续观察母线的导体和外壳温度及变化趋势，并及时采取措施恢复一台风机运行

续　表

干预行动	已采取的行动措施： 1）立即现场查看发现 4GSY101VA 开度接近为零，4GSY002AR 上存在单元 a 风阀 4GSY101VA 打开故障报警； 2）立即安排现场手动从单元 a 切换至单元 b 运行； 3）运行熟悉故障规程，持续监视发电机出线温度，做好事故预想； 4）发起 oncall，要求电气、设备管理立即进行原因分析并进行处理
原因分析	根本原因：风阀风叶与边框存在碰磨，导致风阀开启失败。 促成原因：PLC 程序逻辑设计不合理，先启风机后开阀门的吸力及碰磨问题导致风阀执行器偶发性开启转矩不足（目前启动逻辑为先启动风机再开风阀，风阀执行器转动力矩为 10 N·m，裕量不足）
消缺行动	电气处理反馈： 1）故障现象：22:26，4 号机组触发 4GSY024KA，出线箱强迫风冷报警 2 故障报警，现场 4GSY002AR 上查看存在单元 a 风阀 4GSY101VA 打开故障报警。 2）处理过程： ①联系当班值配合手动启动发电机出线箱 A 列风机，定位了故障原因为风阀风叶与边框碰磨导致启动失败。 ②开票进行上电检查确认风阀能执行开、关操作，同时发现风阀存在三处风阀风叶与边框间隙小（分别为 0.2 mm、0.1 mm、<0.02 mm）及风叶转轴润滑脂脏污（泥状）的情况。 ③对边框间隙小的风叶进行打磨，清洗风叶转轴并重新涂抹润滑脂后，再次手动操作风阀执行器可顺利翻转，上电后执行器自动翻转功能也恢复正常，故障已处理完成。 3）原因分析： ①根本原因：风阀风叶与边框存在碰磨，导致风阀开启失败。 ②促成原因：PLC 程序逻辑设计不合理，先启风机后开阀门的吸力及碰磨问题导致风阀执行器偶发性开启转矩不足。（目前启动逻辑为先启动风机再开风阀，风阀执行器转动力矩为 10 N·m，裕量不足。） 4）后续行动： ①开票对 3 号机组发电机出线箱入口风阀和 4 号机组发电机出线箱 B 列入口风阀进行清理检查，WR：00718275（3 号机组）、00718278（4 号机组）； ②针对 PLC 程序逻辑设计不合理问题，计划在 403 大修窗口执行风机和风阀的启动逻辑变更工作：变更为先打开风阀再启动风机； ③升版《发电机出线箱强迫风冷装置滤网更换》规程，增加风阀风叶转轴转动润滑清洗检查项目，将润滑方式优化为喷剂式。

续　表

消缺行动	5）变更实施前发生此类型故障处理建议： ①运行人员可手动切换至另一个单元运行，同步 oncall 维修处理缺陷； ②若另一单元运行失败，在发电机出线箱风冷温度达到 105 ℃前，按照 3/4 号机离相封母风冷系统故障处理规程执行手动开启风阀故障单元入口阀门，将风冷投入正常运行	
相关知识	4GSY024KA 出线箱强迫风冷报警 2 故障报警触发的可能原因有： 1）单元 a 风阀 4GSY 101VA 打开故障报警； 2）单元 a 风阀 4GSY 102VA 打开故障报警； 3）单元 a 风阀 4GSY 101VA 关闭故障报警； 4）单元 a 风阀 4GSY 102VA 关闭故障报警； 5）单元 b 风阀 4GSY 201VA 打开故障报警； 6）单元 b 风阀 4GSY 202VA 打开故障报警； 7）单元 b 风阀 4GSY 201VA 关闭故障报警； 8）单元 b 风阀 4GSY 202VA 关闭故障报警； 9）空气滤清器 4GSY 101FF 阻塞报警； 10）空气滤清器 4GSY 201FF 阻塞报警； 11）风机 4GSY 101ZV 故障报警； 12）风机 4GSY 201ZV 故障报警； 13）风机电机 4GSY101MO 过载报警； 14）风机电机 4GSY201MO 过载报警	
参考资料信息	运行二处：4 号机组异常反馈——4 号机组触发 4GSY024KA，出线箱强迫风冷报警 2 故障报警； 维修二处：“答复：4 号机组异常反馈——4 号机组触发 4GSY024KA，出线箱强迫风冷报警 2 故障报警”； WR/WOT：00716550/01562264-01（紧急工单）	
编　　者	运行二处一值：谷铁	时间：2020 年 05 月 01 日

3.31.7　GSY 系统设备异常缺陷处理总结

（1）1 号机离相封闭母线主回路风冷控制柜 1GSY001AR #1 柜所控制的风机 1GSY101ZV、1GSY102ZV，#2 柜所控制的风机 1GSY103ZV、1GSY104ZV 全停且无法启动时的控制原则

①机组需在 1GSY101ZV、1GSY102ZV、1GSY103ZV、1GSY104ZV 风机全部停运后 30 min 内降功率至发电机输出电流 25 kA（风机全停时即开始以 2 MW/min 开始降负荷），并向省调汇报事故情况。

②监测到 GCB 两侧导体温度探头（1GSY002MT 和 1GSY003MT），两者中最高温度

超过 75 ℃情况下，开始以 2 MW/min 速率继续降负荷，从 25 kA 直接降至 23 kA，并向省调汇报事故情况。

③如导体温度开始下降，且 1GSY002MT 和 1GSY003MT 两者中最高温度始终处于 80 ℃以下，如无其他异常，则可以考虑暂时不再降低负荷。

④如果 1GSY002MT 和 1GSY003MT 两者中最高温度不能满足 80 ℃以下的要求，则继续降低到 22 kA，再进行观察，直至降低到允许的最大自冷电流 20 kA，并向省调汇报事故情况。

⑤当封闭母线风冷失效，且未恢复前，如果运行电流超过 20 kA，应注意观察母线的导体和外壳温度，以及他们的变化趋势，并及时采取措施恢复一组风机运行。

（2）1 号发电机出线箱风冷控制柜 1GSY002AR #1 柜所控制的风机 1GSY201ZV 和#2 柜所控制的风机 1GSY202ZV 全停且无法启动时的控制原则

①1GSY001MT 超过 80 ℃时，开始以 2 MW/min 速率继续降负荷至 23 kA，并向省调汇报事故情况。

②如导体温度开始下降，且实际监测温度 1GSY001MT 始终处于 85 ℃以下，如无其他异常，则可以考虑暂时不再降低负荷。

③如果温度不能满足 85 ℃以下的要求，则以 2 MW/min 速率继续降负荷至 22 kA，再进行观察，直至降低到允许的最大自冷电流 20 kA，并向省调汇报事故情况。

④当出线箱风冷完全失效，且未恢复前，如果运行电流超过 20 kA，应注意观察母线的导体和外壳温度，以及他们的变化趋势，并及时采取措施恢复一台风机运行。

（3）1 号机组主回路强迫风冷控制柜 1GSY001AR 中导致冷却风机全停部件包括：

①电压监视继电器动作：A 列 101XU 和 104XU 中至少一个动作，同时 B 列 201XU 和 204XU 中至少一个动作；触摸屏上 A 列“#1 风机主电源断开”和“#2 风机主电源断开”中至少一个出现，同时 B 列“#3 风机主电源断开”和“#4 风机主电源断开”中至少一个出现。

②风门全开未到位：A 列 101VA 和 102VA 中至少一个全开未到位，同时 B 列 103VA 和 104VA 中至少一个全开未到位；触摸屏上出现 A 列“#1（101ZV）风门全开未到位”和“#2（102ZV）风门全开未到位”中至少一个，同时 B 列“#3（103ZV）风门全开未到位”和“#4（104ZV）风门全开未到位”中至少一个出现。

③风机热继电器动作：触摸屏上出现 A 列“#1（101MO）风机故障”和“#2（102MO）风机故障”中至少一个，同时 B 列“#3（103MO）风机故障”和“#4（104MO）风机故障”中至少一个。

④PLC 故障：触摸屏上同时出现“A 列 PLC 故障”和“B 列 PLC 故障”。

（4）1 号机组发电机出线箱强迫风冷控制柜 1GSY002AR 中导致冷却风机全停部件包括：

①电压监视继电器动作：A 列 101XU 和 104XU 中至少一个动作，同时 B 列 201XU

和 204XU 中至少一个动作；触摸屏上 A 列“A 列主电源 AB 相失电”和“A 列主电源 BC 相失电”中至少一个出现，同时 B 列“B 列主电源 AB 相失电”和“B 列主电源 BC 相失电”中至少一个出现；

②风门全开未到位：A 列 201VA 和 B 列 202VA 同时全开未到位；触摸屏上 A 列“#1(201ZV)风门全开未到位”和“B 列“#2(202ZV)风门全开未到位”同时出现；

③风机热继电器动作：触摸屏上 A 列“#1(201MO)风机故障”和 B 列“#2(202MO)风机故障”同时出现；

④PLC 故障：触摸屏上“A 列 PLC 故障”和“B 列 PLC 故障”同时出现。

3.32 化学加药系统(SIR)

加氨泵 3SIR103PO 维修后试验启动后无出力

异常缺陷名称	加氨泵 3SIR103PO 维修后试验启动后无出力	
发生时间	2018 年 04 月 02 日中班	
机组状态	RP 模式，电功率 1089 MWe	
异常缺陷现象	3SIR103PO 检修隔离解除，泵启动后实际在运行，但出口压力表 3SIR103LP 显示为 1 MPa. g 稳定不变，正常容积泵出口压力成周期变化，怀疑泵没有出力	
风险或潜在后果	导致二回路加氨回路失去一路冗余，可能导致二回路水质恶化，不满足化学规范要求	
干预行动	已采取的行动措施： 1)将 3SIR103PO 运行切换至 3SIR101PO 或 3SIR102PO 运行； 2)联系维修机械专业检查处理	
原因分析	泵检修时曾排水，检修后维修后试验时充水排气不充分	
消缺行动	机械处理反馈： 处理措施： 1)运行配合工作负责人，启动 3SIR103PO 联氨计量泵； 2)关闭泵入口阀 3SIR117VR，关闭仪表根阀 3SIR127VR，拆下泵出口压力表 3SIR103LP； 3)打开仪表根阀 3SIR127VR 进行排气，开度为 5%左右，有持续液体流出后关闭 3SIR127VR，维修仪控负责回装 3SIR103LP，重新开启仪表根阀 3SIR127VR； 4)确认设备恢复到正常在线后，重新启泵验证合格	
相关知识	1)二回路加药泵多为容积泵，泵运行时出口压力频繁变化； 2)计量泵排水检修后重新启动需仪控专业配合拆表充水排气，可能需多次操作泵方可恢复正常	
参考资料信息	WR/WOT：00369443/00884314-01； 维修二处机械：EAM 中工单 00884314-01 的完工报告《FQ3-MA01-RCWO-00884314-01：3SIR103PO 启动后泵在运行，出口压力表显示为 1 MPa 稳定，正常容积泵出口压力成周期变化，怀疑泵没有出力》	
编　　者	运行二处一值：石兴强	时间：2019 年 04 月 18 日

3.33 给水化学取样系统(SIT)

3.33.1 1SIT350MG 频繁低液位报警并导致停泵进而导致阳电导高报警

异常缺陷名称	1SIT350MG(对应主控 1SIT007MY)频繁低液位报警并导致停泵进而导致阳电导高报警(1SIT008KA)
发生时间	2018 年 04 月 02 日早班
机组状态	RP 模式，电功率 889 MWe
异常缺陷现象	发现 1SIT350MG(对应主控 1SIT007MY)频繁低液位报警并导致停泵进而导致阳电导高报警
风险或潜在后果	导致凝结水系统检漏装置氢电导率-1 高频繁触发，影响凝结水系统检漏装置可靠性
干预行动	已采取的行动措施： 1)主控查看和执行报警卡，检查 1SIT007MY 的变化趋势； 2)关注凝泵出口钠含量和电导率、蒸发器排污钠含量和阳电导的变化趋势，确认未见异常； 3)联系化学检查处理
原因分析	长时间运行，设备老化，导致光电液位开关故障
消缺行动	化学处理反馈： 1)处理措施：拆下旧的 1SIT350MG 光电液位开关，更换新的合格的光电液位开关，经过验证，设备正常。注：光电液位开关如图 1 中红圈所示。 2)故障原因分析：长时间运行，设备老化，导致光电液位开关故障

续 表

<table>
<tr><td>消缺行动</td><td colspan="2">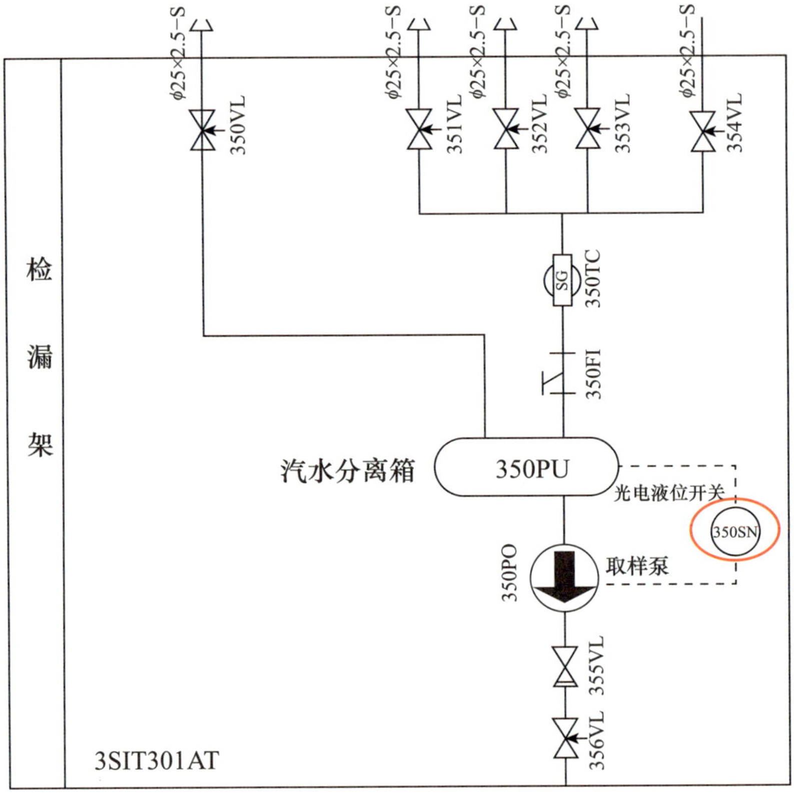

图 1　1SIT350MG 流程图</td></tr>
<tr><td>相关知识</td><td colspan="2">1SIT007MY（对应就地仪表 1SIT350MG）正常值<0.08 μS/cm，当 1SIT007MY≥0.3 μS/cm 时，产生 1SIT008KA 凝结水系统检漏装置氢电导率-1 高</td></tr>
<tr><td>参考资料信息</td><td colspan="2">化学处：完工报告《FQ1-MA03-RCWO-00884919/01（化学处）1SIT350MG 频繁低液位报警并导致停泵进而导致阳电导高报警，对 1SIT350MG 进行清洗或更换》；
WR/WOT：00369526/00884919-01</td></tr>
<tr><td>编　　者</td><td>运行二处一值：谷铁</td><td>时间：2019 年 09 月 08 日</td></tr>
</table>

3.33.2　2SIT450MG 凝汽器 2 号检漏架(2MX-7.5M)光电液位开关低液位报警

异常缺陷名称	2SIT450MG 凝汽器 2 号检漏架(2MX-7.5M)光电液位开关低液位报警
发生时间	2018 年 01 月 22 日早班
机组状态	RP 模式，满功率
异常缺陷现象	2SIT450MG(对应主控仪表 2SIT008MY)凝汽器 2 号检漏架(2MX-7.5M)光电液位开关低液位报警，导致凝汽器检漏架无法正常投运
风险或潜在后果	导致凝汽器检漏架无法正常投运
干预行动	已采取的行动措施： 1)主控检查 2SIT008MY 的变化趋势； 2)关注凝泵出口钠含量和电导率、蒸发器排污钠含量和阳电导的变化趋势，确认未见异常； 3)联系化学检查处理
原因分析	2SIT450MG 光电液位开关老化
消缺行动	化学处理反馈： 1)处理过程： ①拆下 2SIT450MG 凝汽器光电液位开关，对其进行清洗，经过验证光电液位开关仍然处于故障状态，确认光电液位开关损坏； ②拆除并更换 2SIT450MG 光电液位开关； ③检查 2SIT450MG 光电液位开关测量正常。 2)故障原因分析：2SIT450MG 光电液位开关老化
相关知识	2SIT008MY(对应就地仪表 2SIT450MG)正常值<0.08 μS/cm，当 2SIT008MY≥0.3 μS/cm 时，产生 2SIT009KA 凝结水系统检漏装置氢电导率-1 高
参考资料信息	化学处：完工报告《FQ2-MA03-RCWO-00836343/02(化学处)2SIT450MG 凝汽器 2 号检漏架(MX-7.5M)光电液位开关低液位报警，对 2SIT450MG 光电液位开关进》； WR/WOT：00338596/00836343-01
编　　者	运行二处一值：谷铁　　　时间：2019 年 09 月 08 日

3.33.3 4SIT450MG 凝汽器 2 号检漏装置氢电导率表测量偏高

异常缺陷名称	4SIT450MG 凝汽器 2 号检漏装置氢电导率表测量偏高	
发生时间	2018 年 10 月 10 日早班	
机组状态	RP 模式，满功率	
异常缺陷现象	化学发现 4SIT450MG 氢电导率表测量偏高，且仪表读数波动	
风险或潜在后果	影响凝汽器 2 号检漏装置氢电导率表监测的可靠性	
干预行动	已采取的行动措施： 1) 主控检查 4SIT008MY 的变化趋势； 2) 关注凝泵出口钠含量和电导率、蒸发器排污钠含量和阳电导的变化趋势，确认未见异常； 3) 联系化学检查处理	
原因分析	流通池入口管线转接头松动	
消缺行动	化学处理反馈： 1) 工作过程： ①领取工作许可证； ②关闭上下游阀门； ③将电极拆下查看流通池，发现流通池内类似毛刺物； ④将流通池拆下时发现流通池入口管线转接头松动； ⑤拆下流通池打磨毛刺并回装流通池； ⑥紧固流通池进出口管线接头； ⑦投运仪表观察读数恢复正常。 2) 故障原因分析：流通池入口管线转接头松动	
相关知识	4SIT008MY（对应就地仪表 4SIT450MG）正常值<0.08 μS/cm，当 4SIT008MY≥0.3 μS/cm 时，产生 4SIT009KA 凝结水系统检漏装置氢电导率-1 高	
参考资料信息	化学处：完工报告《FQ4-CY02-RCWO-01034461/01（化学处）4SIT450MG 凝汽器 2 号检漏装置氢电导率表测量偏高，需检查处理》； WR/WOT：00450099/01034461-01	
编　　者	运行二处一值：谷铁	时间：2019 年 09 月 08 日

3.33.4 3SIT008MY 主控显示为××××，就地化学检查仪表装置显示正常，化学仪表运行无异常

异常缺陷名称	3SIT008MY 主控显示为××××，就地化学检查仪表装置显示正常，化学仪表运行无异常	
发生时间	2018 年 07 月 14 日夜班	
机组状态	RP 模式，满功率	
异常缺陷现象	3SIT008MY 主控显示为××××，就地化学检查仪表装置 3SIT450MG 显示正常，化学仪表运行无异常	
风险或潜在后果	导致主控无法通过 3SIT008MY 监视凝结水系统检漏装置氢电导率	
干预行动	已采取的行动措施： 1)查看和执行报警卡，主控检查 3SIT008MY 的变化趋势； 2)关注凝泵出口钠含量和电导率、蒸发器排污钠含量和阳电导的变化趋势，确认未见异常； 3)联系化学检查处理	
原因分析	3SIT450MG 电导率表信号输出线松动	
消缺行动	化学处理反馈： 1)处理过程： ①检查仪表接线，发现信号输出线接线松动； ②紧固接线，3SIT008MY 主控显示恢复正常； 2)故障原因：3SIT450MG 电导率表信号输出线松动	
相关知识	3SIT008MY(对应就地仪表 3SIT450MG)正常值<0.08 μS/cm，当 3SIT008MY≥0.3 μS/cm 时，产生 3SIT009KA 凝结水系统检漏装置氢电导率-1 高	
参考资料信息	化学处：完工报告《FQ3-CY02-RCWO-00972576/01 3SIT008MY 主控显示×××，就地化学检查仪表装置显示正常，化学仪表运行无异常》； WR/WOT：00414393/00972576-01	
编　　者	运行二处一值：谷铁	时间：2019 年 09 月 08 日

3.33.5 高加出口 pH 表 3SIT263MG 示数波动较大，导致 3ATE 上位机和主控频繁出现报警 3SIT005KA

异常缺陷名称	高加出口 pH 表 3SIT263MG 示数波动较大，导致 3ATE 上位机和主控频繁出现报警(3SIT005KA：高加出口母管 pH 低)	
发生时间	2018 年 08 月 29 日中班	
机组状态	RP 模式，电功率 1068 MWe	
异常缺陷现象	从中班开始高加出口 pH 表 3SIT263MG 读数在 9.47~9.53 之间波动，怀疑仪表故障，导致 3ATE 上位机和主控频繁出现报警，请检查处理	
风险或潜在后果	导致 3ATE 上位机和主控频繁出现报警(3SIT005KA：高加出口母管 pH 低)	
干预行动	已采取的行动措施： 1)查看和执行报警卡，主控检查 3SIT005MY 的变化趋势； 2)安排现场检查加氨泵运行情况，未见明显异常； 3)联系化学检查处理	
原因分析	pH 电极有析出絮状物，引起报警误触发	
消缺行动	化学处理反馈： 1)处理过程： ①清洗 pH 电极，确认析出物已完全去除； ②恢复仪表状态，观察仪表测量正常。 2)故障原因分析：pH 电极有析出絮状物	
相关知识	1)3SIT005KA(高加出口母管 pH 低)报警触发的可能原因有： ①化学试剂注入量不足； ②pH 表计发生故障。 2)RP 模式下，AHP/ARE 系统 pH 值为化学技术规范 OTS 参数，期望值为 9.6~9.8，限值为 9.5~10。 ①如果 $9.0 \leq pH < 9.5$ 或 $10.0 < pH \leq 10.1$，开始在 24 h 内向 NS/SG 模式后撤； ②如果 $pH < 9.0$ 或 $pH > 10.1$，开始在 8 h 内向 NS/SG 模式后撤； ③如果在线表不可用，手动分析频率 1/天	
参考资料信息	化学处：EAM 中 01000632-01 完工报告； WR/WOT：00434580/01000632-01	
编　　者	运行二处一值：谷铁	时间：2019 年 09 月 08 日

3.33.6　4SIT008MY 示数波动到 0.8 μS/cm 左右，导致出现高报 4SIT009KA

异常缺陷名称	4SIT008MY 示数波动到 0.8 μS/cm 左右，导致出现高报 4SIT009KA 凝结水系统检漏装置氢电导率-2 高	
发生时间	2018 年 03 月 12 日早班	
机组状态	RP 模式，满功率	
异常缺陷现象	4 号主控 KIC 画面 4SIT008MY 示数波动到 0.8 μS/cm 左右，导致出现高报 4SIT009KA 凝结水系统检漏装置氢电导率-2 高	
风险或潜在后果	若氢电导率真实高，经引起二回路给水被污染，系统设备腐蚀或结垢	
干预行动	已采取的行动措施： 1)查看和执行报警卡，主控检查 4SIT008MY 的变化趋势； 2)关注凝泵出口钠含量和电导率、蒸汽发生器排污钠含量和阳电导的变化趋势，确认未见异常； 3)联系化学检查处理	
原因分析	取样泵故障停运	
消缺行动	化学处理反馈： 1)处理过程：检查发现取样泵故障停运，导致失去取样流量，重新投运后恢复正常； 2)故障原因：取样泵故障停运	
相关知识	4SIT008MY(对应就地仪表 4SIT450MG)正常值<0.08 μS/cm，当 4SIT008MY≥0.3 μS/cm 时，产生 4SIT009KA 凝结水系统检漏装置氢电导率-1 高	
参考资料信息	ESOMS 日志和 2018 年 03 月 13 日值长日报	
编　　者	运行二处一值：谷铁	时间：2019 年 09 月 08 日

3.33.7　SIT 系统设备异常缺陷处理总结

(1)低功率下凝结水系统检漏装置氢电导率高报警

报警可能原因：

①机组低功率下进入凝汽器的蒸汽量少，蒸汽凝结产生的干净水量少，高功率下进入凝汽器的蒸汽量大，蒸汽凝结产生的干净水量大，对凝结水的稀释作用大，使得低功率下水质相对高功率下差；

②机组低功率下，检漏装置取样管线代表性不强，样水量不足；

③取样泵停运；
④流通池入口管线转接头松动；
⑤光电液位开关低液位报警引起取样泵停运；
⑥取样流量不在要求范围内。等等。
其中①是低功率下常出现凝结水系统检漏装置氢电导率高报警的主要原因。

(2)低功率下凝泵出口氧含量高

原因：机组处于低功率模式时，凝汽器除氧效率较低(主要与蒸汽凝结有关，未并网时，汽轮机来蒸汽量小，蒸汽凝结少，导致含氧量高)，凝泵出口氧含量会较高。

例如：①2019年02月08日机组调停(8%FP)化学反馈4CEX泵出口母管溶氧22.7 μg/kg，超限值(<10 μg/kg)。并网升功率后，凝泵出口氧含量下降。

②2019年04月15日3CEX凝泵出口溶解氧12.1 μg/kg，超限值(<10 μg/kg)，因机组调停期间凝汽器除氧效率低，04月16日冲转并网升功率后恢复正常。

(3)凝结水系统检漏装置氢电导率报警列表

报警	报警内容	报警值/(μS/cm)	正常值/(μS/cm)	主控仪表	就地仪表
SIT008KA	凝结水系统检漏装置氢电导率-1高	≥0.3	<0.08	SIT007MY	SIT350MG
SIT009KA	凝结水系统检漏装置氢电导率-2高	≥0.3	<0.08	SIT008MY	SIT450MG
SIT010KA	凝结水系统检漏装置氢电导率-3高	≥0.3	<0.08	SIT009MY	SIT550MG
SIT011KA	凝结水系统检漏装置氢电导率-4高	≥0.3	<0.08	SIT010MY	SIT650MG

3.34 常规岛闭路冷却水系统(SRI)

3.34.1 4SRI 系统存在漏点导致频繁补水排查

异常缺陷名称	4SRI 系统存在漏点导致频繁补水排查
发生时间	2018 年 05 月 26 日夜班
机组状态	RP 模式，电功率 1089 MWe
异常缺陷现象	操纵员巡盘发现自动补水阀 4SRI001VD 有开度，最大开到 4%。调趋势发现 4SRI001VD 开启较频繁(每 45 min 内约有 35 min 持续有开度，5 min 处于关闭状态)，对比 3SRI001VD 阀门开度一直为 0 且 3SRI001BA 液位也很稳定。判断 4SRI 系统存在漏点
风险或潜在后果	1)SRI 系统频繁补 SER 水，导致 SRI 水质不满足化学规范要求，长时间危及设备可靠运行； 2)若漏点扩大，补水能力受限，危急 4SRI 冷却功能，进一步恶化可能危及汽轮机辅助系统、重要设备如 APA 泵等重要设备安全运行，最终可能导致停机
干预行动	已采取的行动措施： 1)现场排查 4SRI 各个疏水排气阀、阀门连接法兰外漏情况，未见泄漏； 2)对 4SEK2 坑、循环水排污坑、4MX 厂房消防排水坑的磷酸三钠浓度取样，未检测到泄漏； 3)SRI 下游负荷油系统的热交换器排查：观察 4GGR、4GFR 油箱液位未见上涨，热交换器 4GGR110RF/210RF、4GFR031RF 泄漏的情况，可排除； 4)SRI 下游 AGM 工作油冷却器/润滑油冷却器：未见液力耦合器器油箱油位上涨情况，可排除； 5)APA 电机空冷器：未见电机冷却水泄漏开关 APA101SN/201SN/301SN 灯亮情况，可排除； 6)GRH、GRV 冷却器：未见汽轮发电机组漏液上涨，可排除热交换器内部泄漏； 7)GST 冷却器：未见 4GST001CW 上涨情况，可排除； 8)ACO 泵、APA 泵、APD 泵、CEX 泵的密封冷却器 SRI 侧压力相对小，可排除。 建议后续行动： 1)运行隔离 SRI 热交换器：隔离 4SRI201RF，加强监视 SRI 头箱液位，关注下游负荷运行情况； 2)化学监视 4SRI 水质，加强取样频度，避免由于补水稀释导致超出《3、4 号机组化学与放射化学技术规范》要求；

续 表

干预行动	3)设备管理评估夏季时 SRI 热交换器可以隔离一列运行。依据如下： ①SRI 热交换器为 2X100%设计，一用一备； ②SRI 系统设计最高进水温度为 38 ℃，（报警温度值>45 ℃），目前热交换器两列运行温度维持在 30 ℃，单列运行可维持在 33 ℃，具备单列运行能力； ③现场设冷水旁路温度调节阀 4SRI060VN 已全关，是因为温度整定值(29.8 ℃)偏低。运行可以考虑适当调高整定值(例如 32 ℃)，恢复阀门的调节性能。 4)机械做好 4SRI201RF 检修准备，评估检修工期和是否需要技术支持进行涡流检漏
原因分析	1)查询 4 号机组历史趋势发现在 05 月 15 日早班将 4SRI101PO 切至 4SRI201PO 过程中 4SRI001VD 开始开阀补水，且 4SRI001BA 液位也上下波动。 2)05 月 23 日化学反馈 4SRI 系统磷酸浓度为 82.5 ppm，首次低于化学规范限制。测量周期是一周一次，自商运以来之前从未低过。 综上所述，基本可以确定 4SRI 系统有泄漏，导致系统磷酸三钠的遗失，引起磷酸三钠浓度降低不满足规范限制。 经过排查，考虑 4SRI101RF/201RF 海水侧压力小于 SRI 侧压力，故怀疑 4SRI101/201RF 泄漏的可能性大。由于泄漏出现时 4SRI101RF 未投运，因此重点怀疑漏点出现在 4SRI201RF 传热管。 05 月 26 日中班通过开启 4SRI201RF 靠近出口的海水侧疏水阀 4SEN430VC 对 4SRI201RF 靠近出口的海水侧进行取样，未检测到磷酸三钠。化学反馈 SEN 侧未检测到磷酸三钠，由于仪表测量精度为 2 ppm，可能存在因泄漏量小，被 SEN 侧海水大流量稀释导致无法监测的情况。 注：27 日夜班化学反馈 4SRI 取样检测磷酸三钠已从加药后的 171 ppm 下降到 151 ppm。4SRI 磷酸三钠约每天下降 10 ppm [化学技术规范要求为(100～500) ppm]，当班值反馈化学运工及时关注 4SRI 系统磷酸三钠含量，约 5 天磷酸三钠将降低到限制以下。 3)将 4SRI201RF 切至 4SRI101RF 运行 05 月 27 日早班关闭 4SRI201RF 进出口阀，观察 4SRI001BA 液位稳定在 1905.4 mm，观察 40 min 液位不再下降后恢复 4SRI201RF 运行，恢复后 4SRI001BA 液位又开始下降。 结论：所以可以确认 4SRI 泄漏点在 4SRI201RF。4SRI201RF 进出口阀范围内没有疏水管线和排气管线，且就地检查未发现有水外漏，所以基本可以确定是 4SRI201RF 传热管发生泄漏。4SRI201RF 传热管因介质冲刷磨损，发生破管泄漏

续　表

消缺行动	机械处理反馈： 1)工作过程： ①联系服务搭设脚手架； ②确认管侧介质已排空； ③开始执《4SRI201RF 查漏堵管》工作方案； ④拆除热交换器两端人孔； ⑤进入前测氧含量，确认氧含量 20.8%可以进入； ⑥联系运行人员配合微开 4SRI026VN； ⑦观察传热管两端管口是否有水流出，有水流出的传热管说明泄漏，将泄漏管管口做好标记； ⑧依次将泄漏的传热管两端管口用堵头封堵牢固； ⑨对传热管进行再检漏，发现无泄漏，清理水室内部，将所有带入的工器具、物资移出水室； ⑩移除防异物措施，请 QC 检查容器内清洁度； ⑪更换新密封垫片，回装两侧人孔门，均匀紧固人孔门螺栓，最终力矩值 250 N·m 分三次交叉拧紧，75 N·m、175 N·m、250 N·m，最后以最终力矩顺次均匀紧固一圈； ⑫工作结束，清理现场。 2)处理进展结果： ①运行将 4SRI201RF 隔离并疏水，机械开热交换器人孔后，运行配合微开 4SRI026VN，发现有传热管管口存在水流喷出，如图 1 所示； 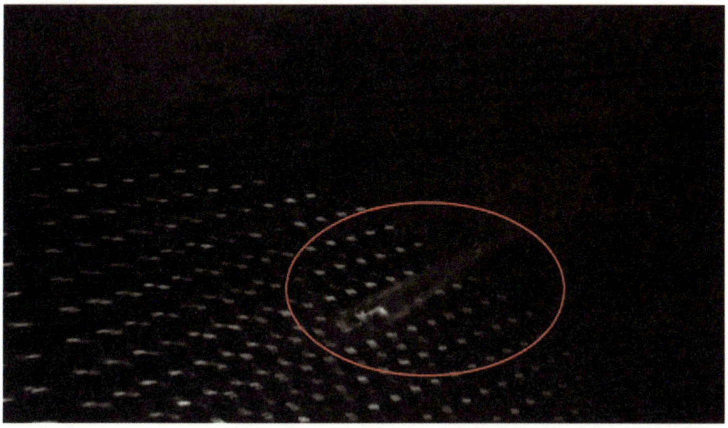 **图 1　传热管泄漏海水** ②维修机械对 4SRI201RF 传热管进行封堵，如图 2 所示堵管情况。

续 表

消缺行动	 图 2　传热管堵管
相关知识	1) 系统状态改变时，需关注系统参数的变化，进行分析查看是否满足预期，以便及时发现缺陷。出现异常时优先从最近已执行操作着手分析。 2) 若 4SRI201RF 传热管存在潜在泄漏点，切泵期间双泵运行时出口压力升高可能导致泄漏增大的风险，需缩短双泵运行的时间
参考资料信息	运行二处：《内部经验反馈——4SRI 系统泄漏及漏点排查处理》； 维修二处机械：EAM 中工单 00933736-01 的完工报告； WR/WOT：00393796/00933736-01（计划工单）
编　　者	运行二处一值：石亿虎　　　　时间：2019 年 03 月 11 日

3.34.2　4SRI011KT（工作油冷却器 4AGM202RF 冷却水侧出水温度）读数间断显示为××××

异常缺陷名称	4SRI011KT（工作油冷却器 4AGM202RF 冷却水侧出水温度）读数间断显示为××××
发生时间	2017 年 12 月 20 日中班
机组状态	RP 模式，电功率 1089 MWe
异常缺陷现象	18:50 左右 4SRI011KT（工作油冷却器 4AGM202RF 冷却水侧出水温度）读数开始间断显示为××××，工作油冷却器入口油温 4AGM218MT 显示正常，工作油温调节阀 4AGM002VN 正常

续 表

风险或潜在后果	导致 4SRI011KT 间断显示为××××，无法有效监控工作油冷却器 4AGM202RF 冷却水侧出水温度，4APA202PO 冷却水异常时无法提供有效监视
干预行动	已采取的行动措施： 1）对比 4SRI010/012KT 读数，初步判断仪表故障，联系维修仪控检查仪表； 2）运行加强 4AGM 系统运行状态监视
原因分析	4SRI011KT 热电阻接线松动，导致温度显示异常
消缺行动	仪控处理反馈： 1）工作过程： ①检查确认脚手架搭设合格，安全可靠； ②土建专业配合拆除 4SRI011KT 热电阻上方格栅板； ③打开 4SRI011KT 热电阻接线盖子； ④检查发现 4SRI011KT 热电阻接线有松动现象； ⑤拆除 4SRI011KT 热电阻接线，并做好拆线记录； ⑥使用万用表测量对 4SRI011KT 温度元件进行测量，检查结果正常； ⑦恢复 4SRI011KT 热电阻接线，并做好接线记录； ⑧关闭 4SRI011KT 热电阻接线盖子； ⑨联系土建专业恢复 4SRI011KT 热电阻上方格栅板； ⑩联系脚手架人员拆除脚手架； ⑪工作结束，清理现场。 2）故障原因分析：4SRI011KT 热电阻接线松动，导致温度显示异常
相关知识	4SRI011KT 测点为 4AGM202RF 冷却水出水温度，不参与控制逻辑，该仪表异常时应检查 4AGM 相关调节阀状态及工作油温度是否正常，作为判断
参考资料信息	维修二处仪控：完工报告《FQ4-MA03-RCWO-00790339/01 维修一级：4SRI011KT 读数显示异常检查处理》； WR/WOT：00324247/00790339-01
编　　者	运行二处一值：谷铁　｜　时间：2019 年 09 月 08 日

3.35 蒸汽转换器系统(STR)

处理 1STR103MN 偏差大缺陷时 1STR002PO 跳泵

异常缺陷名称	处理 1STR103MN 偏差大缺陷时 1STR002PO 跳泵	
发生时间	2016 年 11 月 25 日中班	
机组状态	RP 模式，电功率 1089 MWe	
异常缺陷现象	1STR103MN 与 1STR101/102MN 相比偏差较大，维修仪控持票处理。根据维修仪控反馈：1STR103MN 经过多次充、排水处理后缺陷未消除；计划将 1STR101MN 与 1STR103MN 通道进行交换，以便验证 1STR103MN 液位计取样管线是否有异常。当值主控与其核实工作对象，并明确其工作流程是先将 1STR101MN 与 1STR103MN 仪表二次阀隔离后将两块仪表交换位置继续运行以便观察。工作过程中 1STR101/103MN 仪表根阀关闭，导致质量位触发引起 1STR 除氧器液位低低信号触发，进而导致 1STR002PO 停运	
风险或潜在后果	1STR 停运，全厂辅助蒸汽 SVA 系统失去一路供汽	
干预行动	已采取的行动措施： 1)立即叫停工作负责人维修工作，恢复 1STR101/103MN 可用； 2)协调 3 号机组调整 3STR 出力至 1.14 MPa 后，停止 1STR 出力，保证 1STR001TX 液位，在此期间 1STR001TX 液位最低至-259 mm (KIC 上显示低液位定值-360 mm)； 3)1STR101/103MN 液位显示恢复正常后，重新启动 1STR002PO，并恢复 1STR001TX 至正常液位后恢复 1STR 出力，并通知 3 号主控减小 3STR 出力定值。在此期间 9SVA 管网压力未见明显波动，下游用户未受影响	
原因分析	1STR101/103MN 质量位触发	
消缺行动	仪控处理反馈： 1)对 1STR103MN 校准； 2)对 1STR103MN 充水、排气操作	
相关知识	1STR101/102/103MN 仪表检修时存在质量位触发导致 STR 系统停运风险；二回路相关仪表类工作检修，进行风险分析时也许考虑质量位风险，必要时在开工前进行信号强制	
参考资料信息	WR/WOT：00189859/00419207-01，工作许可证：20161PT21174	
编　　者	运行二处一值：姚嘉俊	时间：2019 年 03 月 17 日

3.36 主蒸汽系统(VVP)

3.36.1 主蒸汽隔离阀 3VVP002VV A 列定期试验时关至 90%开度后无法恢复全开

异常缺陷名称	主蒸汽隔离阀 3VVP002VV A 列定期试验时关至 90%开度后无法恢复全开
发生时间	2018 年 05 月 14 日早班
机组状态	RP 模式，满功率
异常缺陷现象	执行 FQ3-VVP-T-002 主蒸汽隔离阀部分关闭试验时，3VVP002VV 关闭到 90%后供油气动泵 3VVP022PO 未启动，3VVP002VV 停留在 90%开度无法全开。 经机械调整增大压空减压阀后压力到 53 psi 后，泵启动，驱动阀门全开，泵动作过程中有嗡嗡的卡涩声
风险或潜在后果	1)导致 QSR 定期试验无法继续执行； 2)供油气动泵无法运行，VVP 油压无法建立。若主蒸汽隔离法油压缓慢降低，主蒸汽隔离阀持续关闭，机组有停堆停机风险
干预行动	已采取的行动措施： 1)立即停止试验，确认 3VVP002VV 泄油阀 3VVP252DR 关闭，现场确认主蒸汽隔离阀没有继续关闭； 2)停运临时 3VVP002VV 间隔临时风机，现场关注 3VVP002VV 油压； 3)主控室关注 2 号蒸汽发生器液位； 4)oncall 机械人员检查处理。 建议后续行动： 1)机械分析供油气动泵无法启动的根本原因； 2)排查其他主蒸汽隔离阀供油气动泵是否存在相同情况

续　表

<table>
<tr><td>原因分析</td><td>定期试验前及阀门无法正常开启时，阀门相关参数如下：
<table>
<tr><th>阀门状态</th><th>减压阀后压力/psi</th><th>油压/psi</th><th>氮气压力/psi</th></tr>
<tr><td>定期试验前</td><td>50</td><td>3100</td><td>2350</td></tr>
<tr><td>阀门达到 90%开度无法恢复正常全开时</td><td>49</td><td>2450</td><td>2350</td></tr>
</table>
检查压空电磁阀确认通断正常，根据气动泵动作原理，泵进气压力(即压空减压阀后压力)需足够大才能克服泵本体摩擦力，驱动泵动作。将泵进气压力增大到 53 psi 后，泵动作，驱动阀门全开，阀门相关参数如下：
<table>
<tr><th>阀门状态</th><th>减压阀后压力/psi</th><th>油压/psi</th><th>氮气压力/psi</th></tr>
<tr><td>泵启动时</td><td>53</td><td>2450</td><td>2350</td></tr>
<tr><td>阀门全开后</td><td>56</td><td>3100</td><td>2350</td></tr>
</table>
3VVP002VV 在大修后试验、1～4 月份定期试验合格且无异常，结合现场泵的异音分析认为阀门无法开启的原因：
主要原因：气动油泵润滑不均匀导致动作卡涩——气动泵活塞或轴封卡涩造成，需压空压力增大才能克服泵摩擦力，驱动泵动作。
促成原因：
①可能是压空减压阀后压力表漂表，示数偏大(前期普遍出现)；
②减压阀在调节过程中，压力表示值顺畅，减压阀卡涩可排除(已排除)</td></tr>
<tr><td>消缺行动</td><td>机械处理反馈——工作过程：
1)拆开 3VVP222VA 减压阀保护罩；
2)松开锁紧螺母；
3)缓慢调大减压阀，当调至 53 psi 时泵启动将阀门打到全开；
4)锁紧锁紧螺母，回装保护罩</td></tr>
<tr><td>相关知识</td><td>FQ3-VVP-T-002 中验收准则规定，VVP002VV 可用性：检查阀门自动关闭且达到 10%关闭定值限位器时自动重新打开</td></tr>
</table>

续　表

参考资料信息	WR/WOT：00387380/00922553-01(紧急工单)； 运行二处：3 号机组异常反馈——执行 FQ3-VVP-T-002 主蒸汽隔离阀部分关闭试验时 3VVP002VV 关闭到 90%后供油气动泵未启动，3VVP002VV 停留在 90%开度无法全开； 运行二处：EAM 中工单 00922553-01 完工报告； 设备管理处：《主蒸汽隔离阀 3VVP002VV A 列定期试验时关至 90%开度后无法恢复全开技术方案》	
编　　者	运行二处一值：谷铁	时间：2019 年 02 月 11 日

3.36.2　主蒸汽隔离阀部分关闭试验时 3VVP003VV 关闭到略大于 90%后供油气动泵未启动

异常缺陷名称	主蒸汽隔离阀部分关闭试验时 3VVP003VV 关闭到略大于 90%后供油气动泵未启动
发生时间	2018 年 07 月 09 日早班
机组状态	RP 模式，满功率
异常缺陷现象	早班执行 FQ3-VVP-T-002 主蒸汽隔离阀部分关闭试验时，3VVP003VV 关闭到略大于 90%后供油气动泵停运，3VVP003VV 停留在略大于 90%开度无法全开
风险或潜在后果	1)导致 QSR 定期试验无法继续执行； 2)供油气动泵无法运行，VVP 油压无法建立，如果主蒸汽隔离阀持续关闭，机组有停堆停机风险
干预行动	已采取的行动措施： 1)立即停止试验，确认 3VVP003VV 泄油阀 3VVP253DR 关闭，现场确认主蒸汽隔离阀没有继续关闭； 2)停运临时风机，现场关注 3VVP003VV 油压，当前油压 2600 psi 并保持稳定； 3)主控室关注 3 号蒸汽发生器液位； 4)通知机械保驾人员检查处理。 建议后续行动： 1)机械分析供油气动泵无法启动的根本原因； 2)结合 05 月 14 日 3VVP002VV 未全开故障进一步制定处理预案，推动共性缺陷的消除

续　表

原因分析	气动泵前减压阀阀后压力低，导致气动泵动作缓慢，阀门开启缓慢
消缺行动	机械处理反馈——工作过程： 1)拆除 3VVP223VA 阀门保护罩； 2)通知主控后开始调整 3VVP223VA，使阀后压力增大，直至气动泵可以正常启动； 3)确保 A，B 列试验全部做完后，恢复阀门保护罩
相关知识	FQ3-VVP-T-002 中验收准则规定，VVP003VV 可用性：检查阀门自动关闭且达到 10%关闭定值限位器时自动重新打开
参考资料信息	WR/WOT：00411752/00967445-01(紧急工单)； 运行二处：3 号机组异常反馈——执行 FQ3-VVP-T-002 主蒸汽隔离阀部分关闭试验时 3VVP003VV 关闭到略大于 90%后供油气动泵未启动，3VVP003VV 停留在略大于 90%开度无法全开； 维修二处机械：EAM 中工单 00967445-01 的完工报告
编　　者	运行二处一值：谷铁　　　　时间：2019 年 02 月 11 日

3.36.3　执行 FQ4-VVP-T-002 主蒸汽隔离阀部分关闭试验时，多次闪发 4VVP203KA VVP002VV 未全开报警

异常缺陷名称	执行 FQ4-VVP-T-002 主蒸汽隔离阀部分关闭试验时，多次闪发 4VVP203KA VVP002VV 未全开报警
发生时间	2019 年 01 月 28 日早班
机组状态	RP 模式，满功率
异常缺陷现象	01 月 28 日 11:21，4 号主控在执行 FQ4-VVP-T-002(主蒸汽隔离阀部分关闭试验)过程中，进行 2 号主蒸汽隔离阀 A 列试验时，2 号主蒸汽隔离阀从 90%开度恢复到全开后，主控多次闪发 4VVP203KA (VVP002VV 未全开)故障报警，KIC 画面中 4VVP002VV 多次脱开全开限位，过程中现场检查阀门未见动作，阀门触发有触到全开限位
风险或潜在后果	1)4VVP002VV 若真实脱离全开限位，故障关闭将导致 SG 液位波动，存在停堆风险； 2)影响 QSR 试验的判定

续　表

干预行动	已采取的行动措施： 1）立即联系现场操纵员和维修仪控和机械对阀门进行检查； 2）主控对 KIC 中故障现象进行视频录制和反馈保驾人员故障现象； 3）立即停止试验并恢复阀门到初始状态； 4）主控立即检查主蒸汽管线流量，蒸汽发生器液位未见异常波动； 5）联系现场操纵员和保驾人员就地查看 4VVP002VV 油压、气动泵压力未见异常。 建议后续行动： 1）请维修仪控和维修机械分析根本原因，准备处理方案； 2）运行加强对 4VVP002VV 油压和状态的监视
原因分析	4VVP002VV 开限位触发裕量不足
消缺行动	机械处理反馈——工作过程： 1）确认设备位号与工作内容一致； 2）在 DCS 将 4VVP002VV 关限位（SM5）强制为当前值； 3）拆下 4VVP002VV 开限位（SM3），动作 4VVP002VV 限位，确认限位动作正常； 4）打开限位接线盒，做好拆线记录，拆除接线并包裹； 5）动作 4VVP002VV 限位，测量阻值为 0.2 Ω、0.5 Ω、2.5 Ω、0.2 Ω、0.9 Ω、0.1 Ω、1.4 Ω、2.7 Ω、0.1 Ω、0.2 Ω，小于验收标准（10 Ω）确认合格； 6）根据拆线记录恢复接线并记录，回装 4VVP002VV 开限位（SM3），调整使其正常触发并紧固； 7）在 DCS 将 4VVP002VV 关限位（SM5）恢复初始状态
相关知识	可能产生 VVP203KA 报警的原因： 1）正在进行部分关闭定期试验，开启限位开关 VVP 002SM3 没有连接上。 2）电磁阀故障和/或油压减少。 3）开启限位开关 VVP 002SM3 故障。 4）在 KIC 上关闭 VVP 002VV
参考资料信息	WR/WOT：00498840/01127630-01（紧急工单）； 运行二处：4 号机组异常反馈——FQ4-VVP-T-002 主蒸汽隔离阀部分关闭试验时，多次闪发 4VVP203KA VVP002VV 未全开报警； 维修二处仪控：EAM 中工单 01127630-01 的完工报告
编　　者	运行二处一值：谷铁　　　时间：2019 年 02 月 11 日

3.36.4 执行 FQ4-VVP-T-002(主蒸汽隔离阀部分关闭试验规程)试验时 4VVP142VV 主控无法开启

异常缺陷名称	执行 FQ4-VVP-T-002(主蒸汽隔离阀部分关闭试验规程)试验时 4VVP142VV 主控无法开启
发生时间	2017 年 10 月 20 日早班
机组状态	RP 模式，满功率
异常缺陷现象	在执行 FQ4-VVP-T-002(主蒸汽隔离阀部分关闭试验规程)试验过程中，主控通过 4VVP142KC 开启 4VVP142VV，10 s 后 4VVP142VV 变成大红色关闭状态，就地检查确认 4VVP142VV 处于关闭状态
风险或潜在后果	4VVP142VV 无法开启，影响试验继续执行
干预行动	已采取的行动措施： 1)当班值立即暂停试验； 2)onall 仪控人员过来检查处理； 3)立即检查 4VVP142VV 就地是否正常关闭
原因分析	4VVP142VV 阀门开关信号传输如图 1 所示：KIC 上发出的命令中间经过软连接到 KSC125/126AR，经过 4VVP142VVBC1 和 4VVP142VVBC2 两个端子箱，再经过 4VVP142VV-CO1 和 4VVP142VV-CO2 两个电磁阀去动作 4VVP142VV，只有两个电磁阀同时得电，才能动作 4VVP142VV。 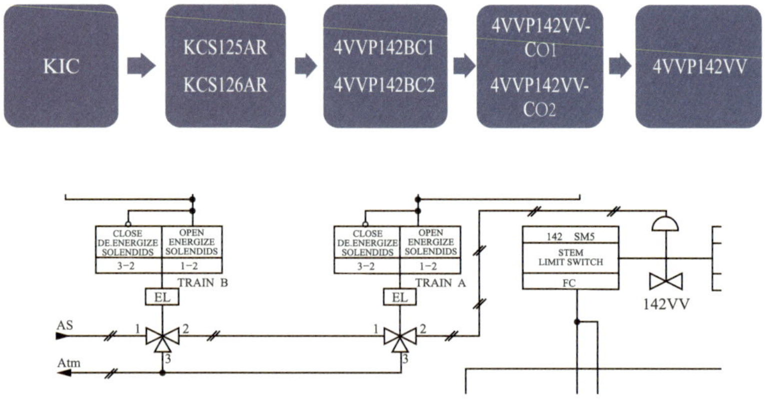 **图 1　信号传输图** 注：VVP 旁路阀是气开阀，只有 A/B 列两个电磁阀同时得电，供气管线才能畅通，阀门才能开启

续　表

<table>
<tr><td>原因分析</td><td>
图 2　4KCS125AR 中 PLM 卡件状态
图 2 中所示为 4KCS125AR 中 PLM 卡件状态，红灯亮代表对应熔断器熔断。本次因为 KCS125AR 和 4VVP142VVBC1 之间的熔断器熔断，使 4VVP142VV-CO1 电磁阀无法得电，导致 4VVP142VV 无法动作。
结论：故障原因——4VVP142VV-CO1 电磁阀无电压，正负极端子短路</td></tr>
<tr><td>消缺行动</td><td>仪控处理反馈：
1）工作过程（WOT：00731764-01）：
①打开电磁阀接线盖检查接线紧固无松动迹象，检查 4VVP142VVBC1/BC2 的接线紧固无松动迹象；
②在检查过程中发现 4VVP142VV-CO1 负极端子排装反导致正负极短路，4KCS125AR 机柜中熔断器烧毁；
③拆除接线并做好拆线记录，对端子排进行更换位置，依据拆线记录恢复接线，依据 00731854-01 工单对 4KCS125AR 机柜中熔断器进行更换；
④恢复就地 BC 箱及电磁阀接线盖，配合运行人员执行实验。
2）工作过程（WOT：00731854-01）：
①打开 4KCS125AR 柜门，检查发现 TB600BN 熔断器烧毁，拆除 4VVPC05029 电缆并做好拆线记录，对电缆进行绝缘测量测得值阻为 55 MΩ，依据此数据判断电缆未接地；
②打开电磁阀接线盖检查电缆紧固无接地迹象，打开 4VVP142BC1/BC2 检查电缆接线紧固无松动现象，经检查过程中发现 BC 箱内负极端子排装反，导致正负极短路造成熔断器烧毁，将端子位置进行调换后进行检查确认无短路现象；
③更换熔断器依据拆线记录恢复接线，恢复就地接线盖，联系运行人员操作阀门，阀门动作正常反馈正确</td></tr>
</table>

续 表

相关知识	1)熔断器可能因绝缘或老化等问题导致动作时熔断； 2)在试验中，应立即检查 4VVP142VV 就地是否正常关闭，否则旁路阀 4VVP142VV 卡在非关闭位置，产生第一组 I0[VVP3：8 h 内机组开始向 T<90 ℃的 NS/RRA 模式后撤；如果相关阀门(VVP143，144，145VV)能够强制关闭，开始后撤的期限改为 7 天]	
参考资料信息	WR/WOT：00301463/00731764-01（紧急工单）、00301520/00731854-01(紧急工单)； 运行二处：《运行二处内部经验反馈——4VVP142VV 主控无法开启经验反馈》； 维修二处仪控：EAM 中工单 00731764-01、00731854-01 的完工报告	
编　　者	运行二处一值：谷铁	时间：2019 年 02 月 11 日

3.36.5　执行 1VVP001VV 主蒸汽隔离阀 B 列部分关闭试验时，阀门未按照预期部分关闭

异常缺陷名称	执行 1VVP001VV 主蒸汽隔离阀 B 列部分关闭试验时，阀门未按照预期部分关闭
发生时间	2018 年 05 月 07 日早班
机组状态	RP 模式，满功率
异常缺陷现象	执行 FQ1-VVP-T-002：主蒸汽隔离阀部分关闭试验。1VVP001/002/003VV 阀门 A 列试验执行结果满意，在执行 1VVP001VV 主蒸汽隔离阀 B 列部分关闭试验时，主控点击 1VVP004KC 试验按钮 SPECIAL 时，1VVP001VV 未按照预期要求进行部分关闭
风险或潜在后果	1VVP001VV 未按照预期动作到部分关闭
干预行动	已采取的行动措施： 1)出现异常后主控通过 KIC 日志确认 1VVP004KC 的“SPECIAL”指令已执行； 2)在讨论并分析风险后，再次点击 1VVP004KC 的“SPECIAL”按钮，验证故障真实存在； 3)点击 1VVP004KC“复位”按钮将试验错油阀 1VVP281DR 恢复到正常状态； 4)点击 1VVP140KC 将 1VVP140VV 恢复到关闭状态； 5)oncall 仪控专业检查和定位故障；

续　表

干预行动	6)通过仪控人员和当班值的分析，定位到1VVP001VV的SM7限位故障； 7)仪控开票对1VVP001VV的SM7限位进行调整； 8)故障消除，重新执行试验，设备动作正常，试验合格。 建议后续行动： 1)后续执行主蒸汽隔离阀试验前建议增加仪控人员SM7限位检查的相关步骤； 2)建议仪控专业分析此次缺陷的原因，优化相关PM项目，并于大修期间彻底处理
原因分析	主蒸汽隔离阀的90%限位开关SM7在主控并无显示，也无相关KS灯，当SM7出现问题时，无法通过主控直观定位故障，现场故障限位开关和正常限位开关的对比也不能明显看出缺陷。但仪控人员在DCS一层和KDO中可以检查SM7是否为触发状态。 仪控检查时发现当前主蒸汽隔离阀为全开状态，但SM7也处于触发状态，与当前状态不符，同时通过与当班值共同进行逻辑分析SM7限位的触发，会导致试验执行无法下发，进而导致试验无法继续执行。怀疑为A列试验结束之后SM7限位未正常动作有关。 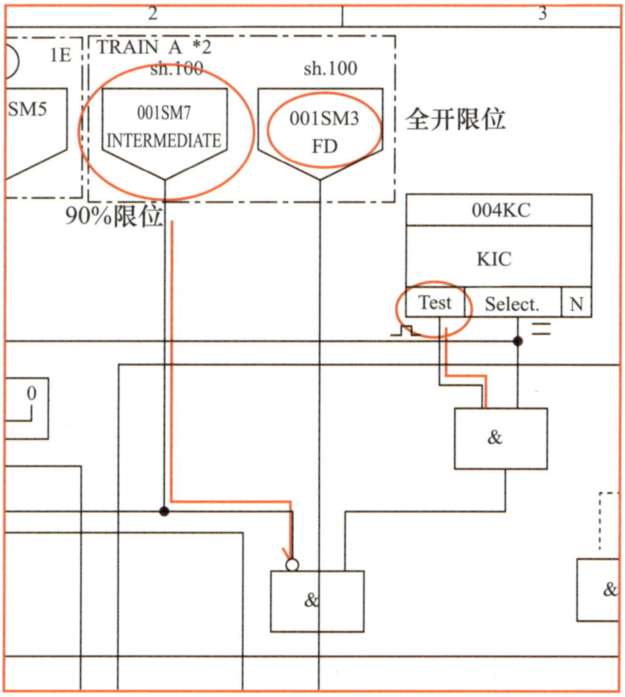 图1　主蒸汽隔离阀限位逻辑

续　表

<table>
<tr><td>原因分析</td><td colspan="2">从以上逻辑图图 1 可以看出，当 SM7 触发为 1 时，经过“非”门后变为 0，1VVP004KC 试验指令下发后与上 SM7 非，导致与门总体输出变为 0，导致试验无法继续。

图 2
主蒸汽隔离阀全开状态下 SM7 抵住右侧与主蒸汽隔离阀阀杆相连的挡块，此时 SM7 触发为 0，当阀门向下关闭至 SM7 脱开挡块后，SM7 触发为 1。
故障发生时，阀门处于全开状态，仪控检查 SM7 与挡块为接触状态，但接触不充分，使得 SM7 触发为 1，对 SM7 进行调整后恢复正常</td></tr>
<tr><td>消缺行动</td><td colspan="2">仪控处理反馈：
1）检查 1VVP001VVSM7 限位开关触发是否灵敏；
2）调整 1VVP001VVSM7 限位开关的位置；
3）确认限位开关已恢复到正常状态；
4）与主控沟通启动 1VVP001VV 验证，限位开关动作正常</td></tr>
<tr><td>相关知识</td><td colspan="2">1）主蒸汽隔离阀的 90% 限位开关 SM7 故障在 KIC 画面上无显示，但其状态在 DCS 一层可以查看。
2）在执行操作过程中出现异常情况后应将系统设备至于安全状态，须分析逻辑，不能盲目逆向操作</td></tr>
<tr><td>参考资料信息</td><td colspan="2">WR/WOT：384576/00914264-01（紧急工单）；
运行一处：《运行一处内部经验反馈——1VVP001VV 限位 SM7 故障处理经验反馈》</td></tr>
<tr><td>编　　者</td><td>运行二处一值：谷铁</td><td>时间：2019 年 02 月 11 日</td></tr>
</table>

3.36.6　lVVP100VV 现场实际关闭，但主控出现 lVVP600KA 报警

异常缺陷名称	lVVP100VV 现场实际关闭，但主控出现 lVVP600KA（SG1 安全阀 VVP100VV 未关）报警
发生时间	2018 年 03 月 16 日中班
机组状态	大修，一回路满水
异常缺陷现象	1VVP100VV 现场实际关闭，但主控出现 1VVP600KA（SG1 安全阀 VVP100VV 未关）报警
风险或潜在后果	导致报警误触发
干预行动	已采取的行动措施： oncall 仪控检查处理
原因分析	检查 1VVP100VV 时发现限位磁头与限位有错位现象
消缺行动	仪控处理反馈——工作过程： 1）依次对安全阀限位进行检查，固定螺栓无松脱现象； 2）检查 1VVP100VV 时发现限位磁头与限位有错位现象，重新调整 1VVP100VV 位移传感器，报警间距为 5.27 mm，消报间距为 2.88 mm，回差间距为 2.40 mm，调整后间距为 2.40 mm； 3）确认限位正常，主控无报警
相关知识	每条主蒸汽管线上的七只安全阀都直接装在主蒸汽管线上，所有的阀门都是常规的弹簧加载式安全阀。这些安全阀有助于： ①防止蒸汽发生器和蒸汽管道超压破损； ②通过排除反应堆冷却剂系统产生的热量来防止一回路侧超压和过热； ③通过蒸汽排放量和排放速率来防止堆芯过冷。 其整定值要使得在紧急工况和事故工况下蒸汽发生器和主蒸汽管线的最大压力不会超过其设计压力的 110%，在考虑了主蒸汽管线的压降、阀门特性和整定值的误差之后，将其整定值设为 8.7 MPa.a 和 8.5 MPa.a。分为两组： ①第一组安全阀：每条管线 2 台阀门，整定值为 8.5 MPa（绝压），阀门编号为 VVP100VV-105VV； ②第二组安全阀：每条管线 5 台阀门，整定值为 8.7 MPa（绝压），阀门编号为 VVP106VV-120VV

续 表

参考资料信息	维修一处：完工报告《FQ1-MA03-RCWO-00872770/01 1VVP100VV 现场实际关闭，但主控出现 1VVP600KA 报警，需仪控检查处理》	
编　　者	运行二处一值：谷铁	时间：2019 年 02 月 11 日

3.36.7 1VVP100VV 现场实际关闭，但主控出现 1VVP600KA 报警

异常缺陷名称	主控出现 1VVP500KA 主蒸汽隔离阀氮气压力低
发生时间	2016 年 09 月 19 日早班
机组状态	RP 模式，热功率 124 MW，未并网
异常缺陷现象	1VVP001VV 打开后，主控出现 1VVP500KA 主蒸汽隔离阀氮气压力低，现场查看氮气压力为 1800 psi，折算后比压力开关 124SP（氮气压力低报警开关）大，怀疑 1VVP124SP 故障
风险或潜在后果	产生主蒸汽隔离阀氮气压力低报警
干预行动	已采取的行动措施： oncall 仪控检查处理
原因分析	1VVP124SP 定值漂移
消缺行动	仪控处理反馈——工作过程： 1）现场确认 1VVP124SP 设备位置，并通知主控开工； 2）确认隔离边界 1VVP711VZ 为关闭状态； 3）请机械人员配合将氮气瓶接入 1VVP124SP； 4）对 1VVP124SP 进行校验，发现定值轻微漂移； 5）汇报系统工程师后对仪表定值进行调整，校验合格； 6）请机械人员拆除接入 1VVP124SP 的氮气瓶； 7）将 1VVP124SP 恢复至初始状态
相关知识	每条主蒸汽管线上的七只安全阀都直接装在主蒸汽管线上，所有的阀门都是常规的弹簧加载式安全阀。这些安全阀有助于： ①防止蒸汽发生器和蒸汽管道超压破损； ②通过排除反应堆冷却剂系统产生的热量来防止一回路侧超压和过热； ③通过蒸汽排放量和排放速率来防止堆芯过冷。 其整定值要使得在紧急工况和事故工况下蒸汽发生器和主蒸汽管线

续　表

相关知识	的最大压力不会超过其设计压力的 110%，在考虑了主蒸汽管线的压降、阀门特性和整定值的误差之后，将其整定值设为 8.7 MPa. a 和 8.5 MPa. a。分为两组： ①第一组安全阀：每条管线 2 台阀门，整定值为 8.5 MPa(绝压)，阀门编号为 VVP100VV-105VV； ②第二组安全阀：每条管线 5 台阀门，整定值为 8.7 MPa(绝压)，阀门编号为 VVP106VV-120VV	
参考资料信息	WR/WOT：00172976/00357643-01； 维修一处：完工报告《FQ1-MA03-RCWO-00357643/01 1VVP001VV 打开后，主控出现 1VVP500KA 主蒸汽隔离阀氮气压力低，怀疑 1VVP124SP 故障，需要校验》	
编　　者	运行二处一值：谷铁	时间：2019 年 02 月 11 日

3.36.8　2VVP174VV 阀门限位开关故障

异常缺陷名称	2VVP174VV 阀门限位开关故障，现场已完全关闭阀门，但主控未关闭，报警依旧存在
发生时间	2015 年 05 月 15 日中班
机组状态	机组启动
异常缺陷现象	2D10-01B：2GCT 主汽门前管线在线时，2VVP174VV 全关限位无法触发，现场已完全关闭阀门，但主控未关闭
风险或潜在后果	2VVP174VV 全关限位无法触发
干预行动	已采取的行动措施： oncall 仪控检查处理
原因分析	限位开关松动
消缺行动	仪控处理反馈——工作过程： 1)现场核实设备，确认 2VVP174VV 限位开关松动； 2)对 2VVP174VV 关限位开关进行紧固调整； 3)确认 2VVP174VV 关限位开关能正常动作恢复
相关知识	VVP174VV 是 1 号蒸汽发生器供氮气管线隔离阀，正常关闭防止高温蒸汽泄漏

续　表

参考资料信息	WR/WOT：51256/00111182-01(紧急工单)； 维修二处：完工报告《FQ2-MA03-RCWO-00111182/01 2VVP174VV 阀门限位开关故障，现场已完全关闭阀门，但主控未关闭，报警依旧存在》	
编　　者	运行二处一值：谷铁	时间：2019 年 02 月 11 日

3. 36. 9　1VVP002VV 全开限位未触发，主控室频繁闪发 1VVP203KA 报警

异常缺陷名称	1VVP002VV 全开限位未触发，主控室频繁闪发 1VVP203KA 报警	
发生时间	2016 年 06 月 24 日早班	
机组状态	RP 模式，满功率	
异常缺陷现象	执行 FQ1-VVP-T-002：主蒸汽隔离阀部分关闭试验规程时，1VVP002VV 限位未触发，主控室频繁闪发 1VVP203KA 报警	
风险或潜在后果	导致频繁闪发 1VVP203KA 报警，导致定期试验暂停	
干预行动	已采取的行动措施： oncall 仪控检查处理	
原因分析	限位开关偏移	
消缺行动	仪控处理反馈——工作过程： 1)现场确认 1VVP002VVSM3 设备位置； 2)确认开工条件，将 1VVP002VVSM3 限位进行调整，联系主控进行验证，验证合格	
相关知识	可能产生 VVP203KA 报警的原因： 1)正在进行部分关闭定期试验，开启限位开关 VVP 002SM3 没有连接上。 2)电磁阀故障和/或油压减少。 3)开启限位开关 VVP 002SM3 故障。 4)在 KIC 上关闭 VVP 002VV	
参考资料信息	WR/WOT：00145305/00296910(紧急工单)； 维修一处：完工报告《FQ1-MA03-RCWO-00296910/01 1VVP002VV 全开限位未触发，主控室频繁闪发 1VVP203KA 报警》	
编　　者	运行二处一值：谷铁	时间：2019 年 02 月 11 日

3.36.10　3VVP002VV 在现场确认触到中间限位开关后，主控 3VVP205KS 未触发

异常缺陷名称	3VVP002VV 在现场确认触到中间限位开关后，主控 3VVP205KS 未触发	
发生时间	2016 年 12 月 14 日早班	
机组状态	RP 模式，满功率	
异常缺陷现象	执行 FQ3-VVP-T-002 主蒸汽隔离阀部分关闭试验规程，VVP002VV 关闭过程中，3VVP002VV 中间限位开关在现场确认触到后主蒸汽隔离阀仍继续关闭，待试验时间超 20 s 后，阀门重新开启。现场确认触到中间限位开关，但主控 3VVP205KS 未触发，初步怀疑中间限位开关损坏	
风险或潜在后果	1) 导致 3VVP002VV 超过中间限位继续关，超 20 s 后，阀门才重新开启，导致 QSR 试验结果不满意； 2) 处理调整 3VVP002VV 中间限位开关 SM7 期间，存在误触到 3VVP002VV_SM5 限位开关，导致主蒸汽隔离阀 3VVP002VV 关闭，进而引起停机停堆的风险	
干预行动	已采取的行动措施： 1) oncall 仪控检查处理； 2) 要求仪控在 DCS 一层将 3VVP002VV_SM5 置为手动不触发状态	
原因分析	主蒸汽隔离阀限位挡块脱开 3VVP002VV_SM7 限位开关后，3VVP002VV_SM7 不动作，限位开关卡涩，需调整	
消缺行动	仪控处理反馈： 1) 调整 3VVP002VV_SM7 限位开关； 2) 再次进行 3VV002VV 局关试验； 3) 3VVP002VV_SM7 正常触发	
相关知识	FQ3-VVP-T-002 的目的是用部分关闭(10%)来验证主蒸汽隔离阀的可操作性，其中验收准则规定，VVP002VV 可用性：检查阀门自动关闭且达到 10%关闭定值限位器时自动重新打开	
参考资料信息	WR/WOT：00196240/00437663-01； 维修二处：完工报告《FQ3-MA03-RCWO-00437663/013VVP002VV 在现场确认触到中间限位开关后，主控 3VVP205KS 未触发，怀疑中间限位开关故障》； 维修二处：《3VVP002VV SM7 限位开关调整工作方案》	
编　　者	运行二处一值：谷铁	时间：2019 年 02 月 11 日

3.36.11 4VVP739VL 主控显示洋红色

异常缺陷名称	4VVP739VL(疏水罐 7 气动疏水阀)主控显示洋红色
发生时间	2017 年 07 月 18 日中班
机组状态	4 号机组调试启动阶段
异常缺陷现象	4VVP739VL 主控显示洋红色
风险或潜在后果	1)导致疏水箱启动疏水阀不可用，影响蒸汽管道疏水； 2)在正常运行期间疏水器工作异常时，将影响紧急疏水功能，导致疏水在蒸汽管道中积累
干预行动	已采取的行动措施： oncall 仪控检查处理
原因分析	反馈开关长时间保持在开状态，弹簧产生形变，导致无法脱开开限位
消缺行动	仪控处理反馈： 1)检查确定 4VVP739VL 显示洋红色； 2)使用十字螺丝刀拆开 4VVP739VL 开、关反馈限位开关盖子； 3)使用万用表检查 4VVP739VL 开、关反馈限值开关，检查发现开限位始终保持触发状态； 4)手动调整 4VVP739VL 开限位反馈开关，开反馈开关触发正常； 5)联系机操对 4VVP739VL 进行多次开、关验证，4VVP739VL 反馈触发正常； 6)回装 4VVP739VL 开、关反馈限位开关盖子，并使用十字螺丝刀紧固
相关知识	VVP204SN 触发高液位(200 mm)，VVP739VL 自动开启； VVP203SN 触发高高液位(400 mm)，VVP739VL 保护开启
参考资料信息	WR/WOT：00270102/00658019-01(紧急工单)； 维修二处：完工报告《FQ4-MA03-RCWO-00658019/01 4VVP739VL 主控显示洋红色，调整阀门开、关反馈限位开关》
编　　者	运行二处一值：谷铁　　　时间：2019 年 02 月 11 日